西方道德哲学通史

·十卷本·

邓安庆

国家哲学社会科学重大项目

"西方道德哲学通史研究"（12&ZD122）结项成果

结项评审：优秀（2021&J202）

西方道德哲学通史

近代卷 I

启蒙伦理与古典功利主义

邓安庆　著

商务印书馆
The Commercial Press

图书在版编目（CIP）数据

西方道德哲学通史.近代卷.Ⅰ,启蒙伦理与古典功利主义/邓安庆著.—北京：商务印书馆，2024.
ISBN 978－7－100－24138－0

Ⅰ.B82-091.956

中国国家版本馆CIP数据核字第2024CW2159号

权利保留，侵权必究。

西方道德哲学通史

近代卷Ⅰ
启蒙伦理与古典功利主义

邓安庆　著

商　务　印　书　馆　出　版
（北京王府井大街36号　邮政编码 100710）
商　务　印　书　馆　发　行
山东韵杰文化科技有限公司印刷
ISBN　978－7－100－24138－0

2024年9月第1版　　　开本 780×960　1/16
2024年9月第1次印刷　印张 48½
定价：198.00元

邓安庆，复旦大学哲学学院教授，入选国家级人才工程特聘教授，兼任中国伦理学会副会长，复旦大学全球伦理研究中心主任，教育部重点研究基地中国人民大学伦理学与道德建设研究中心西方伦理学研究所所长，《黑格尔著作集》（20卷理论著作版）常务副主编、《伦理学术》丛刊主编。

主要研究方向为德国古典哲学、第一哲学、实践哲学、价值哲学等。著有《谢林》《叔本华》《施莱尔马赫》《美的欣赏与创造》《康德黑格尔哲学在中国》《启蒙伦理与现代社会的公序良俗：德国古典哲学的道德事业之重审》等，译有《伽达默尔集》，黑格尔《法哲学原理》，亚里士多德《尼各马可伦理学》，赫费《作为现代化之代价的道德》，谢林《论人类自由的本质及其相关对象的哲学研究》《布鲁诺对话：论事物的神性原理与本性原理》，施莱尔马赫《论宗教》，司徒博《环境与发展：一种社会伦理学的考量》等。

总　序

当我开始为这套《西方道德哲学通史》（十卷本）写"总序"时，脑子里突然冒出了《滕王阁序》中"时维九月，序属三秋"之句，但哲学之"序"绝不可能指向"三秋"时的收获，而仅仅旨在尝试开启一扇"门"的始点，这应是"序"之本义。不过令我踌躇的是，这究竟会不会是迂腐的多此一举，因为康德早有名言，人类理性在伦常事务方面，只需凭借最普通的悟性（Verstand 旧时通译为"悟性"，因不合康德知识论之含义，后改译为"知性"，但就通常义，作"悟性"解倒很契合）就能够轻而易举地达到高度的正确性与详尽性，迂腐的哲学却相反总是在理性的纯粹使用上陷入辩证之幻相。正是康德这一说明让我们明白，"道德哲学"的探究究竟有多难以及它难在何处。对于在以伦理为本位的儒家文化中长大的我们，道德良心似乎是时刻带在身上、刻在心里的"一杆秤"，但陈独秀也在一百多年前就已警示我们，对于有五千多年优秀伦理文明的国人，伦理之觉悟却依然是"吾人觉悟之最后的觉悟"，难道我们在一如既往地遇到"坏良心"时，就只会空谈"良心本有"，而不扪心自问一下，我们究竟在伦理上"最后"觉悟了否？

这当然也不仅仅是吾国吾民的伦理困境，它实际上是人类普遍的伦理困境。在19世纪末尼采也还在振臂高呼，人类迄今还根本不知道善恶究竟是什么。人类这个物种纵然是万物之灵，在认识自然、征服自然方面自从发明了科学技术以后，突飞猛进地证明了人类自身具有趋向真理的无限的知识能力，偏是在"认识你自己"方面，自从苏格拉底在开启伦理学之门的起点提出这个问题，我们依然很难说取得了什么长足的进步，相反却总是一再地证实着苏格拉底式的"无知"。人性，这个人类自身的"自然"，简直就是一个无底之深渊，人类理性的、科学的、知识的光芒一直试图照亮它，但始终无法穿透其根基深层的黑暗，因而自以为在伦常事情上清楚明白的人类知性，最终总是不免陷入深度的迷茫。所以，哲学最深的惊叹总是存在之惊叹，哲学最常见的迷茫也就是伦理之迷茫。

但哪里有深渊，哪里就会有拯救。茫然的人类在不知所措中产生的最为切身的哲学需要，其实无一不是伦理之需要，而当今人类又走向了最为不确定的转折关头，规范秩序的瓦解让人类共存的价值感在消失，伦理底线在崩塌，人类急需有一真正普遍认同的"伦理"照亮前行的路，做出艰难的有未来的决断。确实，在这一昏暗不明的时刻，不靠先天立法的"伦理"，不靠人类理性点燃的这一"神明"之光，有什么能够照亮人性的幽暗深处，将人类从各自自私的狭隘中抽离出来，聚集在通向共存共生且共同追求美好生活的正义之道上？

但伦理之光所照亮的从一己私人向社会"公民"成长的人类学"成人"之正道，总是被各种"习俗伦常"出于一家一族的传统与政治的正确性所"折光"。虽然伟大的民族总有一些先知先觉者，觉悟到"伦理"天下公道正义的关联，但真正能够将习俗伦理从一家一族之"特殊正义"中解救出来的，还是共同体觉悟到的伦理精神之高度。哪个民族共同体最先具有了普遍公道正义伦理的"自觉"，哪个民族就会优先崛起而成为世界历史民族。轴心时代所产生的世界文明古国，都是具有这种伦理觉悟的伟大民族，它们独自依赖于本民族的伟大先知和贤哲，产生出将本民族带出人类荒蛮丛林而进入灿烂文明的伦理文化。因而可以说，所有"伦理学"都具有"后习俗伦理"的思维品格，但并不一定具有"后习俗责任伦理"的思维品格。后习俗责任伦理之"责任"是在人类而不是"一家一族"面临的伦理危机前，为整个人类共同体担起开启"未来"可能性的天命之则，因而它针对的问题，恰恰是它处身其中的"习俗伦理"的

"问题"。问题之为问题就在于，一方面"习俗伦理"无一不具有祖祖辈辈流传下来的"正统"之道义性，具有不可违背的伦理法的正确性与命令性；另一方面由于时代在变，世界在变，生产方式和生活方式在变，不可能有哪个"伦理"能够"以不变而应万变"，于是"伦理问题"就演变为深刻的伦理危机：如果固守传统伦理纲常的正确性与正统性，那么它就必然不能对变化了的现实生活起到有效的规范和引导，从而使得"伦理"本身由活的精神变成死的教条，由"文明"而变成"野蛮"。本来由人的理性自由自愿地做出"为仁由己"的自由决断，现在就只能借助于外部政治权力来维系伦理的命令性，从而使得遵守这一伦理命令的人不得安生。如果能够放弃一家一族之利益，让整个民族共同体顺应世界文明的大潮之变，继续在文明的正道上前进，那么就必须要有伦理意识的深刻变革，突破伦理的传统局限性，在向人类普遍公道正义之提升中赓续传统伦理安身立命之大道。

伦理之所以必须以人类普遍的公道正义为原则，是因为伦理规范的是人类共同体所有人的共同生活，每一个不承认普遍规则并违背普遍法则的人，都将是"城邦之祸害"（柏拉图），摧毁共存之纽带。而以各种诱人的理由为特殊正义所做的辩护，都因其不能为人类理性普遍接受而不具有规范的有效性，终将事与愿违地导致规范秩序的混乱与虚无。真正的哲学作为时代精神的立法者，必然承担一个重要的使命，就是对习俗伦理之美的幻觉勇敢地做出批判并对人类普遍的公道正义之潮流做出理性的启蒙，通过这种纯粹理性的批判与启蒙确立起评判习俗伦常之道德性的价值标准。哲学的这种历史责任，也就是它必然承担的伦理使命，其总体目标是保障人类的伦理生活保持在自由与正义的这一人性尊严的大道上，在此大道上才能保障每一个个人能在伦理中安身立命：完成其作为一个人的人性自由与尊严。个人一辈子最终追求的东西无非两点：生活的价值感和最终的归属感，前者需要得到共同体成员的相互承认，后者需要有精神共鸣的真正家园。满足这两点必须具有的先天条件，就是我们生活其中的伦理世界，是以公平正义为伦理原则而组织起来的。所以，西方伦理学所最先揭示出来的这一普遍道义，成为西方道德哲学通史的原则，它将为每一个人赢得人之为人的尊严与体面，从而被普遍认同为世俗伦常的德性标杆。

哲学家之立法，是立人性之法，也唯有人性之法，才能立人、树人，成就人的自由本性。因此哲学"爱智慧"最终是"立人"的智慧、伦理的智慧，因而也就是"仁爱"的智慧。伦理学哲学于是也就是通过"立人"而"爱人"，通过爱人而确立存在之义。它作为伦理之"智慧"，是有情有义、有价值的存在智慧，它需要我们的思维水平完成从自然思维向哲学思维的转变，才能把出自天然心理的情爱提升为伦理共存的大爱，也即像古希腊伦理学把"爱欲"（eros）提升为"友爱"那样，儒家伦理也需要把亲亲之情提升为普遍的"天下为公"的"公道"，经历从特殊性到普遍性的提升，伦理之爱才是普遍的人类共存之仁爱，爱的秩序也才能成为正义的伦理秩序。伦理之文明无不体现出哲学揭示出的人类共存共生的大智慧。伦理追求普遍的正义，最终也就体现出哲学之爱的伦理本性：以"友爱"（仁爱）的"正义"为纽带，保障人类共同体的共存相生，活出每一个人人性的自由光彩与人格尊严。所以，伦理之爱，不是自然之情爱，而是共存相生之仁爱。仁爱之义，才是更为高尚的正义。人在爱中自然出生，但人的自然情感之爱，尚不是伦理之爱，就像康德所证明的，心理学的情感并非就是道德情感一样。伦理之爱不源自情欲，而源自理欲。伦理之理是共存相生之理，伦理之自由也是共存相生中的自由，所以，因父母情爱而生的人，是自然人，在伦理之仁爱中自我造就的自由人，才是伦理人。自然人永远是婴儿，是未完成的，它需要每个人在伦理生活中自我塑造而成为真正自由自主的伦理人。伦理人是自然人的完成，他/她不再是带有自然原罪的欲望之化身，而是带有伦理的神明之光的自由人，在他/她身上闪现的就不再只是自然造化的神性之光，同时也是人因其自由造化而体现出的人性自由的德性之光，因而体现的是人格的伟大与尊严。

真正的道德哲学之所以要具有"后习俗责任伦理"（The Ethics of Post-conventional Responsibility）之品格，原因就在于，后习俗之"后"，不仅仅是"习俗伦理"后继的线性延续，而且是在人类面临的危机前，返回到伦理之本原，让本民族的伦理担负起通向人类美好未来的责任，在批判习俗伦理局限性并在解决其所面临的规范性危机中，将其带向更有普遍性道义的人类学方向上，从而作为"世界精神"来引导和规范人类文明前行的方向。因此，后习俗责任伦理，既具有对本民族伦理的"守成性"（但是在适应世界急剧变化中前行的"守成"，而不是"复古怀旧的""守成"），又具有现实的批判性和前瞻的世界性，它将一族一国的地方性伦理道义带向普遍的世界历史文明的大道。

虽然"后习俗伦理"最初是由当代美国著名心理学家和教育学家、现代道德认知发展理论的创立者劳伦斯·科尔伯格（Lawrence Kohlberg，1927—1987）提出的概念，但它经历了当代世界哲学的改造与完善，变成了最具前沿性的道德哲学思维范式。我们之所以重视"后习俗责任伦理"这一概念，主要原因有三。第一，它虽然揭示的是儿童道德意识的发展阶段，但同时也可视为人类道德意识发展的一般规律，因为人类的心智发展阶段实际上也像个人心智成长一样，要经历从儿童到青春少年再到成熟的成年人心智发展的各个阶段，只是，由于人类生活的"集体"在现代之后一般以"国家"为"单位"，而"国家"与"国家"之间的"国际"交往，远不如人际交往这样能够"交相利""兼相爱"，以利相交远甚于以义相交，所以"国家"很难在"伦理"上成熟，长久地处在"儿童"道德意识"阶段1"的水平，服从于"惩罚与服从"的关系。但"国家"也像黑格尔说的那样，原本"应该"是一个"伦理共同体"，虽然就"国内"人与人的关系而言，这一看法具有重要意义，但是目前人类理性的能力，还只处在可以有效解决国内伦理问题而无法以适用于国内的伦理原则建构国际伦理秩序的阶段，但无论如何，这并不妨碍我们可以把"后习俗责任伦理"用作评鉴古今中外任何一个特殊的民族伦理共同体之伦理发展水平的参照系，同时又因此可以明白地显示出，每一个国家对于人类伦理共同体所应担负的道义责任究竟何在。这样就使得道德哲学不是空泛的伦理形而上学空谈，而是具有实质的道义实存之内涵的考量。

第二，虽然"后习俗伦理"起初只是一种儿童认知心理学理论，但经过了哈贝马斯和阿佩尔（Karl-Otto Apel，1922—2017）的改造与完善，赋予了其"责任伦理"的新面向，变成了"后习俗责任伦理学"[1]，它实际上就已经成为汇集当代道德哲学前沿的一个新的理论范式，这一范式的核心价值就在于，一方面把公平正义提升到了评价一切伦常规则和个人道德行为的最高判准，另一方面揭示出了个人道德意识发展与人类社会世俗伦理变革之间的互动发生和相互塑造的道义实存逻辑。哈贝马斯对之有这样一段评价："科尔伯格把从一个阶段到另一个阶段的过渡理解为学习。道德的发展意味着，一个成长中的人（Heranwachsender）通常都是已然将其可支配的认知结构如此改建翻新并做出分别，使得他能够比从前更好地解决同样类型的疑难，即更好地处理在道德上意义重大的行为冲突的共识性调解。在这里，成长中的人就把他自己的道德发展理解为学习过程。在每一个更高的阶段上，他必须能够说明，在何种意义上道德判断，即他从前视为正确的东西，已是错的了。科尔伯格表明，这种学习过程，与皮亚杰相一致，是学习者的一种建构性的成就。作为道德判断能力之基础的这种认知结构，应该既非原初地受环境影响，也非天生的机制和成熟过程所能说明，而是作为某种先前具备的认知才能（Inventars）的一种创造性的再组织化（Reorganisation）的成果，这就使得顽固地再次返回于从前的疑难是不可能的。"[2]

因此，"后习俗责任伦理学"也就如同可以给一个成长中的个人指明其道德

---

[1] 关于哈贝马斯和阿佩尔对"后习俗伦理"的改造与推进，请参见拙文《"后习俗伦理"与"普遍正义原则"》，载《伦理学术6：黑格尔的正义论与后习俗伦理》，上海教育出版社2019年版，第1—15页。

[2] Jürgen Habermas: *Moralbewußtsein und kommunikativen Handeln*, Suhrkamp Verlag Frankfurt am Main, 1983, S. 135-136.

意识发展的方向那样，也给成长中的"国家伦理"指明其通过"学习"而具有一条通往人类普遍伦理的自由与正义的康庄大道。从道德意识发展的这一学习过程，一种"道德人类学"意义上的个体由其自然德性向其自主成长和自我塑造的自由德性成长的机制既然已经阐明，那么有"国格"的国家伦理作为一种地方性的特殊伦理也应该参照个人这一由自然到自由的伦理机制成长路径，就是顺理成章的。因此，后习俗责任伦理既是个人道德潜能生长成熟的自然进程，同时也是习俗伦理在世界历史进程中自主反应、协调并自我革新，从而迈向自由伦理的进程。以国家为单位的习俗伦理自主创新以适应世界历史变迁的自我革新能力，同样具有要从"前习俗水平"到"习俗水平"再到"后习俗伦理水平"的成长模式，在这一模式中，更为核心的是，在价值与规范的习俗化或社会化进程中，由"他律性的""伦理"向自律性（自治性）"伦理"的转化，之所以需要完成这一转化，原因就在于，这是一种"责任"伦理模式，自由了的现代人必须寻找到责任主体，如果现代人只强调个人自由，而不同时强调对自由的行动承担责任，那么自由伦理立刻就会自行解体。自由必须同时意味责任，基于这样的自由的伦理和道德，才能导向一种有效的自由的规范秩序，因此，后习俗责任伦理学也必须在个人和国家这两个道德主体身上，完成其自主自律的立法进程，从而使他律性的伦理，向自律/自治的自由伦理转型，这样才是现代伦理生活的活力和魅力之所在。一个人的自由能力是一个教化与学习的成长过程，一个国家的自由能力，同样也是启蒙和学习的成长进程，个人与国家都会凭借这种自由能力，而能活出自由的卓越和尊严。正如靠"惩罚与奖励"只不过是儿童的道德意识一样，单靠"惩罚与奖励"的"国际伦理"也不可能长久地保持在儿童道德水平；相反，必须向以公平与正义为原则的成人伦理转向，从而让适合于一国之正义向普遍的人类之正义过渡，国家才能享受到国际的尊重，具有国格之尊严，唯有如此，才有可能追求"人类自由共同体"，实现人类文明的重大进步。

第三，我所使用的"后习俗责任伦理"是综合了科尔伯格的儿童道德发展理论，哈贝马斯的商谈伦理学（Diskursethik，或译作"对话伦理学"和"话语伦理学"），阿佩尔的"交往伦理学"、"后习俗伦理学"（Postconventional Ethics）或"后习俗道德"（Postconventional Moral），还有汉斯·约纳斯（Hans Jonas，1903—1993）的《责任原理》（1979年德文版 Das Prinzip Verantwortung，1984年英文版翻译为 The Imperative of Responsibility）所提出的新的责任伦理学理念：在技术文明所带来足以毁灭人类未来的危机面前，建立起一种使人类拥有共同未来的责任伦理学。他的责任伦理学不仅是西方规范伦理学所达到的最新前沿的伦理范式，同时开启了当下各种热门的"应用伦理学"。因此只有在规范伦理学的这个最前沿阵地，我们以一种回归本原的哲学反思精神，跳出"古今中外"的各种特殊伦理视角，思考一种人类立足当下全球伦理危机、共同面对全球人类未来的道德哲学通史才是可能的，才是有意义的。在我们身处的这个资本全球化和技术全球化时代，我们生活的"规定者"依然是"资本"与"技术"或"资本与技术"的合流，任何以单一民族与国家的伦理优先性为考量标准的道德哲学，必将不可能被人类文明所接受，在全球化不可逆转的今天，伦理的生命力只能是向普遍有效的伦理法则的提升，对中国如此，对西方同样如此。

道德意识不断提升的历史也就是伦理由外在规范的"他律""客观"命令（惧怕惩罚）逐步变成内在规范的"自律""主观"命令，因而是由"野蛮"到"文明"，从"必然"到"自由"，从"特殊"到"普遍"的进步；但与此同时这种"进步"也并非一种线性的提升，而是随着现代社会生活的逐步功能化而自主地完成的。"伦理"作为人类"共存"的法则，是作为人与人相互对待关系中的规范性原则，因而要在天人关系中，寻找其先天立法的机制，要在人人关系中确立其相互性交往原则，要在人与自然的关系，人与历史或习俗、人与社会和国家的政治关系中奠定这些规范性制度的"伦理性"基础，也就是说，"伦理性"是人类社会各种规范性制度的合理合法性基础，而"伦理性"

（Sittlichkeit）本身在此作为"最终道义基础"意义上也就与"道德性"（Moralität/Morality）同义，但"伦理"与"道德"依然是两个不同概念。西方古典哲学只有"伦理"而没有"道德"概念。按照麦金太尔（Alasdair MacIntyre）的考证，西方一直到17—18世纪才有可以明确辨识的"道德"概念，这种"标识"就是"道德"仅仅是个人行动的规范性原则，处理的是一个人内心的行动准则与普遍有效的伦理法则之间的自主决断的立法关系。这种规范性的道德概念，在古希腊和罗马都不存在。西方人以现代的道德概念拿回去翻译古代的"实践"或"行动"就使得我们现在也能在古希腊罗马的哲学中读到"道德"，这其实是经过了现代人的理解所创造的"古代"经典，这一点必须引起我们的高度注意。本质上，"道德"代表了与"伦理"不同的存在方式，伦理生活是习俗中的共存方式，而道德是良心中的个人本真实存方式。因而道德作为个人行动的准则，不像伦理那样是"共存"的制度规范，而只是个人实存中对主观行动准则的立法；虽然法律也是个人的行动规范，但法律直接以国家法的命令形式规范什么行动不能做：不能杀人，不能偷盗，不能不守契约，等等。"习俗"在很大程度上也像法律规范一样直接规范哪些行动不准做，但"道德规范"从现代人对其具有了明确意识之后，就是明确区别于法律规范的，康德对此说得特别清楚：法律通过国家立法直接规范每个人的行动，而道德规范是个人理性的自律立法以规范自己的主观行动准则。因此，它是对主观任性的规范，是对主观的特殊的自愿意图的规范，也是善良意志的规范，保障善良意志因其在我的心愿中是善良的并要通过我的行动立法而变成对他人也是善良的。道德作为这样一种自律，具有两个不可缺乏的要件：自由意志（它是我出于善良意愿自愿要做的，完全是发自内心的自由要做的）和作为可普遍化为伦理法则的道德法则。

"伦理"与"道德"的区分现在很多人通过黑格尔哲学而知晓了，但"道德"与"德性"/"德行"的混用，还是非常普遍。实际上，在西方伦理学中它们也是根本不同的。"德性"既不同于"伦理"，也不同于"道德"，严格地说，它是在"伦理"与"道德"的范导之下所养成的"人性品质"。它不是共存性规范，区别于"伦理"，也不是行动准则的自律，因而区别于"道德"，它是在共存性伦理规范和自律性道德的双重规范下自主养成的人格品质，因而可以说是"规范"内化而成的品质，因此它不像"伦理"目标那样，指向一种公道的规范秩序的形成，也不像道德目标那样，具有自主、自治的行动原则，德性的目标指向最终落实在"成为一个有德性品质的人"上。所以，伦理、道德和德性分别侧重在三个不同领域起作用：伦理作为一切共存性制度的规范基础，让所有规范性秩序具有伦理性——公道与正义的秩序；道德作为一切个人实存的主观准则的规范基础，使个人行为准则具有道德性；德性是人的内在品质的表征，是把一个人偶然获得的自然人性自我造就（养成）为体现人之为人的卓越性的自由人性，因而是人的尊严之体现。

区分清楚了这三个核心概念，西方伦理学的规范主义本质就清楚了，传统伦理学探究人类共存的伦理原则，在伦理原则的规范之下实现美好生活（幸福），而"德性"是个人实现美好生活（幸福）的根本途径，因而这种伦理学被称之为德性论伦理学。经历了希腊化和罗马时代，一直到中世纪晚期，虽然"幸福"的内涵在不断变化，但伦理学追求实现人生之幸福这一目标没变，依靠自身的德性品质实现幸福这一途径没变，因而德性论这一伦理形态也只有谱系学细节之变，形态一直没变。到了现代，由于伦理学从追求美好生活的伦理过渡到了"应该做什么"的道德，从共存的生活世界的规范秩序过渡到了实存的个人行动的道德立法，因而伦理的规范过渡到了行动及其原则的规范，这就导致了道义论伦理学和功利主义后果论伦理学的分野。前者以普遍道义作为个人行动准则的立法依据，以履行义务为行动之道德；后者以最大化的功利（公益）作为制度和行动的立法依据，以最大多数人的最大化功利为道德性标准。因而，这三种伦理学类型都是规范主义的，当代英美一些学者要批评现代规范伦理学的失效，极端地要放弃所有的规范性概念而复兴传统的美德伦理学，实在是既误解了古典德性论，因为它绝不是没有规范的自然德性，而是伦理规范下的自由德性，又漠视了现代规范伦理本身的德性论。承认传统伦理学具有三种规范类型，它们分别对应于道义实存的不同领域，从而从属于一个伦理学体系，才是我们对待它们的客观态度。

19世纪之后，西方伦理学出现了两个变化，一是突出了价值问题是解决"应当做什么"的基础，因为只有当一个人有了正当的价值秩序，知道什么是有价值的，我们才能回答什么是"应该"的，"应该"的东西就是"有价值"，我们期待通过行动实现出最高的价值，我们才觉得它"应该"存在，才为自己立志立法去做它。因此19世纪之后的哲学有了一个价值哲学的转向，它要通过价值哲学来为伦理学奠定基础，因而构成了一种新型的价值伦理学，它本质上还属于规范伦理学，只是在价值哲学的基础上对传统伦理学的三种规范体系——德性论、道义论和功利论——做了综合性改造，于是只是在传统的善恶观上引入了价值论，而德性论、道义论和功利论依然是伦理学的三种相对独立的规范形态。

20世纪之后出现了哲学的语言学转向，即哲学把语义分析和思想论证作为核心课题，伦理学也转向了分析伦理学，以澄清道德词语的语义，从而不管伦理或道德的规范性及其内涵，而只管这种规范性的道德话语究竟表达了何种语义内涵。所以这种分析伦理学也被称之为"元伦理学"，所谓"元"就是首先弄清伦理词语之语义作为伦理学最基础的工作。因此，西方伦理学除了传统的三种规范性伦理学类型之外，还多了一种"元伦理学"。

20世纪70年代之后，以罗尔斯为代表的新自由主义政治哲学和以诺齐克为代表的古典自由主义的复兴，重新把源自古希腊的"正义论"作为当代政治哲学的伦理原则，终结了"元伦理学"不讨论规范伦理的偏颇，体现了规范主义伦理学的强势复兴。几乎与罗尔斯《正义论》同时，汉斯·约纳斯《责任原理》则立足于当代技术主宰下的全球伦理危机，开创了一种新型的人类未来共存的规范主义形态，它带动了应用伦理学的兴盛。但是，应用伦理学只是就人类生活各个功能领域、部门之内急需解决的突出伦理问题进行伦理思考，以制定出应急性的伦理规则，如针对基因编辑技术所带来的伦理困境，产生了基因伦理，它本质上还是属于规范伦理学，但它不从传统哲学层面讨论伦理、道德和德性的规范，而仅仅就基因编辑导致的伦理困境制定出相应的伦理准则。

所以，从西方伦理学的古今历史，我们很容易看清，道德是多样的，而伦理是统一的。道德的多样性是由伦理生活形态的多样性和历史性所决定的，不同的生活方式决定了人们遵守不一样的道德；而伦理的统一性，是由其作为"道义"在不同的生活方式和不同的历史阶段都需适时地作为"实存之理据"而呈现出的"一本万殊"之样态。所以，我们可以把西方伦理学之历史从哲学存在论上阐释为"道义实存论"的历史，而我们的课题是对"西方道德哲学通史"之研究，我们可以通过"后习俗责任伦理"为我们寻求到一种超越古今中外的本原哲学立场，以道德的多样性和伦理的统一性寻求通史之相通性的原则。这种原则共有三个：正义、爱与自由。

正义作为伦理学通史的原则，确实贯穿古今，自古希腊到现今，伦理学主导的伦理原则都是正义，但它在不同时代面临的问题是不一样的。在古希腊，哲学家们面临的问题有二：一是究竟是从正义说明友爱，还是从友爱说明正义，柏拉图和亚里士多德都认为正义和友爱都是维系城邦共同生活的纽带，但正义和友爱究竟哪一个更重要，是因为有正义，城邦公民才友爱，还是因为友爱，才表明城邦是正义的，他们都不能阐明清楚；二是城邦正义与无限的个人自由人格的冲突如何化解？柏拉图的解决方法就是以前者限制后者，因而出现了黑格尔后来批评的城邦秩序越牢固，就"把无限的自由人格损害得越深"这一缺憾。亚里士多德的处理是在城邦政治上强调以正义为伦理原则，而在城邦公民的个人交往关系中，突出友爱的伦理原则。虽然当时还没有出现公域和私域的区分，但亚里士多德在《政治学》和《伦理学》中实际上是把正义作为制度性的德性品质上的规范原则，而在作为城邦公民的人与人之间的关系上，他是优先地强调友爱的。"自由"同样没有进入"伦理"的框架之内，而只是德性品质上的"是其所是"的本体价值。

随着城邦文明的解体，希腊化和罗马时代哲学转向伦理学，实际上是从城邦共存的正义伦理转向了个人实存的德性伦理，"自然"取代"城邦"成为伦理的基础，政治正义的重要性也被个人灵魂的正义取代，而灵魂的正义以自身心灵的欲望与理性达成的和谐为标志。修身学取代政治学成为实践哲学的核心，修身的目标是德性，德性不再是在习俗中的养成，而是灵魂中的决断决定了品质。因此伦理在向道德转向，客观化的制度性的理性规范在向心灵的情感感受和理性决断转向。因而，希腊化罗马时期只是伦理学向道德哲学转化的过渡时期。

随着古罗马帝国的崩溃，人类依靠理性探索人世间的美好生活也宣告结束，代之以基督教信仰文明。基督教带来了西方伦理学的一次极大调整，"圣德"（信、望、爱）取代"习俗德性"成为首选。基督教作为爱的宗教，第一次把"爱"作为最重要的伦理原则，上帝以祂的"博爱"体现"正义"。上帝的一切行为都体现为爱，而"正义"就在上帝的博爱之中，在祂惩恶扬善的最终审判上。同时，基督教通过神的创世体系，把人从传统家庭、身份血统、世俗等级中完全解放出来，众生平等地同属于上帝的"造物"而获得了对自身的自由意识。因此，在正义、爱和自由这三个伦理原则中，基督教文化突出了爱，虽然是圣爱统辖"爱邻人"（友爱），正义是上帝的化身，而不在人的德性中，但自由意识获得了广泛的意识和教化，因为即便信仰上帝的爱和正义，但有了自由意识的人还得自己为自己的行为负责，自己为自己是否最终得救负责。因而自由意识成为基督教圣洁灵魂的责任承担者，它需要自由地决断将其欲望的、带有原罪的灵魂，转向全然灵性的圣洁灵魂。德性就是在如此修行中的灵魂品质的圣洁化，这是从罪中解脱、得救的关键。人最终能否得救虽然仰赖的是神的恩典，但能否修来神的恩典，责任还是在心灵自由了的个人自身。

经过了基督教1500多年的教化，经过了文艺复兴和宗教改革与启蒙运动，个人自由成为现代的伦理原则，于是现代西方伦理以个人自由权利的实现来体现制度的和伦理的正义，正义依然是伦理原则，但它已经不再像古希腊那样以城邦政治秩序为标志，也不像希腊化时期那样以个人灵魂的和谐为标志，更不像基督教信仰文化中以上帝的博爱和末日审判来体现，而是通过落实为规范性的制度，以立法为形式，以是否实现了个人自由权利为标志。因此，这可以说是柏拉图以城邦秩序损害个人自由人格的颠倒，是以个人自由的无限人格的实现来体现正义。自由与正义的这种关系，当然在现代也有以个人自由为优先考量的自由主义的伦理学和以伦理自由为现实性的黑格尔主义伦理学之分别，但总体上，现代伦理都是自由伦理，唯有实现个人自由才是正义的伦理，这一点都是共同的。可惜的就是，爱这一传统的伦理原则，在自由伦理中，变成了非主流的私人生活中的原则，虽然自由恋爱是现代伦理的一大标志，但"友爱的政治学"却在现代政治中因为浪漫主义的政治反动性而最终隐退，友爱也退回到私域中而无法成为公域中的主流伦理。在私域中，自爱却比友爱更具有优先性，就像良心也仅仅作为一种主观的是非法庭而不具有普遍有效性意义，但只有以普遍性法则来规范主观准则的道德才是具有普遍有效性的自由规范。因此现代伦理突出了道德和德性的自由本性，但这种自由绝不是任何形式的任性，而是纯粹实践理性的立法、普遍法则的规范下的自律/自治的伦理自由。这体现了现代文明的底线与高度。

我们就是这样重构了西方道德哲学之通史。因此我们不是做描述性伦理学，而是做哲学伦理学。通史的通透性和道义实存谱系的精细性是我们力图兼顾的两头。虽然理想可能离现实还很遥远，但我们坚信，这样通透的哲学史是面临百年未遇之大变局和陷入重重危机的人类最为急迫的需要。

我们从存在论上打通哲学与伦理学的关系，就是把"伦理机制"阐释为真正"应然"的"存在机制",从而使得"存在"不是"无道义"的实存,而是"道义"实存本身。从"道义实存"阐释"存在之机制",就改写了传统的理论哲学和实践哲学相分离的哲学传统,从而也改写了伦理学仅仅是第一哲学原理之应用的难以打通的二元论哲学格局,因此我们是以新的存在论,道义实存论的伦理学哲学重构西方哲学。通过这种道义实存的伦理学哲学史,谱写真正通透的道德哲学之通史。

至于是否真正达到了理想中的目标,这一哲学理念和哲学通史阐释是否真正有意义,我们只能期待各位大家的批评指正。反正伦理学就是要在俗世中做出脱俗的伟业,在庸常的人生中活出不凡的卓越,希望有更多的人与我们牵手在通往追求自由和真理的大道上,一起见证人类精神的光彩和德性的尊严。

2021年8月16日于复旦光华楼

目 录

1 导　论　文野之别，现代伦理何以可能成为人类文明之道？

35 第一章　迈入现代之门：意大利文艺复兴伦理思想

38 第一节　早期现代性的步伐

97 第二节　意大利文艺复兴时期道德哲学的成就

123 第三节　文艺复兴伦理思想之高峰：马基雅维利"君主"与"共和"的政治德性论

151 第二章　为权利与自由立法：自然法作为现代伦理

152 第一节　自然法道德哲学早期形态：格劳秀斯和普芬道夫的自然法思想

169 第二节　意志论与自然法：现代早期道德哲学之争

188 第三节　返回霍布斯与洛克的自然法

205 第三章　三位过渡性人物：蒙田、曼德维尔和帕斯卡伦理思想的意义

205 第一节　《蒙田随笔》中的伦理思想

217 第二节　帕斯卡论人性的高贵与正义

239　第三节　曼德维尔的利己主义与"乐利"文明启蒙

255　**第四章　回溯17世纪的科学启蒙与现代伦理之转型**
256　第一节　培根的科学启蒙与现代生活的"规定者"：科学的技术化
266　第二节　科学研究与霍布斯的心理利己主义
277　第三节　洛克伦理思想的现代转型

291　**第五章　启蒙伦理与英—法现代道德哲学形态**
293　第一节　启蒙运动路线图
317　第二节　契约伦理的三个版本
344　第三节　法国启蒙伦理思想

363　**第六章　沙夫茨伯里的道德感理论与美德伦理**
364　第一节　沙夫茨伯里道德哲学的启蒙精神
376　第二节　伦理学观念的转型：人性"伦理构造"中的"公共精神"
383　第三节　道德感、美德与价值

399　**第七章　苏格兰启蒙之父哈奇森的道德情感主义**
402　第一节　"道德感"启蒙与作为"幸福指南"的伦理学
410　第二节　"道德感官"与"道德情感"
422　第三节　人的社会本性与自由情感主义的美德论

439　**第八章　复调性的休谟伦理学**
440　第一节　休谟的"人性科学"与"道德学"

452　第二节　休谟重新解释因果关系的后果

465　第三节　休谟版本的情感主义德性伦理

492　第四节　休谟版本的功利主义伦理学

505　**第九章　亚当·斯密的道德情操论**

507　第一节　"道德经济学"的启蒙

521　第二节　亚当·斯密的道德情感主义

546　第三节　亚当·斯密的"启蒙德性论"

557　第四节　亚当·斯密伦理学在何种意义上是"古典功利主义"

567　**第十章　边沁的功利主义与英国现代法律改革**

568　第一节　现代政治哲学的激进批评者

579　第二节　功利主义原理之证明

590　第三节　边沁功利主义法制改革的意义与效果

597　**第十一章　穆勒：19世纪自由主义与功利主义的经典表达**

598　第一节　19世纪欧洲社会思潮中的个人成长

613　第二节　功利主义道德原则的系统证明

627　第三节　功利主义的"自由伦理"

649　**第十二章　西季威克对古典功利主义原理的辩护和表述**

651　第一节　作为方法论的"伦理科学"

662　第二节　功利主义及其方法的证明

674　第三节　功利主义的德性论

687　**第十三章　进化论与伦理学**
690　第一节　赫胥黎vs斯宾塞："伦理达尔文主义"vs"社会达尔文主义"
694　第二节　"伦理达尔文主义"的证明
701　第三节　20世纪进化论伦理学争论的三大问题

711　参考文献
725　人名索引
729　主题词索引

导　　论
文野之别，现代伦理何以可能成为人类文明之道？

　　经历了中世纪基督教文明，为什么西方文化在各种意见纷争、残酷战争、激进革命和保守复辟的拉锯战中最终还是坚定而永不回头地走向了现代性这一文明形态？这是本卷伦理学史思考的背景问题意识。我们常说，哲学是时代精神的立法者，其实指的就是伦理乃时代精神的立法者，因为哲学是通过确立一个时代的伦理精神而立法的，而正义、爱与自由就是作为这样的精神原则引导和规范文明的秩序与方向。但伦理所实存其中的每个民族共同体的精神立法者往往总是被民族精神的现实困顿所束缚，难以突破现实政治、经济的束缚而沐浴世界精神的超越之光，这使得现代伦理为什么能够在与多元传统文化之理念和价值的互竞中，辨识和审度文明的大势与方向，从而构成古今文野之别，依然是一个谜团。这个谜团不解开，就很难理解现代性作为一种浩浩荡荡的世界潮流，不仅把非现代性的文明送进了历史，而且把文化的现代化当成了一个能够开辟人类未来的"当然的"甚至"必然的"起点，以致其他文化不管愿不愿意，都会被它拖着走，顺之者昌、逆之者亡，从而显露出自身的"野性"。同时，我们也很难理解，为什么凡是反抗现代文明的文化体，无一不是在加速自身的落后中，在世界文明进程中落伍和掉队，最终沦落为与野蛮为伍。

　　与之相应，在对世界文明的历史考察中，我们不难发现这一现象：凡是自觉领悟并认同了现代文明中的伦理机制的民族，就能够以世界精神的巨大力量，迅速推进本民族文化的现代化转型，赶上世界文明高速发展的列车；但凡固守本民族文化的传统精神力量以反抗现代文明的民族，最终都在反抗中成为失败者，或者被不自愿地拖着走，或者自觉自愿地接受现代文明精神的洗礼，而客观上却总是无法摆脱传统文化的强大惯性力量而在应付现代性带来的各种价值和体制上的冲突中痛苦地挣扎，从而延误发展的机遇。实际上，自从现代化的列车发动起来之后，没有哪种文化能够真正地绕开现代性而走出自身文化之未来。于是，每个民族的文化精英之能成为精英，就不再是教导如何在反现代性中保守自身文化的特殊性，而是在自身文化精神的特殊性中，发现通往现代精神的种子，呵护之、培育之、陶养之，并最终以现象学般的意向性，以未来所向的"现代性"来对传统文化审问之、辨识之、批判之，将那些阻碍和淹没未来的东西予以清扫。这也就是现代文明之所以还有其旺盛生命力的魅力：它没有因为自身作为文化的目标和方向，从而仅仅将自身灵性化为脱离肉身的灵魂，它深深地扎根在文化这个肉身之中，因而始终保持着肉身因物而感的欲望之野性，才避免了如同古代达到高度发达和精致化的文明那样，最终总会因肉身脱离精神后不可救药的腐败，在蛮族入侵中轰然倒塌，因为它本身就是带着骨子里的野性在文化之洪流中狂奔。

本卷又犯了第二卷的毛病，因对不同哲学家按照其主要著作来梳理其伦理思想的脉络与体系，从而显得过于细致而篇幅太大，这本不是作者的主观心愿，由于学界对伦理思想史太缺乏细致的学理梳理而导致许多人在现代伦理问题上落入大而化之的夸夸其谈，从而对现代伦理内在的核心问题缺乏理论上的素养和知识上的准确把握，甚至对一些著名人物的臧否，即便是在著名伦理史家的断代史著作中，也难免出现种种令人遗憾的错判。所以，作者在这里简单交代一下本卷的基本工作目标，就显得并不多余。它其实就是试图解决现代道德哲学中最为艰难的三个问题：现代人在破解伦理之善的隐匿性难题时，为什么选择了以现实性（或实在论）态度来把握绝对道义之实存的路径？现代文化作为现代道义之实存形态，为什么一再地陷入文明与野蛮的冲突与战争之中？现代伦理为什么最终还是开辟出了几乎所有伦理都能接受和认同的人类文明之方向？

对于一般读者，要准确把握和理解本卷工作的意义，确实有点困难，因为它要求有一般哲学史和文化史古今之变的基础知识。况且上述问题在哲学问题的梯级上，也属于最难、最为思辨的部分，同时还要为了自身隐匿的绝对道义之实存而实践和思辨；但这种艰难本质上是人性和人生的复杂性带来的，因而即便对于一般读者，只要想对人生和文化有所教养、有所领悟，它又是不能不思考的大问题。因此，在导论如下部分，我试图对本卷所涉及的几个关键概念，先做一些铺垫性的梳理。

一、伦理自身中的文明与野蛮

研究伦理问题最大的困惑就在于伦理一方面体现的是完全超越的绝对善，代表天道和神圣；另一方面又在习俗中被纲常化、规条化，因而是相对的、世俗的、特殊的善。只有理解了它的这种双重本性，我们才能理解，伦理自身既文明又野蛮，在此意义上文明与野蛮不仅是现代伦理所具有的双重本性，而且还是一般伦理普遍带有的双重本性。作者在这里首先尝试为此提供一个并不充分的证明，而充分的证明却需要在我们十卷本所描述的"通史"本身的历史进程中去寻找。

我们能够接受的一个基本常识是，"伦理"本身具有十分复杂的语义结构，没有哪一个明确的界定，能够作为其普适的定义，这也是它的危险性之所在。我们在本通史导论卷《道义实存论伦理学》中所做的梳理，暗示了其复杂性的一个基本"密意"，它如同存在概念一样，总具有一种自身"隐匿性"。它有一个大家共同认可的本义，即"归家"，但"归家"却又易引起带有过分文学性的乡愁和情感性的忧郁，难以在哲学上作为确定的概念而被把握。因此，我们带着追求确定性的意图，在导论卷中把伦理之"归家"本义，阐释为每一个生命体回到与自身"亲如一家"的保存自家性命与生命繁盛的存在机制。[1] 作为"存在机制"，伦理可以如同物理那样，是自然自发机制。现代伦理一开始就追求把伦理作为这样的自然机制，即自然的自由（自发）机制或自然的社会机制。同时，伦理的自然是习俗化的第二自然，与不同文化体、民族的心性和自由意识联系在一起，通过圣贤的觉悟而提升到该民族宗教所信仰的绝对道义高度，获得最高的权威性与命令性，最终不可避免地落入"伦常"诫命中。这就使得伦理的规范机制成为习俗中最为严苛的法，伦理共同体中的所有人几乎很难对其"伦常"的"道德性"提出质疑，更别说违背了。质疑伦常的道德性，就等于质疑共同体共同的道德信念，就等于质疑这一共同体的人最终不懂道德，不知善恶。

但是，如果没有这一质疑，基本上就不存在什么道德哲学。道德哲学的核心问题"我应该做什么"，指向的主体，是"实存"生活中的每一个人，他们在"不知如何是好"的困境中思考"我该怎么办"，就是道德哲学的原初处境。因而，我们做道德哲学，要从分析这一道德困境的基本性质入手。所谓"不知如何是好"，不是一般地不识好歹、不懂善恶，而是在必将要做的事上如何为其绝对"应该"做的事提供最终的道义根据时，陷入了道与义的价值冲突：按照天道良心、按照习俗诫命，是"应该做"的；但是在客观上，在当下实存的处境中，我们却根本无法做。不是意志上无能为力，而是行动上无能为力。我们发现，在如此困境中，我们既不缺乏这样做的动机，也不缺乏这样做的种种"理由"，但是，我们现实地却真的无法做伦常所要求我们应该做的。

一个简单的例子可以帮助我们理解道德哲学的这一原初困境，即我们每一个年届中年的人都会面临该如何为父母尽孝的困境。尽孝是儒家伦常要求

---

[1] 尤其参见拙著：《西方道德哲学通史（导论卷）：道义实存论伦理学》，商务印书馆2022年版，第148—150页。

我们必须履行的道德义务，我们也都拥有想让父母安享晚年的孝心或善良意志，但现实中，我们却无法尽孝。如果我们秉持"父母在，不远游"之古训，一辈子守在父母身边，结果就是穷死，无法尽孝；如果我们有幸远游到大城市甚至国外，事业成功，人生发达，我们还是无法尽孝，因为如果把父母接到我们所生活的城市的"家"中，让父母在归家中享受天伦之乐，很快，父母就感觉到在我们的"家"中，他们其实是无法"安生"的。承认这一点是残酷的，因为这里确实不是父母的家，而是一个他们无法熟悉的异域，一个除了我们他们谁也不认识、什么也不熟悉的陌生之地。他们可以像"旅游"那样来住几天，却绝不可能长久住在这里，这里根本不是他们生活的世界，他们也根本无法把他们的"世界"带到这个家，因而子女的家根本就不是父母的家，他们如何能安生？我们自以为把父母接到这个家居住，就尽孝了，但他们在子女的强留之下住在子女家中的感受，却是像"坐牢"一样。

因而，在如何尽孝的问题上，我们中国人几乎都面临着不知如何是好、该如何做才是对的的道德困惑。在此困惑前，"做"是一个正要发生却尚未发生的新举动。一旦做了，无论对错，都收不回来，都将成为历史。做对了，我们内心得意和满足；做错了，抱憾终生，无法弥补，唯有良心谴责。这就凸显了思考道德哲学"我应该如何是好"的重要性。

要能理性地获得"我如何做是好"的答案，质疑习俗伦常之"天经地义"般正确，是思考的起点，因为伦常之获得其"天经地义"性根据，也是在习俗中历史地获得的，而任何历史的历史性就在于人类的生活和行为永远指向未来。古代圣贤为伦常提供的道德性辩护，在当下的困境中于是就成为"过去"，因为每一个当代人只能过他们自己有未来面向的生活。过去历史上先人所论立的伦常，无论多么良善与有理，都无法直接作为当代人的伦理诫命而具有普遍的规范效用。因而，道德哲学不能仅仅从它为过去时代的美好与辉煌所做的辩护中获得义理的证成，它只能通过每一代新人面对他们自己自主选择他们所意愿的美好生活，来确立他们应该如何，才不作为他律的严苛之法而仅作为自律的自由道德为他们的美好未来开新局。每一代人都只能在他们自己生活世界的"未来"前景而非过去之辉煌中寻找到意义之根据,这才是真正天经地义的事。

当我们面临道德困境而实在无法按照我们曾经信仰的天经地义的道德做出我们应当行动的选择时,它对当下的规范意义就丧失了,因而也就成为不再能够实存的道义。若不顾每一代人实存生活中需要有新的"天经地义"之道义规范,而固守传统道德规范的唯一正义性,传统伦理所隐含的非道义性"野蛮"就会暴露出来。也正是出于这一理由,我在本通史导论卷的"总序"中,得出了伦理概念本身蕴含文明与野蛮之辩证结构:

> 如果固守传统伦理纲常的正确性与正统性,那么它就必然不能对变化了的现实生活起到有效的规范和引导,从而使得"伦理"本身由活的精神变成死的教条,由"文明"变成"野蛮"。[1]

所以,对伦理正义自身隐匿性所包含的这种文明和野蛮的辩证结构之觉悟,从而明了实存之此在(Dasein)在"此"的"应该"所面临的真问题,是进入道德哲学的门槛。其实,这也不单是作为实践哲学的伦理学之问题,也是西方形而上学,即哲学的核心问题,否则,我们无法证成伦理学之为第一哲学。因为形而上学或者说哲学,缘起于这一惊奇:

为什么一般地总是存在者存在,而虚无却反而不存在?
(Warum ist ueberhaupt Seiendes und nicht vielmehr nichts?)

这之所以是形而上学,即哲学最为根本的问题,是因为哲学本应探究存在之

---

[1] 尤其参见拙著:《西方道德哲学通史(导论卷):道义实存论伦理学》,商务印书馆2022年版,第3页。

为存在的意义或智慧，却总在探究存在者，而这是因为每一个存在者才是我们能直观、感觉、把握和思维的具体对象。于是，存在者之存在总是作为虚无而被遗忘和遮蔽，我们如何把握存在者之存在，就成为哲学上最为棘手的问题。譬如，要认识人，哲学、伦理学终究是要把人当人来认识，但人是一个类概念，我们能认识的人，总是站在我们面前的张三、李四，而不是抽象类概念的人；我们说认识张三，是把张三作为一个教授、一个学者、一个市民、一个领导，或某某人的朋友来认识，而不是把他作为一个抽象的人来认识，因而在这样的所谓认识中，张三之为张三作为"人"的内在规定，就隐匿在教授、学者、市民、领导、朋友等等规定中而消隐为"虚无"，反而没有被认识和思维。

所谓哲学缘起于惊异，就是缘起于这种存在论的惊异，它使得实存中的非存在性、存在在存在者中的缺席和虚无被连根拔起：哲学要认识和思维的是存在，而现实中被认识和思维的却总是作为某物的"存在者"。哲学要认识世界，作为世界观，而世界却不能进入人的眼界被直观。能被我们直观的总只是时间、空间中存在的"某物"，世界之为世界的世界性隐匿为虚无。同样，道德哲学或伦理学要认识伦理，是要认识伦理所具有的绝对善性、世界之大道，但能被我们直接认识的，却总是诸如三纲五常般的"伦常"诫命。倘若我们只把如此这般的伦常诫命当作绝对善，将其视为天经地义的天理人道，从而"存天理，灭人欲"，那么伦理这一本来追求良善的文明形式，就沦为野蛮了。

这种困境，实际上也不仅仅是哲学的困境，而同样是宗教的困境。基督教文明中对作为创世主的上帝之信仰和对上帝之在人世间"代理人"（教会）的不齿，就是这种困境的表达。而在佛教中，为了化解这一困境，龙树论师区分了"识境"与"智境"，认为用识境的概念根本无法认识如来法身那不落言筌的"密意"，如同《金刚经》偈颂所云：

　　若以色身见我，以音声求我，

是人行邪道,不能见如来。

我们不能说伦理诫命是"人行邪道",它本意是善的,但其绝对之善,在伦常诫命中却是被隐匿的。如同如来法身不可见,唯借识境而成显现一样。所以,龙树论师同时还要让我们觉悟到随缘显现的识境之密意,谈锡永这样阐释道:

> 识境虽有如来法身功德令其得以显现,可是还要"随缘",亦即随着因缘而成显现,此显现既为识境,所依处则为如来法身智境,两种境界双运,便可称为"智识双运界"。[1]

如果道德哲学也有识境的话,那就是要在相生之义的实存此在中,把握这个随义显现或即义显现的大道,如此觉悟,识境就提升到智境了,伦理中的"明德"就被明察而光大,文化进入文明。如果仅仅停留在识境,让伦理中的"明德"落入言诠分别之中,从而智境不显,道义实存无所依凭,就使得伦理的自由本性不能彰显,从而只能成为他律化的必然性诫命,从此由文明堕向野蛮。

这也就是我们倡导道义实存论伦理学之"密意",此"密意"从了悟"此在"之随缘识境而生,唯借此在之识境而使存在之道相生为实存之义,因而不在任何实存生活世界之外去"绝地天通",寻求那个完全超越的形上之道,反而是在实存的生活世界之中,依凭智境,觉悟其共存相生中的义道,如此智境中的绝对[2]伦理就可以作为识境中相生伦常之所依凭者,而呈

---

[1] 谈锡永:《龙树二论密意》,复旦大学出版社2015年版,第6页。
[2] 此"绝对"依龙树之"密意"做此阐释:"绝对"即是二法(离相依相对),亦即唯一,凡因缘所生法,必非唯一,所以一切缘起有,便必非绝对。参见谈锡永:《龙树二论密意》,复旦大学出版社2015年版,第36页。

现为一切礼法的规范性根据。

这样，我们就可清楚阐释世俗伦理中文明与野蛮之辩证结构：不同时代随缘而生的伦理规范，因单一民族精神之心性而立，属识境中因缘所生法，本不具有唯一性和绝对性，但为某一民族的圣贤所执为绝对和唯一，从而与其他民族、其他文化体出现尖锐对抗，这种冲突的根源是伦理大义上的冲突，都以主观心性所执之道义而被当作唯一绝对之善，却没有一个绝对如上帝的立法者来保障其权威性和命令性，这种状态，诚如康德所言：

> 即使每一个个别人的意志都是善的，但由于缺乏一种把他们联合起来的原则，他们就好像是恶的工具似的。[1]

康德把这种状态称为"伦理的自然状态"。伦理陷入这种状态，才是真正的战争状态，它是道德信念和价值上的诸神之争，一点也不比因利益和权力之争所导致的战争更温和，反而更加残忍。因为似乎因信仰而杀人，就可抵消自己野蛮的罪恶性，在此罪恶中，智境全然消逝，唯以邪恶对抗邪恶。这也就是康德认为在人类有限的理性中，伦理共同体状态永远也不可能达成的原因。[2]

从历史上看，文野之分因根植于不同民族关于伦理本性所执之信念，所以，所有传统中的伦理，无一不是将自身所"熟悉的""习惯的""亲如一家的""相安之所"作为善、安宅、文明之所，而将与本族伦常相异的、域

---

[1] ［德］康德：《单纯理性限度内的宗教》，中译本参见李秋零译：《康德著作全集》（第六卷），中国人民大学出版社2007年版，第97页；德文原著参见 Immanuel Kant Werke in zehn Bänden, Band 7, herausgegeben von Wilhelm Weischedel, Wissenschaftliche Buchgesellschaft Darmstadt, 1968, S. 755。

[2] 参见拙文：《康德意义上的伦理共同体为何不能达成》，载《宗教与哲学》（第七辑），社会科学文献出版社2018年版。

外的，从而是陌生而异类的外邦视为蛮族，这种文野之分从世界文明视野而言，就难免带有文化的原始野性。总而言之，历史上的伦理不仅有天经地义之分，也有内外之别，它以一种内在等级化的价值秩序来规范外部世界等级化的存在秩序，同时就伦理本身而言，既被明察为天经地义的绝对善，又将其固执在特殊习俗的礼法中成为绝对义务的律令，这与其本性是相违背的。如何化解这一内在困境，最终是在考验每一种文化将如何对待人性，如何能够平等地对待每一个民族和每一个人，因而是在考验每一种文化的文明底色。只有到了现代，文明概念才流行开来，文明与文化的差异性才慢慢明晰，现代哲学才开始意识到，每一个民族如同每一个人一样，都有自身自由发展自己个性的权利，个性自由变成了一项基本权利被法律承认才开始被确认为现代文明之方向。

因而，在具体展开现代伦理这一现代性步伐之前，我们需要对文化、文明和伦理的关系从概念发生史上进行梳理，以便让人明了这几个不断被混用的概念的真实意蕴。

二、在文化与文明的差异中把握伦理之密意

伦理因自身带有文化的野性根基，它虽是文明的灯塔，塔顶之灯有时也会昏暗与熄灭，从而并非必然导向文明。文化可以是野蛮的，就像恶人也是人一样。"纳粹"给人类历史造成了空前的黑暗与灾难，却也不妨碍人们说有一种"纳粹文化"，但绝对不会说有一种"纳粹文明"。这就说明文化不仅与文明有差异而且有时根本对立，我们现在要进一步论述文化和文明的差异或对立是如何产生的，伦理在文化和文明的差异化中究竟起到何种作用。

我们已经把伦理作为相安为家的文学性和情感性原义，转换到作为存在机制这一规范性概念上了，而一旦我们理解了，如同物理是塑造自然世界的自然机制或规律，伦理是人类按照人性的规律或法则塑造人性世界的存在

机制，那么我们也就能够理解，唯有伦理才是将一种可善可恶的文化造化成文明的内在机制。而这样理解的伦理，也是符合我们汉语中关于文化之含义的。

在汉语中，"文"与"化"合用是汉代之后的事。在先秦，"文"与"化"各自拥有其自身的独立含义。《尚书·舜典》有"浚哲文明"之说[1]；文，《孔疏》："经纬天地曰文。"明，《孔疏》："照临四方曰明。"

这里的"文"，几乎就与"伦理"之义重合，因为在生活世界中，伦理就是"经天纬地"的规范制度。除此之外，"文"比"伦理"的含义更为宽泛，这也是不言而喻，因为它可以泛指一切事物的"纹理""花纹"，与"纹"相通，是物性之表象。《易·系辞下》记载：

物相杂，故曰文。

这里的"文"就不是"人文"之"文"，因为不是人为地使"物相杂"，而是物物自然地相杂，所以其"文"也就只是"物相杂"自然"化"生的"纹理"，而不是什么人化之自然。如果这是汉语里最早的关于"文"的定义，那么汉语中最早的"文化"之"文"，是没有"人化"之义的。

但《礼记·乐记》有"五色成文而不乱"之说，虽然这里的"文"也同"纹"，但它突出了"成文"之"化"义——自然之成文，依然是"物理性的"，但若人文"化成"，那就是"伦理性的"了。在《礼记·乐记》中，不仅有对人化之"文"的最早解释，也有对"伦理"一词的最早使用：

乐通伦理也。[2]

---

[1] 参见李民、王健：《尚书译注》，上海古籍出版社2004年版，第12页。
[2] （东汉）郑玄注：《礼记注》（下册），"礼记卷第十一·乐记第十九"，徐渊整理，商务印书馆2023年版，第556页。

更让人感兴趣的是，《乐记》中对"乐通伦理"的论证，基本上包含了中国古人对物理、人文、伦理、野蛮与文明的基本理解："乐者，音之所由生也，其本在人心之感于物也……凡音者，生人心者也。"[1] 在此，也就有"声成文"谓之"音"之说。声为音之质，而"成文"之声，则是"人文"之"文质"。所以，汉语里的文化之"文"，作为人文之文的含义，从这里就非常清楚了。孔子《论语》里，人文之文是在与"质"之对勘的意义上获得理解的：

质胜文则野，文胜质则史，文质彬彬，然后君子。(《论语·雍也》)

这样也就提供了对"野"，因而与之相对的"文"的一种内在阐释。质胜文之"野"，不是野蛮之"野"，而是"乡野"之"野"，是"先进礼乐"之野，孔子在此意义上说：

先进于礼乐，野人也；后进于礼乐，君子也。如用之，则吾从先进。(《论语·先进上》)

近儒程树德引《论语补疏》注曰：

孔子从先进，非重野人轻君子，正将由野人而君子也。
孔子从先进，正欲去繁文而尚本质耳。
朱子曰："礼时为大，有圣人者作，比将因今之礼而裁酌其中，令其简易易晓而可行，比不至复取古人繁缛之礼而施之于今也。孔子从先

---

[1] （东汉）郑玄注：《礼记注》（下册），"礼记卷第十一·乐记第十九"，徐渊整理，商务印书馆2023年版，第554—555页。

进，已有此意。"[1]

这样，"文质彬彬"之"文"，就具有了"礼减两进，以进为文"的文明之义。文明从文化之进化而来，是文化中的伦理之"明"。文化泛指"人化"，相对于物理、质性而言；而"文明"则是文化中对人性的涵养，因而最终体现为对人性之关怀、爱护和培育，是先进于礼乐之"文"，而不必是繁缛之礼，因而，既非"质胜文"也非"文胜质"，而是人性的文质兼备、文雅相宜之状态。

就礼乐而言，合则是文明，分则是文化。分礼乐，则人性在相异中见差异，合礼乐，则人性之光芒相得益彰，辉煌灿烂。从分言文化，儒家特别强调的是"礼"不能"过制"与"过作"，否则文化也将有野蛮之暴乱。《礼记·乐记》曰：

> 乐者为同，礼者为异，同则相亲，异则相敬。乐胜则流，礼胜则离。[2]
>
> 乐者，天地之和也。礼者，天地之序也。和故百物皆化，序故群物有别。乐由天作，礼以地制。过制则乱，过作则暴。明于天地，然后能与礼乐也。[3]

可见，儒家伦理与古希腊伦理一样都强调秩序，但过度的秩序化也不可避免地会因扼杀个人自由而导致将人过度固化在不平等的社会等级秩序中，从而表现出这种文化之野性。因而，《礼记》强调先王之制礼乐，属"人为

---

[1] 程树德撰：《论语集释》(第三册)，程俊英、蒋见元点校，中华书局2022年版，第735—736页。
[2] (东汉)郑玄注：《礼记注》(下册)，"礼记卷第十一·乐记第十九"，徐渊整理，商务印书馆2023年版，第558页。
[3] 同上书，第561页。

之节",不可过制,不可过作,否则有乱暴之患。从这里,我们可以发现,传统伦理中确实有被当今世界所遗忘的伦理大智慧,因为礼乐文明清醒地意识到,礼与乐不可偏废,极乐极礼都会出现伦理失衡,人节失度。所以,像宋儒那样强调"存天理,灭人欲",明显就属于"礼之过制"的文化野性。评价一个人"有德""无德",不从单方面遵礼或识乐,而是要"礼乐皆得",这才是"乐通伦理"之要义:

> 是故知声而不知音者,禽兽是也。知音而不知乐者,众庶是也;唯君子为能知乐。是故审声以知音,审音以知乐,审乐以知政,而治道备矣。是故不知声者,不可与言音,不知音者,不可与言乐。知乐,则几近于礼矣。礼乐皆得,谓之"有德"。德者得也。是故乐之隆,非极音也、食飨之礼,非致味也。[1]

也正是在这里,儒家伦理不仅在审美品味上别德性之贵贱,而且也将"伦"(作为类、共存之和)与"理"(作为分别文质、亲敬、贵贱之序)相分,强调礼乐共治,以教民平好恶,而返人道之正,这就呈现出了对伦理与文化和文明之关系的理解。

在西方,文化概念发源较晚,是从拉丁文中兴起的。而在拉丁文的原初语义中,文化与伦理有着极其相近的含义:

> 最接近的词源是拉丁文 cultura,可追溯的最早词源为拉丁文 colere。colere 具有一系列的意涵:居住(inhabit)、栽种(cultivate)、保护(protect)、朝拜(honour with worship)。……cultura 的法文形式是古法语 couture(这个词具有自己专门的意涵)与 culture(这个词到了15世纪初

---

[1] (东汉)郑玄注:《礼记注》(下册),"礼记卷第十一·乐记第十九",徐渊整理,商务印书馆2023年版,第556页。

成为英文词），主要的意涵就是在农事方面照料动植物的成长。

从16世纪初，"照料动植物的成长"之意涵，被延伸为"人类发展的历程"。直到18世纪末期与19世纪初期，除原初的农业意涵外，这其实就是culture的主要意涵。莫尔（More）写道："对于他们心灵的陶冶（culture）与益处。"培根提到："心灵的陶冶（culture and manurance）。"[1]

在这个概念史梳理中，我们发现，文化最初的语义是与伦理的大部分含义重合的，而当它作为文明、有教养的同义词使用时，反而遭遇到赫尔德（Herder）的抨击。其实，赫尔德恰恰是因为混用了"文化"和"文明"才导致了对线性历史观的抨击，因为作为人类自我发展历史的文化，从一开始就是多元而多样的，任何对象和事物只要体现了"人化"的痕迹，我们都可用"文化"概念，如筷子文化、刀叉文化、武林文化、江湖文化，甚至厕所文化。其中的原因十分清楚，文化之"化"的对象是非人性的自然之物：农业中的土地，通过"耕种"使"土地"成为"人化物"，于是就有了农耕文化；畜牧业中的动物，通过饲养，动物与人类生活和行动建立起联系，从而在动物身上打下"人化"的印痕，于是拉丁文中也就最早出现了animi culti（精神培育）和cultura animi这些表达文化的概念。在理解这个概念史演变时，我们必须记住两个关键人物对它的使用，一个是大力倡导拉丁文化的西塞罗，因为：

自从西塞罗哲学的重视，*cultura animi*、*tempora cultiora*、*cultus litterarum* 才作为 *cultura animi* 流行开来。[2]

---

1 ［英］雷蒙·威廉斯：《关键词：文化与社会的词汇》，刘建基译，生活·读书·新知三联书店2016年第二版，第148页。

2 Joachim Ritter und Karlfried Gründer: *Historisches Wörterbuch der Philosophie*, Wissenschaftliche Buchgesellschaft Darmstadt, 1976, Band 4: I–K, S. 1309. 经请教拉丁文专家，*cultura animi* 指精神培育或涵养；*tempora cultiora* 指更有文化、很有文化；*cultus litterarum* 指激扬文字、培养学问。

之后斯多亚主义者对文化概念的使用基本是在转义或隐喻的意义上,督促要对人的精神方面进行耕作、照料和护理。从中世纪到文艺复兴,也基本上都是在这种意义上使用文化的,因而作为文化对象的,依然是未被教化的个体之人的身心,自然或者说自然的身体和精神。但"文明"的对象,却不在个体、单个对象上的"文化",而是作为有组织的文化,是文化实体中的人文精神与人性价值被光大。在"明明德"的意义上,使得文化中的"明德"被光大,才算是"文明"。因而,简言之,文化的对象是自然与身体的照料、养育和人性化,而文明的对象是人性,是人性和人道的光辉被发扬光大。

除西塞罗外,另一个在从"文化"到"文明"的转化中起到了重要作用的关键人物,就是自然法学家普芬道夫(Samuel Pufendorf,1632—1694):

> 将"文化"(cultura)绝对确立起来,自然法学家普芬道夫做到了。他不再从理论上把自然状态把握为亚当在伊甸园的原初状态,而是借用霍布斯将其把握为外在于社会状态的一种不幸福状态。文化状态(status cultura)与此自然状态(status naturalis)相对立。[1]

这才是启发英国和法国学者开始使用"文明"(civilization)概念的契机。文明概念的起源晚于文化概念,这是大家都知道的事实,但为什么直到16世纪才出现将文化从"照料动植物的成长"之义,转向"人性发展的历程",并在18世纪后才流行开来?我们从文明概念的词根,就能推断出它的"根"是近代城市文化,而不是古代农耕文化。

文明(civilization)的词根,最早可追溯的起源是14世纪拉丁文的civil,它是市民或公民的意思,因而civilization从词根义本就包含市民化、公民化

---

[1] Joachim Ritter und Karlfried Gründer: *Historisches Wörterbuch der Philosophie*, Wissenschaftliche Buchgesellschaft Darmstadt, 1976, Band 4: I–K, S. 1309.

的含义。我们要知道，早期文艺复兴就发端于14世纪，尤其是在意大利文艺复兴中，复兴古罗马城市精神，从中发展出西塞罗所努力奋斗的城市共和国理想，最终实现公民共和主义是意大利文艺复兴政治哲学的最高成就。因而，文明晚于文化出现是十分自然的，因为城市文明、社会文明要晚于农耕文明。文化是在农耕文明中出现的概念，它注目的是自然、物理之质的人化，由对土地的耕种、保护，尤其是通过犁耙耕种（colo是cultura的动词词根）来培养，从而实现对自然物的加工和改造，使之适合于、有益于人类生存。所以乡村在古代也是文化之地，是耕种者居住之所，是手工艺发祥之地，直到在城市文化发展起来之后，有了文明概念，它才逐渐被视为"未开化的"荒蛮之地。这种"未开化"是相对于城市工业、工商业文化而言的，而在农耕文化时代，乡村作为对大自然耕种的前沿阵地，一个经验丰富的质朴农人，依然是很有"文化"的。所以，文明的词根作为市民或公民，就说明了它的根不在自然中，不在于一般对自然物的人化。它的根，在于市民或公民本性中的人性、社会性、公共性或合群性，它注目的是人性这些"公共性"方面的发展与光大。因此，它所谓的未开化（savagery），就不是自然而是人性的蒙蔽；它所谓的野蛮（barbarism）也不是作为地域意义上的乡村，而是人性、人道、人文的一种有组织化地不被激扬。

所以，有两个时间点是我们理解文明概念之内涵的关键，一是它是在18世纪启蒙运动时，作为英国人、法国人所使用的概念而流行开来的；二是近代以来科技文明、工业文明和商业文明的迅猛发展，让浪漫主义对现代忙产生强烈不适和不满，这才使我们强烈意识到文化和文明的差异与对立。

在英国，最先做出这一区别的，不是别人，正是浪漫主义诗人柯勒律治（Samuel Taylor Coleridge，1772—1834）。他说：

> cultivation与civilization之间存在着永久性的差异及偶然性的对比……国家的永恒……以及它的进步与个人自由……端视文明的永续与进步

而定。……如果一个民族的"文明"不是根植于cultivation（教化、修养）、根植于人类智能与特质的和谐发展，那么这个民族（不管如何显赫）充其量只能称为"虚有其表的"（varnished）——而不是"文雅的"（polished）——民族。[1]

在这段话中，自然、文化、文明就构成了一种"根系"结构，自然是文化之根，文化是文明之根，这是启蒙主义时代的英国和法国学者所确立的文化与文明的一个根本区别。

在德国，长久使用的是文化（Kultur）概念，而德国学者了解和开始使用文明概念，得感谢一位苏格兰启蒙思想家——弗格森（Adam Ferguson）。他在爱丁堡大学精神哲学和道德哲学教席上的第三年，即1767年，出版了一部给他带来名望、留名青史的《文明社会史论》（An Essay on the History of Civil Society），在其中，文明作为与社会合用的概念，清晰地区别于文化概念。这本书出版后的第二年就被翻译为德文，在德国莱比锡出版了[2]，随后被译成欧洲其他文字，产生了广泛的影响。我们注意到，德文版里没有把civil society（文明社会）译为die civilizationale Gesellschaft，而是按照"文明"的词根意译成了"市民社会"（die bürgerliche Gesellschaft），这至少说明了一个情况：文明概念对于18世纪后期的德国学者依然是陌生的，甚至是无意识的。那么，"市民社会"概念是否真实地传达出了弗格森"文明社会"所想表达的含义呢？

实际上并没有。

弗格森的"文明社会"（civil society）主要批评了自托马斯·霍布斯（Thomas Hobbes，1588—1679）以来英国哲学中的自私人性论，以及卢梭（Jean-Jacques Rousseau，1712—1778）所认为的人类在自然状态下和平而友爱的偏

---

[1] ［英］雷蒙·威廉斯：《关键词：文化与社会的词汇》，刘建基译，生活·读书·新知三联书店2016年第二版，第94—95页。

[2] Adam Ferguson: Versuch über die Geschichte der bürgerlichen Gesellschaft, Junius Leipzig, 1768.

见；相反地，他要证明，人的本性在于合群性，或者说结盟的本性，"社会"正是源自人的这种本性，才会走向文明，他因此批评自然状态学说是从"假说"而不是从事实的观察出发弗格森受法国哲学家孟德斯鸠的影响很深，接受了他关于"人生于社会，存在于社会"的论断，是社会性而不是自然性构成人类的自然本性。但社会的文明化需要依赖法来规范，这种法是自然法。但弗格森同时认为，自然法有两种，物理性的自然法的一部分和道德性的自然法的一部分。社会的文明化，即文明社会是要让这个社会的文化接受道德性的自然法的规范，即道德法（伦理）的规范。在这里，他清楚地表达出伦理与文化和文明的相互关系。他说：

> 物理法（a physical law）是对自然中的每一事实的一般表达，在必然性限度上是统一的。道德法（a moral law）是对任何主体所要求的卓越的普遍表达，尤其是在其自然的运作中（in the operations of nature）。[1]

这样，弗格森为文明社会概念贡献了新的核心含义，那就是民族精神和公民美德。他认为，依据人性和精神，探究道德法则与美德的自然成长机制，才应该是文明概念的关键，他在晚年著作《道德与政治学原理》（1792）和《道德哲学之要义》（1769）中把此作为探讨的重点。由于作为道德沄的伦理概念、公民美德和精神概念的引入，在他的语境中，文明的行为就已经成为表达开明或开化的状态。一种文明的状态，就是举止高雅，脱离了野蛮、野性的生活，粗俗与文雅的对立是文明概念的重心，在艺术、学识、品味（鉴赏力）方面不断取得进步的状态，才是文明状态。因而文明状态即是社会文化摆脱野蛮化的结果，也是公民美德培育养成的结果。

但一个有教养的文明民族为什么在文明的盛期同样会遭遇腐败、堕落、

---

[1] Adam Ferguson: *Institutes of Moral Philosophy*, Basil Printed and fold by James Decker, 1800, p. 4.

退步与崩溃？弗格森的解释同样是从人性出发的。基于他对社会事实的观察，他不认为人性总是奋进的，民族精神也总是会在高度文雅之后就出现精神的松懈。就像罗马帝国那样，从荣耀的高处跌落下来，堕入无底的深渊，这也是非常自然的现象。其原因，他认为，就在于民族精神的勇气与活力，很难有一种持续的激情让它永葆青春，当整个民族精神在文化高度文雅（文明）之后，人性的缺陷就在享受岁月静好的慵懒中，失去了艰苦创造的活力。创造或创新的活力是美的，但对于创造美的精神的人而言，是艰难而困苦的。一个民族的精神，在文明中因慵懒就会立刻陷入精神的腐败与思想的退化，这是历史上几乎所有的文化在达到高度文明之后就不堪一击，被蛮族击垮的根本原因。所以，最终不是人性的自私，而恰恰是精神的倦怠，造成了文明的衰败：

> 在这种腐败的基础上，人类变得贪婪、虚伪和暴力，随时准备侵犯他人的权利。或者奴性十足、利欲熏心甚至低贱，准备好放弃自己的权利。[1]

不断增长的腐败在暴政的情况下：

> 发展得太快，以至于牺牲了仅存的美德，这种美德本该有更好的命运，却因为暴君贪婪地忙于自己的权力而不得善终。这种管理方式在某些情况下会引入腐败，阻碍它本该有的修复作用。一旦恐惧被当作是义务，人心就会变得贪婪而下贱。[2]

---

[1] ［英］亚当·弗格森：《文明社会史论》，张雅楠等译，中国政法大学出版社2015年版，第229、231页。
[2] 同上。

非常有意思的是,"文明社会"取代"文化"概念是因为弗格森,而这个概念产生广泛影响却是因为它在德语中被翻译为 die bürgerliche Gesellscahft (市民社会)。但弗格森所强调的意思,恰恰不是市民社会,而是对"市民社会"的批判。这一有趣的现象被当今学界解读为一种"讽刺":

> 黑格尔阅读并使用了弗格森的著作,而且,恰恰是《文明社会史论》德文译本创造了德国学术界流行的"bürgerliche Gesellscahft"概念,这个事实正是思想史中常见的讽刺之一。[1]

这一现象非常值得深入研究,为什么弗格森思考的"文明社会"概念被当作"市民社会"概念,并通过黑格尔和马克思,一直成为当今国际学术界讨论社会历史、政治经济、文化转型乃至社会国家之建构的一个关键术语?为什么18世纪晚期乃至整个19世纪,学术界又被德国学界引向了文化概念,似乎遗忘了"文明社会"概念?《文明社会史论》新版"导言"的作者这样说:

> 弗格森去世后的影响却很复杂。在欧洲大陆尤其在德国,他的作品要比在英国具有更长久的影响。……席勒被他的伦理学或者游戏的概念所吸引;黑格尔则受到他的历史叙述的启发;马克思把对劳动分工的预言归功于他;桑巴特赞誉他是社会学的开创者。重要的是,这些读者都不关心弗格森的"公民美德"概念。

于是,我们也就理解了,启蒙运动之后,经历了浪漫主义对现代文化的批判,欧洲文明也带着对中世纪田园牧歌的向往,产生了一种传统文化的

---

[1] [英]亚当·弗格森:《文明社会史论》,张雅楠等译,中国政法大学出版社2015年版,"导言",第16、22页。

保守主义思潮,对现代文明不断进行反思和批判,其焦点体现在,将Kultur(文化)变成了civilized(文明的、有教养的)普遍过程之后,西方文化变成了文明的一个线性发展过程,而这正是赫尔德坚决反对的。

> 通过18世纪流行的普遍历史观——所确立的 civilization 的意蕴——作为一种描述人类发展的世俗过程。在赫尔德的作品中,有一个重大用法的改变。在他的未完成著作——《论人类的历史哲学》(1784—1791)里……他批判这一些普世历史学的假说:civilization 或 culture——人类自我发展的历史——就是我们现在所称的非线性的历程,导致了18世纪欧洲文化的高峰。的确他抨击了所谓的欧洲对于全球四个区域的征服与宰制。[1]

当一种文明变成了对其他文明的征服和宰制时,就恢复到了文化内在所包含的野性基底,而回到其自身的对立面而消解了自身。因而,我们只有对文化、伦理和文明进行结构性的理解,在文明和野蛮之对立的张力中,引入一种自由、自主而开放的伦理机制,才能真正理解现代文明发展的基本架构与逻辑。这样的伦理机制才能使整个社会与国家在价值、精神和规范之间保持一种系统的制度化功能。

三、伦理塑造现代文明之步伐

现在到了我们"观乎天文以察时变,观乎人文以化成天下"的时候了。

"现代伦理"之"现代",是个特别的概念。在时间上,它包含我们常说的"近代"和"现代"。虽然当今文化中在思想上有了几十年的"后现代"之反叛,但就作为规范性制度和精神的"伦理"而言,"后现代"依然在

---

[1] [英]雷蒙·威廉斯:《关键词:文化与社会的词汇》,刘建基译,生活·读书·新知三联书店2016年第二版,第147—163页。

"现代"之中，就此而言，它也包含了"当代"。所以，这里的"现代"是一个笼统的"古今"之"今"的概念。但此"今"又不是完全与"古"相对。它一方面"复古"（所谓"文艺复兴"），另一方面又反"古"，尤其是反"中世纪"天主教之"古"。即便如此，现代也不是全然反天主教，而是反在"教会"中腐败和颓废了的极度文明化的"肉身"与"精神"，它要把在天主教中达到至极的、完全脱离世俗生命的天国理想颠倒过来，再次在"现代精神"中"野蛮其身体"，"文明其精神"。这样一来，我们就不能仅仅以历史的"时间"来理解"现代"之"现代性"（modernity），而必须就其精神品格来把握之。

因而，现代精神，统而言之，即"世俗化"精神，中世纪教化的那种通往天国"上帝之城"的"圣洁"灵魂要再次扎根于世俗生命的大地上，人不可能脱离其自然生命的大地而圣洁其精神，相反，必须在现世的实存中即物穷理，尽性悟道。如同黑格尔所言，"凡生活中真实的伟大的神圣的事物，其所以真实、伟大、神圣，均由于理念。哲学的目的就在于掌握理念的普遍性和真形相。自然界是注定了只有用必然性去完成理性。但精神的世界就是自由的世界。举凡一切维系人类生活的，有价值的，行得通的，都是精神性的。而精神世界只有通过对真理和正义的意识，通过对理念的掌握，才能取得实际存在"，所以，我们必须"信任科学，相信理性，信任自己并相信自己。追求真理的勇气，相信精神的力量，乃是哲学研究的第一条件。人应尊敬他自己，并应自视能配得上最高尚的东西"。[1]

这是在现代性高峰上对现代性精神品格与结构所做的把握和概括。而"走出中世纪"的步伐，是一步步在反抗文明的极致化所导致的文化野蛮中沉重地迈出的。我们从被称为"中世纪最后一位诗人""新时代最初一位诗人"的但丁（Dante Alighieri，1265—1321）的《神曲》中，可以窥视出现代精

---

1 ［德］黑格尔：《小逻辑》，贺麟译，商务印书馆1980年版，第35—36页。

神作为"头足倒置"的天主教精神的正义与德性之品质。也就是说，现代文明发源于中世纪，但也只有等到中世纪文明发展到极致，从而出现自身文明之昏暗并向野蛮过渡后，才有开启新文明的土壤，长出新时代的精神萌芽。九层地狱本身就是头足倒置的"漏斗"，第一层是所有人死后的灵魂接受上帝末日审判之所，谁也无法逃脱这一审判，通过这一审判才能"公正"地决定谁的亡灵不下地狱，谁下地狱以及下到哪一层地狱，这无疑是人世间所缺乏的神的正义之体现。不管人在世间多么飞黄腾达或者多么卑微低下，人的罪与德，最终由上帝来公平地审判。这是带有中世纪信仰特色的正义，地狱的层级越深，表明人世的罪恶越大，而在地狱中也就遭受更为悲惨的惩罚。

而在七层炼狱里的灵魂，不像地狱里的灵魂那样是受永罚。这里的亡灵，它们生前没犯罪恶，只有过错，在向上帝忏悔之后已经得到上帝之宽恕，因而在炼狱中他们以不同的方式洗涤，最终都会走向天堂享受永福。因此，所谓天堂之永福，最终还是要以世俗生活中的德行做基础，但丁因此以"头足倒置"的方式，肯定世俗生活本该具有其自身的价值，这种价值的实现，也唯有依赖伦理之正义和人性之德行。

这也就是整个文艺复兴中的人文主义之伦理理想。文艺复兴是要"复兴"古希腊、古罗马的古典文化，其精神实质就是人文主义。人文主义以人为中心，以人为本，把人当人看，这是其内在的精神。以人为中心，就是否认以神为中心；以人为本，就是否认以神为本；把人当人看，就是将人从家庭出身（血缘）、社会等级地位、民族性和贫富闻达等外在标志中解放出来，真正把人当人看，看人身上的人性，看出每一个人性通往卓越与伟大的化育机制，从而在人性成长的伦理机制中，将人性的光辉与美德"化成天下"。

这就是人文主义所谓"人的发现"之后，伦理现代转型之开端。它要肯定人在世俗生活世界中作为人的价值和尊严，每个人只有自主地活出人的价值和尊严，才能在伦理世界立起自身的主体。因而，道德也是以张扬人性为基础，以人的自主和自由为核心，寻求在世之幸福而非享受天国之永福。

因此，人文主义伦理思想首先要塑造现代"新人"，这种人从中世纪1000多年的教化中，意识到了人是自由的，所有人在上帝之下都是平等的，上帝以人作为自己的肖影，让人获得了尊荣。能否活出上帝赋予人的自由本性，成就人性的尊严，这是人自身的使命，自由同时意味着敬重并遵循上帝的诫命，承担起人应该承担的责任，这构成了现代人的基本理念。

伊拉斯谟（Desiderius Erasmus，1469—1536）《愚人颂》中给出了这一"新人"的最初样板，她的"父亲"不再是"混沌""农神""主神朱庇特"等等，而是财神普路托斯。伊拉斯谟赋予了现代人以"自由意志"，布鲁尼（Leonardo Bruni，1370—1444）则通过对西塞罗和亚里士多德哲学的传承，发展出一种"公民人文主义"的理想，在他这里道德哲学继中世纪之后开始了对亚里士多德德性传统的第一次回返，幸福不在天国求，而在于自身美德的完美实现。菲奇诺通过对柏拉图经典的注疏，复兴了柏拉图主义。而库萨的尼古拉主义以及布鲁诺（Giordano Bruno）的自然哲学和洛伦佐·瓦拉（Lerenzo Valla，约1407—1457）的伦理学，都在神圣—世俗的精神结构中，塑造了现代人格。

文艺复兴伦理思想在意大利哲学家马基雅维利（Niccolò Machiavelli，1469—1527）那里达到高峰。他一方面在政治哲学上完成了公民共和主义伦理机制的建构；另一方面，基于意大利周边群狼四起的野蛮文化处境，给予了对本国君主的"邪恶教诲"，从而也改写了古代德性论，呈现出现代自由德性论的文野辩证结构。

伴随文艺复兴的文化步伐，一种奠定现代伦理作为自由伦理的社会运动——宗教改革首先在德国轰轰烈烈地展开，继而发展成为整个欧洲翻天覆地的文化革新运动。自从路德赋予了人类理性的证据来反驳天主教教义之后，理性而非信仰才被视为一切宗教论争的最高裁判者。"这样一来，德国产生了所谓精神自由或有如人们说的思想自由。思想变成了一项权利，而理性的权能变得合法化了。"[1]

---

1 ［德］亨利希·海涅:《论德国》，薛华、海安译，商务印书馆1980年版，第234页。

但是，这场运动不仅在德国引发了长期的宗教战争，英国和欧洲其他各国，也无不经历了新教和旧教之间的残酷仇杀，自由的、理性的伦理变革，从一开始就带着血淋淋的罪恶与恐怖登场，于是出现了一系列事与愿违的现象：

> 我们新教思想自由的天然保护者，为了压制这种自由，竟和山南党人妥协起来，他还常常使用最初是教廷为了反对我们而想出来并使用的武器：检查制度。[1]

不仅如此，变成了新正统的路德宗和加尔文宗，都成为压制思想自由的新的独裁者，其思想的专制并不亚于罗马教廷，更有甚者，理性已被路德咒骂为"娼妓"。

但不容否定，基督新教所倡导的精神自由不仅在哲学上开出了德国古典哲学这一神圣的花朵，而且对社会的伦常道德，即习俗的纯洁性和履行义务的严格性产生了毋庸置疑的良好影响。废除禁止牧师结婚的制度之后，作为路德发动宗教改革的原因，教会腐败堕落的淫乱和修士的邪恶也随之消失了。所以它对整个世界精神的影响无比巨大，如同汉斯·多林格（Hans Dollinger）所说：

> 欧洲宗教改革是人类历史中最富有影响的革命。它比法国大革命更为广泛而强烈地改变了欧洲的政治风景，且比列宁1917年的世界转折更为持久地影响了精神生命通往新时代的浪潮。其原因在于，宗教改革的动机，不仅仅是改革被告席上的教会陈旧过时的状况并给予宗教以新的内容，而且更为关键的还是这一事实：信仰依然还只是社会不满的一个

---

[1] ［德］亨利希·海涅：《论德国》，薛华、海安译，商务印书馆1980年版，第235页。

挂在船头的破浪神（Aushängeschld）。自从14世纪以来，大多数人都在不公正的社会压迫的重负下发出了悲叹的呻吟。[1]

新教改革对现代伦理的最大影响，如同黑格尔所说，就是个人自由成为伦理原则，它将古希腊注重等级秩序的正义转变为实现个人自由权利的正义，从而把传统伦理转变为现代伦理。但新教改革所造成的宗教战争，作为文化野蛮化的表征，欧洲人也为此付出了极其沉重的代价，三分之一以上的鲜活生命的死亡在为宗教之恶而买单。

这也反映出伦理塑造世界的艰难。伦理需要有先天立法之依据，但既然信仰是自由的，那么就绝不能以一种信仰所信的神强行要求所有人都认信为绝对的神，信仰自由必须同时确立宗教宽容原则，否则就会出现诸神之争，以战争为手段来解决信仰分歧，就使得宗教所劝导的绝对善变成极端恶。因此，通过宗教战争，宗教宽容思想也成为现代伦理必须确立的一种基本价值。

同时，它也启发了现代伦理必须走现实主义路线，保证道德规范的有效性。规范之为规范必须满足有效性要求，过高的道德如果脱离人性，对具有人性的存在者缺乏规范效用，就会因其缺乏实在性而不仅无意义，甚至可能带来伪善和罪恶。现代人深刻地认识到，人性不是天生具有善恶之分，它既具有超越的神性，又具有感性的欲求本能，超越性本身并不就是善，欲求本性也并非就是恶。善恶不是事物先天的属性，而是在道德原则之下的评价性价值。因此，对于伦理的道德性原则而言，在人文主义将道德建立在人性基础上之后（凡是维护、促进或有利于人性自由发展的规范，就是善的；相反扼杀、阻碍和不利于人性自由发展的规范，就是恶的），欧洲现代哲人便进

---

[1] Will Durant: "Vorwort," in *Kulturgeschichte der Menschheit, Bd. 9: Das Zeitalter der Reformation*, Ullstein Frankfurt am Main, Berlin, Wien, 1982.

一步确立了伦理的自然法基础。因为伦理作为人类实存着的生活世界中起内在规范作用的机制，不能完全消融在世俗的习惯伦常中，而要将习俗伦理引导和规范到更高的超越的正义水平。

在达到了这样的伦理意识之后，现代欧洲哲人不再从宗教神法而是回到自然法来探讨伦理的道义根据，或者说，他们开始把自然法作为伦理法之合道德性的标准来认识和建构，这样就出现了欧洲近代伦理学中自然法的复兴。

所谓"复兴"，是因为自然法并非现代人的发现，亚里士多德就已经认识到，城邦礼法（nomos）有的是人为制定的，有的则出自自然。因而，古希腊的哲人，就已经认识到了自然的是正当的。后来在希腊化时代兴起的斯多亚主义更是把遵循自然生活作为首要的伦理原则，遵循自然就是遵循理性。在中世纪将亚里士多德哲学变成了天主教神学正统的托马斯·阿奎那那里，在将上帝的诫命视为最高的自然法这样的解释框架中，自然法本身虽然低于神法，但借助于作为最高自然法的上帝之诫命，自然法思想同样蔚为大观。

因此，近代之后的自然法本身就是作为道德史（histories of morality）或道德哲学史（historia philosophiae moralis）的形态存在的。荷兰法学家格劳秀斯（Hugo Grotius，荷兰文写作 Hugo de Groot，1583—1645）在自然法基础上阐发国际法，成为国际法之父，且从自然法来阐发其《战争与和平法》，完成了从形而上自然法到唯理主义自然法的近代转型。在其之后德国的普芬道夫继承和发展了格劳秀斯和霍布斯的自然法思想，把自然法阐释为"道德存在"（moral entities）的新秩序，被公认为是给既存欧洲国家制度提供全面理论的第一人，从而是现代系统阐发自然法道德哲学的第一人。在这样的思想背景下，自然法理论的复兴，不再单纯是欧洲某个国家特殊的法学理论，而是整个欧洲现代道德哲学早期版本的一个基本形态，无论是意大利、英国、法国，还是苏格兰启蒙运动，自然法都是其道德哲学中的基础和核心内容。

自然法理论在现代道德哲学中发生的第一个根本的转变，是从抽象的道德基础和标准变成了现代人的自然权利；而第二个根本转变发生在英国，即对于自然法抽象原则的批判。由于英国经验主义哲学传统，现代伦理完成了世俗化转型，使得实用、效果、现实性、力量在他们的哲学中变成了最为重要的伦理价值。休谟（David Hume，1711—1776）被视为古典功利主义的代表人物，就是因他把"有用性"提升为伦理的价值和标准。到1825年之后，几乎各个阶层的英国人，无论辉格党人还是法律改革者们，甚至托利党人，都已经不再信任自然法理论，也避免在社会改革中采用任何抽象的激进原则，这也就是法律改革家和伦理学家边沁（Jeremy Bentham，1748—1832）发动对自然法抽象原则之批判的原因。从他开始，立法原理不再向前回溯其本原的天理根据，而是把势必增进最大多数人最大幸福的后果预期作为唯一的道德性根据。这是道德哲学史上最为关键的一次古今之别，因为通过边沁，任何规范制度和个人行动的道德性评价，发生了从先天的道义依据到依据所预期的行动（实践）后果这一根本性的转向。当然我们似乎也无理由说，功利主义伦理最终终结了自然法传统，因为功利主义伦理的证明，依然需要依赖于道德心理学，只要每个人对功利最大化的心理预期和欲求本身完全是自然正当的，那么，失去了自然法，功利主义道德也还是"无根"的。

功利主义对自然法的批判所发生的伦理之道德性标准的后果论转变，是在整个启蒙精神和启蒙运动的进程中发生的现象。狭义的启蒙运动发生在18世纪的法国，但作为现代的思想解放运动，有观点认为，英国"光荣革命"可以算作英国启蒙运动的开端。如果我们更狭义地把启蒙理性视为科学理性的话，那么，从培根（Francis Bacon，1561—1626）开始的对亚里士多德古代传统作为纯粹求知欲的无功利的科学观的批判，倡导以实验科学方法，追求科学的社会效果，增强知识之力量的新科学，就已经是在做现代科学之启蒙了。因而，广义的启蒙，首先是科学知识的启蒙，对自然世界的祛魅,自然失去了作为神造物的神圣性和神秘性,而只是作为自然因果性展示的物理世界。其次是政治科学启蒙,对国家、政府之权力的祛魅,人们不再相信君权神授的神话,权力背后站着的不再是神,而是魔鬼:最大化的利益。因而政治要是有伦理,这种伦理就是正义之规则的公开论辩。不能让每个人都能公开地运用自己的理性来论辩正义规则的政治,就不可能是现代政治,这种政治也不可能有伦理。再次是对宗教祛魅,让神、人、教会各得其所,宗教和政治在现代生活中有了自己合理存在的范围和各自持守的边界,因而可以按照各自的伦理原则在现代人的生活世界中成为文明的象征。最后是对理性自身的祛魅,理性作为人的认识能力、欲求能力和制作能力各自都有了明确的界定,尤其是理性能力的运用在启蒙中分离出了"公开运用"和"私自运用"的自由,这种"自由"也就会体现理性能力运用者自身的品味(鉴赏力)和德性。由此,现代理性主义也就成为伦理学思想的核心阵地。

本卷主要考察启蒙运动在英、法、意等国所导致的功利主义转型,因而,契约伦理是首先要考察的现代伦理形态。我们将考察霍布斯的契约伦理、洛克(John Locke, 1632—1704)的契约伦理和卢梭的契约伦理三个版本。启蒙伦理的第二个重要形态,就是法国百科全书派的理性主义伦理学。我们将重点考察伏尔泰理性启蒙所实现的现代道义转变,狄德罗(Dini Diderot, 1713—1784)与百科全书派的理性伦理思想,尤其是激发了边沁功利主义思想的爱尔维修(Claude Adrien Helvetius, 1715—1771)的合理利己主义伦理学。

当然,功利主义伦理思想之谱系是本卷重点考察之核心。为了理解功利主义产生的时代背景和社会精神的结构转型,我们把蒙田(Montaigne, 1533—1592)、帕斯卡(Blaise Pascal, 1623—1662)和曼德维尔(Bernard Mandevill, 1670—1733)视为三位"开新局"的过渡性人物。蒙田表达出了新时代自主自由之"新人"的价值观念和伦理生活之理想,帕斯卡则表现了一个坚守科学理性的人，依然可以在道德上全然做个虔诚的基督徒。他从耶稣基督的神性与人性中论证了人性的高贵与正义，但是，人虽然可以因思想而高贵，却也会因妄自尊大而愚蠢，因而他用圣洁的基督教伦理表达了对人间正义的五大洞识。其中，最具现代意义的是这个惊人的识见：德行过度也致恶，当然这指的是仁爱般的私德。曼德维尔最早地以人性自私论论述了利己主义对于社会伦理的进步意义，这是只有现代人才能说出口的惊人之语，他以此论也让自己成为人们批判的靶子，但也启蒙了现代英国人进一步认清了正义不能脱离利益甚至自利，因而是以"得其应得"为核心之义。于是，可以说他对英国人进行了一种"乐利"文明的启蒙。没有这种启蒙，英国很难走出农业文明而通往现代以城市为中心的工商业文明。没有工商业文明，也就没有现代经济、现代科学技术的飞速发展，也就没有新世界的发现，因为所有这些都与现代人对于财富与福利的追求密切相关。所以，曼德维尔的《蜜蜂的寓言》被认为是一部最邪恶也最聪明的书，这是有道理的，现代社会学家对究竟是新教伦理（路德的劳动是奉上帝之召的"天职"和加尔文清教的克俭伦理）还是人本性中的奢侈欲求的争论代表了资本主义精神和现代社会发展的内在动力之争，其实在曼德维尔这里已经有了答案。他的最为核心的洞识，是破除了传统道德让人相信克制私欲比放纵私欲好、照顾公益比照顾私益好的废话，并论证了一种真正的文明，那就是激发人们的创造性活力，让社会财富的总量保持增长并以公平分配作为"克己奉公"的替代品，来化解公益与私利的矛盾。他清楚地看到，社会道德败坏，其实不在于人们承认私欲，私欲本身不是恶，只有放纵和扼杀这种本性才是恶。恶来自社会不公，来自对不该赞美的极力赞美、对不该轻蔑的表示轻蔑。再野蛮的人亦会为赞扬所陶醉，再卑劣的人亦绝不会容忍轻蔑。这是他对真实人性的观察得出的真诚看法。

有了这些现代观念的转型，再经过沙夫茨伯里三世伯爵（Anthony Ashley Cooper, 3rd Earl of Shaftesbury, 1671—1713）将洛克哲学经过文学和美学的改造后传到苏格兰，在苏格兰启蒙运动中产生的苏格兰的道德哲学，就一步步从道德情感主义，走向了功利主义伦理。功利主义伦理既避免了英国在政治上走法国大革命以革命的激进主义方式解决社会危机的做法，也避免了政治以斗争方式为核心——相反，是以发展经济为中心，通过增加社会财富来发展科学技术与生产力，让所有人在有法治保障的条件下，通过不断改善法律，保障每个人的权利和尊严，自由而自主地选择自己愿意的生活和行动，保持每个人个性的充分发展。因而，法治主义基础上的自由伦理，才是现代文明的典范。也正是这种伦理才把个人真正从传统身份等级制度中解放了出来，从各种思想的专制中解放了出来，成为独立自主的人，自由之定在成为现代国家富强、个人幸福的基本存在机制。"先进"于这种"礼乐"的国家，都立于世界之潮头，飞速地在文明进程中将"后进"远远地甩在历史的尘雾中。

四、"文质彬彬"：新伦理文明的可能性

上述现代伦理作为本邦本国的存在机制和文化发展机制，是一种文明之典范。这一典范本身就是在不断野蛮化并通过对其野性之克服而不断改进和完善从而发展为现代文明之标识的。它的一个众所周知的野蛮性就是通过开拓殖民地乃至发动战争来化解本国的经济危机。19世纪各国的民族独立运动，彻底否定了殖民主义的合法性，但无法避免文化冲突导致的局部战争；后来的全球化，让人类看到了经济全球化给人类文明带来的曙光，但也带来了一系列因经济发展的不平衡以及文化、政治、宗教和意识形态分歧所造成的更为全面的冲突的可能性。如今，大家都看到了世界分裂的表象，却无人能够从现代伦理机制中发现这一文明形态本身内在的痼疾，即科学的技术化所带来的人类智能的极大发展都是以外化甚至异化的方式在运作。因而现在，不仅技术本身成为人类生活的规定者，全面控制着人类生活和文化的运作与发展，而且也成为吸引资本和权力聚集的决定性力量。如同现代早期发

现了利益是文化发展的动力一样，现代中后期越来越突出地表明，技术、资本以及随附它们的权力成为人类实存的规范机制，却没有一种新的伦理机制能有效地制约和规范技术、资本和权力，这便使得人的内在欲望发展成为一种以文化形态表现出来的贪欲，从而出现了现代文明新的"质胜文则野"的状态。而这种"野"，也就不再只是乡野之野，它在技术、资本和权力这三种规定力量的结盟中，让人类文明无法控制地进入人自身的消亡之恶的阴影之中。人的生命的智能化以及机器人取代人类，现在都已经不再是"神话"，而是所有人都在担心，却谁也无法驾驭的没有未来之未来。现代文明的野蛮化这一明显趋向，早已向人类发出了强烈的呼声，为了人类之未来，每一个人、每一个国家都必须共同承担起一种责任，这就是一种"文质彬彬"，即文野相适、共谋相生的人类文明新形态以拯救现代文明之危机的伟大责任。

这一危机已经不再是欧洲文明的单一危机，如同现代伦理已经成为人类文明普遍伦理机制一样，人类也因走上了被科学、技术文明所塑造的现代文明之快速发展的列车，在人类共同遭遇的这一"人类世"的危机中，无法置身事外。因此，在全面推进全球化的进程中，伦理学必须从以单一民族共同体的存在机制建构中走出，以全球伦理为指向，在解决全人类共同面对的全球问题视野中，探索人类文明的新形态，这才是伦理学最为急迫的致思方向。

也就是在这一致思方向上，我们一方面致力于重启全球伦理研究，它将是一种无中心论的人类共存伦理。在文明多样性已经成为学界共识的今天，任何欧洲文明中心论的想法，都很难得到人类理性的辩护，同样，其他古典文明，无论在"轴心文化"时期有多么的辉煌，也不可能通过"复兴古典"而成为新文明形态的"中心"。因此，新的全球伦理的使命，将只能从多元文明的伦理理念中，汇聚于以现代文明为目标的方向上，完成各自文明的现代化转型，在其基础上，在"文明互鉴"的智境中，寻找到全球伦理的共同规范的"金规则",其标准既能体现各民族和国家的"共存性正义",也能包容其个体性自由发展与繁荣的卓越。

另一方面,为了能够实现这一目标,我们需要从三种经典的、互竞优位的伦理形态——以亚里士多德为典范的美德伦理、以康德为典范的道义伦理和以边沁、穆勒(John Stuart Mill,1806—1873)为典范的功利主义后果论走出,回到伦理的存在论之根基,以"道义实存论"重新勘定和重塑它们在伦理生活世界的准确定位。这也就是我们在本卷评价和重塑启蒙伦理与古典功利主义的一般视野。

第 一 章

迈入现代之门：意大利文艺复兴伦理思想

文艺复兴（renaissance）是从中世纪转向"现代"的第一场充满精神活力与文化教养的思想文化运动，14世纪先以意大利著名商业文化中心佛罗伦萨、威尼斯等为主场，以文学、绘画、政治和伦理为中心展开，后夹在15—16世纪传遍了欧洲多部分地区。所以它首先是一场以文学（诗歌）、历史和绘画美术为指向的教养运动。最初的人文学者有教会牧师、城市官员和社会名流，他们都主张对教育进行全方位的改革，希望通过复兴古典文化，培养"新人"。这种"新人"要懂得人性本身的光辉，认识到人的生命的宝贵，从而懂得人的真实价值和使命。因而人文学者主张重视诗歌和修辞学的训练，通过知识和德性的结合，实现完美的人性之卓越。

虽然整体而言，整个文艺复兴的核心思想都以"人文主义"（humanism）为基础或核心，但这个概念本身却是19世纪的产物。1808年，德意志教育学家尼特哈默（Friedric Niethammer，1766—1848）发表《现时代教育课程理论中博爱主义与人文主义之争》（*Der Streit des Philanthropinismus und Humanismus in der Theorie des Erziehungs-Unterrichts unsrer Zeit*），才首次使用"人文主义"这个概念。1859年，乔治·福格特（George Voigt）发表《古典时代的复活或人文主义的第一个世纪》（*Die Wiederbelebung des classischen Alterthums oder das erste Jahrhundert des Humanismus*），开创了"人文主义史学"

研究的先河，把"人文主义"算作从中世纪晚期到现代早期这个漫长的过渡时期的意识形态，它突出地营造了一种"新时代"的意识，"新时代"需要塑造"新人"。后来经过布克哈特《意大利文艺复兴时代的文化》(*Die Kultur der Renaissance in Italien*)，"人文主义"成为一个表示人的教养与自由，或品味与风格的流行词语。当然，"人文主义"这一概念的最初内涵，依然是由最早的意大利"人文学者"(humanista)所笼统划定的，即"人文学问"(studia humanitatis)。显然，这个概念具有鲜明的意大利文化个性，与古希腊和古罗马人重视以"诗歌"（史诗）和"修辞学"来培养公民参与城邦公共政治生活的技能、品质与美德相关。因为对于城邦文明中的社会公民，参与政治是一项义务，每位公民都需要在公共领域发表意见，公开演讲，以自己的"雄辩"来"说服"其他人接受自己的主张。同时，"修辞学"的核心内容是"诗学"，与现代"美学"的审美品味相关，它能通过"美"而让人认识"善"，认识自身与城邦所教化的美德，通过熟悉诗歌而理解和熟悉自己优秀的历史文化，从而效法古代英雄的德性，而从修辞学也能通达伦理学。这种人文主义传统，在早期意大利文艺复兴中继承下来，发扬光大。首先在时间上，意大利文艺复兴发生在中世纪末期，开风气之先，其形式也主要是通过绘画的转型作用，即通过基督教美术的神性崇拜传达出神话、神学的"人性情怀"；其次通过人文学者的性情、个性，表达对意大利城市国家公民共和主义的政治方式及其美德的颂扬。

在"人文学者"诞生之前，早期意大利文艺复兴的几位先驱人物，实际上都是中世纪晚期学养深厚之人。一个是布里丹（Joannes Buridanus，约1304—1358），大多数哲学史著作一般都把他放在中世纪晚期介绍，但有一本德文著作，《功用性的伦理学：意大利人文主义的道德哲学文本》(*Ethik des Nützlichen, Texte zur Moralphilosophie im italienischen Humanismus*)[1]却把他放

---

1 Sabrina Ebbersmeyer, Eckhard Keßler, Martin Schmeisser (Hrsg.): *Ethik des Nützlichen, Texte zur Moralphilosophie im italienischen Humanismus*, Wilhelm Fink Verlag München, 2007.

在首章，作为人文主义道德哲学的源头。他留给道德哲学史的是一本名为《修辞学作为道德哲学的方法》（Rhetorik als Methode der Moralphilosophie）的著作，这是一本对亚里士多德《尼各马可伦理学》做的评注，他并不认为伦理学对善与德性的探讨只能借助于亚里士多德的形而上学和政治学，而是更加强调修辞学的方法论意义。他提供的理由是，伦理学并非相关于人的个性行动与生活中偶然的事实，而是相关于人的灵魂之品性。由于我们对伦理问题的思想容易受到激情的干扰，所以更需要运用修辞学予以平衡和修正。当代研究者说，布里丹就是通过这部著作，"开辟了一个最终被人文主义者完成的范式转换：信仰与灵魂（精神）的激情因素相比，只做形式的证明和复兴，便具有更为积极的价值"[1]。

当然，在道德哲学史上，布里丹更广为人知的，是对否定意志自由的愚蠢和固执的理性主义的嘲讽：他认为一只驴在同等距离、同等好吃的两堆干草之间，由于没有意志自由，失去了行动的动机，最终做不出选择，只能活活饿死在两堆稻草之间。这头没有自由意志的"布里丹的驴"被作为"蠢驴"的代名词，以否定的形式激发出人们对于意志自由问题的关注和讨论。

比他更年长一辈的但丁，更属于中世纪晚期之人，但一般史学著作也将他视为文艺复兴的先驱。恩格斯对他做出的这一评价是举世公认的：

> 封建的中世纪的终结和现代资本主义纪元的开端，是以一位大人物为标志的，这位人物就是意大利人但丁，他是中世纪的最后一位诗人，同时又是新时代的最初一位诗人。[2]

而与布里丹同年出生的彼特拉克（Francesco Petrarca，1304—1374）真

---

[1] Sabrina Ebbersmeyer, Eckhard Keßler, Martin Schmeisser (Hrsg.): *Ethik des Nützlichen, Texte zur Moralphilosophie im italienischen Humanismus*, Wilhelm Fink Verlag München, 2007, S. 34.

[2] 《马克思恩格斯选集》（第一卷），人民出版社1995年版，第269页。

正属于意大利"人文主义者"中的核心人物,他与但丁和薄伽丘(Giovanni Boccaccio,1313—1375)齐名,被称为意大利文艺复兴"三巨头"。因此,我们这一章的第一节考察早期现代性的步伐,是考察现代文明如何走出"中世纪"。(1)我们先描述欧洲走出中世纪的足迹,以几个关键性的世界历史大事为中心,(2)之后考察早期文艺复兴的三位先驱人物,考察他们为人类走出中世纪提出了哪些具有现代性的观念,成为开启现代性的精神曙光,(3)在这些考察之后,为了体现走出中世纪历史足迹的连续性,我跳过了文艺复兴道德哲学的具体成果,而进入对宗教改革和新教伦理的考察,因为现代性规范伦理的真正起点,是从宗教改革开始的,早期文艺复兴更多的是观念范导,而改革后的基督新教,则把新伦理真正落实为现代制度。所以,我把文艺复兴时代人文主义的道德哲学成就放到第二节处理,分别考察了(1)伊拉斯谟《愚人颂》中的"新人",(2)布鲁尼"公民人文主义"的德性伦理成就。文艺复兴的精神概念和人类学在第三节,我把马基雅维利作为意大利文艺复兴时期道德哲学的最高成就,我将考察(1)何为"马基雅维利主义",(2)结合德国皇帝的《反马基雅维利》思考如何理解《君主论》中的"邪恶教诲",(3)如何理解马基雅维利在《李维史论》中表达出的共和主义美德。

第一节 早期现代性的步伐

早期现代性的步伐,上文已经指出,在中世纪晚期迈出了。历史学家敏锐地注意到但丁《神曲》中对机械钟表——时辰仪的描写,人们从中寻求理解中世纪的时钟。在第十曲记述了巴黎大学哲学博士和教授西基尔(卒于1283)参加该大学与多米尼克教派关于教学自由的争论:

他在巴黎"麦秸之街演讲的时候,
用三段论法推论出真理,引起了憎恨"。

于是好像在上帝的新娘从床上起身，

向她的新郎唱她的晨歌要他

爱自己的时候，那唤醒我们的时辰仪，

一部分机构在里面牵引和推动另一部分，

发出一种荡人心魄的叮当声，以致安静平稳的心灵情思洋溢；

我就像那样看到那荣光焕发的天轮，

旋转运行，声音与声音互相应和，

那音调的融洽和甘美非人间所有，

只应在欢乐成为永恒的天上听到。[1]

在第十五曲但丁写道："在那古代的城墙内，佛罗伦萨的人民曾过着清净和贞洁的和平生活，如今依然在那里听到曾经震响第三时和第九时的钟声。"[2]在第二十四曲也描写了"就像钟表里的许多齿轮……"。历史学家从这里看到了"从中世纪时间向现代时间的过渡"，勒高夫说：

但丁这位"行动时间的歌颂者"（拉丁文：laudator temporis acti）将过去敲响第三时和第九时标志着佛罗伦萨工作日的开始与结束的11—12世界"旧城"上的巴迪亚古钟，变成了对一个时代，一个社会——从其经济、社会、精神结构中——的象征和表述本身。[3]

在同一页他还说："古老的钟，这来自一个垂死世界的声音，将把它的话

---

1 ［意］但丁：《神曲·天堂篇》，朱维基译，上海译文出版社1984年版，第84页。
2 译文根据《试谈另一个中世纪》，将"佛罗棱萨"改为"佛罗伦萨"，将"晨祷和午祷钟声"改为"曾经震响第三时和第九时的钟声"。参见［法］雅克·勒高夫：《试谈另一个中世纪——西方的时间、劳动和文化》，周莽译，商务印书馆2014年版。
3 ［法］雅克·勒高夫：《试谈另一个中世纪——西方的时间、劳动和文化》，周莽译，商务印书馆2014年版，第78页。

语权交给一个新的声音——1354年的钟表。"正如钟表从"旧城"上表达一个特殊群体的特殊工作时间过渡到一般社会时间本身的象征一样,"现代"是一个让事物回归自然,回到自身的本然世界的时代。也就是在这样一个时代,才有可能不以人的出身、等级、身份、民族、富有、权力等外在符号去看待人,而以"作为一个人"这种普遍的人格来看待人。因此,自由伦理才是引导和规范"人成为一个人"的活的伦理。这种"伦理"是在中世纪晚期的政教关系、政治关系和中世纪稳固的精神结构的"崩裂"中才显露出曙光的。

一、走出中世纪的历史足迹

"晚期中世纪"就历史而言并没有一个明确的时间上的开端与结束年代,它一般更多的只具有一种相对的文化精神上的含义。就文化精神上的演变而言,我们知道,中世纪神学的盛期是13世纪,其标志性成就是托马斯·阿奎那将"异教"的亚里士多德哲学成功地改造成为天主教的神学体系。在此之后再也没有比他更宏大、更权威的神哲学了。我们现在所谓的"中世纪晚期"只是笼统地指称14至15世纪。这两个世纪,依然是"中世纪",因为它依然处在中世纪盛期所确立的文化理念之中,主流意识形态是天主教神学,人们生活于其中的政治依然是教皇神权主宰下的"政教合一"体制,经济基础与中世纪早期和中期没有改变。但历史上记载的灾难性事件构成了人们对14世纪的记忆,就是"百年战争"(Hundred Years' War)与"黑死病"。这是造成中世纪帝国最终"崩裂"的开端。

所谓"百年战争"是指英法之间为争夺王位继承和领土而开展的长达一百多年的战争。当然不是说一百年都处在连续的战争之中,而是由一连串的战役构成,偶然也会为了和平而休战。1328年法王查理四世(1294—1328)去世,他没有儿子继位,英王爱德华三世(1312—1377)以法王菲力四世(1268—1328)外甥的身份,要求继承法王王位,统率380艘战舰入侵法国,拉开百年战争序幕。最终爱德华三世于1377年死了,查理五世也于1380年死了。这两位主角的死亡，使得这场战争已经毫无意义。两个统治者各自忙于内乱，于1396年签订了一个二十年的停战协定，结束了这场战争。

  这些战役中，一切封建社会所固有的、且丝毫未被教会所制伏的暴行，以一种极其残酷的破坏方式遽然地爆发出来。法兰西王室和贵族一向沉溺于荣誉和掠夺。这种根深蒂固的恶习使法兰西城镇和乡村惨遭蹂躏。……百年战争标志着一个新的转折期。[1]

而另一个造成中世纪走向衰亡的事件实属天灾：黑死病。黑死病也被称为淋巴腺鼠疫，由在受感染的老鼠身上的跳蚤将寄生虫传染给人类。西方历史书上一般把这种黑死病的发源地说是中国，由欧洲商船把病毒带到了黑海港口，之后再继续带到君士坦丁堡、热那亚、西西里和威尼斯。因此，意大利成为首先大规模暴发的国度，几乎全境都被此鼠疫蹂躏。再往后，就日意大利流传到法国，由法国传染给英国，由英国再传往北欧诸国，之后传往俄罗斯。虽然饥荒和疾病一直是经济脆弱的中世纪潜伏着的危险，但黑死病将所有危机激发出来，造成的严重后果，超出了其他所有的灾难。光是人口的巨大消亡就是整个欧洲不可承受的：

  中世纪的报告说，被感染的城市有一半居民死于鼠疫。尽管我们应该估计到某些夸张成分，并考虑到某些地方完全逃过此劫，看来欧洲人口可能近三分之一消失。[2]

如此大规模的人口死亡，标志着中世纪时代繁荣的彻底结束。曾经受到

---

1 ［美］布莱恩·蒂尔尼、［美］西德尼·佩因特：《西欧中世纪史》（第六版），袁传伟译，北京大学出版社2011年版，第474页。
2 同上书，第453页。

普通民众尊重的教会，也由于一些牧师在瘟疫期间拒绝为垂死者服务并在瘟疫受害者遗赠中获得巨额利益而引发了普遍的怨恨，其地位明显地下降。教会的神圣性受到了无法辩护的质疑，越来越多的城镇从以前统治他们的神职人员或贵族手中夺取了对自己政府的控制权。人口的减少引发了永远不会逆转的经济和政治变革。

新兴城市的发展是中世纪的曙光。在11到13世纪这二三百年间，中世纪的城市一般兴起于国王或封建主的领地上，他们像对待自己的庄园那样对待城市，行使其领主权。但有城市就必定有商业，有商业活动就必定需要适用于商业交换的机制和规则，这是与领地上的农业性质完全不同的经济活动。因而，城市和商业，必然产生新的价值观念，这都与封建领主落后的观念和管理相矛盾和冲突。矛盾和冲突越大，新的价值和观念也就更加深入人心，这就是独立、自主和自治的要求，权利的要求。在意大利商业发达的城市，如威尼斯、热那亚、米兰和佛罗伦萨，最先由国王委任，开始拥有自治权，而且后来成为城市共和国，这无疑具有教化作用，使得中世纪末期几乎所有的西欧城市都不同程度地摆脱了封建束缚。文艺复兴从意大利到尼德兰，再到德国和法国达到完成，与文艺复兴的路线图几乎对应，欧洲城市和商业的繁荣也是从意大利再到尼德兰地区的城市：布鲁日和根特这些从英国进口羊毛的城市成为商业中心；德国的汉堡、不来梅、吕贝克也成为出口中心。在城市化和商业化的基础上，中世纪天主教的纯粹精神生活的价值，开始缺乏吸纳的力量，而播下了自由和平等的人权观念的种子。

商业活动产生了适用其本身特色的组织、行会和城市同盟。从11世纪开始，欧洲就开始有了商人行会，它像"国家"一样具有对外、对内两种职能：对外严格限制外地商人在当地开展贸易，为其成员创造对当地市场的垄断；对内则严防个人垄断，统一价格，保持一稳定的、没有竞争的经济制度。因而，行会是中世纪城市中最主要的经济组织和社会互助组织，是独立于城市（国家）而有行会自主组织和管理的自治系统，既包括商人，也包括手工业者，因而是未来"市民社会"的雏形。另外，由于行会具有"排外性"，外地城市和城市之间，也需要展开合作互助的经济活动，所以，在中世纪晚期，出现了自由城市同盟，如德国的汉萨同盟。

正是行会和行规的发展，使得新的伦理观念——人身自由、交易平等、自由竞争和机会均等成为人们追求的新价值。行会的互助精神，也导致了公共精神的诞生，尤其是在行会的基础上形成了城市管理的主要机构：市议会。这体现了市民参与公共事务的义务意识。在14至15世纪，文艺复兴和人文主义运动，就是对这种新价值观念的表达，这些新价值观念的传播，也为之后轰轰烈烈的宗教改革运动提供了理论的前导。所以，文艺复兴和宗教改革两者的结合，是走出中世纪的决定性步伐，形成了冲破中世纪的"爆炸性力量"：

> 打破了在过去1300年里，传统的拉丁基督教对欧洲人的精神垄断，一种反传统的姿态，对其发起挑战，以宗教上的特殊主义取代教会的普世主义，抛弃了天主教的超俗和神圣，转而追求此时今生、人文主义和希腊罗马时代充满肉欲的异教世界。[1]

二、文艺复兴"三巨头"：但丁、彼特拉克和薄伽丘的现代伦理观念

文艺复兴是要"复兴""古典文明"，为什么反而说是"现代性"之开端？这至少说明了一个问题，即"现代性"不单纯是一个"历史时间"概念，还保留了一种精神内涵上的意义，即世俗化和人文化的精神。它区别于中世纪神学的神圣化和以神为中心的文化，发现了"人"，世俗生活中的人追求世俗生活的幸福，这是他们的本性，也是他们的权利，这种权利不能被剥夺。

复兴古典文明，在意大利以佛罗伦萨为中心的人文学者那里具有鲜明的特色，14至15世纪"文艺复兴"的几位先驱人物还没有脱离中世纪的神学信

---

[1] ［美］沃格林：《政治观念史稿·卷四：文艺复兴与宗教改革》（修订版），孔新峰译，华东师范大学出版社2019年版，第4页。

仰，他们用神性的信仰突出人性的光辉，讴歌人世间的纯真爱情，阐发了一系列具有现代意识的思想观念，这是他们的真实特色。所以，这两个阶段还需要更为严格地区别对待。

从更抽象的一般意义而论，"文艺复兴"满足了人类从"神性"返回"人性"的精神需要。人类虽然需要超越世俗的灵性，但真实地生活在世俗大地上才更使人感到踏实。中世纪追求灵性生命1000多年，幸福生活的理想一直漂浮在虚无缥缈的对天国的想象和对一个救主的期盼中。人越来越卑微，越来越具有罪感，也越来越感受不到被拯救的希望，被过分压抑的人性本能于是开始释放出来，寻求对其权利的重视和理性表达。文艺复兴之所以首先发生在意大利，有深厚原因，哪怕在中世纪，泰勒也看到：

> 在所有重要的城镇里，都有未间断的世俗学校，有私人的也有市立的，从8世纪一直延续到10世纪、11世纪及以后，这些学校并不提供宗教教育……在意大利从来没有停止俗人教授俗人的学校，其中，教授和接受世俗内容的教育，纯粹为了其世俗的价值，而并没有考虑拯救灵魂的效用。[1]

这就很容易理解，意大利文艺复兴时期的伦理学与中世纪向往"圣洁理想"的基督教神学伦理学具有完全不同的底色，这是完全属于"世俗人文主义"的伦理学，而最早为此世俗人文主义提供价值观念的，但丁是名副其实的第一人。

1. 但丁的现代性价值观念

从中世纪到现代的过渡，正如任何一个伟大的时代变迁一样，不是自

---

[1] ［美］亨利·奥斯本·泰勒:《中世纪的思维：思想情感发展史》（第一卷），赵立行、周光发译，上海三联书店2012年版，第231—232页。

然而然的历史进程,而是由一些世界历史人物推动的。这些伟大的世界历史人物,有的是政治家,有的是思想家和哲学家,有的是诗人和艺术家。意大利历史学家维科(Giambattista Vico,1668—1744)高度评价但丁对意大利文化的奠基性贡献,说他的《神曲》有三大意义。其一是可作为意大利野蛮时代的历史。各民族在驯化其野蛮性之前都服从一种由共同的自然本性所形成的自然原则,开放、坦诚、自然,而不事反思的诗人却吟唱出真实的历史。《神曲》展示的野蛮时代史符合自然的安排和秩序,通过诗的语言把真相和谎言交织在一起,成为意大利最早的历史叙述。其二是可作为托斯卡纳美妙俗语的源泉。其三是可作为崇高诗的范例。崇高诗的本性不通过任何技巧来展现自己,诗人如同神灵附体,说出那妙不可言、激动人心的话语,让少数被上苍青睐的人陶醉其中,享受那其乐无穷的奥妙。而最神圣、最深刻的源泉,或者来自灵魂的高贵品质,或者来自伟大的政治美德:由心灵的博大(magnanimity)与正义所铸造,这样的灵魂只关心荣誉和不朽,而蔑视贪婪、野心、萎靡与浮华;一般在野蛮风习逐渐衰退而文明典范尚未确立的"乱世",如此崇高的灵魂尤为时代所向往,因而容易震撼人心。但丁命定地诞生在这样一个转折与过渡的时代,抓住了历史赋予一位伟大诗人的"道德运气",使得他诗作的崇高,如同彼特拉克的精致、薄伽丘的优雅一样,无人能及,而他是靠观念和精神开辟新时代的人。

问题是,他究竟以哪些新观念和精神开启了一个有别于中世纪的新时代?

赞美人间爱情。但丁早年有一部包含三十一首抒情诗的书,名为《新生》,抒写对俾德丽采(Beatrice Portinari,1266—1290)[1]的爱情。俾德丽采恍如"幼小的天使"让9岁初见他的但丁情萌意乱,9年后再见到她时,爱情就

---

[1] 在但丁《神曲》的不同版本中,对这位梦中情人有不同的音译。但由于最早看到的版本是朱维基译(上海译文出版社1984年版),因此我最喜欢的是"俾德丽采"这个译名。在内容介绍上,我参照了其他译本,但这个译名我坚持采用朱维基先生所译之名。

主宰了他的心灵。羞涩的年轻人总是害怕别人看出他的爱慕，必然经历种种爱的悲哀与痛苦。但他歌颂对她的爱，把她作为上帝派到人间拯救其灵魂的天使。他要把人们从未对任何一位女性说过的情话献给她。对挚爱之纯情的赞美，充满高贵的道德力量。

理性与美德使人高贵。在《三位女性来到我身边》这篇诗作中，但丁提出，正义和美德虽然被世人遗弃，却是善良人们永恒崇敬的对象。黑暗的力量给善良者带来危害，为了维护共和国的独立，惨遭放逐乃是人的光荣，而非耻辱。在《飨宴》中，但丁展开了对封建等级观念和特权思想的批判，表达出人的高贵不在于家族门第，而在于"个人"天性爱好美德的思想。这种"天性"不是与生而来，而是理性"修为"的。他说，去掉理性，人就不再成其为人，至多只是有感觉的东西，即畜生而已。真正使人高贵、接近于上帝的唯有理性，这与嘲笑理性的布里丹明显不同。

"现世生活有其自身价值。"在《帝制论》中，但丁提出人生有两个目的：享受现世生活的幸福和在来世享受天国的永恒幸福。这两种幸福彼此独立存在，各有其据，各有其理，不能以永恒的灵性生活作为理由反对现世生活的价值。人"生来不是为了像兽一般活着"，要像人一样活着，为此就要"追求美德和知识"。《神曲》通过对"地狱""炼狱"和"天堂"的描写，表达出哲学和神学所蕴含的深刻道德意义。

《地狱篇》共三十四曲，描写了但丁和古罗马伟大诗人维吉尔两人的"灵魂"游历"九层地狱"，亲见人世间各色人等死后"灵魂"在地狱中的状况。

"地狱"位于耶路撒冷地底下，形状像个漏斗，上面宽大，下面越来越小，那是罪大恶极者的灵魂所在地。而最上面，地狱的入口在一片密林之中，进入后一片昏暗，没有光线，没有星星，这就是地狱的前厅，地狱之门楣上写着：

进入此门，万劫不复，赶快丢掉，一切希望。[1]

在这里，地狱的外围，收纳着那些生前既未作恶，也未留下骂名的人的灵魂，包括那些生前无所作为者的灵魂，例如，主动辞去最高职位的罗马教皇切莱斯廷五世。他们无须进入地狱深层接受上帝的最后审判，只需在此前庭悔恨自己一生的碌碌无为，枉活一世，没有尽到受造物的天命职责。因而在这里，但丁听到了一片响彻昏暗天空的叹息和悲泣，也有捶胸顿足的哭号之声，令人毛骨悚然，无限悲悯。这给人一个暗示，不尽天命之责将造化赋予人的德性潜能实现出来，也是要下地狱的。

在地狱的第一层，虽然没有哭泣，但个个都在叹息。这里收纳的是那些婴幼儿和未接受洗礼成为基督徒的人的灵魂。他们虽然没有犯罪，有些在历史上还做出过贡献，像伟大的诗人荷马、贺拉斯，古希腊罗马人的祖先，拉丁人的祖先和后裔名人，如恺撒等，还有伟大的哲学家苏格拉底、柏拉图、亚里士多德，天文学家托勒密，几何学家欧几里得，医学家希波克拉底等等，却因出生在基督降临之前，没有信奉过上帝。他们不必下地狱，但能否升天堂，也需要等待上帝的最后"审判"。

到了地狱第二层，这里收纳的灵魂就开始接受地狱的惩罚，因为他们生前犯下了邪淫罪，他们死后的灵魂会被地狱中的狂飙卷带着翻滚和冲撞，永不停息。

第三层收纳的是那些贪吃腐化的饕餮之辈的灵魂，他们遭受的苦役明显大于第二层，躺在泥泞之中，经受冰冷的阴雨和冰雹的袭击，慢慢腐烂发臭。

第四层收纳的是吝啬鬼和挥霍者的亡灵。大多数人不是吝啬鬼就是挥霍者，这里亡灵众多，他们受的地狱之苦是用胸脯推动石头相互碰撞，玩

---

[1] ［意］但丁：《神曲·地狱篇》，肖天佑译，商务印书馆2021年版，第31页；田德望译，人民文学出版社2002年版，第18页。译文根据引者按两译本综合而成，特此说明。

命撞向对方，口中大声叫喊："你为何惜金如命？""你为何挥金如土？"周而复始。但丁要让人明白："钱财，时运带来的，拼命争夺来的，都是过眼云烟。"[1]

第五层收纳的是生前愤怒者和隐忍者的亡灵，他们被浸泡在污泥浊水之中。愤怒者依然像在生前一样，全身器官都在相互撕扯和相互踢打，而隐忍者深陷沼泽之下，只有污水上面冒出的气泡才能表现他们的哀叹。

第六层收纳的是异教徒的灵魂，但丁重点关注埋在这里的伊壁鸠鲁及其弟子们的灵魂。因为伊壁鸠鲁主义让人们追求现世生活中能感觉得到的快乐与幸福，他们是唯物主义者，否认肉体死后的灵魂不死，因而也就否定了基督教神学的教义。有意思的是，但丁让他十分尊敬的君王——1197年任西西里国王、1220至1250年任神圣罗马帝国皇帝的腓特烈二世（Friedirich II）的亡灵也与伊壁鸠鲁主义者在一起，他们接受的惩罚应该是地狱中最轻的，就是火刑烧烤，估计原因就是腓特烈二世也信奉伊壁鸠鲁主义。这个学说既不相信有来世，也就不相信死后还有灵魂在地狱，他们早就论证过，人死了，什么都感觉不到了，因此，设想在地狱中经受再大的苦和折磨，对于他们都无效。

从第七层开始，才真正进入地狱的"内城"，包含第七、八、九三层。这三层的阴魂全是犯下了上帝所痛恨的不义之罪——施暴、欺诈和背叛，都以伤害他人为其最终目的。第七层关押是施暴者的阴魂，"施暴"不仅仅是对他人施暴，而且包括对自己和上帝施暴。对他人，包括近邻施暴，造成人身伤亡，是故意害人罪；施暴于财物，造成财产损失，或纵火，或抢劫，如同强盗。因此，杀人者、伤人者、纵火者和掠夺者在第七层第一环赎罪。对自己施暴者，无论是施暴自己的人身还是财物，无论是自杀、赌博还是挥霍，都在第二环悔过和赎罪。施暴于上帝，即亵渎上帝者，是那些犯鸡奸罪

---

[1] ［意］但丁：《神曲·地狱篇》，肖天佑译，商务印书馆2021年版，第97、98页。

的"所多玛"（Sodom）人，放高利贷的"卡奥尔"（Cahor）人，都应该接受火刑镣铐。

欺诈是有意犯的罪，"破坏自然之爱的行为谓之欺诈"[1]，因而欺诈破坏的是"自然之爱的纽带"，这类罪人云集，关押在第八层地狱：

伪善、诱惑、献媚、
造假、买卖圣职圣物、
偷盗、淫媒、贪赃枉法
和诸如此类的行为。

施于前者的［指对自己信任的人——引者］欺诈，
不仅破坏自然的爱，还破坏了出于信任
而建立的爱。
因此最小的那一层［指地狱的第九层——引者］
（宇宙中心、魔王坐镇）
关押一切叛徒，
施加永恒痛苦。[2]

《地狱篇》通过各人的"罪责"施于人的灵魂的惩罚之等级，显示出一种被颠倒了的价值秩序：地狱最深层即罪恶的灵魂之所在。《炼狱篇》在永恒惩罚的《地狱篇》和灵魂获得救赎的《天堂篇》之间，但"炼狱"不在耶路撒冷，而在南半球的一个海面上，是座孤立的下宽上窄的高山，如同倒过来的"漏斗"，呈圆锥形，直指苍穹。炼狱里收纳的灵魂，生前虽有过错，但未成罪恶，而且已向上帝忏悔，得到了上帝之宽恕。他们在这里就不像那

---

1 ［意］但丁：《神曲·地狱篇》，肖天佑译，商务印书馆2021年版，第153页注释13。
2 同上书，第154页。

些地狱里的灵魂是受永罚,而只是以不同的方式洗涤罪过,最终走向天堂享受永福。

"炼狱"不像"地狱"有九层,它只有七层:第一层是犯有骄傲罪过的人的灵魂;第二层是犯有妒忌罪过的人的灵魂;第三层是犯有愤怒罪过的人的灵魂;第四层是犯有怠惰罪过的人的灵魂;第五层是犯有贪财罪过的人的灵魂;第六层是犯有贪食罪过的人的灵魂;第七层是犯有贪色罪过的人的灵魂。他们都在炼狱中谋求升入天国的"资格",这个"资格"自然与忏悔、悔改的"德行"相关。

在"序诗"中,但丁和维吉尔从炼狱里走出来,见到湛蓝的天空,满心喜悦,美丽的启明星(即金星,以爱神维纳斯命名)已将东方照亮,将爱情播撒。

> 我便向右转身,
> 凝目向南观望,
> 也像始祖亚当,
> 见到四颗星辰。[1]

有意思的是,但丁在这里遇到的第一位老人,竟然是小加图(Cato Minor),全名是马尔库斯·波尔基乌斯·加图(Marcus Porcius Cato)。这是但丁十分敬仰的一位伟人,担任过古罗马的保民官,为人正派,德行高尚,为政清廉,他对当时罗马的政治腐败深恶痛绝,也因为信奉斯多亚主义哲学而在性格上表现出传奇般的坚忍和固执。小加图与独裁的恺撒长期不和,在

---

[1] [意]但丁:《神曲·炼狱篇》,肖天佑译,商务印书馆2021年版,第4页。这里的"四颗星辰"象征古希腊伦理学所特别重视的"四主德":智慧、勇敢、节制和正义。人类始祖亚当和夏娃在伊甸园未犯罪之前,见过这四颗星辰,但在犯罪后被赶出伊甸园,他们及其后代就没再见过。

内战时期，他先是支持庞培；庞培失败后他逃往非洲与庞培的岳父一起抗击恺撒，结果还是失败。最后因困守孤城，恺撒想让他低头求饶而免一死，他却坚决不让恺撒阴暗的心理得逞而昂着头大笑着自刎而死。所以但丁尊敬他为"真正自由的严峻战士"，对他做了这样的描写：

> 是上天给了我力量，我得以领他来见你，
> 聆听你对他的教诲。
> 他是来寻求自由的，
> 只有得到自由的人，
> 才懂得自由之可贵。
> 这一点你了如指掌，
> 在乌提卡你为自由而亡，
> 并未感到丝毫悲伤；
> 最后审判之日到来时，
> 你的肉体将熠熠生辉。[1]

在"第二曲"诗中，但丁他们遇到了天使做向导，即便是在炼狱中，天使优先"摆渡"谁，也是按照正义的伦理原则：

> 摆渡我们的天使，
> 什么时候摆渡谁，
> 他根据公正原则，
> 有权力进行选择。[2]

---

1 ［意］但丁：《神曲·炼狱篇》，肖天佑译，商务印书馆2021年版，第8—9页。
2 同上书，第25页。

在《炼狱篇》第十七曲，但丁探讨了人类如何通过学会正确的爱而获得幸福。但丁从幻境中醒来，天使无私地向他指出了攀登第四层炼狱的阶梯。他们迎着日落的余晖，向上攀登，刚登上一级台阶，就听天使说："Beati pacifici，因为他们是无恶愤的！"这是《新约·马太福音》中的话："使人和睦的人有福了。"为什么"无恶愤"就幸福呢？托马斯·阿奎那对"恶愤"（ira mala）的解释是违背理性的愤怒，区别于"义愤"，这是由疾恶如仇的情感引起的，是道德的情感，而恶愤是有罪的，因而不是幸福，是要消除的恶。

有福的人，首先要消除恶愤之类的恶，不做恶，不恶愤。但这是消极意义上的，如果从积极意义上讲，有福的人，需要有爱。造物主和受造物从来都是有爱的。但丁在这里区分了两种爱，自然的爱和心灵的爱。我们注意到，对于基督徒而言，自然的爱（amore naturale）永远没有错误，它指"先天的爱"，是上帝赋予人类的爱的禀赋；而心灵的爱（amore d'animo）是由意志选择并确定的爱，它会因选择的失误、爱的力度过强或过弱出现过错，因为人的理性是有限的，有先天的爱的禀赋却不一定有正确的爱的作为："但丁精通经院哲学，托马斯·马奎那的《神学大全》区分了自然的爱和心灵的爱，但丁自己在《飨宴》中也谈到了自然之爱问题。"[1]

但是这里探讨的两种爱，与常识的看法相反。常识的看法是，自然的爱发自本能，是爱的激情，它没有错，但会被本能的欲望左右，使爱成为贪欲，失去方向、尺度和理性；而理性的爱相反，它可以确定该爱谁、不该爱谁，即使有正确的指引和规范，但也会出错。

但丁在这里和《飨宴》中都认为，自然的爱因其"自然"，就如重物向下坠落、火焰向上燃烧一样。这样的想法，得到了托马斯神学理论的支持，认为天使和人类的爱，只要是自然的，那就是爱至善，即爱上帝，是上帝赋

---

[1] ［意］但丁：《神曲·炼狱篇》，田德望译，人民文学出版社2002年版，第25页。

予了一切造物，都具有这种自然之爱的能力，它是永远对的。这种论证与日常思维的区别，在不知不觉之间，出现了爱的对象的"转移"：俗人们讨论爱，总是爱一个具体的人或物，爱值得爱的对象；而但丁和托马斯讲的爱，如同柏拉图那样的超越的爱，从自然之爱直接指向的是爱至善、爱上帝，这不是爱"自然的"对象，而是爱超感觉的"实体"、无法感知的理念和上帝，因此，跟普通人讲的自然之爱根本不是一回事儿。所以，在他们的眼中，只有心灵的爱，才总是犯各种错误，因为有选择，有意志自由。《炼狱篇》中的灵魂要消除的是人性的七种罪：骄傲、忌妒、愤怒、怠惰、贪财、贪吃、贪色。托马斯·阿奎那把这七种罪都归于爱的失误，是心灵之爱的失误。对于追求幸福生活的人而言，学会正确的爱，避免错爱十分重要，因为：

> 爱在你们身上
> 促生一切美德，
> 也促生一切应该
> 受到惩罚的罪孽。[1]

"错爱"或"爱的失误"表现为爱的对象的认识性失误。爱是爱心灵认可的任何"值得爱"的善物，但对基督教而言，首善（il primo ben）为上帝，唯有上帝最值得爱，这是圣爱，是"爱德"。只有在"爱德"指引下的爱，才不会错爱对象。人世间的心灵之爱，往往都选错爱的对象，不去爱上帝。但丁在这里，并没有把人世间的幸福当作"错爱对象"，这是了不起的进步。因为他作为人文学者，把追求现世之福视为人性的自然，是必须承认的。没有这一进步，人类精神将停留在天主教所宣扬的"天国"，而失去坚

---

[1] ［意］但丁：《神曲·炼狱篇》，肖天佑译，商务印书馆2021年版，第293页。

实的大地，同时也会在现实世界错爱对象，完全不把人间疾苦当回事，饿死多少人，都不算罪恶。而一旦承认了人世间的幸福是值得爱的，哪怕只说是"次善"（I secondi beni），也是极好的，因为它仅次于上帝之首善，在人世间依然可以是至善。按照亚里士多德伦理学，伦理只欲求属人的善，这种"次善"才是真正属人的、供人享受的福。这对于现代文明而言，自然是一大进步。否则，凡是唯有上帝、人世间的财富与幸福不让欲求的地方，都会造成万劫不复的人间地狱。

当然，既然爱是心灵之爱，错爱就不可避免。除上述善的认知错误之外，但丁还指出了其他三种错爱的形式：

> 希望出人头地，
> 极力贬低他人，
> 一心渴望他人
> 从高位跌下去；
> 担心他人高就，
> 自己失去恩宠、
> 权力、荣誉、光荣，
> 终日忧心忡忡；
> 自觉受到侮辱，
> 因此勃然大怒，
> 渴望进行报复，
> 准备加害他人。[1]

这三种错爱根源于人类始祖亚当用泥土塑造的身体本性，就其错爱的

---

[1] ［意］但丁：《神曲·炼狱篇》，肖天佑译，商务印书馆2021年版，第294页。

形式，分别犯了骄傲罪、忌妒罪和恶愤罪，需要在炼狱的第一、二、三层洗涤。

还有一种错爱，是追求善的力度过强或过弱造成的，如果爱首善（上帝）的力度不强，就会出现"迟缓的爱"，热情不够，倦怠无力，这种错爱犯的是"怠惰罪"，要在炼狱的第四层忏悔，经受爱的磨炼，并要醒悟和悔悟。次善之爱不会给人真正的幸福，因为它没有首善之本，不来自首善之根，也不会结出首善之果。

总之，尘世中的次善，总归是要消逝的，最终是竹篮打水一场空。如果爱之过分，出现贪财、贪吃和贪色，犯此三罪，就要分别在炼狱的第五、六、七层洗涤灵魂。

在这里，显示出的爱的伦理，如同自由伦理之意义，不会只有一种善的方向，只要是在人世间，属人之善就同时蕴含一个自反的方向：由爱也可以导向恨，由恨（虽然是爱的形式，错爱）而导向罪。这是"炼狱"中的灵魂必须磨炼自己的根源：人的泥土之本性，不可能在未经磨难前就能过属灵的善生活。

《天堂篇》也与《炼狱篇》一样，共有三十三曲诗。

在第一曲中，我们就高兴地看到，"但丁与俾德丽采同登天堂"，如同中国的喜剧情节一样，但丁从小爱戴的女子，虽然"未成眷属"，但他们的灵魂最终能同登天堂，这对微小的尘世中但凡还能带有一颗纯至爱之情而活着的人，无不感到极大的慰藉。即便再沉迷于声色犬马之世俗幸福的人，也会跟随着俾德丽采掉转眼光向天国仰望：

俾德丽采仰望着上天，我仰望着她；
……然后
那位洞悉我一切心事的夫人，
转身向我，她又是欢喜又是美丽，

> 对我说道:"把感恩的心朝向上帝吧,
> 他已经使我们与第一颗星辰合在一起。"
> 我仿佛觉得一朵云彩裹住我们,
> 又灿烂,又浓密,又坚实,又光滑,
> 如一块被强烈的阳光照耀的钻石。[1]

但丁感受到我们凡人与上帝融合的极乐之境。然而,在天堂里俾德丽采跟但丁的谈话,却总是显示出圣洁与凡俗之间的巨大张力。如同即便是欢乐的自然,它只是从物体中发出光芒,而喜悦之光却从灵活的眼珠中射出一样,混合而成的不同事物,由于它们的源泉不同,构成的内在生命力量也会产生浑浊与清澈的差别。以爱情温暖人类心胸的太阳,在不同源泉的心灵之中,真理的美丽面容也同样会显现出混沌与清明之异。理性跟着感觉,再清澈的光也会被不透明的感觉物折回,如果在感觉的钥匙尚未开启的地方,走上凡人错误的道路将是必然。只要在与上帝合一的纯灵性生命中,我们的灵魂放出纯然圣洁的明光,让我们的情感依照圣灵的欢喜,形成我们的感情,那么在这种感情中,我们才能产生纯然精神生命的喜乐,真爱只能在这样纯然喜乐的生命中,才能开出最美丽的花朵,享受到纯然灵性相通相感的喜悦。所以,灵性的幸福,其实也可以在尘世生活中达到,但前提是,爱的源泉不能来源于对任何上天所不需要的东西之渴慕。神圣的意志以造化生命的完满、至善为目标,于是活在圣洁生命中的爱欲,也就能共同造就生命完善。在这里,但丁探讨了绝对意志和意志软弱的问题,可以说,开了近代关于自由意志问题讨论的先河。

在《天堂篇》第四曲一开始,但丁就讨论了"布里丹之驴"的困境:在两堆距离相等、香味相同的食物之间,一个具有自由意志的人会由于不知道

---

[1] [意]但丁:《神曲·天堂篇》,朱维基译,上海译文出版社1984年版,第12页。

该如何选择吃哪一种食物而活活饿死。他说,我在这中间保持不动,或保持沉默,我不会责备自己,也不会称赞自己,因为我"不得不如此"。他说是俾德丽采消除了他在两种欲望的撕扯中心灵的焦急,从而产生无理残暴的怒火。但他们讨论的问题意识与纯粹哲学或道德哲学上的讨论显然并不相同,更类似于亚里士多德《尼各马可伦理学》第三卷中关于"不自愿"行为的归责问题,因为这里他讲的故事都围绕着欲望、怒气和责任问题而展开:《旧约·但以理书》第二章记载了巴比伦王尼布甲尼撒做了一个梦,醒后自己却忘记了,但是他却很想知道这个梦,于是强迫宫廷术士们告诉他究竟何梦。术士们自然无法相告,王于是大怒,要把他们通通杀死;而先知但以理受上帝启示,告诉了他且给他解了梦,消除了他的怒气。但丁说,他在两种欲望之间不知何为时,保持沉默,那自己是无责任的,不需责备自己,情不怒,也心甘。俾德丽采消除了他另一个疑惑,即心中的善良意志如果坚贞不屈,那么另一个强迫的暴力如何能消除我的功德?

  俾德丽采的意思是,意志存在才是怒气的根源,而人的意志永远不可能像神圣的意志那样是绝对的意志——善良意志,因而只要受到不纯东西的感染,从中产生的罪责就令人不能宽容。绝对的意志不屈从于邪恶的事情,但人的意志有时也会屈从,那是为了避免更邪恶的事情发生。亚里士多德曾举例说,如果一个僭主强迫一个女孩做可耻之事,女孩一开始不从,这时她表达了她的意志选择:不愿意做可耻的事就不从。但僭主又强迫她,说你如果不做,就杀死你父亲。在听了这话之后,女孩同意做了,亚里士多德因此说,这虽然有暴力强迫,但在女孩最终决定做的这一时刻,她还是自愿选择做的。而这就通过自由意志回答了但丁的问题。俾德丽采表达出了,我们从这两种意志来看,各有各的道理,绝对意志宁死不屈,它是自由的,但这种意志是极为罕见的;如果意志或多或少地屈从外在的暴力,那是为了避免更大的邪恶发生。因此,这两种意志,各有其理,两个欲望各自回到了其可欲之地,于是让心灵恢复了平静。俾德丽采启发了但丁,自由意志不仅仅是自愿选择的自由，更重要的是，要受更强大的力量、更完美的本性的约束，才不会导向罪恶：

> 你们还有选择权，
> 自由选择善与恶。
> 如果自由意志
> 在与上天初搏时，
> 遇到一些困难，
> 那就要靠修炼
> 去战胜那些困难。
> 经过你们有自由，
> 但你们同时要受
> 更大的力量约束，
> 受完美本性的约束；
> 这种力量和本性
> 锤炼你们的心灵，
> 不受星辰的约束。[1]

这表达出了自奥古斯丁以来整个中世纪道德哲学关于意志自由问题的最高洞见。因此，但丁对俾德丽采这位上帝仁爱之宠儿的感恩和赞美无以复加：你的言语给了我温暖和滋润，使我愈加生气蓬勃，千言万语都不能报答你的深情厚谊，但愿见到我这心意的万能的神代我向你报恩。这时：

> 俾德丽采的眼睛神圣地闪耀出

---

[1]［意］但丁：《神曲·炼狱篇》，肖天佑译，商务印书馆2021年版，第270—271页。

爱情的灿烂火花，凝望着我，
我的被征服的力量只得转向他方，
我垂下眼光，不知所措，万分惊惶。[1]

对神及其神圣的俾德丽采的赞美，是对上帝赋予人类以自由意志的感恩。自由意志既与完美的德性也与遵守誓约（契约）联系在一起，成为现代伦理的两个关键要素，都在但丁这里获得了探讨。借助俾德丽采，他们继续的话题是：

上帝在当初创造万物的时候，
他那最大、最与他自己的美德相似，
而且最为他自己珍爱的恩赐，
乃是意志的自由，他过去和现在
都把意志的自由赋予一切有灵的造物，
也唯有他们才有自由的意志。
你若是从中得出应有的推论，
你如今就会看出誓约的价值。
……
因为上帝和人之间，一旦订立契约，……
而且要出于意志的自愿，
那么还有什么可以把它赎回呢？[2]

所以，天堂中的对话，依然指向了人类在世俗生活世界追寻幸福生活的基本伦理原则，现代伦理的核心要素——意志自由、爱情和契约，都在这里

---

1 ［意］但丁：《神曲·天堂篇》，朱维基译，上海译文出版社1984年版，第32页。
2 同上书，第34页。

做了阐发。

2. 作为"人文主义之父"的彼特拉克

彼特拉克属于与14世纪几乎同时诞生之人。但丁去世时,他已经十七岁了,他继承了但丁的精神与风格,大胆歌颂人世的爱情,而他去世之时,比他小九岁的薄伽丘也于第二年就追他而逝。他们三位虽然被赞誉为意大利文艺复兴"三杰",但彼特拉克把自己的思想称为"人学"或"人文学",提出以"人"为中心,与基督教以"神"为中心的"神学"对立。这是"人文学问"(studia humanitatis)第一次正式的命名,所以只有他才被称为"人文主义之父"。在道德哲学上,迄今人们对这位"人文主义之父"的思想还知之甚少,一般研究著作和通史类著作都没有具体涉及,但从《功用性的伦理学:意大利人文主义的道德哲学文本》关于彼特拉克给出的标题 **Individualisierung der exempla** 来看,至少这是一个经验主义研究方向的转变,中世纪道德哲学的那种神学思辨、纯粹逻辑推演被他个体化的例证取代了,这开了经验主义研究的新风:

> 我运用大量例证。但真正的例证和我运用的这些真理,如果我没有用错,那不只是引起愉快,而且具有权威性。我承认,我也能够不用例证来对付;而且我也不否认,我一般地要是沉默不语该多好——这或许也更聪明一些吧。但是,世上竟有如此多的罪恶、如此多卑鄙可耻之事在横行,让人沉默是多么艰难啊;我相信,我有足够的耐心证明,我还没有让我的笔为讽刺(satire)作品磨得尖锐,在我长久以来所描写的我们时代的令人愤慨的阴森森的巨量暴行面前,我发现:不写讽刺作品,太难了。[1]

---

[1] Sabrina Ebbersmeyer, Eckhard Keßler, Martin Schmeisser (Hrsg.): *Ethik des Nützlichen, Texte zur Moralphilosophie im italienischen Humanismus*, Wilhelm Fink Verlag München, 2007, S. 49.

彼特拉克晚年确实有一批著作属于道德哲学。在1366年的对话集《好运与厄运的补救法》(De remediis utriusque fortunae) 中，他对死亡问题做了新的沉思，第一次讨论了人的尊严问题。这个问题其他人也都试图讨论过，如教皇英诺森三世（Innocent III）写过《论人类的悲惨状况》(De miseria humane conditionis)，15世纪的人文学者法奇奥（Bartolomeo Facio）写过《论人的卓越与杰出》(De excellentia ac praestantia hominis)，但最终都放弃了，没有完成任务，只有彼特拉克写成了著作。其中的原因显然不难找，论证人的悲惨和卑微，几乎不需要任何理论，随处可见的事实就能说明这一切，但要论证人的尊严，不仅需要学识，更需要精神品味，要能将基督教神学中的人神关系给予令人信服的说明，还需要理论的勇气。彼特拉克的证明引导了人文学者对人的卓越和尊严的持续讨论，这是时代精神转变的一个新气候：

> 上帝不仅变成了人，他还把人造得像上帝："让我们照着我们的形象，按我们的相似性造人。"(《创世记》1：26) 这一圣经文本是教父解经的通行论题，广泛影响了中世纪基督教作者。在文艺复兴时期，它继续被引用或提示，作为维护人的尊严的有力证据。
>
> ……
>
> 文艺复兴时期的人生活在这样一个世界中：它是专门为他建立的，且他是他的主宰之人。田野和山峦，动物及植物，甚至是金石，都只是为了他的使用便利而安置在大地上的。[1]

人的尊严不仅仅在人像神，更重要的在于人就是人，既不是神也不是动物。人不仅拥有不朽的灵魂，而且还有一个可朽的身体。这可朽的身体，不

---

[1] ［美］查尔斯·B. 斯密特、［英］昆廷·斯金纳主编：《剑桥文艺复兴哲学史》，徐卫翔译，华东师范大学出版社2020年版，第343—345页。

再是罪恶的渊薮，它同样是人类的骄傲，因为它也是上帝给人的一项赠礼，它在美和匀称方面胜过其他一切造物，它被设计得如此完美，确确实实可以视为万物的尺度。

彼特拉克于1358年前完成了一本描写个人内心秘密的著作《论我内心焦虑的秘密冲突》(*Secretum*，英译 *My Secret Book*)，引起了很大反响；1346年完成《论隐居生活》(*De vita solitaria*)，1367年写成《论他自己的和许多其他人的无知》(*De sui ipsius et multorum ignorantia*)，称自己是西塞罗主义者，称赞柏拉图是最伟大的哲学家。他对于古希腊哲学的许多知识实际上也是来自西塞罗，但通过阅读拉丁文的柏拉图著作，他已经了解到柏拉图心灵三分为欲望、勇气和理性的理论，懂得了德性之目标在于排除激情，使灵魂纯洁的思想。他为人文主义者翻译、注释柏拉图著作，为佛罗伦萨学园复兴柏拉图主义指明了道路。

但彼特拉克自己书中的"主词"几乎都变成了个人性的"我"或"他"，是对个人的精神及其自主意愿的生活形式的研究，这些研究已经呈现出与中世纪学术根本不同的风格，展示出哲学的内在的批评性：

> 他攻击占星术，同样也攻击逻辑学和法学，并把自己的全部著作都用于批判医生和亚里士多德派的哲学家。……这些攻击带有强烈的个人和主观的色彩，并且反映了彼特拉克与这些领域的代表人物之间的个人冲突和敌对，而不是在一些具体问题或论点上的差异。彼特拉克反对亚里士多德及其阿拉伯注释家阿威罗伊的权威，但他这样做是出于个人的好恶，并非基于客观的理由。[1]

从他这里我们可以感受到"人的发现"及"个人"性情、见识和品味

---

[1] [美]保罗·奥斯卡·克里斯特勒：《意大利文艺复兴时期八个哲学家》，姚鹏等译，广西美术出版社2017年版，第6—7页。

在文艺复兴时代所具有的意义。他本人对西塞罗情有独钟，实际上也带动了一大批人怀着极大的热情，抄写、收集和注释古罗马的拉丁文著作，推动了那些几个世纪以来掩埋在历史尘土中几乎无人知晓的古典原著重新焕发出光彩。早期人文学者就是因此而出名的。

彼特拉克总的说来是一位诗人，他最喜欢和欣赏的是罗马诗人维吉尔。他作为作家和学者，虽然思想中不可避免地留有中世纪神学信仰的印记，如他坚持认为，哲学的主要目的就是认识上帝，认识上帝而不是认识诸神才是最高的哲学，美德是仅次于认识上帝的次好的事情，但是，他的思想为'人文主义"确立了灵魂：对人的重视，对活生生的个人的重视。其核心是：做一个哲学家就是做一个真正的基督徒，而做一个基督徒就是做一个真正有信、有爱、有救世担当的人。于是，他把人放在了世俗生活的大地上来认识和尊重。

他自己的《歌集》中劳拉这一文学形象，具有挑战中世纪禁欲主义道德规范之底线的意图。劳拉有着金黄的卷发、明亮的蓝眼睛、白皙的皮肤和丰腴的身材，人们已经很久没在文学作品里看到如此活灵活现的女性形象了。抒情方面，彼特拉克大量地融情于景、近乎歇斯底里地一唱三叹，成为此后300多年间欧洲情诗作者的最高楷模。

他在《歌集》中描述美女"劳拉"的身体之美，"我热情歌颂的眼睛，手臂，玉足和娇容，把我的灵魂掠走"。他高歌赞美爱情和自由，目的就是冲破基督教禁欲主义的束缚。他要告诉世俗中人，在劳拉的美丽面容中，我们可以看见爱神现身，人的灵魂应该学会感恩，感恩每一个见到心爱女子的吉祥时间和地点，因为不用到"来世"，就在"此时此地"，人的心中就会不由自主地产生爱情，产生一种升入天国的愉悦感受：

　　她有时与多位少女为伴，
　　爱之神现身于她的美面，

>其他人越显得相形见绌,
>情欲之火越是灼我心田。
>我赞美那美好时间、地点:
>因为我见到了至美婵娟,
>对灵魂我说道:应该感恩,
>你荣耀竟然能如此灿烂。
>由于她你才有爱的情感,
>追随她你可以企及至善,
>高贵美本来自这位佳人,
>没必要再羡慕其他儿男,
>她引你腾空起,扶摇直上,
>致使我有希望升入云天。[1]

彼特拉克本人的性格豪放不羁,喜欢探奇览胜、游赏山川湖海,这是与中世纪基督教的清规戒律相悖的个性。基督教蔑视世俗生活,认为山川湖海为恶魔所造,会将人们引向歧途。彼特拉克冲破了宗教的禁锢,表现了市民阶级的情趣,热爱大自然,追求对大自然美的享受,这是一个新时代的新人该有的样子。

彼特拉克一生用了大量时间研究古典文化,把古典文化看作反对思想禁锢、人生束缚的思想武器。他强烈地感受到一种对现实的不适感,他之所以对古典感兴趣,就是因为当今世代常常让他难以忍受。他用自己超前的思想对古典文学进行诠释和阐述,凸显人的感性生命,他把自己的文艺与学术思想称为"人文学问",目的就是开启一种与"神学"迥然相异、关于人的世

---

[1] [意]弗朗切斯科·彼特拉克:《歌集:支离破碎的俗语诗》,王军译,浙江大学出版社2019年版,第25—26页。

俗幸福的学问。他大声疾呼，要来一场古代学术——它的语言、文学风格和道德思想的复兴，因为古典学术的底色是世俗的美好生活。

同属佛罗伦萨市民的人文主义者布鲁尼对这位前辈崇拜有加，专门著有《彼特拉克传》，如此描述了他的独一无二的伟大，给予了他无与伦比的地位：拉丁文学中曾有两大巨人，维吉尔和西塞罗，前者能诗不能文，后者能文不能诗，而只有彼特拉克既能文也能诗，在两方面都有精湛的造诣。

3. 薄伽丘的叙事伦理

薄伽丘是14世纪意大利文艺复兴的代表人物之一，与但丁、彼特拉克并称为早期文艺复兴文学三杰。在佛罗伦萨这个文艺复兴的发祥地，薄伽丘通晓希腊文，热爱古典作品，并擅长写作，这让他成为多产的人文主义作家。他写有长篇小说《菲洛克洛》，长诗《爱情幻影》《菲索塔塔女神》，史诗《苔塞伊达》《菲特洛拉托》和牧歌《亚梅托》。他的代表作《十日谈》，描写了1348年佛罗伦萨瘟疫（黑死病）流行时，十名青年男女在一所别墅避难，每人每天讲一个故事以欢笑度日，十天一共讲了一百个故事，故名《十日谈》。所有这些故事的素材来自历史事件和中世纪民间传说，因而被称为欧洲文学史上第一部现实主义巨著。所有这些故事大致可以分为三类：其一是讽刺和嘲笑天主教教会的陈旧思想和禁欲主义，揭露僧侣们的荒淫无耻与伪善，这开了后来宗教改革和启蒙运动教会批判的先河；其二是提倡率性而为，及时行乐，肯定享受现世幸福的权利；其三是大力讴歌世俗生活，赞美爱情，提倡与中世纪苦修相对立的激情而欢乐的生活。当然，这三类只是一个大致的区分，"十日"中的每"一日"的故事，都还有个比较明确的主题。除了第一日每人各自自由地选择一个"好玩"的故事来讲外，第二、三日的故事以命运为主题，第四、五日以爱情为主题，第六日则是有关语言改变事件过程的力量，第七、八日的故事表现了两性之间的"战争"，即夫妻之间的欺骗，第九日叙事主题大变，讨论的是人性的大度和开明的美德，一直延续到第十日。[1]

作为例子,我们先看关于揭露教会伪善和僧侣荒淫无耻的故事。

第一天的"故事二"说,从前有个名叫詹诺托的巴黎大商人,是一个虔敬的天主教徒,为人正直,德行高尚。他有个信犹太教的朋友名叫亚伯拉罕,非常有钱,同样品德高尚。由于两人是好友,詹诺托听说犹太教很虚伪,生怕亚伯拉罕死后的灵魂要下地狱,于是劝导他改信天主教。但亚伯拉罕对犹太教十分虔诚,认为只有犹太教才是最神圣的宗教,根本就不肯改信天主教。两个人都很固执,只坚信自己的信仰而看不起对方的宗教。不过,由于詹诺托的死缠烂打,亚伯拉罕答应他可以先去罗马考察一番,亲眼看看教皇和四大红衣主教的所作所为,之后再考虑是否改信。

现在该詹诺托担心了,因为他清楚地知道,教皇和幕僚们的生活有多荒淫无耻,他寻找各种理由,劝说亚伯拉罕不要去罗马,但都没有成功,只能目送他去。

亚伯拉罕到罗马后以做生意为掩护,暗中观察教皇、红衣主教、主教和教廷里其他教士的生活作风。经过一段时间的观察,他发现,天主教这一伙人,从上到下个个贪得无厌,爱财如命,贩卖神职,无恶不作。他们大白天无所顾忌,公开狎妓,为谋钱财,拐卖人口,包养女色,沉溺男风,甚至娈童,个个都是色中饿鬼,酒囊饭袋。看到他们寡廉鲜耻的样子,亚伯拉罕感到恶心,一刻也不想在罗马多留,即刻启程打道回府了。

回来后亚伯拉罕把他的所见所闻气愤地对詹诺托说了,并断言:

> 罗马早已成为一切恶罪的大熔炉,那些所谓的红衣主教和大主教,正在搞垮天主教,他们才是天主教的掘墓人。

---

[1] 参见佘碧平:《中世纪文艺复兴时期哲学》,人民出版社2011年版,第225页。

这番话让詹诺托哑口无言，不知如何说是好。但接着亚伯拉罕又说了：

  然而，现实是，无论这伙蛀虫如何想搞垮天主教，它依然屹立不倒，反而日益发扬光大，这使我认定，它必定有圣灵给它做支柱和基石。也就是说，天主教确实是比其他宗教伟大神圣。通过这次罗马之行，我已经决定，改信天主教。[1]

这一改信的故事，还只是从外部的视角总体地论说天主教的腐败和教士人员的荒淫无耻。而第一天的"故事四"则是从"内部"来描写其真实的淫荡生活。

这是一个地方修道院，里面有个血气方刚的小修士，根本无法压抑住青春的情欲。一天正午，他趁别人午休之际，偷偷溜出修院寻花问柳，刚好遇到一位美丽妩媚的小姑娘。一番搭讪后，就老到地将其骗入院内，在自己的卧室里偷欢。两人干柴烈火，只图快乐，被院长偷窥发现，小修士也不在乎，其实他也看到了院长在偷窥。但这小修士急中生智，想出了一个脱身之策。他对小女孩说，你先待在这里别出声，我出去想个办法，一会儿就回来，好让你出院门时不被别人看见。小修士出门后直接去找院长，按惯例交出他的房门钥匙，若无其事地说，我出去把早上砍的柴火搬回来。

院长以为小修士蒙在鼓里，并不知道他已察觉到他私藏女人的事，他很乐意收下这把钥匙，准他出去。小修士刚走，他就急忙进入他房间，查个究竟。小姑娘见到进来的是院长，慌作一团，连衣服也没来得及穿。院长正要佯装发怒，却发现她娇艳欲滴，秀色可餐，顿觉浑身火热难耐，向她求欢。女孩也十分乐意，任由院长放肆贪玩，好不快活。

再说小修士根本没有外出担柴，而是贴近墙壁，将院长和女孩的事看

---

[1] ［意］乔万尼·薄伽丘：《十日谈》，逯士博译，作家出版社2015年版，第7页。

得一清二楚。事后院长看到佯装搬柴的小修士,将他一顿臭骂,说他私藏女人,要将其关进大牢。

小修士却从容地对院长说,师父,你教会了我很多,可是你还没有教给我在女人身子底下苦修苦练的功夫呢。院长一听此话,知道自己的丑事已经败露,再也不提惩罚他的事了。后来两人多次合作,秘密将那小姑娘带进院内玩了好几回。

当然,比揭露教会内部生活糜烂的故事更多的,是歌颂爱情的故事,占比相当大。

譬如第五天的"故事三",说不久前,有个罗马贵族公子彼得与平民女子阿袅莱拉热烈相爱,难以自拔。男子想要向女孩家提亲求婚,但得到家人及好友的一致反对。更过分的是,他们家还给女孩家施加压力,破坏两个人的感情。年轻的彼得为此悲痛欲绝,却无力冲破家庭的罗网。在跟心上人商量后,他们决定孤注一掷,逃出罗马,私奔他乡。

但是,由于他们趁早摸黑出城,在城外八里的地方就走错了路,又走了六里,又遇到了一伙强盗的追杀。女孩反应快,立刻逃入树林躲藏了起来,而彼得却被强盗们打下马来。他们抢了他的马,扒光了他的衣服,准备把他赤身裸体扔到树上,就溜之大吉。

不料,这时突然又从草丛中冒出一伙人,大喊"杀呀,杀呀!"这帮强盗惊慌失措,放下彼得,落荒而逃,而冲出草丛的那帮人则在后面穷追不舍。

彼得迅速穿好衣服,骑上马,朝着阿袅莱拉躲藏的方向奔去,但直到天快黑下来,也没发现人影。他又怕又饿,精疲力竭,一步也走不动了,只好把马拴好,自己爬到树顶,以免被野兽吃掉。

而阿袅莱拉躲进树林后就迷路了,在树林里到处乱跑,既找不到彼得,也根本不知道哪里是出口。幸亏在天快黑时遇到了一对老农夫妇,就借宿到他们家里,和衣而睡,彻夜难眠。黎明十分,又遇到一伙歹徒来袭,她连忙躲入草堆，眼见这帮家伙在人家里烹羊煮肉，大吃大喝之后，将女孩的马掳走了。

天亮之后，老农夫妇好心地将女孩送到五里外的一个城堡里，而巧的是，城堡的男主人竟然是彼得的朋友，而女主人又跟阿袅莱拉熟悉，这个私奔落难的女孩终于摆脱了恐惧，有了着落。

而伤心失望的彼得，在树上也不能安息，午夜时分还真遇到了一群狼围过来，将他的马扑倒撕吃了，看得他心惊肉跳。天快亮时，狼群吃饱就走了，他看见远处有一堆火光，是一群牧羊人围着火吃喝玩乐。彼得像遇到救命稻草一样，迅速跑了过去，在他们的帮助下，也到了城堡的那位朋友家里。

城堡的朋友被他们纯洁的爱情打动，为他们终于平安地摆脱了私奔途中的种种磨难而高兴，并为他们操办了婚礼。有情人终成眷属，他们开开心心地回到罗马，和睦幸福地过了一辈子。

这样的故事，充满惊喜，不光是讴歌爱情，还向人描绘出中世纪晚期欧洲生活的基本样态。而对新生活的期待，除了人世间的美好感情，也有对没有欺负、没有强盗、没有恐怖、没有杀人放火的自由自在的生活的日常希望。

薄伽丘还用拉丁文著有一部女性文学传记《名女》。这是人类有史以来第一次由著名人文学者为世上传说的和真实的106名非基督徒女性作传，标志着女性地位从文艺复兴开始得到了显著的提升。这些女性包括《圣经》传说的人类第一位母亲夏娃，古罗马传说中的"天国女神"朱诺（Iuno），《荷马史诗》中的"丰收女神"西西里女王刻瑞斯（Ceres），智慧女神密涅瓦（Minerva，又称Pallas），爱神维纳斯（Venus），被奉为神明的天神乌拉诺斯（Uranos）之女奥皮斯（Opis或称作瑞娅Rhea），因美德而闻名、毕达哥拉斯为其铸造铜像的美丽的欧罗巴（Europa），淫荡贪欲的绝代佳人海伦（Helena），女扮男装的亚述女王塞弥拉密斯（Semiramis），传播文明的埃及女王埃瑟斯（Ysis，以前被称为"伊娥"[Yo]），埃及艳后克丽奥佩特拉（Cleopatra），利比亚女王利比亚（Lybia），骁勇的亚马孙女王马佩西娅（Marpesia）和妹妹蓝佩朵（Lampedo），子女众多的贵族女子、骄傲的底比斯女王尼俄柏（Nyobe），为救父亲丢了王位的女王许斯菲勒（Ysiphile），姐妹女王奥瑞西娅（Orythia）和安提俄柏（Anthiopa），误嫁儿子后剜瞎双目自杀的女王伊俄卡斯塔（Yocasta），命途多舛、荣耀无常的特洛伊女王赫卡柏（Hecuba），谋杀丈夫的女王、迈锡尼国王阿伽门农的年轻妻子、海伦的姐妹可丽泰涅斯特拉（Clitemnestra），命运奇异的罗马女皇康斯坦斯（Constantia）。除了这些女神、女王外，薄伽丘还描写了世上各行各业中个性鲜明的女子，如诗神萨福（Sapho），造福大众的纺织名女潘菲勒（Panphyle），被处死的修女丽雅·伊丽娅（Rhea Ylia），不幸的罗马贞女、高尚正直的维吉妮娅（Virginea），青楼义女列娜（Leena），天才女画家塔马丽斯（Themaris），勇敢的罗马少女克娄埃丽娅（Cloelia），为自由投海的公主忒奥克塞娜（Theosena），反抗暴君的非凡女性阿格里庇娜（Agrippina），以子身贵的风尘女子塞弥阿米拉（Semiamira），暴君尼禄魔掌中的美女萨彼娜·波帕娅（Sabina Poppea），猝死的独裁官恺撒之女、庞培的妻子茱莉亚（Iulia），举止高贵而自尊的佛罗伦萨少女恩故德拉达（Enguldrada）等等。在他的笔下，虽有对女性娇媚容颜的夸奖，但更多的是对人性高贵优美的赞赏。优雅的举止、温柔的谈吐、仁厚的慈爱、青春的风采固然是他讴歌的主题，但更多的是女性身上所蓬勃绽放出来的个性的夺目光彩：为自由，为亲情，为反抗，为复仇，为使命，为美丽，她们个个意气风发，大义凛然，贞洁无畏，慷慨坚韧，她们为苦难、为命运、为荣耀、为丈夫和子女表现出的睿智、从容、笃诚、征战、拼搏乃至文韬武略，无不让庸碌的男人汗颜，为人性增添殊荣。残忍女王美迪亚（Medea）容貌美艳，精通各种药性和迷人的法术，使得她既可以呼风唤雨，搅乱天空，也可以迷住王子，获得狂热的爱情。她还可以利用计谋制造不和，挑起战争，发动民众起义，烧毁王宫，屠杀无辜。在这里，薄伽丘的评论表达了他真诚的人文关怀的深意：

> 我们绝不该给自己的眼睛过分的自由。眼睛的四处顾盼会使我们眼花缭乱，会使我们心生嫉妒，会激起我们强烈的欲望。正是靠了眼睛，贪欲被激起；正是靠了眼睛，美丽受到赞扬；正是靠了眼睛，龌龊与贫困被判为可耻。然而，眼睛是无知的法官，只信任事物的外表，因此往往会选择下贱而放弃神圣，选择虚假而放弃真实，选择祸患而放弃赐福。当眼睛赞赏那些本应受到谴责、其快乐又转瞬即逝的事物时，有时便会以可耻的方式去玷污心灵。眼睛无意中便会被青春淫荡的美（尤其是无耻的美）与淫邪姿态的利钩俘虏、吸引、捕获和拽紧。眼睛是精神的入口，通过眼睛，淫欲向头脑输送信息；通过眼睛，爱发出叹息、点燃隐藏的欲火；通过眼睛，心灵向我们发出它的呻吟，流露它的意念。
>
> 聪明人会闭上双目，或举目望天，或紧盯大地。天地间，眼睛所观望的方向无一安全。倘若必须使用眼睛，则应当对它们严加管束，不然它们会使人沦入罪孽。大自然为人提供了眼帘，这不仅为了使人闭眼入睡，而且为了使人能抵御罪恶。[1]

薄伽丘关于自由与约束、审美与善恶之间辩证关系对人生祸福之意义的洞见，无疑触及了现代伦理学最为核心的难题。西方哲学从古希腊以来就以视觉为中心，哲学作为纯粹思辨theoria原义就是"看"。亚里士多德区分了肉眼的观看与灵眼的观看（nous），视"努斯"为最高理智。中世纪天主教发展了"灵之观视"能力，只有通过灵视，我们才能透过身体肉欲的对象看到空灵之美善，见证上帝之光辉灿烂。但是，文艺复兴世俗化转向之后，肉眼的观视在绘画审美中无疑成为中心，虽然每一位大画家都想让人从画作中

---

[1] ［意］薄伽丘：《名女》，肖聿译，中国社会科学出版社2003年版，第48—49页。

获得精神或灵性之美的触动，但就像提香的《自画像》（约1560—1562年所作）把人的目光引向自己脖子上戴的三条金链子，以显示贵族的气派与财富的荣耀一样，提香神话题材的作品将神的世俗性透彻释放，一眼望去，一见钟情的人物，被深深吸引的都是肉眼的满足。虽然提香的肖像画以威尼斯画派精致构图与不受约束的天才笔触，将人类扑朔迷离的观视情感以自由而精准的风格表达出来，但他常常善于以富有弹性的女性身体为视觉的诱饵：

> 提香在为菲力二世创作的这组画［poesie，以诗意命名——引者］也具有明显的情色暗示因素：女性直裸的身体与感官之美被提香放置于浓厚的田园牧歌版的气氛之中（这也是威尼斯画派经常使用的方法与特色）。提香更像是使用了奥维德《变形记》的故事为探索感官视觉愉悦的尝试提供了古典人文的依据。很明显地，这个系列的指向观众是男性，也是这正是菲力二世为了挂在自己宫殿私密一角欣赏而尝试的永恒的戏剧。这些画作无疑在这样的语境下为男性观者提供了大量的视觉愉悦与幻想。[1]

但这是16世纪下半叶的事情了，视觉审美的世俗化倾向也随着科学知识的视觉化经验迅速发展，而在14世纪早期文艺复兴作家薄伽丘这里，就看出要约束眼睛的自由，认识到眼睛是无知的法官，让聪明人学会通过合理的闭眼来抵御罪恶的诱惑，确实是高明之见。但他的这一建议事实上并没有引起重视，也未能改变西方文化的视觉中心主义，直到20世纪德国释义学大师伽达默尔那里，由于他深受人文主义审美教化和人文主义精神的影响，才深刻地反省了视觉中心论的欧洲文化，既无法把握事实或真理，也无法真正地理解和养成健全的判断力，因此他力主从视角为中心转向以听觉为中心的释义

---

[1] 杨妤：《细读文艺复兴》，作家出版社2018年版，第192页。

学，不要看，而要用心倾听，才是正确理解和判断的前提。我们不清楚伽达默尔是否确实从薄伽丘这一教诲中受到了启发，但他的这一思想本身，至少是接续到早期文艺复兴的思路上来了。

三、宗教改革与新教伦理

作为世界历史事件，宗教改革是指由马丁·路德（Martin Luther，1483—1546）最早发起，然后影响到整个欧洲的基督教改革运动。1517年马丁·路德在德国维滕堡教堂大门前贴出公开反对罗马天主教教皇利奥十世指令的、在德国兜售赎罪券行为的《关于赎罪券效能的辩论》，一般俗称《九十五条论纲》，要求公开辩论赎罪券问题，所谓"赎罪券"只是教会发财的一种经营行为。天主教说我们俗人一生下来就因人类始祖亚当、夏娃偷吃禁果而犯下"原罪"，因此我们世俗生活的修行，就是赎罪。天主教教义说，人的一生都需要修行赎罪，因为人是否能进天堂，"死后"的灵魂需要接受上帝的"末日审判"，被视为"义人"的才能进天堂，不能"称义"的罪人，就需要在不同的地狱中受永罚。但是，现在教皇说，有一种更为有效的赎罪方式，不用一辈子苦修，只需掏钱买赎罪券，就可赦免炼狱里灵魂的一切罪行，甚至能分享大公教会里的全部幸福。这样公然的骗术，怎么有人会信呢？经历过被洗脑的人都清楚，内心真信还是不信，谁也不知道，但做不做表忠心，这才是关键。路德此时就像指出皇帝没穿衣服的童真小男孩，他公开表明：出于渴慕真道、明辨事理的愿望，我文学硕士、神学硕士和维滕堡大学的常任讲师马丁·路德神甫拟主持对下列各条进行公开辩论，以我主耶稣基督之名，"你们应当悔改"（《马太福音》4：17），主的意愿是希望信徒们毕生致力于悔改，当教皇说赦免一切惩罚时，并不真的是指赦免所有的惩罚，而仅仅是指他本人所施于人的惩罚，因此，推销赎罪券的教士们鼓吹，教皇的赎罪券能使人免除一切惩罚，并且得救，必然就陷入了谬误，不分青红皂白地大肆鼓吹赦罪，不可避免地使大多数人受骗上当，当金币落入钱柜叮当作响时，增加的只是贪婪爱财的欲望，与真正的赎罪无关。所以，路德的《论纲》一经贴出，立刻在全德引起强烈反响，农民、平民、市民、骑士，以至整个德意志民族都卷入这一运动中来，从而引发天主教内部宗教改革的浪潮。

但罗马天主教的力量依然强大，他们肯定反对改革。1520年利奥十世发布《斥马丁·路德谕》，限路德于60天内改变立场。而绝不屈服的路德也有很多支持者，他不但不把教皇通谕当回事，而且愤怒地将之烧毁，公开蔑视教皇的权威，随之还发表了《关于教会特权制的改革致德意志基督教贵族公开信》等3篇文章，阐明其神学主张与改革纲领。1521年德皇查理五世，更拿出一副"最高执法者"、上帝代理人般的神气，直接召路德到沃尔姆斯帝国议会受审，但路德还是拒绝放弃其主张，查理五世于是接着发布了《沃尔姆斯敕令》，宣判路德为"异端"。但无论罗马教皇还是德国皇帝，他们的命令和判决不仅没有起作用，而且被路德公开蔑视和不予理睬，这本身就显示出作为中世纪封建统治精神支柱的罗马教廷的威权正在丧失，封建主义走向没落和颓败，被新兴的资本主义大生产所取代的历史趋势不可避免。

马丁·路德的宗教改革起初得到了精通古典文学和人文主义传统的神学博士兼德意志平民宗教改革家托马斯·闵采尔（Thomas Münzer，1489—1525）的大力支持。闵采尔在1519年6月底专门到莱比锡大学旁听了路德与德国著名神学家约翰·艾克的公开论辩，他看到在教会和教义的理解上，他基本上能够赞同路德的思想，虽然他们之间有明显的分歧，但在改革天主教教会这一点上，他们完全志同道合。不过，后来还是激进的路德忍受不了闵采尔，他比闵采尔更加非理性，发表了《为反对叛逆的妖精致萨克森诸侯书》，公开把闵采尔称为"妖精""妖怪"和"魔鬼"，请求萨克森诸侯以武力镇压之。尤其是在1524至1525年德国大规模农民起义失败后，路德更是对走平民路线的宗教改革彻底失去了信心。但他寄希望于贵族庄园主，却看不透这是现代性的阻碍力量,是世界潮流的逆反者,因而路德的宗教改革逐渐被诸侯们的势力利用。

1529年查理五世在斯拜尔召开帝国议会,重申《沃尔姆斯敕令》对路德的异端定性,企图以此消灭宗教改革运动,恢复天主教旧势力。但是,支持路德派的各路诸侯群起抗议,这就是路德新教后来被称为"抗议宗"的由来。查理五世又下令,限路德派在一年内放弃其信条,否则将以武力讨伐。为此,听令于教皇的天主教诸侯在德国南部结成纽伦堡联盟(League of Nuremberg),支持路德宗教改革的德国北部、中部和南部的新教诸侯组成施马加登联盟(League of Schmalkalden),抵抗教皇和德皇的镇压。最后,在法国的支持下,路德派新教诸侯于1552年打败查理五世教皇联盟,1555年双方缔结《奥格斯堡和约》。这一和约的签署标志着路德宗正式确立,改革后的路德宗也被称为基督教"新教",传统天主教不得不披上了"旧教"外衣。但是,最终成为路德宗的新教,在思想专制上并不比罗马天主教更开放和自由。

历史地看,路德发动的宗教改革,确实是现代自由伦理之发轫。路德把《圣经》翻译为德文,统一了德语,让人可以直接通过自己阅读福音书而无须通过教会作为中介来领会主的恩典,让信仰自由、思想自由成为人们的一项基本权利,单就这一点,就完全为此时代走出中世纪找到了新的价值和精神。对此,德国诗人海涅做过高度评价:

  自从路德在帝国议会上否定了罗马教皇的权威并公开宣布说"人们必须用圣经里的话或用理性的论据来反驳它的教义"以后,德国开始了一个新的时代。人类的理性才被授予解释圣经的权利,而且它,这理性,在一切宗教的论争中才被认为是最高的裁判者。这样一来,德国产生了所谓精神自由或如人们所说的思想自由。思想变成了一种权利,而理性的权能变得合法化了。

思想自由开出的一朵重要的具有世界意义的花朵便是德国哲学。[1]

这两段我们几乎耳熟能详的话点出了现代伦理的两个关键词：自由与理性。马丁·路德神学伦理思想的核心是"因信称义"，认为信仰和称义是基督徒伦理生活的基础。他根据保罗致罗马人书信中"因信称义"的观点，认为基督徒在内心直接信仰上帝就可以成为义人，内心信仰上帝就可以洗脱原罪、死而复生、获得救赎。因而他在教规上排斥天主教的烦琐仪式、向神父忏悔等。认为信仰才是人们对上帝真诚的、发自内心的信任和承诺，这是引导人们去过充满圣爱、服侍上帝的神圣生活的正确路径，因而称义状态不仅是洗脱原罪、获致救赎，更是德性的圣洁化。唯有信仰才是道德的基础，是道德价值的唯一标准，每个因信称义之人都具有平等地位和自由尊严的神圣性。只有信仰才能赋予一切行为以道德价值，先有信仰才有德性和善功。信仰上帝、称颂上帝、节制肉欲是三大善功，诸如孝敬、忠贞、真诚、勇敢等德性皆以信仰为基础。但是，在现代伦理所注重的意志自由问题上，他与伊拉斯谟发生了激烈冲突，长期争论了几十年。伊拉斯谟坚持认为人有意志自由，宗教改革因而应从人的教化入手；但路德持一种奥古斯丁主义主张，认为人性本恶，堕落了的人的灵魂已经不可能有自由意志择善而为，会不可避免地行恶，人只有在不受奴役的条件下才有一定自由，但在自我救赎上失去了自由的能力，因而只有虔诚地依靠上帝才能获得拯救。[2]

信仰和思想自由作为人的一项权利被确立下来，这确实赋予现代道德以新的灵魂，现代社会文化就是这种道德生命的开显和张扬。由于路德本

---

[1] ［德］亨利希·海涅：《论德国宗教和哲学的历史》，海安译，商务印书馆1974年版，第40、42页。
[2] 两人论争的详细内容请参见黄丁：《再论伊拉斯谟与马丁·路德关于自由意志的辩论》，载邓安庆主编：《伦理学术12：伦理自然主义与规范伦理学》，上海教育出版社2022年版，第205—218页。

人是虔诚的基督徒和伟大的神学家，他对教会专制和道德虚伪的批判和捣毁，也不像后来法国无神论者的批判那样外在，最多只伤及教会的一点皮毛，而无法触及教会的生命。路德改革的成功，是思想的成功，最终体现的是伦理生命力的发扬光大。抓住教会腐败的事实，从文艺复兴初期的人文主义文学，就在做此工作，已经一二百年了，用赎罪券修建起来的金碧辉煌的大教堂，作为一座座肉欲的纪念碑，就像埃及的妓女用卖淫得来的钱建立起金字塔一样，文明的物质载体底层，有来历不光彩的邪恶的动机。但最为要紧的，是路德指出了天主教基本教义对生命的扼杀：唯灵主义的世界观和价值观把灵与肉绝对对立起来，而把生命的基石——身体和大地视为罪恶的撒旦。不解决这一根本，赎罪券隔段时间就会不断重复、不断变换花招，卖得更体面，更冠冕堂皇。所以当路德把他的小书《论基督徒的自由》送给教皇列奥十世时，故意说"这是基督生命的大全"，以此来影射托马斯·阿奎那的《神学大全》，而宣称出他对基督生命，作为自由的生命的真切理解。他坚持认为："尽管人在内心根据并通过信仰就足以称义了……但他依然要在肉身生活中与大地发生关系，必须同自己的身体发生关系，同人们保持交往。"[1]

这样一来，他确实赋予了基督教道德一种新的生命：对大地上一切美好事物的珍爱，从而让基督教圣洁的精神花朵，开放在坚实的"大地"之上。于是：

> 物质的最迫切的要求不仅被考虑到了，而且也被合法化了，这个宗教就又变成了真理［，进而言之，］由于新教的关系，在我们德国……人变得更有德行和更高尚了。新教对我们平常称为道德的东西，即习俗

---

[1]《马丁·路德文集》（第7卷），德国魏玛版（WA），第30页。转引自［瑞士］克里斯托弗·司徒博：《环境与发展——一种社会伦理学的考量》，邓安庆译，人民出版社2008年版，第147—148页。

的纯洁性和履行义务的严格性起着良好的影响……禁止牧师结婚的制度废除以后，教会界人士的淫乱和修士的邪恶也随之消失了。[1]

而满足物质最迫切需要的，不是卖赎罪券能解决的，必须有一种新的伦理，将教会生活融入世界资本主义大生产的洪流之中。这种新的伦理，是一种将劳动作为"天职"的"天职伦理"。天职伦理于是成为人类立足于大地的"伦理之业"，这一方面的讨论通过现代社会学家马克斯·韦伯的实证研究，在学界早已众所周知，因而在此可以点到为止。

路德的宗教改革，不仅影响了德国，而且开启了整个欧洲的宗教改革浪潮，成为16世纪精神文化世界最光辉灿烂的社会运动。这场对现代社会、经济和精神生活影响深远的运动，适应了欧洲各主权国家开始摆脱教皇控制，实现政治革命的现实需要。文艺复兴时期，教皇的身份实际上已经开始向世俗君主转化，而非单纯的精神领袖。长达200多年的十字军东征以及残忍的异端裁判所，确实显示了教会的谬误，教会威信的衰败是长期腐败的结果，贩卖赎罪券只是一个导火索。作为教皇国的统治者，教皇和教会时常卷入战争和政治阴谋的旋涡。教会自身拥有庞大的资产，却不从事生产，对诸如梵蒂冈大教堂的艺术装饰和对圣彼得大殿的装修，都耗资巨大，必须靠一些荒唐的骗术聚敛钱财，以弥补耗尽的财政，并维护高级教士的奢侈生活。所以，历史车轮发展到了16世纪初期，教会在各方面都急需净化与改革。

与德国近邻的荷兰和瑞士，率先响应了宗教改革的浪潮。瑞士的苏黎世和日内瓦成为宗教改革的两个新的中心。宗教改革家茨温利（Huldrich Zwingli，1484—1531），出生在瑞士东部的一个富裕农民家庭，父母让他接受良好的古典教育，自小熟读希腊文和希伯来文《圣经》。他的宗教思想深受基督教人文主义的影响，韦登巴哈和伊拉斯谟的人文主义让他自己对《圣

---

[1] [德]亨利希·海涅：《论德国宗教和哲学的历史》，海安译，商务印书馆1974年版，第40—41页。

经》教义有了独特的领悟，他一直把信仰与生活紧密联系在一起，像路德一样，强调《圣经》而非教会才是基督教信仰和基督徒伦理生活的根本原则和最高基础，只有从《圣经》中才能寻找到完全超越人类民族传统的、评判一切文明和伦理生活与道德规范的唯一神圣尺度，只有上帝而非世俗帝王才是一切事物运动的原因，善与恶均由上帝推动实现。茨温利的伦理思想之主旨，表现在他的书《论神的正义与人的正义》[1]中，神的正义体现在神的律法中，神的律法分为针对人的内心的部分——强调爱上帝和爱邻人，和针对外在行动的部分——强调要让上帝的律法畅通无阻地得到宣布并被遵循。伦理学在人间正义领域起作用，必须总是以神的正义为准绳："有信仰的人要……推动它，越来越长久地、越来越多地按照神的正义来塑造。"[2]

茨温利强调政府的职责是促进人世间的正义，以好的制度，让国民在充满善的环境中成长。他并不主张神权政治，但强调政治和政府当局要领会天命，废除所有既不在圣言或上帝诫命中，也不在人间正义中能找到根据的东西，把这些东西统统作为错误的、不合正义与公道的东西予以删除。

茨温利也有将基督教教义与世俗人文主义伦理思想结合起来的想法。文艺复兴时期的大多数学者，像布鲁尼那样，延续了对亚里士多德伦理学的世俗化解读，继承了中世纪前辈关于亚里士多德双重幸福观的理解，即世俗的、此生此世可实现的不完美的幸福（felicity）和来世的、完满的基督教至福（beatitude）是可相容的，但其理论前提之一是像亚里士多德那样相信，幸福只适用于人的世间生存，而非来世生命。在现世生存中只有那种最为纯粹、最为思辨的生活，才是最接近于神圣的生命境界：

---

[1] 该书1523年出版，参见《茨温利主要著作集》，由F. Blanke、O. Farner、R. Pfister修订，苏黎世1942年版。新版载《茨温利文集I》，苏黎世1995年版，第155—213页。
[2] 转引自［瑞士］克里斯托弗·司徒博：《环境与发展——一种社会伦理学的考量》，邓安庆译，人民出版社2008年版，第151页。关于茨温利的伦理思想，中文著作能参考的不多，这本书大致介绍了茨温利伦理思想的大概，可参见第151—153页。

茨温利是这样解释这一事实的：亚里士多德没有明确拒斥永恒至福的概念，就说明他默默接受了这一观念。[1]

这反映了茨温利在宗教改革的核心立场上，主要是强调"圣灵"在世俗"精神"中的临世，要与此生中的道德和谐统一。宗教是灵性—精神的内在核心，具有毋庸置疑的神圣性，必须是指导外在生活的最高根据。宗教改革的目的不是取消神圣的精神，而是神圣的精神作为世界中的至高道义与伦理的新生。通过宗教改革，革新道德规范，引导世俗道德的提升。所以，在日常生活中重视伦理道德，必须有神圣精神的引领与规范，才不会陷入世俗的泥潭不能自拔。而在宗教改革的途径上，茨温利强调的是道德教化，反对烦琐的仪式，认为教化的进程即信徒德性不断完善的过程，教化原则合乎《新约》中早期教父所颂扬的传道精神。教化的目标是使人性向上提升，通向上帝神圣的德性和智能，达到与上帝相融通的至善状态。世俗生活就是人性向神性攀升的道场，不可脱离在世的大地而空谈神性的至善。当然，茨温利更强调人的善功的有限性，人不要因为做了正义的事就自大起来，因为我们远不能达到上帝所要求的标准，也不能过高地估价美德的意义，美德对于神的国没有多大意义，对于个人也没有救赎价值，因为救赎最终是上帝的恩典。

在救赎的意义上，教会到了必须改革的时候。茨温利紧跟在路德之后，于1519年就开始对苏黎世教会实施改革，创立改革宗。他明确宣传反对圣物和肖像崇拜，反对禁欲和圣餐。他试图并渴望宗教改革的信念能建立起强有力的联盟，当时苏黎世也正与法德同盟联手对抗哈布斯堡家族和教皇，但在瑞士他能够联系的力量不是贵族阶层而是平民和他自己的家乡苏黎世。当然，巴塞尔、沙夫豪森和圣莫里茨，以及瑞士首都伯尔尼也与苏黎世一样，

---

[1] [美]查尔斯·B.施密特、[英]昆廷·斯金纳主编：《剑桥文艺复兴哲学史》，徐卫翔译，华东师范大学出版社2020年版，第386页，尤其是注释229。

走上了宗教改革的道路，与天主教反动势力的斗争异常激烈，宗教战争伴随着宗教改革的进程。可惜的是，茨温利于1531年在抗击来自瑞士中部的天主教林区五州联军的战斗中死于天主教士兵的刺刀。

此后瑞士茨温利改革派基督教逐渐与法国加尔文派合流。由于加尔文派在法国的宗教改革比较彻底，后来荷兰1536年脱离天主教会的一些新教组织也纷纷加入了加尔文派。但这要话分两头。一方面1566年荷兰中部佛兰德爆发了大规模的破坏圣像运动，标志着新教改革的势头猛烈。而且在奥兰治大公威廉领导下，反抗西班牙统治的革命也是在宗教改革的旗帜下取得胜利的。成为现代史上标志事件的，还有1581年荷兰北方数省成立尼德兰共和国。这是欧洲走出君主制而成立的第一个资产阶级共和国，标志着现代政治制度的正式确立。

而另一方面，其他各国的新教团体加入加尔文派基督教，并不表明新教在法国取得了决定性胜利，而只能说明它在改革进程中获得了"宽容"对待。我们必须清楚，荷兰建立第一个欧洲资产阶级共和国的同时，法国却在16世纪建立了中央集权的绝对君主制国家，成为欧洲大陆上唯一的"利维坦"，让马基雅维利也叹服：

法国人谦卑、顺从，他们非常尊敬他们的国王。[1]

此时，法国是欧洲财政实力最为强大的国家，与西班牙、英国、奥地利或意大利相比，它的财力要高出五到十倍。也就是在此时，在路德开始宗教改革的前两年，弗朗索瓦一世却带领一个4.5万人的大军远征意大利。所以，在马丁·路德与教皇和德皇进行公开斗争的那几年，法王弗朗索瓦一世征战

---

1 ［法］帕特里克·布琼主编：《法兰西世界史》，徐文婷等译，上海教育出版社2018年版，第249页。

意大利的梦终于成为一场噩梦。从米兰人民1521年发动起义,一直到1525年他都陷入惨败的泥潭。就像当西班牙与葡萄牙在划分世界之时,年轻的法国国王查理八世却于1494年南征意大利,赶走了佛罗伦萨的美第奇家族,陶醉于意大利那不勒斯的魅力之中,却让法国"与世界失之交臂"令世人看不懂一样:

> 17世纪以来,法国史书都在责怪国王查理八世错过了历史机遇,即错失征服世界和让法国伟大的机会。[1]

1534年10月17日,法国发生了"标语事件"(Affaire des Placards),一些清教徒在巴黎以及布卢瓦、鲁昂、图尔和奥尔良四个大城市的公共场所张贴反天主教的标语,此事激怒了法王弗朗索瓦一世,让他放弃了之前尝试保护清教徒的政策,转向展开对清教徒的清除、火刑,并明确宣布自己信仰天主教。在如此迫害清教徒的政策下,连加尔文自己也于1535年初逃往瑞士巴塞尔一个印刷商康拉德·雷希(Conrad Resch)家避难。雷希曾是将路德著作推广到法国的人,而现在,他为了1536年春季的法兰克福书展,将加尔文的《基督教要义》(Institutio de la religion)出版并带往世界各地。[2] 这本书的出版试图说服弗朗索瓦一世不要再对清教徒予以迫害,却让一个征服意大利失败的国王,见证了一本书用思想征服世界的景观。

加尔文的学说不仅在学界得到广泛传播,也得到南部贵族的支持。从16世纪40年代开始,欧洲各地的新教徒,尤其是清教徒前往苏黎世和日内瓦避难的人数增多,说明加尔文派的信徒在增加。到1559年,法国竟有49处加尔文派教会,同年举行全国大会,正式确认加尔文信条。法国新教徒被称为

---

[1] [法]帕特里克·布琼主编:《法兰西世界史》,徐文婷等译,上海教育出版社2018年版,第244页。
[2] 同上书,第264页。

胡格诺派，当其人数占到人口的十分之一时，不可避免地于1562至1598年间爆发了战争，胡格诺派和天主教势力间，为了各自的信仰动刀动枪，当以理服不了人了时，人类就只能信奉枪杆子了，但这却是导致法国走向衰弱的根本原因，它迫使成千上万的新教徒到欧洲其他各地避难，引发欧洲各国对法国的愤怒。1589年亨利三世去世，法国天主教贵族不接受胡格诺派的亨利四世为王位继承人。亨利四世被迫于1593年重归天主教，1598年亨利四世颁布《南特敕令》，结束了宗教战争，确立了一个各方妥协的政策。它规定天主教为法国国教，但也给予胡格诺派信仰自由和政治平等的权利。在这样的政策下，新教虽然不可能得到发展，但也不再对新教徒进行迫害了，新教徒甚至可以获得各种官职。这当然是一个比较好的政策，让新教也在法国成为教会的一方力量，法国成为首先对新教宽容并实现民族统一与宗教差异并存的国家。

这样的新教改革之风，自然也吹到了英格兰和苏格兰，得到了他们的热烈响应。最初，当德意志神学家们无畏地树立起真理的大旗，向愚昧昏庸却强力控制人们精神信仰的天主教会开火之时，勇气和正义同在，令世界响应。但它带给欧洲的，既是希望的曙光，也是战争与混乱。结束一个腐败和罪恶的旧世界对于人类而言尚且都是如此困难，创建一个新的光明而有希望的新世界，自然更加步履维艰。但是，经过文艺复兴的东风吹拂心田的欧洲人，宗教改革的新思想、新观念最终能够唤醒昏睡了许多个世纪的世界，他们越来越相信，人类理性具有化腐朽为神奇的力量。这种力量，从前被迷信和欺骗压抑着，如今，需要以新的知识、新的信念和新的方法在新的世界中开启，这样人们就能发现世界，这里不仅有从天国之眼所看到的那些原罪，它是如此自然而美丽，它有无数的宝藏、无限的可能、无限的美好，都与基督教描述的根本不同。所以，当人类心智觉醒到了自己的力量之源时，要求从宗教信仰上，打破长久以来被权威束缚的枷锁，就成为人类进步的必然动力。

1531年，亨利八世强迫英国宗教会议宣布承认他是英国教会唯一至高无上的教主，而且依照基督律法的许可，甚至是最高首脑。1533年国王亨利八世禁止英格兰教会向教廷缴纳岁贡，这都是反抗罗马教会的斗争形式。次年，促使国会通过《至尊法案》（Acts of Supremacy），规定英格兰教会不再受制于教皇而以国王为英格兰教会的最高元首，并将英格兰教会立为国教。这说明英格兰和苏格兰都在迈向脱离罗马天主教控制的现代道路之上：

> ［1553年］当苏格兰太后正要通过她赐给新教徒的庇护来推动宗教改革之时，英格兰女王在野心的驱使下，以她那轻率的热情而使王国中充满了积极推动这一事业的人。玛丽在她的弟弟爱德华六世死后［7月6日］继承了英格兰王位，并在死后不久嫁给了西班牙的菲利普二世［Phillip II, King of Spain, 1527—1598］。除了天主教的精神迫害和那个时代的残暴之外，她还具有因为自己和母亲受到迫害而产生的私愤——这使她对新教信仰抱有偏见。……许多著名的宗教改革者因他们传播的教义而受到折磨，其他人则远离了这场风暴。[1]

　　到1558年伊丽莎白一世[2]即位后的次年，英国建立了以坎特伯雷大主教为最高宗教领袖的主教团。1563年英国国会通过《三十九条信纲》，标志着自上而下发动的宗教改革的完成，圣公会最终形成。这样，英国的新教改革与德法的改革具有了新特点，伊丽莎白一改玛丽的残暴和迫害，相反却施行宽容政策：教义上容纳某些新教观点，但在组织制度、礼仪等方面则尽量保留天主教旧制。这显然不同于路德、茨温利和加尔文，后者们最主要的就是

---

[1] ［英］威廉·罗伯逊：《苏格兰史》，孙一笑译，浙江大学出版社2019年版，第98页。
[2] 伊丽莎白一世（英语：Elizabeth I, 1533年9月7日—1603年3月24日），原名伊丽莎白·都铎（Elizabeth Tudor），是英王亨利八世和他的第二任妻子安妮·博林的女儿，与玛丽女王属于同父异母的姐妹，在玛丽女王去世后，成为英国都铎王朝最后一位英格兰及爱尔兰女王，也是名义上的法国女王。

反对教会的这些旧制度和旧礼仪。但它的实际效果却更好,因为避免了德、法、瑞士发生的宗教战争,这应该是激进的改革者必须吸纳的经验。无知与野蛮有利于欧洲北方民族的精神发展;但对于敏感而具有丰富想象力的南方和英伦三岛而言,克服野蛮的方法却是在普及知识和审美中,培养更多的宽容精神。虽然宽容必然导致宗教改革的不彻底,遭到了加尔文派的攻击,但就其避免了因信仰不同而大肆杀戮的野蛮而言,这无论如何是文明的进步。

对于苏格兰而言,情形大致与英格兰类似:

> 改革者出于他们的克制与稳重,竭力效仿着基督教的早期布道者,他们将天主教士比为历史上那些因其暴行和丑事而臭名昭著的恶人。
> ……
> 由于天主教士越来越为人们所厌弃与鄙视,改革者的演说被人们视为对自由的呼吁。此外,他们激起了人民对于那些歪曲基督教本质的谬误的愤怒,唤起了人民对于真知与纯净宗教的热忱。因此,他们也使苏格兰贵族中出生了其他的观点与情感。这些贵族们希望摆脱教会的束缚,他们早已感受到这是一个沉重的精神负担,而现在又发现了它有悖于基督教的教义。[1]

1667年苏格兰国会通过了由诺克斯起草的加尔文主义信条,归正宗成为苏格兰的国教;1536年丹麦正式接受路德派教义;1527瑞典建立路德派的国家教会,芬兰当时隶属瑞典,也随之接受新教;1554年立陶宛和爱沙尼亚分别成立路德派教会。到16世纪中叶,路德派教会在北欧占据了优势,但是在南欧,甚至在德国南部的巴伐利亚,新教仍未能取得进展,在这些地区天主教依然是主流。

---

[1] [英]威廉·罗伯逊:《苏格兰史》,孙一笑译,浙江大学出版社2019年版,第106页。

1620年逃难的神父们带着加尔文的《基督教要义》登上"五月花"号轮船抵达美洲，这让加尔文主义的清教（Puritanism）也成为美国人信仰的一部分。

对于新教伦理而言，我们还需考察加尔文主义及其"清教伦理"。清教属于加尔文宗的一种，因加尔文主义不满于伊丽莎白时代不彻底的宗教改革而仅仅承认了新教的部分教义，使得英国国教中保留了大多数旧天主教的教义、教规和礼仪，所以加尔文主义者要求清除"国教"中的这些内容，以"纯洁"天主教。Puritanism中核心词purus的意思是"清洁"，因此"清教徒"信奉的就是加尔文宗的新教。它兴起于伊丽莎白一世执政时期（1558年11月17日—1603年3月24日）。由于玛丽女王对新教徒施行了残酷折磨和迫害，许多信奉新教的基督徒逃离了英国。这些逃离者有的到了欧洲大陆，有的到了美洲，他们后来几乎都成了清教徒的主力军，也是这些人将清教伦理带到了美洲。

现在，我们需要花点篇幅，来考察一下清教伦理，它对现代伦理转型起到了重要作用，而且影响非常广泛。

我们之后要探究的苏格兰启蒙伦理学家哈奇森（Francis Hutcheson，1694—1746），就属于清教中的"长老派"（presbyterian），它与"独立派"（independents）一样，属于清教的两大派别之一。它代表了新兴资产阶级贵族信仰，反对王室的宗教专制和经济压榨，只承认《圣经》是信仰的唯一权威，教皇和教会不能垄断信仰的权威。所有信徒无论国王还是平民在上帝面前一律平等。所以他们主张建立无教阶制的民主、共和的教会，反对国王和主教专权。这些都代表了现代资产阶级的核心价值。在当时，清教徒屡遭迫害与镇压，大洋彼岸的美国成为他们的避难所，使得美国最初的移民中有不少清教徒。

清教伦理源自加尔文宗的教义。加尔文在《基督教要义》中，有着对教会出卖赎罪券的激情批判：

我们的论敌声称，赎罪券为我们提供了我们所缺乏的补赎能力，他们甚至极端地将赎罪券定义为教皇以其谕令分发基督和众殉道者们的功德，这些人的精神异常应该接受药物治疗，而不是与人争辩。[1]

这充分证明教皇和教会早就被谬误与黑暗所笼罩，他们蔑视一般平信徒，把他们灵魂的救恩当作赚钱的工具，在救赎的崇高幌子下，掩饰他们骗取钱财、吃喝嫖赌的罪恶。这是对基督宝血的亵渎，也是以撒旦的伎俩诱使信徒们离弃基督所赏赐的真纯生命，偏离救恩的真道。因此，只有回到《圣经》才有真信仰，才能领悟真纯生命的真相。

基督徒的生活是怎样的生活呢？

加尔文说，第一是离弃自身，好用自己的一切服侍神。他说的"服侍"不单是"顺从"，也是心灵的转向，从依顺那个肉体的欲望的生命，转而到空肉体的欲念，从而能完全顺从纯粹灵性的生命，最终完全皈依于神的灵。这是使人生进入永生的开端，是生命真正修行的开始。

第二，加尔文说，不再寻求自己的事，而是寻求神的旨意和一切将荣耀归给他的事。

基督徒必须从心里深深感受到他的一生所在乎的唯有神自己。[2]

这样他就将自己的所有交给神来管理，将自己的一切计划交给神。这就是"自我否定"。人心隐藏整个世界的邪恶，唯一的救赎之法，就是否定自己并不再在乎自己，全心全意地喜悦神所喜悦的，因而自己也就全身心地充满了喜悦。

---

[1]［法］约翰·加尔文：《基督教要义》(中册)，钱曜诚等译，生活·读书·新知三联书店2010年版，第658页。

[2] 同上书，第680页。

这是心灵转向的完成，在此进程中，先脱离心的邪恶，之后获得灵性的喜乐：

> 这决定一旦占据信徒的心，他就不会给骄傲、自大、虚伪、贪婪、贪婪、私欲、做娈童或其他自爱所导致的罪（参阅提后3：2-5）留地步。……
> 一切不否定自己的人追求美德唯一的动机是为了别人对自己的称赞。那些最强烈主张人应该为了美德本身而追求美德的哲学家充满了傲慢，显然他们追求美德唯一的动机就是要放纵自己的骄傲。[1]

但是，现在读者肯定会问，既然改革了的基督新教是现代自由伦理的发轫之地，那么，这种主张离弃自我、否定自我而完全依顺基督之灵的加尔文宗，如何可能为现代自由伦理奠基呢？这需要了解他对基督徒之自由的阐释，为何让一个现代人信服：既做基督徒，也就是做自由人。

加尔文认为，基督徒的自由是基督教教义不可省略的，否则无论做任何事情，良心都充满疑惑，总会犹豫与退缩，动摇和恐惧。明白了自由的教义，我们才能明白福音的真理，获得内在的平安。但是，基督徒的自由，在他看来包含了三个部分的内容：律法的自由、良心的自由和无关紧要之事的无限制。

律法上的自由，不是后来康德所说的"自律的自由"，他有特定所指，说基督徒不可能从律法中得自由：

> 信徒的良心在寻求称义的确据时，应当在律法之外去寻求，完全弃绝律法上的义。

---

[1] ［法］约翰·加尔文：《基督教要义》（中册），钱曜诚等译，生活·读书·新知三联书店2010年版，第681页。

>　……
>　当我们想到称义时，我们不应当想到律法的要求或自己的善行，反而要唯独接受神的怜悯，不再倚靠自己而唯独仰望基督。因为称义的问题不是我们如何成为义人，而是既然我们是不义和不配的，如何才能被算为义。人的良心若想在称义上获得确据，就应当完全弃绝律法。[1]

就此而言，加尔文的基督徒的自由，既与我们哲学上讨论的意志自由无关，也与一般政治哲学上的行动自由或社会自由无关，它首先是一种心灵的自由，是一个基督徒能称自己为"义人"的那个理据。这个理据不可能是遵循了"律法"，这里跟康德的"律法"有一个根本的区别，基督徒的"律法"是上帝的诫命，源自摩西立法，那是"命令"，是"禁止"：不可偷盗，不可奸淫等等。因而，没有人说你服从命令是自由。而康德的律法是由自身的纯粹理性所立，服从此律因其是普遍法则，才是自由。而当一个基督徒服从上天之神所立律法时，当然不能说是"自由"，相反，只有"弃绝律法上的义"，才能是自由。这是非常高明的见解，是绝对否定性的心灵自由。

基督徒一生都在操练行善，但基督徒却不能依赖自己的善行在神的审判台前完全"称义"，仅仅借助遵循律法礼仪的善行就胆敢在上帝面前称义，那是"忘本"，因为若非基督在十字架上的救赎，所有人都在律法的诅咒之中。律法本身既是命令也是诅咒，基督为我们受了诅咒，背负十字架，且死于十字架，也就救我们脱离了律法之诅咒。所以"律法之义"不在律法本身，而在于"教导"基督徒尽自己的本分追求圣洁，最终只有基督才是律法上的"义"，是救赎我们的"义"。因而"弃绝律法"的"律法的自由"，本质上就是基督徒自由的第二部分，"良心自由"。

1　［法］约翰·加尔文：《基督教要义》（中册），钱曜诚等译，生活·读书·新知三联书店2010年版，第835页。

基督徒的真顺服，不是顺服律法，而是从律法之轭下得释放，一切在律法辖制下的生活依然是在恐惧中的，只有在有罪恶的地方，才需要依靠律法来管辖，因而律法从来不可能给人以信靠、心安，也不可能给人以自由。所谓自由，就是在一切不必要的事上不受约束，那么，最无约束也不可约束的事，就是良心自由。既然基督徒的自由涉及的是"称义"的确据，从属于"义"，那么当人从律法的自由中释放自己之后，只有认基督为"义"，才是"良心"，才能获得真自由。有了这种良心自由，把自己的一切交给神，以最虔敬的心服侍神，从而让自己的心完全圣洁化，无有恐惧，无有忧愁，充满平安与喜悦，这才是真正的救赎。

　　基督徒自由的第三部分是指：对于外在的"无关紧要之事"，我们在神面前没有任何信仰上的限制拦阻人随意使用它们。

　　所谓外在的无关紧要的事，指的是与信仰无关的事：要不要吃肉？如何守节？如何穿衣？用餐时餐巾、手巾是不是必需的？等等。如果在这些无关紧要的事情上，基督徒都受限制，那么没有人的良心会安。因而，律法不能滥用，不能在吃喝拉撒的事情上都限制拦阻。所以，加尔文说，我们确信这些自由是必需的。但他同时强调，基督徒不能滥用这些自由，不用滥用的自由包括：放纵肉体的私欲，伤害软弱的人，绊倒人等等。那我们如何正当地使用基督徒的自由呢？

　　首先应该有知识，明辨是非，有理性判断力。如果我们不知道谁是软弱的人，谁是伪善的法利赛人，我们就不知道如何使用基督徒的自由。要知道他是什么样的人，才能做什么样的人，要是能在对兄弟有益的事上约束自己，就是善用我们的自由。

　　在万事上，爱我们的邻人，造就他，就是正当地使用基督徒的自由。凡事都可行，凡事都有益，但可行有益的事，并不能造就人。

　　　　我们的自由若造就灵舍，那这自由是允许的，但若对邻舍毫无帮助，那我们就不应当坚持这自由。……为了自己的益处，他们喜悦忘记自由的教义，但有时用自己的自由造就和帮助邻舍，就如有时约束自己的自由造就和帮助他一样。然而敬虔的人应当相信，神在外在的事上给他自由，装备他尽一切爱邻舍的本分。[1]

这就是基督教博爱伦理的魅力和吸引人之处。爱一个人是约束自己的自由，关心他，爱护他，帮助他，最终造就他。

一切良心都指向神，指向博爱之自由。这样的良心毫无亏欠，是最诚实的心。爱在加尔文这里不是诫命，因为遵从诫命去爱，那不是自由之爱甚至根本就不是爱。爱从清洁的心、无亏欠的心、无伪的信心而来，是自由的。神也吩咐人做事，但神的吩咐只是约束人的外在行为，却不捆绑人的良心，无愧的良心永远是自由，是爱，是造就他人。

加尔文宗的上述"新教伦理"属于教义伦理，把基督教的博爱、自由与公义（正义）如何塑造现代人的生活方式，清晰地加以阐释。但就像马丁·路德的"新教伦理"，人们一般并不指称其自由教义伦理，而是指称其具体的"天职伦理"一样，加尔文的新教伦理也更多的是与清教徒严格的禁欲主义的"灵修伦理"相关。所以，包括马丁·路德在内的新教伦理都包括一种世俗禁欲主义，将天主教传统为了"来世"进入"上帝之城"享受极乐幸福的禁欲主义教义，转化为在世俗世界以严谨的、节制欲望却又大力创造财富的资本主义的生活伦理。这与马克斯·韦伯经典的《新教伦理与资本主义精神》对它的界定密切相关，但也引发了20世纪早期关于新教伦理与资本主义关系的大讨论：

在论文结束时，韦伯援引了特洛尔奇1903年发表的论英格兰新教归

---

[1] [法]约翰·加尔文：《基督教要义》（中册），钱曜诚等译，生活·读书·新知三联书店2010年版，第835页。

正宗的文章，该文的主题和思路与《新教伦理》几乎如出一辙。这位海德堡的神学家坚持认为，得救预定论的信条［加尔文宗的信条——引者］乃是归正宗宗教虔诚的核心。他还把得救预定论的信条视为一种强大的商业动力，既然"道德成就……显示了上帝的选召……那么最有生气的力量"就是"由得救预定论的信条"发出的启示。尽管与韦伯有着相似之处，在加尔文教国家……占优势的是……一种发扬了得救预定论信条的对于经济活动和资本的比较自由主义的态度。与路德教徒的宗法主义和经济保守主义相比，加尔文教徒赞同政治与经济功利主义的信条，这种功利主义符合基督教所要求的节制、行善和勤奋，在这方面，《福音书》证明也在引导人们实现物质上的富足。因为加尔文教国家支持资本经济、贸易和工业，以及在基督教信仰节制下的功利主义。这对它们现实的经济发展……也产生了重大影响。基督教功利主义和现代政治的发展一起，强有力地促进了经济发展。凡是——通过得救预定论——对自己的尘世目标和来世的得救确信无疑的人，都能运用他的天赋活力更加无拘无束地把获取财富作为一个自然而然的目标，不必害怕贪恋世俗的财富。[1]

虽然特洛尔奇与韦伯在对待加尔文宗的清教伦理与资本主义关系的解读上意见相左，但他们共同地认为新教的世俗禁欲主义伦理对现代经济发展提供了"资本主义精神"。这使得我们可以更好地把握清教伦理的基本内涵。这就是"得救预定论"：虽然基督教承认每个人在上帝面前"因信称义"，信仰和称义是基督徒伦理生活的基础，基督徒在内心直接信仰上帝就可以成为义人，内心信仰上帝就可以洗脱原罪、死而复生、获得救赎，信仰

---

[1] ［德］哈特穆特·莱曼、［美］京特·罗特合编：《韦伯的新教伦理：由来、根据和背景》，阎克文译，辽宁教育出版社2001年版，第11页。

是人们对上帝真诚的、发自内心的信任和承诺,是引导人们过充满圣爱、服侍上帝的神圣生活的正确路径,因而称义状态不仅是洗脱原罪、获致救赎,更是德性的圣洁化,但是,"预定论"的教义反对人有意志自由,因为加尔文认为人性贪婪,人的原罪已经使人本性堕落与邪恶,人缺乏自我做主选择向善的能力,人的心灵、肉体、理智、意志都渗透着贪欲,充斥着罪恶,最终能否得救,依然得靠上帝的恩典。这一教义的依据不仅仅是一般地相信上帝是世界的创造者和直接管理者,世间万物都处于上帝的命令和安排之下,任何事情的发生都出于上帝的旨意,而且是因为在所有人中"被上帝拣选"的只能是少数,所以活着的时候要过清贫朴素的生活,不能有过多的欲望,这样死后才能被拣选去天堂。但活着的时候能凭借人自身的渺小力量,在基督教的严格管理之下,为世界多多创造财富与公益,取得道德上的成就,最终被选进入认识到基督的真生命、真道路,把"良心"自由地呈现在神的面前,成为义人。所以在实践观上,加尔文教教规训示:人应当严格地接受教义和教规管理,吃苦耐劳,勤俭节约,清心寡欲。清教宣称,人要积极参加生产劳动,假期也不要休息;节俭是最好的德性,创造财富是获得救赎的功业。

在教规上,加尔文主义的清教都反对教会的奢华和天主教的烦琐仪式,强调道德教化,把信仰上帝、称颂上帝和节制肉欲视为三大善功。要求废除主教制和偶像崇拜,减少宗教节日,提倡勤俭节忍,反对奢华纵欲。但现在的研究者看清了,清教徒的教义在加尔文那里就存在着严重的缺陷。它虽通过与有机体理论功能整合与和谐论决裂,展现了一种与旧体制决裂的愿望,但在新制度的构想上,在强调唯信上帝的教义时,明显地把人当作献祭于终极目标的纯然顺服的工具:

> 它们使人们成为工具,把政治本身由一种自足的有机体存在转变成了一种手段、方法和为特定目的服务的戒律。对清教徒来说,正如他们

同意的那些契约条款已在天国中被拟定一样,上帝将会确定上述那些目标。因此,像巨大链条中的环节一样,政治体中的成员当其成为一位清教徒时,他摆脱了他旧有的关系,不过却没有获得自由。[1]

不过,这是当时处在改革激情中的人认识不到的"事后理性"。他们当时想的"自由"很简单,就是"消极自由",在摆脱了罗马天主教会的枷锁和束缚之后,继续摆脱国王封建专制的统治和枷锁。这当然算是基本的"自由",这样的"自由"来得迅速,失去得也很快,只是在革命激情中的人不可能认识,即使认识到了这一点,也不会把它当回事,他们要的是一步步地摆脱枷锁。

所以,当时英格兰的清教徒融入几乎全由长老派教徒构成的议会,而圣公会派则与国王站在一起。哈奇森一直作为长老派的牧师和教师在工作,痛恨主教制度,而安立甘教会则罩上了虔诚国王的权威外衣:

> 霍布斯把"清教徒"(Puritans)包含在了"长老会教徒"(Presbyterians)之内,以致至少就1642年的情况而言,霍布斯的解释与当今观点是一致的,那就是这种分裂是宗教和文化上的分裂。正如卢瑟尔(Conrnad Russell)所说,"清教徒为国会而战,而国教会派的人和天主教徒则为国王而战,这几乎是普遍正确的"。[2]

现代性的复杂性,在宗教改革问题上就充分暴露了出来。无论是马丁·路德还是加尔文,改革前和改革后的"教义"虽然并没有改变,但改革后的新教,由于成了新正统,成了路德宗和加尔文宗,它们所导致的精神枷

---

[1] [美]迈克尔·沃尔泽:《清教徒的革命:关于激进政治起源的一项研究》,王东兴、张蓉译,商务印书馆2016年版,第206—207页。
[2] [英]霍布斯:《〈利维坦〉附录》,赵雪纲译,华夏出版社2008年版,第151页。

锁和对人们的迫害，似乎并没有比之前的天主教会好多少。但他们掀起了宗教改革的时代浪潮，曾被视为一种激进的政治运动，对现代文明具有积极的意义：

> 在瑞士、荷兰人的尼德兰、苏格兰，最重要的是在英国和后来的法国，最终推翻旧制度的不是专制主义的国王们，也不是依凭国家理由［的那些人］，而是本身受到新的革命性意识形态推动的政治激进分子形成的团体。
> 下文将会论证，正是加尔文宗的教徒们首先把政治思想的重心从国王转到清教徒（或者是一群清教徒），而后为独立的政治行为构建出了一套理论上的正当依据。被加尔文宗的教徒说成是清教徒的人们，其他一些人后来会把他们说成是公民：这两个名称的背后有着相同的公民道德感、纪律感及责任感。清教徒和公民一起暗示了作为私人的人们（更准确地说，是那些作为私人的人们中的被选定群体，被证明圣洁和具有德性的群体）重新融入了政治秩序之中，这种融入立足于把政治看作是一种尽职的和持续劳动的新政治理念之上。这无疑是加尔文宗关于世俗行为理论的意义最重大的成果，在时间上要早于所有把宗教的世俗性注入经济秩序中的理论。[1]

但是，另一方面在他们立志摧毁传统制度的革命完成之后，他们却没能做到切实的社会变革，建立起真正勤勉工作、博爱邻舍、造就他人的神圣的自由共和国。他们没有宽容精神，对于不理解、不接受，甚至是"同道"中人对于他们过于严格要求的苦修有任何自然反抗的阻力，都视为魔鬼的阴谋诡计的又一个例证，进而集结各种力量，使出各种手腕对之予以消灭。因

---

1 ［美］迈克尔·沃尔泽：《清教徒的革命：关于激进政治起源的一项研究》，王东兴、张蓉译，商务印书馆2016年版，第2页。

此，加尔文宗的清教运动，最终令许多人失望和恐惧，他们寻求热情的同道，而非邻舍间的博爱；他们在严密的纪律约束下变得坚强，却并没有在关怀他人的行善中变得慈善。胡格诺派的良心与各种形式的职责联系在一起，以至于良心有时候看上去是一种职责之命令，而非个人的美德品质。他们充满激情地把自己作为工具奉献给上帝，而在现实的政治生活中，表现出对个人价值的贬低，导致对官职的颂扬。这使得加尔文宗的神学政治，变成了完全的激情和主观的固执任性，上帝的不可预知的神秘计划有其自身的目标，却与自然法无关，因而对他的专断权力也没有任何限定。所以奥地利文学家茨威格在《良知对抗暴力》中，对加尔文做了这段描述：

> 现在，每一个人——卡斯泰利奥，塞尔维特以及其他数以百计的人——都已亲身体会到：和一个像加尔文这样刚愎自用的人对立——哪怕只有一次，而且仅仅是在有关加尔文教义的一个无关紧要的见解上的对立——也都是一件鲁莽和有生命危险的事。因为加尔文怀恨记仇的本性如同他的所有其他性格——譬如固执阴险一样根深蒂固。他的仇恨不像马丁·路德的愤怒全部显露在外——会突然暴跳如雷而后又慢慢收敛，也不像法雷尔似的粗鲁鄙俗。加尔文的仇恨是一种积怨，犹如一柄青铜利剑似的坚硬、锋利和致命。[1]

所以任何一个善良的人对抗加尔文，都变成了"蚊子对抗大象"。当卡斯泰利奥公开运用自己的理性自由指摘加尔文宗教改革所宣扬的良知的自由时，他万万没有想到，这是对一种武装到牙齿的专制独裁者的反抗，这个独裁者能够让住满自由市民的日内瓦城市国家变成一部死气沉沉、由他任意操纵的暴力机器，整死一个手无缚鸡之力的学究气的对抗者，简直不费吹灰之

---

[1] [奥]斯蒂芬·茨威格：《良知对抗暴力：卡斯泰利奥对抗加尔文》，舒昌善译，生活·读书·新知三联书店2017年版，第116页。

力。他能成功地铲除每个人的思想自由，有利于自己独一无二的教义横行霸道，他铲除一个独立学者的自主反抗行为和反抗者的性命，根本不需要自己动手和起念。他成功地做到，在日内瓦只容许一种真理存在，而这种真理的先知就是加尔文。

宗教改革塑造了现代性，也预示着现代性每一步都暗含着自反的矛盾性与迂回的复杂性。正如法兰克福哲学家揭示出"启蒙"具有"反启蒙"的辩证法一样，宗教改革后新基督教的正统思想家们，最终走向了自由和正义的反面，因而也最终违背了基督博爱的教义。

这反映出现代自由伦理的一个核心问题：自由的现代人，如何在一个有机的生活世界寻找到所有人都能认同的公共政治权威，充当一个公正的立法者和判官，既保障每一个人的自由得以实现，也保障这种自由的实现是处在自由的规范秩序之中，而不会落入一个新的以自由为名的统治者身上。如是，现代伦理处理个人自由和共同体的自由，不得不依赖于这三种状态之间的联系与过渡：自然状态、社会状态和伦理状态。因而，这三种状态的过渡，表明的是道义（自由与正义）实存本身的文明高度，而不是道义旗帜的光鲜。以此为评判的标准，我们才能准确把握各种思想学说的真实意义。

第二节 意大利文艺复兴时期道德哲学的成就

现代文明属于世俗化文明，以人为中心，而不再以神为中心，它追求人在世俗生活中的幸福，而不追求天国中的至福。这一生活世界的定位，我们已经在文艺复兴"三巨头"的伦理思想中阐述过了。我们现在要再次返回到意大利文艺复兴的"人文学问"中来，探究他们具体的道德哲学成就。这一成就是在他们所谓"人的发现"之后，寻求人在伦理生活世界中的主体地位，即以人的自主和自由作为核心。"人文主义"的兴起，目标就在这里。

这是非常哲学化的主题，但就人文主义运动而言，一开始其实并非是在哲学上，而是表现在艺术、文学上。人文主义学者也并非专业的哲学家和学院派的人文学科教授，而是神职人员、诗人、政客、君主、商人、画家、工匠，甚至政府文书、雇佣兵队长等等。就"人文学科"而言，它涵盖了语法、修辞、文学、逻辑学等所有语言学科和财经、政治、伦理、心理学等所有"道德科学"。我们如何从"哲学伦理学"上把它作为"现代性"的开端，就不是一个简单的历史时间之论断，而必须涉及"人文科学"作为现代性开端的精神原则或伦理原则之缘起。例如，伊拉斯谟一辈子是作为"神职人员"而工作的，却是最为重要的"人文学者"之一。当我们这样说时，需要避免像一般历史书籍那样记载他作为人文学者做了哪些事情，而是要提炼出他"人文主义"之"人"的理念，如何不同于中世纪人神关系中的人。作为一个独立而自由的人，这才是现代性人的理念。

"现代性"作为一种新的文明形态，主要表现在，它将人的独立自主的自由作为自然权利写在了现代伦理的旗帜上。但丁已经论证了"意志自由"是上帝赋予人类的天赋，但要正确地运用，还需要有上帝的更高力量和完美德性为基础，只有这样，才能实现一个被赋予了自由意志的人的尊严。真正的自由要在灵魂上体现，有了自由的灵魂，就没有人能真正地被奴役，容忍不了跪着生存。

人文学者们秉持着这一自由传统，将自由与人的德性联系在一起，与基督教的仁爱原则相结合。自由、仁爱与正义构成了现代性这个新文明形态的伦理原则。所以，现代伦理，不以人的政治本性，也不以人的神圣本性，而是以人真实的自然自由的本性，将人放生在世俗生活世界中，让每一个人在此世界中各自按照自身的能力和品质，开辟出属于自己的美好生活世界。这既是一种诱惑，同时也是一种挑战。

文明世界的大门已经被人文思想打开，我们现在需要考察这些思想在道德哲学上的成就。

一、伊拉斯谟《愚人颂》中的"新人"及其新时代的教育思想

伊拉斯谟1469年10月27日夜间诞生于现属荷兰的港口城市鹿特丹（Rotterdam）[1]。这是一个新时代蠢蠢欲动的前夜，也是告别旧世界迎接新文明的前夜。夜虽然黑暗，但光明已经在孕育中等待诞生。当他父母先后染上鼠疫去世之后的1485年，伊拉斯谟被送进荷兰斯泰恩（Steyn）圣奥古斯丁修道院，1486年迪亚斯就把新时代的航船开到了非洲的好望角。而当1492年伊拉斯谟离开修道院被授予天主教教士圣职之时，哥伦布的船队已经发现了美洲诸群岛。新大陆的发现总会催生对陈旧腐朽的旧习俗的批判反省而加速其转型，1494年伊拉斯谟就写出了《反对蒙昧主义》（*Antibarbari*）。虽然该书在26年之后的1520年才正式出版，但这足以表明伊拉斯谟作为一个"现代新人"的灵魂已经孕育成熟了。1495年，伊拉斯谟开始在新文化的中心——巴黎大学蒙太古神学院（Collège de Montaigu）[2]学习神学。1496年伊拉斯谟在为富家子弟私人授课的谋生活动中编写了一本《拉丁语常用会话范本》，成为十分流行的入门读物，日后经修改完善成为他举世闻名的《拉丁语日常会话》的核心内容。这一年他还出版了一本小诗集。1488年伊拉斯谟获得神学学士学位。1499年受其私人授课的学生威廉·布朗特男爵的邀请，第一次前往英国，与托马斯·莫尔结成莫逆之交并造访牛津大学。1500年伊拉斯谟返回巴黎，钻研希腊语并出版《古代西方名言辞典》。1501年他编写《基督徒军人手册》，向有教养的军人和普通基督徒传播非传统神学的新观念——普通基督徒有能力改革并更新教会，同时编辑出版西塞罗的《论义务》。1506年意大利都灵大学授予伊拉斯谟神学博士学位。

伊拉斯谟是我们在西方哲学史上见到的第一位著名荷兰学者，在他之

---

[1] 伊拉斯谟出生的年份不太确定，但1466年和1469年是记载最多的。之前学术界一般都记载为"约1466"，但20世纪90年代一般都记载为"1469"。参见［奥］茨威格：《鹿特丹的伊拉斯谟：辉煌与悲情》，舒昌善译，生活·读书·新知三联书店2018年版，第6、272页。

[2] 这所神学院在1789年法国大革命期间被查禁，后被拆除。

后，只有斯宾诺莎（Baruch de Spinoza，1632—1677）大名鼎鼎。但他与斯宾诺莎推崇理性主义哲学不同，他是第一位"反智颂愚"的人，除非自己有高深的智慧，否则这样的反智颂愚是不会得到人们认真对待的疯人诳语。而伊拉斯谟的《愚人颂》不仅为世世代代的人热烈传颂，而且作为近世的开山之作，还开出了一种"现代性"的"精神之花"。

何为"愚人"？

"愚人"随处可见，但伊拉斯谟的"愚人"却文化深厚。她来自希腊语的Μωρια（愚人），拉丁语的Stultitia（愚夫人）。她最怕人们从外表把她视为"智慧女神"，因为在她看来，渴望被人视为智者的人，总是最为愚蠢的，最多只不过是想当智者的傻瓜而已。所以，这个自称为愚夫人的人，也自称有显赫的身世：

> 首先，我的父亲不是混沌，不是无序，不是农神，不是主神朱庇特，也不是哪一位行将就木、老态龙钟的男神，而是财神普路托斯。[1]

虽然我们民间文化中也有崇拜财神的传统，但对西方的这位财神普路托斯（Ploutos）非常陌生。古希腊的阿里斯托芬写有一部名为"财神"的十幕喜剧，于公元前388年公开演出，后来一直流传下来，可谓家喻户晓。这部喜剧写的是一个阿提卡名叫克瑞米罗斯的贫苦农民苦恼于他所见的社会现象：祖祖辈辈几乎都是好人受穷，坏人却财富滚滚。于是他跑到神庙去祈求阿波罗的神启，究竟是要把他唯一的儿子教养成好人还是坏人更有利。阿波罗神示，出庙门后遇到谁就跟着谁。结果发现，他跟着的是一位财神，却是穿着破烂的瞎子。所以，这位农民决心帮他医治瞎眼病，好让财神今后一直

---

[1] ［荷］伊拉斯谟：《愚人颂——人类的灾难缘于聪明睿智》，刘曙光译，北京图书馆出版社1999年版，第8页。

去好人家，不再登坏人的门。作为喜剧，财神当然复明了，让正直的好人成为富人，而告密者、小偷、敲诈勒索者等坏人都不再赚钱了。只是这样一来又出现了一个新问题：大家富裕之后却不再敬奉主神宙斯，连宙斯的祭司也跑来找差事。最后财神被存放到国库的雅典娜神庙的后殿去了。这反映出，财神大多数时候"眼瞎"是不公正的政治和经济制度造成的，而不是个人信不信神或信什么神的问题。最终能医治好财神眼瞎病的，只有现代政治与经济的伦理制度。

"财神"就这样出现在一个即将到来的"现代"面前：在这位财神的管理、支持和帮助之下，不仅"天国"恢复了悠闲宁静的生活，人间的战争、和平、君权、正义、婚姻、契约、法律和艺术也保持了严格的秩序。对于这位财神，之前的神话与文化显然都不隆重推举祂，而现在在"愚人"口中，才恢复了其源始的重要性。这预示着新时代的价值之重构。

"愚人"接下来并没有因其在神谱上的重要性而强调本人的高贵，而是坦白承认自己并非是父亲在"死气沉沉、令人讨厌的婚姻生活"中被体面地生下来的，相反是在"一段美好的感情、一阵狂热的激情冲动"后在"幸运岛"上诞生。虽是"偷情"的产物，却不是随着一声啼哭，而是伴随着洋洋喜气而来。这不仅证明了其父这位财神"青春活力和年轻力壮"的热血与豪迈，而且随着快乐和美丽的仙女把"愚人"抚养长大，愚昧、快乐、激情、淫荡、疯狂和放纵，这些在中世纪充满"原罪"的词语，被赋予了全新的含义和价值，一种新的精神气息扑面而来，一切都与禁欲主义的中世纪形成了鲜明对照。没有了"财神"的支持与帮助，"任何优雅的举止和必要的礼节都会荡然无存"，这多么像我国古人"仓廪实而知礼节"的含义。但不仅仅如此，我们也从中一下就感受到了尼采所倡导的那种"肯定生命"和"强力意志"的伦理力感。

更具现代伦理意义的，是伊拉斯谟对人有意志自由观念的坚持。

在基督教传统内部，最早主张人有意志自由观念的是伯拉纠（Pelagius，

354—418，中文也称为"贝拉基"），而所谓"伯拉纠主义"（Pelagianlism，中文也称为"贝拉基主义"）就是主张，人既然是由上帝创造的，那就自然享有由上帝赐予的完全自由的意志。人行善或行恶皆取决于人的自由意志，所以人才能为其行为负责。对一般基督徒而言，承认这一点并不难，难的是承认如下的推论：既然人都因自己的自由意志为行为负责，那么人类始祖亚当与夏娃所犯的罪，就只能由他们自己负责，而不能说所有人类因始祖犯罪而连带犯了"原罪"。每个有自由意志的人都应该行善，也能够行善，不能因始祖犯罪，就怀疑人有行善的能力。上帝赐下耶稣基督以为世人启示上帝的道德要求与赏善罚恶的公义审判，为人类提供了好的榜样。人应当痛改前非，接受洗礼，除去先前道德上的污秽，决意过圣洁的生活。[1] 他坚信，人类的自由意志与因信称义的教义不矛盾。但这一学说与反对意志自由的奥古斯丁的原罪说和恩典说发生冲突，奥古斯丁认为伯拉纠忽视了上帝的绝对主权，希冀建立不依赖恩宠的人类自身之公义（正义），因而不仅自己对之猛烈攻击，而且于416年在北非召开的两次宗教会议上，鼓动将其定为"异端"。417年教宗英诺森一世对伯拉纠处以绝罚，但他留下了《论意志自由》的著作，成为伊拉斯谟开启现代性的重要思想资源。

  伊拉斯谟于1524年发表《论自由意志》（*De Libero Arbitrio*）已经是在伯拉纠之后，经过基督教1000多年"自由意识"的教化了。但关于意志自由的争论依然停留在起步阶段，如同伯拉纠与奥古斯丁的激烈论战一样，伊拉斯谟同样遇到了强烈的反对者：马丁·路德。他于1525年几乎是针锋相对地针对伊拉斯谟出版了《论意志的捆绑》（*De Servo Arbitrio*）。

  伊拉斯谟针对路德提出的意志自由既不在天使中，也不在亚当与"我们"中，而唯独是上帝的特质，认为这是糟糕透顶的观念。这种观念不仅导致人失去了弃恶从善的能力，而且导致人只不过是上帝的一个单纯工具。那

---

[1] 丁光训、金鲁贤主编，张庆熊执行主编：《基督教大辞典》，上海辞书出版社2010年版，第62页。

么，上帝创造一个与其最为肖似的人类意义何在？"如果人类无论行善还是作恶都只不过是上帝的一个工具，就如木匠手中的斧头一样，那顺服、无处不在的赞美有何意义？"[1]

伊拉斯谟不仅批驳这一观念逻辑上和实践上的悖谬，而且从《旧约》《新约》和中世纪教父哲学著作中搜寻捍卫自由意志的论据。他为此重新翻译和注解了《新约》，而且着重于从神学与哲学上论证，意志自由这种选择能力，才是人是否具有被救赎的资格的关键。但路德的反驳提示了一个比承认自由选择善恶的意志能力更为重要的一点，即是什么决定了人的意志能够做出一个好的抉择？在不存在恩典的时候，自由意志是否有独立的行善之力？伊拉斯谟需要反驳的关键在于，意志真的是被"原罪"所"捆绑"吗？那么上帝创造具有"原罪"的人，究竟是为了什么？在这个问题上，伊拉斯谟的关键性突破，正如黄丁所指出的：

> 伊拉斯谟认为实现救赎需借助自我效仿基督的道德实践，即自我必须有意志的自由，否则将无法效仿基督，以实现自我的救赎。[2]

因此，虽然当代文艺复兴研究的集大成者奥马利（John W. O'Malley，1915—1991）不赞同从开启了现代性的角度来解读伊拉斯谟与路德的争辩，认为这容易将人文主义与宗教改革对立起来，从而以某种"格式化"的风险掩盖一些16世纪争论的原本性质和未经检验的假设[3]，但我们依然坚持，伊拉

---

1 Erasmus-Luther: *Discourse On Free Will*, translated and edited by Ernst F. Winter, Frederick Ungar Publishing Co., Inc, 1961, p. 44.
2 黄丁：《再论伊拉斯谟与马丁·路德关于自由意志的辩论》，载邓安庆主编：《伦理学术12：伦理自然主义与规范伦理学》，上海教育出版社2022年版，第215页。
3 John W. O'Malley: "Erasmus and Luther, Continuity and Discontinuity As Key to Their Conflict," in: *The Sixteenth Century Journal*, Vol. 5, No. 2, 1974, p. 48. 转引自黄丁：《再论伊拉斯谟与马丁·路德关于自由意志的辩论》，载邓安庆主编：《伦理学术12：伦理自然主义与规范伦理学》，上海教育出版社2022年版，第206—207页。

斯谟反驳路德"唯靠恩典"而否认自由意志的思想才真正挺立了人在道德与救赎问题上所能起到的主体作用，这确实是现代精神品格的真正开端。

在考察了"愚人""财神"和"自由意志"的观念之后，我们现在可以来讨论伊拉斯谟关于现代人德性教育的思想了。

在一般教育理论上，伊拉斯谟特别反对让学生死记硬背一些所谓知识的正确答案的教学法。作为人文学者的他，认为教育的使命就在于通过知识的启蒙，让人成为人，成为有自主意识和自主行动能力的个人。而关于人的教育，最为重要的，首先是教育好君主。所以，他在马基雅维利写完《君主论》（写于1513年，付梓却在1532年）的后三年，即1516年，写作并出版了一部同样教导"君主"的著作，名为《论基督教君主的教育》。这是现代教育史和道德教育史上的一件大事。

我们可以从两方面感知这一著作的现代意义。其一，从中世纪的皇权至上到宗教改革后欧洲实行世俗君主制，君主既从"君权神授"理论上获得理论上和道义上的支持，又摆脱了皇权对他的控制，于是有了充分的自由，很容易成为拥有绝对权力的"专制君主"。所以，君主制下近代欧洲政治哲学的核心，都是在思考如何限制君主拥有绝对权力，从而避免让它成为世俗世界的"至恶力量"。但其二，就当时的现实而言，欧洲只有意大利的美第奇家族、法国的瓦卢瓦（Valois）王室和瑞士、奥地利、西班牙、德意志、波希米亚与荷兰诸国的哈布斯堡（Hubsburgs）家族。而且这三个家族已经在欧洲诉诸武力角逐，造成了历史学家所说的"道德恐慌"[1]，法国王室已经在1494年入侵意大利，把美第奇家族驱逐出佛罗伦萨，而后西班牙王室又帮助它重新回来推翻了佛罗伦萨的共和制，建立其君主专制。在此局面下，忠诚爱国的大臣马基雅维利对美第奇的君主施行"邪恶教诲"，让他利用各种邪

---

[1] 参见莉莎·贾丁：《代序》，载［荷兰］伊拉斯谟：《论基督教君主的教育》，李康译，商务印书馆2017年版，第 i 页。以下凡引此书，都是这个版本，直接在引文后标注页码。

恶统治术迅速武装起来,统一意大利,只要达到这一"强国"目标,恶劣的手段算不了什么。这让我们这位基督教界的著名人文主义学者伊拉斯谟看不下去了,因此他实际上是比19世纪德国腓特烈大帝更早、更及时地与马基雅维利"隔空论战"的人。又因他的这部著作当年写完就出版了,因此产生的社会影响比马基雅维利的《君主论》要大得多,对他自己的人生也产生了积极影响:该书是在巴塞尔的索瓦热的热情鼓励下写作的,而此人当时就是佛兰德议会的议长,后又担任了勃艮第掌玺大教士,伊拉斯谟在他的成功举荐下,担任了16年查理国王的咨议,享受了可观的薪俸,这本书的出版也就成为他作为"帝王师"的第一份献礼之作。他的"献辞"绝非对现世君主的令人作呕的赞美,而是从哲理上对"君主"美德的"应然要求":

> 英明盖冠众君主的查理啊,智慧本身就令人赞叹,而在亚里士多德看来,没有任何智慧比教授如何成为一位仁君更为高等。色诺芬在其《家政论》中正确地认为,在对自由的、自愿的臣民的绝对治理当中,确有某种超出人的自然的东西,某种全然神圣的东西。这种东西当然就是君主们非常需要得到的智慧,年轻的所罗门纵然聪颖过人,也不屑于其他才能,一心祈望这种天分,渴盼她始终相伴御座两旁。……一旦君主招其上廷,驱退那些邪恶的咨议——野心、恼怒、贪婪、奉承——国家就将全面繁盛。(《教育》,第3页)

这一上来就与马基雅维利"针锋相对",把他那些教诲君主野心、愤怒和贪婪者都视为邪恶的咨议。既然国王清楚地知道,在君主制下的国家人民的幸福依赖于国王的智慧,那么就只能是智慧是使国家强大繁盛的基石,而"臣民"已经是"自由"而"自愿"接受治理的人民了,君主的智慧就是比他的血统、门第、财富更高的凭倚。

这一"智慧"的特点,实际上取决于伊拉斯谟对"君主"精神品格的现代定位。他绝不会一味地以一个古代大权独揽的帝王为榜样来教导新时代的君主，这也与伊拉斯谟自己的美德相关。他终生都是一个和平主义者，在近代早期那个靠武力称王称霸的时代，他也不会教导君主残酷的"武德"，而是以他的博学与睿智向君主证明，历史上伟大帝王的智慧都体现在对"普遍和平"的追求和捍卫上，以正义来谋求一个国家的长治久安，而不是皇族任何自私的利益。他作为一个人文主义者，也决定了他教导君主的智慧，不能阻碍基督教民众的自由权利，从而避免引起民众的愤怒和憎恨。这些方面，都体现出他与马基雅维利，甚至与马丁·路德之间的巨大分歧。在1522年马丁·路德宗教改革如火如荼地进行时，他致信给查理五世的牧师，表达了他对君主教育的基本理念：

> 我们的新教皇（阿德里安六世）博学深思，英明正直，同时我们的皇帝看起来也有着超凡脱俗的精神。这令我深深期待，这种祸患（路德教义）可以彻底清除，并且永不复燃。如果在最常萌发这种祸患的根子上，包括对罗马教廷（其贪婪与暴虐已令人难以容忍）的憎恨，以及对被认为阻碍基督教民众自由权利的许多纯属人事立法的憎恨，能够做到斩草除根，即可实现这一目标。依靠皇帝的权威，依靠新教皇的正直，就能比较容易地治愈这一切，而无需让世界陷入争执。……惟愿皇帝以其仁慈赐我以安定长久之薪俸，葆我以清正善好之声名，抗御某些敌人之侮辱，我当保证他将无愧于聘我为咨议。（《教育》，代序，iv）

因而，一个好君王的智慧，首要的就是避免成为大权独揽、阻碍民众自由权利和公共福祉的令人憎恨的暴君。为此，一个好的教育必须从小就培养人具有这样的意识，让民众来选举君王，正如让大家选择一位船长带领大家一起乘船在大海上航行，大家绝不会选择一位门第出身好、财富最多、外表最好的人，而是会选择掌舵技能最好、最灵敏、最值得信任的那个人。同样，一位领导一个国家全体人民的国君，必须是把公共福祉的关怀看得比他的权力更重的人，权力为所有国民的公共福祉服务而绝不可相反，为了达到普遍共享的公共福祉，君王必须具有智慧、正义、节制和远见卓识。塑造君主、改进君主的最佳时刻，是在他尚未成为君主时，在他心灵中通过人文主义教育播撒善良的种子，培养公平正义的道义承担精神。每一个善于治理的良君，都有一个最为光荣和神圣的职责，那就是保证自己及其继承人不会成为遗臭万年的恶君。伊拉斯谟让我们设想一下，如果君主们在年少时一事无成，只是效仿暴君，那么当他们长大成人，除了滥施暴政，又能何为？

谁都清楚，人的一生中最有裨益的事情，就是有幸遇到一位贤明良君，相反祸害最深的事，莫过于被一个愚蠢邪恶的暴君统治。因此君主的幸福，不是常人的幸福，不是长寿与健康，而是他自身生命之优劣。展现其生命之优卓的，是他留给人民生活的福祉，而不是他自身的享乐。只有德性才是给予君王的唯一奖赏，让他能赢得人民的真心爱戴与荣誉。所以要告诉君王，他的声望，他的伟大，他的尊严，绝非由他的特权与利剑赋予他，而只能来自他的智慧、正义与德行。他的智慧不是书面上所谓的"哲学家"之智慧，不是在辩证法或自然哲学上聪明过人，而是能真正地拒绝虚幻的表象，无畏地追求真理、自由与正义。一个具有真正哲学智慧的人，其实就是一名真实的基督徒，要勇于为了博爱众生、为了民众的幸福而拒绝与魔鬼撒旦做交易，哪怕牺牲自己，哪怕背起沉重的十字架也在所不惜，这才是真正卓越的生命。

卓越的君王的智慧，是要时刻警惕自己成为暴君，因为暴君与君主完全是两个不同的概念。暴君的目标是让自己任性而为，君主的目标是为了保卫人民的自由权利之实现；暴君要求的回报是巨额的无意义的财富，而君主要求的回报是人民的幸福安康；暴君靠恐怖、欺骗和狡诈来统治，最终都免不了让自己暴死得惨不忍睹，而君主则是凭智慧、正义和善良意志来统治。因而，最终不是由他的权力，而是由所有人都必须遵守的法律来统治，这才是君主最高的智慧：

> 如果专制统治已经臭名昭著，抑或其宗旨已是恶声远扬，那么纵有许多人如此施为，亦不能令其增添荣耀。只要道德价值乃是行为本身的一种属性，有多少人如此施为就无关紧要。(《教育》，第38页）

这种智慧显然是哲学的，且是实践智慧。哲学以其真理性知识昭示着某种绝对的界限，它只抓住紧要的东西，而不管无关紧要的东西如何为众人所推崇。因此，君主教育的要旨在于教导一种"良政"的价值定位及其不可突破的底线：避免成为专制君主。也正是在伊拉斯谟等人文主义学者的教导下，欧洲君主专制制度在现代欧洲才有可能向开明君主制，即立宪君主制发展。这样既可保住君主的荣耀与权威，又可让君主及其家属生活在受人爱戴、感恩和终生的幸福之下，这确实是现代政治开启的一种新的可能性。

这种新的政治可能性，包含了一种要义，那就是在君主的领导下，让良法成为国家的真正治理者。伊拉斯谟以其渊博的历史知识告诉君王，叙拉古的狄奥尼修斯之所以成为受正义谴责的暴君，就是因为他允许自己与臣民漠视城邦法律，想让人不是依赖他所颁布的法律，而是依赖他本人。这就亲手将自己颁布的法律视为无效，那么颁布法律的王自然也就受人谴责了。

这绝非明君之所为。明君或好君主从来都是依赖自己颁布的良法来治理的，只有良法才是最有益于国家之法，它不仅仅对国家治理好，而且对每一个公民和君王自己都好，因为它才是自由与正义的守护神，是每一个人安全与幸福的秩序之保障。所以，伊拉斯谟告诫君王，在实施法律的过程中，要切记不要让人感觉到一项法律特别有利于部分人的腰包，或是特别优待贵族。在法律面前，任何事情都必须联系到荣誉与正义的理念标准，而不能依照部分人的意见来确定：

> 只有正义、公平、有助于公共的善的法律，才是真正的法律。任何东西都不能仅仅因为君主做出了如此决定就成为法律，除非这种决定出于一位明智的良君，他所做出的任何决定都不会是不荣誉的，都会符合国家的最佳利益。如果评判恶行的标准本身被歪曲，那么唯一的后果就是连正义的事情也会被这种法律所扭曲。(《教育》，第112页)

所以，用不着更多论证，伊拉斯谟将现代政治和伦理的核心要素——个人权利，意志自由，国家公共福利，君主的开明与良善的法治治理，自由与正义的标准与价值——都清清楚楚地加以了论说。他与其说是教育君主，不如说也是在教育现代人。每一个自由的人，都要成为自己人生的"君主"，换句话说也合适：要能成为一个真正的君主，首先要成为一个卓越的人。因此，在精神与人格上，都需要具备一个现代君主所必需的现代教养。对于君主要成为哲学家的要求，便是对人的更高要求。他们共同的一个基本底线似乎对于君主更为重要，那就是被哲学智慧所引领，远离普罗大众低俗的关切和污浊的欲望。做不到这一点的君王，就做不了明君，只会成为遗臭万年的暴君或碌碌无为的庸君。

二、布鲁尼"公民人文主义"对亚里士多德伦理学的新探索

希腊城邦是以正义为伦理原则最终牺牲了个人自由，而到了文艺复兴的发源地意大利佛罗伦萨，则提出了一个标志着现代伦理的核心概念：自由城邦。这个概念的版权属于此时影响广泛的人文主义者莱奥纳多·布鲁尼。

布鲁尼出生在阿雷佐（Arezzo）这个彼特拉克出生的城市，家境一般，父母早逝，他在当地拉丁语学校毕业后，于1388年被时任佛罗伦萨国务秘书的莎罗塔蒂（Coluccio Salutati）"像自己的一个儿子一样"（wie einen Sohn）

收留来到了佛罗伦萨。[1] 在这里，他用了两年时间学习"自由七艺"（artes liberales），四年时间学习法学，1398至1400年又花了两年时间学习希腊语，这使得他很快就进入了佛罗伦萨人文主义研究的核心圈子。在这个圈子中，他对古典语言和古典文化的精熟使得他成为其中的佼佼者，从事了许多古典文献的翻译工作。他尤其贡献了经院哲学的"字对字的翻译方法"，使得古希腊文学能够被精准地翻译为拉丁文。1405年，在15世纪刚刚开始的岁月，他在莎罗塔蒂的帮助下来到罗马，找到了人生中的第一份正式工作，作为教皇的秘书，进入了罗马政治领域的高层。他"先后服务于教皇英诺森七世、格里高利十二世、亚历山大五世和约翰二十三世。作为教皇秘书，他的主要任务是起草谕令，书信对象涵盖了皇帝、君主、主教和官员"[2]，1415年才返回佛罗伦萨。这一经历，不仅加深了布鲁尼对政、教两界和整个欧洲局势的认知，而且让他在1427年起作为著名学者出任佛罗伦萨国务秘书时如鱼得水，享受了极大的话语权，成就了他的人生辉煌。

当然，作为文艺复兴时期最为重要的古典学者、文艺复兴亚里士多德主义的主要代表，他在出任国务秘书前的学术成就，是最为我们重视的。他不仅为但丁和彼特拉克立传，而且还写有《西塞罗新传》（*Cicero novus*，1413）。通过他的新传记，西塞罗在文艺复兴时享有特别崇高的位置，在某种程度上，人们还相信，文艺复兴在政治理想上就是西塞罗共和主义理想的复兴。

他之所以要歌颂西塞罗，是因为西塞罗在罗马还是一座自由之城时，就是"第一个被尊称为国父的罗马人"，享受到了无比荣耀的地位。而这样一个伟大人物却受到了非常冷漠的对待，这让他忧伤不已。他认为西塞罗是所

---

[1] Sabrina Ebbersmeyer, Eckhard Keßler, Martin Schmeisser (Hrsg.): *Ethik des Nützlichen, Texte zur Moralphilosophie im italienischen Humanismus*, Wilhelm Fink Verlag München, 2007, S. 108.

[2] ［意］莱奥纳多·布鲁尼：《佛罗伦萨颂——布鲁尼人文主义文选》，郭琳译，商务印书馆2022年版，"中译者引言"，第2页。

有学者—政治家的楷模，天生就是一位惠泽他人之人，竭尽全力地为国家和百姓服务，不仅是罗马人民的引路明灯，而且是教育和智慧的启明星。所以，他呼吁：

> 让我们尽自己最大努力参与到光耀这位我们文化的先辈和君王——西塞罗——的竞赛中来。从来没有谁能像西塞罗这样深深影响到我们的文化，他留予我们的馈赠无人企及。[1]

对于自己先辈中享有如此重要地位和崇高荣誉的伟大人物，研究其思想和智慧，确实是文化建设和伦理事业的要务。文艺复兴的使命就是让自身文化根基中那些依然"活着"的，作为"引路明灯"和"启明星"的伦理精神照亮当下扑朔迷离的路。

对于伦理学而言，布鲁尼最重要的著作是《人文主义与古代关系的对话》(*Ad Petrum Paulun Histrum dialogi*)、《道德哲学引论》(*Isagogicon moralis disciplinae*)、《佛罗伦萨人民史十二卷》(*Historiarum Florentinarum liberi XII*)，还有人文主义论教养和教育的《妇女人文主义教育计划》(*De studiis et litteris liber*)，他是最早要求提高女性地位的人。当然，作为人文主义学者，他最主要的贡献还表现在对古典文献的翻译上。他除了翻译了亚里士多德的《尼各马可伦理学》(1417)、《政治学》(1438)、《家政学》(1420)，还翻译了柏拉图、普罗塔克、色诺芬等人的著作。

他的翻译让意大利文艺复兴延续了13世纪以来在中世纪所奠定的道德哲学课程的常规结构，经过人文主义的中介，道德哲学接续到了古希腊亚里士多德的源头：

---

[1] [意]莱奥纳多·布鲁尼:《佛罗伦萨颂——布鲁尼人文主义文选》，郭琳译，商务印书馆2022年版，第216页。

文艺复兴时期，道德哲学被分为三个部分：伦理学、家政学和政治学。这种划分对应于亚里士多德的《尼各马可伦理学》和《政治学》，以及伪亚里士多德著作《家政学》（Oeconomics），这些是大学道德哲学教学所使用的基本文献。亚里士多德自己曾附带提到过这种三分法［注：《欧德谟伦理学》Eudemian Ethics, I. 8, 1218b13-14］，这种划分后来被其希腊注释家采纳整理，成为逍遥派实践哲学的标准分类法。这一传统，经由波埃修和卡西奥多鲁斯（Cassiodorus）传至中世纪拉丁哲学，体现于圣维克多的于格（Hugh of St. Victor）和其他十二世纪作者所提出的知识分类，尽管他们并未掌握其所依据的亚里士多德文本。[1]

　　直到13世纪，随着大学的兴起，亚里士多德《伦理学》《政治学》和《家政学》的拉丁译本都出版之后，才确定下来道德哲学的这一常规结构。而文艺复兴时期布鲁尼对这些著作的翻译，确实可以视为亚里士多德实践哲学伦理学的复兴。

　　在这个框架结构中，文艺复兴时期的人文学者普遍采取这种解读方法："伦理学"是训练做好人的学问，符合当今美德伦理的思路；"家政学"是训练做好家长的学问。"好家长"之所以享受"被孝敬"的尊长地位，关键在于他承担着"家政"义务，家庭既是血亲组织，履行传宗接代的使命，又现实地是个"经济组织"。因而"好家长"首要的使命和义务，是维系家庭的"生计"，让每个人吃得好，穿得好，受到良好的教育，将来成为体面和成功的人，生活美满幸福。"家长"之难以做得"好"，实际上就是承担的"义务"每一项都很"硬核"，这是没有做过家长的人永远体会不到的。而"政治学"的使命是训练"好公民"，这是现代政治学逐步弱化甚至被遗忘的课题。实际上从古希腊城邦文化开始，政治伦理就具有两方面基本内容：制度

---

[1] ［美］查尔斯·B. 施密特、［英］昆廷·斯金纳主编：《剑桥文艺复兴哲学史》，徐卫翔译，华东师范大学出版社2020年版，第335页。

化的正义伦理和德性化的公民伦理。而文艺复兴将其保留在"好人""好家长"和"好公民"这个以人的美德为进路的方向上之后,这三个部分实际上不是抽象地接着去探讨"好人""好家长"和"好公民"的德性品质的养成和教化,而是聚焦于处理"人的行动"。人的好品质或美德,是在社会生活的"行动"中内化为好品质的,不是"好品质"自然地就能长成的。

作为中国人,其实我很想考察在布鲁尼的思想中,"好家长"与"好君主"之间是否存在某种联系。但十分遗憾,在我十分有限的阅读视野中,没有找到这种联系。他有对"骑士"的赞美,对"大臣"的赞美,对各种私人关系和公共事务中个人美德,即公民美德的赞美,但没有发现他对任何君主的赞美。相反,却有对"暴君"的无情批判:

> 迦太基、西班牙和科林斯都被夷为平地,八方领土无不认可罗马人的统治,而罗马人却不曾遭受任何外国的侵害。那个时候,恺撒、安东尼、提比略、尼禄等摧毁共和国的"毒瘤"还没能剥夺人民的自由,那神圣且不容践踏的自由就在佛罗伦萨建城后不久便被卑鄙之徒窃取了。鉴于此,我认为佛罗伦萨有比其他城市更为真实的东西,佛罗伦萨的子民享受无与伦比的自由,是僭主的不共戴天之敌。……如果任何共和国腐败者的踪迹甚至只是名字遗存至今的话,定当遭佛罗伦萨人民的厌恶和鄙夷。[1]

他对《家政学》的翻译,从一开始就力图用拉丁文竭力弄清希腊文economics的含义。他用res familiaris这个拉丁文,首先排除了economics表面上的"经济"含义,突出了希腊文内涵的与"家庭相关"的原义。不过,这里的与"家庭相关",不是指"房屋",而是指与房产、地产和其他"财富"

---

[1] [意]莱奥纳多·布鲁尼:《佛罗伦萨颂——布鲁尼人文主义文选》,郭琳译,商务印书馆2022年版,第127页。

相关的"家庭管理"(household management),布鲁尼开篇第一句就强调了:

> 管理家庭和治理国家之间存在差异。
> (Res familiaris et res publica inter se diffenrunt.)[1]

这对于熟悉家—国同构伦理的我们是需要吸取的思想。这种区分不仅仅是把"家""国"区分了开来,而且在观念上把"私人事务"和"公共事业"区分开来,只有通过这种区分,我们才能理解"伦理"为何与"正义""爱""自由"这些理念相关。在"家政"管理中,由于属于你的私人关系,"家长"完全可以从"亲情"出发,实施"仁爱"管理,但对于"国家"这个"政治"的"公共领域",从"亲亲"之情出发并不可能达到"正义"伦理,这一点几乎是不需要论证的问题。国家作为政治公共领域,需要"正义",而"家政管理",处理的是"亲情"之间的关系,那是不需要"正义"的情爱伦理的表达,对于家庭之外的城市与国家,正义无论如何都比"亲亲之爱"更为重要:

> 在正义或权威缺席的情况下,强者可以欺凌弱者,通过武力可以剥夺弱者的财产。[2]

> 首先,要确保正义在佛罗伦萨城拥有最神圣的地位,因为失去正义,城市便不复存在,佛罗伦萨也将有辱其名。其次,必须要有自由,如果失去自由,人民再也不认为生活值得一提。这两个观念共同反映在佛罗伦萨政府设立的所有机构和法规里。[3]

---

[1] [意]莱奥纳多·布鲁尼:《佛罗伦萨颂——布鲁尼人文主义文选》,郭琳译,商务印书馆2022年版,第235页。
[2] 同上书,第181页。
[3] 同上书,第144—145页。

这也就是他盛赞佛罗伦萨的原因。因为它有如此"好的伦理",佛罗伦萨才有完备的政府机制和司法制度。政府官职的设置不是为了让人当"父母官",而是为了实施正义,保护每一个人应该享有的权利和尊严,因而是保护弱者不受欺凌。官员被赋予权威,是为了惩罚罪犯,而不是"鱼肉"人民。自由的正义伦理作为规范性理论,就是给每个人以"合法约束"的伦理。佛罗伦萨伟大,因为它坚信自由与正义才是其存在与荣耀的根本,因此它将其伦理实实在在地落实到各项规章制度之中:

> 为了避免这些被赋予极大权力的法律捍卫者产生他们是鱼肉人民而非保护人民的念头,佛罗伦萨采取了诸多措施。政府制定了许多规定防止官员盛气凌人,或是破坏佛罗伦萨的自由传统。首先,通常被视为国家主权拥有者的最高执政长官,必须受制于一套权力制衡机制。权力不得掌控在一人手中,而是由九名执政团成员同时参与,任期为两个月而非一年。设置这种管理方式是为了能够更好地统治,因为多人掌权能够纠正判断的偏误,短暂任期则可抑制集权野心的滋生。[1]

在这套制度设计里面,最为重要的不再是作威作福的官员,而是"人民"本身的美德。所以,在伦理学史上,最早一位给"人民"树碑立传的人可能就是布鲁尼。他最为重要的著作,《佛罗伦萨人民史》(前六卷于1429年出版,后六卷是他担任国务秘书期间的作品),描述了佛罗伦萨从雅典公爵僭政中获得解放,摆脱强权威胁,而享有自由的方法。公民共和自由的制度和精神,是布鲁尼人文主义文艺复兴的核心。

这是现代性区别于培根、笛卡尔知识维度的早期实践哲学的开端,伽达默尔指出了现代实践哲学开端中布鲁尼的意义:

---

[1] [意]莱奥纳多·布鲁尼:《佛罗伦萨颂——布鲁尼人文主义文选》,郭琳译,商务印书馆2022年版,第145页。

现代思想需要回溯的真正开端，在意大利人文主义的人道研究（studia humanitatis）之中。在布鲁尼那里，乃至更清楚的，在维科有意识地反笛卡尔主义那里，提出了真理在其真正敞开性中的形而上学问题，且依据于语词问题，它通过雄辩现象指引到完全不同的维度，而非仅仅是知识维度。[1]

文艺复兴时期的人文主义学者们之所以不采取知识进路，而是道德哲学进路，原因在于他们认为这个新时代的核心问题是美好生活问题，而对于美好生活而言具有最大功用的，不是自然哲学，而是道德哲学。只有道德哲学才能指明美好生活的出路，避免陷入迷途。他们认识到：

> 道德哲学不让自己表现为是只为少数学院派教授哲学家所准备的一个清高孤傲的对象，而是要作为对于每一个公民和外行都能理解的、可欲求的对象。[2]

所以，布鲁尼的《道德哲学引论》就是以亚里士多德的幸福论为主题。对于人生而言，作为人生所能实现的最高善就是幸福，但这种幸福靠什么实现呢？他引导大家与伊壁鸠鲁的快乐主义和斯多亚的德性论进行对比，最终回到亚里士多德的德性论传统，幸福在于自身美德的完满实现。

美德的实现，虽然是个人努力或德性修为的结果，但从根本上说，需要靠良善城邦的良善法治的保障，这是亚里士多德早就证明了的。而亚里士多德德性论的制度设置在古罗马的继承者，就是布鲁尼大加赞美的罗马共和主义。这套共和主义制度尤其在布鲁尼的城市佛罗伦萨形成了传统。

---

[1] Hans-Georg Gadamer: *Gesammelte Werke V: Griechische Philosophie I*, J. C. B. Mohr (Paul Siebeck) Tübingen 1990, S. 583.

[2] Sabrina Ebbersmeyer, Eckhard Keßler, Martin Schmeisser (Hrsg.): *Ethik des Nützlichen, Texte zur Moralphilosophie im italienischen Humanismus*, Wilhelm Fink Verlag München, 2007, S. 109.

这套共和主义制度的核心是以确保所有公民的自由与平等为目的，它的基本政制因而就是平民（popularis）政制，其特点是既防止个人成为独裁君主，又防范少数贵族沦为寡头统治。在所有人面前存在的同等的公民自由，严格地受法治保护，不惧怕任何人的威胁，因为没有任何人具有超越法律的特权。它造成了这样一个风尚：有权势者的专横跋扈成为令人憎恨的过街老鼠，而德性和廉洁则是对每一个公民提出的基本要求。任何人只要具备了这两种品质，就具有了胜任管理共和国事务的资格。而且没有人有可能具有超长的任期，谁都有机会成为管理者，管理者也随时都会成为被管理者。这是共和国真正的自由、真正的平等，国家成为每一个公民的共同的国家，公民在法律面前真正平等，就不会惧怕任何人的伤害，每一个公民都有一种希望，凭借自身德性的优秀，就可以活出令人尊敬的生活。当一个自由公民获得参与政府事务的机会，这将极为有效地激活其内在德性禀赋的实现。

在《佛罗伦萨颂》中，布鲁尼集中赞美的，就是佛罗伦萨人直接继承了罗马公民共和主义的"血统"：

> 佛罗伦萨人是罗马人的后裔至关重要，就任何方面的优秀而言，这世上还有哪个民族能比罗马人更杰出、更强大、更卓越？……仅一座城市所包含的各种美德就远超其他民族迄今为止所有的美德。[1]

他的文字热情讴歌了佛罗伦萨人民对共和制度的热爱，对公民自由、荣誉与尊严的渴望、坚守和奋斗。佛罗伦萨人之所以能享有公民所应该享受的无与伦比的自由和体面，靠的就是与共和制度不共戴天的敌人——僭主——斗争得来的结果。所以，他对毁灭罗马共和国的暴君们深恶痛绝，他们穷兵黩武，不择手段地消灭罗马公民，甚至不惜生灵涂炭，为的就是一己私利，

---

[1] ［意］莱奥纳多·布鲁尼：《佛罗伦萨颂——布鲁尼人文主义文选》，郭琳译，商务印书馆2022年版，第126页。

公权私用。他们可耻的暴行，显示了他们是毫无人性的凶恶魔鬼，布鲁尼问，还有什么能比伟大的公民自由传统瞬间落入暴徒之手更让佛罗伦萨人感到痛心疾首吗？

之所以要保护公民共和主义，他的理由十分充分：

> 佛罗伦萨建立时，正值罗马的实力、自由和天赋臻于鼎盛，尤其是那时她拥有伟大的公民。后来当共和国屈从于个人，就像塔西佗所说："那些俊杰之才荡然无存。"因而，佛罗伦萨的建城时期至关重要，若是稍晚些的话，那时罗马人所有的美德和高贵都惨遭毁灭，没有什么伟大杰出的东西能够流传后世了。[1]

一城一国的伟大与强盛，最终靠的都是杰出的公民、优秀的人民，他们才是历史的真正创造者，文明发展的动力和目标。所以，布鲁尼在翻译亚里士多德《伦理学》《政治学》和《家政学》延续古典伦理的框架之后，试图着力培养的就是公民美德。

佛罗伦萨公民的美德是不比拼财富和地位，而是确立这样的价值观：正义和仁爱（beneficentie）高于任何强权；慷慨（liberlitati）、诚信（fides）和廉洁（integritas）是每个人做人的基本信条。佛罗伦萨要靠正义与仁爱的伦理美德成就最强的国家，赢得权威和荣耀。如果背离这样的道义伦理，就背离了祖先的美德，高贵的血统沦为卑鄙的市侩，这是必须避免的。

三、文艺复兴时代神圣——世俗精神结构与人类学

伦理学与时代精神密切相关，布鲁尼特别提倡共和主义精神，一种自由和平等的精神，但这种精神在文艺复兴的形而上学中并没有得到真正的奠

---

1 ［意］莱奥纳多·布鲁尼：《佛罗伦萨颂——布鲁尼人文主义文选》，郭琳译，商务印书馆2022年版，第130页。

基，所以整个说来，文艺复兴的形而上学没有统一的精神史的形式。如果人们想要发掘出文艺复兴的精神哲学，那么就只能从文艺复兴的自然哲学和历史哲学出发，看在自然观察和历史考证中能凸显出何种精神格局，这样我们就能发现文艺复兴具有一种精神形而上学的基本语境。这不仅是由库萨主义者的自然哲学思想提出的主题，由费奇诺（Marsilio Ficino，1433—1499）、波维卢斯（Carolus Bovillus，1475—1566/67）以及布鲁诺进一步阐发出来，而且也是这个时代另一位著名人文主义者，甚至被视为15世纪最重要的人文主义者、伦理学家、历史学家洛伦佐·瓦拉在其一系列著作中表达出来的。

库萨的尼古拉（Nikolas von Cues）以目的论的形而上学中断了中世纪经院哲学的形而上学。后者仅仅把上帝视为无限的，世界则相反地被设想为有限事物之造物，而库萨却把世界设想为有限—无限的功能聚合。

所以，库萨·尼古拉他从哲学上为近代的"科学革命"的思想道路打开了一个缺口。库萨主义哲学对于近代思想的意义首先在于，它追问，人的精神如何必定是创造性的，以便克服它自身的有限性趋达一种有限—无限之世界的理念。在这种问题意识的落差中，库萨·尼古拉构造了一种mens哲学，即精神哲学，精神本身是在认识中以它来衡量的尺度，因而也就是一种species（样式）哲学，其含义是："可视化样态"（Versichtbarungsgestalt）的哲学。在此样式中，精神把有限的东西，但在其关联性聚合物中的无限的东西，做出了智性的（intellektualer）表达。这两种问题意识的融合，精神（mens）作为追问衡量世界的主观性和样式（species），作为追问所有再现象征使得客观世界在主观精神中得到表达，这两种问题意识的融合通过开端于近代的精神形而上学作为观察人的"新视野"的亚结构而通行于世。[1]

---

1 Stephan Otto (Hrsg.): *Renaissance und frühe Neuzeit, in Text und Darstellung*, Philipp Reclam jun. Stuttgart, 1984, S. 238.

波维卢斯是卡西尔很重视的文艺复兴时期哲学家，被认为是16世纪法国最重要的人文主义者。他写有许多自然哲学、伦理学和宗教学的著作，譬如《形而上学导论》(*Metaphysicae introductorium*，1503)、《制度论与功用论》(*De constitutione et utilitate artium*，1510)、《基督教行为学》(*Praxilogia Christi quatuor libris*)等等，卡西尔甚至在《文艺复兴哲学中的个体和宇宙》一书的附录中，收录了他的学生准备的《论智慧》(*De Sapiente prepared*)的批判拉丁文版本。

瓦拉作为意大利人文主义学者中最重要也最复杂的人物，倒是真实地反映了这个时代的精神结构。文艺复兴时代的人，一方面像中世纪一样，人生的美好追求放在谋求教廷供职上，因而精神中不可避免地留有教廷腐败的恶习和尘垢；另一方面他们作为社会上的精神贵族，又秉持了世俗人文主义对丰富多彩的日常生活世界一切"艳俗"之美的信念。瓦拉的作品中，无不反映了这个时代个人精神结构的烙印。在他的《论修道院的誓愿》(*De professione religiosorum*)中，他激烈地批判修道院的苦修违背自然天性，通过让人发誓苦修，而把"服从、神贫、守贞"当作了生命原则，从而让人的生命处在被迫服从的状态，这绝不是完美的生活。生活境界的高低，他认为"不在于发愿、而在于虔诚"[1]。

他非常讨厌修道士们虚伪的虔诚，又把在教廷工作视为人生美好的铁饭碗。这是矛盾的，却又是他们精神的现实。他以充满激情的真诚对所有的虚伪做作予以无情揭露，猛烈抨击，显得极其不宽容。围绕"君士坦丁赠礼"的考证，实际上反映了维护正统和反传统两种力量的斗争，并非是一个简单的所谓的历史事实问题。他对"君士坦丁"的批评显示出他反传统、反权威的大无畏精神：

---

[1] [意]洛伦佐·瓦拉：《〈君士坦丁赠礼〉伪作考》，陈文海译注，商务印书馆2022年版，"中译本导论"，第20页。

君士坦丁，你刚刚还在说自己是"俗世的"，现在又说自己是"神圣的""天赐的"。你不仅又栽进了异教的泥坑，而且比异教更严重：你竟然下令，让全世界都遵守你的命令，而且必须做到"永不走样，永不更改"，如此这般，你把自己弄成了一个神，你的讲话是神圣的，你的御令是天赐的。你也不想想你是谁。仅仅是在不久之前，你身上那臭不可闻的异教之污泥浊水才刚刚被除去，你勉勉强强才算是被洗干净了。[1]

瓦拉的伦理学著作，一本是《论快乐》（*De Voluptate*，1431），一本是《论自由意志》（*De libero arbitrio*，1439）。在《论快乐》中，他通过三个关键词高尚（honestum）、快乐（voluptas）和德性（virtus）让斯多亚派与伊壁鸠鲁派进行对话，充分论证了人文主义的伦理精神和人性观念。有意思的是，瓦拉让加图作为斯多亚派发言人，与代表伊壁鸠鲁派的发言人维吉乌斯（Mapheus Vegius）就什么是"真善"展开辩论，这两个发言人均是现实人物的对应者：前者为意大利人文主义学者，后者为意大利诗人和人文学者。加图论说人性的普遍弱点在于对伪善和假高尚趋之若鹜，对真善和真高尚避之不及；人类以作恶为乐，因而恶行多于德行[2]：

人类在孩提时期就表现得好吃好玩，不喜规矩正经；难守贞洁，渴望爱抚；逃避说教，追求无度的自由；人类究竟有多么不愿意被各种规则礼仪所束缚，相信我不用多言。不仅幼童如此，成人也并无二样。对于各种规范，大家嘴上接受，心中厌恶，丝毫不享受自身的正确行为，并积极改正不足之处。更为糟糕的是，人们还常常把为自己纠正错误之人的好心当成驴肝肺。[3]

---

1 ［意］洛伦佐·瓦拉：《〈君士坦丁赠礼〉伪作考》，陈文海译注，商务印书馆2022年版，第107页。
2 参见李婧敬：《以"人"的名义：洛伦佐·瓦拉与〈论快乐〉》，人民出版社2021年版，第37页。
3 ［意］洛伦佐·瓦拉：《论快乐》，李婧敬译，人民出版社2017年版，第24页。

加图试图从现实生活中的经验来描述这个时代人类学意义上的人的形象，但这遭到了维吉乌斯的奋起反驳。后者认为这样的人类学形象无疑是对自然和人的形象的贬低，说他错误地理解了自然及其人的本性，大自然赐予了人类追求自然的感性的快乐之能力，同时也赐予了人类追求快乐之善的灵魂。而加图所谓的人性之恶，其实就是人类对于欲望、爱情与自由的追求和享受，如果将此视为堕落和罪恶，那么最终结果无非就是导致禁欲主义的生活理想，而这恰恰是违背人性、违背真善的，进而将导致在世界上没有一个真善人、真"智者"，斯多亚主义就将成为一种伪善的自相矛盾的说教。维吉乌斯以海伦为例，说明她的美丽容颜，其实就是亚里士多德也承认的"身体之善"，特洛伊的战火非但不能证明美貌的可憎，相反凸显了身体之善的可爱：

　　　　尽管貌美之人往往不披挂上阵，但战事却总因为争夺美好之物而起……在整个故事里，无数勇士、英雄和具有神圣血统的战士为了一个女人而打得不知疲倦，热火朝天。若说希腊人是为了复仇而战，这不可信，因为他们已经承诺，只有对方归还海伦，就会平息战火；或者说特洛伊人是为了表明自己并非出于怯懦而归还海伦，因此为尊严而战，这也不可信。昆提良说得好："在特洛伊王族看来，希腊人与特洛伊人为了海伦的美貌而连年苦战，绝非无聊之举。"[1]

　　瓦拉在《论快乐》中就是这样辩护和宣扬了身体之善。世俗之善和所有自然快乐的合理性，把它们从中世纪禁欲主义的罪恶论中解救出来。虽然瓦拉自己隐藏在他们两派的论辩背后，但一方面，他人文主义的价值意向让代表伊壁鸠鲁派思想的对自然天性的张扬、对世俗生活之快乐的享受合理化了，成为一种时代"强音"；另一方面，他又通过对此两派世俗伦理观念都

---

[1] ［意］洛伦佐·瓦拉：《论快乐》，李婧敬译，人民出版社2017年版，第56页。

加以批判的姿态，把基督教教义所宣扬的超世俗的圣洁生活作为"最高境界"，最终将"至高无上的善"定位于"天国真福"：

> 刚才，我针对伊壁鸠鲁派和斯多葛派的想法都进行了批驳，同时也表明我们所追求的至高无上的善既不是斯多葛派所说之善，也不是伊壁鸠鲁派所说之善，更确切地说，它不是任何哲学流派所说之善，而是我们基督教所倡导的善，只存在于天国，人间无法企及。[1]

所以，他仅仅把基督教的最高善、最真福作为可仰望而不可企及的"最高境界"承认下来，但对基督教的禁欲主义生活理想则予以坚决抛弃，为现代人的幸福生活形式确立了一种神圣和世俗的结构理想。但关键的是人类学意义上的"人"作为"个人"，作为有血有肉的欲望中人，终于在文艺复兴时代的伦理学中，站在世俗的大地上为自己的自然权利做了充分的辩护和论证，"天主"不再能够作为人类上天堂和下地狱的最终审判者而存在，却变成了"天父"，类似于人间之父，以"慈爱"来教化人和引导人向善。这是一种现代的精神形式。

第三节　文艺复兴伦理思想之高峰：
马基雅维利"君主"与"共和"的政治德性论

正如布鲁尼代表了意大利14世纪文艺复兴伦理思想最高成就，马基雅维利，也完全可以说是15至16世纪意大利文艺复兴伦理思想的最高峰。他们两人都是佛罗伦萨之子，前者著有《佛罗伦萨颂》，后者则写有《佛罗伦萨史》。他们虽然是完全不同世纪的佛罗伦萨人，但他们拥有共同的经

1　[意]洛伦佐·瓦拉：《论快乐》，李婧敬译，人民出版社2017年版，第250页。同时参见李婧敬：《以"人"的名义：洛伦佐·瓦拉与〈论快乐〉》，人民出版社2021年版，第197页。

历：都当过佛罗伦萨的国务秘书，而且都对佛罗伦萨的文明、共和主义精神及其公民美德具有自豪感，因而都把这里视为"归根复命"的精神家园。然而，他们却对现实的政治与伦理拿出了完全不同的解决方案。尤其是马基雅维利在1498年意大利米兰等地正在遭受法国入侵的关键时刻被任命为佛罗伦萨共和国第二执政官，又担任战争十人委员会的秘书，深受当时的"正义骑手"（执政官）索德里尼（Pier Soderini）的信任。同时，他作为佛罗伦萨的高级长官出使法国，多次会晤法王路易十二。出使罗马、会见教皇、出使神圣罗马帝国的经历，让他亲眼见证了欧洲大国所面临的现实问题，目睹了小国在生存竞争中的艰难。正是这些经历，让他以特别现实主义的态度对待国家政治问题。1512年佛罗伦萨共和国在法王进攻下被推翻，又在西班牙人的帮助下在佛罗伦萨复辟。马基雅维利在此期间被逮捕，受到拷打，这更让他感受到，意大利作为强国崛起必须要有强大的君主。因而他被释放后从1513年到1517年就隐居乡间专心写作，不仅完成了我们熟悉的《君主论》和《李维史论》，而且在他生前就出版了《战争艺术》，1525年他把已经写成的书稿《佛罗伦萨史》献给了教皇。在1527年美第奇家族被法王赶出佛罗伦萨、再度成立共和国后的一个月，马基雅维利在佛罗伦萨去世，终年58岁。

很显然，布鲁尼和马基雅维利两人生活的佛罗伦萨，历史境遇根本不同。在布鲁尼所生活的13至14世纪，佛罗伦萨作为意大利半岛上最早出现的商业繁荣之地，代表了一种新的世俗文明的方向，随着经济兴旺、财富增长，政治也在共和主义传统中日益正义和法治，因而公民能感受到自由带来的幸福和尊严的正向增长，美德成为共同的追求和体面的象征，正如马基雅维利所描写的：

> 这时，佛罗伦萨政府力量已较前强大。由于国内外都无敌人，就开始征服比萨的事业。在光荣地完成这件大事之后，城邦的和平局面从

1400年一直持续到1433年，未出现任何动乱。[1]

而到了马基雅维利生活的15至16世纪，资本主义在佛罗伦萨的发展带来了新的问题和矛盾。由于城邦长期以来"受到公民内部接连不断的分裂的折磨"，从15世纪初期起，共和国政权归入美第奇家族，实行了僭主统治。这导致了1494年在布鲁尼去世半个世纪后法国对佛罗伦萨的入侵，这种入侵，不是近代我们中国人理解的"落后被挨打"，因为无论佛罗伦萨还是整个意大利，在欧洲都算是文明程度最高、商业繁荣、富裕发达的地区，所以与一般的贫穷落后地区被侵占为殖民地不同，这完全算是一个更为强大的权力、更为训练有素的军事组织对另一个军备松懈、权力不能集中的文明机体的入侵。它引起的动荡和无序是显而易见的，美第奇家族在外敌入侵、内部人民（在萨伏那罗拉领导下）起义的内忧外患的情况下，先是投降被赶下台，使得共和国在佛罗伦萨又重建了13年；直到1512年，美第奇家族才借助西班牙人恢复了僭主统治；之后又被法国人推翻，重建了共和。这些复杂的政治历史状况，是马基雅维利政治思考最为现实的背景，他不像布鲁尼那样，只需要思考如何复兴公民共和主义的美德，而是要反复地在各种政治权力或整个欧洲大国的各种势力均衡情况下，权衡共和制与君主制各自的利弊。如此一来，他的思想就明显地放弃了布鲁尼的理想主义，而坚定政治现实主义进路。正如他在书中记录的阿尔比齐的演说所认为的那样：

> 他敢向大家断言：眼下他们又已处在危险之中，城邦正在同样的混乱中沉沦；群氓已经利用自己的权威把沉重的赋税强加在他们头上；如果这些人不受到更强大的力量或更好的规章的制约，他们很快就要指派各级官吏了。……到那时，公民们将受群氓的专横统治，在混乱和危险中度日，或屈从于某个自称为君王的独夫的指挥下。基于这些原因，他

---

1 [意]尼科洛·马基雅维里：《佛罗伦萨史》，李活译，商务印书馆1982年版，第177页。

主张：所有热爱祖国，珍惜自己荣誉的人们应当醒悟，应当记起巴尔多·曼奇尼的美德：就是他打垮了阿尔贝尔蒂家族，把城邦从当前面临的危险中拯救出来。……他总结说：因此，消除祸患的唯一途径就是把政权交还显贵，并把行会的数目由十四个减为七个，一方面减少庶民的席位，一方面增加显贵的权力，以便缩小行会在政务会议上的权力。[1]

只有在这个现实的历史背景中我们才能理解，为什么同样对佛罗伦萨具有强烈爱国主义激情的马基雅维利，不再像布鲁尼那样讴歌公民共和主义及其美德，相反有时倒是完全站到了被布鲁尼以最恶劣的词语批判过的君主一边，传播"邪恶之教诲"，这样的"马基雅维主义"为什么会得到许多人的追捧，现代人的良心难道真的从根子上坏透了？显然并不如此简单。

一、何为"马基雅维利主义"：邪恶之教诲？

施特劳斯在其《关于马基雅维里的思考》一开头，就写了这段话：

> 假如我们承认，我们倾向于同意关于马基雅维里传授邪恶这个老派的简朴观点的话，那么我们不会是在危言耸听；我们只会使得我们自己暴露在敦厚质朴或者至少是无害的嘲讽面前。确实，还有什么别的描述，能够适用于一个鼓吹如下信条的人：希冀牢固占有他国领土的君主们，应该对这些领土原来的统治者，满门抄斩；君主们应该杀掉他们的敌手，而不是没收他们的财产，因为蒙受掠夺的人，可以图谋复仇，而那些已被铲除的人，则不可能这样做了；人们对于谋杀他们的父亲，与丧失他们的祖传财产相比，忘却得更快；真正的慷慨宽宏在于，对于自己的财产，吝啬小气，对于他人的所有物，慷慨大方；导致福祉的不是

---

[1] [意]尼科洛·马基雅维里：《佛罗伦萨史》，李活译，商务印书馆1985年版，第188页。

德行，而是对于德行与邪恶加以审慎的运用；加害于人的时候，应该坏事做尽……[1]

用不着引用更多，马基雅维利传授邪恶是事实，是铁板钉钉的事实。在这个事实面前，我们似乎更能感受到的，只是一种反现代价值的古代恶德的翻版。那么，如何看待他对于意大利文艺复兴的现代意义，就是一个十分棘手的难题。

因此，我们的问题是，究竟什么是"马基雅维利主义"？

这是不容易说清楚的一个问题，因为它事关历史的苦难和我们人性的黑暗之间永无休止的张力。作为历史学家，马基雅维利并非生活在对"过去"的美好回忆和抒情中，而是永远生活在"现实"中。现实中的人，尤其是深处生活旋涡之中的政治家，其亲身感受到的世界风云的冲击、国家权势的强弱和庶民美德之间的暴雨洗礼，让他既不可能浅薄地以一种肤浅爱国主义眷恋共和主义佛罗伦萨往日的辉煌，也不可能以一种温情的道德主义，对待日益腐败的公民共和主义的瓦解。伦理或政治，都需要一个高屋建瓴的思想家以冷血般的沉思，正视现实中的邪恶，如此才能真正寻找到现实生活中的伦理实存建制。人性中确实具有邪恶的深渊，当文艺复兴把人性中的世俗欲望解放出来，并通过绘画、音乐和文学对之进行审美化的处理之后，那深度的邪恶并未随之升华为人生之美，它依然像美迪亚的歌唱：

去迷惑人，搅乱天空，将风云从它们的洞穴里召唤出来，欣起风暴，使河水断流，炮制毒药，制作纵火装置以及诸如此类的事情，更加恶劣得多的是，美迪亚的性格与她那些法术完全相应，因为那些法术若是失灵，她便毫不犹豫地诉诸利剑。[2]

1　[美]利奥·施特劳斯:《关于马基雅维里的思考》，申彤译，译林出版社2003年版，第1页。
2　[意]薄伽丘:《名女》，肖聿译，中国社会科学出版社2003年版，第46页。

马基雅维利就是这样一个正视了现实中"强权""武力"之迷人的邪恶者，无论何种"主义"理论上蕴含了多少"美德"，它们在现实的权势关系中总会失效，而人们往往看不到，美德失效后"利剑"所起的作用。这时，我们就懂得了，我们所理解的政治和道德究竟有多么的肤浅。他让人们"只要目的正确，手段算不了什么"，在他的眼里，与道德主义者看到的确实是完全不一样的东西。在他看来，各种为达到目的的手段之间，不会有多大是非善恶之别。既然"手段"之善只是由其目的之善性来保障，那么就"手段"本身而言，无善无恶，或者说，亦善亦恶的才是其根本，没有哪个手段比别的手段更高明多少。他一定是看清了"庶民专制"并不比"君主专制"高明，甚至更坏、更恶劣这个"现实"，才给"君主"传授"邪恶"的。

在这个意义上，施特劳斯反对人们用爱国主义来为马基雅维利主义辩护，说这完全是一个混淆视听的误解。这是完全正确的。因为马基雅维利哪怕真的就是一个爱国主义者，我们依然没有必要否认他传授邪恶，我们甚至可以说，这就是向君主传授邪恶的爱国主义。而这残酷的事实，是他自己在《君主论》中公然道出的，用自己的大名阐发的一个邪恶的信条，否认它，显然就将是以一种世俗的肤浅掩饰了这个不惧被人视为邪恶者的灼见。因而，这位邪恶教主本人的"漠视态度"才是最具诱惑力的阐释对象。而诉诸爱国主义这种对自身的爱，在品第等级上既低于对自己又低于对道德上的善所怀有的爱，"[这样做]无法使我们妥当地处理一个只是貌似邪恶的事物；这样做只会使我们混淆是非，看不清真正的邪恶"[1]。

真正的邪恶是不敢直面邪恶，而以美德的光环掩盖邪恶。所以，"马基雅维利主义"的实质，不能就《君主论》中单个的主张或只言片语来看，而要从其整个思想谱系来看。如果单就《君主论》，它作为一本献给现世君王——马基雅维利的主人洛伦佐·美第奇的书，他意在唤起他以铁腕手段统一意大利，将意大利从外敌入侵和国内平民暴动的混乱中解放出来的决

---

1 [美]利奥·施特劳斯：《关于马基雅维里的思考》，申彤译，译林出版社2003年版，第4页。

心和意志。如果以"美德"教诲君王,对于一个大臣而言显然是不合时宜的空洞说教,不但无益,反而有害。如果单就《李维史论》,作为献给两位青年朋友,或者说未来潜在君主看的著作,他有一个长远规划,以使古代共和主义及其美德得到复兴或再生,这无疑是一个明显的意图,但内含着的他的担忧也是极其明显的,他在第一篇就提到公民美德,并说由罗马人自由投票所选举出生的十位公民,实际上后来全都变成了罗马的僭主暴君。因此单个而论,这两篇著作都只是"手段",无论是"邪恶教诲"还是"美德教诲",最终都是为了一个强大国家的自由与解放。所以,德国历史学家迈内克(Fridrich Meinecke)说,马基雅维利主义是让我们关注国家本身的"权势欲"(pleonexia),无论是世袭君主还是民选君主,最终沦落为僭主暴君,都是人性中的权势欲在作怪,他们都将自己视为"国家理由"(ratione status)、"国家利益"的仆人。所以,"马基雅维利主义"的实质是认清"国家理由"的性质,只有"国家理由"的性质认清了,这才是目的,而围绕这一目的的手段就是无关紧要的。因而迈内克著作的英译编者说:

> 迈内克的注意力转向的研究对象是权势政治,即马基雅维里主义这个大主题。
>
> 马基雅维里主义理论是由一名意大利人发展起来的,它的登峰造极的实行者是一名法国人,即黎塞留,而表现了他的最极端状态的则是法国历史上的圣巴托罗谬之夜和1792年8月和9月的凶杀。至于英国人,"我们的国家是对是错无关紧要"这一格言那么深刻地沉淀于他们的下意识之中,以至他们从不感到权势政治行为中有道德问题存在;然而,这一事实本身就在实践中将他们导向了"最有效的一种马基雅维里主义"。[1]

---

[1] [德]弗里德里希·迈内克:《马基雅维里主义》,时殷弘译,商务印书馆2014年版,"英译本编者导言",第27—28页。

因此，接下来我将结合20世纪下半叶至今存在的三种主流的马基雅维利主义的解读方式——以伯林为代表的自由主义观念史范式、以施特劳斯为代表的古典政治哲学范式和以剑桥学派为代表的共和主义范式[1]，聚焦于迈内克的"国家理由"，来解读《君主论》的邪恶教诲和《李维史论》的公民美德。

二、《君主论》有多"邪恶"？对照腓特烈大帝的反论

从马基雅维利"政治现实主义"和"理想主义"出发，当时意大利各国如何着眼于富国强兵这个真正的公共利益（bene commune）来维持意大利城市共和国的实际生存和繁盛，保卫自14世纪以来伟大的文艺复兴和人文主义思想带来的"权势、安全、尊荣和幸福"[2]的文明成果，这无疑是他一生思考的主题。在这个主题上，他想激发起现实掌权的君主认清"富国强兵"才是"硬道理"，才是"正确的目的"，这应该是无可指摘的。他的"爱国"就是爱佛罗伦萨能出一个强大的君王来统一意大利，让意大利能够不再受外部野蛮势力的入侵、蹂躏和打压，这对于任何一个国家大臣而言，都无疑是自然而正确的想法。他在《君主论》最后的第二十六章说：

> 伟大的正义是属于我们的，因为对于需要战争的人们，战争是正义的；当除了拿起武器就毫无生存希望之时，武器是神圣的。
> ……
> 因此，一定不要错失这个机会，使意大利再经过者许多时间之后，终于能够看到她的救星出现。我无法表达出，在备受外国蹂躏的一切地方，人们将怀着怎样的热爱、对报仇雪恨的渴望，以及多么顽强的信仰，抱着赤诚，含着热泪来迎接他？怎么会因为嫉妒而反对他？有哪个意大

---

[1] 参见应奇：《政治理论史研究的三种范式》，载《浙江学刊》2002年第2期，第86—88页。
[2] ［意］马基雅维利：《君主论·李维史论》，潘汉典、薛军译，吉林出版集团有限责任公司2013年版，第23页。

利人会拒绝对他效忠？蛮族的统治已如此臭不可闻。而您显赫的王室，请你们以从事正义事业所具备的那种精神和希望，担负起这重任，使我们的祖国在她的徽章下重获荣光，并在她的主持下实现佩特拉克的诗句：

反暴虐的力量，快拿起枪，

莫使战斗延长，

在意大利人心中，

古人的勇气至今没有消亡。[1]

如果我们考虑到欧洲在近代早期的野蛮状态，考虑到一个美丽富饶、高度文明的城市国家不断遭受野蛮国家的入侵，考虑到一个堂堂的国务秘书被入侵者关入大牢毒打的事实，马基雅维利的拳拳爱国之心，显然是可贵的，他对君王的这种劝导有其可理解的合理性，这一点无可争议。但他同时以恶制恶、以暴制暴的"邪恶"也非常鲜明地写在书中：

为了表现摩西的德性，必须使以色列人在埃及沦为奴隶，为了认识居鲁士的伟大，必须使波斯人受米底人压迫，为了表现提修斯的卓越，必须使雅典人流离失所；而在当代，为了认识一位意大利领袖的能力，就必须使意大利沉沦到它现在的处境，必须比希伯来人更受奴役，比波斯人更受压迫，比雅典人更流离失所，既没有首领，也没有秩序，受打击，遭劫掠，被踩躏，忍受这种种的毁灭。[2]

正是这种过度的"修辞"让他思想的正义性丧失。被尊称为腓特烈大帝（Frederick the Great）的弗里德里希二世是普鲁士第三位国王。在所有欧洲君

---

[1] ［意］尼科洛·马基雅维利：《君主论》，张志伟、梁辰、李秋零译，东方出版中心2021年版，第210、213—214页。

[2] 同上书，第209—210页。

主中，他是一个典型的"开明专制"君主，同情并支持启蒙运动，正是这样的国王看出了《君主论》危险的邪恶，著有《反马基雅维利》，按照《君主论》的顺序，逐章予以批驳，这对于任何一个试图全面把握《君主论》意图和意义的读者，都是不得不参照阅读的。同样作为欧洲的一位国王，同样作为一位需要通过战争解决政治问题的君主，普鲁士在他的文治武功下（1740年5月31日—1786年8月17日在位），不仅在哲学、音乐、政治和法律诸多文化领域繁荣发达，而且他自己两次亲自发动西里西亚战争，一次"七年战争"，与俄国和奥地利联手趁波兰内政危机而瓜分波兰，组建了由15个德意志国家组成的诸侯联盟，在开疆略地之"武功"方面也让普鲁士迅速成为欧洲大国之一，所以，他反驳马基雅维利支持美第奇家族的国王发动战争的理由，我们能否认同呢？他说：

> 当我们阅读马基雅维利《君主论》时就会发现，它更接近于地狱的恶魔。作者让他的君主以瓦伦蒂诺公爵切萨雷·博尔贾（Cesare Borgia）为榜样，还厚颜无耻地把他作为那些通过朋友的帮助或通过武力在世界范围内崛起的人的范例。[1]

腓特烈大帝之所以反感这位被马基雅维利视为榜样的人物，是因为切萨雷·博尔贾在大帝眼中简直是恶贯满盈，他说他什么罪行没有犯过？他把他自己的兄弟，几乎在自己的妹妹面前杀害；他为了报复一些冒犯了他母亲的瑞士人，屠杀了教皇的瑞士卫队；他为了满足自己的贪欲，剥夺了主教和富人的财产；他抢劫了乌尔比诺公爵作为统治者的罗马涅地区，并处死了自己残忍暴虐的副手达科；他以可怕的背叛行为为名，下令暗杀了塞尼加利亚

---

[1] Friedrich der Grosse: *Der Antimachiavell*, Übersetzung aus dem Französischen von Friedrich v. Oppelnß Bronokowski, Verlegt bei Eugen Diederichs Jena, 1912, 2018 Ergänzung, S. 50.（中文取自黄钰洲尚未出版的译文，所依照的德文版也是他提供给我的这个版本。特此感谢他允许我使用。）

的几位君主；他淹死了一位被他利用的威尼斯夫人……还有太多数不清的罪行，都出自他之手。就是这么一个罪大恶极的人物，却被马基雅维利当作了君主的楷模和新时代的英雄，在腓特烈大帝看来，这不仅离谱，而且实在太危险了。

所以，作为一代明君，他要毫不留情地努力剥去马基雅维利所掩盖的美德的面纱，并使世界摆脱许多人对君主们的政治行为所抱有的错误认识。他告诉国王们，对他们来说，真正的政治包括在践行美德方面超越他们的臣民，这样，他们就不会发现自己不得不在别人身上谴责他们自己所允许的东西。他还说过，炫耀的行动并不足以建立他们的声誉；相反，需要的是有助于人类幸福的行动。

那么，把这样罪恶的任务当作现代君王的榜样，按照一般解读的"狐狸"之"狡诈"，是否也能从"国家理由"、从大国争霸的角度得到某种辩护呢？或者说，按照近代许多人认可的政治哲学与伦理学分离的思路，是否在考虑"国家理由"的时候，就非得以罪恶的暴力为支撑来为马基雅维利做辩护呢？我们一般地可以承认，现实主义的政治家拒绝道德主义，君王在考虑行动理由时必须基于"事物的真实"而拒绝"应该怎样"的道德哲学思维来评价马基雅维利的贡献：

> 马基雅维利的洞见或者说贡献也许就在于，他指出了服务于公共利益的"国家理性"（也就是传统意义上的"政治"）与法律、道德可能是不一致的，声明了在特定情况下"为恶"的必要性，而他为人诟病的地方在于，对于服务于统治者个人利益的国家理性，他并未予以谴责，而是公然认可。[1]

---

[1] 刘训练：《"马基雅维利主义"的双重意蕴：马基雅维利与国家理性》，载《文艺复兴思想评论》（第一卷），商务印书馆2017年版，第300页。

但是，这是否就必须同时要把"国家理由"与"罪恶"必然地联系在一起？也就是说，以"国家理由"所要实现的那些"伟大功业"，就真的非要建立在罪恶之上吗？就一定需要凭借统治者的权谋和暴力来实现吗？显然，腓特烈大帝对这些问题都给予了否定之回答，他说：

> 我不否认世界上有一些忘恩负义和虚伪的人；我也不否认严厉的态度时常是非常有用的。但我想说的是，每个国王的政策如果除了激发恐惧外没有其他目的，那么他就只能统治懦夫和奴隶；他将无法期望他的臣民做出伟大行为，因为一切由恐惧和胆怯所引导的事情总是有这样的结果。
>
> ……
>
> 我的结论是，一个残忍的君主比一个平易近人的君主更有可能被抛弃。因为残忍是不可容忍的，我们很快就会厌倦恐惧，而且，毕竟善良总是可爱的，我们不会厌倦对它的爱。[1]

哪怕是在强国竞争中，腓特烈大帝依然认为国君要绝对避免以暴君为师，而应该始终以美德为师。这种美德不是指私人品德，而是国家的自由与正义之伦理大德。欺骗和愚弄对君主而言，是使自己的威望权势丧失得最快的危险游戏，卓越的君主无不对之慎之又慎。他说，大家只需比较一下狡猾残忍的切萨雷·博尔贾和始终追求正义与美德的马可·奥勒留的结局——一个糟糕透顶的暴死而另一个名垂青史的善始善终——就可以知道君王应该如何治理他的国家了。他说，从罗马人试图征服不列颠和科西嘉的例子，就可以看出："对自由的热爱给人以怎样的勇气和力量，而压制自由是多么危险和不正义。"[2]

如果君王都听从马基雅维利的邪恶教诲，违背正义与自由的人性，那么

---

[1] Friedrich der Grosse: *Der Antimachiavell*, Übersetzung aus dem Französischen von Friedrich v. Oppelnß Bronokowski, Verlegt bei Eugen Diederichs Jena, 1912, 2018 Ergänzung, S. 72–73.

[2] Ibid., S. 80.

立刻就会具有颠倒乾坤的效果,将好端端的一个国家变成邪恶盛行的野蛮之沙漠,这是任何一个追求名誉及幸福的国君所极力避免的,因为这将导致其本人及其家族死无葬身之地的结局。腓特烈大帝要告诉君王的是,真正的政治必须包括在践行美德方面要超越他们的臣民,但要避免过分炫耀自身伟大的行动,这并不足以建立他们的声誉,因为国君的声誉来自他们有利于人类幸福的行动而无须任何虚夸。因此,必须通过维持一个强有力的公民政府,在君主所立的法律框架内,维护个人的自由和社会的正义,这才是一个现代君主的最高品德。他说:

> 正义必须是君主的首要目标。换句话说,他必须把他所统治的人民的福利放在所有其他考虑因素之前。[1]
>
> 唯有自由情感(Freiheitsgefühl)是与我们的本质不可分离的;最高度文明化的人和最质朴的自然之子,都同等程度地被这种情感所浸润;毕竟,由于我们生来就没有枷锁,我们就渴望过一种没有约束的生活。正是这种独立和自豪的精神给世界带来了如此多的伟人,并创造了共和政体,在人与人之间建立了一种平等,使他们更接近自己的自然状态。[2]

如果不是亲眼所见,我们很难相信,这是一位18世纪君主制下的国王所说的话。听从腓特烈大帝还是听从马基雅维利之教诲,实际上不难选择,困难在于,对于王国而言,也需要具备现代人的精神品格。

三、《李维史论》的共和主义政治德性

这是马基雅维利研究李维(Livy)《罗马史》前十卷而写成的政治哲学

---

[1] Friedrich der Grosse: *Der Antimachiavell*, Übersetzung aus dem Französischen von Friedrich v. Oppelnß Bronokowski, Verlegt bei Eugen Diederichs Jena, 1912, 2018 Ergänzung, S. 39.

[2] Ibid., S. 55.

著作，其全名是 *Discorsi sopra la prima deca di Tito Livin*，成书时间在1513至1519年之间。在这部书中马基雅维利探讨了共和国在三种政体，即君主制、贵族制和民主制中，如何在共和制的政治原则下兼采混合制的运行机制以保存其优势。从单一体制而言，他自然认为共和制优越于君主制，他赞赏亚里士多德说的，君主制容易蜕变为僭主制。尤其是他十分清楚地看到，在君主国中，实际上只有君主本人的利益而并没有社会共同的利益。相反，他以罗马为例，说罗马共和国之所以稳固，是"由于它保持混合制，所以它创造了一个完美的共和国。因为在那里三种统治类型全都各得其所。对它来说，命运是如此眷顾，虽然从王政和贵族统治转变到平民的统治……但是它从来没有为了授权于贵族而剥夺王的全部权力，也没有为了授权于平民而减少贵族的整个权力"[1]。

在第四章，他用了"平民与罗马元老院之间的不和使那个共和国自由和强大"之标题，认为所有有利于自由而制定的法律，都源自民众与权贵两派的不和。自由是共和国强大的基石，它带来的不是有损于公共利益的放逐或暴力，而是有利于公共秩序的法制和体制。自由的人民之欲求，很少对自由有害。人民虽然无知，但当他们知道事实真相后，能够理解真理，并容易做出让步。所以，共和国的长治久安问题，就是对自由的守护问题。这种守护权交给平民还是贵族更可靠？马基雅维利认为，当然是平民。但接下来的问题是，在罗马能够组建一个既维系平民和元老院之间的不和，又可以消除他们之间敌意的政体吗？

马基雅维利看出了"均衡"政治的魅力。但"均衡"需要一种机制化的力量来进行，而不是靠君主的恩宠或恐怖。他似乎从罗马"保民官"的设置看到了均衡的可能：

---

[1] ［意］马基雅维利：《君主论·李维史论》，潘汉典、薛军译，吉林出版集团有限责任公司2013年版，第153页。

保民官的权力是为了守卫自由所必要的时候所陈述的其他理由之外，可以很容易地考虑到指控权带给共和国的益处，而这种权力，还有其他一些权力是委托给保民官的。[1]

保民官是被赋予了一系列权力的"官僚"，他们权力的目标是守卫平民的权力，进而守护共和国的整体自由不被侵害。通过守护平民的自由权利，就可以让共和国充满生机与活力，因为共和制是需要平民在各方面积极参与的。贵族对保护平民自由的保民官的设置具有很大怨气，认为他们拥有了太多的权力。马基雅维利认为，这些过多的权力，只要在法律所允许的范围内，对共和国的自由就是必需的；因为另一方面，共和国同时保护所有人都有合法发泄怨气的渠道。能够摧毁共和国自由体制的，既不是平民或保民官过大的权力，也不是贵族的怨气，而是只有两种：内部具有超越所有法律的那种特权或极权，以及外部强大的敌对势力。因此，只有这两种强权才是共和国的真正敌人。

于是，对于共和国而言，它赞美的是创建和维系共和国自由体制和自由权利的国王。这样的国王之精神品格与共和国的灵魂处在同样的高度，他才是真爱国者，才是真正共和国的象征。君王在共和国中无论他的公共生活还是私人生活都是最为安全的，他们会安心地生活在无忧无虑的公民中间，因为世界充满和平与正义，虽然各自在自由地表达自己的意见并合法地发泄自己的不满，显得到处都乱糟糟的，但在真正的共和国中，君王将会看到：

元老院享有权威，官员们享有名誉，富有的公民享有财富，高贵和

---

[1] ［意］马基雅维利：《君主论·李维史论》，潘汉典、薛军译，吉林出版集团有限责任公司2013年版，第165页。

德行得到发扬光大;他会看到所有的安宁和所有的美好,另一方面,所有的仇恨、放纵、堕落和野心都消灭;他会看到黄金时期,在那里人人都可以持有并捍卫自己想要的任何观点。总之,他会看到世界繁荣昌盛,君主有充分的尊敬和荣耀,人民有爱心和安全。[1]

所以,在共和国中才有最广泛的社会共享利益。正是这种共享的利益促使共和国不断取得进步和繁荣。雅典的伟大是在庇西特拉图统治结束之后,而罗马的辉煌也是在王政时代之后的共和时代。共和国相比于君主国能产生更多的优秀人才,并且尊重智慧和勇敢,捍卫自由与正义。有了这些核心价值,人们才会相互友爱,发挥各自的美德。君主国却因为恐惧而将这些人毁掉,因恐惧自由导致混乱而扼杀自由,因恐惧人民得到更多的权利而让所有权利集中于由王权管控的"国库",所以最终造成人民贫穷、贵族无处发泄怨恨,而联合起来反对王权,激发革命,推翻君主专制。只有共和国才能使国家更强大、国运更长久。

马基雅维利认为"自由""人民主权"和行政权力的均衡与制约才是共和国的基本原则。"自由"对于共和国来说是基础,也是共和国区别于君主国的根本之处,同时它也是国家兴旺发达的原因之所在。"人民主权"的观点是他从对共和政体的两种分类,即贵族掌权和民众掌权的后一种演化而来的。在他看来,保障自由的最可行的办法就是平民参与政治。只有让平民参与政治才能让大多数人对政府和社会满意,因此人民应有在任免官吏、立法和司法方面的最高权力。此外,马基雅维利非常重视行政权力的均衡与制约。他在《李维史论》中,高度评价罗马共和时期统治权力之间的制衡机制,并将罗马的伟大成就归功于这种制衡的机制,而罗马从自由沦落到独裁也是这一机制遭到破坏的结果。

---

[1] [意]马基雅维利:《君主论·李维史论》,潘汉典、薛军译,吉林出版集团有限责任公司2013年版,第179页。

所以，维系共和国的最终保障，是创建共和国的君王，为了共和国的官员和在共和国生活的每一个公民，在精神品格上真正认同共和国这个自由体制，以自由作为大家共同的精神，这样才能认清各自对于共和国的职责之所在，从而可以在各个不同的阶层和各个不同的人格之间形成一种维护和捍卫自由精神的人格，以这样的精神人格才能共享共和国营造出来的和平、安全、公正和富有的公共生活世界。在此生活世界中，每个人才能尽其所能地发展自己的天性与个性，活出各自卓越的美德。

在第一卷的"前言"中，马基雅维利对现代人不愿意仿效"由古代的王国和共和国，由国王、将领、公民、立法者和其他为祖国而不辞劳苦的人所做的极其有德性的行为"[1]感到震惊和遗憾。原因就在于，人们并没有真正认识到国家的精神品格实际上与每个人的生活密切相关，一个国家如果不能最大限度地产生能给予每一个人以共享的共同福利，即便不是灾难深重，也绝不可能长久稳定。而马基雅维利说他天生就有一种欲望来寻找会带给每一个人共同福利的事情，而他找到了共和国的自由体制和均衡机制。但维护和捍卫这种自由体制和均衡机制的内在力量，却在每一个个人的德性品质之中。所以，伟大的君王能否创建一个共和国，有形而上学的天命因素，但一个共和国创建起来之后的维护和保卫，却与每一个人的精神与人为努力相关。古代共和国的自然成长我们可以视之为宇宙秩序的清晰显现，但历史人物，包括伟大君王的杰出德性和政治行动，依然还是实现良善秩序的现实力量。所以，在讨论共和国的美德时，马基雅维利并不像其前辈那样，仅仅满足于从共和体制的概念规定或历史上雅典特别是罗马的范例出发，而是更倾向于从共和国所面临的现实处境，力图从现实的共和国中的人出发，来讨论现实化的共和美德。

所以，当我们进入《李维史论》中讨论公民德性时，要时刻警惕夸大其

---

[1] ［意］马基雅维利:《君主论·李维史论》，潘汉典、薛军译，吉林出版集团有限责任公司2013年版，第142页。

词且流于表面的"共和主义"解读模式,我们在上文已经鲜明地暗示了各种"主义"化解读在复杂的现实考虑中的失效及其肤浅,我们必须有一个更为广博的复杂现代性的视野,那就是马基雅维利自己的现实化视野。意大利是现代性发轫之初欧洲政治与文明转型的牺牲品,通过这种牺牲,它确实反映出了政治和道德之间的张力。"主义化"的理论美德在现实化权力的"利剑"面前的无能与失效,使马基雅维利让时常涌动着政治浪漫主义的我们不得不警惕"主义化美德"隐藏着的危险。对于马基雅维利这样能以狐狸般的狡猾教化君主之邪恶的政治家,在他亲身经历着的巨大心灵创伤的伤口上,彻底丢弃了任何道德理想主义的膏药。因而,沃格林对于马基雅维利的同情式理解具有了更为中肯也更为可取的接受性:

> 将理论思考置于自身对权力政治的深切体验之上者如马基雅维利辈,在当时都是颇为健康和诚实的人物,与那些竭力鼓吹由道德的——毋宁说是不道德的——关于同意的谎言所铸就的既定秩序,并将权力政治的现状掩盖在这种秩序下的契约论者(contractualists)相比,马基雅维利这样的人物无疑更为可取。[1]

在这种诚实的政治现实态度面前,我们需要将意大利文艺复兴时期的历史,视为马克斯·韦伯所说的现代性之理性化、制度化建构的第一个失败的试验田。如果说"理性化"代表了现代性一个基本特征的话,那么,意大利就是现代欧洲第一批开启这一历史的先驱。也正是这一历史进程的开启,让我们看到了马基雅维利在共和制与君主制、公民共和主义美德与政治国家现实权力的利剑之间的矛盾和冲突。这一冲突实际上主宰着现代性的进程,至今依然可见,人类在新的技术革命面前,一直承受着这一矛盾与冲突的困扰。

---

[1] [美]沃格林:《政治观念史稿·卷四:文艺复兴与宗教改革》(修订版),孔新峰译,华东师范大学出版社2019年版,第40页。

因此，我们需要在共和国的理念框架和马基雅维利给予它的历史考察的张力中，认清公民共和主义的美德在不同机制的共和国中，现实成长的不同可能性，而不能将其理解为马基雅维利胸有成竹的"阴谋诡计"或献给公民的"锦囊妙计"。在某种程度上，确实如斯金纳敏锐意识到的那样，相比于《君主论》，《李维史论》呈现出马基雅维利"对人类状况的宿命论的见解"[1]，人类历史上的一切国家，都呈现出共和制—民主制—君主制三种政体形式盛衰相继、循环往复的必然规律。而共和制本身作为复合机体（corpi misti），具有内在整合三种政体的趋向，在这一规律面前，马基雅维利一方面确实接受了传统人文主义的固有信念，即便无常的命运是人世事务的最终主宰，现实的决断依然是人类把握自身命运的唯一美德。

人文主义都将李维视为自己的楷模，意味着战争与革命的激动人心的事件才是决定历史脉络的持久性因素，而政体形式不过是决定制度化和理性化的常规背景性因袭，个人行动必须成为政治或伦理研究所关注的中心。但所有行动中意志的自由决断之正确与否，起决定性作用的，不是政体的形式，而是人性的德性品质，所以，之前那种没有为英雄的个人自由留出足够空间的修辞化政治哲学就不可避免地黯然失色了。对罗马典范的英雄个人的关注，导致了人文主义历史观的典范定位在于罗马世俗政治共和主义，而与基督教神性的美德教化造成断裂。在与基督教历史断裂之后，意大利佛罗伦萨共和主义城市国家的失败，使得欧洲君主制占了上风，而君主立宪制只是现代进步后的成果，而非现代性发轫之际的流行。所以，马基雅维利的《李维史论》还只是现代早期在共和主义政治失败面前探索共和主义值得保留的遗产。这也可以视为马基雅维利学说中最强烈的"理想主义"内容，因为这必然要探索共和主义的政治美德，而非关注现实的政治腐败和堕落。

---

[1] [英]昆廷·斯金纳：《近代政治思想的基础（上卷：文艺复兴）》，奚瑞森、亚方译，商务印书馆2002年版，第284、289—290页。

从现实政治的人性出发，马基雅维利看到了在"腐败之城"（citta corrotta）中，大多数公民对自由与正义毫不关心，而只是"狂妄而下贱"地为欲望本性所主导。环顾四周，强邻环伺，国民半是野兽，在"沉沦到它现在所处的绝境"中，能问的不是英雄何在，而是：如果有一种自由的政体，能否维持之；如果没有这种政体，能否建立之。[1]

这是比任何"主义化美德"解读都更深地体现出实践哲学的切问方式。通过这一切问，"美德"的重要性或"公民共和主义的美德"才会破土而出。都知道，腐败的城邦不好，但谁也不清楚，究竟是什么导致了城邦的腐败，那么，期望美德能在腐败的城邦破土而出，显然就是梦想。腐败与每一个人的精神品质相关，这一点我们上文讲君主时就提到了，但这不仅仅涉及君主，更涉及每一个人的精神品质，共和主义要求每一个人在精神品质上认同自由和公共福利，这是共和之体的灵魂。但每一个人的精神本性，可能根本上升不到自由，因而过不了自由所需要的独立自主、遵守公共法律并为自己的一言一行承担后果责任的生活，而是让自己的生命由本能的欲望所控制。但是，马基雅维利说：

> 人的欲望是不可满足的，由于这个原因，既然人们出于天性有能力也有意愿攫取（acquisition）所有事物，而出于命运，只能获得很少的东西，由此导致在人们的思想中不断地产生不快以及对所拥有事物的不满足。这使人指责现今的时代，而赞美过去的时代，并憧憬未来的时代……[2]

而对于罗马共和国而言，情况却比较特殊，马基雅维利看到了，他们

---

[1] ［意］马基雅维利：《君主论·李维史论》，潘汉典、薛军译，吉林出版集团有限责任公司2013年版，第203页。
[2] 同上书，第318页。

的腐败是另一种形式，即由于对外征战，无论是征服非洲还是亚洲。并在几乎整个希腊都被它征服之后，罗马人对于他们的自由变得太有信心了，以至于忘记了共和政体的两个敌人，除了外敌外，就是内部国家中超越所有法律的特权或极权。因此他们对自己自由的自信导致的结果就是，选择执政官时不再考虑官职本身所必须相配的美德，比如法官的正义美德，而是考虑受人欢迎。所以，当上执政官的都是能取悦民众之徒，而既不考虑他对自由的热爱，也不考虑作为为大众服务的官职所必需的公正品质。因而，取悦民众的受欢迎者上来之后，就会进一步恶化民众和官员的德行，利益和权力在任何一个地方都是最能取悦人的东西，因而腐败只会越来越加剧，后来堕落到官职不再是给予受欢迎的人，而是更有权势的人，因为只有后者才能带来更大的实际利益。最终，所有贤能之人都被排除在重要官职之外，那么这就给了君主蜕化成为超越所有法律而最有权势的人、独断专权的人创造了十级台阶。所以，在腐败的城邦中，想要捍卫共和国的自由就不再成为可能了，就连再次创建一个共和国也几乎不可能了。

所以，在《李维史论》中，马基雅维利确实也是在教诲，不过不再象《君主论》中仅仅对"那位君王"的"邪恶教诲"，而是对于共和国的每一个人，包括平民、官员和君主的"德性教诲"。他没有单方面地哀叹共和国的毁灭和君主专制的兴起，而是在探讨共和国在腐败中即将毁灭，如何能够、凭借何种"德性"东山早起。在此意义上，共和主义的美德，作为复合体制的均衡美德，也与其他体制中的美德一样，存在于每一人的个体美德与国体的公共秩序整体诉求的张力之中。当这种张力在罗马共和国内部呈现为少数伟大人物（圣君、贤臣）的卓越德性和绝大多数国民（贵族、平民）对自私的权与利的低级欲望的冲突中时，唯有激发出共和国内在蕴含的公共利益、公民美德，才是最为重要的。所以，共和国中的"英雄"与"勇敢"美德，不只是在战争中出现，更需要在现实政治生活中突围。

这种"美德教诲"也不像《君主论》那样从国与国关系教化"那位君

主"在群狼环抱的恶劣国际关系中,抓住历史机遇,拿起武器以"救亡图存",而是更多地借鉴"历史",讨论美德的"负面清单":一个君主或一个共和国如何避免"忘恩负义"之徒?人民与君主哪一个更忘恩负义?罗马人为什么不及雅典人忘恩负义?如何惩罚将领们的过错?一个君主或一个共和国为什么不应该只在危急关头才给予公民以恩惠?独裁官的权力为什么对共和国有益而不是有害?公民的哪些权力对公民政体是有害的?为什么高职位的公民不可鄙视低职位的公民?土地法为何会引发骚乱?软弱的共和国为何优柔寡断,它为什么缺乏自由意志?采取何种方法才能有效地不把公职授予一个卑鄙小人或邪恶之徒?如何压制一个在共和国里取得太多权势的人的傲慢?如此等等。通过这些负面清单的形式,他还讨论了明智、果断、公正等美德,也讨论了虚伪、懦弱、贪婪、狂妄、下贱、无礼、奴颜婢膝等恶德,但都是借助于共和国的兴衰而不是单纯的理论而论。

马基雅维利有着比别人更为丰富而复杂的人生经历,从而比一般理论家更清楚地看透人性的复杂。所以,他在谈论罗马共和国伟大人物的"高尚"(*honestas*)德性时,总会将其跟他的同胞们低俗的德性相对照,以揭示其本有的张力。这种张力实际上也一直保持在每一个人的精神品格与一个人所属的公民体制所要求他的品质和一个人实际所拥有的品质之张力结构中。所以,美德不是只有一面性,不是固定的,而是多面和富于变化的。我们能够认同施特劳斯把他的政治—伦理理论视为佛罗伦萨公民人文主义发展的高峰,他的理想还是建立一个足以与共和制罗马相媲美的意大利共和秩序,将其作为第一次"现代性浪潮"之解读,因为他关于德性的讨论,与布鲁尼的公民德性论一样,都体现了现代早期意大利人文主义的特点与成就,不过他的现实主义进路,更加彰显了现代政治与道德的复杂面向。

他的德性论是从人类行为中所观察到的人性出发,也在一百年后的霍布斯人性论中得到了某种回应。他们都充分认识到人性恶的方面,并给出了"人性恶"这一假设的合理的出发点:因为人性善恶与每个人生活其中的法制状况呈现正向相关性。所以，立法者在立法时必须假定人性之邪恶，所立的法才具有规范性。从他的论述中我们发现，性恶论者并非认为人天生即邪恶，邪恶本性恰恰是不正当的社会关系和不道德的恶法制度所激发出来的制度本性。以赛亚·伯林正确看到：

> 就像西塞罗和李维等胸中始终怀有理想的罗马作家一样，马基雅维利相信，人——当然是杰出的人——所追求的成就与荣耀，是来自通过共同努力创立并维护一个强大而治理良好的社会整体。只有那些了解有关事实的人，才有能力成就这样的事业。[1]

人总是要追求美好与荣耀的，这决定了人性的向善。但人的向善性最终能否成就德性，有社会教化的功劳，有自我修为的功劳，有运气的影响。但最为有效的社会教化，不是道德教育，而是法制的实践，法律禁止什么、弘扬什么，最终在司法上是否体现社会正义，最能决定人将采取何种行为方式，因而塑造人的德性。

在理论上，马基雅维利对德性论并无什么创新，他是从实践的观察，论述不同的政体需要不同德性的人。所以有学者指出，virtu一词在马基雅维利的使用中主要有道德德性（moral virtue）和力量或效力（power / efficacy）[2]之含义，但这并不能说明，他对virtu的概念有改造和创新。德性在古希腊的使用中，就已经包含了力量或效力之义，"功能论证"定义德性即每一事物之功能的卓越实现，就"实现"的行为而言，本身就是力量或效力之体现。所以，无论是智慧德性还是勇敢德性，无不体现出"能力"或"效力"的含

---

[1] ［英］以赛亚·伯林：《马基雅维利的原创性》，载《反潮流：观念史论文集》，冯克利译，译林出版社2002年版，第47—48页。

[2] Jerrold Seigel: "Virtu in and since the Renaissance," in *New Dictionary of the History of Ideas*, Vol. 4, Charles Scribner's Sons, New York, 2005, p. 477.

义。德国学者迈内克指出，马基雅维利是在少数立法者、国家和宗教创立者这些人身上讨论卓越性的道德德性即英雄主义德性，而在一般人身上讨论一般"好公民"意义上的"公民德性"。[1] 而波考克则在《马基雅维利时刻》中考察了马基雅维利关于"德性"和"命运"（fortuna）的使用，确认了"运气"对德性的实现具有的意义。

在《君主论》中，马基雅维利确实把一些人的邪恶行为视为君主实现其功德的"好运"：摩西的德性基于以色列人在埃及被沦为奴隶；居鲁士的伟大基于米底人压迫波斯人；提修斯的卓越基于雅典人流离失所。但运气降临了，只有抓住了运气的人，才能实现其德性。所以，仅仅有"好运"还不是人的德性，只有抓住运气，实现人们所期待的善，才实现了德性。意大利被入侵、被踩躏、被压迫的恶行已经存在，意大利人都在祈求上帝派人把它从蛮族的残暴和侮辱中解救出来，但意大利没有一个君主抓住时机与运气，现在，除了君王那显赫的王室，再也找不到让人寄予厚望的人了，所以：

> 这个王室由于它的好运和美德，受到上帝和教会的支持，现在是教会的首脑，因此可以成为救世者的领袖。
>
> ……
>
> 除此之外，现在我们还看到上帝所呈现的绝无仅有的奇迹：大海分开了，云海为你指路，巉石涌出泉水，灵粮自天而降；一切事物已经为你的伟大而联合起来，而余下的事情必须由你自己去做。上帝不包办一切，这样就不至于把我们的自由和意志和应该属于我们的一部分光荣夺去。[2]

---

[1] 参见［德］弗里德里希·迈内克：《马基雅维里主义》，时殷弘译，商务印书馆2008年版，第91页。

[2] ［意］马基雅维利：《君主论·李维史论》，潘汉典、薛军译，吉林出版集团有限责任公司2013年版，第103页。

因此，运气只是实现美德的一种时机，但美德本身还要通过"你自己去做"才能实现。在此意义上，美德的成就依然与自由意志相关，而不会把属于道德主体的荣光交给"运气"施予者上帝。在这一点上，马基雅维利比当代的"道德运气"倡导者们更准确地把握到了德性与运气的关系。德性的实现本身就与能力和效力相关。上帝也不能夺去我们的自由意志，这是马基雅维利坚信的一点。

在对马基雅维利的德性论的解读中，我们必须对剑桥学派的共和主义进路保持高度警惕，已有学者指出了它的"歧路"：

> 剑桥学派强化了virtù与命运之间的古老关联。
>
> 剑桥学派眼中的马基雅维利始终没有展现出与共和德性相悖的概念，他似乎与同时代人保持高度一致，遵循着人文主义传统。……而区分概念的具体含义并凸显当中的非道德性意味，在很大程度上缓解"道德压力"，由此淡化了概念本身与共和主义德性传统之间的直接冲突。
>
> ……
>
> 马基雅维利在多大程度上远离传统，这是剑桥学派阐释立场难以清晰厘定的。……由此论证其共和主义立场，这种做法似乎过于激进。它并没有像斯金纳自身所宣称的那样，如实全面地反映virtù概念的丰富内涵，也没有揭示它所蕴含的深刻矛盾。[1]

所以，谢惠媛强调马基雅维利德性概念蕴含着基督教德性与古罗马德性之间的矛盾和体现德性优秀与表达德性优秀之间的这二重矛盾。第一重矛盾不难被读者发现，而在这种矛盾中，显示出马基雅维利赞同古罗马人推崇

---

[1] 谢惠媛：《共和主义的歧路：剑桥学派对马基雅维利政治德性的解读》，载邓安庆主编：《伦理学术10·存在就是力量：急剧变化世界中的政治与伦理》，上海教育出版社2021年版，第100—101页。

的勇敢与坚毅让罗马及其英雄变得更伟大，在此意义上，他也实现了中世纪德性论向现代个体德性论的转变。而第二重矛盾的发现，能让我们更清晰地看出德性中的道德德性（善）与非道德乃至反道德德性（恶）之间的矛盾结构。这种结构施特劳斯也注意到了，他评论说：

> 他［指马基雅维利——引者］关于"德行"的学说，继承保留了（道德）德行与（道德）邪玷之间普遍公认的对立态势所具有的重要意义，即真理性，以及现实性；但他通过在"善"（道德德行）和"德行"之间作出区分，将上述两者之间的对立"让位于、服从于另外一种卓越品质（德性）和拙劣品性的对立"，实现了"以一种有别于道德德行的涵义来使用'德行'这个概念的理论建构。[1]

具体的例子就是马基雅维利盛赞汉尼拔这个残忍、背信弃义和缺乏基督教信德的人身上也"拥有"超凡卓绝的virtu（德性），这是"实际拥有"的德性，不是"应该拥有"的潜能品质。这种德性与传统的所有德性都不同，需要在"残酷的现实"、"出生入死"的战场、"因势利导"的"狡诈"中成就与拥有，如果要求一个军事将领"应该"像始终保持仁慈、忠诚、宽厚、虔信的罗马将领西庇阿（Publius Cornelius Scipio Africanus Major，约公元前236—前184/183，古罗马统帅）那样，他就不能做到使意大利所有城市像他倒戈的所向披靡的胜利，赢得所有人民的追随与爱戴。但是，马基雅维利的这种过分语境化的道德修辞，只具有一种效果：德性必须在现实的行动中生成，并在不同的领域、不同的事件中"拥有"，而并非一种固定不变的内在品质的抽象意义上的"优秀"。除此之外，不同的语境是相互矛盾与冲突的。因为真实的历史现实恰恰是，西庇阿最终是汉尼拔的胜利者。

---

[1]［美］利奥·施特劳斯：《关于马基雅维里的思考》，申彤译，译林出版社2003年版，第383—384页。

在公元前218年第二次布匿战争爆发时，西庇阿作为罗马执政官的父亲转战北意大利，败于迦太基将领汉尼拔。汉尼拔被马基雅维利视为"狡诈"之德性的将领典范，他的智谋和善战，确实也威名远扬，一段时间内，"罗马时人的孙辈听人说'汉尼拔在前门'这句话时仍战战栗栗；真正的危险却没有"[1]。而在公元前202年两军在扎玛（Zama）的决战中，"西庇阿按罗马人的惯例也把他的兵团列成三部，把他们摆成能任战象纵横驰突而不破的阵势。不但这种阵势完全成功，而且战象横冲，也搅乱了两翼上迦太基骑兵的行列，以致西庇阿的骑兵……不难把他们击溃，不久就从事追击……这不但结束了这场战斗，而且歼灭了腓尼基军；十四年前，这些兵士曾在坎尼败退，如今在扎玛报复了他们的胜利者。汉尼拔带着少数的人逃到哈德鲁梅顿"[2]。

所以，整个马基雅维利的德性论，是现代早期德性论的一个经典版本。在善与恶的矛盾结构中，在现实处境中如何真实地"拥有"才是关键，但有许多不能自圆其说的困境，适合于修辞化的"教诲"，不适合于理论化的"教养"，也昭示着现代德性论必须面对这一困境：德性论重在美德之"拥有"，而不在于美德之抽象品质之论辩。

---

1 ［德］特奥多尔·蒙森：《罗马史》，李稼年译，商务印书馆2015年版，第633页。
2 同上书，第648—649页。

第 二 章

为权利与自由立法：自然法作为现代伦理

　　一个新的时代是由其伦理生活之更新而确定的，因而一个时代的伦理由"价值"到"规范"的转变，就是一个新时代之形成的标志。古典伦理的"价值"由"神话""宗教"为之奠基，价值的"习俗化""礼法化"行之以规范特权。城邦文明解体之后，从希腊化时代开始，人就不再从其原始的神话、宗教和习俗礼法中寻求伦理生活的基础，因而人不再能从旧有的伦理生活中找到心安的家园，每个人只能依赖自身的心智与理性能力来为自己安顿身心。因此，"自然法"就被当作新伦理生活的规范而复兴起来。依循自然而生活，是这个时代最理性的声音，它既可理解为听天由命，也可理解为听凭自由意志，两者都"自然"、都"理性"。自然即理性，这是价值之根基，规范之来源。而当自然之天道被指向还有一个创造自然的创世主时，那么，"天道"就不再是自然，而是自然的创世主，所以上帝成为最终立法者，上帝的诫命就是最高的自然法，神法高于自然法。而在神法之下，自然法依然是所有理性法的基础和依据。但随着天主教的式微，神法的权威性也就丧失了，到了16世纪宗教改革时代，复兴古代自然法成为一大趋势。近代早期通过文艺复兴延续了古代，尤其是斯多亚主义的自然法，但采取的却是近代形而上学的方式，它要摆脱一切神话、宗教的要素而回归自然本身，来理解和阐明如何从"自然"中产生出具有规范约束力的"法"来，这既是自然法之内在本性的回归，因而也是真正理性的回归。

我们在这一章要考察的是，现代自由伦理如何奠基于自然法。我们先从格劳秀斯和普芬道夫开始讨论自然法如何成为现代早期道德哲学的基本形态；再从莱布尼茨（Leibniz，1646—1716）对普芬道夫和霍布斯的批评，考察近代自然法论争的核心内容；最后我们返回到霍布斯和洛克，考察自然法究竟如何为自然权利和自由立法。

第一节　自然法道德哲学早期形态：
格劳秀斯和普芬道夫的自然法思想

奠定现代自然法之基础的，是荷兰法学家格劳秀斯。他是一位名门之后，父亲是有名的律师，曾任莱顿市议员和莱顿大学校长。他自己又天资卓越，自幼便有"荷兰神童"之美称，少年时就进入了莱顿大学，主修哲学和古典语言学，14岁便通过了哲学论文答辩，从莱顿大学毕业。这在哲学史上应该是获得哲学学位最年轻的人了。如此优秀的人毕业后当过律师、司法官和外交官，1618年却因卷入荷兰政治与宗教冲突而被监禁，幸亏1621年脱狱成功，之后长期避居法国，从事研究和写作。他的研究范围涉及法学、政治学、文学、语言学、史学等，相当广博，但使他享有盛名、青史留名的，是1625年出版的《战争与和平法》，这不仅是本重要的国际法著作，而且是西方自然法和自然权利理论的开创性著作。由于这部著作，他也被称为国际法之父。他在法学研究上用功最多，在被监禁期间还写了一本关于荷兰古代法和罗马法的书，名为《荷兰法律导论》。他还写有一本《海洋自由论》，主张公海可以自由航行，为突破当时西班牙和葡萄牙对海洋贸易的垄断，并反对炮舰外交提供了基本理论。

对于格劳秀斯在近代自然法传统中的奠基地位，另一位与其齐名的自然法家普芬道夫一方面承认，人们有理由相信，自然法和国际法第一人的位置属于格劳秀斯，因为他不仅是最早呼吁世人关注这一研究领域的，而且他还为这一领域的研究打下了坚实的基础。但另一方面，他自己也并不是一个在该领域除了拾其牙慧外无事可做的人。"他试图调和格劳秀斯与霍布斯的主张"，是"给现代欧洲国家制度提供全面理论可能性的第一人，其作品是开创近代以自然科学为模式的现代自然性学说的最为经典的历史性阐释之一"。[1]

所以历史对普芬道夫的公正评价否认了他对格劳秀斯过分恭维性的评价。罗门在1936年于德国出版的《自然法的永恒回归》[2]中明确反对将格劳秀斯视为近代自然法之父的一般说法：

> 下面一种人们长期坚持的看法也是站不住脚的，即自然法学说始于荷兰学者格劳秀斯，人们称赞他是自然法之父。因为格劳秀斯与之前几个世纪的自然法导师们仍有密切联系。他的出名乃是因为他第一个将自然法和实证法融合到国际法中，而不是因为他自己有多大的思想贡献。可以说，他标志着从形而上学的自然法到唯理主义自然法的转型。[3]

这一定位显然更为准确，但出现了一个重要问题，那就是究竟谁是现代自然法的真正奠基者？是那个说"除了拾其牙慧外无事可做"的普芬道夫吗？罗门确实明明地表达了这一看法：

> 准确地说，这个所谓的自然法时代并不是始于格劳秀斯，这个时代毋宁始于普芬道夫，他曾致力于阐述格劳秀斯的学说。[4]

---

1 ［德］塞缪尔·冯·普芬道夫：《自然法与国际法》（第一、二卷），罗国强、刘瑛译，北京大学出版社2012年版，第18—19页。
2 Heinrich Rommen: *Die ewige Wiederkehr des Naturrechts*, Verlag Jakob Hegner, Leipzig, 1936.
3 ［德］海因里希·罗门：《自然法的观念史和哲学》，姚中秋译，上海三联书店2007年版，第65页。
4 同上书，第69页。

那么，他的这一定位是否具有可普遍接受的价值呢？他把格劳秀斯的地位定位为"标志着从形而上学的自然法到唯理主义自然法的转型"，但依然认为他的自然法与经院哲学的自然法具有千丝万缕的联系，而普芬道夫确实是从一种新的立场来阐释自然法，把自然法从经院哲学的道德神学中摆脱出来。从神人关系界定自然法，是中世纪自然法向近代自然法转变期的过渡性做法，而普芬道夫是坚决反对托马斯主义从神人关系推导自然法内容的。他认为，神法，只有部分属于实在法，部分属于自然法；人法，都属于自然法。因而用"契约"解释法的起源是本末倒置。说所有法律建立在一项社会契约基础上，是意志主义的观念，而在一切人类意志之外，有自然法法规之存在。发现自然法法规之存在，才是法哲学的根本任务。由于他站在了这一哲学的高度，他的自然法理论（Theory of Natural Law）成为现代自然法道德哲学最早的系统成果。

自然法理论在近代早期一直以"道德史"（Histories of Morality）或"道德哲学史"（Historia Philosophiae Moralis）的形态存在[1]，也就是说，关于"自然法"之探讨的学科性质，一开始就被视为"道德哲学"。所以，每一种自然法理论都可以直接作为"道德哲学"来对待，这是近代早期的独特景观。在这一景观中首先出现的最重要的事情，无疑就是伦理学从一般意义上的道德神学[2]中分离出来。这种分离的成功，实际上意味着道德在新时代进行了一种新的奠基，即从过去把神的命令或意志作为道德的基础转向自然法作为道德之基础，这是道德哲学史的一大进步。

---

[1] ［英］霍赫斯特拉瑟：《早期启蒙的自然法理论》，杨天江译，知识产权出版社2016年版，第2、47页。
[2] 这里我使用"一般道德神学"是为了把它与康德使用的"道德神学"区别开来。对于康德而言，"道德神学"是通过纯粹道德之德福一致的"至善"要求而在先天观念上必然出现对"上帝存在"和"灵魂不朽"的信仰，因而是由"道德"通达"神学"，不是神学作为道德的基础，相反道德是神学的基础。而一般意义上的"道德神学"完全不是这种意义，它指的只是神学中的道德内容，即以神的形象所体现的至善，因为所有宗教都是教人以善。

因此，我们认为，罗门将普芬道夫视为现代首位自然法学家是完全合理的。他在格劳秀斯之后，不仅从一个新的角度重新阐释了自然法，而且出版了八卷本的《自然法与国际法》，把自然法研究推向了一个新的高度。我们现在就开始进入普芬道夫自然法的道德哲学之中。

普芬道夫是德国第一位自然法学家。虽然就整个欧洲的自然法运动而言，他自己和研究者都将其放到格劳秀斯和霍布斯这一脉络之后，但对于德语国家甚至整个欧洲大陆而言，他却是系统创建真正现代意义的自然法学说的第一人，其著作的英文版编者詹姆斯·图利（James Tully）把他的地位甚至提得更高，他说：

> 普芬道夫是给既存欧洲国家制度提供全面理论的第一人，在这一特定意义上，普芬道夫是第一位现代政治哲学家。……他认为，与新的独立国家间政治秩序相一致的标准和概念相比，德意志帝国组织和用来确认它的罗马法是畸形的，与时代错位的。他的自然法理论把和新秩序相一致的标准和概念加在新秩序之上，卓尔不群，光芒璀璨，为现代政治奠定了基础。[1]

要能准确理解这一评价，关键在于如何理解"新秩序的标准和概念"。我们先从这一概念的阐释入手，阐释现代第一个"伦理体系"是如何建立在自然法基础上而呈现出新时代的规范秩序的。

一、"新秩序"与"道德存在"：标准与概念

何来"新秩序"？这指的是"威斯特伐利亚和约"之后奠定的现代欧洲

---

[1] [加]詹姆斯·图利：《英文版编者导言》，载[德]塞缪尔·普芬道夫：《人和公民的自然法义务》，鞠成伟译，商务印书馆2010年版，第9页。以下凡引此书，都是这个版本，直接在引文后标注页码。

各国的新秩序。普芬道夫所生活的时代可以说是德国的黑暗时期，16世纪发生在德国的宗教改革运动非但未能使德国统一为一个"民族国家"，而且导致了17世纪长达三十年的所谓"三十年战争"，让分裂中的德国人口锐减、农业衰落，工业更是降到15世纪以前的水平，结果就是德国成了西欧最为落后的国家，而且落后了至少半个世纪。这一在"现代起跑线上"的落后，导致德国文化也十分落后，有教养的德国人都不用德语写作和通信。一直到"哲学"让德国在思想上成为欧洲强国的19世纪转折前后，德国在这200多年的时间内几乎乏善可陈。普芬道夫就生长在这样的欧洲版图中。但普芬道夫本人在古典自然法学的发展中还是占有重要地位，这可以从两个维度进行深入分析，即普芬道夫与同时代的古典自然法学家相比有何独特之处，普芬道夫在德国法学发达史上的特殊地位。

对"道德存在"（moral entities）与"新秩序"之间创造性关系的关注，是普芬道夫道德哲学最引人注目之处。虽然莱布尼茨和黑格尔都对他的研究评价极低，认为在他那里没有什么东西上升到了"原则"的高度，只是一些经验性的说明和推理。但这样的评价显然是极不公平的，他们忽视了普芬道夫对"道德存在"的原创性探索。普芬道夫在八卷本的《自然法与国际法》的第一卷中探讨了"道德存在的起源和分类"，本质上已经表明，他对哲学及其原则的创造性证明来自古典的本原哲学对自然的存在机制的内在领悟。对本原存在者之存在机制的发现，就是哲学对事物之本真生命或"伦理"的发现。他因此说，"哲学是关于生命的学问"（《义务》，第8页），不从这种存在的发生机制入手，是把握不到的。而且他明确意识到，"生命"不是来自存在之外，而是来自造物主"赋予"万事万物之"本质构成之中的自身规则"：

既然这个宇宙所包含的所有事物都具有由至善至伟的造物主分配和指派到其本质构成之中的自身规则，那么就可以发现每一种事物都具有

源于其自身实质的性情和倾向的、依赖于造物主所赋予的力量手段在特定的行为中发挥其自身实质的自我属性。(《义务》，第8页)

因而研究"自然法"也就是探究上帝所赋予人类的共同存在的"自然规则"的生命原则：依据人类本质构成的自身规则的生命创造。普芬道夫非常清楚，所谓自然法中的"自然"，不是上帝所创造的自然界之全部自然物，而是伴随着自然物之性情和倾向的固有本质的"模式和行为"。这种"模式和行为"才是所有自然物内在的生命力量。换句话说，宇宙中的所有事物都是由构成事物之本质的"模式"和行为所创造的。哲学作为生命的学问，就是要理解这种自我创造的模式和生命，最终参与到这种创造自身的生命活动之中去。

这就涉及了"道德存在"的实质。它是人类基于人之为人的本性（性情、理智和意志）而塑造人类文明生活秩序的"模式和行为"：赋予人类以人性的存在与相处的模式和行为。普芬道夫把"存在"区分为"实质"和"模式"两部分，类似于海德格尔区分的"本质"与"实存"。在普芬道夫的解释中，"人之为人的本质"，是由造物主所创造，每个人都无能为力，作为被创造而不得不接受的；但人性的存在与相处的"模式和行为"这一"道德存在"是由人自我做主、自我造化的。所以，人的"存在"应该是由两部分构成的：人类的体质，这是自然存在的；人类的道德存在，这是自我造就的。

人类之所以自愿地成为"道德存在"，是因为只有这种道德存在才能促进和完善人类的生活并带来秩序和文明。普芬道夫在这里并没有谈到人对自身的第二次造化，像朋霍费尔（Dieterich Bonhoeffer，1906—1945）"作为塑造的伦理学"[1]所说的那样，但实际上普芬道夫这里的意思是一样的，道德存在

---

[1] 参见邓安庆主编：《当代伦理学经典·伦理学卷》，北京师范大学出版社2014年版，第102—125页。

是人类对自身生命的第二次塑造：发展与完善。

但"道德存在"一直有个体和类两个维度。作为对自身生命的"塑造"，这个主体只能是"个体"，而它处理的关系则是"人类"。尽管自古以来的道德哲学都包含对"公民"进行"道德教化"之部分，但"教化"最终是在个体自身之中完成的。

二、自然法作为社会的规范法

对何谓"自然法"，自古以来论者都莫衷一是，但凡讨论自然法者，莫不为了阐明一切人为法的法理根据。我们古人喜欢师古，当遇"法无定法"的困境时，依据的是"先王之道"。西方之前也是如此，中世纪一切以"神法"为合法性的来源，因为万事万物莫不是上帝的造物，而摩西与犹太人的"立法"被视为一切法的最终来源。这一切法的权威，实际上都是神的意志的体现。也就是说，这时的自然法其实不是"自然的"，而是"天意"，即上帝的意志。上帝意愿什么，什么就是好的，也因而就有了上帝说，要有光，于是就有了光，上帝意愿（要）有大地，于是就有了（创造出）大地。对于他的每一个创造物，上帝都说，这是好的（善哉！）。所以，中世纪所谓"自然法"，实质上就是"神意法"，不是为神意立法，而是神意就是法，就是所有人为法的合法根据。"神意"即"天意"，神意乃"天理"（natural reason）。

"自然法"的"法"乃是一切法的"天理"。如果不在宗教意义上把"天理"等同于上帝（神）的意志（天意），而是按照自然法之字面意义看，那么，"自然法"本义上就是"自然"之"理"。但是，如果我们不是在自然法表面的含义上，而是就其实质来看，那么，从"神学"（天意或上帝之意志）和从"自然"本身讨论自然法，是完全不一样的。从神学来谈，是从神作为创世主的地位谈，神因为作为创世主而保证了祂的"意志"之于其"创造物"的合法性根据，这种地位保证了祂的意志的权威性和之于人的敬畏性。但从"自然"来谈，一切自然物因"自然而然"，不是因任何外在东西而有其"法规"，那么，自然法也就是一切自然物自然而然之理，"自然"的"意志"，如果自然也有"意志"的话，那么就是一切自然之物的法理依据。但是，当我们从"自然"谈论自然法时，大多数人已经不从"自然之意志"立论了（当然有例外，如叔本华），但"意志论"的痕迹依然保留了下来。只是问题意识发生了翻转，他们问的是：自然而然的"有理"（善）究竟是因为上帝意愿，还是因为自然本性为善上帝才意愿？这一问，使得自然善（天然合理，天然好，本性善）变成第一性、第一位的了，上帝意愿则有可能成为第二性的（评价，认同性的）。这是自然法在近代发生的一个根本转变。

转变的核心就是，原来"上帝"的诫命就是法和道德，而现在法和道德的根据只是"自然"。因而，自然法的关键，就在于对"自然"的理解和阐释。

除了斯宾诺莎以"自然"等同于"神"，近代自然法哲学家基本上讨论的不是"自然世界"这个"大自然"，而是本性这一"小自然"。霍布斯无论是在《利维坦》还是在《法律要义：自然法与民约法》中，首先都是谈人性、人的自然（本性）。因为"自然法"只是人的自然本性所流露出来的"天理"（natural reason）。所以他说："由是观之，除理外，更无其他自然法；而除求安定与保太平外，自然法（natural law）亦无其他诫命。"[1]

普芬道夫在近代自然法的谱系中，是被归于格劳秀斯和霍布斯一脉的，也是从人的自然本性来讨论自然法的。人的本性比较复杂，它不仅仅像其他万物一样，具有"物性"——人的生物性、动物性，这些自然性维系着人的有机体的生命，而且它又有对自身"物性"之意识和思想，正是人的意识和

---

[1] ［英］霍布斯：《法律要义：自然法与民约法》，张书友译，中国法制出版社2010年版，第80—81页。

思想，能发现和理解人的自然性中的"天理"，从而将此"天理"化为"法则"，这才是真正的natural reason。

所以，普芬道夫先是将人与动物相比，说人跟动物甚至一切有感觉的生物一样。（1）自爱：最珍视自己，尽力保存自己。（2）趋利避害：所有的激情都让位于这一激情，对任何威胁其安全的东西奋力抵抗，事后还长时间地保留报复的欲望。（3）人类的生存境况比畜类更加糟糕：没有互助，根本存活不了。（4）人类生活中所有美好的东西、让生活更美好的东西，不是来自外界，而是来自人本身：互助性。（5）具有互助性的人类也有许多恶习：强大的伤害能力。因此，人类的互助本性必须要有"法规"才能保持。

普芬道夫在考察人的自然本性时发现人只有靠互助性才能共存。认识到"互助性"是人类存活的必要条件，把"互助性"视为人的"社会性"的生命形式，这是他的一个非常重要的观点，当然并非他的重大发现。"社会性"不是与"自然性"相对的东西，而是人的自然性的表现，从而也就是人的"本性"（自然的东西）。他以此超越了霍布斯的自然性。而这种本性才使人类同其他"生物"和"动物"区别开来，从而能超越那些自然的东西。由这种"人性"产生的法理才是人类生活的真正"天理"。因此，人的自然法就是社会性法：

> 这种社会性（sociality, socialitas）法律——教导一个人如何使自己成为人类社会的有用成员的法律——就是自然法。（《义务》，第83页）

这种"自然法"并不如同现在主流的观念所阐释的那样，是"自然权利"。普芬道夫并没有将"自然法"直接等同于"自然权利"，"自然权利"立足于"个人"，而"自然法"立足于"人类"；"自然权利"强调的是在与个人生活相关的哪些"利"上"我"可行"权"，而自然法强调的是人类要遵循哪些"天理"才能"共同""存活"。因此，作为"社会性法律"的自然法，比自然权利更加基本，它是人类共同存在的基本条件。自然法之所以是"天理"，如果仅仅从"自然权利"立论，总有武断之嫌，"伪"之太过，"自然"不足，但从"存在""存活"的基本条件立论，乃是从自然生命中流淌出来的"理"，它既是"性理"，也是"命理"，总而言之，是真正的"天理"，因而最终成为"法理"根据。

作为法理根据的自然法，不仅对人类是"法规"，而且是人类自我造化的目标：它"教导一个人如何使自己成为人类社会的有用成员"。这样的自然法不仅对个人，而且对人类的成文法，具有"标准"和"典范"意义：一切有助于社会性的事情都是自然法所允许的，违背和破坏社会性的事情都是自然法所禁止的。

这样阐释的"自然法"限定了自然法的范围，它既不是"市民法"，也不是神法或道德神学。不是市民法，是因为它不涉及市民法的具体规条，而只是市民法权利和义务关系的"天理"依据；不是神法，是因为自然法把法的依据放在了自然理性上来，实现了与神学的彻底分离。

詹姆斯·图利正确地评论说：

> 划界所取得的理论成果是建构了一门特殊的法学，或者说以法律为中心的道德和政治哲学学科。不同于早期和敌对的自然法理论，前言中所划分的（自然法）研究领域是独立于实在法研究和神学研究的，它具有自己特定的概念体系，它是以普芬道夫独创的概念——社会性（socialitas）和其他同源词为核心构建的。这一概念体系带来了反思意识，并在一定程度上构建了一个供研究和管理的人类行动领域——社会。巴比拉克、塔克和普芬道夫的后期批评者都注意到，格劳修［秀］斯和霍布斯都不能像普芬道夫这样清晰地划定边界，这样果敢地作出对比。（《义务》，英文版编者导言，第12页）

三、以自然法为基础的道德哲学体系

自然法既然是对"天理"的一种理性确认,实际上相当于儒学经典《大学》之道"明明德"的工作。"明明德"之后,"大学问"就是要将"明德""举而措之"为"新民",自我造就出自身新的生命。用普芬道夫自己的话说,就是把自己化育成对"社会"有用的公民。为了成此"新民",他进入了"道德哲学",而道德哲学之出发点,就是对人类"行为"的一般探究。

1. 行为理论

道德哲学在普芬道夫这里,不是关于道德的词语分析,不是关于道德的知识,而是关于"自然法"——天理的践行。

在霍布斯那里,"天理"由"感"(sense)所知,由"情"(passion)发动于行,而普芬道夫虽则自认其关于自然法来自霍布斯,但对自然法何以知、何以行的解释,实际上都有别于霍布斯。对于人类之行为,他认为主要的发动者并非为"情",而是"理智"和"意志"。"理智"(intellectus)是理解(understanding)和判断能力的结合。"理解"什么?实事(sache)之"是",之"因果",即事之理;"判断"什么?实事之是非,之当与不当,之该做不该做。没有"理解",于事理不明,做之盲目,也无意义;没有判断,是非不明,必将善恶不分,断非人类正常之行为。

事理既明,天理昭昭,是非已断,善恶相分,人就有了"良心"或"良知"。于是,道德哲学之行,实乃探讨如何秉于"良心"而行。有鉴于此,道德行为绝非仅仅以"情"就能发动,除情之外,行为发动者还必须有"智"有"意"。在这种意义上,普芬道夫显然明显地深化了霍布斯将"良心(conscience)定义为明见(opinion of evidence)"的做法,"明见"不仅仅是在"理解"中表现,而且体现于"判断"上。这种解释与王阳明的"知善知恶是良知"是一样的:

一个理智健全，知道什么该做什么不该做，并且知道怎样给自己的主张以确定和无可辩驳的理由的人，被认为是有正确良知的人。（《义务》，第62页）

他与别人不同的是，在这里细分了几种不同的良知类型。

"潜在良知"：对该与不该做有明见，却未建基于论证，其明见来源于习惯或威权。

"疑惑的良知"（doubtful conscience）：当对于同一件事有两种对立的理由支持，人却缺乏判断轻重的权衡能力。

普芬道夫强调，人只有有正确良知时才发动行为，而处潜在良知时，需要有更进一步揭示事物原因的能力；处疑惑良知时，根本不要行动，即使行动了，也应该立即停止。

有了正确良知，才能有正确行动的善良意志。意志是人区别于动物的独有能力。但意志是既可为善亦可为恶的能力，因为它是自由的。具备了正确良知，明了天理，懂得是非，知道善恶，如果这时再加上行动的意志，那就有了善良意志。普芬道夫强调善良意志虽然如自然冲动一样，但它一是有知（知善恶），一是自愿（自愿选择善）。意志虽然是行动的意向，但在选择趋向于那一种欲求时，往往都是视事物对于人的或者适宜性（decora），或者愉悦性（jucunda），或者有用性（utilia）施加于人的动力程度不同而定。而同样的事物对于不同的人，其适宜性、愉悦性和有用性是不同的，在不同的境况下也是不同的。到此为止的讨论，实际上都了无新意，不过是重复了亚里士多德早在《尼各马可伦理学》中就已讨论了的内容。在这里，我们需要关注的倒是，在对行为的自由意志做了这些说明之后，他是如何为行为归责的？在归责的问题上是否能有新的东西提出来？

所有关于意志自由的讨论，在西方行为理论中，都是为行为归责奠定一个基础。因为一种行为只有是行为人在知道（不是不知、无意）、有意、自愿的情况下做出的，我们才能从法律和道德上来评判他对于行为结果的责任，才能对其行为做出赞美或谴责，有罪或有功的评判。

普芬道夫实际上也没有在行为理论上做过多地抽象讨论，而是在做了上述必要的讨论之后，接着就归纳出这样一条道德哲学的公理：

> 道德戒律的首要公理就是：一个人应对哪些他可以选择做或不做的行为负责。

只有以下几种情况，人可以免责：第一，除非你有义务控制他人，否则他人的任何行为，你可以免责；第二，对个人无法决定的天然缺陷免责，如身材矮小、不聪明等；第三，对不可克服的疏忽导致的行动免责；第四，对不出于自己的过错而没有机会作为的事情免责，这指的是，没有病人，医生就没机会勤劳，穷人没机会慷慨等；第五，对超出自己能力之外、无法达到的事情免责；第六，对受强迫而逃脱不了的事情免责；第七，没有理性的人不应当对自己的行为负责，这指的是儿童、精神病者和衰老的人；第八，人不应对睡梦中的行为负责。

上述八条中，除了第一、二、六、八条几乎没有任何异议外，其他各条实际上都需要进一步厘定。如第三条，究竟什么样的"疏忽"可以被认为是"不可克服的"，否则，为"疏忽"免责是成问题的。第四条，"没有机会作为"是个成问题的说法，如果是事实上的"急救"，"机会"可能很少，例如，大地震时的救援，我们能够作为的机会少，但即使在此情况下，"行善"的可能性依然广泛存在。哪怕是"穷人"，也不能一概而论"没有机会慷慨"。我们都清晰地记得，在汶川大地震时，一个乞丐把他好不容易讨来的十块钱全部捐献了出来，感动了全国人民，这种行为就很"慷慨"，就像当时上海的一位"奶奶"把她用来养老的房屋卖了捐献给地震救灾一样，令人感动。第七条，"没有理性的人"免责不能一般地说，当被普芬道夫界定为幼儿、精神病病人时，当然十分清楚，"这些人"都可以是"免责"的对象，但这里"衰老者"在何种意义上是"没有理性的人"则需要有更明确的界定。

不过，这里讨论因行为是自由意志发动的而需要落实"责任归咎"，突出了"自由"之为"责任"的基础，这一点非常重要，这是西方所有实践哲学的基本维度。

当然，普芬道夫这里的讨论并无多少新意和深度，同时也没有区分"道德责任"和"法律责任"，这是非常遗憾的。对于善恶的规定，也显得太过于浅显，如"依法做出的行为就是善（good, bonus），违法就是恶（bad, malus）"，这完全不像一个自然法学家的做法。这里既没有区分道德善恶和法律善恶，也没有自然法的视野。他的规定如果能成立，至少其前提就是"法"本身是善法。所以，作为自然法学家，最重要的工作是为"法"本身的合法性寻找依据和判准，而不是一般地把"法"作为判断善恶的标准。

不过，他的行为归责理论还是有其亮点，他应该是第一个提出"共同责任"概念的人[1]：

> 在讨论替代责任时，我们必须对此有着清醒的认识：有时一个行为不是被归于事实上的行为者，而是被归于仅将其作为工具利用的人。然而，更为普遍的是，行为者和他人——通过作为或不作为而成为行为的帮助者——对行为负共同的责任。共同责任的分担主要有三种形式：他人是行为的主要原因，而行为者则是次要原因；两人责任相等；他人是行为的次要原因，而行为者则是行为的主要原因。（《义务》，第71页）

有了这个共同责任模型，像"艾希曼"这样的"平庸之恶者"就没有

---

[1] 我们现在一般都把提出"共同责任"模型的贡献归于汉斯·约纳斯。参见［德］奥特弗利德·赫费：《作为现代化之代价的道德：应用伦理学前沿问题研究》，邓安庆、朱更生译，上海译文出版社2005年版。

理由为自己做无罪辩护了，只要是实施的行为，这个行为不是出于完全"逼迫"，那么无论是谁，无论在共同行为中的作用如何，都逃脱不了责任追究，都要承担起与自身行为相应的责任或罪责。无论是位高权重者还是人微言轻者，只要行为有错或有罪，都不可能逃脱责任的追究。就此而言，普芬道夫的这种共同责任模型确实是将法学和道德哲学带入"现代"规范伦理的第一人。也正是在共同责任概念之下，"互动行为"（interaction）概念才有可能产生出来，即使在他这里还没有被作为最重要的概念提出来，但毕竟有了一个新的起点。

2. 义务体系

现代伦理学一直把康德的义务论伦理学当作"道义论伦理学"（deontology ecthics）典范，但是，早在普芬道夫这里，就已经有了一个比较完备的义务论道德哲学体系了。对于他的义务论，我们学界的研究尚未开始，这是不正常的。为了能够追溯康德道义论伦理学的谱系，我们从普芬道夫的义务论研究开始，不是没有意义的。他把人的义务区分为对上帝的义务、对自己的义务、对他人的义务、人道义务。

对上帝的义务

自然法既然是明天理，那么觉悟到或理解了（明了）"天理"（natural reason）之后，一个道德的存在者就会秉"天理"而行。这种"秉天理"的过程，就是将"天理"内化为自己的"良心"，因而才真正是"凭良心做事"。但要使"良心"真正地外践于行，还首先要在主观上将"天理""内化"于心，即真正确信那通过人的"理智"和"判断"所明了的"自然之理"是真正的"天理"。这就需要"自然宗教"（natural religion），通过"自然宗教"认识到自然之创造者——上帝——的真正本性。这在后来的康德哲学中被揭示为是人的理性无法完成的使命，但在康德之前，哲学家们普遍地未经对主体自身的认识能力之限度的考察，确信是人的理性所能完成的任务。但无论如何，这项任务至少对实践哲学和自然法而言，是实践理性的一种先天要求，没有对上帝真正本性的认识，自然法所揭示的"天理"就无法被人类理性真正信仰。无此信仰，自然法的权威性，即作为一切人为法的规范有效性就大打折扣。所以，我们也只有从这种实践理性的先天要求出发，才能进入普芬道夫这里所讨论的"人对上帝的义务"。

"人对上帝的义务"从理论上讲，是人必须认识上帝从而知道上帝在创造人时赋予人以何种人性；从实践上讲，是人的行为必须符合神的意志。为什么必须有此义务？我不认识上帝不行吗？在普芬道夫看来，断然不行。无论哪个民族都有自然宗教，都会从理论和实践上提出这一义务。他所提供的理由实际上没有任何新颖之处，无非就是中世纪以来各种存在论的证明、完美论的证明、目的论的证明等的汇合。不过，他对同时代并与他同年出生的斯宾诺莎以"自然"取代"上帝"的观念明显提出了批评："宣称自然是所有事物和结果的终极原因……是错误的，因为如果将'自然'看做是原因性结果和事物运动的动力，这本身就证明了自然的创造者（也就是上帝）的存在。……然而，如果"自然"是指所有存在的最高原因，那么避而不用这一简单的、已被接受的'上帝'，就是一种无法使人满意的亵渎。"（《义务》，第87页）他同样也反对多神论，因为多神论意味着承认有多个无限、完美的存在者，这将是一个矛盾的说法。可见，他在上帝观上并没有什么创建，之所以要提出人对上帝的义务，关键在于人必须有"敬"德，无敬德者，必定无所畏惧、自大妄为、目无法纪，"将向比他弱的人施加任何他想施加的侵害，并将善、羞耻和虔诚当作空话。……没有任何行善的动机"，总之，"没有信仰，人就没有良心，国家就不会有内在的团结，世俗的惩罚不足以使公民履行义务，统治者将会把他们的义务连同正义本身，视为可交换的，并会在所有事情上追求他们自己的利益、压迫他们的公民……将他们的公民变得尽量弱小"（《义务》，第92、93页）。对于自然法这一"天理"的规范有效性而言，"敬"是必然的前提。所以，他强调必须毫无保留地憎恶并严惩所有的不敬者。

对自己的义务

对己义务属于自爱义务，但爱己不是说人只为己而生，而是首先"荣耀上帝"，为了感激造化之恩。因为谁的自然生命都不是自己能给的，当我们说"身体发肤受之父母"因而要孝敬父母时，西方人说我们的生命是上帝的礼物，因而我们要"荣耀上帝"。这就是人类的"良心"。"父母"和"上帝"对我们的意愿实际上也是一样的：希望我们成为卓越的人。普芬道夫就是这样开始来论述人对自己的义务。

人对自己的义务从感恩父母或上帝开始，这种感恩实际上就是要把父母和上帝给予我们的生命发展到最优。这一方面是让自己的身体发育强壮，心智保持健全，珍爱和保全自己的生命；另一方面就是要把自身的德性发展到卓越，成为对社会有用的成员。普芬道夫在讨论对自己的义务时，主要涉及的是生命的自保和自卫，而没有更多地涉及人在德性上的完善或自我再造，这是区别于后来康德和黑格尔的关键之点。所以，就对自身的发展和安全而言，他认为，按照自然法，我们应该节制，避免贪食、酗酒、纵欲，让自己勇敢起来，克服懦弱，直面生活中的困难和恐惧。我们没有随意结束自己生命的权利，自愿结束或丢弃自己的生命，都是对自然法的违背；但当人的生命面临危险时，人有正当自卫的权利。自卫之所以是正当的，是因为攻击我们的人威胁到了我们的安全和生命，在此情况下，普芬道夫坚定地认为必须以暴制暴。这看起来虽然会比我们逃走或投降带来更多的混乱，但是，如果我们不以暴力抗击邪恶的人，好人就将时刻处在可能受伤害的境地，我们自然地或努力地获得的好处就将毫无理由地给予不该给予的人。所以他说，完全禁止武力自卫将会导致人类的灭亡。

对他人的义务

首先是每个人对每个人的普遍义务：不侵犯他人。从否定性角度而言，这是对他人不作为，但从肯定性角度看，是把他人当人对待。普芬道夫说，这是人最基本的义务。履行这一义务，才有人的社会生活，不仅能给我们的生命和财产提供保护，而且也会对我们依据制度或契约获得的东西提供保护。

"第二个普遍义务就是：每个人都把他人当做与自己自然平等的主体或与自己一样的人来看待。"（《义务》，第110页）人的平等性源自人性平等地属于每一个人，这是人具有尊严的基石。认为自己高于他人，不尊重他人为人，只求自己完全自由，不顾及和承认他人平等的自由，这样的人是反社会的人，不能得到他人的尊重。所以普芬道夫认为自然法的普遍义务规定，任何人都不可争取比他给予别人的更多的东西，而应该允许他人跟自己一样，平等地享有属于自己的那一份权利。

人道性普遍义务

这是为了人类共同的社会性而必须承担的第三个普遍义务："每个人都应尽其所能以期有益于他人。"（《义务》，第113页）人类为了自身的社会本性而生活，没有人是彻底孤独的原子式个人，因此仅仅消极地对他人不伤害和不轻视是不够的，还需要尽量对他人释放并增进善意，这样才能改进社会生活从而也改进自身的生活。普芬道夫认为这条义务实际上是每个人都要以自己的方式造福社会的义务，因此他认为不学习实用技艺、虚度光阴、好吃懒做、坐吃山空的人都是违背这一义务的人，说这类人还包含那些像猪一样，除了死就不会给人带来任何益处的人。与造福社会的义务相应，它还内在地包含受益者对造福社会的人表达感恩的义务。不知恩图报虽然不是犯罪，但会被视为卑鄙，比不正义的人还令人厌恶。付出作为一种人道行为，不是为了回报，但知恩图报却是受人尊敬的缘由，不把它作为强制性的义务，而是作为受尊敬者对自身的美德要求，可能更为恰当。

第二节　意志论与自然法：现代早期道德哲学之争

近代道德哲学的第一个理论形态是自然法。自然法首先不是一门法学科学，而是道德哲学。这种道德哲学虽然最早在欧洲大陆第一位"自然法和国际法教席教授"普芬道夫的《自然法与国际法》第一、二卷中得到了系统阐发，但他的自然法阐释不仅在莱布尼茨那里评价完全是否定的，黑格尔后来也对他进行了批判，甚至把他作为经验主义自然法的阵营给予了很低的评价。为了准确把握现代早期自然法的道德哲学精神，我们现在以莱布尼茨对霍布斯和普芬道夫的自然法阐释之批判为核心，考察自然法究竟是上帝意志之表达还是事物自然本性之规定，以此展开对近代早期道德哲学学术史争论的评述。

我们的自然法研究，太过忽视德国传统而重视英法传统。但现在越来越多的研究表明，德国传统的自然法理论不仅对于现代规范秩序的奠基，而且对于整个现代性都具有不可取代的建设性作用。近代德国第一位自然法学家普芬道夫更是被其著作的英文编辑者称为"给既存欧洲国家制度提供全面理论的第一人，在这一特定意义上，普芬道夫是第一位现代政治哲学家……他的自然法理论把和新秩序相一致的标准和概念加在新秩序之上，卓尔不群，光芒璀璨，为现代政治奠定了基础"(《义务》，英文版编者导言，第9页)。近代早期德国法学家和哲学家对自然法的讨论，既有对前人的传承，但更多的是批判。考察这一批判，更能让我们了解自然法传统在近代早期所展示的焦点转移，这对现代文明及其秩序建构具有观念史的功能。

一、莱布尼茨对霍布斯的批判

在年龄上，莱布尼茨（1646—1716）完全是霍布斯（1588—1679）的晚辈，但在学问上，莱布尼茨对霍布斯却当仁不让。作为法学家的莱布尼茨从法理学的角度发现，霍布斯对法的正当性之阐释完全是唯意志论的，他认为这是非常严重的错误，于是在1670年和1674年两次给霍布斯写信，对之进行了批判，期望霍布斯能给他回信。已到耄耋之年的霍布斯一直对之不予理睬，我们也是可以理解的。但我们确实无法搞清楚他对莱布尼茨的批判究竟持何种态度，只是"据说"他对这个年轻"对手"还是"非常重视"的。[1]

从现在我们所能掌握的文献来看，我们只能展开莱布尼茨对霍布斯单方面的批判。在他以法文写的两篇《关于正义概念的思考》的短文中，他说：

> 一位著名的英国哲学家，托马斯·霍布斯，因其性格古怪而广为人知，也持有与色拉叙马霍斯大致相同的看法。霍布斯宣称，神所做的一切都是公道正义的，因为祂是全能的。这也就是说，无须在法权与事实之间做出区分。因为人们能够做什么是一回事儿，必须做什么却是另一回事儿。[2]

读过柏拉图《理想国》的人都知道，色拉叙马霍斯所持有的正义观，就是强权即正义。正义代表的是强权者的利益。柏拉图笔下的色拉叙马霍斯几乎就是因为这一看法而在世上成为"臭名昭著"的人物。莱布尼茨却认为霍布斯与之持有相同的立场，这是可以接受的吗？

莱布尼茨在这里指证霍布斯的是两点：其一，神所做的一切都是公道正义的，因为神是全能的；其二，神无须在法权和事实之间做出区分，而人却是需要在能够做什么和必须做什么之间做出区分的。

就第一点而言，在近代早期社会中，虽然基督教信仰已经在自然科学和理性启蒙的大势面前出现了衰微，但几乎很少有人不相信"神所做的一切都是公道正义的"，哪怕莱布尼茨自己也是相信这一点的，他甚至为此写了他一生最厚重和系统论证的那部巨著：《神正论：论上帝的慈善，人类的自由和恶的起源》。因此，他这句话如果算是对霍布斯的批判的话，绝不是在"神

---

[1] Wenchao Li (Hrsg.): *"Das Recht kann nicht ungerecht sein ..."*, Beitraege zu Leibniz' Philosophie der Gerechtigkeit, Franz Steiner Verlag Stuttgart, 2015, S. 16.

[2] Gottfried Wilhelm Leibniz：*Gedanken Über den Begriff der Gerechtigkeit*, Wehrhahn Verlag Hannover 2014, S. 24-25.

所做的一切都是公道正义的，因为祂是全能的"之字面意思上，而是在对"神"之"全能的"的阐释上。神的"全能"是说，祂所意愿或意志的，就必定能做成（实现）而且是"好的"，在《创世记》中上帝说"要有光"，于是就有了光，而且神对祂所创造的每一个"造物"都很满意，说"这是好的"。因此，如果一般地说，神所做（创造）的都是公道正义的（善），背后所指的是两点：上帝的意志（是不是祂所意志的）和祂的万能（Allmacht）。所以，在《关于正义概念的思考》中莱布尼茨一开头就这样说：

> 神所意志的一切都是善和正义的，这是我们都同意的。但成问题的是，是否就因为它是神所意志的，才是善的和正义的，还是就因为它是善的和正义的，神才意志它。[1]

通过这种发问，莱布尼茨实际上引出了自然法学说的核心：不从神学教条，而从事物的本性引出理性的法则。因此说法是善和正义的，是因为是上帝所意志的，这是不够的。《圣经》或基督教信仰早就立足于这一点，中世纪的自然法学说也是完全奠基于这一点，"这是我们都同意的"。但是，这一点如果在理性上（而不仅仅是在"信仰上"）是可以成立的，还必须问，神是否意志它，是不是因为"它本性（自然）就是善和正义"。这就问出了"自然法"的实质：善和正义是存在于事物本性的"必然而永恒的真理中"。这就是莱布尼茨自然法的立场。但他认为，霍布斯的自然法阐释，恰恰还没有进展到真正的"自然法"，而是停留在中世纪的陈旧立场上。

他批判霍布斯的第二点，关于神"无须在法权（Recht）和事实（Fakt）"之间做出区分，也是基于神是"万能的"这一"意志论"的阐释。神所"意志"（will）的就是"事实的"，因为祂的权力（Macht）万能。而我们人类

---

[1] Gottfried Wilhelm Leibniz: *Gedanken Über den Begriff der Gerechtigkeit*, Wehrhahn Verlag Hannover, 2014, S. 23.

的"能力"是有限的,所以必然在"能够"做什么和"应该"做什么乃至"必须"做什么之间存在分离和不一致。我们能够做的,不一定"必须"做,"必须"做的不一定"应该"做;反过来也一样,我们"应该"做的却不一定"能够"做,"能够"做的不一定"必须"做。于是,当我们追问人类立法的合法性基础时,莱布尼茨一个开创性的想法就是,必须去除从神圣意志论论证的古老做法,否则在人类身上由于"能够""必须"和"应该"之间的不一致就必然会把法的合法基础所必然要求的"善"和"正义"建立在"任意的东西"上,神的万能排除出来这种"任意"的可能性,而人类必然就有这种任意的可能性。因此真正的法的合法性必须放在"事物本性"上来。

但问题的关键在于,他在这里把"无须在法权与事实之间做出区分"的全能意志和必须将二者区分开来的人类意志进行区分,怎么看也不能算是对霍布斯的批评,因为这正是符合"事物本性"即神的本性和人的本性之规定的。那么,在这里,莱布尼茨究竟批评霍布斯的是什么呢?我们必须看到上面引文之后的这段话:

> 这意味着可以用隐蔽的方式说,根本就没有宗教,宗教只不过是一项人类的发现;正如可以说,正义就是最强者所喜好的东西,这不外乎宣称:没有确凿无疑的正义,没有哪怕禁止去做某种如此歹毒之事的正义,只要人们愿意并可以不受惩罚。背叛、谋杀、投毒、折磨无辜者,这一切只要能成功,都将会是正义的。[1]

这种批评依然只是就"意志论"自然法所隐含的结论或可能导致的结

---

[1] Gottfried Wilhelm Leibniz: *Gedanken Über den Begriff der Gerechtigkeit*, Wehrhahn Verlag Hannover 2014, S. 25.

果而论的，并非霍布斯明确的直接主张。需要解释的倒是，莱布尼茨这里所说的为何已经不是上面引文中所强调的"法（droit，Recht）和事实（fait，Fakt）"之间的区分，反而是说，如果正义（自然法）只是强权的意志、最强者的喜好，那么非正义的"事实"——背叛、谋杀、投毒和折磨无辜者等就将成为正义的。这恰恰是"正义"和"事实"的混淆！而莱布尼茨本人反对这种混淆是非常清楚的，但霍布斯难道就真的赞同这种混淆吗？

我认为在这里必须为霍布斯辩护，他也不赞同这种混淆。因为他明确地区分了"法"和"律"：

>自然法（Jus Naturale，Right of Nature）是永恒不变的。不义、忘恩、骄纵、自傲、不公道、偏袒等等都绝不可能成为合乎自然法的。因为绝不会有战争可以全生而和平反足杀人的道理。[1]
>
>自然律（Lex naturalis，Law of Nature）是理性所发现的戒条和一般法则。
>
>谈论这一问题的人虽然往往把权［法——引者］与律混为一谈，但却应当加以区别。因为权在于做或不做的自由，而律则决定并约束人们采取其中之一。所以律与权的区别就像义务与自由的区别一样，两者在同一事物中是不相一致的。[2]

不过，这里依然可能会存在"自然法"和"自然权利"的混淆：因为我们可以把自然法作为永恒的正义，但"自然权利"却只是一个现代概念。当霍布斯把"自然权利作为做或不做的自由"时，却不能说自然法是做或不做的自由。因此，当霍布斯把自然法解释为神的意志时，这种混淆就是非常可

---

[1] ［英］霍布斯：《利维坦》，黎思复、黎廷弼译，商务印书馆1985年版，第121页；Thomas Hobbes: *Leviathan*, Englisch/Deutsch, Stuttgart: Philipp Reclam jun., 2013, S. 326–327.

[2] 同上书，第97页；Ibid., S. 262–263.

怕且十分危险的。因为这样就把人为的法律的正当性依据归结为任意（自由）的东西。所以，当莱布尼茨批评霍布斯"法和事实"之混淆时，他实际上是要转变那个霍布斯也批评了的"法（权）与律"的通常混淆，即他自己作为原则确定的"法"（droit）与"法规"（loi）之间的分离。通过这种"分离原则"，把法（自然法）保持为"一切事物的绝对必然性"，而把"法规"、霍布斯说的"律"确定在偶然性领域。当今德国康斯坦茨大学近代私法史和罗马法首席教授艾姆伽特（Matthias Armgardt）把这一莱布尼茨本人也没说清楚的对霍布斯之批评的意义说清楚了：

> 在这里，莱布尼茨不想混淆价值与事实、规范与描述，这是清楚的。他因此设立了一个约定公理，这是被当今大多数伦理学家，不论是新托马斯主义者还是分析哲学家，所采纳了的：在自然法伦理学中我们应该从是（Sein）推出应该（Sollen）。[1]

二、莱布尼茨对普芬道夫的批判

前面我们已经提到，普芬道夫是第一位现代政治哲学家，他的自然法理论为现代政治奠定了基础，但是，恰恰在德国，莱布尼茨对普芬道夫的评价却是出奇地低，简直是全然否定。1709年莱布尼茨在给一位名叫克斯特纳（Kestner）的人写信时，说普芬道夫"Vir parum Jurisconsultus, & minim. Philosophus"[2]（此人基本上算不上法学家，也根本称不上是哲学家）。说他算不上法学家，显然属于莱布尼茨的"恶意贬低"，如果这样一个为现代法和政治奠定基础的人算不上法学家，那莱布尼茨自己也根本不可能算作法学家

1　邓安庆主编：《伦理学术3：自然法与现代正义——以莱布尼茨为中心的探讨》，上海教育出版社2017年版，第59页。

2　Wenchao Li (Hrsg.): *"Das Recht kann nicht ungerecht sein ..."*, *Beiträge zu Leibniz' Philosophie der Gerechtigkeit*, Franz Steiner Verlag Stuttgart, 2015, S. 16, note 20: Dutens IV, 3. 261.

了。因此,这种评论引起了一些人的愤怒是可想而知的。但要说他"算不上哲学家",倒是可以争议的,因为如果莱布尼茨完全是按照他自己的严格"唯理论"方法来定义哲学,那有很多哲学家都"算不上哲学家"。我们现在不讨论这样的评论,我们考察,莱布尼茨对普芬道夫的自然法阐释究竟抱何种态度,他评价普芬道夫自然法的理由是否站得住脚。

当普芬道夫1661年取得海德堡大学设立的世界上第一个自然法和国际法教席教授时,莱布尼茨还只是莱比锡大学的一个学法律的年少大学生。虽然,后来莱布尼茨的经历与普芬道夫有许多相同之处,也从事过律师、外交官等法学相关的工作,但区别就在于,普芬道夫是学院派大学法学教授,而莱布尼茨从来没有在大学工作过,没有作为教授的工作经历。当然,作为重要的法学家和法哲学家,无论是普芬道夫还是莱布尼茨,都同样要面对三十年战争之后的欧洲思想文化重建之使命,这使得他们在思想史的舞台上发生了未曾直接碰面的思想交锋。因为在哲学史上,"后来"的哲学家几乎总是把历史上的"先辈"视为"同时代人",这样的"交锋"虽然对于"不在场"的前辈而言总是处于不利地位,但把客观公正地评判与裁决的使命交给了思想史或哲学史。

虽然作为晚辈的莱布尼茨一直看不起这位"当红"教授,但他们在1690年间还是有过短暂的书信往来[1],要说莱布尼茨一直对普芬道夫持否定态度也是言过其实。据史家考证,在普芬道夫死后一年,即1695年,他的《神圣的使节权》(*Jus feciale divinum*)一书出版了,莱布尼茨很重视此书,迅速地找来,浮光掠影地读了一遍,以为普芬道夫对自然法的唯意志论阐释发生了改变,于是对之做出了积极的评价。不过后来莱布尼茨马上发现自己错了,接着就更加尖锐地对之进行批判。

---

[1] 邓安庆主编:《伦理学术3:自然法与现代正义——以莱布尼茨为中心的探讨》,上海教育出版社2017年版,第60页。

这一批判的文本是1706年给莫拉努斯（Molanus，1633—1732，洛克姆修道院院长）的一封信。后者是莱布尼茨的朋友，他写信来要求莱布尼茨发表对普芬道夫《人和公民的自然法义务》一书的看法，问是否可以作为指导年轻人的合适书目。[1] 于是莱布尼茨在回信中说，普芬道夫此书（两卷本，是对其八卷本的《自然法与国际法》的缩写）涵盖了很多不错的内容，可以作为一个有用的提纲指导那些只想对自然法及其义务做初步了解的大多数人。但是，他认为，在普芬道夫这里却缺乏一些更可靠、有效、清晰的定义和逻辑，为自然法科学的学生提供一个确切的方法，从正确的原则中有序地得出自然法所允许的行为和例外的基本原则。因此，他对普芬道夫的批判，最为激烈的地方首先在于这个根本原则上有缺陷：

> 我发现其原则有不小的缺陷。因为他得出的很多论点并不和原则融会贯通，也不从原则中推演出来（原则在这里就像原因causae），而是从其他优秀作者那里借来并被预设为真。[2]

但当我们认真阅读普芬道夫八卷本的《自然法与国际法》第一、二卷时，会发现莱布尼茨的这个批评是很值得商榷的，有一种为普芬道夫辩护的冲动。因为，第一，他那里确实是有原则的；第二，他的自然法理论是从这个原则推演出来的；第三，他并非无批判地"从其他优秀作者那里借来并被预设为真"。这个原则显然就是"道德存在"（moral entities）。普芬道夫试图把他关于自然法和万民法的所有结论都建立在这个"道德存在"概念之上。也许有人马上会提出反驳，说既然自然法的理论是要寻求一切人为法规合法

---

[1] ［德］莱布尼茨：《莱布尼茨政治著作选》，张国帅、李媛等译，中国政法大学出版社2014年版，第87页。
[2] 邓安庆主编：《伦理学术3：自然法与现代正义——以莱布尼茨为中心的探讨》，上海教育出版社2017年版，第61页。

性的自然基础，那么怎么可能会把一切人为法规的合法性基础建立在诸如"道德存在"之类的概念之上呢？难道"道德存在"不是"人为的"东西吗？所以，问题的关键就在于如何能够理解他的"道德存在"既是人为的，又是自然的，一切自然法理论都面临着这一难题。

对"道德存在"概念的理解，普芬道夫抓住的是哲学的生命概念，莱布尼茨在评论普芬道夫的信中也提到了这个概念，即"哲学是关于生命的学问"。哲学不仅关注人的生命，也关注万事万物的生命。这个生命即旨在实现万事万物各自"本性"（自然）的召唤。在《自然法与国际法》第一卷的第一句话就说："第一哲学［形而上学］的任务，若是旨在实现其特定的自身本性之召唤的话……"[1] 这种说法，类似于我们儒家《中庸》的"各正性命"之旨。因此，万事万物虽然在他们的基督教意识形态中从"最终"意义上讲，都是由"造物主"上帝所创造，但万事万物无不在自身有一种实现自身性命之召唤的能力。这种能力在"物"和"人类"身上无不体现为自身有"造化"的"机制"，"物"通过这种"造化"机制变成"造物"，人类的自然身体和心理通过这种"造化"机理变成有创造力的人。我们当然通过这种自然的造化机制感受得到造物主把此造化机制赋予万物之中的"神奇"，当然，这只是"造化"背后的东西，有人信有人不信。作为哲学而言，我们只谈论这种"自然的""造化机制"本身。普芬道夫把此称为"模式"，所以他说："尽管道德存在不能单独存在，且由此总的来说不应划为实体而应被划为模式，然而我们还是可以找到很多被认为类似于实体的道德存在，因为其他道德事物可以直接在道德存在中被找到，就如同数量和质量固有地存在于物理实体中那样。"[2] 这里所说的"模式"就是存在于实体之中自然蕴含的"自我造化"的"机制"。虽说是"道德存在"，但一种

---

1 ［德］普芬道夫：《自然法与国际法》（第一、二卷），罗国强、刘瑛译，北京大学出版社2012年版，第3页。译者把"第一哲学"译为"首要的哲学"，特此修改和说明。

2 同上书，第11页。

"存在"为何是"道德存在"？其中必然内含了"自性"之"天命","率性"之"道德"和"修道"之"化机"。这是一种自然化的道德生命。这种生命只在亚里士多德那里以"潜能—实现"的目的论框架予以了很好的阐释，只是在亚里士多德的德性论框架内是很好阐释和理解的，而到了近代在像普芬道夫这样的反亚里士多德的体系中，反而无法理解了。因为越到现代，"道德"就越是被阐释成为一种"人为的法则"，其中道德作为人类自然的自我造化的生命机制反而就越来越被抛弃了。作为近代早期的一个自然法道德学家，普芬道夫倒是有意识地为一切人为法则寻找"道德存在"的自然机制，这是其自然法体系的一个显著特征。但显然，他的"第一哲学"对此道德存在之自然机制的阐释还存在些许不够充分和融贯的缺点，使得莱布尼茨对此大为不满。但莱布尼茨全然否定性的判断，实在让人无法接受。客观地说，作为一个法学家，具有这样的哲学意识已经殊为不易了，这种第一哲学上的融贯工作本来就应该是哲学家的职责，在其他哲学家都无法对此做出融贯阐释的情况下，我们也不能对一个法学家有太高的要求。毕竟这属于哲学中最难完成的工作。普芬道夫在他的著作中，已经把自然法的法理依据、人和公民的自然法义务等等都建立在这一"道德存在"之上，并在相关的几乎每一个问题上，都对其前辈格劳秀斯和霍布斯相关思想或做出赞美性的肯定，或做出批判性的分析，我们就没有理由说他的原则是"从其他优秀作者那里借来并被预设为真"了。因为无论是格劳秀斯还是霍布斯，他们的自然法理论都不是建立在"道德存在"的基础上。

现在，我们来讨论莱布尼茨对普芬道夫第二个严厉的批判，即对其自然法的意志论阐释之批判：

> 根据作者[指的是普芬道夫——引者]的观点，由于正义所描述的责任与行动同时发生（因为他的整个自然法学包含在其责任教理中），

可以推导出所有的法律都是由最高统治者制定的……在这个原则的基础上，我们作者的一些学富五车的追随者并不允许任何国家存在意志法（voluntary law）。因为他们认为，人们不能通过互惠的契约带来法律，而不需要经过最高统治者授权……实际上，有人会说，（普芬道夫）这个观点只是显得满纸荒唐。[1]

这个批判很尖锐，但其实问题并不是很清楚。自然法理论的首要意图当然是为了阐释人类一切法则的正当性基础或来源。在基督教信仰中一切规范性的最终来源当然是上帝或上帝的意志，上帝说"要有"（"意志性"）天和地，于是祂就创造出天和地（"事实性"）。之前，大家谁都不会也不敢怀疑这有什么问题。但随着宗教改革对神圣意志论的批判，自然法复兴起来，人们自然要问：一种规范的正义性，究竟是取决于上帝的意愿还是事物的本性？在霍布斯那里确实比较清楚：在国家中，最高统治者（主权）的意志，是法的正当性的根据；在国家之上，最高统治者就是上帝，因而上帝的意志才是一切法的最终根据。但在普芬道夫这里似乎并非如此简单，他明确地把那些在神的身上寻找自然法原型的人分作两类：一类是在神的意志中寻找到了自然法的主要来源；另一类是把神性当作实质的伟大和正义，因而自然法只不过就是神性正义的副本。[2] 这两类人实际上类似于莱布尼茨问题的两极，第一类人主张的是，神所意志的一切都是善和正义的；第二类人主张的是，因为事物本质上是善的和正义的，它才是神所意志的。因此，他不会简单地把自己算作第一类人。莱布尼茨把他直接算作意志论者，是太简单了。他明确地说：

---

[1] ［德］莱布尼茨：《莱布尼茨政治著作选》，张国帅、李媛等译，中国政法大学出版社2014年版，第94页。
[2] ［德］普芬道夫：《自然法与国际法》（第一、二卷），罗国强、刘瑛译，北京大学出版社2012年版，第202页。

跟与神的意志紧密相连的法律迥然不同的是，自然法看起来并不像是维持人类普遍生存的必需品。再者，通过这一主张神被认为是自然法的创造者，这一事实是任何理智的人都不会质疑的，尽管神的意志如何能够被发现以及在何种证据之下我们才能够确定神有意将此物或彼物纳入自然法的范畴之内仍然是存在疑问的。[1]

这与我们在本文开头引用的莱布尼茨关于自然法的核心问题几乎是完全一样的：神所意志的一切都是善和正义的，这是我们都同意的。但成问题的是，是因为它是神所意志的，所以是善和正义的，还是因为它是善和正义的，所以神才意志它。之所以区分出神的意志和事物之本性这两类根据，是因为西方一直有人为法和神法之区分。普芬道夫明确地只是在所谓的神法层面，把上帝的意志作为法的正当性根据，在国内法即人为法的层面上，他是从人的本性（作为整体的人类状况）来寻找自然法的正当性来源。如果莱布尼茨认真地阅读了下面这段话，我们相信，他应该会重新修改他对普芬道夫的完全否定：在推定性的自然法和实在性的国内法之间存在着巨大的差别，即，前者存在的理由是从作为一个整体的人类状况中来寻找的，而后者的存在理由则是从看起来属于某些特定的城邦利益或仅仅从立法者的意志中来寻找的。[2]

三、意志论和自然法争论的意义

普芬道夫是第一个自觉地把自然法作为道德哲学体系来建构的人。这个时代所理解的"道德"非常宽泛，不是现实中的人的行为的礼节规范，不是单纯的世俗伦常。西塞罗用他创造的拉丁词mores来翻译希腊文ethos时，也

---

[1] ［德］普芬道夫:《自然法与国际法》（第一、二卷），罗国强、刘瑛译，北京大学出版社2012年版，第203页。
[2] 同上书，第248页。

只不过是现代"道德"所能追溯到的最初字词形式上的词源影子，因为其最初含义依然是取其希腊文的古义，而非直接就是现代人的"行为道德"。一切与ethos相关的属人之善的学问，从柏拉图以来，指的就是与"物理学"相对的人类存在之善，因而是关于美好的存在方式的研究，古代直接探究何为至善的存在方式，即相对于人性特长的生活方式，何以可能，何为最好？那时还没有关于人性问题的心理学，只有关于存在者的物性学（物理学）和存在者的灵魂学，关于伦理的存在方式的探讨，当然就涉及关于人类身体机能和灵魂机能相一致的存在方式的探讨。近代道德哲学接过了这样的问题意识，休谟写作《人性论》时，是要成为人文科学领域中的牛顿，通过探究"人性"，即人类心灵的结构及其属性，探究人性交往的人情世故的因果法则。直到康德，在《道德形而上学奠基》中依然这样说："古代希腊哲学区分为三门学科：物理学、伦理学和逻辑学。这种划分是完全适合于实事之本性的……"[1]这是发源于柏拉图，经过斯多亚主义的改造，一直经过苏格兰启蒙运动的道德哲学而流传到康德所形成的西方道德哲学传统的知识框架。

　　近代以物理学为先锋的科学得到突飞猛进的发展，使得人文学者、哲学家都想以物理学为榜样，让伦理学也能具有物理学那样的严格的科学性，而不是被嘲笑的"长期的天气预报"。当然，把伦理学改写为philosophia moralis（道德哲学），使得当今所有"社会科学"都无分化地从属于这个仅与宽泛的"自然科学"，即"物理学"相对的所谓"伦理学"概念之下，使得近代之后，要做的第一个工作，像马基雅维利和霍布斯这些开创了现代学术典范的人，首先就要把"政治学"与"伦理学"分开，因为当"政治"也要成为"科学"时，它所探究的"权力"就跟"伦理"所要探究的"善"，不能直接等同。但是，在普芬道夫这里，他是作为法学家而登场的，接过的是格劳秀斯的"国际法"视野下为所有人类"实定法"寻求具有"自然正当"的法

---

[1] Immanuel Kant: *Grundlegung zur Mataphysik der Sitten*, Kommentar von Christoph Horn, Corinna Mieth und Nico Scarano, Suhrkamp Verlag Frankfurt am Main, 2007, S. 11.

理依据这一"自然法"思路，这样，"自然法"就与宽泛的"伦理学"具有了同样的问题域，这是近代人把自然法直接等同于"道德哲学"的缘由。

但是，自然法意义上的"道德哲学"与后来越来越狭窄定义的作为人类行为规范的道德哲学，依然有不同的论题和论域的差异，这也是我们不可忽视的。但近代"道德哲学"这个概念一开始就对自己提出了一个严谨的"科学要求"，如何能像"物理学"知识那样具有严格的科学性，作为普遍性和必然性的确定性知识，确实是所有道德哲学家所思考的首要问题。

莱布尼茨之所以强烈反对用从上帝意志出发的意志论来阐释自然法，本身也反映了意志论的阐释模式，根本上是带有中世纪天主教神学自然法印记的"旧学"，已经无法适用于近代已经兴起的"科学阐释"的精神需求了，如果继续延续从神的意志阐释自然法，一个现代人如何能承认这样的自然法理具有严格的科学性，就成了问题。"意志论"，哪怕是上帝的意志，都难以逃脱任意性、随意性，乃至主观性的指责。

我们看到，近代从笛卡尔之后，所有唯理论哲学家都是按照严格的几何学方法来论证第一哲学原理，这就是近代科学精神之体现。在他们之前，普芬道夫虽然不像笛卡尔和莱布尼茨那样是数学家，但他更早地意识到了关于第一哲学论证的严格性要求，所以他按照魏格尔（E. Weigel）的欧氏几何学方法来论证其思想（这个魏格尔后来也是莱布尼茨系统学习欧氏几何学的老师，正是这个老师使莱布尼茨确信毕达哥拉斯—柏拉图的宇宙观，即宇宙是一个由数学和逻辑原则统率的和谐整体）。但是，本身作为微积分的发明者和现代逻辑开创者的莱布尼茨显然认识到，普芬道夫运用魏格尔的欧氏几何学方法的论证是不成功的，因为他的论证缺乏严格的连贯性和系统性，这是我们不难理解的，但是，作为近代早期第一个系统论证的道德哲学体系，意识到并努力以几何学方法来确保道德哲学论证的学科性和严格性，这依然可以算作普芬道夫的开创之功，这一点不应该否认也不能够否认。至今为止，反对莱布尼茨而肯定普芬道夫的也大有人在。德国著名康德研究专家克勒梅

（Heiner F. Klemme）教授于2017年9月19日在复旦大学哲学学院所做的第一、二场讲座《道德义务如何可能？——历史语境下的康德"自律原则"》就对普芬道夫做出了非常正面的评价：

> 普芬道夫的作品对于当时的争论来说是一个非常重要的进步。在他广为人知的《人和公民的自然法义务》（*De officio hominis et civis juxtalegemnaturalem*）（1673）中他宣称，我们需要区分神法和人法。在两种法中，法的约束性力量是基于一个制定者的存在，他通过法来约束人类履行特定的行动……人类的自由必须受到限制，并且这"不仅由于作为更强大的权威者有能力惩罚不服从者，而且也由于作为有正当理由的权威者可以根据他的意愿来限制我们的意志自由"（Pufendorf 2003, I, II: 5, 44）。法则就是一种"道德约束"，它在实践中的有效性一方面通过强迫而得到保障，但另一方面则表达了法则主体的合理性，也就是说，人们同时也有能力去根据他们对于法则的合理性内容来意愿行动。与神圣法和世俗法不同，根据普芬道夫的观点也就存在着两种不同的法则制定者：上帝和国王。[1]

当然，仅仅依据克勒梅教授的这一正面评价我们还不能完全懂得这一争论的实质，为了能够理解这一点，我们还必须把目光回溯到中世纪这一争论的前身以及在宗教改革运动中这一争论的延续，这样才能真正理解，为何近代早期的道德哲学必须采取自然法的形式，而在自然法的论战中，意志论和事物本性论各自的立场具有何种优势。如果详细地考察这一学术史的变迁，显然大大超出了本文所能容纳的限度，在这里，我们只能满足于一个轮廓性的提示。

---

[1] 中文翻译发表在《复旦学报（社会科学版）》2018年第3期。

道德哲学从奥古斯丁开始就有了一个新的基础：凡道德的事无不建立在自由意志基础上，而这自由意志是上帝赋予人的。上帝赋予人以自由意志，是要人对涉及道德之事进行自由决断，确立自身该做什么和不该做什么的行动原则，以便为所做之事明确一个道德上和法律上的责任主体。这一思想在近现代道德哲学中一直保留了下来，成为道德哲学永恒的遗产。但是，上帝赋予人以自由意志，这种"自由"本身不免带有"悖论"性质，它总会让人觉得，人的自由本身有一个背后的主宰：上帝"决定"了人是不是有自由。也就是说，人的自由与不自由最终要看上帝是不是"意愿"。在以天主教神学为统治地位的中世纪，道德哲学家们宁愿相信，既然一切都是由上帝创造的，上帝在创造世界时，一切都是有理由的（尽管这种理由我们不一定能认识得到），都是他所意愿的。但中世纪经院哲学中发生的"唯实论"和"唯名论"之争，还是透露出了自然法和意志论之分野在中世纪哲学中就有萌芽。由于"唯实论"承认"普遍共相"的实在性，因而也就承认宇宙间存在着普遍的、永恒的法律，而唯名论只承认个别事物的存在，因而上帝立法体现的无非只是上帝的意志。这一争论一直延续到近代早期：

> 在15世纪后期，德国大学里流行的哲学争论依然还是在实在论者与唯名论者之间进行的。实在论者或者说托马斯主义者代表了所谓的"古代路线"（via antiqua），而唯名论者或者说奥康姆主义者代表了所谓的"现代路线"（via moderna）。在这些争论中，唯名论的影响越来越大，它是建立在如下信念上的，即上帝从本质上讲只是意志，上帝在人类历史中救赎的自由只是神圣意志的行为，它与理性的规范前提没有关联。唯名论者……否定了托马斯主义的一个预设，即自然之中存在着一种永恒的形而上学的法律。[1]

---

[1] ［英］克里斯·桑希尔：《德国政治哲学：法的形而上学》，陈江进译，人民出版社2009年版，第49页。

马丁·路德的宗教改革在法哲学上可以看作是唯名论路线反对唯实论自然法的延续。在这一背景下，自然法的道德哲学领悟到了自己的使命：随着基督教信仰的衰微，上帝意志如果不能算作一切规范性的合法来源，重构现代政治秩序，那么在哲学上自然会问，现实中这些作为秩序之基础的法规本身的合法性何在？那么留给现代哲学的，就只有一条路，那就是将形而上学的"永恒法"改造为事物本身的内在本性，以此阐明一切人为法的规范性来源。

不过，自然法本身不是一种思辨（认知）的形而上学，它的意图是实践的，是为"人为法"寻找正义基础并要在人类生活中落实为制度化的秩序、伦理和道德规范，因而这是一种广义的道德形而上学。作为广义的道德形而上学，以法的规范性"正义"之来源为核心，在西方的语境中，永远绕不开的形而上学纠结，就是上帝之意志和自然之本性。

本来在马丁·路德改革宗对意志论自然法的批判中，上帝之意志作为法的规范性正义之来源就已经成为不合理的根据了，那为什么霍布斯和普芬道夫依然还取意志力的立场呢？其中的原因恰恰在于，法的规范性来源是一回事儿，法的规范有效性是另一回事儿。对于一种法的形而上学而言，既要考察法的规范性来源，又要考察法的规范有效性，只有同时适合于两者的，才能是合格的答案。

而就规范有效性而言，在自由，尤其是意志自由成为现代人的首要权利的时代，如果仅仅是把法的合法性来源建立在人的意志自由基础上，法的规范有效性就必须要有比人的自由意志更加强有力的根据，才能克服人的意志的任意性而胜任其作为法律的真正规范力量。因此，霍布斯和普芬道夫都是在此意义上，设想出两种不同法律制定者的意志——国王的意志和上帝的意志，作为最终的规范有效性根源，前者作为国内法，后者作为神法之根源。这似乎是意志论形而上学不可避免的归属。

我们甚至不能说，霍布斯，特别是普芬道夫坚持意志论就没有从事物的自然本性出发,因为在法的问题上,"事物之本性"指的乃是"人的自然本性",他们都是从人的自然本性之描述出发的,不过霍布斯"描述的"是个人之自然本性,而普芬道夫"描述的"是人的社会本性。因而,对于霍布斯而言,自然状态下的人要能共同生存下去,就必须订立互不伤害的"契约"才能克服死亡的恐惧,使得大家都能保全生命,从而共同生存下去;而对于把人的本性描述为社会性,即通过互助才能共同生存的普芬道夫而言,他就直接把自然法建立在人的"道德存在"基础上。但"道德存在"的设定对于霍布斯而言,同样不能让人克服对死亡的恐惧,因为它并不能作为某种公共的权威而存在,使得自然法具有规范效力。我们不能否认,他们都从人的自然本性的"描述性"规定上升到了"应该"的法的规范性定义,这都是一种关于法的正当性来源的形而上学。但是,这只是法的形而上学的一个方面,仅仅从这个方面还不能进一步阐明这种法的"规范有效性"根据。这是他们最终都走向意志论的关键。

莱布尼茨本人虽然力主从"事物本性"之善和正义出发来恢复自然法的自然正义,但是他的思想本身不过是柏拉图先天理念论的现代翻版。这也说明,自然法作为道德形而上学本身有其先天的局限性,这种局限性无论休谟还是尼采都做出了有力的批判。但是,只要我们在寻求人间正义时不满足于现时代的"正确理性",心中依然渴求着某种永恒正义,那么这种自然法的道德形而上学就依旧有其生存的空间。但我们如果像尼采那样,鉴于"自然法"这个"迷信之词"(ein Wort des Aberglaubens),而放弃对于制造出如此美好世界的最精巧钟表匠(莱布尼茨曾说上帝就是这个钟表匠!)的梦幻般的想象,那么我们就只能固守着自然化的道德,成为具有最强意志力的超人。

但是,对于既不靠上帝全善的意志来救赎也不想成为尼采强力意志之超人的现代人来说,自然法依然是其在不正义的现实生活中寻求超越性正义的思想武器,就像道德作为规范性法则只能作为超验世界的超验理念一样,不是一个感性对象，但依然能对我们起到规范效用，看起来矛盾重重的自然法的学术史讨论，可以激发出现实中对法的规范性正义的合理追求。这就是我们探讨这一学术史的意义之所在。

第三节 返回霍布斯与洛克的自然法

从莱布尼茨对普芬道夫和霍布斯自然法的"隔空争论"，要求我们必须反过来回到霍布斯讨论自然法的原初处境。只有弄清每个人讨论的原初语境，我们才能弄清每个人赋予"自然"之为"法"的理由。很显然，有人想从"个人权利"出发，在"自然"中寻找我们"权利"的"正当理由"，如"自由"是否是个人自然的权利？有人则从"国家理由"出发，由于爱好自由的人或爱好统治他人的人都共同生活在一个"国家"中，那么，以"国家理由"出发对所有人的"规范"，有哪些是自然正当的，有哪些是不义的？还有人纯粹是从"法"出发，如格劳秀斯是为"国际法"，莱布尼茨是为"民法"寻找"自由意志"的基础，这都使得对"自然"做出了不同的阐释。因而，各自以自身的特殊理由去批评霍布斯，实际上就跟霍布斯无关了。我们从这个意义上就可以理解，高龄的霍布斯为什么不愿理会青年莱布尼茨的求见了。我们之前的哲学史把霍布斯概括为机械唯物主义者是有道理的，至少他是个现实主义者，他讨论自然法，不是简单地从学理上为一切"人为法"抽象地寻找一种"自然"之理据，他同时要考虑，这种抽象的"自然之理"，如何同时获得现实"权力"的保障，使之发挥规范性的"武力"——命令式的约束力，才有意义：

> 因为各种自然法本身（诸如正义、公平、谦逊、慈爱以及［总起来说］己所欲，施于人），如果从自身出发而没有一种令人畏惧的权威使人们遵从，便跟那些驱使我们走向党派性、自傲、复仇等等的自然激情

互相冲突。没有武力，信约只是一纸空文，没有力量使人们得到安全保障。所以，每个人都将并只能合法地诉诸自身的强大和能力作为对付其他人的保障，而且，虽然有自然法（每个人都只有在有遵守的意愿并在遵守后可确保无危险的情况下才会遵守），但要是没有建立起保护我们之安全的权力，或者权力至少并不足以强大到保护我们的安全，那么它们就不会受到重视。[1]

从这段话中，我们可以清晰地理解到，霍布斯研究自然法与其他人的不同，最主要的是他增加了一个"自然法"的规范效力问题，这是后来从康德开始的关于"道德实在论"问题的新的问题意识，一个"道德"是"实在的"，能不能从存在着某种称之为"道德的事实"来证明？道德之真值，显然不能仅仅在道德语词之中，而在于"道德语词"具有规范性的"权力"或"威力"，对人发挥了"规范效力"，如果没有规范效力，哪怕"有自然法"，也只是"一纸空文"，没有人重视，没有人遵守它，等同于"无"。而这种"规范效力"在霍布斯看来，显然不在"道德语词"本身中，不在"自然法"规条中，而在其之外的某中"权力""武力""力量"中，这些"力量"要使得遵守自然法者"无危险地"具有"安全保障"。显然这是一种"社会机制"或"政治机制"所具有的"权力"，只有"国家"才具有"力量"。而这立刻就导致了自然法理论中的一种循环论证：本来自然法理论是要为国家及其制定的人为法律（国家的实定法之所以有规范效力，是因为它体现了国家意志，国家权力机关是遵守国家法律之安全保障的权力）提供合法性依据，而现在自然法的规范效力，却需要以"国家权力"为后盾。显然，对于霍布斯这样的现实主义哲学家而言，不可能不意识到这种一看便能发现的矛盾，也就是说，他这里的"国家"一定不会是任何一个实存着的"国家

---

[1] Thomas Hobbes: *Leviathan*, Englisch/Deutsch, Stuttgart: Philipp Reclam jun. 2013, S. 345–347. 并参见中文版：[英]霍布斯：《利维坦》，黎思复、黎廷弼译，商务印书馆1985年版，第128页。

机器",因为它的合法性基础,在哲学思维之中,依然是有待奠基而非实有的。这也就是他要探讨一个伟大的利维坦(Leviathan),作为运用全体的力量来维护大家的和平和共同的安全防卫的"一个人格"的原因。因此,霍布斯的自然法探讨,不可能是单线条地为法律寻找基础的法理学,也不是单纯为国家寻找权力合法基础的政治哲学,而是在一种精神性的道义性和道义实存的规范有效性的"伦理规范场"意义上的道德哲学。所以我们看到,在《论人类》之中,他是从人的自然本性中推导出自然法。在《法律要义》中,他是在作为"民约法"的法理基础意义上讨论"自然法"。而在《论国家》中,他却是以一种"伦理精神规范场",即从"国家"的合法性和合道义性的(自然法)基础论述"国家"的"政治本质",从"国家政治本性"的伦理性讨论"自然法"规范效力的"权力"基础。因而,交合点在于自然法和国家共同指向的伦理道义的现实化机制。这才是我们进入霍布斯自然法必须具备的前理解结构。

一、霍布斯的人性论与自然法

人之所以要探求事物的原因,是因为人关心未来。关于原因的知识能使人更好地以有利的方式对现在进行合理安排。这样说,霍布斯是相信人类理性的,人要把自己的生活过好,必须依靠人类的理性能力。

人类的理性能力最主要的体现,除了求知,就是规范行动。近代发展到霍布斯的16世纪末到17世纪早期,科学已经突飞猛进地发展,但在哲学上知识论这一理论哲学最为重要的领域,却还在探索之中,知识的牢不可破的基础还没有真正建立起来,而实践哲学作为规范性的理性领域,可以说也还处在起步阶段,以上帝为一切规范的法理根据显然已经靠不住了,霍布斯也已指出,"神最初是由人类的恐惧创造出来的"[1],这无疑就是承认了无神论者的

---

[1] [英]霍布斯:《利维坦》,黎思复、黎廷弼译,商务印书馆1985年版,第80页。

这一观念：不是神创造了人，而是人创造了神。人创造神是为了克服对大自然的恐惧，对未来的恐惧，对世界的无规则、无正义的恐惧。但是，人所创造出来的这个"神"如何真能克服人类的这些恐惧，"神"本身就要具备永恒、无限的自然属性，同时必须具备博爱与正义这样的伦理属性。而理性的人如何相信上帝具有这些特性，理性的形而上学只有借助于原因的推导，从人们想知道自然物体的原因，不断往前推导原因的原因，最终就会相信，那作为原因之原因的存在者不可能被称为别的，只能是上帝。这样我们也就可以理解，为什么在16世纪宗教改革运动推翻了教会的权威之后，实践哲学不再从神的诫命即法来探究人类规范性法则的起源，而是从自然法来探讨的原因，因为"自然法"更适合于17世纪接受了科学思维的上帝概念，即自然神论的上帝概念。现在，如果一种法的规范性源自事物自身的自然性，当然就会比说源自一个"人格神"的意志，更具有科学精神了，因而更能让人的理性接受了，所以，"自然法"规范有效性最早是来源于早期现代人对自然科学的信念带来的可接受性。这也就是霍布斯现在开始从人的本性这一"自然"来讨论"自然法"的原因。

只要谈论人的自然本性，必然就会从人的动物性，即与畜生共同的而非与神性共同的本性谈起。神性既然是为了摆脱恐惧创造出来的，它就是一种超越性的东西，高出于所有人性之外，就像奥林匹斯山上的诸神，虽然与人类同形同性，祂们却是不死、永恒的存在一样，那是人类可奢望却不可能得到的。因此，人类在设想自己"应该"如何的时候，绝对不能当真以神为本。终有一死者的凡人只有人类自身的本性，即从动物而来的本性，才是"现实的"，建立在此现实性基础上的规范，才有可能是有效的。在此意义上，说霍布斯继承了意大利文艺复兴政治—伦理的现实主义进路，是不会有疑问的，有疑问的是，他为什么可以不从神性也不从社会性谈"人性"呢？18世纪英格兰和苏格兰的大多数伦理学家都从这一点来批判霍布斯。说他既不从神性的高贵，也不从社会性的团结与仁爱，而仅仅从人的"狼性"来论人性，把人与人之间的关系视为"战争状态"（a posture of War）太过悲观和偏执了。

这些批评都是很有道理的，不过我们在此需要为霍布斯做点辩护，他不是不懂得人有社会性、人有合作和追求被赞美的天性，只是，我们要讨论的"法"的规范，作为规范对象的东西，必定是违法的东西，这才是立"法"的意义。"法"要维护"正义"，违法就是破坏正义，就是不公正，有不公正的行为存在，才有立法的必要；法要保卫自由的秩序，前提就是有反自由、反秩序的行为存在；因此，法是专门为了这些"恶"——不公正、反自由（奴役）、谋财害命等而设立的，当我们立法时，当然就无须考虑人性本善、人性高贵，而只需要考虑人性之恶，恶是由何种原因造成的，才能使所立之法具有规范有效性。反之，如果我们相信人人都是圣人，那还要立什么法？即便人性本善，如果像霍布斯分析的那样，每个人的天性或本性都是将自己随心所欲的对象视为善（可欲之为善），那么，你的欲求与我的欲求必然会出现争斗，有争斗，就需要通过法来协调，因而也会将主观的私欲视为导致恶的根源之一来考虑，即便不一定非要把每个人本性视为本恶的。

> 所以在人类的天性中我们便发现：有三种造成争斗的主要原因存在。第一是竞争，第二是猜疑，第三是荣誉。[1]

竞争的原因是求利。为了求利，有人无恶不作，使用暴力奴役他人及其妻子、儿子与牲畜；而为了保全这一切，为了在各方面确保自己的权势和优势，就会相互猜疑；而为了荣誉，为了一点鸡毛蒜皮的小事都会变成仇敌，这是现实的人性。我们讲规范的时候，当然就是要看到人性之恶的一面，否则都像天使那样，没有感性欲求，就不会有规范问题，因而也就不会有法和道德。

---

[1] ［英］霍布斯：《利维坦》，黎思复、黎廷弼译，商务印书馆1985年版，第94页。

霍布斯也十分清楚，别人会反对他将人性讲得这么恶劣，但他的意识也十分清楚，这并非是讲"一阶"人性原本邪恶，作为性恶论者，他始终强调的是"二阶"人性，即在相互关系中（自然状态下也是在相互敌对关系中）的人性，激烈社会竞争中（政治关系就是竞争关系）的人性，如果没有出现一个让大家共同慑服的公共权力，就"必然趋恶"，必然导致人们相互敌视、相互离异、相互侵犯、相互摧毁，所以，我们的哲学如果是规范性的，就必须假设人性就是恶的，以便寻找到合适的规范机制和方法。如果有人连这个也不信，霍布斯建议他应该考虑一下这样的心理：为什么他在外出旅行时要带上武器并结伴而行？为什么我们晚上睡觉需要把门全上，甚至在屋子里还要把箱子上锁？试问他带上武器骑行的时候，对自己的国人是什么看法？把门闩起来的时候，对邻居是什么看法？把箱子锁起来的时候，对女仆是什么看法？他自己说，我们这样做的时候，其实都没有攻击人类的天性，人类天性中的欲望和激情都没有罪，在没有法禁止之前，都不是罪恶，但人类必须由法来规范这些人性，使得人类生活在秩序之中。因此，虽然人对人的战争状况从未存在过，或者说没有普遍地存在过，但人对人的侵害、伤害、奴役、剥夺和摧毁却是相当普遍地存在着的事实。在一个没有公共权力使人畏惧的地方，必然就是人与人之间的相互战争状态最令人恐惧了。

因此，我们要明白，霍布斯并不是在"本体论"，而是在"心理学"上"论人"，国外研究者已经指出："完整版《论人》（De Homine）是论心理学，始终未出版，虽然他在1658年出版了一本同名著作，但其价值甚小。"[1]

当我们懂得了人性之恶的心理学原理之后，就能明白霍布斯将"自然状态"描绘为人与人之间的"战争状态"之用意了。一方面，它是每个人按照各自的自然本性行驶各自自然权利（追求可欲之为善）之自由的结果；另

---

[1] ［英］约翰·麦克唐奈、［英］爱德华·曼森编：《世界上伟大的法学家》，何勤华等译，上海人民出版社2013年版，第166页。

一方面，战争状态下根本不会出现任何公道和正义。因为暴力和欺诈是战争中的两种主要美德。期望在战争状态下还有公正和仁慈，那是一种完全的浪漫主义。对于现实主义者而言，他的哲学的职责是从人性推导出导致战争状态的社会和心理的原因：有竞争，有猜疑和对荣誉的追求，那么就必然出现人对人的战争状态。这一推理本身是正确的，是因为"以战斗进行争夺的意图"是残酷竞争条件下的必然存在的心理。只要没有让大家慑服的公共权力，那么只要出现了财产，出现了你的、我的之分，出现了统治权与被统治的地方，就会出现这种"自然状态"，这种推理也一再地被历史经验所证实。

因此，"自然状态"不完全是一种虚构性的假设，而是普遍地有公信力的"公共权力"出现前的一种混乱状态的逻辑设定。这种设定，是法律、公权、国家和伦理之成立的逻辑前提，因为我们在上文就已经引用了霍布斯关于"法"和"律"之区分。"法"是一个"权利"概念，每一个人都有权利按照自己所愿意的方式运用自己的力量保全自己的本性，也就是保全自己的生命的自由，这是自然权利（right of nature）。权利中的"权"是权衡的"权"，是用自己的理性判断去做还是不做，选择这一手段还是另一种手段去做才是最合乎自己本性的选择，因而，这种自然权利实际上就是自由权利，对于有理性的人而言，唯有意愿是不可强制的，因而是"自然权利"。

但每一个人都有自己认为最合适的手段，因而每一个人的自由意志与其他人的自由意志之间必然会发生矛盾和冲突，那么究竟按照谁的自由意志才是合理和公道的，这就必须有一个"法"来裁决，而不能以任何人的意志来裁决，这种具有规范性权力的法就是"法律"。这就是霍布斯所说的 law of nature。法律之"律"的特点是不能"权衡"，是"禁令"：

> 自然律是理性所发现的戒条或一般法则。这种戒条或一般法则禁止人们去做损毁自己的生命或剥夺保全自己生命的手段的事情，并禁止人

们不去做自己认为最有利于生命保全的事情。[1]

于是，自然权利就是"自由"，"权"在于做或不做、这样做或那样做的自由，而"律"在于禁止，在于约束人们只能采取其中之一。

而"自然法"这个概念显然包含了自然权利和自然律两方面，所以，我们认同施特劳斯分析的现代自然法理论实现了从"自然法"到"自然权利"的转变。但严格地说，尤其是在霍布斯这里，他并非是从自然法过渡到自然权利，只讨论自然权利，而是始终在"自然权利"与"自然法"的张力中，阐释权利与法律的相互关系。

理性的第一条戒律，霍布斯称为"基本的自然律"（fundamentall law of nature）：

> 每一个人只要有获得和平的希望时，就应当力求和平。

而从第一自然法中推导出的第二条自然法则是对"自然权利"的概括：

> 在不能得到和平时，他就可以寻求并利用战争的一切有利条件和助力。
>
> 这条法则的第一部分包含着第一个同时也是基本的自然律——寻求和平、信守和平。第二部分则是自然权利的概括——利用一切可能的方法来保卫我们自己。[2]

霍布斯的解释是，由于在自然状态下，没有法律，没有正义，没有公

---

1 ［英］霍布斯：《利维坦》，黎思复、黎廷弼译，商务印书馆1985年版，第98页。
2 同上，参见 Thomas Hobbes: *Leviathan*, Reclam: Englisch/Deusch, Stuttgart: Philipp Reclam jun., 2013, S. 264-267。

道，人人都只受自己的理性控制，因而从逻辑上说，每一个人对每一事物都具有权利，甚至对彼此的身体都有权利，因为没有法律就没有禁止，只要你愿意，你就拥有权利。但这纯然只是理论上的自由任意。在别人也愿意这样做的条件下，一个人为了和平和自卫的目的，会自愿"放弃"对一切事物的权利，大家请注意这里，这是每一个人自然拥有的任性的自由权利向"自然法"转变的关键一步，"自由权利"首先意味着自愿"放弃"的自由。"放弃"的是对任何事物都有自愿拥有的权利，这看起来"很伟大"，其实是"放弃"的一个任意的主观幻想。恐怕只有精神不正常的暴君才有那种"自信"，他对一切事物都有权利。只有自由地放弃对一切的权利，才换来某种有限却实在的权利。只有当所有人懂得寻求和平、信守和平，同时意味着可以利用一切可能的办法来保卫自己的时候，这种实在的权利就开始拥有了。因为自愿地放弃无限自由换来了"限制"其他人同样有的无限的自然权利：自然法的规范意义于是就呈现出来了：在法令禁止的情况下，每个人的自然权利的自由成为实在的。

如果别人不想放弃自己的自由权利，那么任何人就都没有理由剥夺自己的权利，那么，战争状态导致的结果就是自取灭亡。这意味着自由权是相互的，你们愿意别人怎么待你们，你们就应该怎样待别人，这就是福音书上的戒律：己所不欲，勿施于人。这是所有人的准则。

霍布斯在第一自然法讲"放弃"自由权利时，与后来洛克所讲的根本不同。他讲的是为了保全性命，寻求和平，一个人自愿放弃对一切事物具有权利，这指的是"捐弃"或"转让"自己"妨碍"他人对事物享受权益的自由，并不是给予他人原先本来没有的权利。因为逻辑上，任何人对一切事物在自然状态下都有权利，不需别人转让。那么另一个人"得到"他"放弃"的权利的结果，也并不是真的"得到"了一个他原本没有的权利，而是"得到"了一个"消极自由"：减少了一个运用自己原有权利的障碍。但在这种自愿的"放弃"和被动的"得到"之间，有了"正义"的源泉。真正的"正义"体现在第三自然法上：

> 所订信约必须履行。[1]

这是一种自然法的戒律，但对于人的本性而言，如果没有对某种强制力量的恐惧心理存在时，就不足以束缚人们的野心、贪欲、愤怒等激情，在自然状态下，相互平等的个人都是自行判断其恐惧失约的心理是否具有正当理由，因而，不可能设想有强制性权力来惩罚失信的不义的行为。但只有订立了信约，失约就成了"不义"，任何事物不是不义，即不背信弃义，就是正义的。所以，正义的前提，取决于事先存在的契约。在每一个人对一切事物都具有权利的地方，没有任何行为是不义的。而在有了契约之后，所订契约必须履行，就具有自然法的效力。由此还可以推导出第四自然法：

> 接受他人单纯根据恩惠施与的利益时，应努力使施惠者没有合理的原因对自己的善意感到后悔。[2]

霍布斯说，如果让施惠者感到后悔，违反了这条自然法，就是忘恩负义，后果很严重，让自愿的施惠者看到自己吃亏，恩惠或信任就不再有了，人们就将处在战争状态。

第五自然法，有点"不自然"，说"每个人都应当力图使自己适应其余的人"。有此天理吗？但他把这条自然法理解为"合群"（sociable/gesellig），用拉丁文表示即commodi。这倒是指示出，说霍布斯的人性论是自私的利己主义，完全不顾人的本性具有社会性，是否过于简单了？

自然权利来源于保全自己生命，使之摆脱对相互残杀而导致死亡的恐

---

[1] [英]霍布斯：《利维坦》，黎思复、黎廷弼译，商务印书馆1985年版，第108页。
[2] 同上书，第115页。

惧，享受和平状态下的安全和舒适所必需的欲望。但具有这种自然权利需要付出的代价，就是要每个人出让自己的一部分自然权利，交由一个公共权力，因而这是每个人必须服从的。这就是社会契约与国家的合法来源。

二、作为民约法基础的"自然法"和作为自然法效力基础的"国家"

对于政治的理解，历史研究无疑优于任何形而上学，从而能作为理解政治的必要先决条件，这是霍布斯青年时代就获得的确信。但对于民约法而言，历史与习俗的是非善恶标准还远未达到绝对之善，因而无法作为基础。民约法的基础，即民约之法的合法性依据，那么只能是自然之正当，即自然法。在霍布斯第一部著作《法律要义》中，他先按"常言"自然不为无益之事，确立了"自然之向善性"，以此得出自然法令的强制力不过就是"因果相生"而已，以此来理解，自然法不过就是"常理"：

> 人人既然皆受其私情与陋习驱使为通常所谓违背自然法之举，则可知自然法本非私情与陋习构成。理与情皆属人性，行为乃受逐利之意驱使，人人莫不如此，此即理之为用。由是观之，除理外，更无其他自然法；除求安定与保太平外，自然法（natural law）亦别无其他诫命。[1]

自然之理，才是常理，才是自然法。

三、洛克的"自然法"在自由主义语境中具有规范有效性吗？

霍布斯的自然法和国家学说为近代早期欧洲的君主制做了强有力的辩护，他的"利维坦"虽然具有如同一个人格般的"绝对主权"，但毕竟这个国家的目的是为了保护人民的生命和幸福，而且是通过契约来确定人的权

---

[1] ［英］霍布斯：《法律要义：自然法与民约法》，张书友译，中国法制出版社2010年版，第80页。

利和义务的实现,强调通过法律约定确立每个人的"道德权利"(义务)和"实定权利"("道德权利"的道义基础在于合乎自然法,"实定权利"的基础在于合乎自然权利)。因此,霍布斯对于现代伦理的意义,是为君主立宪制这一近代早期欧洲最先进的政治制度做出了令人信服的理论分析,他的要义是现实主义地确保带有绝对道义的那些自然法条款具有真正的规范有效性形式,这种有效性不取决于单纯的意志自由,而取决于伦理关系中的权势。因此,他的理论被作为现代自由主义经典的洛克政治哲学所超越,这既是必然,也是现代伦理的实质进步之所在。但是,洛克的自然法理论是否能够避免霍布斯所担忧的自然法由于没有强有力的权威令人恐惧,而最终沦为一纸空文,依然具有诸多值得讨论的地方。

洛克是早于康德一百年的英国学者,被视为对现代社会最具影响力的一个启蒙思想家,俗称"自由主义"之父。他不仅总结和论证了英国1688年"光荣革命"的政治哲学,而且对在"光荣革命"之后合并到英格兰的苏格兰启蒙运动具有决定性的影响,同时也影响了法国启蒙运动的领袖伏尔泰和卢梭。更为重要的是,他的经验主义哲学被带到大西洋彼岸的美国,其政治自由主义和古典共和主义的理论贡献反映在了《美国独立宣言》中。这样,我们不用多舌就能明白,现代之后至今两个最为强大的国家——英国和美国——的政治和伦理都是受这个人的思想影响,可见他对现代文明的意义有多大。

洛克的学术生涯与他独特的经历相关,他1656年就从牛津大学毕业并取得了学士学位,1658年获得硕士学位。之后他还广泛学习医学,于1674年获得了医学学士学位,这为他在1666年认识沙夫茨伯里伯爵(Anthony Ashley-Cooper)一世,即伦理学上著名的沙夫茨伯里伯爵三世的祖父,并成为他的助手,起到了关键作用。沙夫茨伯里伯爵一世当时创立了辉格党,是辉格党的领袖,却偏偏感染了肝炎,洛克利用他所学的医学知识,对他悉心治疗和照顾。出于对洛克的感激,洛克被留在他身边做他的助手,并住家兼任他的个人医师。

在沙夫茨伯里伯爵身边，洛克一边继续学医，一边开始撰写他的《人类理解论》，这使得他的知识论本身不完全是纯粹的理论，而带着强烈的现实关怀，也在探究人类共同生活的伦理基础问题。伯爵于1672年被任命为英国大法官（Lord Chancellor），洛克自己的父亲也是律师，这也是洛克早期不断探索自然法，为现实中的实定法寻找道义基础的契机。在随伯爵参与各种政治活动之际，洛克亲身观察和体会伯爵所倡导的议会政治的运作机制，虽然在洛克的有生之年，英国议会民主和君主立宪制都还处在早期实验阶段，但他作为一线的行动者和观察者，对其理论的创立具有十分积极的意义。

伯爵于政坛失势后，洛克于1675年前往法国旅行，考察法国的政治与文化。四年后回到英国，洛克就在伯爵的鼓励下开始撰写《政府论》。在《政府论》中，洛克发展了他早期的三篇《自然法论文》，以他的自然法修正霍布斯的自然法，摧毁霍布斯为专制主义国家辩护的君权神授论，表现出其政治哲学激进的革命性质。

洛克一生的经历非常丰富，王政复辟、伦敦大火和伦敦大瘟疫，他都是亲历者，尤其对他影响最大的事件是，他被怀疑涉嫌参与了一场刺杀查理二世国王的阴谋，所以于1683年英国大革命前五年被迫逃往欧洲最自由的国度——荷兰。一直到"光荣革命"结束，他都在这个自由之地修改他的《人类理解论》和《论宽容》，革命后返回英国，他的这些著作就陆续出版了。

洛克的政治哲学比霍布斯更具"现代性"，首先就在于，他反对霍布斯依然在论证的"君权神授"的观念，认为这实际上是与"自然法"相冲突的。洛克的论证相当严密：首先否认亚当基于作为父亲身份的自然权利，或基于上帝的明白赐予，而享有了对他的儿女或世界的统辖权；即便他逻辑上享有这种权力，通过自然权利学说也无法证明他的继承人也享有这种权力；即便他的继承人享有这种权力，但由于没有自然法，没有上帝的明文法来确定在任何场合谁是合法的继承人，也就无从确定究竟由谁来掌权才是合法的继承权；即便这也可以确定，但是，人类各种族，世界上各家族，早已无从查考谁才是亚当的长房后嗣，因而没有哪个皇族能够宣称，他更应该享受王权继承的权力。

王权作为政治权力与家庭中的父权需要区分开来，就如同父亲对儿女的权力不同于长官对臣民的权力、主人对奴仆的权力、丈夫对妻子的权力、贵族对平民的权力，因而各自有其不同的正当性基础。洛克认为：

> 政治权力就是为了规定和保护财产而制定法律的权利，判处死刑和一切较轻处分的权利，以及使用共同体的力量来执行这些法律和保卫国家不受外来侵害的权利；而这一切都只是为了公众福利。[1]

这显然是对"政治权力"做了一种完全"现代的"限定。因此，他的自然法理论是为了说明这种现代政治权力的合法性依据，即人类原来的"自然状态"下的生存，为何需要一种外在于每一个人的"政治权力"，这种政治权力是如何起源的。

他把"自然状态"解释为"完备无缺的自由状态"：按照每一个人自认为的合适的方法，决定他们的行为并处理他们的财产和人身，而无须得到任何人的许可或听命于任何其他人的意志。就这种"状态"的描述而言，实际上与霍布斯并无不同，但对这种状态下的人类生存状态的"判断"是完全不同的：霍布斯说是人对人的"战争状态"，而洛克说是"完备无缺的自由状态"，因此，我们关注自然法理论关于"自然状态"的假说时，其实并不是对"自然状态"的描述，因为这只是一个为了说明人类社会状态下政治权力合法性起源的道德假说，而对自然状态究竟为何种状态的"判断"之"理

---

[1] ［英］洛克：《政府论》（下篇），叶启芳、瞿菊农译，商务印书馆1964年版，第2页。

由",这才是关键所在。

霍布斯"判断""自然状态"为"战争状态"不是否认各人有处理自己事物的"自由",而是认为这种"主观的自由"在人类生存需要"竞争"的条件下,由于没有"公共的权威",谁也不服谁,因而主观自由是无效的,必然为战争所取代。

而洛克"判断""自然状态"为完美无缺的"自由状态",依然指的是这种各人拥有的"主观自由",以自己主观认定的合适方法决定自己的行为、人身和财产,不受任何外部力量的干预,也无须得到任何人的许可。至于这种自由在有竞争冲突的情况下是否有效力,他没有做出判断。

霍布斯和洛克有一点是共同的,他们都认为自然状态下的人类是"平等"的,没有谁拥有多于或高于其他人的权利和权力,一切权力和管辖都是相互的,你怎么对我,我就怎么对你。所以,霍布斯甚至也承认在这种自然平等的条件下,《圣经》所启示的"已所不欲,勿施于人"这种"道德金律"是存在的。但是,无论是道德律还是自然法下的主观自由的权利,要具有规范有效性,都需要一种外在于每一个人的公共权力的威严,使其不遵守就感到恐惧,否则只要对他有利,他就会妨害他人的自由,损毁他人的权利,这才是竞争下的人类的天性。就这一点而言,作为现实主义者的霍布斯明显地要高于所有的"道德主义者"和"自由主义者"的"善良愿望",现实世界总是支持霍布斯的。

洛克在此时所设想的自然法本身的权威——理性(理性即自然法),它教导有意遵从理性的全人类,既然我们都是平等的和独立的,任何人就不得侵害他人的生命、健康、自由和财产,把文明人的"理",说得再清楚不过了,现代之所以被视为文明的新类型,就是作为现代人全都认这是个"理"。

但现代人也并不是总是"讲理",一旦涉及"利益竞争和冲突"时,如果仅仅满足于认自然法之理,就显得软弱无力、呆气十足,我们可以比较一下,洛克在这里所阐释的自然法权力的效力:

为了约束所有的人不侵犯他人的权利，不相互伤害，是大家都遵守旨在维护和平和保卫全人类的自然法，自然法便在那种状态下交给每一个人去执行，使每一个人都有权惩罚违反自然法的人，以制止违反自然法为度。[1]

当我们把自然状态下所有人的差异忽略不计，完全设想为人性平等的人——这当然需要包括自然力量和意志力都"平等"的情况，这是可以设想的——在这种情况下发展出互助、友爱、团结等美德都是可能的。但是，一方面，即使在自然条件下，每个人都是不一样的，有的人身强力壮，有的人身体柔弱多病；有的人家丁兴旺，强壮男人居多，有的人家只有老人和女孩；有的人人情练达，招人喜爱也会团结人，有的人本分老实，不会处理与他人的关系。在这些自然的不平等不可忽视地存在的条件下，我们如何能够设想单凭自然法的理性，自然法就能得到普遍的遵守，而不导致人与人的战争状态呢？另外，当洛克设想将自然法交给每一人去执行，每一个人都有权惩罚违反自然法的人，这种状态，如何可能是一种和平状态，就像某种宗教赋予每一位圣徒都有处罚违反其教义的异教徒时，还怎么可能得出自然法状态不是战争状态，而是和平共处的完美自由状态呢？

洛克承认"战争状态"是一种敌对的和毁灭的状态，因此，只要有人企图不经他人同意而将他人置于自己的绝对统治之下，谁就同那人处在战争状态：

因此凡是图谋奴役我的人，便使自己同我处于战争状态。凡在自然状态中想夺去处在那个状态中的任何人的自由的人，必然被假设为具有夺去其他一切东西的企图，这是因为自由是其余一切的基础。同样地，凡在社会状态中想夺去那个社会或国家的人们的自由的人，也一定被假

---

[1] ［英］洛克：《政府论》（下篇），叶启芳、瞿菊农译，商务印书馆1964年版，第5页。

设为企图夺去他们的其他一切,并被看作处于战争状态。[1]

可见,洛克也是承认战争状态的,但是,他却奇怪地仅仅从"观念"上把"自然状态"和"战争状态"视为两种不同的状态,说就像和平、善意、互助和安全与敌对、恶意、暴力和相互残杀之间的明显区别一样,批评霍布斯说自然状态为战争状态是一种明显的混淆。他没有领会霍布斯"判断"自然状态必定就是"战争状态"的"理由",但从他们各自关于这两种状态的"判断理由"中,我们可以看出他们共同指向了他们各自没有解释清楚的一种关于"自然状态"的实质:它并非人类进入社会"之前"的前社会形态,而是在不存在公共的政治权威来保卫和裁决各自主观自由权力的状态下所可能导致的无法状态。所以,在洛克的语境中十分清楚,不仅仅在自然状态下,而且也包含在社会状态下,只要有哪位专制君主试图奴役他的臣民,不经臣民们的同意便夺去他的财产和人身自由,那么他就与其臣民处在战争状态了,因而,这种战争状态,也就是霍布斯所说的自然状态。洛克不承认自然状态为战争状态,但他既然承认社会状态下也有战争状态,而不承认自然状态为战争状态,必定是他关于自然状态的解释出现了问题。

---

[1] [英]洛克:《政府论》(下篇),叶启芳、瞿菊农译,商务印书馆1964年版,第12页。

第 三 章

三位过渡性人物：蒙田、曼德维尔和帕斯卡伦理思想的意义

蒙田、曼德维尔和帕斯卡三位人物，都生活于宗教改革晚期到启蒙运动之前这段过渡时期，有丰富的伦理思想且对当时和未来持续地产生了深刻影响，却无法归类到别的学派中。因此，我们把他们专门放在这一章加以探究，以期在现代伦理思想的整体脉络中准确定位他们的意义。

第一节 《蒙田随笔》中的伦理思想

蒙田生于法国南部佩里戈尔地区的蒙田城堡，父亲有贵族头衔，做过波尔多市副市长和市长。1548年，15岁的蒙田经历了波尔多市发生的市民暴动，这次暴动被公爵残酷镇压，他就是在时局极其混乱的岁月进入了大学学习法律。1557年之后，他顺利地进入波尔多各级法院工作。1562年不到30岁的他，就在巴黎最高法院宣誓效忠天主教，其后两度任波尔多市市长。但他这样的旧信仰乃至官宦出身，一点也不妨碍他成为法国文艺复兴之后、启蒙运动之前最为重要的人文主义作家，他可以说是一位知识权威，他的《随笔集》堪称"十六世纪各种知识的总汇"，他也是一位人类感情的冷峻的观察家和西方各民族文化的热情研究和理性批判家。他的观察和批评，都直接来

源于16世纪下半叶法国宗教改革运动如火如荼的斗争，胡格诺派与天主教派的内战从1562年一直打到蒙田去世后的1598年。在这样一个多灾多难的恶世上，虽说他父亲和他自己都曾是一市之长，但要真正实现政治抱负却由不得一己之愿。连自己婚后所生的6个孩子，竟有5个夭折。他是多么渴望人世间少点狂风暴雨的变革，而多点规范秩序下的和平变革。他在1571年38岁时，就全身隐退在自家的"蒙田庄园"，博览群书，冷眼静观窗外的风云变幻，以智慧的格言警句、透彻的人生领悟、丰富的人物和事件，表达出深邃的伦理洞识，堪称从文艺复兴经过宗教改革到启蒙运动之间最为宝贵的关于人性与伦理的真知灼见。

一、新时代自主自由之"新人"

宗教改革为现代提供了新的伦理价值，但在为争取这种新的伦理价值成为伦理规范的进程中，新旧势力都以争夺自己信仰的上帝之善的正统地位而大开杀戒，因而造成的邪恶是令人震惊而不可原谅的。在宗教内战的邪恶中度过大半辈子的蒙田，太了解教徒们各自大开杀戒所表现出的善恶分离，观念上的善要取得现实上的权威，一定要以现实的恶为代价吗？以恶的现实所取得的善的胜利，善还是善吗？在血流成河的世界上，上帝在哪里？谁所信仰的上帝才代表了至善？古希腊的格言说，人不是受事物本身，而是受自己对事物的看法所困惑，难道不对吗？蒙田说：

> 如果这个论点可以到处通行，这对于人类的不幸处境极有裨益。因为如果说坏事只是由于我们的判断而出现在我们中间，那么我们也就有能力去对它们不屑一顾或避凶趋吉。如果事物可以由人支配，为什么就不能掌握它们，为我所用呢？如果我们心中的恶与烦恼，本身不是恶和烦恼，只是来自我们任意对它们的定性，那也由我们来改变吧。[1]

---

[1] ［法］蒙田：《蒙田随笔全集》（第一卷），马振骋译，上海书店出版社2009年版，第41页。

但是，任何观念一旦占据了内心就具有强烈的顽固性，让人不惜一死也不愿改变。蒙田说，他听父亲讲过，在跟米兰的几次战役中，城市几次失而复得，老百姓实在难以忍受命运的反复无常，决心不惜一死，盛传至少有二十五个家族族长在一周内自杀身亡。

他还说了一个笑话，一个庇卡底人已经上了绞刑架，有人带来一个少妇，说只要他答应娶她为妻，就可以赦免不死。他仔细看了这个少妇，发现她走路跛脚，还是冷静地说："套绳子吧，套绳子吧，她是个瘸子！"

不过，观念依然是可以改变的，因为每个人的"看法"会不断改变。我们器官中最有用、最令人快活的是用于生殖的器官，人们有时对之喜欢得不得了，因为能带来快乐，有时又对它恨之入骨，因为它太令人喜爱，以致带来极大的痛苦乃至罪恶。

通过改变自己的看法来改变观念，在人生中时常蕴含着智慧，伊壁鸠鲁说，富裕本质上不减轻烦恼，而是变换烦恼。令人吝啬的原因从来不是匮乏，而是富余。蒙田承认，在他没钱的时候，他最不吝啬别人借他的钱，他一般毫无心思登门催讨，因为怕遭到拒绝，也对讨价还价深恶痛绝。他变得非常吝啬，恰恰是在他很有钱的时候。那时他是以一种真正的占有心态对待财富，总要为不可预测的事多积攒钱财以防不测，这就没完没了，再富足也觉得不够，因而比匮乏的人更显得匮乏。同时，跟普通人一样，变得谎话连篇，富的人装穷，穷的人装富，就是没有一点诚意对待财富本身。人们根本不懂西塞罗的格言：不贪求就是财富，不乱花就是收入。

指望财富给我们足够的武装去对付财富，那完全是痴心妄想。蒙田赞赏柏拉图对有形财产的排序：健康、美丽、力量与财富。真正的财富来自管理，不是来自收入。富裕与贫穷取决于各人的理念。我们用理念给事物定出价值，我们不是看事物的品质和用途，而是以我们得到它们所花的代价来给它们定价。金刚石的价值在于有人买，美德的价值在于难以实行，虔诚的价值在于痛苦，良药的价值在于难以下咽。最终各人认为它们好不好的观念，全凭各人的感觉，信念最终才是本质与真理的依据。

但是，人与人之间的差别，大到不可测量，天地相差多大，人与人也就相差多大。世间万物都以其本身的价值来评价，唯有人例外。有人量身高，把他的高跷也算上，有人看塑像，把它的底座也算上。很少有人不看人的包装，而仅仅只看人本身。蒙田欣赏的是这样的人：

> 明智，有主见，
> 贫穷和锁链都吓不到他，
> 勇于克制感情，不慕名利，
> 不露声色，待人圆融，
> 如滚动光洁的圆球；
> 他不受命运的控制，永不言败？
> 这样的人胜过王国和封邑，
> 他本人足够组成一个帝国。[1]

这样的人是能够依凭自己的本性塑造自己命运的人，他能够内心平静地享受人生，具有坚定的人生信念，不会被各种偏颇的观念所规定和动摇。这样的人，才是蒙田所认可的新时代的"新人"：自主自由的人。

不能自主的人，总要通过各种外在的差异区分尊贵低贱，以制度和习俗强化自身的优势地位。在色雷斯，为了把国王和平民区分开来，规定国王的宗教是不允许平民来崇拜的，他崇拜的神是商神墨丘利，而贫民只能崇拜战神玛尔斯、酒神巴克科斯、月神狄安娜。蒙田说，这只是表面区别，实质无法区别。但通过这种区别，可以造成人与人的等级差异，使得各人都像喜剧演员，表演的只是自身被制度规定的角色。其实，只要有人能看到幕后，那

---

[1] ［法］蒙田：《蒙田随笔全集》（第一卷），马振骋译，上海书店出版社2009年版，第239页。

么便会发现即便是皇上,也只是一个普通人,可能比卑贱的小民还卑贱,胆怯、彷徨、野心、怨恨与嫉妒也跟普通人一样,驱散不了他内心的痛苦与不安。地位再高,他若没有高贵的灵魂,任何精神的享受都与他无关,他就永远是个可悲的粗俗之人。拥有的财富再多,他也体会不到丝毫的快乐,因为他不能理解,使我们幸福的不是占有,而是消受。爱得太滥会使爱乏味,不能忍受饥渴,就不懂解渴的乐趣。人的尊贵不在于高高在上、威风八面,而在于人性的朴实自然,真正作为一个纯真的人,自由而实在:

> 心灵的伟大不是实现在伟大中,而是实现在平凡中。因而从内在来评判我们这些人,不看重我们在公开活动中的出色表现,认为这只是人淤泥河底溅上来的几颗小水珠。同样,那些从堂堂外表来评判我们的这些人,也会对我们的内在气质作出结论,但无法以他们平庸凡俗的能力去攀附惊世骇俗的才情,高低太悬殊了。[1]

如果听从苏格拉底的教诲,他会告诉我们,人的价值不是好高骛远,而是稳实仗义,按照自然过人应该过的本分日子,这倒是更普遍、更有意义的学问。

蒙田看到,在他这个宗教改革时代,那些试图用新观点来纠正社会风气的做法,只是从表面上改变罪恶。那些实质性的罪恶,他们也根本没有触动。所以,真正应该谴责的是,一般在沉思生活中的人,也充满污秽与堕落。特别是有些人不能摆脱天性的罪恶,由于长期的沉迷,已经不觉丑恶。但是,在这个时代,改革的想法属于空谈,补救的方法却又是病态和错误的,有什么更好的方法? 对于蒙田而言,就是在宁静孤寂的沉思中,唤醒心灵中自我反省和自我更新的力量,在不断改进中,慢慢做好,而不能被催得

---

[1] [法]蒙田:《蒙田随笔全集》(第三卷),马振骋译,上海书店出版社2009年版,第20页。

太急，失去了耐性，不惜一切代价，连根拔起，这种治标不治本的激进改革不会是痊愈，而是死亡：

> 一个国家受革新的逼迫，仓促改变会促生不正义与暴政。当某个零件松了，我们可以上紧。我们可以不让事物的自然变质与销蚀去破坏最初的原则。但是，试图把事情一锅端，改换一幢大厦的地基，这无异于让清洗的人把东西消灭，让改良个别弊端的人掀起社会大乱，用死亡来治疗疾病。[1]

世界要治好是艰难的。蒙田看重的是实实在在的改善而不是激进的改革。

二、交往、意志与习俗

世界变好的艰难，在于人性太过复杂，而约束人性的制度也做不到完美。无论是公共领域还是私人领域，蒙田都很清楚，做不到完美无缺。因为人的野心、嫉妒、羡慕、迷信、报复、失望与生俱来，谁要从人身上消灭这些品质的种子，也就摧毁了人的基本条件。虽然罗马人民有邪恶的嗜好，喜好观赏残忍的斗兽，表明了垂死挣扎的人类也喜好观赏大海中的恶浪滔天，有幸灾乐祸的心理，但他们也有不讲功利只讲诚实的美德，他们一贯手执武器光明正大地报复敌人，掠夺成性，从不偷偷摸摸，做伪君子。蒙田拒绝从功利性出发谈美德，因为那样根本说不清楚一个行为的诚实与高尚。功利对每个人是不一样的，若从功利论美德，美德绝无普遍性，因而不会是诚实的。诚实的美德需要从善良、质朴的人性中生长出来：

---

[1] ［法］蒙田:《蒙田随笔全集》(第三卷)，马振骋译，上海书店出版社2009年版，第164页。

别去听信天生嗜血成性、六亲不认的恶人讲的这番道理；别去理睬这个大而无当、高不可攀的正义，让我们效法最有人性的行为。[1]

效法人性，不是放纵自己的脾气和心意，而是在应付艰难处境时也不激发出人的兽性。生活的智慧在于不愚昧的智慧。不能跟市井小民打成一片的智慧，就很可能是愚昧的智慧，因为他们才真正是靠自己的聪明才智，才能比别人过得舒适一点、美满一点，他们的生活才具有合乎常理的一般规则。习俗的美德与俗气集于一身，只要不邪恶，就没什么不好。对珍贵的友情，市民们都有耐力去获得和保存。因此，蒙田说他不喜欢柏拉图对仆人说话时那种不随便、不亲近的主人威风，认为这不合人性、不公正。他欣赏那些通权达变、张弛有度、能上能下、随遇而安的人，这些人不管官位多高，都能跟最底层的人接近，以他们的语言说话很投机。生活中最美的心灵是善于灵活适应的心灵。但需要区分清楚，哪些人是一般朋友，哪些人才值得深交。只要是朋友，真诚相待才是美德。因为只有真心实意渴望得到的东西，才会真心实意享受其带来的欢乐。蒙田虽然重视精神的美，但他诚实地承认，他对肉身的美也不马虎。他赞成提比略皇帝在爱情上的谦恭高贵和佛洛拉妓女绝不随便委身而根据人的地位品位来调情的派头。他在爱情之美上的看法，过多地受到当时重视肉体美的影响，说它主要跟视觉和触觉相关。他说没有肉体美爱就味同嚼蜡，或许许多人是可赞同的，但他同时说，没有精神美，爱不减声色，很多人是不能接受的。人分男女，因而人的交往，也是分男女的。与女性交往，美实在是女性的真正优势，颜值即正义，这句当代人的口头禅，蒙田虽然没说，他的心底是认同的。作为现代人，他不再认为欲望可耻，而是承认欲望的合理性。当然他既不赞同纵欲，也不喜欢寻求低级欲望的满足。他更愿意以困难、高欲望和荣誉感来提高快感，这体现出男人的

---

[1] ［法］蒙田:《蒙田随笔全集》（第三卷），马振骋译，上海书店出版社2009年版，第14页。

美。男人似乎天性更善于独立思考、更谨慎、更重友情。

他专门把与书籍的交往视为男女交往之外的第三类交往：

> 跟书籍打交道是第三种交往，更可靠，更取决于我们自己。……这种交往伴随我一生，处处给我帮助，是我晚年与孤独时的安慰。百无聊赖时使我不感到沉闷，什么时候都能让我摆脱叫我生气的伙伴。……我唯有拿起书本，才能排遣挥之不去的念头，书本很容易吸引我，把一切忘得一干二净。[1]

美德是一种愉悦快乐的品质，这话不独是现代人的洞见，却符合现代人的口味。蒙田讨厌满腹牢骚、愁眉苦脸的人，他视这种人为性情不健全的人，牢牢抓住苦难不放，对生活中的乐趣视而不见，这会影响一个人的善良心性，是可怕的。与这样的人交往多了，不但沉重，而且还会影响自己的心情和品质。因而，关注自己的意志品质非常重要。

一个人受意志驱使时做事雷厉风行，这是优点，但是，这同时也是坚忍不拔的天敌。意志品质表现为既要雷厉风行地做意志驱动的事，也要保持坚忍不拔的毅力。能否做到的关键，在于意志选择的良知方向，即善良意志。

三、友爱与良心

任何伦理智慧，无不来自对人性和人的行为的深刻洞察。普鲁塔克之所以能对人的行为评价鞭辟入里，就是他深谙人性之复杂的表现。而伦理之所以让人厌烦和无趣，就在于它总想将极端有趣的怪异行为纳入常性之轨道，既不超越也不低于常性常规，这是伦理的特性。但在生活中，循规蹈矩者朋友多还是冒失有趣者朋友多，我们都知道，答案肯定是后者。有趣者并非天

---

[1] ［法］蒙田：《蒙田随笔全集》（第三卷），马振骋译，上海书店出版社2009年版，第36页。

生就是常性规矩的违背者，而是搅动生命活力的机灵人。我们友爱他人，就是友爱他的有趣的灵魂，而循规蹈矩者却将生活过得呆板而憋屈，那是对生命的辜负。大自然规定生命的入口只有一个，而生命的出口却成千上万，我们有什么理由不把生活过得丰富多彩而趣味盎然呢？

　　哲学家讨论友爱，如果你只看到那些交友的常规，那就是肤浅至极，真正的友爱智慧其实是发自每一人天性中对生命之美的感受，在另一个自我中发现和喜爱自我中生命之美的绽放。它的底蕴不是迷恋生命，而是迷恋通过友谊能让生命有趣、有情、有爱、有喜地绽放。愚人尽管处境不妙，还是合乎常规地苟延残喘，而真正的哲人才懂得，只要活得自由自在，心甘情愿的死也是生命之美的呈现。一个斯巴达的少年被卖为奴，主人逼他干贱活，他却说，你这奴才做了主人，你马上会看到你买来了什么；自由就在眼前，要我供你使唤，对我简直就是耻辱。说着这话就从屋顶纵身跳了下去。[1]

　　柏拉图在其《法律篇》中主张，人人都是自己最亲近的朋友，但许多人最害怕独处，也就是最不敢面对真实的自己，因而绝不可能是自己的真朋友。与自己真实的自我做不成朋友的人，也不会有真朋友存在。人人需要有朋友，这是人的本性使然。没有人能够像莱布尼茨的"单子"那样活在世界上，即便能够，这样一个与外部世界没有任何交通"窗户"的"单子"也是无聊至极的。因此一个秉性优良者，无论在哪里，都能结交一些志同道合的有趣朋友，共度平常而残酷的人生。任何好的制度，都是能够使人人友爱而不是人人怨恨的制度，所以亚里士多德说，一个优秀的立法者关心友爱甚至要多于关心正义。原因就在于，正义只是一种原则和形式的东西，而真实的友爱关系才是一个共同体是否正义的镜子，正义就活在友爱之中。而且，即使在一个不正义的社会，友爱同样可以存在于特定的个人之间，它是私人关系的一个普遍纽带。自古以来，血缘的友爱，亲亲而尊尊；社交的友爱，有

---

[1]　[法]蒙田：《蒙田随笔全集》（第二卷），马振骋译，上海书店出版社2009年版，第18页。

用而功利；待客的友爱，礼尚往来；男欢女爱的友爱，激情压倒友情。它们无一称得上纯粹的因爱而友、因友而爱。真正的友爱，在蒙田看来，不是一般的友谊，而是"尽善尽美的交往"[1]，如何才能算是"尽善尽美的交往"，蒙田似乎没正面地论说，否定的说法是，由欲念或利益建立起来的交往，由个人需要或公共需要建立起来的交往，由友谊之外的不纯原因、目的和期望掺杂进来的交往，都不"尽善尽美"，由此否定的说法能够推论出一个肯定的结论，那就是亚里士多德所证明的，因友爱而友爱才是真友爱，友爱才被视为一种德性或美德。

父子、兄弟之间有友爱，但因有着特殊的血缘关系，这种友爱没法纯粹，就像那么英明和伟大的舜帝，也无法跟他亲生父亲建立完善的友爱。不仅不能，舜的父亲瞽叟本性顽劣，对子不满，甚至总想与后妻及其所生之子象一起寻机杀死舜。即便如此，舜还是纯然以敬爱之心孝顺待之，可见，孝顺之德与友爱根本不同。孝顺如同舜对父之情，连孟子都说，哪怕瞽叟杀人了，贵为天子的舜帝，可以先说"执之而已矣"的"法理"，然后"视弃天下为敝蹝也。窃负而逃，遵海滨而处，终身䜣然。乐而忘天下"（《孟子·尽心上》）。这种最具中国式"实践智慧"的孝顺之情，无法用友爱论之。所以，蒙田实际上否认了血缘关系中有什么纯友爱。婚姻关系中也没有纯友爱，蒙田说：

> 至于婚姻，这是一个交易市场，只有入市是自由的（期限受到约束和强制，绝非我们的意愿所能支配），这个市场一般是为其他目的设立的，其中需要清理千百种外来的纠纷，弄不好联系就会切断，热情之路就会转方向。而友爱除了友爱，没有其他闲事与之牵连。[2]

---

[1] ［法］蒙田：《蒙田随笔全集》（第一卷），马振骋译，上海书店出版社2009年版，第168页。
[2] 同上书，第170页。

真正的友爱是朋友之间的一种灵魂关系,享受是精神性的,在相互欣赏和享受中能让双方都因对方身上的"贵气"一同提高、充实和升华,双方的心灵能够随之净化并得到纯净的愉悦。爱情关系虽然因有爱欲的本能支配,很难达到纯粹之友爱,但如果爱情以友爱而不是以本能为基础,至少能够趋向于友爱的纯洁和神圣。蒙田说,把情爱归结为友爱这跟斯多亚派对爱的定义是不相违背的,因为西塞罗说过,我们被一个人的美所吸引时,爱就是要获得一种友谊的尝试。但这依然很难将情爱归结为友爱,其中的关键在于两人的灵魂,是被情欲的迷狂所牵引还是被美善的灵魂所牵引,一个会引向纯粹的本能方向,一个会引向高贵的精神方向。后者才是友爱中的核心价值,当它发挥作用时,友爱作为伦理德性或伦理原则,才会将习俗伦理和情感伦理引向对自由与正义的守护上,否则最终会因情感内在的偏私性,而导向公共理性的丧失和对天道天理之敬畏的丧失。虽然自然的情感和孝敬是高贵的,但它偏私的激情,不利于建立对法则的敬畏和对真正天理的敬畏,毕竟敬天和敬人是不可同日而语的两个原则。

这就涉及对良心的理解。

纯然的友爱涉及的是人与人的关系,但决定人与人之间友爱之纯洁的却是超越人情伦常的自然天道。因此,在伦理学上,都会像孟子那样,遇到桃应非要问如果舜帝父亲杀人了该怎么办的法理与人情相背离的情况,这确实是个考验个人良心的选择。孟子的回答对于习惯于敬畏普遍天道法则之神圣性不可侵犯的人而言,显然是不满意的,就像康德任何情况下都绝不为说谎留下空间和可能性一样。但对于像亚里士多德,既坚持原则的首要性也坚持实践智慧的必要性的哲学而言,如何理解良心就是一个十分关键的难题。

老辣的蒙田在此让我们对友爱必须十分小心,对在血缘的、社交的、待客的和情爱的四种关系中的友谊必须时刻握紧缰绳,小心谨慎,任何情谊都不会密切得可以不必担心疏远,他说"爱他时想着总有一天会恨他,恨他时想着可能有一天还会爱他"这句话用在至高无上的友谊上是可恶的,用在平常的友谊上是清醒有益的,就像在伦理学史最为重视友爱的亚里士多德也时常说的一句老话:"啊,朋友!哪里有朋友?"

也就是说,在所有朋友关系中,如果一个人没有真正的良心,那么越是追求纯粹的友谊,最终都会遇到罗马执政官对提比略·格拉古定罪之后,他的密友盖乌斯·布洛修斯在执政官面前面对的问题:如果你的主子让你杀人,愿意为朋友做任何事的你,会怎么做?盖乌斯·布洛修斯的第一个回答是:"他绝不会命令我做这样的事的。"但"要是他命令了呢?"他的第二个回答,只能是:"我会服从命令的。"因为只有这样回答,才符合纯粹友谊的原则:愿意为朋友做任何事情。所以,这个原则本身是经不起良心责问的,因为当把一个伦理原则当作是一个朋友的命令,或者任何人物(包括君主、上司、教宗、族长等等)的命令时,人在代替"天"或"上帝"发布命令,那么这个"命令本身"是可善可恶的,当"天地不仁,以万物为刍狗;圣人不仁,以百姓为刍狗"(《道德经》第五章)时,就必须有良知良能辨别善恶,择善而为,择不善而去之。确立起自己内心的良知法庭,才有可能保持纯洁友爱的伦理之善性,否则也会因对朋友本身的纯然之爱,而迷失善恶之方向。这也就暴露出了纯粹友爱的美与限度。美的是:

> 因为我说的这种完满友谊是不可分割的,每个人都把自己全部给了对方,再也留不下什么给别人。相反,他还遗憾自己不能一化为二、为三、为四,自己没有好几个心灵、好几个意志,统统都奉献给一个对象。[1]

亚里士多德也是在此意义上,赞美友爱胜过正义,因为真正的朋友之间无须正义,一谈公不公正,谁得的友爱多一点,谁得的友爱少一点,那么

---

[1] [法]蒙田:《蒙田随笔全集》(第一卷),马振骋译,上海书店出版社2009年版,第174页。

友爱的小船就已经翻了。这也就同时暴露出友爱作为伦理原则的局限：它只能在具有真正高贵灵魂的少数朋友之间，而在这个不分你我、一切共同的友爱圈子形成之后，兄弟间不需要公正，而对朋友圈外的人，又很难做到公正，同时谁也不能保障他所友爱的那个朋友，不会像"梁山好汉"那样，要进"聚义厅"，就必须下山去拿几颗人头上来一表忠心，才能被大家接纳为"兄弟"。所以，不以良知为方向，任何特殊的德性最终都会滑向邪恶。而良心的方向呢？

良心的秘密堪称奇妙。良心明是水，辨贵贱，敬天爱人，同时也使我们背叛，使我们控诉，使我们战斗；在没有外界证人的情况下，良心会追逐我们，反对我们如同用无形的鞭子抽打，充当刽子手。

良心本身就是这个无形的鞭子，它适用于在没有外界证人的情况下对目己进行抽打，对人进行审判或申冤。它会让坏人无处藏身，因为无论坏人躲在哪里，良心都会暴露他们不得安宁。没有任何一个罪人在自我判决中得到赦免，这就是良心给予的惩罚。

但良心惩罚的对象是自身，对于没有良心或者有"坏良心"的人，他们只能通过外在的苦刑和命运的惩罚来弥补其罪恶的过失，而秉有良心的人，则在良心中寻找到善的方向，那就是公平正义，其底线是不伤害。只要坚持在这一良心自明照亮的方向上，友爱及其他德性就能变成美德，而不会堕落为恶德。

第二节　帕斯卡论人性的高贵与正义

布莱士·帕斯卡与蒙田一样属于法国思想家，但跟蒙田生活在不同的世纪，其伦理思想明显受到了蒙田的影响，这是毋庸置疑的。16世纪的欧洲还在宗教改革后的战火中，而主导17世纪的欧洲精神，则已经从宗教改革时期的新教神学完全进入了科学。因此，帕斯卡与蒙田最大的区别在于，他出生在一个市民之家，父亲只是克莱蒙当地的一个税务官，但受时代精神的影响，对科学、教养和数学感兴趣，因而独立承担儿子的科学教育（帕斯卡3岁时母亲就去世了）。这使得从小身体不怎么健康的帕斯卡，很早就接触到了数学的基本知识，表现出极高的数学天赋。1631年年仅7岁就跟随父亲来到了巴黎，自中世纪以来，这里就是世界的科学、政治和文明之都，这对聪明绝顶的帕斯卡简直就是展示自己天赋的天堂。在他11岁那年，由于写出了一篇有关于身体振动发出声音的论文，父亲开始限制他的数学天赋被过早地开发，禁止他在15岁之前继续深化数学知识的学习，以免荒废了古典学语文学业，即希腊文和拉丁文的学习。但天才是限制不了的，帕斯卡12岁就用一块木炭在墙壁上写出了三角形的内角之和等于两个直角相加即180度的证明，被父亲发现后，他才修正了一年前的禁令，允许儿子在梅森纳神父（Père Mersenne）的修道院旁听一些欧洲杰出数学家和科学家的讲座，例如罗贝瓦尔、吉拉德·笛沙格、迈多治、伽桑狄和笛卡尔等，以此学习欧几里得几何学。也正因为对吉拉德·笛沙格一篇圆锥曲线（即椭圆、双曲线和抛物线）的论文感兴趣，他学习后居然写出了一篇名叫《圆锥曲线专论》（«Essai pour les coniques»）的论文，作为方法，描述了一个圆锥曲线内接六边形的三对对边延长线的交点共线。这让当时的大数学家，被尊称为近代哲学鼻祖的笛卡尔看到了也拒绝相信这是帕斯卡完成的论文。但历史选择了相信，这个圆锥曲线最终被命名为"帕斯卡曲线"或"帕斯卡定理"。写作这篇论文时他才16岁，在智力和成就上把同时代的少年甩出老远。但天妒英才，帕斯卡在39岁就去世了，否则，不知道他要为这个时代的科学与文化做出多大的贡献。他确实为科学做出了许多不得不提的伟大贡献：

（1）帕斯卡计算器。为了减轻他父亲计算税务收支的劳累，19岁未满的帕斯卡努力地制造出一台可以运行加减法的计算器，被称为帕斯卡计算器。经过他不断精进的设计，总共做出了20台，这和莱布尼茨有一比。

（2）帕斯卡三角。1653年帕斯卡发表《论算术三角》，描述了一个二项式系数的表格，表中每个数都等于其肩上的两个数之和，这被称作帕斯卡三角。

（3）概率论和完全归纳法的证明原理。他与费马通信讨论一个朋友热衷的赌博胜算概率，从而诞生了概率论，为莱布尼茨提出无穷小的微积分奠定了坚实基础。

对这样的数学天才，我们确实很想知道，他的哲学尤其是伦理学思想如何。从他的经历看，我们很难知道他是如何学习哲学的，但他与同时代的哲学家、莱布尼茨也经常与之讨论哲学的阿诺德的关系给我们提供了一点线索。我们只能推断，他可以算是一个理性主义思想家，也非常熟悉笛卡尔的哲学，尽管对笛卡尔明显是不满的：

我不能原谅笛卡尔；他在其全部哲学之中都想撇开上帝；然而他又不能不要上帝来轻轻碰一下，以便使得世界运动起来；除此之外，他就再也用不着上帝了。（77）

笛卡尔既无用而又不可靠。（78/第43页）[1]

哲学如何能以理性来处理关于上帝的信仰呢？我们都知道，著名的帕斯卡赌注是他提出的在理性时代解决信仰问题的方法。

由于我们无法凭借理性知道是否有上帝存在，"上帝是存在的"与"上帝是不存在的"这两个相反的命题，都能得到理性的证明，那么我们会倾向于哪一边呢？在上帝存在和不存在之间，我们的理性在这无限的距离内玩游戏，却是有人头或徽章落地之后果的。那我们怎么办？只有靠打赌。这是一种思想的自由冒险，虽然是不自愿的。在理性的游戏中，你不赌上帝存在就

---

[1] ［法］帕斯卡尔：《思想录：论宗教和其他主题的思想》，何兆武译，商务印书馆1985年版。引文后的（77）是此版本中的编号，即括号中的黑体字所标示的，页码是中文版页码。以下凡引此书，都是这个版本，直接在引文后如此标注。

是赌上帝不存在，但你选择哪一边？你不能任意，这时只能赌信心。因为信心也是有理性依据的，即在权衡损益中确立起来的。他的理性推理是：

你相信上帝存在，你会因上帝存在得到奖赏（上天堂，你赢了）。

你相信上帝，而上帝不存在，你一无所获，却也不损失什么。

你不相信上帝，上帝也不存在，你不会得到什么，也不会失去什么。

你不相信上帝，而上帝存在，你会受到惩罚（下地狱，你输了）。

所以，对以上可能性分析，就能理性地确立起这一信心：最好选择无条件地相信上帝存在。这是用理性推理建立信心的唯一方法。就伦理学而言，帕斯卡推进了怀疑论的生活智慧，因为怀疑论只是在两个等效的理由之间搁置判断，不做选择，以保持住心灵的无纷扰，但现实生活中却经常遇到鱼与熊掌不可兼得或两恶之间必须做出决断又毫无合理理由的时刻，所以，他告诉我们，生活中千万别责怪那些做出了选择的人，因为你也不知道他们是否错了，是否选择了错误，而给人指出一条无奈做出选择的理性方法，总是功德无量的。

一、人因思想而高贵，也因妄自尊大而愚蠢

人如何能活出幸福，这是伦理学不变的课题。但幸福生活的人，如何能活出作为人的尊严，这却是一个非常"近代的"话题。帕斯卡应该是最早思考这一问题的人，这也是我们特别重视考察其伦理思想的原因之一。

人的尊严问题，在人文复兴的人性觉醒后，成为思想的主题，如果我们熟悉了希腊人文主义向基督教文明的转向，尤其知道了神人关系的历史之后，就能明白这几乎是必然要在现代出现的核心伦理问题。它跟对人的本性的认识相关，但又不仅仅涉及主体与主体之关系，更涉及人与神、人与动物及自然的关系。

传统哲学喜欢给人的本性做本质主义的界定，或说本性皆善，或说本性皆恶，或说既不全善也不全恶。帕斯卡没有陷入这种本质主义之迷失。他对

人性的认识十分透彻而不拘泥，人确实既不可能是天使，也不全然是禽兽，这在亚里士多德的著作中就主张过，但只要我们看看历史和现实，就完全能够赞同，人是可能全然活成禽兽的，在不正义的城邦，不讲礼与法，却把道德吹得至高至纯，往往就禽兽众多，或者说禽兽不如。帕斯卡的说法是：

> 人既不是天使，也不是禽兽；但不幸就在于想表现为天使的人最终却表现为禽兽。（358/第179—180页）

想表现为天使的人却表现为禽兽，这非有哲学的慧眼不能洞悉。古希腊哲学家关注人的政治本性，即自由与共存的本性；中世纪哲学家关注的是人性恶与神性救赎之关系；而帕斯卡最为重视人的思想本性，即自由本性。他要从人的思想本性中建立起关于人的尊严的信心，这是不需要神的恩典而又靠人的理性就可实现的尊严。他的广为人知也是被引用最多的一句话就是：

> 人只是一根芦苇，本性最为脆弱的东西，但他是一根能思想的芦苇。
>
> 要想消灭他，用不着整个宇宙拿起武器，一口气、一点水就足以致他于死命。然而，纵然宇宙消灭他，人还是比那些杀死他的东西要高贵得多。因为人知道他是有朽的，宇宙对他而言具有优势，而宇宙对此却一无所知。
>
> 所以我们的整个尊严在于思想。我们还是必须在思想中，而不是在我们无法填满的空间和时间中挺立起来，因而我们要努力善于思想，这才是道德的基础。[1]

问题在于，能思的人类如何才能善于思？帕斯卡认为，建立起坚定的信

---

1 Blaise Pascal: *Gedanken* (*200/347*), Reclam Verlag Leipzig, 2012, S. 140–141.

心最为重要。人既然知道自身之有朽，那么，善于思首先就是对有朽世界中不朽的东西的追寻。物质的东西都是有朽的，那么对于人而言，也就只有其灵魂是不朽的。因而灵魂之不朽就是人的思想需要确立起来的信心。在科学和哲学都不能让我们建立起这一信心的时候，我们也可以以"打赌的方式"建立起这一信心。有了这一信心，道德就会具有全然不同的面貌。因为不朽的信念，会让道德世界的目标定位于永恒之物，人的精神品性和德性品质才能高贵起来，而若只有对有朽的信念，人生目标就只能建立在一些随波逐流的东西之上，财富、权力和荣耀就会成为人类追求的最高价值。

所以，对于最高价值的认信，最终取决于我们对不朽的信心。这是我们思考人生问题和做出人生决断的最终依据。我们人生决断的根本问题就在于"我应该过什么样的生活才值得""我为实现值得过的生活应该如何行为"，伦理学的根本问题就是这样的"应该"问题。但如果我们没有任何信念和信心，就根本无法做出任何判断和行为，所有的东西对于我们就都是晦暗不明、令人困惑的。所以，帕斯卡说：

> 我们全部的行为和思想都要随究竟有没有永恒的福祉可希望这件事为转移而采取如此之不同的途径，以至于除非是根据应该成为我们最终目标的那种观点来调节我们的步伐，否则我们不可能朝向做出有意义的判断迈出任何一步。（194/第101页）

这也说明了，尽管帕斯卡在物理世界是一位科学家，坚定地相信物理世界有其自身的客观规律，且符合数学最精确地运行，但在人生世界，他却坚信必须信仰上帝存在和灵魂不朽，否则我们无法就伦理生活中的"应该"问题得出"可行"的任何决断。这也就是他在17世纪这个科学的时代，依然秉持旧"信念"的原因，因为对何为好生活的信念和信心，如果都从人类的心理期待出发，那么只能得出似是而非、充满矛盾的"理由"，每一种理由都有其相对不可辩驳的可行性,但都没有绝对有效性。"行为理由"只是由人的有限理性得出的结论,它需要在更高的"存在论"上有对"至善存在"的信心,才能获得"绝对道义"的支撑。所以,帕斯卡说:

> 人没有信仰就不能认识真正的美好,也不能认识正义。——人人都寻求幸福,这一点是没有例外的;无论他们所采取的手段是怎样的不同,他们全部都趋向这个目标,使得某些人走上战争的,以及使得另一些人没有走上战争的,乃是同一种愿望;这种愿望是双方都有的,但各伴有以不同的观点。意志除了朝向这个目的外,就绝不会向前迈出最微小的一步。这就是所有的人,乃至于那些上吊自杀的人的全部行动的动机。(425/第205页)

如果真正的美好、正义被认识到了,美好生活的"信心"就建立了,目标一旦确定,剩下的就是动机问题。道德哲学对人的行动动机的考察,必须包含两个方面:主观心理的动机,即愿不愿意采取这种行动,与采取这一行动是否与我本人的行动原则相违背。如果心理上根本不愿意,那么动机主观上就根本建立不起来;如果此动机违背我做人做事的道德原则,那么动机在理性上也根本建立不起来。如果需要在主观与客观上都能建立起如此行动的动机,那就需要对何为真正的好生活、何为至善的存在(方式)有一种存在论上的奠基,这是哲学的思路。但如果不从哲学上奠基,那也需要信仰上支持,因为信仰让我们对至善有了信心,这种绝对道义才能作为动机的最后理据。

这就是人作为能思想的芦苇秆所需为自己承担的理性使命。

17世纪的欧洲知识分子,无论是科学家还是哲学家、思想家,真正的无神论者很少,因为这是一个理性的时代,真正的无神论者承担着比有神论者更为艰难的论证任务:这个世界如果没有神,怎么可能存在?科学证明不了此问题，哲学的证明也总陷入"谬误推理"，所以，帕斯卡说，"无神论者表现了精神的力量，但仅到一定程度"（225/第118页）。这点中了无神论者的痛点，也是无神论者看不到"任何光明"的原因。帕斯卡也曾陷入这种晦暗不明中。大自然提供给我们的到处都是怀疑与不安的题材。如果我们看到的东西消极面太多、积极面太少，我们就会陷入悲戚状态；如果我们看不到有任何东西标志着神明，我们内心即使不恐惧，也会不安；相反，如果我们到处都能看到一位造物主的标志，那么就会在信仰的怀抱里心安理得。我们会沿着这些神明般的标志去认识真正的美好究竟在哪里，以便随着它。这是认识真理的道路，是认识至善和正义的道路，因而是人类思想的正道。

思想不是胡思乱想，它作为人的本性，只有当人将其发用在思真理与正义上时，才能体现出人的光彩，才是人的尊严之所在。思想也完全能够为自私自利而算计，如此的话，思想也就把人拉到了卑微之地，那里的人是完成不了天赋于人的使命的，他们终生卑微如蝼蚁地活着，为了眼前的所谓成功与风光，耗尽能思想的大脑的全部才华，最终竹篮打水一场空，能抱着一件值钱的东西死去就已属万幸了。

真正善思的思想，活在高贵的灵魂中，唯有它可将人带向不朽。因而，人的思想要顺从高贵的灵魂将身体引向上帝的怀抱，而不能引向肉体里面。在上帝的怀抱里，思想才能思永恒美好之所在，思至善之所在，思真理与正义对于人类生活的意义，而把人从常人能够获取一点温存的人情世故的牢笼里解救出来。

思想尽管在上帝的怀抱里，将人从有限卑微之所带向无限，但有思想的人不会因此而消失在上帝的无限中，变成绝对的虚无，因为思想能力恰恰是上帝赋予人的天赋，思想带给人自由。思想的自由，让人类同时拥有了意志的自由。只要人的灵魂不堕落，自由的意志同样能让人选择善良的方向，为行动提供动机。

伦理学上似乎谁都懂得，能为一个应该做的事情提供动机，这是正确的，但许多人并不懂得，提供一个善行之动机，这是需要"精神"的。人的精神就是人的灵魂。人能看到一个行为的直接后果，这是容易的，不需要精神，只需要健全的理智；但是否能看见后果之原因，以便通过"原因"为"意志"提供选择善的动机，则不是一般人所能见，而唯有精神才能见。精神所能见者，即亚里士多德的努斯之所见。这当然对于一般知识薄弱者而言，太过高贵，无从觉知。但对于道德却又是必需的。怎么办？唯有启动思想，让努斯这一"灵魂之眼"打开。唯有人有思想，唯有思想品格者能打开灵魂之眼观看，这不仅是人超越动物之所在，也是人告别庸常向卓越攀升之路。但人的思想也处处充满陷阱，因为人混浊的本心会颠倒是非黑白。思想天然地爱普遍的存在者，但人心如若藏着私心，那么就不以普遍者、不以真理和道义为方向而屈从于情感。"我们一切的推理都可以归结为向情感让步。"（274/第144页）但有两种人是"有心的"（精神），能"认识"至高存在者，即至善存在：

> 有两种人能认识：一种是有着谦卑心的人，不管他们具有怎样的精神程度，高也罢，低也罢，他们都爱卑贱；另一种是具有充分的精神可以看到真理的人，不管他们在这上面会遇到什么样的反对。（288/第150—151页）

因而，能思的人类，要能在伦理学问题上得到正确的人生指引，不是一般地要启动自己的自由思想，同时要保持精神的高度，能谦卑地、不可妄自尊大地善思，在考虑了什么是生命之后，去寻求真理与正义，只有对真理和正义保持着足够的虔诚，才能真正看清人的道义行动的"原因"并为善良意志提供正确动机。在这方面，虽然帕斯卡是科学家，在物理学和数学上有一系列发明创造，但在伦理上，他依然是坚定的基督教道德的信奉者，他说：

基督教是特殊的；它命令人们把自己本身认作普通的，甚至丑恶的，且命令人按照与神肖似来要求。没有这种平衡力，往高层次提升人就会出现可怕的虚妄而无济于事，或者说这种谦卑（Erniedrigung）将会让他令人吃惊地变得普通。[1]

真正的人都是普通人，只有普通人才是伦理学思考的人性的起点。伦理让人成为人，就是成为这样的一个普通人，伦理学探究人的尊严，就是探究一个普通人，如何在其普通人的生活中按照其普通的人性过上高贵而美好的生活，获得人之为人——普通人——的尊严。

帕斯卡的思想既具有科学性的精确，又具有宗教性的通透，他认识到，思想的本性恰恰是普通人的人性，因而人性的尊严在于人能思想。但思想是有内容的，思想的内容在不同时代和不同民族那里，面临着不同的课题。因而作为思想的人性，也并不总是能永远前进，它反而有进有退，正如人的激情并不总是澎湃的，它也有冷有热一样。所以，如何以思想来为人获得尊严，问题不是解决了，而是总还是一个问题：

思想——人的全部的尊严就在于思想。

因此，思想由于它的本性，就是一种可惊叹、无与伦比的东西。它一定得具有出奇的缺点才能为人所蔑视，然而它又确实具有，所以再没有比这更加荒唐可笑的事情了。思想由于它的本性是何等的伟大啊！思想又由于它的缺点是何等的愚蠢啊！（365/第183页）

所以，问题在于，思想的缺点何在？如何让人愚蠢的？

思想之缺陷就是人的理性之有限。人绝对不可因有思想而妄自尊大，能

---

[1] Blaise Pascal: *Gedanken* (*351/537*), Reclam Verlag Leipzig, 2012, S. 203.

思想与会思想是两回事，会思想与真思想也是两回事。认知的能力引发了思想，认知的迷茫也会勾销思想。善思，既需要保持怀疑的精神，也需要超越单纯的怀疑。没有怀疑精神，人的心智就成为接受现成习俗教条的容器，就会被各种权威的、发臭的无精神物堆满，慢慢成为精神的垃圾场。而单纯的怀疑本身还不是思想。怀疑只是搁置判断，不下判断，而思想必须表达出独特的判断力。思想基本的困境恰恰是在不得不做判断的时候最容易出问题。因为人不能不受外界声音的影响，闭目塞听得不出真知判断，但哪怕就是微小的苍蝇般的嗡嗡响声，也能影响我们判断力的品质，阻碍人的理智与思想的独立与自由。因而，认识到思想本身的脆弱性、人的脆弱性，从而避免知性的傲慢与偏见，十分要紧。正是在这里，对自己思想脆弱性的惊讶，激发出帕斯卡的哲学思想：

> 最使我惊讶的就是看到，每一个人都不惊讶自己的脆弱。人们十分认真地行动，每个人都按照他自己的态度，而并非按照事实上这是好的为指针，因为这符合时尚，反而，仿佛每个人都确凿地知道，理性和真理在哪里。……人居然能够相信，他并不处于那种天赋的、不可避免的脆弱性中，反倒相信处在天赋的智慧中。[1]

而能让人克服这种"不自知"之"无知"的，在哲学上就是怀疑主义。因为怀疑主义的妙处就在于消极地提醒人要时刻保持谦虚或谦卑，洞见到意见的丰富复杂，理性在现象世界都能提出具有"等价性"的"理由"，因而认识到思想的"脆弱性"不可避免，原因就在于知性提供的各种"理由"看似有理，实际上充满矛盾和不确定性，所以，绝不能让思想停留在知性智慧的自信满满中，而对知性局限性全然无知，从而对自身思想的脆弱性无

---

[1] Blaise Pascal: *Gedanken (33/374)*, Reclam Verlag Leipzig, 2012, S. 45.

知。后者会让人自身变成一个不能自知的小丑，就像怀疑主义者阿赛西拉斯（Arcésilas）也变成了教条主义者一样。人的脆弱性在不认识它的人身上比在认识它的人身上表现得更显著，极端自信的"思想者"的自以为是，很快就会成为世人的笑柄，其癫狂的精神就是无精神，甚至是精神的疾病与毒瘤。

真正的思想要对确凿的事实保持鲜活的判断，但鲜活的判断却又是脆弱的。如何让脆弱性的思想成为真思想，唯有思想的品质或精神保持在追求真理与正义的方向上，这才是可能的宇宙之大道：

> 脱离了中道就是脱离了人道。人的灵魂的伟大就在于懂得把握中道；伟大远不是脱离中道，而是绝不要脱离中道。（378/第188页）

因思想而获得尊严的人，必因其思想保持在追求真理与正义的大道上，才能获得人应该享有的尊严，这是思想的自由带给人的尊严。

二、真正公道的光辉会使一切民族俯首听命：关于正义的五大洞识

帕斯卡出于上述见识，坚持真正思想的开端在于道德。因为真正的思想在其起点上必须以真理与正义为思想确定方向。只有关于何为真正的美好、何为真理与正义之思，才能让人的知性懂得知的限度，从而把思想从无知的狂妄和无故的虚妄中解救出来，懂得无谦卑我们就无能致善，无神圣我们就无力从恶中解放。但帕斯卡如何思考正义呢？他说：

> 我一生中很长时间是相信存在某种正义的，而在这一点上我并没有错。因为就上帝愿意向给我们以启示来说，也是存在着正义的。可我却没有按照上帝启示给我们的那样去理解它，我在这一点上错了。因为我相信，我们的正义本质上是公正的，且我有手段认识与判断它，然而我却经常发现，我对一个公正事情的判断是何等的错误，乃至我对自己和

其他人的信任丧失了。我看到，所有国家和所有人都在变化之中。于是在我对真正正义的判断也经常发生改变之后，我就认识到，我们的本性也无非是一场持续的变化而已，而从此之后，我却再也没有改变了。[1]

这实际上是休谟曾经困惑过的时间与道德问题：一切东西都是在时间中产生，可是在时间中产生的东西却没有一件是实在的，那么我们凭什么立法来裁定人们的财产权是正义的，而不是受时间影响的一时情绪的产物呢？伦理学探寻美好生活，如果美好生活仅仅是在时间中千变万化的情感之物，那么就没有什么真正的美好生活之道值得持守了。因此，这一困惑在经验主义哲学中其实是无法解决的。但对于物理学家和数学家的帕斯卡而言，他的理性告诉他，只有对不朽的东西有信心时，才能发现一切流变的正义或道德观念中，有我们的肉眼看不见却实实在在地、永恒地作为规律发用的东西，而这就是上帝的永恒正义。只有对上帝作为永恒正义是真正的"美好"有信心，才能给所有国家和所有人心所认识到的在历史时间的流变中不断变换着的正义观念以正确的引导和规范，这样的正义才作为隐秘的伦理大道让人类知道真正的"美好"。

所以，帕斯卡在正义论上第一个有意义的洞识，就在于认识到：

人没有信仰就不能认识真正的美好，也不能认识正义。（425/第205页）

这也意味着，真正的正义只能从对上帝永恒正义的信念中得来。而在科学理性兴盛的时代，如何能让人确立起这样的信心呢？帕斯卡似乎让我们亲眼看一看大自然和人类历史中，究竟有什么是能够取代上帝（真正美好/正

---

[1] Blaise Pascal: *Gedanken (520/375)*, Reclam Verlag Leipzig, 2012, S. 329.

义）地位的东西。有人求之于权力，有人求之于科学，有人求之于享乐，他们认为人人都渴求的一致认同的美好就是真美好，而理性给人们也提供了证明它们就是美好的种种理由，使得这些存在于时间、心理、本能、意识中的美好都显得同等的美好，最终陷入了盲目、冲突、不知所踪的痛苦与纷争。因而，人要认识到，自从失去了真正的美好，堕落就一直伴随着人的生活，战争和死亡如影随形：

> 由于人丧失了真正的本性，万物都变成了它的本性；也正如，人丧失了真正的幸福，一切都变成它的真正幸福。[1]

当人根本不知道应该把自己放在宇宙的何种位置，在科学理性中又走火入魔地自以为是世界的"主体"时，与其在深不可测的黑暗中满怀不安地搜寻拯救之可能，不如切实地返回人神世界之本源，去思考那唯有在灵性中才会呈现给思想而肉眼永远看不见的东西：

> 如果人不是为上帝所造化，那他为什么只有在上帝之中才是幸福的？
> 如果人不是为上帝所造化，那他究竟为什么要违背上帝？[2]

在对为什么只有活在上帝中才是真正美好的生活的思孜中，他确证了永恒正义，这是他关于正义的第二个洞识。他发现，人类只有在现实世界碰得头破血流之后，才能真正懂得去认识那不被时间、民族、感情、风俗所左右的真正美好，这只有在上帝（永恒正义）中才存在。有了这一真实的洞识人才能回心转意，把"爱上帝"作为首要美德，因为爱上帝就是爱不随风飘逝

---

[1] Blaise Pascal: *Gedanken (397/426)*, Reclam Verlag Leipzig, 2012, S. 77.
[2] Blaise Pascal: *Gedanken (399/438)*, Reclam Verlag Leipzig, 2012, S. 77.

的永恒正义，这样才能从知性的傲慢中回归真正的美好，回到纯粹灵魂中的不朽之幸福。这本不算是什么洞识，而是在科学时代对中世纪智慧的一种勇敢的坚守。因而，帕斯卡是在科学理性时代的一个例外，在对外部物理世界的解释中，他发展出科学精神；而在对伦理世界的解释中，保守着中世纪的信念伦理。之所以如此，是因为他看见了近代以来依据理性建立起来的正义观念充满争议，看似有理，实则无凭无据：

> ……企图统治世界的那种经纶，是以什么为基础的？是根据每一个人的心血来潮吗？那该多么混乱！是根据正义吗？而人们是不顾正义的。
>
> 的确，假如他认识正义的话，他就不会奠定人间一切准则中最普遍的那条准则了，即每个人都懂得遵守本国的道德风尚；真正公道的光辉就会使得一切民族都俯首听命，而立法者也就不会以波斯或德国人的幻想和心血来潮为典范来代替那永恒不变的正义。我们就会看到，正义根植于世界上一切国家和一切时代，而不会看到所有正义的或不正义的东西都在随着气候的变化而改变其性质。（294/第153页）

所以，不能以个别强国的正义为典范代替永恒不变的正义，正义根植于世界上一切国家和一切时代，这是帕斯卡关于正义的第三个伟大洞识。前者的狂妄至今还存在于许多人的意识中，以为强国代表了正义，从而以为强国心血来潮的幻想能作为正义推广到全世界，这是典型的以特殊为普遍的谬误，从来就没有成功的可能和案例。后者则在现代社会人类学的研究中获得了广泛支持，正是社会人类学的研究，真正坚持了文明多样性，在不同国家、不同时代的优秀的公序良俗中，发现了世界正义的面貌。

世界正义的面貌其实不可能在于风俗习惯——那里不存在正义不正义的问题，而是存在于不同的公序良俗背后共同持守的自然法中。帕斯卡坚定地相信，自然法的存在是毫无疑问的。他认为，人类法律的鲁莽的随机性居然碰巧有一度是带有普遍性的，那就是顽固坚持了自然法的结果。遵循自然法就是遵循上帝的永恒正义，即天理。但可惜的是，人类的理智如同人类的灵魂，是会堕落的，一旦如此，就腐化了一切。天理依然是天理，但关于天理的化用与阐释，被幻化为世上不可一世之物：有人以为正义的本质是立法者的权威，而立法者或者是王权，或者是贵族精英，或者是公民代表，不可避免地将立法作为保护他们自身利益不受损害的手段，而不是为了什么正义；有人认为是习惯与风俗，是老祖宗留下的规矩和礼节，而所有这些都是依照混乱的主观的说法而已。为了让人民相信本是权势做后盾的立法是为了人民的福祉，"就必须经常欺骗他们"，"据说，我们应该追溯被不正义的习俗所消灭了那种国家的根本大法。这准是一场输光一切的赌博；在这个天平上，没有什么是公正的。然而人民却很容易听信这类议论。他们一旦认识枷锁，立刻就会摆脱枷锁"（294/第155页）。帕斯卡的这些思想虽然受到了蒙田的许多影响，但不妨可视为其关于正义的第四个洞识。

他的第五个洞识，是关于正义与强力关系的判断。我们都知道，早在柏拉图的《理想国》中，代表习俗版本正义观的色拉叙马霍斯就主张正义即强者的利益（《理想国》，338c），因为人世间所谓的公正，核心涉及利益分配，而在利益分配上，对自己的朋友好，给朋友以利，对敌人坏，损害他们的利益，这种所谓天经地义的正义，背后依靠的就是强者及其力量，否则他们根本做不出益友损敌的事情来。我们也都清楚苏格拉底在理论上对色拉叙马霍斯的驳斥，一直是利用"强者的利益"这个充满不确定性的话语，揭露其种种自相矛盾，论证强权永远不可能是正义，反而是让正义不能实存的根源。但无论如何，做正义的事情是与人的能力联系在一起的，这一点是需要正义论不断加以深思的重要方面。现代之后，由于自由成为伦理原则，因而个人自由权利的实现才被视为现代的正义，那么这种正义的实现无疑更加与个人的能力及其力量相关，这是帕斯卡思考正义与强力关系的文化背景。在正义与强力的关系上，他洞见到，其实不是"强者"（人）具有力量，而是正义自身具有力量，人秉有正义的力量，才有可能成为强者，这才是根本性的洞识。他说：

> 履行正义的事情，这是正当的；遵循最强力的东西，这是必要的。无强力的正义就无能为力，无正义的强权就暴虐专横。
>
> 正义而没有强力就遭人反对，因为总会有恶人存在。强权而无正义就会遭受指控。因而，正义和强力必须结合起来，为了达到这一结合，必须使正义的事情成为强有力的，或者使强有力的成为正义的。
>
> 正义会有争论，强权却清楚可辩且无争议。这样我们就不能赋予正义以强力，因为强权否定了正义，且说它自己就是正义。因而，我们既不能使正义的成为强有力的，于是，我们就使强有力的成为正义的了。
>
> （298/第157页）

使强有力的事情成为正义的，这不仅启发了近代莱布尼茨、斯宾诺莎等唯理论哲学家的"力量形而上学"，为现代政治哲学的正义论奠基，如果我们将目光拉回当代，看到罗尔斯秉持从社会制度上重建现代契约论的正义理论之局限，阿玛蒂亚·森和努斯鲍姆都转向了个人能力的所谓正义论的能力进路转型，我们就不得不敬佩帕斯卡关于正义的第五个洞识之重大意义。

三、德行过度也致恶

除天主教外，没有别的宗教曾经认识到人是最卓越的被创造物，这是帕斯卡的一个基本理论，他把爱比克泰德也视为一种宗教类型（而我们哲学史一般把他视为一位晚期斯多亚派哲学家），他引用后者的话"自由的人们啊，抬起你们的头来吧"，说明这一类宗教高看了人性，把人视为上帝的肖像，与上帝肖似。而另一类宗教却相反，贬低人类，说："低下你们的眼睛吧，你们只是一些卑劣的可怜虫，看看禽兽吧，你们就像它们一样危险。"[1]
而在帕斯卡看来，这两种看法都没有正确理解人性，一种真的宗教的伟大，就是它能认识人性的伟大与卑微，但哪怕基督徒也不见得就真认识到了，因为人性变了，变得跟上帝原初所创造的人性全然不同了。人类在天主面前也并不知道自己究竟在宇宙的何种位置，不知道自己的伟大和渺小。那么，人类的德性究竟应该如何认识？从哪里开始理解人的德性呢？这对于帕斯卡而言，无疑成为一个问题。

在德性论上，帕斯卡无疑是个怀疑主义者。因为他明确说过，皮浪主义是真确的[2]，怀疑主义的主要力量是认识到，除了信仰和启示外，除了我们根据自己身上天然能感受到的东西外，无从确定关于德性的原理是不是真的。而在这时，就总会出现独断主义者，以坚如磐石般的确凿的断言，告诉人们只有这样才是真的。但是，天性会挫败怀疑主义，有人天赋就比别人优秀，有人天性就比别人邪恶；而理智会挫败独断主义，因为独断主义者不可避免地是一个极简主义者，片面而线性的思维很容易在理智面前表露出自己的肤浅。

人是多么的奇特啊，人性的复杂与无穷的可能时常震撼着帕斯卡的心灵。追求幸福的人，得到的是悲惨与死亡；追求真理的人，掌握的是谎言；我们渴求稳定性，看到的却是无可确定；追求实实在在的生活，看到的却是无常与虚幻：这是"怎样的奇观啊！既是一切事物的审判官，又是地上的蠢材；既是真理的储藏所，又是不确定与错误的渊薮；是宇宙的光荣而兼垃圾"（434/第218页）。

那么究竟应该从哪里开始把握人的德性？从那最令人惊讶、不可思议的神秘开端：最初人的堕落之原罪，何为让远离这一根源且似乎不可能参与这一罪恶的人也要有罪？帕斯卡一方面承认，这一"罪恶的传递"在他看来是不可能的，且是非常不公正的（434/第218页），但是另一方面，如果我们不

---

[1] Blaise Pascal: *Gedanken (430/431/298)*, Reclam Verlag Leipzig, 2012, S. 246–247.
[2] Pyrrhonismus ist wahr, 691/433, S. 384.

明白人性是如何堕落的，是如何犯下原罪且本性中是有恶德的，那么我们也就根本无法透彻地理解美德。所以，"人类境况的症结在这一深渊里是回环曲折的，从而人如果没有这一神秘，就要比这一神秘对人之不可思议更加不可思议"（434/第220页）。

认识堕落（恶德）之开始，就是一种反抗的自由意志：不想自甘堕落。只有不想自甘堕落，人才有追求美德的积极意志。前者类似于康德说的消极自由，而后者却是积极自由：在充分了解了真实的人性的真相后，追求达到完美的德行。

这是人的可造性的表达。上帝并没有创造出完满的人类，人类一开始就被塑造成有种种缺陷，在自然本性上远不如动物优秀，因而，虚幻性和脆弱性本来就属于人之本性的实情。但上帝创造出了追求完美的人类，他总想按照上帝的样子成为上帝，可上帝却是"没有样子的"。这对追求完美的人类构成了极大的困惑，如果不从灵性上追随上帝，就会按照个人内心上帝的影子追随上帝，却自信地认为自己与上帝肖似，这是极其恐怖而危险的。因此，帕斯卡让人记住人的本性的脆弱，就像"上帝乃是脆弱性的一种标志"（428/第207页）一样。因而，追求德性的卓越，我们能够效仿的唯一榜样就是"基督成人"。在"基督成人"事件中，有着真正的人性、真正的德性自我造就的全部秘密。所以，帕斯卡反对那种只要上帝而不要耶稣基督的哲学家，因为在耶稣基督身上，有着"道成肉身"、"肉身""死而复生"即"成人"的一切启示。帕斯卡相信，道德是能思想的身体的开端（482/第242页），这种"道德"是对存在的契合生命的关怀并感到由衷幸福的意识，在这种关怀中，一个能思的成员，意识到上帝创造的生命既是能思且善思的个体生命，又是将所有这个能思者与自然界结合为整体的生命。因而每一个能思的成员"在爱整体的时候，他也就是在爱自己本身；因为他只是在整体之中，通过整体并且为了整体才得以生存的"（483/第244页）。

这是人身上的一种神性能力，上帝是爱的化身，祂爱祂所创造的一切，博爱众生，祂同等地爱整体和构造整体的每一个成员。人爱自己，是因为我们是耶稣基督的组成部分，因而爱的是我们身上的神性、自身的高级潜能；我们爱耶稣基督，因为祂是我们成为其组成部分，那个组合的生命的形态的整体。我们只有在此意义上才能理解耶稣基督的神性与人性，我们与耶稣基督的关系是每一个都在另一个之中，就像三位一体的那种关系。人-在-基督-中-存在；基督也在-人-中-存在，我们都因爱而合一，因爱而使那有罪的堕落的人性向人的高级生命形态上提升，成就自身的美德。因而，在此意义上，帕斯卡说：

> 因而，真正唯一的德行就是要恨自己（因我们有欲念，所以是可恨的），并且要寻求一个真正可爱的存在者来爱。（485/第244页）

这个真正可爱的存在者需要满足两个条件：不在我们身外，因为有德行的人不爱身外之物；又不能是我们自己，因为是我们自己的话，爱就成了狭隘的自爱。而满足这两个条件的，就是我们身上的神性，那个普遍的存在者。因而：

> 上帝的王国就在我们身上；普遍的美好就在我们身中，它既是自己自身，又不是我们自身。（485/第245页）

这样一来，人也因爱而超越了肉身，而成为"道义之身"，这是我们身上的神性，是所有人性美德的根基与目标。在此意义上，帕斯卡说，真正的宗教就是在信仰上把上帝作为一切事物的原则来崇拜，真正的道德就是把唯一的上帝当作一切事物的目标来热爱。这样我们德性的归宿，没有这一归宿，我们就于心不安，伦理学就寻找到了真正的安身立命之所，即在-上帝-中-存在。上帝或耶稣基督在我们身上，也即在我们的灵魂中，以祂的仁慈和正义，教导我们悔改，折服我们的骄傲，矫治我们品质上的邪恶，克服我们的怠惰，因而是神的道义让我们的生命焕然一新，迎来卓越生命的新生。

但是，时刻提醒自由了的现代人注意我们谦恭之美德的帕斯卡，也在德性上提请我们保持谦卑。神性是我们肉身中的高贵的生命潜能，是我们美德追求的目标，但毕竟我们的人性是在欲望中生存的，我们有限而脆弱，德性品质再高，也只是人的品质，不是神的品质，我们因爱上帝而学会了爱，但我们爱的能力依然是有限的，所以，人性似乎由于其追求两种无限——自然的无限与道德的无限而既可以获得慰藉，也可能出现狂热。道德上的狂热十分可怕，它既可以贬低我们的德性，也可以抬高我们的屈辱，让人难以相认，表现出非人的特性。因此要记住，人是永远配不上上帝的。要使人成就最高的美德，成为圣人，非有神恩不可。对此怀疑的人，就既不懂何为圣人，也不懂什么是人。所以帕斯卡说：

世上只有两种人：一种是义人，但他们相信自己是罪人；另一种是罪人，但他们相信自己是义人。（534/第263页）

因而基督教既教人爱自己，也教人恨自己，能恨自己的人才真正能自爱，因为自爱不是爱那个能堕落的欲望之身，而是爱那个圣洁的灵性之身，唯有它才能造就我们自身的高贵生命。所以哪怕是造就了自身的美德，在那些特殊的德性上，帕斯卡也告诫我们切勿过度，凡事只要过度，就会否极泰来，由善过渡到恶。他明确地说：

我绝不赞美一种德行过度，例如勇敢过度，除非我同时能看到相反的德行过度，就像在伊巴米农达斯（Epaminodas，古希腊底比斯的著名统帅和政治家）的身上那样既有极端的勇敢，也有极端的仁慈。因为否则的话，那就不会是提高，那就会是堕落。（353/第177—178页）

这是帕斯卡关于人的德性所说的最有洞见的话，因为德性总是具体的，而伦理的善必须是普遍的，你对某人某事极端地爱，你就做不到对所有人同等地爱，那么对其他人其他事就是不公正的；过度地施善于某些人，其他人就得忍受其应得而得不到的善举。因此，人的善与恶往往都是并行的，唯大善者能大恶，唯大爱能引起大恨，爱之深恨之切，但要两者都保持均衡，中道而为，对于有限的有情有理性的人，实际上很难做得到，但至少应该作为一种道德原则确立起来，唯有中道而行才是真正的美德。这样的思想不仅对当时的道德学而且对基督教的泛爱伦理都是一剂清新剂，在这个由宗教改革转向理性启蒙运动的过渡时期，阐发了一种新的美好生活（幸福）的图景：真正的美好在神性中存在而不在欲望或任性中存在；幸福既不完全在我们身外，也不全然在我们内心，而是在-神（真正美好本身）-中-存在，而此"神"既在我们之外，又在我们内心。我以帕斯卡《思想录》的德文译者与研究者简-罗伯特·阿尔摩加特（Jean-Robert Armogathe）的这一评论结束我的考察：

> 在他思想进程的这一点上，帕斯卡这是意图引导他的谈话伙伴从对神的认识返回到基督教。至善唯有在基督教中寻找，而信仰本身恐怕将导向一条危险的错误道路，如果人们认为通过证明就能达到它的话。帕斯卡想让宗教值得爱，因为它是合理的（raisonnable），就是说，不是与理性（raison）相冲突的（可是却也不是"理性的"），而应该叫作是基于理性的。[1]

这在即将开启的启蒙理性对宗教的猛烈批判之前，是多么宝贵的微弱之声。

---

[1] Jean-Robert Armogathe: *Einführung von Pascal's: Gedanken*, Reclam Verlag Leipzig, 2012, S. 22.

第三节 曼德维尔的利己主义与"乐利"文明启蒙

伯纳德·曼德维尔出生于荷兰的鹿特丹,但长期生活在英格兰并以英文发表著作,所以在英国很有名,甚至在英国没人把他当"外国人",在他的"祖国"也没人把他当"荷兰人"。可是:

> 近些年来,曼德维尔的英文著作被译成了荷兰文,荷兰人才将他视为大思想家,与荷兰人文主义者伊拉斯谟、"国际法之父"格劳秀斯、大哲学家斯宾诺莎齐名。[1]

之所以如此,是因为他的"精神"深受英国文化之熏陶。不过他与荷兰的联系其实还是有的。他于1685至1689年在莱顿大学(Leiden University)学哲学和医学,1691年还是回荷兰取得的医学博士学位,这使得他毕业后主要是靠医生为业养家养文,立足于世。他先是在荷兰有过短暂的从医经历,主治忧郁症、歇斯底里症和胃病,据说,他对自己在行医方面的见解感到非常自豪,于1711年发表过一篇在当时颇有影响的论文《论忧郁情绪和歇斯底里情绪》。这说明,他至少是最早接触现代激烈竞争社会之病症的先知性人物。如果我们联想到后来福柯对现代性的解构,就更为敬佩曼德维尔在17世纪末的直觉与判断。1693年英国"光荣革命"之后,他作为医生于1699年移民伦敦,并与英格兰女孩露丝·劳伦斯(Ruth Laurence)结婚,生有两个孩子。由于他与霍布斯是英国近代早期自私人性论的代表,所以,后来18世纪不仅英格兰而且苏格兰启蒙运动的思想家,都充斥着对他的各种批判,甚至人身攻击,诸如"品行极坏之人"之类的评论。这一切都源于曼德维尔的那部主要著作《蜜蜂的寓言》。此书的雏形是1705年出版的《抱怨的蜂巢,或

---

[1] [荷] B.曼德维尔:《蜜蜂的寓言》(第一卷),肖聿译,商务印书馆2019年版,译者序言,第 ii 页。以下凡引此书,都是这个版本,直接在引文后标注页码。

骗子变作老实人》(*The Grumbling Hive, or Knaves Turn'd Honest*)，写作风格为讽刺性散文诗体。1714年，在原诗之外，作者加进了《道德的起源》和一些注释，改名为《蜜蜂的寓言——私人的恶德·公众的利益》出版，他的思想已经变得清晰起来了。1723年，又加进《论社会本质之研究》《论慈善和慈善学派》等论文再版时，突然引起广泛的关注，引来"正人君子"们的一致批判。为了进一步阐述自己的思想和为自己的观点辩护，1728年，他为此书增加了第二卷，包括六组对话。之后，被译为法文、德文多次再版。除《蜜蜂的寓言》外，曼德维尔还著有《关于宗教、教会和国家幸福的自由思考》（1720）、《关于荣誉起源的研究》（1724）、《为公共烦恼的中肯辩护》（1723）等。曼德维尔作为一个外来移民在英国谋生，起初写作只是他谋生的手段之一，他太清楚，这种动机的自私性质。谁不是带着这种为自己谋生的个人需要去闯社会的呢？但他的直觉非常敏锐，能抓住超越自己主观私心的社会普遍心理，这才使得他的随笔和评论能赢得读者的关注，使他成为18世纪最早对社会公众产生重大影响的人之一。他的影响力主要是借助"寓言通俗诗集"讨论社会伦理问题，挑战旧习俗，启蒙新伦理。当然他的初衷并非作为一名学者或启蒙学者探讨伦理学术，而仅仅是由于医生的经历使他对人性有了比常人更为透彻和丰富的感知，他又有文学的才华且愿意尝试以通俗文学的形式，讽刺社会乱象，揭露文明的虚伪，抨击旧礼俗中的愚昧。他惊世骇俗的文字在当时就引起了决然不同的反响，批评者不仅在道德上对他口诛笔伐，恶语咒骂，而且把他告上法庭，而喜欢他的人中也不乏社会名流，对他给予极高的赞扬，这无论如何都是霍布斯之后非常值得研究的一个过渡性人物。

曼德维尔的书之所以在当时风行各地，在于它能极大地开阔人们观察真实生活的眼界，这是许多人的真切感受。罗宾森（H. C. Robinson，1775—1867）曾用了一句非常圆滑世故的评论说，这是用英语写出的最邪恶却又最聪明的著作，谁也不得罪，但都能在其中找到对自己有利的东西。"最邪恶"

蕴含了批评与审判，"最聪明"表达了对作者的褒奖。这究竟是一本什么样的书？下面我们做点基本介绍。

一、《蜜蜂的寓言》之主题

它有一个长长的书名，如果按照曼德维尔生前的最后一版，即伦敦1732年第6版，它是这样的：《蜜蜂的寓言或私人的恶德，公众的利益及论慈善与慈善学校，社会本质之探究。附：为本书辩护，因米德尔塞克斯郡大陪审团报告中的诽谤暨致C爵士的一封辱骂信》。说这是最长的书名和内容最丰富的扉页，恐怕一点也不为过，它几乎扼杀了任何想象力的必要，几乎把该书所有内容都呈现在扉页上了。从内容上讲，该书分为第一卷和第二卷。第一卷在一个简短的"前言"之后，包含这些标题：抱怨的蜂巢，或骗子变作老实人；寓意；导言；道德美德探源；《抱怨的蜂巢》评论（A—Y）；论慈善与慈善学校；社会本质之探究；为本书辩护。第二卷的内容是霍拉修、克列奥门修斯与芙尔薇娅的六组对话。

第一卷中最重要的论文就是《抱怨的蜂巢，或骗子变作老实人》，发表于1705年，是一篇长寓言诗，430多行，描写了在一个宽敞的蜂巢中，聚居了许许多多的蜜蜂：

> 大群的蜜蜂涌进兴旺的蜂巢；
> 那众多的蜂蜜更使他们繁茂；
> 数百万蜜蜂无不在纷纷尽力
> 满足着彼此间的虚荣与贪欲；
> 而另外数百万蜜蜂则被雇来，
> 目睹他们的手工在横遭破坏；
> ……
> 他们是骗子、寄生虫、皮条客和优伶，

>是小偷、造假币的、庸医和算命先生。
>面对正直的劳作，他们全都是
>心怀敌意，因此纷纷绞尽脑汁，
>将敦厚又大意的邻居的劳动，
>统统变成了为他们自己所用。
>此辈被称作骗子，却否认此名；
>一切行业里面都存在欺骗，
>没有一种行业里不包含谎言。（第9—10页）

虽然从文艺复兴和宗教改革以来，人的理性和主体性的张扬，人性的美与善良、自由与尊严确立起了新的人性光辉，这是毋庸置疑的，但是，在市井的烟火下，在资本主义生产方式和交往方式造成激烈的、空前的生存竞争的环境下，谁也不能否认曼德维尔所描绘的这幅人类"恶德"的真实。曼德维尔在遭人谩骂之后辩护说，他之所以使用这个看似矛盾的标题来为人类的"恶德"张目的"理由"和"全部用意"，仅仅是"意在唤起注意"，娱乐有教养者，给他们提供"闲暇"时的"消遣"（译者序言，iv），但其实，这是在探讨现代社会中一个极其严肃的课题：民间社会的繁荣与衰败，究竟是善还是恶在推动？这一探究使得现代性理论对于人性有一种立体的把握。

上述诗句中，把人类的"虚荣""贪欲""谎言""欺骗"这些恶德描绘出来，已经足以令人"羞耻"了，但他还要"论证"恰恰是恶德，恰恰是因为有了"骗子""寄生虫""皮条客""小偷""造假币的""庸医"和"算命先生"等"坏人"，社会才有了聚合成为一个"繁荣社会"的条件："每个部分虽被恶德充满，然而，整个蜂国却是一个乐园"，"美德与恶德结为朋友，从此后，众多蜜蜂中的最劣者，对公众的共同福祉贡献良多"（第15—16页）。相反，当"主神终于愤怒地将誓言立下：使那个抱怨的蜂巢全无欺诈",蜂国清一色只有"道德君子"存在,结果如何呢?

> 半点钟之后,在整个蜂国里面
> 一磅的价值跌至仅值一文钱。
> ……
> 酒馆从那天开始便人迹清净
> 在一个诚实的蜂巢中,众律师
> 已经没有可用来发财的东西,
> ……
> 正义绞死一些罪犯,释放其余,
> 在她自己目标已经完成之际,
> 她的存在便不再被视为必备,
> 其全部依仗及辉煌就此隐退。
> ……
> 蒙眼的正义女神站立在云端,
> 她本人也已被众蜂弃诸一边:
> 她身旁是她的车辇,在她后面
> 是各种各样的警察和执行官、
> 法警、送达吏已经法院的官吏,
> 他们全部从泪水中榨取生计。(第19—21页)

这是简单的思维无法理解的,恶德为什么能造就社会的繁荣?"坏人"消失了,"好人"全都只能从"泪水中榨取生计"。这在当时几乎可以算作"邪恶"的"异端"思想了。

第二篇论文《道德美德探源》(The Origin of Honour)。在"导言"中曼德维尔一开始就把自己置于"众人"的对立面,说"众人""自知者"少,原因在于好为人师，喜欢教导人应该如何做人，却根本不知道自己以及一般人实际上是怎样的人。他相信，人是各种激情的复合体，所有情绪皆有可能被唤起，轮流支配人。文明的"我们"假装对这些禀赋感到"羞耻"，而它们实际上却是繁荣社会的伟大支柱。他在这里像一个够格的哲学家那样强调说，他说的人，不是具体的人，"既非犹太人，亦非基督徒，而仅仅是人，处于自然状态、并不具备真正神性的人"（第30页）。这是我们常说的"人之为人的人"，道德哲学探讨人的美德，就是探讨普遍的人的美德。

这样的人处在自然状态下却能充分体现其"社会的本性"，最适合于大量聚集在一起：

> 这恰恰就是人的性质。至于这种性质究竟是优是劣，我不打算做出判断，因为除人类外，没有任何生灵能被赋予社会性；不过，人既是一种精明的动物，亦是一种格外自私而顽固的动物。无论人如何为更高的力量所压制，都不可能单单依靠强力使人变得易于管教，并且获得切实的改进。（第31页）

这是自马基雅维利、霍布斯以来的第三位如此相信人性自私的思想家。

既然人性如此自私而顽固，不可管教，不可改善，那么人的"高尚品德"从何而来，就成了一个问题。在古希腊，亚里士多德相信正义的城邦制度能敦风化俗，让人成为好公民，从而在高贵的灵魂主导下，形成人的第二人性，美德就是这样形成的；基督教神学说，信上帝，爱上帝，从而活在博爱而正义的上帝中，人的美德就是这样形成的。但曼德维尔不相信有任何"更高的强力"使人性获得改善，那么人身上的高尚品德来源于何处？

他给出的方案令人叫绝，如果真能如此有效的话。

他说之前的立法者、伦理学家和哲学家使出浑身解数给出的方案，无非就是让人克己奉公，让人相信克制私欲比放纵私欲好，照顾公益比照顾私益好,但这一直是非常艰巨的任务,不管人类是否真的相信这一点,这一信念本身是需要证明和进一步厘清的。私欲和私益并非本身是恶,只有放纵了它,让它损害了公益才是恶,那么,之前的伦理学至少有一个基本的缺失,即不懂得提供一种为人性享用的替代品,作为对"冒犯"和"克制"了(根本做不到"消灭")的私欲这种天赋性向的奖励,否则劝导人们悖逆自己的天性不仅做不到,而且这样劝导本身就不道德。他说,真正的文明在于能够提供这样一种替代品,既不必使自己为其他人付出丝毫代价,又可作为一种最能被接受者认可的补偿。后来的所有功利主义者实际上都是受此启发,以提高整个社会公益的供应量和公平分配作为替代品,来解决公益和私益的矛盾,这才使得现代伦理学超越了传统。而对于曼德维尔本人而言,他只是一个新的观念的提供者,他所做的,只是从人性机制、历史发展的角度驳斥传统"克己奉公"的道德只是精明老练的政治家精心设计出来的治理社会的政治方案,"道德美德皆为逢迎骄傲(之心)的政治产物"(第37页),"道德的最初基础,显然是由老练的政客们策划出来的,旨在将人们变得互为有用,变得易于管理"(第35页),因为"再野蛮的人亦会为赞扬所陶醉;再卑劣的人亦绝不会容忍轻蔑"(第32页)。

因而,他能给出的一个替代性方案,就是对恶德才产生最大的社会公益这一"伦理机制"的阐明:

他们愈致力于寻求自身利益,不顾他人利益,他们就愈会时时刻刻地相信:挡住他们道路的,并不是任何其他人,而最可能正是他们自己。

所以说,正是他们当中的最恶劣者对提倡为公众精神的兴趣,比其他任何东西都更能使他既获得来自他人的劳动与他人的克己的成果,又在放纵自己种种欲望时更少受到干扰。因此,他也像其他人一样,将一切不顾及公众的、用来满足种种私欲的东西称为恶德。倘若他能从这种做法中看到一丁点前景,那便可能或是对任何一个社会成员有害,或是使自己更少服务于他人。若要将人对抗自身天然冲动的表现称作美德，那就应该极力造福他人，或者出于为善的理性抱负去战胜自己的激情。（第35—36页）

这个看似"悖论"的论断无疑是最深刻的洞识，使得我们简直可以说曼德维尔是现代伦理和现代文明之观念的发现者，这是现代义利关系的一个新的起点。虽然在此之后英国伦理学家们几乎都以批判他开启道德哲学的思想而把他视为霍布斯一样的性恶论者，但这真正说来，不是贬低他，反而是大大抬举了他。把他这样一个报刊散文的写作者一下与一个现代政治哲学的开启者、划时代的伟大哲学家并举同批，还有什么是比这更大的抬举呢？当然他的散文诗性质的著作更能满足民众的精神需要，因而他完全是靠大众的"流量"而被思想界接纳的。

《蜜蜂的寓言》就是靠大众的流量不断再版，甚至一度出现了盗版。在1732年还补充出版了"第二部分"的一个续集，标题是《高尚品德的起源和基督教在战争中之效益的调查》（An Enquiry into the Origin of Honour and the Usefulness of Christianity in War），目的都是为了证明其关于道德起源的替代性方案。

通过我们对其主题的简单介绍，读者完全可以理解这本书带给社会公众的思想刺激了，因为他借助蜜蜂的寓言，想要表达这一创见：私人的美德不可能是公共善的真正源泉，相反私人的恶才是。这对于习惯了传统习俗道德的人而言，简直是令人眩晕的谬论，但对现代思想而言，它确实就是一道闪电，摧枯拉朽地令人清醒：欲靠个人美德来促进社会公共善的改进，是一条事与愿违的迷途。公共善，公益的基础必须以繁荣经济为根本，脱离社会经济和城邦正义而空谈美德，那长期被"克己"压抑的正当的欲求，也会拿起其自然正当的武器而向虚妄的美德良心造反。因而，苏格兰道德哲学看起来都以批评曼德维尔的人性恶起家，但他们的道德几乎可以说，都具有"曼德维尔悖论"（Mandevill-Paradox）的影子，如何从农业文明走向商业文明，创造更多的社会公益，这既催生出现代经济学，更使得经济学本身成为道德哲学之最为重要的组成部分之一，真正出现了对传统道德的"替代性方案"。因此如何正确理解这一悖论，对于理解苏格兰道德哲学是一块必要的敲门砖。

二、"曼德维尔悖论"的实质

虽然后来苏格兰启蒙运动的主将哈奇森和亚当·斯密（Adam Smith，1723—1790）都反对过曼德维尔，但我们还是要通过分析他的论证来考察这一"悖论"所起到的"乐利"启蒙意义和它对伦理进步的价值。

曼德维尔在伦理学上也是有传承的，即继承了法国伊壁鸠鲁—皮洛尼亚的怀疑主义传统。蒙田、拉罗什福科是他最喜欢的随笔作家，培根、霍布斯和洛克的经验主义哲学是他喜爱的基本哲学理论。

曼德维尔令人喜爱，主要就是他揭示了文明背后那令人讽刺的动机：个人的自私冲动和求利冲动竟然能带来社会福利的增长和社会道德的进步，而私人的高尚美德却根本不会有此作用。所以他以嘲讽的形式揭露了传统道德的"伪善"，洞察现代文明的伤疤：经济进步与道德堕落并行不悖。他跟卢梭对现代文明的态度不同，卢梭感受到现代文明的伤疤之后，强烈主张文明必须退回到不受文明污染的纯粹自然情感，而他却似乎在提倡，现代文明在追求经济进步的同时，反而要睁大眼睛接纳某些社会恶习。19世纪才兴起的现代社会学研究一直在激烈地争辩，究竟是奢侈还是节俭推动了资本主义发展？这一争论的源头可以说就是曼德维尔的这一思想：节俭与和平的美德远不如奢侈、浪费、战争和剥削能够促进社会的繁荣和经济的发展。自私的欲望能推动社会的发展，这一观念代表了霍布斯以来英格兰第一批社会心理学的情感理论，受到了沙夫茨伯里、哈奇森和亚当·斯密等道德情感主义者的坚决反对和拒绝。但像哈耶克（Friedrich Hayek）这样的经济学家却在《法律、立法和自由》一书中，从劳动时间、产品贵贱等方面赞扬曼德维尔是一位经济学大师。马克思甚至赞扬曼德维尔是个"诚实的人",有"聪明的头脑",比资产阶级社会庸俗的辩护士更大胆和诚实地承认资本主义社会就是靠自私和邪恶推动。但无论如何,个人追求自身利益的动机是每个人谋生的基本需要,这是诚实的人都必须承认的。要生存,要活下来,就得满足自己基本的物质生活条件;要追求更好的生活,就得具有更丰富的物质生活条件,这是基本的唯物主义的常识,是每个人都必须承认的,对生活基本需要和欲望的满足,这是自利心理,能不能直接称之为恶,这是要讨论的焦点。曼德维尔的聪明在于,他以悖论的形式,表达了商业社会的结构性矛盾,承认自利驱动的合理性,从而鼓励和放任个人的这种合理需求,为满足这种需要创造社会经济的形式,那么就会推动商业文明的发展,导致经济繁荣、财富积累和公共精神的诞生,这样,他的"私人恶德即公众利益"是可以成立的;但是,如果以空洞抽象的超道德观念为基础,像从前"人民公社"的"大公无私"的实践,最终导致普遍的贫穷落后,无法发展出市场经济和商业社会,道德最终沦丧。

这样看来,"曼德维尔悖论"是一个可以在现代商业文明的发展中得到检验的思想。只要我们看看现代世界历史,就能清楚地看到,凡是不想实现从农业文明向工商业文明转型的国家,都在近代落后了,相反,凡是优先地实现了从农业文明向工商业文明转型的国家,都优先地成为先进的现代文明国家,实现了国富民强,从而主导了世界潮流的方向。因为只有在工商业文明中,才有内在动力去重视科学技术,重视工业化不断升级换代,以机械化的生产方式取代农业社会的手工生产方式,这是经济增长所必要的条件;生产方式变革了,才会为了工业化而尊重科学和技术,为了公平经商从而能在经商中获得利益,才会真正地重视契约,诚信之美德才有客观精神的土壤;为了契约得到有效遵守,法治才能建设起来。所以,这就是马克思赞扬曼德维尔的原因,因为私欲是一种人性本能,光想克制它、压抑它,乃至消灭它,而不给予它以替代性的方式,既不现实,也不人道,本身就是违背道德的，因而只有实现一种生产方式的真正变革，以一种好的生产方式取代旧的生产方式，在这种生产方式建立起来的过程中，以其内在的精神要求，确立其公平正义的法治规范秩序，才有可能提供一种美好的克己奉公的替代方式。并非自私心理能直接导致社会公益，其中最为关键的环节，是对人性基本生存需要的合理承认，在此基础上选择合适、能导致财富增长的经济生产方式，并随着经济生产方式而建立起与之适应的政治、法律和伦理制度，才能真正导致社会公益的扩大化。这其中蕴含着一种基本的注重公益总量增长和正义分配的功利主义伦理精神，是否能够觉悟到这种道德哲学的意义，成为考验一种社会伦理是否觉悟的关键。英国之所以能最先完成现代性的转型，率先成为第一个先进发达的现代国家，并成为罗马帝国之后第一个日不落帝国，一个根本的原因就是很好地领悟了"曼德维尔悖论"的实质，确立了功利主义道德，作为经济、法律和伦理制度的道德标准，一步步地推动社会转型和变革。所以，最终不是所谓的自私心理而是好的政治、经济、法律和伦理制度才保障了一种商业文明与社会公益的正向关联。这才是"曼德维尔悖论"合理的解读模式。如果仅仅是自私之恶，不提供相应的合理的经济形式和好的法律制度，寄希望于一种自私的本能推动社会公益，建立起一种充满美德的繁荣社会，那真的是纯粹"浪漫的奇想"，是不现实的。

三、乐利文明之美德重审

从曼德维尔之后，"乐利文明"成为一个关键词，它表明贫穷不是美德，而是一种社会罪恶。如果仅仅认识到人性的本能由欲望主导，对人性还属于无知状态。曼德维尔显然深受蒙田的影响，蒙田在描述人类和动物的区别时，已经表明，动物完全由本能生活就是正确的生活，渴了就找水喝，饿了就去觅食，本能都是正确的指导，但是人类在自然本能上远远比不上动物，不仅自然的体能不如动物那样优秀，人类奔跑不如马，力气不如牛，眼不如鹰，自然的情感，如对主人的忠诚也不如狗，但是人类的优势在于人有自由意志，能做理性的选择，能自主地决断，甚至能有思想能力，有精神生活，这都是人类高于动物的尊严之表征。而问题恰恰在于，所有这些表征人类高于动物的方面，没有哪一项能像动物的本能那样，直接指导人类做正确的事；相反，如果人类按照本能生活，不仅不会导向善，而且一般地总是导向恶。这就是人性的根本困境。道德对于人类之所以必要，最基本的功能就是需要理性来引导和指导人们过正当的和良善的生活。这种道德的良善，既需要规范本能之欲望，同时又不能"消灭"而只能顺应人性之自然。因而，对于个体道德生活而言，做不到"存天理，灭人欲"，只能承认私欲中有合理的个人利益，这是需要保护和满足的；对于群体的道德生活而言，问题就不是一般地说，如何保护个人自然权利的合理性，更需要把为满足个人自然权利的实现而提供更为充裕的公共善的支付手段，作为一项基本的社会制度安排，这是现代道德生活的文明觉醒，在这种觉醒意识中，才能把"乐利"与"文明"连在一起。

用中性概念来表达，所谓乐利文明就是商业文明。自古以来，人类对商业和商人在道德上的评价都不高，原因在于商业以求利为目标，商人也经常表现出唯利是图、欺诈敛财、损人利己的恶劣品质。但自从曼德维尔以来，人们发现，如果社会生活只空谈道德而拒斥权利的话，那么这个社会就满地都是伪君子，道德更加堕落，生活更加萎靡，人性更加堕落。因此，乐利、求利，甚至追求奢靡的私恶，只要在好的制度的规约下，是可以作为推进经济繁荣的某种积极因素来对待的，这成为重商主义兴起最早的意识。这种意识对于道德的积极意义在于，它清晰地看到了利益全然是个中性词，一种好的道德绝不能害怕与利益勾连起来，利益中有私利和公利，私利的增加也绝不是只能导致公利的减少，因为个人都是社会的一份子，私利总还是社会利益的一部分。因而，利益中也能够区分出合理的私利，有助于社会公利的增长。因而，问题的关键在于制度，要有好的制度来约束损人利己，避免少数人过度地积累起过多的财富，以免他们变成王国的呆滞存货（dead stock）。

如果不是某些人，而是整个社会积累起大量财富，这种对利益的追求，就成为繁荣社会发展的动力。

因而，承认这一点，就能让现代人更清楚地接受自然人性的这一事实：自爱、利己并不像拉罗什福科所认为的那样必定是不道德的，它们毋宁说是出于人性的一种基本情感，这种情感在人身上究竟是发展出美德还是恶德，不在于这种情感本身，全然在于人的品味和激情。在自然心理学意义上，说每一个人最隐秘的动机都是为利益所驱动的，这一点也不违背人的尊严，问题的关键是我们如何诚实地面对我们的动物性，对基本的人性保持坦诚。因而真正的问题在于，我们在某种目的中找到自身的利益之所在。利己主义其实并不可怕，可怕的是没有底线伦理来约束它的膨胀。

欲使社会繁荣，社会成员的美德是勤勉，而不是被片面理解的安贫乐道。这是乐利文明带来的道德觉悟。"勤勉"的英文词industry明显地反映了它与工业制造这个行业领域的内在关联，这似乎说明了"勤勉"是社会财富直接生产者的美德，而不是一般活动中的美德。曼德维尔说，艺术领域最能培养人们的闲散和懒惰，而不是勤勉，人民越是满足于贫困与艰苦，安贫乐道，就别想有什么经济的繁荣发展。这些思想无疑具有某种程度上的真理性，虽然听起来有离经叛道的意味，它表现出早期新兴工业社会一般市民精神的积极向上。曼德维尔要清晰地把勤劳和勤勉区别开来，避免人们混用：

> 一个贫穷的倒霉鬼既不勤劳，亦不聪慧，虽能俭省与吃苦，却根本不去奋力改善自己的境况，安于现状。而"勤勉"则指许多品质，其中之一是对收获的强烈渴望，还有一种是要改善我们处境的不懈欲望。
>（第204页）

所以，那些在自己从事的行业努力赚钱，在自己的生意中赢得更多分红，依靠自己的勤劳拓展生意、增加收益，获得社会承认的行为都是勤勉品质的表达，虽然也可以在某种程度上说，这是利己主义的精神。曼德维尔特别反对的恶德，就是穷人的懒惰，这是有前瞻性的。现代性的一大困境，就是越穷的人越懒，他们唯一能引以为豪的事情，就是他们什么都不去享受，这能算什么美德呢？既不能让自身生命繁盛，也根本不可能带来国家的富裕、强盛和繁荣：

> 我曾听人们谈到斯巴达人的强大军力超过了所有的希腊城邦，更不用说他们的非凡节俭和其他典范美德了。然而，世上肯定从未有一个民族的伟大比斯巴达人的更空洞。他们生活于其中的辉煌还不及一个剧场的辉煌。（第205页）

但斯巴达人对纪律严苛，对艰苦有忍耐力，生活方式简朴，禁绝一切舒适的享受，都是古代人节俭、节制美德的典范，而他们能够慰藉这些严厉节制之痛苦的，唯有荣耀一项。曼德维尔说，这是远远不够的，世上有哪些民族愿意仅仅将荣耀视为真正的幸福呢？英国人就很难艳羡斯巴达人的这种荣耀，他们更追求丰富多样的幸福，由财富、富足带来的自由的幸福、闲适慵懒的幸福、品味高贵的幸福和丰满的精神生活的幸福等等，而这一切的基础在于社会经济生活的繁荣，否则，没有什么能成为人生必要的克己与节制之痛苦的替代品。

所以，曼德维尔对传统的怜悯（pity）、同情（compassion）和慈善等活动也发表了充满灼见的见解，虽然遭受了后来者的批评，却成为整个未来英国包括苏格兰道德哲学的核心议题，我们由此不得不承认他的这些思想是开时代风气之先的。

怜悯或同情是对他人的不幸和灾难感同身受的悲悯情怀，曼德维尔承认，人人都有此种激情，但最弱者表现得最甚，这似乎老早就表达了尼采的立场，说这是弱者的美德。对身边人悲惨遭遇的悲悯，无须美德和自我克制就能被打动，它与勇气和爱国心一样，属于纯粹激情的美德，但根源不同。悲悯和同情源自纯粹的亲亲之爱，越是亲近的人越能引起同情，感同身受，同样的情感折磨激发同样的共情，这种美德源自人人心里都有的爱的能力；而勇气基于骄傲（pride）或愤怒（anger），爱国心源自对荣耀的爱和某种程度的私利的爱。

悲悯不能等同于慈善，这是曼德维尔强调的，一个乞丐要你看在耶稣基督的份儿上，对他实施慈善之美德，他的机巧之心意在唤醒你的怜悯，因而我们误以为怜悯就是慈善，但其实怜悯只是冒用了慈善的形式而已。

重审乐利文明的美德，是一种现代精神的觉醒，为18世纪实用理性的启蒙发出了先声。

第 四 章

回溯17世纪的科学启蒙与现代伦理之转型

自然法的复兴为整个现代伦理确立了规范基础,"自然理性"即"自然正当"成为现代法律、制度和伦理合法性与道德性的标准。这就打破了传统文化通过神话和宗教以神法来确立法与道德基础的做法,通过人类理性的形而上学将立法与立德的最终根据交给了自然理性。这是现代人心智的一个根本改变。

现在我们要进一步考察,人类理性的形而上学论证经得起科学的检验吗?这是自从17世纪科学方法论转型之后,哲学必须面临的质疑。如果一种思想仅仅在形而上学的逻辑推论中具有效力,而不能同时通过科学之检验,那么,这种形而上学证明依然是神性的而不能获得理性之承认。所以,经过17世纪的科学启蒙,西方哲学和伦理也经历了科学的转型,才成为现代精神的立法者,所谓"道德科学"也是在科学启蒙的背景中获得其现代含义的。

所谓科学启蒙,是17世纪首先发生在英国的自然科学的经典化带给人们的智力之解放,是将发源于古希腊的理性科学(知识)与英国经验主义相结合而将"自然之书"的力学因果性展示出来的过程。牛顿物理学最先成了自然科学的经典,培根倡导的"实验科学方法论"成为现代早期哲学的基本思维方式,伽利略的"数学化"继而指出了科学的精确化方向,从此,科学从统治人们的思维方法一步步成为操控着人们日常生活世界的手段。在今天,不仅科学而且科学的应用——技术——已经全面实施其对人类生活的全方位操控。曾经以物理学模式开启的工业文明塑造了现代世界经济生产、商品交换和工业化的世界潮流，为此传统悠久而根深蒂固的农耕文化普遍地朝向城市文明、商业文明转型，工业化进程中的科学革命不断地让世界经济、文化、教育和政治都在其范式下发生根本性转变。不管人们愿不愿意接受这一转变，顺之者昌，逆之者亡，不以人的意志为转移。而伴随着科技文明、工业文明而兴起的商业文明，又要求具有与这种新的生活方式和交往方式相一致的伦理生活。所以在工商文明兴起中爆发的启蒙运动，自觉承担起由现代价值向制度规范转变的伦理变革，完成现代伦理必须完成的生活世界的结构转型的启蒙教化。因而启蒙，不仅仅是现代价值的理性启蒙，更是现代规范秩序在伦理、政治、法律和道德上的系统建构。它将缘起于古希腊的本体自由、古罗马的个人财产自由、基督教的信仰自由、平等之价值，落实在现代民主政治的建构之中。虽然法国大革命最终以恐怖专政结束，但这次政治革命，推翻了旧的封建君主专制，现代政治和伦理的基本理念确立了起来。可以说，法国大革命是西方伦理现代转型进程中的一场关键性革命，"新伦理"不仅在价值上、理论上确立起来，而且正在变成"现实"，引导和规范人们的伦理生活。

第一节　培根的科学启蒙与现代生活的"规定者"：科学的技术化

英国经验主义哲学是现代哲学的真正发源地。从时间上看，它处在文艺复兴的终点和启蒙运动前期，它既不属于文艺复兴的人道伦理，也不属于启蒙运动的理性伦理。但经验主义哲学的代表人物，都有他们自己的伦理思想，对启蒙运动以来的现代西方哲学、政治与伦理生活起着巨大的影响和作用，这种影响和作用至今没有停止和中断。

不过，他们在伦理学本身的理论上并没有太大的建树，使得在一般伦理学史上很难见到相关的讨论。我们不禁要问，他们是靠什么影响和作用于现代伦理的呢？这自然无法笼统而论。培根、霍布斯和洛克，他们各自的哲学内容不一样，思想特点不同，因而影响的方面也各不相同。我们只能分而论之，从培根开始。

一、《伟大的复兴》的科学启蒙意义

弗朗西斯·培根是处于文艺复兴晚期和英国启蒙运动前期的人物。在此期间，培根的伟大历史意义，是发出了"知识就是力量"这一时代的最强音，让传统学术走上新的科学道路，从而开启了科学技术文明的新时代。

培根出生在伦敦的一个新贵族家庭，父亲是伊丽莎白女王的掌玺大臣，这使得培根从小就接受了贵族教育。他本来也是天赋异禀、绝顶聪明，12岁就进入了剑桥大学三一学院学习，如此小的大学生，竟然能对古代真正百科全书式的大哲学家亚里士多德的哲学深感不满。亚里士多德从13世纪以来被天主教奉为唯一的哲学家，在文艺复兴时期的影响力还在，意大利人文学者通过注疏他的经典著作来阐发新的人文主义思想。可在少年培根眼中，亚里士多德哲学却充满空洞的言辞，对人类生活产生不了实际用处，他甚至认为应该完全抛弃。这无疑属于少年人常有的对于权威的无知无畏的叛逆性反应，完全没有顾及亚里士多德对于经验科学研究曾经具有的奠基性意义。在苏格拉底将知识转向德性之后，只有亚里士多德在古希腊的纯粹思辨哲学中，开辟出经验主义科学的研究方向，而且成为古典时代最伟大的科学家。培根应该尊重亚里士多德才对，但他却以反叛的情绪，带动起自然科学对亚里士多德造反，这一造反沿着反自然主义目的论的方向延续。而培根本人，虽说开创了经验主义的认识论转向，提倡把实验科学作为哲学方法论，因此被赞誉为"近代实验科学的真正鼻祖"，但他自己其实从来就不是什么科学家，对科学知识也几乎不懂。他是在传统理性、人文主义修辞学的训练下长大的，对在新时代才刚刚打开的"自然之书"，新的自然科学，纯粹是个门

外汉，只能说出一点儿一般性的观点。所以，当时人们对培根所谓的"实验科学"究竟是不是"科学"有很大争议。起码霍布斯就根本不相信有培根式实验科学这一回事儿："他嘲笑培根主义者，如果这些人相信实验等同于自然科学，那么我们就可以说药剂师是最好的物理学家了（然而他并没有预料到，化学的发展多少要归功于药剂师）。"[1]

但是，霍布斯不懂的是，一个"药剂师"虽然不是一个好的物理学家，却能够比任何一个好的物理学家更能成为物理学的吹鼓手，让物理学的实用价值深入人心。就像一个好的乐队中，最会演奏音乐的人并非一个好的吹鼓手一样。自然科学的兴起，伽利略已经开辟了科学研究的新道路，但人们却把"近代实验科学的鼻祖"之桂冠戴到培根的头上，其道理正是因为他作为一个爱好者、一个吹鼓手，比科学家本人更有效地以《伟大的复兴》（*Instauration Magna*）（这是他毕生的巨著）宣传和高唱了一个新时代的科学精神，以此为界，才真正开始与古代知识与学术挥手告别。当代德国哲学家赫费（Otfried Höffe）评价培根的意义，就是说他以科学的实用取向取代了亚里士多德那种出于纯粹求知欲的知识观念：

> 可以把《伟大的复兴》当作一种劝喻（protreptikos）来读，当作关于"可能以研究面目出现的未来科学"的宣言书来读。（第41页）

> 培根生活在宗教战争的时代中。众所周知，战争的结果使宗教和神学在政治上失势了。在《伟大的复兴》中发生了另一个失势，科学理论的失势。（第44页）

> ［科学］对像英国这样一个从事贸易的国家而言，理所当然的是，人们从事航海活动不是出于纯粹的好奇心，而只是由于效用。（第53页）

> 在《伟大的复兴》的前言中，摒弃了单纯的求知欲，取代它的是呼

---

[1] ［德］斐迪南·滕尼斯：《霍布斯的生平与学说》，张巍卓译，商务印书馆2022年版，第9页。

吁博爱。(第53页)

　　[现在]科学追求对自然的控制,并因此变成至少是潜在的技术。知识事实上就是力量。

　　人道的意图不能被直接地、而只能通过力量的途径才能实现,这一洞见不先属于技术伦理学……而是已经属于狭义上的科学伦理学。……《伟大的复兴》缺乏这种自我批评:由于[现在]科学设定的是知识之外的目标,这种追求力量的科学从结构上讲变成了"技术",进而丧失了自由,丧失了单纯的求知欲。(第57页)[1]

　　丧失自由的代价是为了获取更多的自由,因而是为自由的事业服务的。培根因而在科学的技术化、实用化、人道化、方法论化的方向上,成为一个实际的启蒙者。通过这种实用化的启蒙,功利主义伦理的基本思想实际上在培根那里就已经非常清楚地被发现了。他开启的经验主义哲学实际上首先影响到的就是霍布斯,这种影响基于他们两人有过密切的交往。培根在当大法官时就喜欢请年轻人到自己的领地来聊天并处理他的文学事务。而1621年,培根却因被国会指控贪污受贿的丑闻,身败名裂,被高等法院判处罚款4万英镑,甚至被监禁于伦敦塔内,被终生逐出了宫廷。这就是他从此不得不离开政界,专心从事理论著述的原因。也就是在这时,霍布斯成为培根的座上宾。

二、培根与霍布斯的共同爱好:为自由思想开辟道路

　　霍布斯能迅捷而准确地理解培根思想的精髓,这是培根喜欢他的原因。培根自己曾回忆说,没有任何人能像霍布斯那样令他满意。而培根又是一个杰出的散文家,用他的随笔与散文,广泛地影响了普罗大众的文化趣味,而

---

[1] [德]奥特弗利德·赫费:《作为现代化之代价的道德:应用伦理学前沿问题研究》,邓安庆、朱更生译,上海译文出版社2005年版。

且涵盖了当时人类知识所及的各个方面，这对知识的日常启蒙无疑具有重大意义。霍布斯显然十分喜爱并欣赏培根的文采，将他的《随笔集》翻译为拉丁文，包括《论城市的伟大》。

《论城市的伟大》本身就具有启蒙意义，在我们的传统中，一般所见，总是歌颂乡村之淳朴和风光之静美，歌颂城市的很少见。后来的英国和欧陆的浪漫主义也以诗歌讴歌中世纪乡村的田园牧歌。但培根看到的却是"城市的伟大"，只有通过城市文明，以农业为基础的乡村文明的落后性才能彰显出来。西方文化之所以相比于其他"文明古国"，能在现代文化中胜出，成为独霸全球的先进文明的引领者，在某种意义上，靠的就是领先一步实现了经济、文化和生活世界中心的城市化转型，也即靠的就是认识到了"城市的伟大"。因为有了城市文明，基于血亲的自私伦理纽带才能让位于基于公平公正的公民之友爱，伦理才有可能立足于正义、平等的人与人之间的关系建立起来。因为有了城市文明，科学技术的发展才有了基础和动力，市场经济这种财富积累的最佳方式，才能发展与繁荣，国富民强才有了真实的基础。霍布斯和他同时代的年轻人，都在培根的哲学散文中，感受到了这种新的时代精神。虽然对这种精神，霍布斯有不同的理解，他既不认为培根身上有科学精神，也不把培根归入哲学家的行列，而只把培根归入自然史家。社会学家滕尼斯说："那么在何种意义上，我们可以认为培根的思想影响了他呢？对此，我们只能说，培根为英格兰的自由思想铺开了道路。"[1]

无论霍布斯是不是能准确理解培根的科学精神，滕尼斯这位伟大的现代社会学家，对培根的这一定位都是准确而有意义的。"为英格兰的自由思想铺开了道路"，培根靠的是他倡导的新科学，从他开始，科学从单纯的求知向技术与实用化转向，才真正将其理论真理转化为实践自由开辟道路的"力

---

[1] ［德］斐迪南·滕尼斯：《霍布斯的生平与学说》，张巍卓译，商务印书馆2022年版，第9页。并参见第8页。

量"。没有经验科学提供的这种"新工具",人类根本不可能真正摆脱各种传统思想的影响和束缚,只有当新科学真正提供出"新工具"时,培根才从新兴科学而不再从宗教神学来对待道德哲学问题。

三、道德哲学的核心问题是科学给予人类自由的"力量"

道德哲学一个核心问题依然是"力量"问题:自由被理解为我们能掌控的是什么;什么力量能对我们的心智或灵魂起作用,影响我们的意志和欲望,改变我们的生活方式和待人接物的礼仪。培根对于这些问题也高度重视,他说:

> 我们应当研究习惯、仪式、习性、教育、榜样、模仿、竞争、团体、朋友、赞扬、谴责、劝告、名声、法律、书籍、研究等,这些因素对于道德规范具有明确的作用,人们的心理会遭受它们的影响。[1]

当他着手研究习惯时,反传统的姿态立刻显示出来,以批评亚里士多德为突破口。亚里士多德确实在《尼各马可伦理学》第二卷一开始就认为,自然的东西其本性不可能为习惯所改变,一块石头你往天上抛掷一万次,它已是要落下来,而不会向上升起,这是为其本性所决定的,而不迁就任何人的意愿。培根则批评说,这一观点是粗略疏忽的,它只对那些绝对受自然支配的事物才有效,对于有些事物,自然允许一定幅度的自由变化。他没有注意到,亚里士多德讲的是自然之"本性"或"本质",而不是"某些自然物"绝对不会被"习俗"、"习惯"、人为的东西所改变。至于说人的本性,亚里士多德当然像培根想的一样,说美德或罪恶,都基于习惯,他也像培根所要求的那样,教导了人应该如何养成好的习惯。培根对亚里士多德的批评,大

---

[1] [英]弗朗西斯·培根:《学术的进展》,刘运同译,上海人民出版社2015年版,第154页。

多属于肤浅的误解或基于肤浅的了解而做出的,因此,没有多大分析的价值。但是,他在道德哲学上还是有其进步意义的,这主要表现在,他继承了文艺复兴以来的科学传统,主张人类美好生活之幸福不在天国,而在此世,不靠神的救赎,要靠人类知识的力量,真正德性的力量。他在反对宗教神学的伦理与德性的同时,也毫不留情地反对文艺复兴的复古传统,反对以亚里士多德的伦理学为楷模。他认为古代的任何理论都不可能解决现代人所面临的伦理道德问题,这一点显然是对的。伦理道德问题既不可能依赖上帝,也不可能"师古",任何"权威"都失效了。借助现代科学技术赋予人的现实力量,人类才能创造美好生活,才能在科学技术对世界的改造中,通往自由幸福之路。

他对教会神学家贬低科学知识的意义进行了揭露与批判:

> 神学家说,知识是这样一种事物,它们本身很有限制,接受它须小心。还说,渴求过多的知识是人类最初的诱惑和罪恶,是它导致了人类的堕落。知识就好像是毒蛇,当它进入人的心灵,人就会自高自大。[1]

培根说,这种观点的无知,是容易识破的,只要我们认真思虑就能发现,人类堕落的原因跟人类企图掌握关于自然和宇宙的纯粹知识毫无关系,也不是由于亚当和夏娃拥有了分辨善恶的知识才坠落,而是由于拥有了知识就企图自行其是,不再接受上帝的戒律,这才是堕落的本质。因此,堕落不是因为有知识,而是因为企图不守神律。如果人的心灵有真知,认识到大千世界背后的奥妙玄机,无不体现了自然法则的至高无上的作用,就不可能自行其是。可见,人类知识不仅不是堕落的原因,反而是向善的力量。作为向善力量的知识,就如同赫拉克利特所言,是"干燥的光",是善的灵魂,

---

[1] [英]弗朗西斯·培根:《学术的进展》,刘运同译,上海人民出版社2015年版,第3—4页。

如同上帝的明灯。只有那些受到情感和欲望浸泡的知识,才成为"潮湿的光",带来忧愁和烦恼。所以,知识仅仅是混进一些毒素,才会引起不良后果。但人类知识本身恰恰具有解除毒素的药剂,那就是因对善恶的知识,对宇宙法则的认识所带来的仁爱,它通过解除知识的毒素而显示知识的尊严,使得知识转化为智慧。人因有智慧,才能远离愚昧与无知,如同光明扫除黑暗。这就是知识给予人类的力量。人类唯有凭借知识的力量、智慧的力量,才有仁爱的能力,才能让欲望和意志在向善的意向中,保持正确。

作为干燥之光的理智知识,于是就与道德学具有密切关联:

> 因为逻辑学的目的在于交给人们论辩的形式,从而来保障理智,而不是诱骗理智;道德学的目的在于促进情感服从理智,而不是侵害理智;修辞学的目的在于调动想象加强理智,而不是压抑理智。[1]

因此,在培根尝试为人类各种知识进行分类研究的谱系中,他把伦理学或者说道德学知识作为人文知识中的一个特殊部分,对应于理智的哲学,这依然是非常传统的做法。不过与理智的哲学相对的其他两类知识——对应于记忆的历史和对应于想象的诗歌,是他的创新。因此,作为理智哲学的道德学,要处理的对象是欲望和意志如何服从于理智,这是可以在历史中找到依据的。但他依然以反叛者的姿态对待传统的道德学,认为从前道德哲学的学者只提供了关于欲望和意志的一些美好和纯洁的样板,用它来传达德性、美德、责任和幸福,但对于如何获得这些卓越的性格特征,如何调整或抑制欲望与意志,以致做到忠实于这些美德目标,顺从宇宙法则,他们却或者根本没有提及,或者略微提及,无法给人生以真正知识性的指导,成为理智的力量。学者们论及最多的,是美德通过习惯养成,不是天生拥有的。培根对

---

[1] [英] 弗朗西斯·培根:《学术的进展》,刘运同译,上海人民出版社2015年版,第130页。

此是非常认同的,他在《随笔集》中,专门论述习惯是一种顽强而巨大的力量:

> 所以,马基雅维利提出,无论天性多么有力量,言语多么能蛊惑人心,假如没有习惯的支持,这些也是不可靠的。……
> 由此可见,习惯是一种顽强而巨大的力量,它主宰着人生。既然习惯是人生的主宰,人们就应当努力求得好的习惯。习惯如果是在幼年就起始的,那就是最完美的习惯,这是一定的,我们叫作教育。……
> 集体的习惯,其力量更大于个人的习惯。因此,如果有一个有良好道德风气的社会环境,是最有利于培训好的社会公民的。[1]

他的洞见是,要想使天性中的美德不断发扬光大,就要先建设一个井然有序和纪律良好的社会,这与一般美德伦理学强调以修身为本的次序恰恰是相反的,当然这是继承了古希腊的美德传统。

培根虽然并未对伦理学有系统的探讨,但在道德知识方面,他倾向于区分两个方面是有见地的:

> 因此在道德知识方面主要的、基本的分野,似乎可以划定在善行的榜样或模型跟心理的统御或陶冶两部分之间。前者描述善行的特征,后者制定规则教人如何掌控、运用以及调解人的意志来实现善行。[2]

善行的模型也就是"善行之范型",它类似于柏拉图的善的理念,但更强调是在人的行动上所做出来的范型,因而它不仅仅是一般道德价值的知识,而是真正具有绝对性的善行榜样,这对美德伦理的规范性来源研究非常

---

[1] [英]弗兰西斯·培根:《培根随笔》,吴昱荣译,中国华侨出版社2013年版,第36—38页。
[2] [英]弗朗西斯·培根:《学术的进展》,刘运同译,上海人民出版社2015年版,第137页。

具有启发性。可惜没有多少美德伦理学者具有这种哲学史的功夫，洞见到培根伦理思想的这一价值。但无论如何，在培根自己的思考中，从"善行范型"过渡到其道德哲学的第二部分，即对"对心灵的统御和陶冶"，这是具体地讨论人的美德品质如何形成的知识，在这里，他对伦理学史上的所有学派和人物几乎都进行了批评，说他们或者对善的本源论述有疏忽，或者充满了混乱。他区分了个人的善行和社会的善行，认为无论苏格拉底的学派及其继承者亚里士多德，还是斯多亚派创始人芝诺、爱比克泰德，他们的善行都是个人的，而不是社会的，他们不惜代价追求个人的积极善行，却远离了社会的利益，从而远离了他所认为的更重要的善行。在此意义上，培根的德性论又不是美德伦理，而是社会伦理，它主要体现在个人对社会的责任：

> 正如德性一词可用来表示构成和组织得十分完美的心智，责任则可用来指在对待他人方面良好的心理结构和倾向。当然两者之间具有密切的关系，一个人如果不跟社会发生某些关系，就不可能真正理解德行。一个人如果不具有某种内在的心理倾向，也不会明白责任的重要。[1]

他通过个人责任和社会责任的区分，进一步讨论了夫妻之间、父子之间、主仆之间这传统儒家三伦的职责，还讨论了友谊和义务的法则，团体、协会、政治机构以及邻里之间等社会义务。他所强调的是，如果我们不知道获得美德的方法和途径，即便知道了美德是什么的知识也是毫无用处的，如果我们不知道美德的根源和如何得到它，我们就根本没有方法具有美德。因此，道德哲学既需要研究神圣的知识、绝对善行的模型，也需要关于如何获得美德的方法，使得自己具有理智的力量，学会驾驭和规训自己的情感和意志。在这方面，道德哲学可以作为神学聪明的仆人和谦卑的侍女，学会爱，

---

[1] [英]弗朗西斯·培根：《学术的进展》，刘运同译，上海人民出版社2015年版，第145页。

才能真正具有善行和美德。在有能力爱且做公正的事时，就尽力去爱和做公正的事，把未来交给神圣的天意。如同西塞罗赞扬小加图，说他投身哲学，不是为了跟人辩论是非，而是为了过哲学的生活一样，培根试图告诉我们的是，投身道德哲学，不是为了分析清楚善恶概念，而是为了在爱与美德的知识中，获得爱和善行的力量。这就是道德哲学所构筑的内在之善。

第二节　科学研究与霍布斯的心理利己主义

尽管霍布斯嘲笑培根主义者所谓的"实验科学"，他自己却并不是一个不相信科学的人，相反，他热衷于科学研究。1603年他被送至牛津大学学习时，摩德林学院（Magdalen College）校长的严格清教徒思想影响了他，他在大学里按照自己的规划来认真学习科学知识，没有让自己被正统经院哲学束缚住，受到了古典学的良好训练。他自己对科学研究的兴趣开始于他的赞助人——德文郡公爵卡文迪什1628年死于瘟疫之后，他担任了巴黎乔维斯·克利夫顿（Gervase Clifton）爵士之子的家庭教师。留在巴黎的3年时间，使他能在这个科学研究的先锋之都，用功地了解最新科学的进展。他不仅为他的学生讲授亚里士多德的修辞学，而且要求他的学生坚持学习几何学和天文学原理。霍布斯在自己的学习生涯中始终坚信，所有的学问，只要"基础"立住了，任何基于利益和权势的考虑都不可能使其动摇。这就是科学的意义。而所有科学的基础，对于物理学而言，在于物体的运动学，而物体运动学说的基础，根植于数学本身。这一认识的获得，无疑与他在巴黎期间结识了圣方济各修会与其同庚的著名修士梅森（Marin Mersenne，1588—1648）——17世纪法国著名数学家和修道士，有"声学之父"之美誉——有关。在梅森的圈子中，甚至包含了笛卡尔和伽桑狄这两位既是数学家又是哲学家的现代科学与哲学的领军人物。在与他们的交往中，霍布斯开始研究现代物理学的关键人物伽利略，后来在意大利期间还有幸拜访了他，并很有可能经常去他的别墅交流。所以，对于霍布斯而言，正是通过对现代数学、物理学前沿知识的理解和研究，让他确定了哲学的基础与方法。1635年在霍布斯离开巴黎而去意大利旅游前夕，他写信给纽卡斯尔伯爵明确表达了他对科学的态度，说他已经想清楚了，世界中只有一个实在者，即事物之内各部分的运动，他要用自然科学的方法来考察灵魂的能力与激情。而《论灵魂的激情》是笛卡尔一部著作的书名，从这里我们就可以发现，作为经验主义者的霍布斯和作为唯理论创立者的笛卡尔之间，似乎也有着共同的爱好与主题，但最为重要的，是他们对科学中数学和物理学方法的重视。滕尼斯如此评价了霍布斯和笛卡尔与哥白尼式革命之后的科学世界的联系：

> 事实上，培根并没有为近代哲学指引方向；从现代哲学的标准来看，毋宁说笛卡尔是自然哲学的创新者，也即第一个在方向上做出了贡献。与他并行的是霍布斯，尽管与他相比，霍布斯对物理学发展产生的直接影响并没有那么大。在笛卡尔之后，牛顿取代了他的位置。笛卡尔与霍布斯各自的自然哲学改变了传统的形而上学……笛卡尔的影响更多地同神学的、保守的观念相适应，霍布斯则是彻底的变革者。他们都是新认识论的奠基者，都沿着哥白尼、开普勒、伽利略、哈维开辟的方向行进，虽然笛卡尔在这一点上并没有那么明确。……霍布斯的研究一于始限制在物理的领域里，后来决定性地扩展到了道德的领域。[1]

一、作为"物理学"或激情推理知识的"伦理学"

按照科学的方法，研究运动的原理，成为霍布斯哲学最为重要的基础。他把整个哲学视为从运动的原理来进行推理的学问，他区分了哲学的两大部

---

[1] ［德］斐迪南·滕尼斯：《霍布斯的生平与学说》，张巍卓译，商务印书馆2022年版，第119—120页。

分：从自然物体的运动性质推论而得来的知识，称之为自然哲学；从政治共同体之性质推导而得来的知识，称之为政治学和人文科学（在其后的苏格兰启蒙运动中称之为伦理学）。但霍布斯没有像培根那样，把伦理学或道德学放入政治学和人文科学内，在这里，他认为只存在两部分的知识，其一是从国家制度直到政治团体或君主的权利和义务的推理知识；其二是关于从国家制度直到臣民的权利与义务的知识。最有意思的是，他把"伦理学"归入"物理学或质量的推理知识"门下，属于其中"地球物体质量的推理知识"中"动物性质的推理"，从这里区分为这样两个部分[1]：

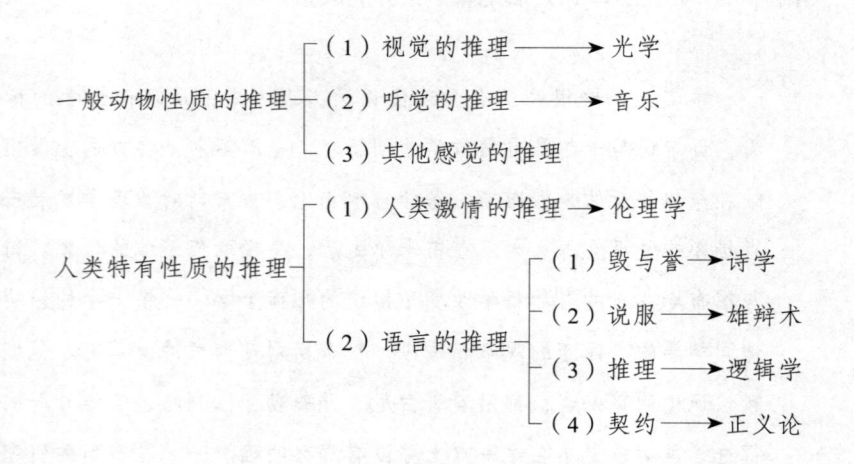

一般动物性质的推理 ─┬─（1）视觉的推理 ──→ 光学
                    ├─（2）听觉的推理 ──→ 音乐
                    └─（3）其他感觉的推理

人类特有性质的推理 ─┬─（1）人类激情的推理 ──→ 伦理学
                    └─（2）语言的推理 ─┬─（1）毁与誉 ──→ 诗学
                                        ├─（2）说服 ──→ 雄辩术
                                        ├─（3）推理 ──→ 逻辑学
                                        └─（4）契约 ──→ 正义论

这当然是一个极其狭义且只具有霍布斯个人特色的说法，但大体上依然还是保持在传统的某种规定之内，毕竟伦理学还是被归于"人类激情的推理"这个大范围之内。

从这个规定中我们知道他还是受了培根的影响，但在此说法中，对伦理学在"科学"体系中没有做出一个合情合理的定位，乃是由于太受当时物理学知识概念的影响，他要把动物和人都在广义上作为"物理"的一部分来认

---

[1] ［英］霍布斯：《利维坦》，黎思复、黎廷弼译，商务印书馆1997年版，第62—63页。

识，仅仅从人性的激情来把握人的身体和心灵与其他物体的"区别"。这使得霍布斯的伦理学概念既与古希腊所理解的不同，也区别于其身后的英国伦理学。因为仅仅从激情的推理来理解伦理学，永远只能算伦理学的一个特殊的部分，而我们在现代语境下归于霍布斯伦理学的自然法学说，契约伦理或者说正义论，在他自己的规定中，都属于"伦理学"之外的知识。

所以，在霍布斯哲学中，伦理学没有独立的地位，我们可以从《利维坦》的结构中看出来，其中只有第六章的主题"论自觉运动的内在开端（通称激情）"涉及关于激情的推理；他把"激情"分为单纯的激情和不单纯的"激情"。单纯的激情包括欲望、爱好、爱情、嫌恶、憎恨、快乐和悲伤等等，伦理学的基本概念和知识，都能从这些激情中推导出来。

善和恶是从欲望对象中推导出来的，他说："任何人的欲望的对象就他本人来说，他都称为善，而憎恶或嫌恶的对象则称为恶。"[1]

他要说明的就是，善恶作为个人主观欲望的对象，表达的是激情的好恶，而不可能从对象本身的本质中推导出来，因而不可能从这种推导中获得什么共同准则。但与它们相近的拉丁词美与丑，虽然也有主观的评价性含义，与人的激情状态相关，但他认为是不同的，因为美与丑毕竟还同时预示着事物本身的表面迹象，我们可以把美视为是对事物本身的某种属性，如娇美、壮美、美丽、可爱等都是可以从对象身上找到表现的。

欲望与愿望不同，后者是静态的，仅仅是一般名词，而前者则表达运动，一种朝向引起欲念的意向。因而欲望的对象，对有此意向的人而言，就是善的对象，爱的对象。在此意义上，爱与欲望就是一回事儿。但区别在于，欲望是指爱的对象不在场或不存在时的激情，而爱常常是指对象存在时的激情。与此相应，我们也会推导出关于嫌恶和憎恨的情形。在这种关于激情的推理中，霍布斯区分了三种善和三种恶：

---

[1] ［英］霍布斯:《利维坦》，黎思复、黎廷弼译，商务印书馆1997年版，第37页。

一种是预期希望方面的善，谓之美；一种是效果方面的善，就像欲求的目的那样，谓之令人高兴；还有一种是手段方面的善，谓之有效、有利。恶也有三种，一种是预期希望方面的恶，谓之丑；一种是效果和目的方面的恶，谓之麻烦令人不快或讨厌；一种是手段方面的恶，谓之无益、无利或有害。[1]

他就这样规定了伦理学基本概念的含义。当人们具有达成的看法时，欲望就称为希望；不具此看法时，欲望就称为失望。常存的希望是自信，常存的失望即不自信。当造成对对象的伤害之意向时，嫌恶就转化为恐惧；当具有通过抵抗免除伤害的希望时，畏惧就转化为勇气。突然上来的勇气称为愤怒。希望他人好的欲望称为仁慈、善意或慈爱；如果这种欲望是对人类普遍存在的，便称之为善良的天性。

在这种规定中，我们也看到了作为道德情感的仁慈，其实不是由对外在对象的欲望所引起，而是由情感主体自发的原因——希望他人好的意向所引起。因而，在这里我们也可以看到，道德情感只能是一种自发的，即自由的情感。在这种自由情感下，霍布斯使得"自由的"意志概念的真相获得了其恰切的有效性。[2]

这种真相就是，看起来意志是自由的，其实单个的意志是由本能和激情所表现的，由人的自然本性所决定，因而是不自由的。霍布斯倾向于承认人有"自然的自由"，这种"自由"其实就是本性、本能之决定的不自由。因为有些欲望和嫌恶是与生俱来的，总是受欲望和激情的外部对象之刺激所决定。但霍布斯同时倾向于认为人的激情之行为是自由的，因为它虽然有本性的影响，但更多的是由文化和教养所影响的、直到当下自我塑造出来的"意

---

[1] ［英］霍布斯：《利维坦》，黎思复、黎廷弼译，商务印书馆1997年版，第38页。
[2] ［德］斐迪南·滕尼斯：《霍布斯的生平与学说》，张巍卓译，商务印书馆2022年版，第212页。

志"所决定。从这里，我们才能理解霍布斯长期与主教关于自由意志问题的争论。

二、不自由的意志和激情的行动自由

当我们了解到霍布斯并没有承认本能与意志之间的本质性差异后，我们自然就能理解，他为什么倾向于认为，意志是不自由的，而激情作为行为却是自由的。这也是因他受物理学科学的影响，从"物体的运动原理"可以推论出来的结论。但他不是一个只顾理性推理的人，对于伦理学而言，任何理性的推论都必须与对真实人性的洞识相结合，在这方面他是高手。他不仅看出善与恶、有用与有害区分的相对性，也看出善恶的差别其实与人的见识或知识的差异相关，而与人的意志能力，即执行力的差异明显，因为人在努力、奋进、进取和追求意志的目标时，几乎都是一样的：为了目的，不顾一切。没有激情，没有强大的意志力，任何高尚的目标都不可能实现。

人的激情与动物的激情之区别在于，人可以阻止贪婪（habsucht）而野兽却不会。在意志是否自由的问题上，霍布斯其实是一个著名的决定论的鼓吹者。意志由什么决定？由意欲的意向对象决定。想要做什么是因喜好什么，如果喜好的欲求成为贪欲，像野兽扑向可欲之善物那样，这不可能是自由的，而是由强烈的欲望所强制的。因此，霍布斯倾向于认为，只有意愿（willing）的行动是自由的，而意志本身却是不自由的：

> 自由只是意味着一种没有外在物理限制的移动或行动的能力。因此，意志的自由只是根据意志进行行动的自由，但要问这一意志本身是否自由，对霍布斯来说，这是在问一个无意义的问题。[1]

---

[1] ［英］霍华德·沃伦德：《霍布斯的政治哲学：义务理论》，唐学亮译，华东师范大学出版社2022年版，第285页。

因为霍布斯说，喜好、恐惧、希望以及其他的激情都不能称作自愿的，因为它们不是由于意志，而是它们就是意志。而意志不是自愿的，是由意欲的那个意向的对象所牵制的。一个人不能说他想要意志，就像他不能说想要意志的意志一样，这样寻求由己的意志，就是荒谬而无意义的。意志行为之链条的第一因必然在上帝手上，不在意志本身中。意欲本身无法突破一种外在的物理移动的障碍，只有行动才可以。因此，所谓意志自由指的只是源自意志的行动的自由，而不能说意志本身是自由的。

伦理学要认识人性，"认识你自己"，那就要认识自己首要的激情之性质。如果首要的激情为欲求和贪婪所控制，此人绝对成不了什么好人，过不了任何高贵的生活，因为他失去了人的高贵性之基本素质：出于对事物之本性的热爱而孕育精神的能力。只有这种能力才赋予人行动的自由；只有行动自由的能力，才使人能终止自然的贪婪转而热爱并追求高贵的精神生活。

从这里我们才能理解霍布斯同布兰哈尔主教关于意志自由争论的焦点。主教攻击霍布斯否认意志自由，抛出的第一个难题涉及古希腊埃利亚学派的芝诺同他的奴隶的争论：他的家奴因偷盗被抓住，芝诺用鞭子打他，他却反抗说，是必然的命运决定了他去偷盗，主人没理由打他；而芝诺更狠地打他，说是同样的命运决定了他要被责打。主教试图通过这个例子说，否认自由的人就适合于挨鞭子。

霍布斯的回应是，不是坚持必然性的人，而是嘲笑必然性的人才应该受惩罚。他说，主教没有区分"发生了的必然性"和"没发生的必然性"，如果某人明天继续活着是必然的，那么他今天就"必然"不会做把自己的头颅砍下来的荒唐事；如果必然发生了他砍下自己头颅的事，说明他的行动是自由的，而他明天继续活着这一"意志"就不是自由的。"祷告"是一种祈福的意愿或意志，我们一般说，这种意志是"自由的"，但霍布斯说，我们只能期盼上帝做出什么，而不是我们的意志做出了什么，我们不能改变上帝的意志。在这里，霍布斯说了一句十分精辟的话：

> 我承认这种如果我想要（will）我就能做的自由（liberty）；但是，说如果我想要（will）我就能想要（will）却是很荒谬的。（Works IV. 240）[1]

而主教嘲笑霍布斯，说如果我们相信霍布斯说的是真的，那么，只有魔鬼才是最自由的基督徒，能让上帝做出意志的行动。霍布斯最为核心的论证是：

> 没有人能从自己现有的力量里产生未来的意志。未来的意志可能会由于他人而改变，也可能会由于外在于他的事物而改变。如果它改变了，那么它既不是由自己改变的，也不是由自己决定的。如果它没有被决定，那么意志就不存在，因为任何有所意愿的人都希望获得某些特定的东西。人和野兽都具备考虑（Überlegung）的能力，因为考虑即不断改变着的欲望，而非思维；是存在于其中的最后的行动或欲望直接产生了行动，最后的行动或欲望就是唯一能被别人认识的意志，也是唯一能呈现在公共判断面前的、作为自由意志的行动。"自由"无非意味着只要某人意愿，他就去做出行动或放弃行动。因而这涉及的并非意志的自由，而是人的［行动——引者］自由。意志不是自由的，而是服从于外部诸原因的作用，因它们的作用而变化。……如果没有任何作为原因的偶然事件存在，没有任何一个原因或诸竞争着的原因存在，那么就没有什么事情足以成为现实。任何像这样的原因以及他们间的竞争，都源自天意以及上帝的恩宠与劳作。[2]

所以，正如在市民法中一样，霍布斯非常有限地承认了人的行动自由，除了反抗权外，他认为人的自由都是消极的，即在法律既不禁止也不命令的

---

1 转引自［美］J. B. 施尼温德：《自律的发明：近代道德哲学史》（上册），张志平译，上海三联书店2012年版，第108页。
2 转引自［德］斐迪南·滕尼斯：《霍布斯的生平与学说》，张巍卓译，商务印书馆2022年版，第200—201页。

情况下，个人可以自由地采取行动或不采取行动，但这只是在法律"沉默"时所"剩余的自由"。

三、心理利己主义的道德哲学

霍布斯对道德做出的是一种自然主义的证明，因为道德最终始于我们自我保存的需要，而不是亚里士多德所说的对幸福这一最高目的的追求。自我保存是人类最为根本的利益，因而最大的利益其实就是利己，对自我生命之安全性的关切。当我们为了允许他人自由而限制自我的欲望时，我们就对他人负有了义务，因为我们严格限制了利己的本性欲望以免妨碍了他人的自由。因此，霍布斯是从心理学对人性的利己本质和可欲之为善的意志行为的推理，来阐发其道德科学的。道德义务被解释为是通过意志行为所传递的心理学上的必然性效果。使行为陷入不义的原因仅仅是行为出于违法的意志，而不管这意志是否自由或具有必然性。

霍布斯非常自信地宣称是他而不是别人最先表达出了道德法的科学基础。因为他对"哲学"做出了自己的严格规定：

> 哲学就是根据任何事物的发生方式推论其性质、或是根据其性质推论其某种可能的发生方式而获得的知识，其目的是使人们能够在物质或人力所允许的范围内产生人生所需要的效果。[1]

于是，"道德哲学"在这种规定中就是依据"伦理事物"（公道正义）的"发生方式"对人生产生"效果"的推理知识。他把道德经验排除在"道德哲学"之外，因为它不是从"伦理事物"的发生方式中推理得来的，而是在和猛兽身上都可以找到的。道德哲学也不是一些聪明的道德警句和格言，因为美洲的野蛮人也有优良的道德箴言，各民族都不缺乏道德规范，但缺乏的

---

[1]［英］霍布斯：《利维坦》，黎思复、黎廷弼译，商务印书馆1997年版，第537—538页。

是正确推理的"道德哲学"。道德哲学不是从书本中，或从先辈们权威的规矩中得到的"礼节"，它们没有从伦理事物的本性——公道正义——及其发生方式中做出科学的推理。而所有科学推理的基础，他认为是几何学，"几何学是自然科学之母"[1]。一个学派如果不首先在几何学上有很深的素养，那么其道德哲学与其说是科学，不如说是梦呓。

在这样的规定中，霍布斯对古希腊道德哲学先贤们的评价极其不公和刻薄，他赞美柏拉图，是因为柏拉图学园不收不懂几何学的人，他们说如果谁不懂得关于事物的线与形的比例和性质的知识，就会在伦理学上讲出一些毫无意义的话。他们的道德哲学就只不过是叙述他们的激情，而不能基于自然法推导出何为正直公道的生活。亚里士多德本来在《尼各马可伦理学》论正义的文本中，就明确使用了以平行四边形的原理来确定城邦的"分配正义"，他却这样评述最早的这位发明了"伦理学"学科概念的哲学家：

> 我相信自然哲学最荒谬的话莫过于现在所谓的亚里士多德的形而上学，他在《政治学》中所讲的那一套正是跟政治最不能相容的东西，而他大部分的《伦理学》则是最愚蠢不过的说法。[2]

究竟要如何推论出伦理的东西才不愚蠢呢？当然是从人性及其欲望的运动学中做出推论。当我们认为善恶是根据各人自己的意愿支配每个人的生活和行动，这就一点问题也没有。因为欲望是行动的最终动因，没有欲望，人不会做出任何行动，也没有人能自愿地做出对自己不公、损害自己利益的行动。但是，我们要认识到，私人的欲望不可能成为尺度和法则，相反，只有体现国家意志的法律才有可能成为尺度和标准。在人人除开自己利己的欲望就没有其他法则的状况下，是不可能有善行与恶行的普遍法则存在的。道德

1　[英]霍布斯:《利维坦》，黎思复、黎廷弼译，商务印书馆1997年版，第541页。
2　同上书，第542页。

哲学因而一方面要基于人性的欲望原理，推理出合乎利己的本性法规，同时这又不是合乎某个人私利而是合乎所有人的利益，即公益的普遍有效的法则。

所以，主权者应该制定出良法来让人遵循。但什么是良法呢？

> 我所谓的良法不是公正的法律，因为任何法律都不可能是不公正的。法律是主权当局制定的，这种权力当局所作所为的一切都得到了人民中每一个人的担保和承认。人人都愿意如此的事情就没有人能说是不公正的。国家的法律正像游戏的规则一样，参加的人全都同意的事情对他们每一个人来说都不是不公正的。良法就是为人民的利益所需而又清晰明确的法律。[1]

如果我们可以忽略所有人对当权者立法权的担保和同意这样的空洞而无法做到的困难，那么以"人民的利益"来辩护法律的道德性，大体上还是可以同意的。但在霍布斯的道德哲学中，人们依然看得见一个明显的巨大鸿沟，即个人利益和主权者所强调的国家整体利益，虽然在其理性的推论中，能够逻辑地说，两者是内在一致的，但根据人性的本性和国家的本性的推理，两种本性存在着根本的冲突：每个人自然地是利己主义的，而国家自然地要为了所有"人民的利益"来分配每一个人的利益，无论哪种国家政体，都不可能制定出一个绝对正义的"良法"来保障每个人所得的利益都是公平的"应得"。从一个自私的个体的角度来对待国家法律的安排，似乎谁都感觉自己没有得到其"应得"，因而在许多情况下，利己的心理都会对国家法的制度安排感到不满意，因而对履行自然法的义务产生抵触，这也就是霍布斯已经发现了的"自然法违背我们的自然激情"。因此，自然法只有在某些场合，尤其是在心理意义上，把自然法的正义描述为一种消极性的禁令——"己所不欲，勿施于人"，从而保障一种底线上的不主动伤害他人的利益的

---

[1] [英]霍布斯:《利维坦》，黎思复、黎廷弼译，商务印书馆1997年版，第270页。

禁令，因而法律成为保障个人利益和公共利益得以不相冲突的底线伦理。而霍布斯自己通过蜜蜂和蚂蚁的比喻，将个人根据本性趋向于私己利益，从而也就获得整个蜜蜂或蚂蚁社会的公共利益之说辞，反倒将自然法的正义变得晦暗不明。其实，霍布斯的心理利己主义的最终保障不是人的理性立法所能提供的，沃伦德看得十分清楚：

> 在霍布斯的体系中，一个最初的矛盾，存在于个人的义务与利益之间，其次，存在于私人利益与公共利益之间。只有在神的奖惩存在的情况下，这一矛盾才得以克服，因此，如果没有得救（或终极的毁灭）的制裁，霍布斯的理论就是不完善的。[1]

这也就是人类理性最终的局限。一个以强烈的科学精神进行严格推理的道德哲学，最终必须依赖对上帝来世奖惩的设想，才能满足一个道德哲学学理上的完备，康德的纯粹实践理性最终也重复了霍布斯的老路，通过理性的公设，从道德通往宗教，才解释了普遍有效的道德法则之道义实存的最终困境。

第三节　洛克伦理思想的现代转型

正如霍布斯的哲学是近代科学和英国内战的现实反映，洛克的哲学则是1688年"光荣革命"之后以新伦理开创一种现代文明新类型的典范。

一、科学时代的洛克精神

像霍布斯一样，洛克也是在自然科学蓬勃发展的时代精神中成长起来的一代学者，他出生时（1632），自然科学在英国获得了空前发展。洛克的家庭

---

[1] ［英］霍华德·沃伦德：《霍布斯的政治哲学：义务理论》，唐学亮译，华东师范大学出版社2022年版，第289页。

对他思想的形成产生了很大影响。他父亲是个律师，宗教倾向上同情清教，但形式上的宗教性情依然保留在英国国教内，这或许可以理解为是后来洛克认识到宗教必须宽容的家庭背景。洛克10岁时，英国内战开始了。内战是宗教与政治之现代化带来的必然后果，因为它是代表君主制的查理一世和代表议会民主制的奥利弗·克伦威尔之间的战争。这样的战争，在少年洛克的心间萌芽了一种朦胧的感觉，即任何国王都不可能拥有神圣的统治权（a divine right to rule）。1646年第一次内战结束之后，洛克开始到伦敦威斯敏斯特学校上学，1649年听闻了查理被克伦威尔斩首的消息，他开始感知到政治斗争的残酷是血淋淋的。1652年洛克上大学了，进入牛津大学最大的学院基督教堂学院（Christ Church College）学习，这是由克伦威尔的清教徒精神主宰的学院。但整个牛津大学的课程依然像中世纪时的课程一样枯燥乏味，亚里士多德的逻辑学与形而上学是主干课程，而培根和笛卡尔开创的新科学的观念以及现代知识前沿在大学课程中很难见到，我们由此也就能理解，培根和霍布斯为什么那么痛恨并以恶劣的言辞痛批亚里士多德学说。不管大学课程设置多么保守和教条，年轻学子对新科学和新的文化精神的渴求，是任何反科学的保守教育阻挡不了的，他们内在的兴趣在于新科学、新知识，因而洛克在大学里很快开始了自主地学习。他于1656年顺利获得学士学位，两年后获得硕士学位。

之后，洛克硕士还有过一段时间对新兴科学极其着迷，因为他在牛津广泛结识了一些新科学的倡导者，包括主教约翰·威尔金斯、天文学家和建筑师克里斯托弗·任、医生托马斯·威利斯和理查德·洛尔，特别著名的科学家有物理学家罗伯特·胡克、化学家罗伯特·波义耳等，洛克与后者交往甚密，成为好友，不仅上他医学化学的课，而且与波义耳合作进行了关于人体血液的重要医学研究，在这时，医学成为洛克研究的中心。更令人惊讶的是，洛克自己在36岁，即1668年入选英国皇家学会。而在此之前的1663年，洛克被任命为牛津大学基督学院的高级审查员。这不是一个教师职务,其职责是监督本科生的学习和纪律,但要求给学生进行一系列讲座。这些讲座的内容后来变成了一本书,就是洛克的《自然法论文集》。也正是在这部早期学术文集中,洛克既表达了他的经验主义知识论的核心观念——任何知识都不是天赋观念的产物,全都来源于经验,因而道德知识同样不是天赋的,是从经验中产生的,这是不同于霍布斯的一个观念;也表达出关于自然法的基本理念——自然正当的道德法则,支撑着人类所有行为的正当性。

洛克在政治思想上的成熟,实际上得益于与沙夫茨伯里第一代伯爵安东尼·阿什利·库珀勋爵(1666)的结识和交往,这位爵士是辉格党的成员和最终领袖,在英国复辟后的头二十年里成为英国最有权势的人物之一。在政治上,他主张君主立宪制、公民自由、宗教宽容和英格兰的经济扩张。据说洛克是因为懂医学,一度帮助爵士渡过了难关,因而深得赏识,成为他的秘书和得力干将。当然洛克对他的思想也是发自内心的赞同,他起草了关于宗教宽容的文件,供伯爵在议会演讲中使用。

为了理解洛克政治自由主义伦理,我们一方面需要把握他与沙夫茨伯旦伯爵政治思想的联系,同时也还要关注洛克自己伦理学思想的渊源,这样才能准确地把握其伦理学观念的底蕴。

二、洛克伦理学观念

我们在第二章已经考察了洛克的自然法思想,现在我们仅仅满足于强调这一点:在自然法这一道德哲学背景下,洛克继承的是普芬道夫的思想而与格劳秀斯—霍布斯传统保持距离。这已经是哲学史的一个公论:

> 普芬多[道]夫体系是近代对类似观点的道德蕴含所作出的最为充分的解释,洛克就曾推荐用普芬多[道]夫著作教育所有绅士的孩子。他说,它是"同类著作中最好的"。
>
> 在很多重要方面,洛克自己著作所表述的道德观都与普芬多[道

夫的相类似。[1]

当然，指出这一渊源可以让我们更为准确地重构洛克的伦理学理论。之所以需要"重构"，一个众所周知的原因，就是洛克自己坚信他已经建立了一种综合性的伦理学理论，阐明了构建现代社会所需要的道德要求。但是，一方面他的伦理思想表达过于零散，另一方面又缺乏通俗易懂的解释。而后者正是同时代人所要求于洛克的，却被他粗暴地加以拒绝。因而，我们对他伦理学的重构，只能依据他的著作与其时代问题的关联。

在最系统表达其哲学思想的著作《人类理解论》中，洛克表达了与培根、霍布斯相同的观念：道德原理和知识不是天赋的观念。在第一卷的第三章，洛克以"没有天赋的实践原则"这一强否定性论断，让人明白：

> 人们所以普遍地来赞同德性，不是因为它是天赋的，乃是因为它是有利的——因此，自然的结果就是人们对于各种道德原则，便按照其所料到的（或所希望的）各种幸福，发生了分歧错杂的各种意见；如果实践原则是天赋的，是由上帝亲手直接印入人心的，当然不会发生这种情形。[2]

是"利"而非抽象的"义"成为道德的基础，这在现代早期也是一个十分大胆的论断。在道德问题上，人们一方面十分自信，谁也不会承认，自己不懂道德，但恰恰是在道德问题上，处处都是误解。一个最大的误解，就是人们相信道德观念是天赋，良心也是上帝植入人心的。但洛克坚定地否认有任何天赋观念，良心也不足以证明有任何天赋的道德规则，因为良心只是人们心中对善恶的判断机制：

---

1 ［美］J. B. 施尼温德：《自律的发明：近代道德哲学史》（上册），张志平译，上海三联书店2012年版，第173—174页。
2 ［英］洛克：《人类理解论》（上册），关文运译，商务印书馆1983年版，第29页。

所谓良心并不是别的，只是自己对于自己行为的德性或堕落所抱的一种意见或判断。[1]

判断是否对错的标准，恰恰不是主观的"良心"，而是大家普遍承认的"道德法则"。但"道德法则"不是天赋的，因为所有的道德法则都需要理性来"证明"，任何道德法则提出来之后，人们都可以提出其"所以然"的理由来质疑它，而伦理学作为道德科学所承担的使命，就是为任何道德原则之所以为道德的"道德性"（morality）提供一种证明或辩护。在此意义上，洛克的道德哲学观念，也类似于霍布斯，要求伦理学成为"科学的道德"，是从理性推理而来的"知识"，既不是天赋的观念，也不是单纯的经验，而是心灵的理性"构造"。

与霍布斯不一样的地方在于，洛克伦理学奠基于他的知识论，即他的"观念论"：一切观念都由感觉和反省而来，人心在有感觉前，如同一张白纸，没有任何印记，而后来之所以具有了各种观念或知识，完全是因为感觉造成的印象和观念刻印上去的，因而是从经验而来。除外部感觉之外，人心还具有对感觉印象和观念的反省能力。感觉从外部世界接受各种印象与观念，而"内在感官"对这种印象和观念之间的联系进行知觉、思想、怀疑、信仰、推论、认识、意欲等等，从而构造出各种复杂观念，这都是反省能力的功劳。道德观念从属于他所谓的"混合样式的""复杂观念"，它们不像"实体观念"那样是用来反映或符合某种外部实在的，相反，心灵"构造"出它们，是为了提供给事物分类和命名的原型。这是他使用"样式"（mode）概念的理由。所以，伦理学在他这里是一种"规范性"的科学，它甚至不仅仅是"限制性"的规范，而且更正确地说是"范导"事物如此"形成"的规范。我们只有理解了观念样式的规范性特质，才能理解道德词语所表达的道

---

[1] ［英］洛克：《人类理解论》（上册），关文运译，商务印书馆1983年版，第31页。

德观念，不是用来惩罚和评判别人之不义的工具，而是要"范导"出生活和行动之道德属性（moral properties）的实在本质，而不仅仅是其名义本质。

因而，在伦理学这门实践的规范性科学中，洛克摆脱了其知识论上的唯名论，而通向了道德实在论立场，这是对普芬道夫"道德存在"概念有益的补充和发展。有了这样的概念，洛克才能驳斥在道德哲学上的种种虚幻的观念，如空谈良心和上帝对人的心灵的直接影响。他提供一系列复杂样式的道德观念，就是为道德所需要的证明提供实在的工具。例如，公道和正义这样的伦理原则，是需要证明的，而证明它们，需要寻找到"义"与"不义"所对应的实在物：权利之实体，即财产和承认其合法性拥有的法律——民法和舆论法。

如果我们空谈正义，空谈自然法，我们或许会得到关于正义之观念的知识或学问，却不会形成正义的社会和正义的美德；如果我们要让正义观念"范导"出正义的社会和正义的美德，那么我们需要抓住正义存在的实在性东西：取得财产和对保护财产权的法律。因而，所谓"不义"就是对他人合法拥有的所有权的侵犯或剥夺；所谓正义，就是每个人得其所应得。在没有财产的地方，没有不义；在没有法律的地方，也不会有正义。

与霍布斯强调道德科学要从数学、几何学原理出发进行推理不一样，洛克更为清楚地看到了道德观念远比数学观念复杂得多。数学观念的不同事关逻辑之真，而不会事关权利或利益，但道德观念既涉及普遍法则，却又与每个人的切身利益相关。因此，道德观念的分歧既涉及道德之真理，更关切于自身之利益，这是人们在道德原则上难以达成一致的关键所在。

在否认了天赋观念之后，道德观念先天正义的根据就被切断了；公道正义与每一个人的切身利益关联起来之后，习俗道德的权威性也会随之丧失，因为"过去"习俗的权威，也需要"移风易俗"才可能有效地规范当下每一个人的切身利益，道德的"应该"在时间指向上不属于过去，至少是当下，甚至更准确地说是"未来的"，因而，道德实在性立场同时也就要求洛克为当下人的行为提供一个判断善恶和道德性的标准。在此问题上,他与霍布斯又走到了一起,采取从对痛苦和快乐的心理感受作为判断道德上善恶的基础和标准:

> 事物所以有善、恶之分,只是由于我们有苦、乐之感。所谓善就是能引起(或增加)快乐或减少痛苦的东西;要不然它亦使得我们得到其他的善,或消灭其他的恶。在反面说来,所谓恶就是能产生(或增加)痛苦或能减少快乐的东西;要不然,就是它剥夺了我们底快乐,或给我们带来痛苦。我所谓苦乐是兼指身、心二者的,就如普通所分的那样。[1]

这虽然还不是严格的功利主义道德标准,但功利主义道德的基本要素,在这里已经具备了。道德是促进产生快乐和减少痛苦的,与增加人们的利益,减少不利、不义或痛苦成正比关系。由于快乐和痛苦的感受性具有切身的实在性,而情感也容易通过这种苦乐的感受性而在人与人之间移动,从而从心理学的苦乐感转向对他人的赞美或厌恶的道德情感,可以无困难地顺利过渡,因而,洛克通过快乐与痛苦的感受性标准,定义了一系列道德情感:爱情、憎恶、欲望、欢乐、悲痛、希望、恐惧、失望、愤怒、嫉妒、羞耻。每一种道德情感观念,都指向一种德性的实在模式。由此我们可以发现,洛克确实是英国伦理学现代转型中的一个枢纽,其后的伦理学思想很难否认受到了他的影响。

三、宗教宽容与信仰自由成为现实的权利

洛克政治自由主义的伦理观念虽然在《论政府》的两部小册子(写于1660年)中表达出来,但在这本书中,洛克没有从伦理学基本概念入手,而是从

---

[1] [英]洛克:《人类理解论》(上册),关文运译,商务印书馆1983年版,第199页。

政治稳定这一国家利益的保守立场论述政府的职能和权力边界。政府在任何与基督教基本信仰不直接相关的宗教问题上的立法都具有正当性，这种观点虽然可以看作是对因宗教分歧所带来的无政府主义和战争威胁的回应，但与他后来在《政府论》（1689）中阐述的有限政府之权限的学说是截然相反的。1689年的《政府论》最为著名，代表了历史上最杰出的以权利为导向的古典自由主义政治哲学和政治伦理学，但伦理学本身的基本理论并没有得到阐发。

在1689这同一年，洛克出版了他被称为"受欢迎程度第二的著作"《论宽容》(*A Letter Concerning Toleration*)。在这本书中，他与其说是为宗教宽容政策进行了卓有成效的辩护，还不如说，是为宗教宽容伦理做出了自由权利的奠基。因为他的辩护本身是基于对君主权和公民自由权各自有效范围的界定来进行的，因而与其《政府论》中的政治自由主义原则相一致。这两部著作相互支撑，表明了洛克在客观精神和绝对精神两个领域，都成功地将伦理建基于自由之上，且实现了伦理学的一种现代范式变革：以实在权利边界的划定，以各自所应得的利益这一正义伦理来规范现代政治生活和社会生活的有效秩序。

在这里，我们不由得会思考这一问题，为什么正是各自利益边界划清楚了，有了实在化的正义，宽容才成为一种伦理原则？洛克并不是第一个提出这一思想的人，伊丽莎白一世开始推行宗教宽容政策，距洛克宽容思想的提出已经一百多年了，为什么到洛克这里才证明成为一种大家都一致认同的伦理原则？

伊丽莎白一世统治时期（1558—1603）曾是欧洲君主制成功的范例，但是，新教改革之后，欧洲面临更为复杂的国际关系，因信仰分歧而导致了各种新仇旧恨。英国和法国之间过去有百年战争的旧仇；而苏格兰女王玛丽又远嫁法国成为法国王太子弗兰西斯的妻子，玛丽和法王亨利二世都是虔诚的天主教徒，无法容忍倾向新教的伊丽莎白女王执政英国，这是新恨。所以，亨利二世与教皇保罗四世相勾结，发布教皇敕令宣布伊丽莎白为宗教异端。

除了法国外，还有一个天主教国家西班牙，他们的军事实力在当时都远超英国。这使得英国需要在宗教政策上具有宽容思想，才能化解内忧外患、四面为敌的国内和国际关系。所以，英明的女王1559年颁布《英国与法国、苏格兰的公平公告》，表达英国与周边国家消除敌意、实现永久和平的真切期望。1588年女王治下的英国成功击败西班牙的无敌舰队，这是英国在现代最为漂亮的一个翻身仗，从此跨入现代世界列强行列，让世界刮目相看。这同时也向世界展示了一位新时代的君王形象和美德：君王虽然不再具有神圣的权力来源，但依然必须有能力和品格，带领国家适应世界大潮的新方向，对内加强法制建设，大力发展科学技术，对外大力发展工商业以迅速增长财富积累，这样才能让国家政府有能力防范社会动乱和列强的干预。

但宗教问题随着新教改革一再成为欧洲各地战争的导火索。作为原来的一个天主教国家，玛丽女王时代（1553—1558）又使得罗马天主教在英国重新确立其权威，她血腥地镇压新教徒也使得她得罪了英国所有的实力阶层。这使得伊丽莎白女王需要更多的实践智慧，以解决现实中的"天怒人怨"，制定出更好的宗教政策，既要赢得新教改革者的支持，同时也不得允许罗马天主教和外国势力干预英国宗教事务，以确立王权在宗教和世俗事务上的至尊地位。她有十分清晰的判断，如果宗教问题得不到好的解决，英国必将出现战争和分裂。而宗教宽容意识就是在这种状态下诞生的：

伊丽莎白的宗教宽容政策在当时是十分先进的，它开创了解决宗教冲突的一种新途径。在宗教改革前，因为人们都是天主教徒，宗教冲突不十分明显。宗教改革运动以后，基督教分为天主教、路德宗教会、加尔文宗教会、英国国教会、苏格兰长老会等各种宗派，还有更为激进的再浸礼派教会。教会间彼此争论，互相残杀，导致宗教战争。伊丽莎白在确保国家利益的前提下，利用重新创建一个由国家管辖的教会，把各种分裂的教派重新统一起来，因为政治上的统一必须依赖于宗教上的统一。……宗教宽容政策因此成为推动宗教秩序、政治秩序近代化的一种手段。[1]

在一百多年后英国通过"光荣革命"实现了各党派政治的妥协方案，也让英格兰和苏格兰成功地合并。那么如何在理论上为宗教宽容做伦理辩护，就是现代宗教、哲学和政治一项十分艰巨的课题。

何谓宗教宽容？洛克也并没有给出一个明确的定义，但他不断重复的基调是：每个人对于自己来说都是正统，关键是真信。因此：

> 洛克要表达的最基本也是最温和的一点是，信仰某事就是相信那是真的。"因为，不管教会信仰什么，它相信那是真实的……"[2]

这也就是说，无论教会信仰的差别是什么，只要是真信，那么所信的都是真的，每一种看似极端对立的宗教，其核心之点就是相信所信之真。因此，所谓宗教宽容，不是"宽容"任何一个人主观确信的特殊性神明，而是不能剥夺每一个人都有相信其信仰为真的权利。这就是信仰自由的权利，要为宗教宽容辩护，关键就是要为每一人都有相信其信仰为真的自由做辩护：

> 只有当我们明白宗教自由是指我们所有人享有在宗教信仰和实践中以自认为合适的方式自由处置他自身与财产的时候，我们才能理解所有人如何才能享受宗教自由。正如一般意义上的完美自由取决于［区分——引者］"我的"和"你的"，完美的宗教自由也是如此。[3]

---

[1] 朱孝远：《欧洲文艺复兴史·政治卷》，人民出版社2010年版，第176—177页。
[2] ［英］艾瑞克·马克：《约翰·洛克：权利与宽容》，李为学等译，华中科技大学出版社2019年版，第157页。
[3] 同上书，第144页。

在这里，洛克又向其道德实在主义前进了一步，每一个信仰自由，不是空洞抽象的东西，抽象的信仰自由，在宗教改革家马丁·路德和加尔文那里就有了丰富的思想，而他们的宗教改革没有从这种抽象的信仰自由带来宽容，抽象的信仰自由带来的却是宗教战争和残酷的杀戮，因而，洛克现在不奢谈抽象的宗教自由，反而是非常实在地指出，只有当我们能够自由地处置自身与财产的时候，能区分什么是"你的"、什么是"我的"，即有实实在在的权利边界、所有权的时候，宗教自由才是现实的。

在宗教信仰自由变成一种现实性权利的时候，我们要宽容的就不是别人信以为真的东西，因为那是你所信的真，那是你权利范围内的事，而我所信的只是我信以为真的事，这是我权利范围内的事，你就不能干涉和剥夺我的自由，我也同样如此。这一点推而广之，在制度上具有了规范意义，那就是强调"政教分离"，把"政治的"归"政治"，把"宗教的"归"信仰"。"政治的"属于"公共事务"，而"宗教的"属于个人灵魂的事情，是私密空间、内心深处的事，用不着"政治"来管理。如果"政治"非要强行干预个人内心私密空间的事，那就是对信仰使用了"暴力"。而宗教"宽容"的消极含义，就是拒绝任何以"暴力"或"武力"解决信仰的正统与非正统之争。既然在信仰的事物上每个人都对自己是正统，那么就否定了任何以暴力解决宗教事务的合法性。只有在绝对不"宽容"时，人们才使用暴力，只要提倡宗教宽容，那么就与暴力绝缘了。

洛克在第一封信中从一开始就论证"行政长官"被赋予的"权力"之目的只有一个，即用来保护他所在的那个社会的人们的善：人身、生命和财产的权利不受侵害。由此就可以推论出，在宗教事务上，行政长官之"权力"的唯一合法目的，也只有一个，那就是保护每一个人信以为真的自由权利免遭侵害。他的权限不能扩大到干涉个人的宗教活动上。当天主教徒认为面包是基督的身体时，那是他们信以为真的事，他们不会伤害他的邻居；当犹太教徒不相信《新约》的时候，那也是他们的事，他们并没有因为不信《新约》就改变了公民权利的任何内容。因而，保护人们免遭这样的伤害，也保护了行政长官自己免遭这样的伤害，这成为政治共同体共同的目的之一。只要这样的共同目的被否定，那么包含君主在内的所有人，都不可避免地失去了信仰自由的权利，终将沦为被奴役的地位。因此，洛克在此意义上说，每一个人都有被宽容的权利：在信仰的事情上自己就是正统。

我们不再需要以十字军东征来解决信仰的冲突，我们只需要查一查欧洲三十年宗教战争造成的生灵涂炭的惨状，就会明白，洛克因成功地证明宗教宽容的伦理原则而让人类文明前进了多少。但伦理与道德最终给予自由的权利，还需要从伦理学的一般原理获得奠基性的证明，这一证明实际上早在《人类理解论》中，就已经完成了。

四、作为伦理基础的自由意志难题

什么是自由？洛克自答道：

> 我们如果有能力，来按照自己心理的选择，把任何一种思想提起来，或放下去，则我们便有自由。[1]

但这种归属于"能力"的自由，究竟是意志自由还是行动自由？洛克明确地说：

> 自由不属于意志——如果是这样的（我想是这样的），则我可以请人来思考，这种说法……是不是可以把"人的意志是否自由"的那个问题了结了。因为我底话如果不错，则我可以由上述的话来断言说，这个问题本身就是完全不恰当的；而且要问人底意志是否自由，就如要问他

---

[1] ［英］洛克：《人类理解论》（上册），关文运译，商务印书馆1983年版，第210页。

底睡眠是否迅速，他底德性是否方形似的，都是一样没有意义的；因为自由之不能适用于意志，正同速度之不能适用于睡眠，方形之不能适应于德性一样。人人都会非笑这个问题底荒谬，正如其非笑后两个问题似的。……自由只是一种力量，只能属于主体，而不是意志底一种属性或变状，因为意志本身亦是一种能力。[1]

如果读者阅读了上一节霍布斯关于意志不自由的论证，我们就可以看到，洛克的论证几乎就是"抄袭"霍布斯，同样说意志自由是"荒谬的"。但这里不存在"抄袭"，只能证明他们在此问题上的看法是完全一致的，所不同的是，洛克把自由归属于主体，而不是像霍布斯那样归属于行动。其实，霍布斯说的"行动自由"恰恰也就是洛克所说的"主体自由"，主体的自由能力，无非就是主体行动自由的能力而已。

无论如何，洛克的论证比霍布斯要完善和详细得多。他进一步把意志与意欲区分开来。意欲是心底的一种动作，而意志是运作意欲动作的一种官能，因而是官能能力。意志的官能能力可以决定自己的"思想"来产生、继续意欲的动作，也可以来防止任何动作。我们一般正因此把意志视为自由的。但洛克像霍布斯一样，说自由不属于意志本身的属性，而只是属于主体的一种能力的属性。只有能力属于主体。自由是另一种能力，不是意欲的能力。自由是一个实体（主体）的属性，而不是一个官能的属性。自由之所以不属于意志，洛克说，就是因为不能把本不属于官能的东西归之于官能。胃的官能是消化，这是天注定的，我们不能说胃消化了食物，就是自由的胃。消化是一种能力，正如自由是一种能力一样，但我们不能把自由归属于胃的消化能力，它是"必然"，不是自由。

人之所以是自由的，是因为人作为主体有这样一种凭借心中的思想来选择或知道，愿意实现一种动作就让它实现，愿意终止一种动作就让它终止。

---

[1] ［英］洛克：《人类理解论》（上册），关文运译，商务印书馆1983年版，第211页。

人凭借心中的思想，来选择、决定他的行动，终止他的行动，这都是其主动的自主能力，我们才说人是自由的，自由于是不是人的那个官能的能力，而是人这个主体本身的本质属性。

但意志不是由自身的本质属性而来的思想做主，而是受其所意欲的外界的东西所决定。不快这种情绪也能决定意志，欲望就是不快。善和恶作为观念也可以影响意志，但直接决定意志的是欲望中所含的不快。欲望伴随着一切不快，因而祛除不快成为迈向幸福的第一步。追求真正的幸福不是自由而是一种必然性，这种必然性正是一切自由的基础：

> 自由底目标，正在于达到我们所选择的好事，因此，人既然是一种含灵之物，所以他便受了自己组织底支配，不得不受自己思想和判断底决定，来追求最好的事物。否则，他一定会受了别人底支配，那就不是自由了。
>
> 一个人如果只是自由行傻事，使自己蒙羞被难，那配得上自由么？脱离了理性底束缚，而且不受考察同判断底限制，只使自己选择最坏的，或实行最坏的，那并不是自由；如果那是自由，是真正的自由，则疯子和蠢人可以说是世上唯一的自由人。[1]

因而，自由是以人性追求幸福和至善的必然性为基础的一种高贵的能力，它指向了以思想、精神、理性来自主地决定和选择行动与生活的方向。这正是洛克的伦理学为现代文明所指向并范导的朝向权利实现的普遍幸福的方向，人能真正获得这种高贵的自由能力，还需要理性之启蒙。

---

[1] ［英］洛克：《人类理解论》（上册），关文运译，商务印书馆1983年版，第234—235页。

第 五 章
启蒙伦理与英—法现代道德哲学形态

"启蒙本质上是人类在思想认识领域中进行的一场自我革命"[1]，所谓"自我革命"指的是康德所说的，有勇气公开运用理性表达自主的认识和判断，摆脱自己加之于自己的"不成熟状态"，以便以公共理性引导社会进步，使得社会生活和社会结构合理化。但是，社会生活的复杂性在于，社会需要某种权威来维护构成社会基本结构的礼法规范的实施，同时自身也受此共同规范的约束。启蒙却试图让人成熟起来，不依赖权威，什么事情都自我做主，成为一个成熟的人，就是能成为自我做主的人。但是，人性的复杂性却在于，人的理性一旦成熟，就不再像自然状态下那么淳朴，他开始会算计，自作主张，因而也就同时意味着在不成熟状态下自愿接受权威保护所可能获得的种种利益和好处不再有了。所以，许多人经过这种实用理性的算计，认识到"不成熟"比"成熟起来更好"，成熟起来"代价太大"，从而"不愿成熟起来"，不经别人的指导，就没有公开运用自己的理智的勇气。康德在他的人类学著作中毫不隐晦地表达了对有些落后的民族的蔑视，被许多人以现在的意识形态的正确性攻击得很不堪，但只要我们真能理性地看问题的话，便会发出这样的疑问：那些对利益和权利之上的科学、精神和纯粹理性的东

---

[1] ［英］亚历山大·布罗迪编:《剑桥指南：苏格兰启蒙运动》，贾宁译，浙江大学出版社2010年版，第1页。

西没有任何兴趣的民族，其为了蝇头小利就甘愿被保护、被奴役的状态，是一个真正的人格该有的状态吗？一个民族的精神和个人一样，如果认识不到除了权力和利益之外总有某些纯然精神的东西是值得我们追求和坚守的，而丧失了孟子倡导要善养的那种"浩然之气"，那么存在的意义在哪里呢？那种朝不保夕活命的权利和利益能给谁带来人格的尊严和美好生活？

现代科学与文明之发展，已经到了这样一个关键时刻，哪个民族不允许其公民公开运用理性，哪个民族就不可能发展出新的科学和技术，就不可能在这个高度竞争与高速发展的时代，造就出国富民强、开明发达、政治清明、文化繁荣的社会，这个民族就有可能被挤出历史舞台的危险。一个民族需要在四邻如狼的竞争和对抗中成为强大且有能力引领世界的先进民族，君主就得具有真正"开明的"意识，让民众接受启蒙的洗礼，将自身所拥有的理性能力大胆而充分地实现在科学知识对真理的追求上，大胆而充分地运用到对社会进步和社会正义的追求上，在此进程中，培养其公民独立自主的精神，使之成为充满活力、正气和阳光的新的理性人格，这样才能成就民族与国家的伟大事业。

没有经过启蒙的民族，会将国民的一切气力与潜能耗费在为权利和利益所进行的争夺上，因为只有有权才有"一切"，这就必将导致国家之衰败。先知先觉的启蒙学者确实看出了规定现代文明发展进程和方向的东西——科技和资本的力量，必定是启蒙了的人的自由和理性才能获得和拥有的，因此，对人的自由与理性的启蒙是现代文明的当务之急。但由于"自由"既涉及"权威""让不让"的问题，又涉及"民众"愿不愿"成熟起来"的问题，因此欧洲启蒙最先"启蒙"的对象是"君主"，其次才是民众。对君主启蒙，劝告君主"开明"起来，让公民公开地自由运用自己的理性，对国家与王权都是好事，不会造成混乱和退步，只能导致进步与文明；对"大众"启蒙，阐明只有自己有能力独立自主，才是"真正的依靠"。依靠世俗权威的保护，能得一时之利，但得放弃人之为人的人格与尊严，而有些人自鸣得意的那种被奴役人格，已为现代社会所不齿，于己于国于人类都是耻辱。所以，启蒙最终导向的是，每一个人的自我启蒙。运用自己的理性解除内心之蒙昧，勇于对自我进行理性批判和理性审查，提升自己的科学认知能力和理性判断力，尤其在道德事务上成为自身的主体，独立做人，自主做事，独立担负起对自己、家庭、社会和国家的义务和职责。自主地绽放出人的个性的风采，已经成为一个现代人的基本要求，达不到这一要求的人，必将被现代生活所淘汰。

现代世界处在这一"开端"上，启蒙并非这一进程的首要开创者，却是这一现代理念的第一阐明者。我们在这一章首先从时间、空间和观念谱系上描绘出启蒙时代的精神风尚，再分别探讨启蒙伦理的三种不同形态之谱系，最后对启蒙伦理的问题进行反思与批判。

启蒙运动是指从17世纪中期到18世纪晚期发生于欧洲的思想解放运动，按照国别区分，有苏格兰启蒙运动，其伦理学特色在于通过道德感的培育，培养人的文明教养，特别是通过审美教养的提升来完善人的道德情操，德性论是其理论特色；法国启蒙运动，这是一场反对宗教迷信，反对教会的外在权威，提倡人的理性和自由的政治运动，其伦理学主要表现为百科全书派的理性主义伦理学、社会契约论的法权伦理、卢梭自然主义和情感主义良心论、爱尔维修等人的快乐论幸福主义等；德国启蒙运动，以其倡导公开运用理性的自由，将理性批判从反对教会的欺骗和专制，反对外在权威的压迫转向理性的内在批判，即对人自身的认知能力、主体能力、实践能力的批判，为确立人的主体性寻求内在的、先天的基础，同时对主体性的限度保持清醒的界限意识。由于德国启蒙与道义论伦理学在下一卷做专门探讨，在此不多留笔墨。

第一节　启蒙运动路线图

虽然我们把探讨启蒙运动的道德哲学思想作为重点，而不重点研究一般启蒙运动的历史，但我们首先从时间和空间上描绘出欧洲启蒙运动的路线图，以便为启蒙运动的伦理道德观念变迁提供一个社会历史变迁的背景知识，这依然是十分必要的。

一、启蒙的时间与空间问题

狭义的启蒙运动究竟开始于何时？以哪个历史事件为标志，才能说欧洲进入了"启蒙时代"？对此，历史学界一直存在分歧。分歧的原因在于，之前的历史说起启蒙运动，仅仅指发生在18世纪法国的启蒙运动，或者至少是把法国作为"启蒙运动"的中心，这样启蒙运动的时间，就是指法国启蒙运动开始和结束的时间。但是后来人们发现，启蒙运动不只在法国发生过，它是一个欧洲现象，它应该指称整个欧洲17、18世纪发生的思想文化运动，而且欧洲其他国家所发生的启蒙运动，具有与法国启蒙不完全相同的思想特色，因而不能被笼统地淹没在法国启蒙运动中。也就是说，法国启蒙运动并不能涵盖和代表整个欧洲近代以来通过倡导科学理性而发生的思想文化运动。研究者们发现，除法国之外，英格兰由于科学发展和科学方法论转型开了时代的风气之先，其科学知识的启蒙，导致了自然神学的革命和政治的理性转型，可以说是法国启蒙的先导。法国历史学家做了这样的描述："最后，自由思想的继承者们，抛弃了笛卡儿的形而上学理论，他们在信仰中拷问信仰。洛克经验论的理性一同启发着那些重建社会生活原则的人。……道德上，社会效用代替了神授等级的道德，宽容带来了人世间对幸福的梦想；科学则从幸福开始确保了人类无限的进步。"[1]

苏格兰启蒙运动在伦理、经济、法律和审美品味等现代知识的转型方面非常具有个性特色，是法国启蒙运动所完全不能涵摄的。同时，虽然德国启蒙运动在时间上晚于英国和法国，但是它不仅是继承，而且有创新，通过康德哥白尼式革命的"主体"转向，对"他者"启蒙完全转向了理性的自我启

---

[1] ［法］丹尼尔·罗什：《启蒙运动中的法国Ⅲ：启蒙运动与社会》，杨亚平等译，上海教育出版社2023年版，第663—664页。

第五章　启蒙伦理与英—法现代道德哲学形态

蒙，从而把对普通社会理性的批判转向了对理性自身的批判,"理性的公开运用"取代理性的私人运用，这样就将启蒙运动推向了一个更高的思想水平和社会历史阶段，因此，德国启蒙运动也同样是不可忽视的了。

如此一来，启蒙运动的"时间"问题，就变得不确定了，它不是一个运动的"线性展开"，而是具有某种相似特征、具有科学理性底色的理性运动在空间上的展开。所以，对于我们非历史专业的研究者而言，无须把"精力"放在"准确的""历史时间点"的考察上，而只需按照启蒙运动空间上的发展，把它们视为开创欧洲现代文化的一种"历史事实"来探讨。

作为这样的"历史事实"，发生在英格兰的"启蒙思想"有其"英格兰时间"，发生在法国的启蒙运动有其"法国时间"，发生在德国的启蒙运动无疑就具有"德意志时间"。而我们重点关注的，不在于"时间"，而在于在相同的"启蒙"观念下，启蒙思想对现代伦理做出了何种哲学思考，因而，"启蒙伦理"才是我们考察的重点。

所以，英国学者吉隆·奥哈拉（Kieron O'Hara）在其《人人都该懂的启蒙运动》（*The Enlightment, a Beginner's Guide*）中把英格兰作为启蒙运动的"发源地"[1]，也就成了一个可以接受的看法，因为毕竟英国最早成为欧洲现代思想文化的"领头羊"，英格兰哲学家们的思想至今对世界具有"启蒙"意义。在这个"发源地"上，把英格兰"启蒙"的"开始时间"定位在1688年的"光荣革命"，是被广泛接受的看法。英国当代哲学史家布朗（Stuart Brown）这样说：

> 本卷探讨的欧洲哲学是17世纪后期至18世纪的大部分时期——也就是通常所说的启蒙时期——的欧洲哲学。有一个辩解强调说：它通常指的是"英国哲学"。突出英国早期的启蒙人物如牛顿、洛克当然有其道

---

[1]［英］吉隆·奥哈拉：《人人都该懂的启蒙运动》，牛靖懿译，浙江人民出版社2018年版，第40页。

理，因为他们对别的地方的启蒙运动产生过重要的影响。在18世纪，哲学在英国、爱尔兰非常繁荣。威尔士出了个理查德·普赖斯（Richard Price），而爱尔兰则因有了贝克莱和柏克（Burke）而引以为荣。不仅如此，爱尔兰还诞生了弗朗西斯·哈奇森，从他身上，休谟和苏格兰的启蒙运动受益匪浅。紧接着，苏格兰人对德国的启蒙运动又产生了巨大影响，尤其是对康德思想产生了巨大影响。[1]

在另一个专门谈论英国启蒙运动时间的地方，他还说：

> 从某些方面说，英国的启蒙运动发生于切尔伯里的赫伯特（Herbert of Cherbury，1582—1684）和剑桥柏拉图主义者之前。但是把1688年即光荣革命的这一年作为它的起点是适当的，也是习以为常、有理有据的。……也许作为象征，斯宾诺莎的《神学政治论》(*Tractatus Theologico-Politicus*)首次于1689年冲进了英国的传统思想之中，它论证了在宗教事务中摆脱专制的理由。……即使匿名〔出版〕仍属常见现象，但洛克是《基督教的不合理性》(*The Reasonableness of Christianity*)的作者或J.托兰德是《基督教并不神秘》(*Christianity not Mysterious*)的作者，已不再是什么秘密了。说出这些话语是危险的，但它们并未受到禁止，其作者也不会受到任何攻击。[2]

所有这些情况对当时在英国游览的伏尔泰产生了巨大影响，他看在眼里，想在心中，于是法国接过了英国启蒙运动接力棒，形成了以伏尔泰和百科全书派为中心的轰轰烈烈的启蒙运动。他们一方面对教会的腐败和基督教

---

1 〔英〕斯图亚特·布朗主编：《英国哲学和启蒙时代》，高新民、曾晓平等译，中国人民大学出版社2009年版，第1页。
2 同上书，第3页。

的不合理性展开了猛烈批评,另一方面同现实政治之间展开了剧烈斗争,当然更为重要的是,他从理论上阐发了一系列具有狭义启蒙运动标识般的理性启蒙思想,最终引发的法国大革命(1789)成为狭义启蒙运动终结的时间点。

这两个"时间点"确定下来,奥哈拉就可以对启蒙运动的时间与空间问题,做出一个符合欧美普通历史进程的概括:发源地在英国;先锋阵地在法国;而空间衍伸至欧洲之外且保守英国启蒙传统的启蒙代表在美国;"常识"启蒙且作为情感主义的启蒙摇篮在苏格兰;卓越的且最具自由环境的启蒙地在荷兰。

在这一概括中,没有德国启蒙运动的位置,这是我们所不能同意的。按照法国大革命这一时间节点,德国古典哲学家只有康德的思想被涵盖在这一"启蒙时代"之内。德国其他启蒙思想家虽然也可被勉强纳入进来,但鉴于德国启蒙本身的复杂性,由康德开启的"哲学启蒙",实质上进入了一个不同于英国和法国的启蒙时代,我们将另外在下一本书中论述,这也是一个比较好的选择。而在本书中,我们接受吉隆·奥哈拉对于启蒙运动的时间和空间之界定,它对于我们这本书的主题,启蒙伦理与功利主义伦理学的考察,有一个明显的好处,就是这大体上不会错且符合常识,从而免于为专业上的分歧而需要耗费大量细致论证的不便。

我们接受这一解说,还另有其因,就是按照这种通常可接受的观念,能够比较清晰地梳理出启蒙伦理的几种经典形态,如英格兰启蒙运动中阐发的契约伦理及其现代形态;苏格兰启蒙运动的情感主义正义伦理和德性伦理以及相应的常识道德;百科全书派的理性主义道德哲学,自然法的道德哲学等等。在19世纪变成经典的功利主义后果论伦理学其实就是在所有哲学伦理理论的思想关联之中发展成熟的。至于德国的启蒙伦理,他们本来也受到了英格兰、苏格兰和法国启蒙运动的思想影响,但他们毕竟是在启蒙运动后对启蒙思想做出的批评性总结,因而无论是就启蒙思想本身的内容,还是就伦理思想的特色，都绝对是反功利主义的，因而最终与本书所论述的伦理思想格格不入。我们就此打住而进入英格兰与苏格兰的启蒙之中。

二、英格兰与苏格兰启蒙运动进程与特色

当我们接受了英格兰是启蒙运动的"发源地"之后，对于英格兰是否存在"启蒙运动"就不再是个问题了。因为"the Enlightment"只对我们中文读者才存在"启蒙"与"启蒙运动"的分别，而对于用欧洲语言来思维的人，它就是以"光"、照亮黑暗之"光"为本义的"启蒙"。在开始时，它确实有一个明确的目标，就是扫除因天主教教会的知识与信仰垄断了真理而造成的迷雾，让科学理性之光照亮人类心智、理性以及自我认识上的"黑暗"，从而照亮人生和世界。这是一个广义的启蒙概念。当人们在法国启蒙运动之外谈论"Enlightment"时，基本都是取其广义使用。奥哈拉也正是在此广义上阐明英格兰的启蒙具有一种区别于法国激进革命启蒙的优势：

> 无论是在足球、板球、汽车产业还是在启蒙运动方面，英国人都善于创新，就是执行力差了点。启蒙思想的确改变了英国，但却没有使英国彻底改变。1688年"光荣革命"后达成的妥协、自由的坚实传统，以及相对软弱的王室，都使得怀疑和争论不受权力中心的限制。英国是贸易大国，这意味着在活跃的贸易交流中人们会吸收许多启蒙思想，从而促进许多理论的建立，包括财产理论、贸易理论和宽容理论。同时，众多伟大的英国思想家也都参与到了实践开发工作中。[1]

因而，作为广义启蒙思想的要旨，启发"民智"这一重心，就是每个人要在自身的心智结构中唤醒理性的力量。或者按照英国经验主义传统的说

---

[1] ［英］吉隆·奥哈拉：《人人都该懂的启蒙运动》，牛靖懿译，浙江人民出版社2018年版，第40—41页。

法，在自我直接性的感知活动而非任何外在的权威中，去发现和检验知识的谱系与演变、起源与证明。用人的理性之光去照亮由上帝创造的大自然之奥秘，以有利于发现人类历史和生活进步的原因。这样广义的启蒙概念实际上也完全符合法国"百科全书派""正统"启蒙纲领。达朗贝尔（Jean le Rond d'Alembert，1717—1873）对这一启蒙纲领做了如此描绘：

> 关于我们所从事的这项事业，首先要做的是检验知识的谱系与演变，知识产生的原因和各自的特点，如果人们认可我们这样说的话，总之就是要寻找我们观念的起源与演变。
>
> ……
>
> 所有直接性的知识是通过我们的感觉而获取的。由此可见，我们的思想都是来源于我们的感觉。
>
> ……
>
> 我们感觉的存在是确定无疑的。若要证明感觉是所有知识的基础，只要证明感觉的具体意义就足够了。在健全的哲学中，所有以事实或普遍认可的真理为基础的演绎要优于那些以假设（哪怕是巧妙的假设）为依据的演绎。[1]

所以，当把英格兰作为广义启蒙的"发源地"之后，确实是有理由把1688年"光荣革命"作为现代启蒙的开端时刻。这样，不仅仅牛顿和洛克，其实弗朗西斯·培根、霍布斯也都在某种意义上可以作为启蒙思想的"先驱"而纳入眼帘。就哲学、科学而言，他们确实奠定了现代知识的"科学话语"。上一章我们已经对他们的思想做出了考察，在这里，我们只需专门就英格兰和苏格兰启蒙的进程与特色做些必要的补充。

---

[1] ［法］达朗贝尔：《启蒙运动的纲领：〈百科全书〉序言》，徐前进译，上海人民出版社2020年版，第5—6页。

1688年作为一个时间节点，世界历史出现了完全不同的风貌，美国历史学家卫思韩（John E. Wills Jr.）这样写道：

> 1688年，能够全面看到世界各地区和民族的多样性，能够感知他们之间的差别和联系的人，只不过是以下几类欧洲人：哥特弗里德·威廉·冯·莱布尼茨（Gottfried Wilhelm von Leibniz）这样的哲学家，英国的威廉·丹皮尔（Wilhelm Dampier）这样的旅行家，传教士，以及少数受过教育的欧洲市民，因为他们阅读了当时日渐增多的游记和世界各地见闻录。中国的康熙皇帝和他的大臣们对离他们的"天下"最遥远的地方有欧洲人存在有所耳闻，但对非洲和美洲几乎一无所知。……
>
> 也许现代世界和1688年世界最根本的差别是，17世纪末，没有人经历过或想到，在他的一生中，技术革新会有多快，也想不到政治秩序或一个人的生活方式在更长的时间跨度内会发生根本变化。那时，几乎所有人都对先祖们的信仰和生活方式深信不疑，也愿意将其传承下去。他们哪里会去寻求变化，就算会，变化也倾向于打着回归旧有生活方式、净化传统的旗号进行。……
>
> 回顾过去，我们可以看到1688年的世界有着将要发生重大改变的迹象，这是这些重大变革造就了我们现在和过去截然不同的世界。科学兴起，城市和商业发展兴盛，政府政策促进了经济增长。[1]

这样看来，1688年确实是现代文明揖别古代文明的一个分水岭，而真正导致哪种文明能够具有"现代性"，哪种文明在"古代"之内停滞不前的，却并非1688年形式上达成的政治妥协，而是决定其行动背后之思想与意识的启蒙哲学。早期"启蒙思想"实际上正是对1688年政治变革的理论反思与自觉的

---

[1] ［美］卫思韩：《1688年的全球史》，邢红梅译，上海教育出版社2020年版，第iv—vi页。

产物。在此之后,培根建立的基于感觉经验和科学实验的新科学方法论,彻底改变了人类从前对"见闻之知"之肤浅性的贬低,对科学技术成果之"奇技淫巧"的嘲笑,因为这种贬低和嘲笑本身就是对科学无知的结果,他们迷惑在"道德之知"虚假的崇高与至善之中,不可能获得真正打开自然世界之奥秘的钥匙。如果没有科学知识及其方法论的启蒙,人类的心智就永远狭隘而盲目,知识永远只向着其道德性而不向着其真理性拓展,这才是人类常常"自以为豪"却不知其危险的最大黑暗与愚昧。殊不知,自然世界的奥秘一旦打开,真理性知识的标准一旦确立,传统美德世界的残酷真相才会露出其自私而丑陋的面目,真正道德世界的曙光才能照亮人性幽暗的深处。这是连新知识的"巨人"、道德上的"小人"培根自己也想象不到的。现代启蒙的一个关键意义就在于,它发现了科学知识本身"低于"道德知识,它是经验的事实性知识,是现象之知,但若没有这种知识做基础,任何所谓的对于世界本质、本体之天理的道德知识,都可能是虚假而邪恶的,如同尼采揭示的那样,高尚道德的根基处,常常驻扎着一个权力意志的老祖宗,这是理性从前不敢面对也无法理喻的。脱离科学的道德与伦理之蒙昧就在于,它根本意识不到,科学将会不断地为伦理生活打开一个个全新的世界,哪怕只是提供给人们看待世界的不同方法,也将会赋予人类全新的世界视野,从而把人从旧世界的桎梏中解放出来,具备开辟新生活、新世界的希望与力量:

> 在牛顿自然科学大受认同的背景下,启蒙事情的"男人们"认为经验和实验,而非先验和推理,才是获得真知识的关键。人本身不仅是思考的动物,也是感觉的动物。诚如戈雅(Francisco Goya,1746—1828)所说,"理性沉睡,心魔生焉",但是,离开了经验与感觉,理性同样会走向谬误与荒诞,这一点伏尔泰在其哲理小说《老实人》中,就以讽刺的方式展示了出来。[1]

---

[1] [英]罗伊·波特:《启蒙运动》,殷宏译,北京大学出版社2018年版,第6—7页。

停留在旧世界美梦中不能自拔的人类，总会极力美化古人的道德，他们在知识和心智方面的一个根本缺陷，就是发现不了人类知识是来源于感觉与经验，从而不知道真正有效的伦理知识只能在现实的伦理生活进程之中才能发现。古人的经验再丰富、伦理智慧再高明，也很难直接指导与规范当今与未来的世界，因为新的生活有新的伦理问题需要生活中的人自己去解决。因而，那些在思想与情感上倾向于复古的人，由于不能发现新世界的日新月异的发展，将永远进入不了现代文明，而对新文明产生偏见，继而由此偏见主宰，就会逐步远离世界文明之大道，而有被世界拒之门外的危险。通过科学启蒙，英国率先完成了"科学革命"而成为新时代的第一个强国，挺立于现代世界的潮头，英国启蒙哲学家所阐发的道德哲学，也一直主宰和影响了现代世界。

　　没有1688年的光荣革命以及随后洛克的政治哲学启蒙，英国也就不可能真正实现从君主专制向君主立宪制的发展。王权与民权的关系得不到科学的处理，政治就只能在过去的改良——革命——复辟的循环中不断重复着斗争——阴谋——断头台的老路，实际上永远奉行的差不多是一种老掉牙的不伦不类奇怪权谋：单纯理论上的仁爱与实践上的残暴相结合，法律只是君王统治的工具，而不是保障和实现自由与正义的有效规范秩序，因而从根本上就不可能有现代政治文明的诞生。只有当启蒙让现代政治文明化了，伦理生活世界的文明才具有了根基与保障：

　　　　启蒙运动早期阶段的思想家们最为关注的是寻找阻止暴君统治蔓延的方式。洛克主张建立立宪政府，认为所有合法的权力都受到自然法的约束，并且来自人民的同意。[1]

　　皇权要有来自自然法的约束，这是自古以来以"天理"为依据的思想都

---

[1] ［英］罗伊·波特：《启蒙运动》，殷宏译，北京大学出版社2018年版，第47页。

在不同程度上有所论证的思想,但洛克把"立宪政府"的合法依据再加上一个"来自人民的同意",就是一种新的启蒙了。因为如果没有这一条,人民的意志就不能参与到立法之中,立宪就依然只是君主单方面的事情,只有加上人民的同意,"民权"才有可能进入到立法进程中,人民的"主权"地位才有可能真实地被考虑进来。在这一过程中,一个传统社会不可能设想的思想实验就必须承认其合理性,即"立法"是要限制每个人的内心深处不受法则规约的冲动,所以,立法必须预先假定君主和人民都是一样:一旦拥有了权力就想超越于法律的约束之外,因而在立法时不可再从君子、圣人来论君王和人民,而只能相反地把他们都视为一个可能的违法者。君王和人民就都需要从被推上道德天空的不实言辞的蒙蔽中拉下来,回到正常的人的状态,作为一个正常的人性和人格来对待,这样才能具有好的法律,这样立的法才可能具有规范的有效性。因此,我们看到,洛克《自然法论文集》中对许多立法原理都基于这种自然人性心理的解读来讨论自然法理,以此进行政治启蒙。通过自然法,把人的立法地位确认下来,人在政治生活中的主体地位才能真正确立起来,这是现代伦理最为重要的成就。没有这一成就,现代文明也就是表面的时尚而已。但有了这一成就,每个人才真正享受到现代文明带给每个人的自由与尊严。

洛克哲学在苏格兰政治进程中发生的影响,除了直接对政治进程的影响之外,也有对苏格兰启蒙运动的影响,这是区别于17世纪培根和牛顿科学启蒙的伦理启蒙。

1688年"光荣革命"之后,英格兰与苏格兰实现了和平统一,在伦敦这个权势与财富快速膨胀的首都,将君主的实权下放到代议制机构,"王权"的绝对主宰地位被转变为"立宪君主",因而"政府"的工作中心开始了一种转型:从传统的政治斗争转向了集中精力发展以城市文明为中心的市场贸易。这是一个十分重要却往往被人忽略的真正现代政治文明的开端,它基于现代文明的两个基石:城市文明和市场贸易。当然,在当时,对于全世界而言，这都是新生事物，但随后却是苏格兰启蒙所要指向的核心。正是这一启蒙，带给英国，尤其是原本贫穷落后的苏格兰巨大的翻身机遇，英国从此朝向一个政治自由、科技发达、经济繁荣、国富民强的大英帝国迈进。我们不得不说，政治将其权力和精力从宫廷内斗中解放出来，用于发展城市文化和市场经济，以经济方式推动国家的影响力不断向外扩展，这确实有英格兰和苏格兰启蒙思想家的重大贡献。

现代性的一大特征就是世俗化，世俗化在理论上就是将人们追求幸福的目光从中世纪神学所宣扬的"上帝之城"这个"天国"拉回"世上"，而这个"世上"，不是后来浪漫派鼓吹的中世纪乡村的"田园牧歌"，也不是科学探索的"自然世界"，它是文艺复兴所提出的"自由城市"。城市在现代成为所有乡村向往的精神家园，这是文化现代性以过去的文化中心在乡村和教堂转向了以大学为中心作为标志。没有这一文化中心的转移，就不可能有现代知识和现代文明的产生，就不可能有财富的积累，也就不可能出现现代科学技术乃至文化艺术的高速发展。无论意大利还是伦敦、巴黎，转向现代之后，科学、文化、艺术的发展不再依靠教会资金的支持，最主要的依靠来自民间资本，而民间资本则依赖于自由城市市场贸易的繁荣与发达。

英格兰与苏格兰合并是英国现代史上最为重要的事件之一，关键是，合并后的苏格兰获得了空前的独立发展，从未感受到受制于人的局限，各方面都保留了它自身的传统特色，又搭上了英格兰引领世界大潮的现代文明进程。这确实是一个双赢的结局，这一结局背后，无疑有苏格兰启蒙运动的功劳。

苏格兰启蒙运动是与这些著名的道德哲学家的名字联系在一起的，他们是弗兰西斯·哈奇森、亚当·斯密、大卫·休谟、亚当·弗格森等，他们在道德哲学史的地位绝对不亚于法国启蒙运动的伏尔泰、狄德罗和卢梭等人。历史学家将他们发动的思想运动称为"苏格兰启蒙运动"，是非常有道理的，他们的启蒙适应了英国自身文化的特色，温和而理性，务实而求真。他们对教会和皇权专制的批判不如法国那么激烈，他们也不特别强调法国人所主张的那种机械论般清明的理性。他们在宗教上更多的是自然神论者，认为"教养"不仅体现在理性之清楚明白上，也体现在人的行为举止之优雅、风趣和礼貌上，更体现在对文学、艺术、诗歌和戏剧具有审美品味和审美判断上。他们没有像德意志人那样发动"狂飙突进运动"，也没有像法国人那样发动疾风暴雨式的大革命，因此也有史家说，苏格兰启蒙过于"沉闷"或许也是有道理的。他们的启蒙主要是恢复"常识"，寻找与古人和其他人的"共通感"，重心在于"移风易俗"。在此意义上，是他们实现了启蒙时代"道德哲学"之转型，从人性、情感、风俗、医学、文学开启现代文明。

相比较而言，苏格兰启蒙思想家是真正的专家，他们是大学里的职业哲学家，是社会公认的知识精英。他们的舞台不在政治领域，他们也不是教会神父和神职人员，不是记者和宫廷御用文人，而是最受社会尊重的大学教授。

这是现代文明的一个新起点。在苏格兰，从15世纪开始就相继建立起了圣安德鲁斯大学（1411/1412）、格拉斯哥大学（1451）、阿伯丁大学（1495）和爱丁堡大学（1583）。这些大学完全按照世界上最早创立的意大利博洛尼亚大学和巴黎索邦大学之模式建立，而在启蒙时代，他们的大学又实行了现代改革：不再按照中世纪以来确立的"师徒模式"，即大学生直接在教授名下，而是按照"科学"体制培养，按照"教席"来配置老师。因此这时在教育史上第一次出现了"道德哲学"教席，这是"道德哲学"在近代首先获得独立而完善发展的一个制度化转型。苏格兰早期大学的师资都毕业于欧洲大陆的大学，而非英格兰，在欧洲大陆，最吸引苏格兰学生的大学首推巴黎大学。这样的学术互动关系一直持续到18世纪。18世纪很多受到过这种学术文化熏陶的苏格兰学者都在大学任教，其中启蒙运动的领袖如弗兰西斯·哈奇森、亚当·斯密、托马斯·里德（Thomas Reid, 1836—1882）就是格拉斯哥大学的道德哲学教授，改良蒸汽机的瓦特也在这所大学任职。而像休谟则倾心于谋求在爱丁堡大学担任教授，可惜一直未能如愿。

除了道德哲学教席外，18世纪初他们还设置了法学教席，例如1707年爱丁堡大学设立了公法、自然法和万国法（public law and law of nature and nations）钦定教席教授，随后在1710年设立了民法教席，1722年设立了苏格兰法教授职位。在格拉斯哥大学，1713年也设立了民法讲座教授。法学教席的设置直接推动了"自然法"这一"道德哲学"在现代的复兴，并由此开始塑造现代道德哲学的风格：由传统伦理学强调做一个好人的"德性论"向现代以自由立法的规范伦理学转变。所以，自然法的复兴和公民权利的确立，是苏格兰启蒙运动的文明成果，不仅对启蒙运动起到了实质的推动作用，而且本身就是启蒙运动的辉煌成就。

法学在大学学科体系中独立出来，是现代文明的一项基本成就，对于现代规范伦理而言是非常重要的事件。因为有了独立的法学学科，自然法这一道德哲学就成为立法学和法理学的基础，道德哲学才成为经济学、法理学、国家税收学、财政学、社会学等现代被分化为"社会科学"诸学科的共同母体，赋予了现代伦理一个鲜明的规范性特色：以道德主体的自我立法确立现代自由伦理的道德性。所以，法学教席和法学学科的独立，其意义绝不仅仅限于苏格兰，而是整个现代世界，它使整个世界从此都意识到，国家强大、人民幸福最终要依赖法律来治理，没有法律所确立的底线正义，那些高高在上的私人德性是极其可疑的在至善和至恶之间摇摆的不确定之物，人性品质既是个人实现幸福的有用的美德，同时也是参与邪恶实现的有效工具。亚当·斯密提出要让自由市场经济这只"看不见的手"发挥作用其实就包含了法治原则。没有法制的市场经济就无异于陷入了霍布斯所说的"丛林法则"。如今这些成为基本常识，而在当时却完全是惊世之言。

苏格兰启蒙运动确立了学术共同体的公共空间，这是跟法国启蒙运动思想家创造的沙龙很不一样的"公共空间"。由于启蒙的精英都在大学任教，他们需要相互联系，以形成志同道合的文化和学术共同体，因而各种"学会"纷纷成立。例如约瑟夫·布莱克（Joseph Black）、威廉·卡伦（William

Cullen)、托马斯·里德、威廉·里奇曼（William Leechman）、詹姆斯·瓦特（James Watt）、约翰·安德森（John Anderson）等大学教授都参加了格拉斯哥文学协会，这个学会最能代表格拉斯哥启蒙运动的特色。他们通过论文和辩论的形式探讨包括语言、政治、历史教育和文艺批评在内的诸多问题。对高雅文学、哲学和历史进行探究是大学教授们进行的启蒙运动的主要特点。同时还有市民和商人们的启蒙运动，在宗教上他们像洛克一样，力主宽容态度，尊重每个人的信仰自由，对其他宗教，除保守的天主教和无神论者外，都尊重其信以为真的东西。他们希望在英国实现更大程度的自由，提高政府素质，推动更加开放的自由贸易。

与格拉斯哥"文学学会"功能相同的组织是"哲学俱乐部"：

> 18世纪50年代，最能代表阿伯丁启蒙运动的要数阿伯丁的智者俱乐部，即哲学学会（1758—1773）。该学会的论文重点关注认识论和道德问题，这些问题由于休谟怀疑论哲学的挑战而迫切需要解决，同时，这些论文也反映出学会会员们对许多英格兰和欧洲大陆思想家的思想和著作有相当程度的了解和研究。[1]

这样的协会在某种意义上可以说是知识分子的自我组织，也是不同学科进行沟通交流的最好场所，他们不仅通过这一公共空间彼此认识和熟悉，而且可以从不同学科中汲取灵感与知识，促进通史与共识的形成。于是，"社交性"成为18世纪苏格兰启蒙运动思想家的重要特质，他们被称为"文人共和国"（republic of letters）。这样导致的一个结果就是，苏格兰启蒙运动思想家们并非仅只是自己狭隘学科领域内的专家，而是能够跨越学科限制，有望成为百科全书式的人物。最典型的例子，当属亚当·斯密，不仅我们道德哲学

---

[1] ［英］亚历山大·布罗迪编：《剑桥指南：苏格兰启蒙运动》，贾宁译，浙江大学出版社2010年版，第20页。

必须研究他，他也是现代经济学的开拓者，在法学、修辞学等领域也很重要。还有一位我们熟知的常识哲学家托马斯·里德，他的学术范围包括伦理学、人类行动学、数学和法学等。他们是名副其实的"公共知识分子"（literati）。

公共知识分子有强烈的时代使命，即在启蒙大众的同时，承担着社会批判的职责，敢于"理性的公开运用"。"理性的公开运用"，就是将理性从为私利运用，为特殊行业服务，乃至为现实政治服务中退出来，只为真理服务，为思想自由服务，所以，知识分子传播知识为的是改变人们的思维方式，以逻辑与理性、科学与真理对来自各种权威的束缚、社会的不公发表公开意见，促进社会进步。亚当·斯密在《国富论》中对当时存在的种种垄断行为的批判就显得相当大胆，没有他呼吁经济自由，特别是市场自由，就不会有后来的商业文明。社会没有这种理性的公开运用，看不到或根本不承认个人自由的积极意义，社会中的每个人就都不能摆脱来自各种权威的束缚；相互束缚的社会，不可能是一个开放的、充满活力的社会，因而也就不可能实现从封建的农耕文化到自主独立的商业文明的过渡，更不会有弗格森公民社会理论的建立。这一切进步，都依赖于对公共理性与自由的积极意义的启蒙与承认，在此意义上，启蒙伦理造就出现代文明，为人类带来了文雅、宽容、福利和进步。

三、法国启蒙运动的进程与特色

法国启蒙运动是英国启蒙的继续，这可从法国启蒙运动的泰斗伏尔泰（Voltaire是他的笔名，其真名是弗朗索瓦-马利·阿鲁埃［François-Marie Arouet］，1694—1778）于1734年在巴黎出版的《英国书简》（*Lettres philosophiques sur les Anglais*）中找到线索。此书是伏尔泰避居英国，潜心考察英国哲学、政治、文艺和伦理风俗后回国发表的作品，对英国的开明君主制推崇备至，以此来抨击法国天主教的专制政体。这本也被称作《哲学通信》的书籍在巴黎一出版，就遭到了查禁，巴黎法院下令逮捕作者。之前伏尔泰分别在1717和1726年两次被关进巴士底狱，而这一次他选择了逃离，跑到他的情妇夏特莱侯爵夫人的庄园，隐居达15年之久。1749年夏特莱侯爵夫人因难产去世，他才回到巴黎，随后被同情启蒙运动的普鲁士国王腓特烈二世盛情邀请到了柏林。不过，伏尔泰在隐居期间实际上也从未闲着，他的大部分著作和戏剧是在此期间完成的，如哲学和科学著作《形而上学论》《牛顿哲学原理》，戏剧《恺撒之死》《穆罕默德》《放荡的儿子》《海罗普》，哲理小说《老实人》等等。

法国启蒙运动由于有一大批像伏尔泰这样才思敏捷的哲学家和诗人积极参与，又与在巴黎成为时尚的沙龙文化相结合，呈现出与英国谨慎的启蒙判然有别的活力与激进。因为巴黎有钱有势的女贵族有能力和魅力将著名的哲学家、艺术家、思想家以及有才华的市民聚集在一起，对天主教和新教的专制都予以坚决而毫不留情的抨击，对宣传新兴资产阶级的自由、平等和博爱的思想不仅热情洋溢，而且养成了犀利而绝对的风格。显然，在沙龙里比在英国的咖啡馆里更容易产生鼓动革命的激进主义。伏尔泰和孟德斯鸠都认真钻研过英国宪政（之后德国的黑格尔在这方面也只能说是步他们之后尘），本来是深明渐进改良、保守传统之好处的，但无奈法国作为中世纪天主教的文化中心之一，封建专制势力过于强大，就像更后来的拿破仑不惜要用枪炮来推进现代价值、扫除欧洲的封建专制一样，启蒙学者们沙龙里的争论也与温和相去甚远，从未有过什么妥协的意愿。因此，在法国启蒙运动中产生出伏尔泰这样立志"坐穿巴士底狱"的斗争意志是不难理解的。虽然他在政治理论上的底色保留着英国自由主义的温和，有一句本不是他本人所说、实际上是伊夫林·比阿特丽斯·霍尔（Evelyn Beatrice Hall）迟至1906年才出版的传记《伏尔泰的朋友们》中杜撰而被误传为他的经典名言"我并不同意你的观点，但我誓死捍卫你说话的权利"（I disapprove of what you say, but I will defend to the death your right to say it），表达了他对"言论自由"的基本主张，但在法国启蒙运动的特殊情境下，他必须成为一个斗士，才有可能触动那冰封数百年的法国现实。

因此，他抨击法国天主教会的黑暗统治不得不用异常激烈的言辞，每句话都像一把匕首，刺进那些保守旧制度人士的心脏。他骂教皇就是"两足禽兽"，他说教士就是"文明的恶棍"，目标就是要戳穿天主教这张由"一些狡猾的人布置的一个最可耻的骗人罗网"，他旗帜鲜明地号召"每个人都按照自己的方式同骇人听闻的宗教狂热做斗争，一些人咬住他的耳朵，另一些人踩住他的肚子，还有一些人从远处痛骂他"。虽然他采取的是这样一种激进的言辞与行动，但作为法国启蒙运动的灵魂，他启蒙的是知识理性，倡导的也是理性精神。他认为只有理性才是人类成熟的标志。思想是推动社会理性进步的武器。但思想，就像男人的胡子一样，只有人成熟了才能长出来。因此，真正的思想是人的理性成熟后的果实。理性的思想是历史前进的动力，"人依其理性以认识自然，也依其理性以改造社会。发扬理性，就是推动历史；蒙蔽理性，就是阻碍进步"。人类历史发展的每一个繁荣发达的界定，都是彰显了理性的时代，是思想丰盛的时代，这就是古希腊雅典时代，恺撒和奥古斯都的罗马时代，文艺复兴时代和路易十四时代，这些伟大的时代，"人类理性已臻成熟"。而在其他时代，世界呻吟在愚昧、野蛮和迷信的统治之下。因此，启蒙就是要普及知识与文化，推崇理性与科学。但是，为什么之前的时代普及不了、推崇不了呢？阻力来自何方？这就是法国启蒙所找准的批判的"靶子"。皇权、神权需要无知无智的臣民，以利于他们作恶多端地统治，被统治者还得跪在其脚下叩头，感恩戴德。所以伏尔泰为了启蒙，为了理性与科学，为了成熟与自由的光辉普照大地，必须奋起反抗，不怕坐牢，在磨难与避难中，与专制制度展开你死我活的战斗。同时，他大力支持青年一代启蒙思想者的工作，尤其"百科全书派"为普及知识与理性而做的启蒙。他自己积极地为他们撰写条目，《哲学辞典》就是他为《百科全书》所写的哲学条目的汇编。

除伏尔泰之外，论及法国启蒙运动，因而就不能绕过"百科全书派"，其首领是作为《百科全书》主编的狄德罗。他既是哲学家，也是戏剧家、作家、美学家和无神论者。1732年获得巴黎大学的文学学士学位，毕业后当过家庭教师，翻译过书籍，1749年因出版他的无神论著作《给有限的人读的盲人书简》抨击专制制度和宗教神学而被捕入狱。出狱后结识了卢梭等一批志同道合的启蒙思想家，于是他把他们组织起来，一起编纂《百科全书》，坚持了二十余年。这是法国启蒙思想家在与专制统治者进行斗争之外所进行的一项文化知识的普及工作，这一大型工具书把当时全部知识（科学、神学、哲学、文学、艺术等等）按照他们给出的分类标准汇编为一部以字母顺序排列的辞书，从某种角度整理人类有史以来全部知识信息。他们多次冲破政教禁令并克服了重重困难，从1751年到1772年共出版28卷，后来，从1776年到1780年又增加补遗及索引7卷。这是人类知识史、出版史上第一个里程碑性的事件，参加撰稿的学者近200人，几乎全都是科学、学术、文化界的精英。其中著名人物有达朗贝尔、爱尔维修、霍尔巴赫（D'Holbach，1723—1789）、孟德斯鸠、让-雅克·卢梭等等。

达朗贝尔是以科学家身份参与启蒙运动的，他是分析数学的主要奠基人，著有八卷本《数学手册》，成为法兰西科学院院士，同时他也是那个时代著名的物理学家、天文学家。狄德罗邀请他为《百科全书》撰写了"序言"，他在整个《百科全书》中负责数学与自然科学条目的撰写，可见其究竟有多么重要。除此之外，他还在心理学、哲学、音乐、法学和宗教文学等方面都发表了启蒙作品。

爱尔维修因在之前哲学史中注重他的唯物主义而显得重要，但现在越来越多的人不再熟悉他，不过，他的思想对于每一个专业外的哲学爱好者而言还是非常有启发性的，因为他不是通过学院派的教育，而是通过自学而爱上哲学、成为哲学家的。他早年本来上的是耶稣会学校，但此学校的教育不但没让他喜爱反让他厌恶了神学。他后来从事包税人（1738—1751）工作而暴富，成为一个大富豪，于是就通过自学寻找精神信仰。正是自学，让他接触到了洛克哲学及其启蒙思想，发现了自己真正的精神需要在哪里。后来他辞官为学，专门从事写作，投身到反封建、反基督教神学的启蒙运动之中，恰恰是启蒙精神对他的感召所致。1758年他出版了《论精神》一书，抨击以宗教为基础的旧伦理、旧道德，形成了启蒙时代的新道德思想，这引起了教会的恼怒，将其书公开焚毁。但好在那时欧洲已经有了"开明君主"，他像伏尔泰一样有了好运，于1765年受到普鲁士国王弗里德里希二世的邀请到普鲁士访问，期望通过"开明君主"实现政治改革。晚年写有《论人的理智能力和教育》（死后出版）系统论述其功利主义的社会伦理学说，死后还有一本论幸福的长诗，与伦理思想相关。

启蒙思想家因而更加看重政治的"开明"，因为思想自由已经是科学发现和社会进步的动力，但如果政治不开明，不断地根据旧宗教乃至昏庸无能的君主的糊涂思想来治国，压抑所有进步的思想，那么这将是文明的极大倒退。越是现代也就越有物质的和技术的手段来压制思想。因而启蒙思想家呼吁思想自由必须成为现代人的一项权利，这只有具有现代精神的人才能领会到，完全是良知的呼声，思想自由的权利不以法律的形式获得承认，就不会有开明的政治，就不会有我们现今所享受的现代文明。

霍尔巴赫是亨利希·迪特里希（Heinrich Dietrich）的别名，因继承了伯父的遗产和男爵封号而来，被称为霍尔巴赫伯爵。他本生于德国巴伐利亚的一个富商家庭，父亲笃信天主教，不曾想到这位随父移居法国的儿子却成了一个"揭穿基督教"[1]的启蒙学者、不信上帝的唯物主义者。这一方面是当时巴黎启蒙精神对他的强烈影响所致，另一方面也与他在自由的荷兰接受大学教育（1744年就读莱顿大学）有关。大学毕业后回到巴黎他成了狄德罗的好友，成为《百科全书》的主笔之一，撰写了400多个词条。由于他有继承来的遗产，他还为《百科全书》提供经费支持，以他的沙龙为《百科全书》提

---

[1] 这是他1756年出版的一本书的书名，另外他还出版了《自然的体系》（被称为"唯物主义的圣经"）、《社会的体系》和《自然政治论》，他同时也是卢克莱修《物性论》的法文版译者。

供活动场地。在政治上,他猛烈抨击路易十五时期的君主专制,说它建立在情欲、任性以及某些统治人物的偏私利益之上,是极为不公正的社会制度,他斥责专制君主的权力是一种暴力、僭夺和暴虐,宫廷是堕落的中心,专制制度是农村凋敝、土地荒芜和人民饥馑的根本原因。他说:

> 人之所以迷信,只是由于恐惧;人之所以恐惧,只是由于无知。[1]

人们听说神是一个强大、自私、专横和易怒的君王,于是就像对待地上的君主一样对待神,但这只是可耻的神甫和教士们神圣的欺骗而已。骗子们把自己等同于神明,变成专制君主,行使着绝对权力,利用恐怖进行统治。神被他们利用来为暴政服务,以神的名义去从事伤天害理的恶行,从上天而来的恐吓变成了向凡夫俗子发号施令的纵欲的工具。凭借这样的宗教迷信,必然使人民变得凶残好杀,而不可能博爱他人、仁慈友善。习惯于把自己的善只看成酷好血食的恶魔的民族,必定以神的名义去残害、虐待和毁灭,于是让人民的血液流遍一切祭坛。这样的宗教只是迷信,不是信仰;这样的宗教根本不是仁爱的启迪、灵性的培养,它根本无法交给人民真正的道德:

> 于是奉行一些既可恶又怪诞的举动,逐渐地相信举行这样一些匪夷所思的仪式可以有功德,承认宗教的野蛮和神圣的疯狂,以之代替理性、良知和美德的地位。[2]

所以,霍尔巴赫得出的结论是,基督教并不能让信仰它的各民族敦风化俗,根本没有资格自夸给道德和政治带来好处,给信徒带来救赎和永恒的福祉。揭穿了它的遮羞布,我们就会发现,它所依据的是欺骗、无知和轻信,

---

[1] [法]霍尔巴赫:《神圣的瘟疫》,载《十八世纪法国哲学》,商务印书馆1979年版,第558页。
[2] 同上书,第566页。

它不仅不能带来所许诺的幸福，反而足以使人耽于狂暴，使人流血，陷入疯狂和罪恶，不认识自己真正的利益和最神圣的义务。后者只有靠知识的普及和人类理性的觉醒才能做到。

四、荷兰，欧美以及德意志文化中的启蒙运动

荷兰或称尼德兰，是"低地之国"的读音，因为它位于欧洲西部，东面与德国为邻，南面是比利时，西、北临海与莱茵河、马斯河和斯凯尔特河三角洲，全境海拔不到1米的土地占四分之一，另外还有四分之一的土地低于海面，绝大部分地势都很低，还有相当多的国土甚至是由围海造地形成的，国土的最高点位于南部林堡省东南角的瓦尔斯堡（Vaalserberg），海拔也只有321米。荷兰著名城市、伊拉斯谟的出生地鹿特丹市，最低处只有海平面以下6.7米。但荷兰对于热衷于探讨现代性的学者而言，无疑充满了诱惑力。在国土的低洼处，却产生了令世界仰望的哲学、艺术与精神的崇高产品。它之令人向往，涉及启蒙的一个核心精神：自由是这个国家的真正灵魂。它至今都是欧洲乃至全世界最为自由的地方。

荷兰的"自由"来自其独立建国早，在1581年就以联邦制成立了荷兰联省共和国，它之前的统治者是欧洲最大的三大家族之一哈布斯堡家族，1648年西班牙哈布斯堡王朝正式承认其独立，荷兰就成了一个新兴的自由国家。虽然在启蒙运动初期，它作为一个小国，面临着法国、西班牙等强国繁重的外交政治压力，但这种压力本身反而促使它没有历史负担地产生出了建立一个好政府的强烈愿望。后来它之所以能在自由贸易进程中确立其海上霸权，与其政府仰赖自由制度大力发展海外自由贸易相关。欧洲人向往荷兰，也就是向往其自由制度，逃离其原住地而来到荷兰谋生，都能得到其自由制度的庇护，所以，这里成了自由知识分子向往的"天堂"。对于知识分子而言，荷兰是最有名的自由出版中心，笛卡尔、洛克、伏尔泰、孟德斯鸠、卢梭等都在此出版过著作。当然具有讽刺意味的是，本国最有名的哲学家斯宾诺莎

的作品却被禁止出版。但就整体而言，偏爱自由是荷兰的标志。

意大利在启蒙运动中的表现与它在文艺复兴之中的贡献，简直无可比拟。文艺复兴的意大利就如同启蒙运动的法国，但意大利如今风光不再，几乎乏善可陈。不过，不能低估的是，在文艺复兴高潮中，意大利的马基雅维利、启蒙时代的历史学家维科和法理学家切萨雷·贝卡利亚（Cesare Beccaria，1738—1794），这三位绝对算是现代文明中不能不重视的伟大思想家。

维科生活在启蒙时代，即出生在我们前面视为英国启蒙运动之元年的1668年，卒于法国启蒙运动的高潮，但为什么没有人说他是启蒙思想家呢？原因在于他的思想对于启蒙时代而言，显得太早，他在那个科学理性高歌猛进的时候，强调历史与修辞，在怀疑与批判作为时代象征的时候，他说光是怀疑与批判是远远不够的，对于学术研究和思想而言，在怀疑和批判之外，还必须具有"发现"的"论题法"（Topic），在强调"清楚明白"的理性时代，他却说对于几何学、数学等必然真理可以达到清楚明白的证明，但是，对于修辞学、美学、历史学和人文科学而言，"清楚明白"的要求不仅是错误的，而且是有害的。因为这些科学追求的是一种诗性的智慧，即隐喻的美学。它们需要的是深邃的思想，而不光是知性的论辩，思想源自历史与判断，而真理依靠发现与创造。所以，这些光辉的思想在那个一般知识启蒙的时代，显得过于深奥而不合时宜，他注定不属于他所生活的现代而属于后现代。因此，对于维科思想价值的认可，必定要到对于启蒙运动的缺陷有清醒把握的后现代文明之中才有可能。

但是，对于我们启蒙伦理的研究而言，维科的意义是需要重估的，说他的《新科学》开辟了文化历史领域的新天地一点也不为过。因为对于人类各民族共同性原则的探讨，不仅是他"新科学"的目标，而且就是现代伦理所要确立的根本。从各民族的自然神学中探讨共同伦理原则的形成，不仅是古代伦理学的通则，而且从浪漫主义对新神话学的要求中我们更能感悟到，神话、宗教、诗歌和语言,这些涵养伦理精神的东西,一旦失去了,伦理必然就会成为一种无根的东西。因此,维科的"新科学"提供了在启蒙运动注重"共通感"、常识理性背后更深层的伦理文化的诗性智慧,这对于我们反思启蒙的局限也是极为宝贵的思想资源。

在讨论启蒙运动的历史中,我们一般还会忽视美国的启蒙运动,这也是我们需要注意的。美国作为一种新的文明形态受到了启蒙运动的影响,这一点毋庸置疑,但反过来,美国在继承欧洲启蒙遗产的过程中又促进了人类文明的进一步启蒙,这同样毋庸置疑。在美国成为一个独立的国家之前,这个新大陆属于欧洲殖民者的天堂,许多从欧洲跑来的冒险家都曾是新教徒或清教徒。在英国的殖民统治下,如果说美国有什么启蒙运动的话,首先我们要承认的是,它对新教教义和新教伦理,即清教伦理的接受是一个重要的方面。由于土著印第安人没有发言权,启蒙思想在美国独立前后,实际上是在英国殖民统治者和仇恨英国殖民者之间的斗争中进行的。他们没有法国启蒙对于教会和皇权的激烈批判,因为对于新大陆而言这些本就不曾存在过,而对于殖民到新大陆的美国人而言,他们担心的其实只是政权的合法性及其有效性,于是,他们对政治的怀疑取代了欧洲启蒙对宗教的怀疑。在这方面,美国的开国领袖于是就成了启蒙的新领袖,他们需要启蒙的是一个开明的、民主的、自由至上的政治社会是如何运作的,而不是如何可能的,政治行动的优先性取代了启蒙哲学和理论的优先性。所以我们可以接受的一个说法是:

> 只有处于革命时期的美国,才对启蒙运动做出了经久不衰的贡献。美国的独立战争是对英国暴政和欧洲不平等君主制的有力回击,也是对恢复自由做出的一次尝试,而与之形成对比的是法国却通过革命新建了一个自由的社会。在后革命时期,开国元勋们集思广益,运用理性思维为一个已具雏形的社会打造坚实的基础,而无须重新探索社会交融

和政治制度的可能性。伟大的领导者们设法解决重大的政治问题，杰斐逊和富兰克林这样的人物，以及《独立宣言》和《联邦党人文集》(*The Federalist Papers*)这样的作品，至今仍有很高的地位。[1]

在简单描绘了欧美启蒙运动的路线图之后，我们接下来探讨启蒙伦理的基本形态。

第二节　契约伦理的三个版本

在讲求权利的时代，道德并非不言利而唯义足矣，也非简单的所谓义利并举，这些都是空洞说教。法律、权利和道德启示任何时候都密切相关。作为公共道德，不仅相关于利，而且"权利"和"功利"成为行为道德性考虑的首要对象，这确实只是从现代开始的。一个道德的行动，首先是在合法性之上，在缺乏合法性之处，不存在任何道德。合法性在合道德性之前具有优先地位，这是启蒙伦理为现代伦理学带来的首要进步。自由主义政治哲学将其概括为"正当优先于善"，这一思想是在现代自然法理论中最早表达出来的，这并非是指"正当"比"善"在价值等级上"更善"，而是说，正当性是一个更基本的善，一个底线之善，是"公义"。唯有在自然正当这个"公义"基础上，善不善才有了判断的客观标准。否则，如果道德善优先于正当，人们就只能得到一些单纯主观认可的意图之善，却不知此主观意图在普遍法则意义上是否"正当"，这都是传统道德学容易犯的错误。

行动合不合法，只有在具有侵权行动发生时，才需要由法庭来裁决，在一般伦理文化中，人们内心的判断标准都是实际的：是否守约了？西方人普遍认为，他们一般的守约观念来自《旧约》"摩西立法"，认为这是规范性

---

[1]　[英]吉隆·奥哈拉：《人人都该懂的启蒙运动》，牛靖懿译，浙江人民出版社2018年版，第45页。

的来源。而契约伦理讨论的，不从一种规范的历史谱系学追踪取得"约束力"的根据或理由，而是依据立约时的意志状态：如果立约的意志是自由而不是强迫的，一个理性存在者，就得需要履行约定的义务，否则即构成对他人的直接伤害。这种"因约立义"意识的道德性依据，其实是在启蒙中才确立的新的道德意思：道德不是自然事实，而是理性事实，因而，契约伦理的道德性即"人为约定"本身的道德性，履约是这种道德的一个最为根本的德行品质。所以，契约伦理中的道德，不是被发现的，而是被发明的。以什么来"发明"，依据利益相关者之间自愿设立的"契约"。"契"是"约定"的文书、凭据，如"地契""房契"等；"约"是具体约定当事人必须信守的条款。契约论伦理排除了凡人都有"良心"、"都是好人"、都有"善良意志"这些多余的人性假设，不管人有没有、有什么样的善心和善意，这都不重要，重要的是，所有的"约定"都要公平自愿，要照顾所有相关者的责、权、利，一旦"自愿同意"了（以自由为基础）这些约定，就必须自觉遵守。它把"诚信"美德第一次落实到契约的"白纸黑字"上，有凭为据，不可反悔与违约。这构成了商业文明的基石。

契约精神于是塑造了现代的商业文明，只有在契约精神中，诚信观念才真正能够获得"规范有效性"，因为它同时提供了对违约行为的合理合法的追究和惩罚的措施。所以，契约伦理是以人性自私、追求自我利益为本的人性论预设为前提的。它不是真的贬低人性、认识不到人心也有善良的基因，而是首先需要把人心善不善这些形而上的观念搁置起来，类似于我们在合作之前，"先把丑话说在前头"，却又可避免好友之间说这句话时的"尴尬"。人的生活需要有自我利益才能存活，私利是生活所必需，人只有在解决自己生活的私利中，参与到社会生活中去，才谈得上为社会公益做贡献，自己的私利都解决不了的人，就会成为社会的负担，因此，在此意义上，承认人有私利也会追求私利，一点也不可耻、低下，可耻的是损人利己，不讲诚信地追求私利，低下的是只能享受到获得私利带来的快乐，而享受不到任何艺术、审美等高尚精神东西带来的快乐。所以，契约伦理第一次把道德与日常生活中和广义经济活动、政治活动密切相关的权利、权力联系起来，赋予权利和权力以合法的来源，为它们的获得、行使和有效性提供规范约束性的证明，因而具有了现代道德的一般特点：以自由为基础，以理性立约为依据，以尊重约定与法则为要义。但与一般自律性道德不同，因为这不是个人内心的道德，而是社会、法律、政治和伦理中的公共道德。因而，契约伦理就个人作为其中的立约主体而言，其道德也有自律的要素，但不是其要体，它本质上是他律性的，涉及因契约所立起来的法律、制度本身的规范有效性，它们对个人和组织主体而言，都具有命令性，外在的强制性，违反契约的任何行为，都会被追究法律责任，受到相应的处罚，处罚的途径也是一般法律制裁的途径。

现代契约论的伦理形态有三个经典版本，它们分别是霍布斯的契约伦理、洛克的契约伦理和卢梭的契约伦理。接下来我们以简约的方式，分别做出我们的考察。

一、霍布斯的契约伦理

霍布斯的契约伦理不是特殊的经济契约的伦理，而是一般社会契约伦理。也就是说，他要探究的问题是，一个社会或国家是如何通过立约构成的。它的潜台词是：如果没立契约，就不可能有社会和国家得以存在的公道和伦理，而公道和伦理对于现代社会和国家而言，不通过神法而通过当事人立约而存在，所以是"契约"构建了社会和国家，契约本身是一种伦理建制，是社会和国家产生的存在论基础。不是先有社会和国家，在此社会和国家中因某种"交易"而签订"契约"，然后才有合作的买卖与交易，他不探讨这种特殊的契约，而是探讨自然状态下的人如何才能组成一个人人得以安全生活于社会和国家中这种共存的契约伦理。

契约的必要性来自自然状态下人人自危的恐惧，因为自然状态是一种战争状态，而在战争状态下，任何是非与公道都不存在，"暴力和欺诈在战争中是两种主要的美德"[1]，因而在这种状态下，没有哪个人具有天然的强势能抵御其他人的伤害和暴力。霍布斯对此做了这样一个论证，他说，自然使人在身心两方面的能力都十分相等，差别只是有人可能体力强一些，有人可能脑力强一些。但体力再强的人，也可能斗不过脑力强的人的算计和计谋，因而，哪怕是最弱的人也可能运用密谋将其他同样弱小因而处在危险下的人联合起来，这足以杀死体力最强的人。所以，在自然状态下，没有谁有安全保障，因而也没有谁能获得唯一一种他能独享而别人不能像他一样要求的利益。[2]所以，自然状态下既然没有任何安全保障，也没有任何利益，只有对死亡的恐惧是共同的，正是这一共同点产生了自我保全的需要。而自我保全只有在社会状态下才是可能的，因为社会状态得以存在的可能性，就是人人通过契约，获得保障下的安全法律。

因而，契约的伦理性来源于第一自然律（信守和平、力求自保）的第二方面："第二部分则是自然权利的概括——利用一切可能的办法来保卫我们自己。"[3]

契约从人人拥有自保的自然权利而获得了伦理基础，这是霍布斯契约伦理的第一个论证，在这个论证中，他特别强调了"己所不欲，勿施于人"的重要性，认为这是所有人在社会状态下的为人准则，如不然，每个人都抱有凭自己喜好做任何事情的权利，而不同时为了自保、自卫而自愿放弃对一切事物的权利，那就等于剥夺了他人的自由权利，因而等于是自取灭亡，让自己和所有人重回自然状态。只有当一个人放弃对任何事物的权利，便是捐弃了妨碍他人对同一事物享有权利的自由。但这种放弃或放出自己的权利，并没有、也不是给予他人所没有的权利，只是放弃了自己本来就不该有的对任

---

[1] ［英］霍布斯:《利维坦》，黎思复、黎廷弼译，商务印书馆1997年版，第128页。
[2] 参见《利维坦》第十三章的论证。
[3] ［英］霍布斯:《利维坦》，黎思复、黎廷弼译，商务印书馆1997年版，第98页。

何事物的权利，因为没有谁能够对任何事物拥有自然权利。但这种放弃或转让依然具有意义，即停止自己任何权利同时意味着对他人拥有这一权利的自由，这样出现的公道性成为契约伦理的基石：每个人放弃自己本不具有的对任何事物的权利，从而使得他人的自由权利成为可能。

霍布斯契约伦理的第二步是关于保障契约效力的论证。他说，双方自愿签订的契约之所以有约束力，并不是契约本身有什么约束的本质，只不过是由于恐惧毁约后产生有害的后果，而预先把毁约成本和后果惩罚考虑在内。契约本来是权利的自愿转让，那么转让的目的依然是权利大致对等的回报。因而与签署契约同时就产生了"信约"，这是立约双方都有的期许信心，否则根本不可能立约。履约了，称之为守信，不履约，称之为失信。因而，只要是做了允诺，就相当于有了信约，这种信约本身就产生了约束力。这种约束力首先当然是一种道德约束力，双方有立约的意愿，经过深思熟虑决定立约，就等于在意向上相信对方是守信的，否则根本不会签约，转让自己已有的权利。但需要立约本身就已经预设了仅仅道德约束力是不可靠的，因为"词语的约束过于软弱无力，如果没有对某种强制力量的畏惧心理存在时，就不足以束缚人们的野心、贪欲、愤怒和其他激情"[1]。

因此在世俗国家中，要保障契约的规范有效性，必须依靠在签约双方之上建立一个公共的权力机构来约束可能出现的失信者，才会真正让人消除对信约失效的畏惧。这种公共权力机构的必要性是毫无疑义的，只有特别幼稚的人才会相信人的"誓愿"，既然已经通过立约来规范双方的行动和诚信，人们就不能再寄希望于别人多余而无效的信誓旦旦。所以，要保障信约的规范有效性，人们得把重心放在允诺本身上来，如果已知是不可能的事情，便不能做允诺，对不可能之事的允诺本身不是信约。但是，霍布斯精准地看到，如果原先认为是可能的，只是事后证明为不可能时，那么信约依然存

---

[1] ［英］霍布斯：《利维坦》，黎思复、黎廷弼译，商务印书馆1997年版，第103页。

在，且具有约束力，但需要改变调整：

> 这种约束力虽然不及于该事物本身，但却及于其价值。如果这样仍然不可能，就只能约束这人以诚实无欺的努力尽可能履行契约，因为超过这个限度以外，任何人便都不可能负担义务了。[1]

当不再以之前允诺的事情本身而只能以其价值来规范其履约时，就可以按照价值对等的原则来调整约定，这是一般契约伦理通常的要求，因此，其信约表现在不能以低于该物的价值来做修正以满足对方"应得"的回报收益。当然，契约本身的信约，也自然地包括解除信约的方案。霍布斯说，解除信约的方式，其实有两种，一是履行，双方各自履行完约定的义务，这就自然地解除了信约，以自然终结的方式完成了信约；二是宽免，这是依据义务约定的权利转让而恢复双方的自由。

因此，在整个霍布斯的契约伦理中，都是相信人的理性力量化解自然状态下人与人之间的相互猜疑（diffidence）和对他人的不信任，通过契约不仅使人类从自然状态进入社会状态，社会状态的建构者就是理性力量的运用，表现在立约，以约定来规范人们相互之间的义务和权利。因此，从霍布斯的契约伦理开始，西方进入真正的权利时代，自然法向自然权利过渡。契约本身就是从其第二自然法中衍生出来的权利约定。在这样的契约伦理中，人已经是权利的主体，人不再是抽象的，而是具体的个体。个体的合作成为契约伦理的主题，因而正义观念发生了根本变化，不再像在柏拉图和亚里士多德那里那样，是城邦共存的机制，而是保障个人权利实现的制度。在契约中保证契约规范有效性的，是公共权力依法办事，所以理性在契约伦理中的作用得到彰显。不像在后来的休谟那里那样，把理性视为激情的奴隶，相反，理

---

[1] ［英］霍布斯:《利维坦》，黎思复、黎廷弼译，商务印书馆1997年版，第105页。

性必是激情的范导性力量。它在自然状态下人人对死亡的恐惧激情中被激发出来之后，不仅是权衡利弊的冷静能力，而且是消除心理困惑、引导并规范激情远离冲突、寻求和平的保障。契约伦理本质上是理性伦理、规范伦理，这确保了霍布斯作为现代伦理的开创者的地位。

黑格尔对霍布斯契约伦理的批判，不是批判其契约伦理本身，而是批判其将国家的形成视为契约的产物，是一种抹杀国家历史起源因而并无必要的假设。但黑格尔在市民社会中论述契约时，依然保持了霍布斯契约伦理的基本内涵，在此意义上，契约伦理作为现代社会理性伦理的一种基本形式，这一功劳必须首先归于霍布斯。

二、洛克的契约伦理

要理解洛克的伦理思想，我们需要在他的知识谱系中，寻找到道德知识的位置。在知识论谱系中，他无疑是英国经验主义认识论的一个重要的推进者，在经验主义科学方法的开创性上，培根牢牢地稳占其"近代科学始祖"之位，在对未来科学哲学的实际影响上，谁也没有休谟的作用大。因而洛克的贡献是对人类理智（understanding，即后来康德讨论的"知性"Verstand）进行系统研究，以确定知识的真理性、确定性和信仰的依据，尤其是将这套人类心智的结构应用于政治哲学，而成为现代自由主义的基本理论。

洛克不愿意对心灵进行物理的考察，这似乎与他在传统教科书中被描绘的唯物主义哲学家的形象很不相称，但是他确实认为人类的心灵在从事经验观察前就是"一块白板"（tabula rasa），没有任何"天赋观念"，然而却有"天赋能力"进行感觉和反省。所以，他既不是从物质开始也不是从心灵开始，而是从笛卡尔那里继承来的"观念"开始，追溯知识观念的起源和历史，这是他改造经验主义的一个新路径。洛克认识论包括两个方面：简单观念作为知识的材料，所有知识的材料都可以追溯到简单观念；而复杂观念是通过心灵的活动将粗糙材料转变为知识的，心灵活动本身并不能构造知识。除了感觉和反省外，没有其他源泉。但知识涉及的复杂观念，是关系性的，只能在心灵中建构起来。只要复杂观念间的关系不代表心外事物的原型，就不存在知识确定性的任何障碍。在此意义上，他把道德视为与数学一样，是一种可以推证的知识，意味着与道德相关的善与恶的知识，虽然是道德观念的"混合样式"，但都可以从关于快乐和痛苦的简单观念推证出来。他在《人类理解论》的第二卷确实是把道德上的善与恶溯源于快乐和痛苦的感觉，这种心理感觉由立法者以奖惩的规定对我们的行为构成规范而成为一种社会关系的感受，有心外和心内双重根源，不仅有自然主义心理学的，更有社会关系政治学的根源。当我们明白道德词语只是某种道德观念的表达时，我们就认识到了道德属性（moral properties）的实在本性，而不仅仅是其名义本质。所以：

> 对于洛克来说，认识到道德观念是他所谓的"混合样式"的复杂观念是相当重要的。它们是由我们构造的，而不是被我们从对现成复合物的观察中复制来的。[1]

因而在洛克这里，"作为科学的道德"，指的就是道德观念是心灵构造的产物，具有其实在的可推证性。它排除从上帝和心灵的感官构造来阐释道德的方法，虽然他并没有发明道德是自律的，但他认识到，道德作为混合的观念样式，只是我们心灵的产物，这恰恰是现代性进入主体性阶段的特征。进而言之，心灵如何构造道德观念？他认为是直接从关于快乐和痛苦的感受推证而来。也就是说，让心灵感受到快乐的东西就会让人赞美和喜爱，让心灵感受到痛苦的东西，就自然地让人厌恶和抵触，这是所有道德知识推证的基本心理前提。在洛克之后，这构成了英国伦理学道德认知的一个新方向。

---

[1] ［美］J. B. 施尼温德:《自律的发明：近代道德哲学史》（上册），张志平译，上海三联书店2012年版，第181页。

因此，洛克关于道德知识的阐述，直接地并首先近距离地对英格兰和苏格兰的道德哲学产生了巨大影响。

但洛克对整个现代世界政治和伦理产生更为深远影响的，是他的契约论所确立的基本立法原则和契约精神本身所体现出来的伦理规范形式。在中世纪，君权神授是君王权力来源的合法性依据，王权有了合法性，所有臣民就只有服从王权命令的地位，臣民立法的权力从来不存在，连这样的意识都不曾存在过；而在洛克之后19世纪初期黑格尔的政治哲学中，契约论又是作为市民社会中的经济问题而设立的，黑格尔认为人和国家之间不存在契约，因而人民在政治国家中的立法权问题，也是一个模糊而没有得到明确界定的问题。只有在洛克这里，契约论一开始就不是从经济关系，而是从政府权力界定的政治问题入手的，这无论如何都是一个有意义的开端，因为人民或者公民作为立约的主体地位这一现代伦理的核心问题，被突出出来了。这一作为"开端"的时间，赋予了洛克优先从政治入手解决伦理问题的道德运气。因为在洛克时代，古典经济学还没有诞生，时代转型的伦理问题，首要的是政治问题，即国家、政府和人民的权力合法性基础及其边界问题。因而，洛克从其政治生活中所面临的特殊问题，即缘起于英国"光荣革命"之后面临的财政问题，提升到了普遍的政治权力和大众权利的合法性基础问题。因为1688年洛克逃避到了荷兰，写作《人类理解论》，而在1689年2月返回英国后，新政府由于承认他对自由事业的贡献，邀请他出任英国驻柏林或维也纳的大使职务，被他拒绝。"1689年5月，他还是被任命为上诉法院的官员，而在1696到1700年期间，他是负责贸易和殖民事务的官员。"[1] 所以洛克关注经济、贸易和财政问题，确实是为新政府面临的财政困难操心。他谴责之前几个王朝的贸易政策是"令人惊讶的政治"，他已经熟悉正在兴起的重商主义的语言，财富表现为大量的黄金和白银，而如果一个国家没有丰富的矿产，

---

[1] ［英］索利：《英国哲学史》，段德智译，山东人民出版社1992年版，第112页。

那么增加黄金和白银就只有靠征服掠夺或自由贸易这两条道路，因而对新政府而言，他提出的唯一道路是自由贸易。他还写作了《论降低利息和提供货币价值的后果》，表明诉诸国家干预、由法律规定利率对自由贸易不利。所以，他是在亚当·斯密之前就支持自由贸易的哲学家，但他的契约理论不是从属于从自由贸易立论的经济学，而是从属于从政府权力立论的政治学。因为政府是通过社会契约建立起来的，政府的权力要从社会契约中获得限制，作为有限政府，才能表现出合法性。

洛克自己著作中所表达出来的道德理论，深受普芬道夫的影响。他认为普芬道夫的道德哲学是同类著作中最好的，因而他试图综合普芬道夫和英国经验主义的道德理论，超越霍布斯契约论的内在局限。他清楚地看到，不是自然状态下的残酷竞争而是社会交往中的争端才使法具有用武之地。契约伦理是一种法律伦理。在法的伦理中，道德与利益没有必然冲突。法指引理性，而自由的主体追求他们各自的利益和权利，同时不能损害守法人的普遍利益。因而契约伦理指向的必然不是个人的美德，而是社会的公正。是法律给我们提供了个人所需要的保障，这个个人，不仅仅是指社会中无权的人，也同时是指社会中最有权的人。因而，不是需要依赖绝对的国家强权来保障法的规范有效性，而是相反，法本身的规范有效性才能赋予国家权力（政府和君王）以合法性，所以是法律保护了王权，而不能指望王权来保护法律。在这里，"在拒绝讨论至善这一点上，他与格劳秀斯的追随者是一致的。事实上，他还论证说，这样一种讨论不可能有任何结果。他的论证是以其心理学为基础的。他是动机论上的快乐主义者，认为只有对快乐和痛苦的预期才能构成我们的行为动机"。[1]

洛克成功地将其承诺要建立的道德哲学嫁接到英国经验主义传统之中，凭经验就能发现的法会向我们表明，在不诉诸实质性至善概念的前提下，通

---

[1] ［美］J. B. 施尼温德：《自律的发明：近代道德哲学史》（上册），张志平译，上海三联书店2012年版，第176页。

过契约立法就能解决自私的人性在社会交往和竞争中所发生的利益冲突和不公正问题。因此，他始终不相信，人性能像霍布斯描述的那样自私，他也不认为自然状态下的人必然那么凶残和恶劣。他总是试图论证，自然状态下人性的平等，会让人的自爱和爱他人的社会本能激发出来，从而保持一种自然的自由状态。他之所以提出契约论，不是因为自然状态下的人像野蛮的狼群，而是任何社会规范的有效性不能指望个人品质，而只能通过理性的约定。霍布斯契约论预设了人性的自私和邪恶带来的绝对不安全和要以国家的绝对权力来保障个人安全这两个极端，都是无根据的预设和想象。随便哪个极端的预设被证明为假，其整个契约论的规范结构就被瓦解。因而，洛克采取的是一种自由主义温和版本的契约论。他不需要人性自私的预设，只需从人的自由本性如何不被奴役这个问题切入，就能证明社会契约的必要性和信守约定的意义。

他确实从未详尽地阐述过他的伦理学说，这是他的遗憾，但是，当时的伦理问题都是政治问题，需要优先从政治上解决。而对道德问题，他还是做出了许多有价值的论说。他承认，道德知识的推证虽然可以追溯到快乐和痛苦的感受性，这一看法一直延续到了19世纪的功利主义伦理学中，但他同时承认，与数学相比，道德的推证不能以任何简单观念为模式，道德观念比数学观念复杂多了，因为它要超越单纯形式化的逻辑层面，考虑到现实的历史和经验因素，因而更加难以澄清。但科学的观念既然统帅着时代的思维，它的理性要求道德推证必须清楚明白才有规范有效性，那么，伦理学如何可能成为"道德科学"呢？[1] 洛克的经验主义知识论和长期的政治经验告诉他，只有把复杂的道德观念还原为简单的观念，即还原为权利和义务观念，这才

---

[1] 我非常同意施尼温德的这一明确判断：洛克"从未给我们提供一门他宣称已经为其奠定基础的道德科学"（参见［美］J. B. 施尼温德：《自律的发明：近代道德哲学史》［上册］，张志平译，上海三联书店2012年版，第184页），但我们不得不同时承认，他以数学为类比的道德推证，证明了他心中是在朝"道德科学"的方向努力。

是可能的。而所有的权利和义务概念，事实上都依赖于什么东西真正的是"你的"，什么东西真正的是"我的"，这是财产权的关键，所以，洛克抓住了这个基础和关键，使得他的伦理思想，即伦理—政治思考在此基础上，确立权利和义务，讨论"义"与"不义"，"正义"（公正）与"不正义"（公正）问题。在没有财产权的地方，除了空洞的正义观念外，很难有什么实质的"不义"观念能够建立起来。

因而，洛克版本的契约伦理，已经是他拒绝从上帝的意志和意愿来阐释道德属性之根源之后，从人的行为约定出发来确定相互之间义务和权利关系的尝试，广义上属于"道德科学"的范围，但如果按照更为现代的狭义的政治与伦理相分的思路，那这明显的因探讨政治正义的自由基础而属于伦理学。因而，我们也需要不在狭义道德哲学的范围内，而在广义的政治—伦理学意义上，讨论契约论在洛克这里是如何成为现代伦理的一种基本形态的。

洛克的问题意识是：当我们认识到了上帝的意志给我们制定的法"完全是任意的"，而通常的习俗道德观念又因过于复杂而难以清晰地确定时，依赖于经验理性，也即依赖于有限的认知理性，针对着与我们的行为举止相关的理性约定就会成为唯一可能的科学的道德推证。

当我们从契约论来考察时，马上就可发现，洛克与霍布斯关于自然状态的设定存在着根本的差异，他们之间的思想联系，除了契约论这一空洞形式是相同的之外，其余内容的阐释都是对立甚至相反的。洛克不仅没有把自然状态设想为人人之间的战争状态，反而是平等而自由的世界。我们不禁会问，洛克的这一推论有何意义？霍布斯所推论的自私的人性在竞争条件下相互猜疑、相互倾轧，最终会无辜地死在别人手中的那种对死的畏惧，怎么在洛克这里就完全不见了踪影？难道霍布斯的观察和推论都错了吗？

我们可以理解的是，他们两人对人性观察的立场是不同的，虽然他们都生活在那个令人惊心动魄的英国内战时期，但两人获得的经验却完全不同。霍布斯站在原子式个人的立场，因而更能从一般市民的感受出发建构自己对于1641到1649年英国内战的感受；而洛克的社会生活经验则一直是上流社会的，他在1688年之后长期作为沙夫茨伯里伯爵一世这位国王之重臣、辉格党之领袖的秘书，后来他自己的政府工作经验，所交往的也都是社会精英阶层，有着高度的审美品味的优雅绅士，这是他的经验基础。

但我们从哲学论证的角度来看，洛克对自然状态的解释相比于霍布斯而言，显然是令人失望的。因为自然状态下的自然的平等，这也是霍布斯的一个基本主张，但霍布斯恰恰是从自然的平等中，推论出谁也不可能比别人取得更大的权力，以便可以让其他人臣服于他的绝对权威之下。霍布斯由此推导出，要真正保卫自己的生命和财产安全，必须摆脱自然状态，那里没有真正的自由和平等，只有建立社会契约，把每个人似乎是无限的自由权利转让给一个公共权力机构——政府，确立这一所有人共同的公共的绝对权威，无论自然的强者或弱者，每一个人，生命财产和自由就都可以得到合法的保障。在霍布斯的这一推论中，有三点是不可取代的：所有人性都平等地要获得对自己生命和财产的安全权利的保护（这不能被错误地归结为人性自私，而是人的自然权利），这是其一；所有人都有一种自然动机寻求更大的权力实现对他人的支配，以保护自己的利益（这才是人性自私的表现），这是其二；但其三，每个人在对死的畏惧中激发出了理性要求，各自出让对任何事物有无限权利的自由，以便有一个作为公共绝对权威的权力产生出来，保障社会契约的规范义务的履行，从而真正地保护每个人的利益。这三点基本思想的推理在霍布斯那里逻辑清晰得让每一个人都信服，因为能符合人们的常识性理解。但在洛克这里，契约社会产生的必要性就不那么迫切和明确了，因为他把自然状态设想为平等的自由状态，即自然的自由状态，那么在没有对死亡恐惧的心理背景下，在自然静好的自然状态下，契约社会的必要性和迫切性只能另外再去寻找别的理由。

洛克借助于对神学家胡克尔（Richard Hooker，1553—1600）的分析批判，来阐明他自己的契约社会的伦理基础，本身就带有一些误导性和逻辑散乱的特点。他先赞扬胡克尔有关自然状态下人人有自爱和爱他人的"互爱义务"的推理是"明智的",从而得出一个与霍布斯完全相反的自然状态设想:

> 虽然这是自由的状态,却不是放任的状态,在这状态中,虽然人具有处理他的人身或财产的无限自由,但是他并没有毁灭自身或他所占有的任何生物的自由,除非有一种比单纯地保存它来得更高贵的用处要求将它毁灭。[1]

这种推论本身是靠想象,很容易会导向霍布斯的结论,而不是洛克想要的结论。因为他相信,自然状态下有一种人人所"应该"遵守的自然法对每个人起支配作用;这种自然法如果理解为万物各自依其自然本能、本性和能力而生活,那么就等同于"自然律"了。霍布斯恰恰是从这种大致平等拥有的自然力量,才推导出在"竞争状态下"谁都按照自然法拥有对它们的无限自由的权利而最终只能靠战争来解决谁能占有的问题,因此,洛克似乎自始至终没有意识到,自然状态下无限的自由与普遍的平等在资源相对紧缺和竞争残酷的处境下,他所主观想象的那种自爱和爱他人的相互义务,几乎立刻就会丧失规范效力的情况,这应该就是洛克视野的根本局限。他以为弥补一下霍布斯人性论的局限,把人的社会性也阐释为人的自然本性,就能避免自然状态下的争斗,但人性,恰恰因为既具有自然性又具有社会性才呈现出复杂性,是洛克把自然状态解释为自由和平等状态所无法处理的。人有社会性这当然没问题,但指出这一点并不能解决问题,问题的根本在于,人虽然有想与他人共同营造共同生活的愿望,但河流就只有一条,王位只有一个,让河流灌溉谁家的田才合理,谁坐上王位才能让大家都有生命和财产的安全,这不是简单的人性有社会性一面所能解决的。一旦在这些事关生死的利益上发生冲突时,任何主观愿望都会让位于非理性的激情,这才是霍布斯描述的

---

[1] [英]洛克:《政府论》(下篇),瞿菊农、叶启芳译,商务印书馆1964年版,第4页。

自然状态的可信性根基。洛克的论说，太过肤浅而解释力太弱，有某种社会本性是一回事儿，而让这种社会本性实现出来，是另一回事儿。社会本性的实现机制，才是伦理的根本。

他批评霍布斯把自然状态和战争状态混为一谈，说它们之间的真正区别在于：

> 不存在具有权力的共同裁判者的情况使人们都处于自然状态；不基于权利以强力加诸别人，不论有无共同裁判者，都造成一种战争状态。[1]

即便我们承认这在概念上做出了更为严格一点的区分，但依然没有提供一个令人满意的证明，因为洛克始终没有说明，为什么不正是因为"不存在具有权力的共同裁判者使人们处于自然状态"，才导致了后面"不基于权利以强力加诸别人的战争状态"。霍布斯的意思正是，当人们处在为保卫自己的权利而无共同权力作为公正裁判者的时候，保持理性是不可能的，因而自保的激情必然会导致相互战争状态，而洛克无力地坚持，在自然状态下，人们还依然服从理性，具有自爱和爱他人的义务，这是无法令人相信的。

所以，洛克版本的社会契约论，对自然状态及其向社会状态过渡的机制阐释上，有明显的欠缺，当然，它的意义不在这里，我们也不从这里来看它的意义。我们当然承认，洛克政治哲学的使命和意义，表现在从理论上彻底否定了"君权神授"，从而一方面在理论上论证了把"王权""关进法律的笼子"中的必要性，而又要同时保留君王在法律上的荣誉地位，另一方面在实践上，推进了"光荣革命"后确立"君主立宪制"和《权利法案》(The English Bill of Right)的签署，这种意义无论如何强调都不过分。他关于自然法的思想确实也超越了早期的一些观念，但其深远意义，实践上的远远大于理论上的：把空洞的自然法落实为自然权利，必须通过契约的理性约定来规

---

[1] [英]洛克:《政府论》(下篇)，瞿菊农、叶启芳译，商务印书馆1964年版，第13页。

范个人以及作为公共权力机构——政府——的权利和义务。根据自然法人人都有两种权利：旨在制止同类犯罪而惩罚的权利，受到损害而要求赔偿的权利。这种权利本身不可抽象地依据自然法而现实地拥有，只能通过人为制定的实定法来现实地取得，且同类是否犯罪，是否真实受到损害，如何要求赔偿，都要依据现行法律来认定，而不依据主观来伸张。

依法而不依人来取得权利义务，在洛克这里就成了现代社会一种基本的伦理规则，哪怕是君主，也不能获得这种权利：

> 我要提出异议的人们记住，专制君主也不过是人；如果设置政府是为了补救由于人们充当自己案件的裁判者而必然产生的弊害，因而自然状态是难以忍受的，那么我愿意知道，如果一个统御众人的人享有充当自己案件的裁判者的自由，可以任意处置他的一切臣民，任何人不享有过问或控制那些凭个人好恶办事的人的丝毫自由，而不论他所做的事情是由理性、错误或情感所支配，臣民都必须加以服从，那是一种什么样的政府，它比自然状态究竟好多少？[1]

因而，社会中的主权者仅仅是作为人民所赞同的契约的代理人，才具有了其权力存在的合法性，所有权力及其合法性的权威不再来自血缘基因，不来自君权神授，而仅仅来自政治契约，这是洛克为现代伦理做出的最伟大的贡献。

当确立了社会状态下的公共权力结构可以公正地不偏袒利益冲突中的每一个人，又作为独立于君王的法官进行裁决时，不仅公民的社会理性能够存在，而且霍布斯强调的人性的自利（egoism），哪怕是为了自私，也都具有了积极意义。只要它不损害他人，私人利益就还可以是社会繁荣的必要条件。在此意义上，他比霍布斯乐观得多是有道理的。洛克的乐观，可能本质

---

[1] ［英］洛克：《政府论》（下篇），瞿菊农、叶启芳译，商务印书馆1964年版，第8—9页。

上来自他是一个基督徒,即清教徒,他即使经历了英国内战的恐怖经历,也依然相信上帝赋予了人性以理性和良知,这种信心是非基督徒所不可理解的,但这也使得洛克相信,人类虽然在自然体力和本能上不如动物,但在理性和社会性上却要远远高于动物。因而他最终相信,人性中的社会性潜能会使人类倾向于选择相信他人,与他人合作才是真正的自利:

> 只要目的是改善自己而不是伤害他人,对"自身"幸福的追求就可以是道德的和理性的,而且构成个人自由的基础。从本质上讲,个人是社会性的,而且倾向于信任他的同伴,那些同伴也是道德的、理性的和利己的。这使每个人都能为共同的目标而一致行动。这也使得人们在倾向于利己的同时,去追求有利于他人的目标。[1]

要能实现人性中的社会性与道德性,不可能是在自然状态中,而必须基于一种能将自然法下的"自然自由"转变为"社会状态"下的个人自由的机制,就是法治下的自由秩序:

> 处在社会中的人的自由,就是除经人们同意在国家内所建立的立法权以外,不受其他任何立法权的支配;除了立法机关根据对它的委托所制定的法律以外,不受任何意志的统辖或任何法律的约束。[2]

所以,人在社会状态下有不受任意的、绝对的权力约束的自由,这是洛克表达的现代伦理的基础。在此意义上,一个人的基本的德性品质,就是他的自由品质。在其天赋的自由权利下,凡是不能剥夺自己生命的人,不能把

---

1 [美]唐纳德·坦嫩鲍姆:《观念的发明者——西方政治哲学导论》(第三版),毛兴贵等译,中信出版集团2023年版,第262页。
2 [英]洛克:《政府论》(下篇),瞿菊农、叶启芳译,商务印书馆1964年版,第15页。

支配自己生命的权利给予别人。这种自由权利不再是自然状态下的那种无限权利，却与生命权最为紧密地联系在一起，这同时赋予了现代人一种自由德性的要求，要求我们每一个人，为了摆脱自然状态而进入社会状态，必须让渡出一部分自然自由的权利，以便让公共权力获得合法的存在基础。但是，有三种基本权利——生命权、自由权和财产权是绝对不可让渡的，因为支配自己的生命权是连自己也没有的东西，谁都不能以协议的方式把它交给另一个人。私有财产权也是必需的，否则我们不可能有任何自由权的行使空间。财产权转让，是以个人首先是财产的主体为条件的，它必须在契约中严格地约定转让的具体权利和义务，财产转让才是伦理关系的一个环节。

因而，契约伦理是通过承认人作为立约的主体而呈现的，因为人是主体，契约的约定才必须是自由自愿的，其约定的规范必须经由每一个人的同意，而不是大多数人的同意，才对每一个人都有效。但是在这里，洛克契约论也遇到了卢梭同样的困难，即普遍意志究竟是如何可能的？一方面，契约的约定要对每一个人都具有约束作用，"只有每一个人的同意才算是全体的行为"[1]，但洛克又认识到，每一人的同意几乎是不可能的，否则，对于一个国家而言，任何社会契约都不能生效。于是，他采取的措施是，一方面从每一个人的同意退回到大多数人的同意，认为大多数人有权"代表"所有人行事，只要他们行事公正，他们的"正义"就取得了所有人必须服从的意志的正当性，所以，所有人在此依然不是服从于多数人，而是服从于多数人做事所依据的正义；而另一方面洛克坚持，政府这种公共权力的成立的目标，不是为了威权，而是为了所有人的利益。"为了全体人民的利益"在洛克这里也完全不是空洞的言辞，因为它要以其否定性的含义来体现，即未经本人同意，任何公共权力，哪怕是最高权力，都无权取去他的财产的任何部分。这就能够弥补因不可能做到社会契约必须经由每一个人同意而改由大多数人同意的缺憾，使得契约和公共权力都为了保护每一个人的生命、财产和自由而

---

[1] ［英］洛克：《政府论》（下篇），瞿菊农、叶启芳译，商务印书馆1964年版，第60页。

取得其合法性。

在一般政治层面，洛克的社会契约还确立了一个公民社会和政府组织的两级政治构架：

> 公民社会是联合起来的人民。它的作用是将权力授予政府，因此，在洛克的方案中，公民社会而非政府才是最高的权威。所有同意契约的人都是公民社会的成员。洛克式的政府是有限的政府……这些目的界定了政府可以规定和实施的公共善或公共利益。"人们联合成为国家并置身于政府之下，重大的和主要的目的，是保护他们的财产。"[1]

这种设置确立了现代社会自由规范秩序的基本构架。社会状态可以说是初始的自然自由的自然法的完成，只有"保全社会"才能保全自然法。在此意义上，"社会契约"具有的"伦理"意义是以完成自然法的方式超越自然法。在这个规范秩序中，正义作为规范性的伦理机制，才能让自然状态下人的社会本性的自爱和爱他人的潜能德性实现出来。

三、卢梭的契约伦理

契约伦理的有效性推论实际上都与对人性的理解和把握有直接关系，因为约定看起来是"对事不对人的"，但每一个约定都是对不堪的人性的预防。卢梭丰富多彩的生活经历使得他对人性的理解与众不同，这无须多言，在《爱弥儿》的第二卷和第五卷中，注释家注意到了，卢梭呈现出两种不同的人性史：个体自然人的发展史和作为"类"的人性发育自然成长史。[2]但

---

[1] ［美］唐纳德·坦嫩鲍姆：《观念的发明者——西方政治哲学导论》（第三版），毛兴贵等译，中信出版集团2023年版，第269页。

[2] ［美］马斯特：《卢梭的政治哲学》，胡兴建、黄涛等译，华东师范大学出版社2013年版，第24—25页。

其实这两者并无根本不同,对卢梭的目标是一致的,为了展示个体人性本善,其善性有一个自然发育和成长的进程,因而人类种族"目前"的状态,不是永恒的,而是变化的。变化的原因,其实就是人性只有在特定的"社会状态"下发育和成长,因而无法脱离特定的社会状态来抽象地谈论自然人性。但正是在社会状态下,卢梭更清晰地看到了人类心灵上一切邪恶东西的起源。这决定了他对人性的理解与霍布斯完全对立,一个主张人性本善,一个主张人性本恶,但本质上是一个思路:为了使社会契约具有规范效力,大家都不可高估人性,因为契约的约定就是为了防止在涉及利益纷争时丑恶的人性之爆发,保证我们有相应的条款来公正处置它。至于如果人性确实是高尚的,那么谁也不损失什么。所以,契约实际上涉及的人,不再是作为私人的个人之间的关系,而是作为社会公民的个体之间的关系。因而对自然状态的设定,其实是对作为私人的个人人性的设定。这与作为契约的当事人的身份决然不同,后者是社会公民身份。卢梭没有霍布斯透彻的一点是,自然状态其实与这种状态是否"真实"存在根本没有关系,只要我们承认社会状态下的个人依然具有自然的人性,那么在激烈的竞争中,在处在利益纷争的境况之下,人的社会面具和道德面具就会自然地摘下来,自然人性的本能会起作用。卢梭对自然状态的一个非常糊涂的观念,就是将它与社会状态根本二分,以为人类一旦进入社会状态,自然状态的毁灭是不可逆转的。这本是一种典型的机械划分,而鉴于人性自始至终都既是自然的,又是社会性的,所谓自然状态的不可逆转性就既不符合历史的真实,也缺乏思想的深邃。

既然社会契约的立法是人类从自然状态进入社会状态的标志,因而判断自然状态是否真正终结的标准,就是所立之约的规范有效性,这是法具有实在性的标尺。只有当法对所有人都具有规范的约束力,法才是实实在在的法。当有人可以超越于法律之上,法对它就没有实在性,即是一个不受社会的实定法所约束的人,那他/她就依然是一个自然人,或非人或神。如果只有君王一个人不受法律约束,那么社会也会存在,不过只能是专制的、独裁的；如果有一部分人不受法律的约束（如"刑不上大夫"），社会依然存在，不过只是不合理的、不公正的；但当这种不合理、不公正扩大到整个社会，那就意味着法的规范效力都丧失了，那么就不再存在社会状态了。所以，一个无法的社会就退回到自然状态了。传统社会的人类历史，其实都是社会状态和自然状态、和平状态和战争状态、文明和野蛮交替演进的历史。只有进入现代，由于契约伦理的兴起，政府与君王都要从这种社会契约的约定中取得其权力的合法性，以行使合法的权力确立起政治的权威性，才使得人类真正进入文明社会。但是，由于政治的复杂性、人性的复杂性、国内政治和国际政治的交互影响，法治这条文明的核心动脉也一再地被摧毁，因而人类的文明史总是伴随着野蛮，社会状态转入战争状态通常都不以人们的意志为转移而发生。这与卢梭所注重的人性的教育其实是两回事，接受再多的教育，有再多的智慧和美德，只要处在残酷的竞争和利益纷争中，自然人性的丑恶就会再次暴露无遗，不承认这一点，就很难说洞悉了人性。

因而我们可以说，卢梭对"现代法学家们"的自然权利理论，尤其是霍布斯自然状态的批评，基本上没挠到痒处。在《论人类不平等的起源和基础》一开篇，卢梭就直接批评以往哲学家对所谓的自然状态的描述，其实是把从社会中得来的一些观念，搬到自然状态上去了；他们讲述的是野蛮人，而描绘的却是文明人，似乎很犀利，其实是平庸之见。所以他认为，对自然状态最重要的，是把握其自然性，"完全按照人从大自然的手中出来时的样子观察他"，这却是一个包括他自己在内谁也不可能完成的工作。因此，卢梭反驳霍布斯说自然状态下的人天生就很凶猛，爱寻衅好斗，主动出击，因而最终处在战争状态，借助的证据，只能是另一些哲学家（他指的是孟德斯鸠、康伯兰和普芬道夫等人）对自然状态做出的与霍布斯相反的描述：说没有什么生物像自然状态中的人那样胆小，一听见什么响声、一看见什么动静就战战兢兢，准备逃跑。这等于只是揭露了霍布斯的矛盾，从论证手法上似乎是成功的，但最终却暴露了自己的不足，这从他的这一批评可以看出来：

> 霍布斯的错误不在于他在独立的但已经变成社会的人的人们中间确立了战争状态，而是在于他假定这种状态对于人类来说是自然的，并且在于它将其作为罪恶的原因，而其实它只是结果。(《日内瓦手稿》)[1]

当卢梭否定了霍布斯自然状态下的"自然法"最终导致战争状态这一观点后，要从人的自然德性——自我保存和怜悯的情感来阐明原始人保持和平宁静的自然状态，这无疑给自己增加了不必要的论证重负。因为即便原始人有此情感，散居的原始人之间能起到实际效果的可能性显然是极其有限的，而且他无法说明，当平等的原始人都对某一个稀缺的资源行使自己的自由权利时，在何种意义上这种脆弱的自然情感或自然德性能维系他们之间的平和而不爆发战争。因而，《社会契约论》根本就没有给我们做出从自然状态到社会状态过渡的阐明，而仅仅指出"社会秩序"作为所有权利得以保存的神圣权利，绝不是来自"自然"，而仅仅来自"约定"：

> 社会秩序是所有其他各种权利赖以保持的神圣权利。然而，这项权利绝不是来自自然，它是建立在许多约定基础上。因此，我们应当知道是哪些约定。[2]

卢梭由此表达了一个非常危险的观念：拒绝自然法作为政治社会的基础，因为社会秩序"绝对"不来自自然，而仅仅来自人为约定。这又为自己添加了他所意识不到的证明难题，即约定的权利的合法依据究竟在哪里？他不得不"试图重新阐释'现代自然权利'学说，这使他不仅面临来自霍布斯或洛克立场的攻击，也面临来自有关人作为服从自然法之社会存在者的传统

---

[1] 转引自[美]马斯特：《卢梭的政治哲学》，胡兴建、黄涛等译，华东师范大学出版社2013年版，第268页注释2。
[2] [法]卢梭：《社会契约论》，载《卢梭全集》(第四卷)，李平沤译，商务印书馆2012年版，第17页。

观念的攻击"[1]。

现在，卢梭必须重新阐释政治社会立法的合理依据究竟何在。如果不在自然法，不在上帝的永恒法，他给自己留下的其实只是一座"独木桥"：从立法权的善良意志来阐释政治社会的立约伦理。他明确地说：

> 一切自由的行为，都是由两个原因结合而产生的。这两个原因一个是精神性的，即决定这种行为的意志；另一个是物理的，即实施这种行为的力量。……政治体也有这种动力，我们可以同样地把它们区别为力量与意志，把后者称为立法权，把前者称为行政权力。没有这两者的结合，政治体便不能或者不应当做任何事情。[2]

卢梭坚定地坚持，立法权必须是属于人民的，因而立法的意志就是人民的意志。"立法的科学"于是在卢梭"社会契约论"中被赋予了特别重要的使命和任务。立法者在这里先天地必须具有现代人的政治美德，才能确立体现现代自由之正义的法律，通过法律塑造出"公民共和国"。作为一个政治哲学家，诚实的美德让他确立了对公民共和国才能实现美好生活的信心：

> 我过去认为，现在仍然认为：共和国是唯一值得人们向往的国家。[3]

只有共和国才能通过立约建立起公平正义的制度，让公民们获得一切有利于维护他的生存的东西：公正的法律、纯朴的风俗、生活必需品、安宁、自由和对其他国家人民的尊重，因而才能有真正的生活。相反：

---

[1] [美]马斯特：《卢梭的政治哲学》，胡兴建、黄涛等译，华东师范大学出版社2013年版，第271页。
[2] [法]卢梭：《社会契约论》，载《卢梭全集》（第四卷），李平沤译，商务印书馆2012年版，第75—76页。
[3] [法]卢梭：《享受人生的方法及其他》，载《卢梭全集》（第三卷），李平沤译，商务印书馆2012年版，第293页。

>荒谬的社会制度极有利于富人找到积聚更多财富的手段,而一无所有的人想得到点什么好处,简直比登天还难,在这种制度下,善良的人无法走出困境,而坏人却备受尊敬;不干好事,反倒成了好人![1]

因而如何制定出"善法"对于共和国是生死攸关的大事。他比较了古代两个好的共和国,一个是古希腊的斯巴达,一个是罗马共和国。他清楚地看到,共和国之所以好,在于能通过立法建立一个好政府,这个政府不是某位君王的私家内阁,而是人民的合法的政府:

>合法的或人民的政府,即以人民的福祉为依归的政府,其行事的原则……凡事都要遵循公意。……把公意和个别意志严加区别,这个区别是很难做出的,是需要最高尚的道德修养给以足够的启示的。……[政府权威]乃是为了保护全体成员的财产、生命和自由的过程中,保护每一个成员的财产、生命和自由。[2]

他特别强调,国家首领和政府的权能是不同的,其最要紧和最不推卸的责任,是密切注意他的权威赖以建立的法律是否得到遵守。这是国之为国、君之为君的基础中的基础。他要求国民守法,他自己更应该带头守法。一个良好的政府不能以任何名义宣称某人是例外,可以不受法律约束。即使君王的伟大与权威使得爱戴他的人民容许他摆脱法律的束缚,他也要千万小心,不能利用这一特权,因为这是一个对他、对国、对人民都极为有害的特权,最终受害人绝对少不了他。所以:

---

[1] [法]卢梭:《〈纳尔西斯〉序言》,载《卢梭全集》(第四卷),李平沤译,商务印书馆2012年版,第429页。
[2] [法]卢梭:《政治经济学》,载《卢梭全集》(第五卷),李平沤译,商务印书馆2012年版,第216—217页。

只要有人以为不服从法律并不是一件大不了的事情，共和国就有覆亡之虞；万一某个贵族或军人或其他等级的人如此行事的话，则一切都将陷入万劫不复的境地。[1]

政府只是管理各个公民让渡出来的全部权利的一个结构，国家本身也是一个约定的产物，实质上是由立法者缔造出来的。公民没有将其主权交给立法者，而是交给了国家。所以，国家只有在代表全体公民的普遍意志的条件下才能够成为主权者。这就成为卢梭的"根本公约"。在这个"根本公约"条款下，哪怕是国王本人也不能随意束缚人的自由、财产和生命权利，一切都只能依据法律。因而契约伦理确立了这样一个相互义务的规范框架：

由于社会所有公约的性质，决定了双方的权利和义务是相互的，所以，没有谁能够超越法律之上而又不受到法律的惩罚。一个不履行契约义务的人，就休想别人对他承担任何义务，他所享受到的权利也将依法被剥夺。

立法的艺术在于，让一切都受法律约束，却又让人感受到只有在这种约束中，才能有自由。虽然理论上，后来康德将服从纯粹理性为人的一般实践理性所立的法称为自律之法，自律即自由，但那是道德的自由，而卢梭这里谈论的是作为他律的国家实定法，一般地从理论上说，每一个公民服从的法只要是普遍意志所立的法，也是自由，但实际上这种自由其实非常有限。因为在国家政治生活中，这是一个几乎接近于神圣的目标，人民作为立法者，

---

1 ［法］卢梭：《政治经济学》，载《卢梭全集》（第五卷），李平沤译，商务印书馆2012年版，第219页。

听起来妙不可言，但恰恰由于"人民"是由一个个肉身的人构成的，他们的德性、他们的精神品格、他们的智慧和立法的艺术，都难是卢梭浪漫想象的那样。卢梭的自由也改变了自由主义者所强调的消极自由，而成为积极的自由。在道德层次上，毕竟是个人为自己的主观准则立法，这种积极自由还是可以实现的，而在国家政治层面上，这几乎是个浪漫主义的构想。

但在这里，他所确立的契约伦理精神转向了国家层面，把洛克时代的"君主立宪"推进到了以人民为主权的民主立法，这无疑是共和主义国家理念的一大进步；同时，近代自然法传统从他这里开始转向了自由意志的立法原则，这是一个影响深远的转变。由康德开创的德国法哲学，经过黑格尔，一直到现代新康德主义法哲学，都受卢梭的影响，自由意志作为法的合法性依据成为立法的基本原则。自由的规范秩序也成为立法的道义标准和目标。所以，卢梭强调立法者要具有神圣的美德品质，高妙的立法艺术，高超的实践智慧，所立的法不仅是正义的，而且让每一人都具有自愿服从的自由意愿，这无疑也将法律本身神圣化了。这么好的法律，其权威性不是来自执法者的严厉，更多的是依赖于法律本身制定得很明智。他为此批评了政府以严刑峻法来治理是目光短浅的笨办法，它试图以恐吓代替人民对法律的尊重，以刑法的残酷消磨人民对祖国的爱，最终让法律的公意丧失。失去了公意的基础，法律本身就成为恶法了。因此，他强调，虽然政府不是也不应该是法律的主人，因为主人只能代表普遍意志的人民，但政府有义务是法律的保证者，有千百种方法使人民热爱法律、尊重法律，所谓治国有方还是无方就表现在这里。如果做不到这一点，只会向自己的人民展示其权力的威严，实际上就是在向人民宣战了。因此，政府的三个主要职责是保护公民，关心他们的生活，满足公众的生活需要，并强调，这不是把他们的粮仓装得满满的，而是使国家富足，人人可受其惠。这样一来，在卢梭的社会契约论中，政治共和国就成为美德共和国了，不仅国王具有现代自由精神和自由美德，立法者、人民和政府，每一个都具有极高的道德品格才能满足他的自由立法所设置的义务和权利。如果是从前，我们也许也会对这样完美设计的美德共和国感到欣喜，但经过了19世纪以来各种政治浪漫主义在残酷的现实面前的惨败，已经很难让人对之寄予厚望了。人们更欣赏的是英国对待法律的那种一步步改良的方法，而不寄希望于一种一劳永逸的"立法科学"或"立法艺术"。其实，越是理想化的立法程序设计，其漏洞也就越大，黑格尔在《法哲学原理》中对卢梭的批判，虽然抓住的仅仅是作为立法者的"普遍意志"，说卢梭的"公意"（volonté générale）还不是真正普遍的意志，最多是共同的"众意"，而且这种"众意"层次上的"普遍同意"本身，不可避免地会出现"任意"，而无法代表真正自在自为有理性的普遍意志，这就从根本上颠覆了卢梭式的立法浪漫主义，他的"美德共和国"也在雅各宾派首领罗伯斯庇尔的恐怖政治中最终毁灭。在极度的政治危机中，罗伯斯庇尔依然表达出对美德共和国的浪漫热情：

> 在拯救了共和国的所有法令中，最卓越、也是将其从堕落的掌控口拯救出来并将所有人从专制中解放出来的法令，是让美德和正直成为日常秩序（花月18日）的那部法令。如果这部法令被执行了，自由就完美地确立起来，我们就需要让大看台回响着我们的声音。但是，那些仅仅戴着美德面具的人却给美德的执行设置了最大的障碍。[1]

但真不知道他在36岁（1794年7月27日）被推上断头台时，是否意识到了正是这一美德共和国完美浪漫的构想导致了他的死亡。现代政治拒绝浪漫主义在此之后获得了比文艺复兴时的马基雅维利更为明确的意识，这一意识也成为黑格尔追求现实理性哲学的先导。

---

[1] ［美］卡罗尔·布拉姆：《卢梭与美德共和国：法国大革命的政治语言》，启蒙编译所译，商务印书馆2015年版，第319页。

第三节　法国启蒙伦理思想

法国启蒙运动被长期视为启蒙的样板，但对法国的启蒙伦理思想却没有出现多少研究成果，这与它们的地位极不对称。是否是因为法国启蒙运动的作家们过多注重宗教批判而无暇顾及伦理建设呢？其实并非如此，法国的启蒙伦理思想对现代文明同样具有不可忽视的建构意义。

一、启蒙泰斗伏尔泰：现代人的道义转变

18世纪被称为"伏尔泰的世纪"。伏尔泰留下的著述数量最多、种类极为庞杂，举凡哲学、历史、小说、戏剧、诗歌、书信、札记等，但他并不是一个有体系的思想家。然而，在这些驳杂的著作中，遍布文本的是大量的宣传语、警句、俏皮话、即时评论、讽刺、反讽等论战性文辞，而不是一整套由概念和原理构成的理论体系，这为我们呈现他的思想，哪怕是作为其中部分的伦理与道德思想，造成了不小的障碍。

在伏尔泰对教会的昏庸腐败和低劣丑陋的嬉笑怒骂中，依然有他对理性的遵从和对自由的向往，这正是启蒙时代基本的伦理精神。在他的这种精神结构中，并不缺乏宗教情感，但对宗教狂热他绝"不宽容"。[1]他相信自然神论意义上的上帝，这种上帝才是理性的，不需要教会作为祂的代理人。他不会抽象地谈论上帝的博爱，但作为启蒙思想家他承担爱的使命，为人世间的宗教迫害和司法不公奔走呐喊、鸣冤叫屈：他为卡拉斯（Calas）、拉巴尔骑士（chevalier de La Barre）、西尔文夫妇（époux Sirven）、拉利-托朗达勒（Lally-Tollendal）等人的宗教和政治冤案打了十几二十年的官司。正如法国哲学史家勒夫朗（Jean Lefranc）所言，贯穿伏尔泰所有作品的主线，正是"宽容"（tolérance）这一理念。[2]通过他不懈的论战宣传和哲理批判，宽容理念从宗教

---

[1] 参见葛力：《十八世纪法国哲学》，社会科学文献出版社1991年版，第203—205页。
[2] 参见［法］丹尼斯·于斯曼主编：《法国哲学史》，冯俊等译，商务印书馆2015年版，第230页。

信仰领域扩展为世俗生活的人道原则、道德规范和自由权利。他明确地说：

> 我们应该相互宽容，因为我们大家都软弱、轻率，没有定性，会犯错误。[1]

真正宽容的社会将免于仇恨与迫害，因而会实现一种"多讲道德，少讲教义……只讲热爱公正、宽容和人道主义"的文明社会理想的普遍价值观。正是这样一种宽容的理性让他赢得了普鲁士腓特烈大帝的认可。历史学家梅尼克认为，伏尔泰的宽容精神可以拓展为作为人类社会基础的普遍道德。[2]

作为启蒙时代理性力量的重要倡导者，他不满帕斯卡对高傲的人类理智的批评，更不认同他对人性卑微的论说，晚年伏尔泰写作《帕斯卡先生的〈思想录〉评注》对之进行批评。尽管我们认为，帕斯卡指出人性的矛盾与缺陷，既崇高又卑下，既伟大又可怜，既强大又无能，从而告诫人们不能狂妄，学会谦卑，活在上帝之中，才有真正的美好，是那时代的理性清醒剂，但伏尔泰坚守当时的启蒙立场，把高扬人的理性视为时代赋予他的使命，他对帕斯卡的批评是可以理解的，但并非就是对的。虽然作为自然神论者的伏尔泰也相信有一位上帝存在是好的，自然神论本身具有明确的道德意义，认为"道德在一切人中都是同样的，它来自上帝"；"人人都是兄弟，都承认同一个上帝，兄弟相煎该挨骂，因为他们是以不同的方式爱着共同的父亲"；"做你想要做的事情，为的是让别人对你也这样做"。[3] 但是，作为一个致力于通过弘扬人的理性力量来改善社会的世俗知识分子，他的精神远远达不到帕斯卡精神的那种灵性厚度，也理解不了他所说的"在-上帝-中-存在"才真正"美好"的纯灵性意义。他对上帝的承认，也只是一种理性考虑的结

---

1 ［法］伏尔泰：《论宽容》，蔡鸿滨译，花城出版社2007年版，第157—158页。
2 参见［德］梅尼克：《历史主义的兴起》，陆月宏译，译林出版社2010年版，第67—69页。
3 ［法］伏尔泰：《哲学辞典》，王燕生译，商务印书馆1991年版，第169、171页。

果,因为如他所说:

> 在道德方面,显而易见有一位上帝比不承认好得多。有一位神明来惩罚人世法律所不能制裁的罪恶也的确是有益人群的事。坚信既善良又有强大力量的最高存在者存在,该存在者创造了一切事物……使它们的族群生生不息,惩罚罪恶而不残酷,用善意奖赏有德性的行为。[1]

这与真正来自灵魂深处的信仰是不同的,伏尔泰始终相信,"承认上帝存在是困难的":对于我们来说,不信一个神要比信他更容易些。[2]

启蒙学者关于美好生活的"信心"在理性,而非信仰。因而,作为伦理思想,他们必须完成从神的正义向人的自由正义过渡。而自由正义的实现,要靠理性制度的确立,这是神或上帝也主宰不了的事,因为现代精神已经转向作为主体的人格了。

所以,伏尔泰自然神论中对上帝存在的承认,只具有沃格林所谓的"实用有效性",而不是信仰上的"信心"。因为他在道德基础的思想中对超越的神学依据的借用需要十分有限,他的理性使得必须转向于对人的理性本性和社会"风俗、精神"这些世俗事物的重视。在以《风俗论:论各民族的精神与风俗以及自查理曼至路易十三的历史》(以下简称《风俗论》)为代表的历史哲学著作中,伏尔泰第一个提出了"历史哲学"概念,试图解释涵盖人类各主要文明在内的、世俗化的世界历史的整体意义。他将历史的研究对象确定为囊括各大文明的道德、宗教、风俗、法律、礼仪等文化素材的人类"精神",并试图说明,是人类的无知与邪恶造成了历史的衰亡,而文明的复兴和人类精神的进步无不依赖于人类的知识与理性。道德法则的根据已经不带什么神学痕迹地转变为世俗化的"民族精神"所塑造的自然—历史人

---

[1] [法]伏尔泰:《哲学辞典》,王燕生译,商务印书馆1991年版,第427页。
[2] [法]伏尔泰:《形而上学论》,载《十八世纪法国哲学》,商务印书馆1979年版,第69页。

性，道德法则的社会效用性是他启蒙理性的关注点。

在这样的历史理性中，他一方面将道德"善"的基础归之于普遍、共通的自然人性：

> 上帝给予我们以普遍的理性原则，正如他给鸟以羽翼，给熊以皮毛。
> 事实证明，是自然启发我们产生一些有用的想法，然后我们才进一步加以思考。在道德方面也如此。我们每一个人都有两种情感：同情和正义，这是社会的基础。[1]

另一方面，他又将"恶"的原因解释为形形色色的风俗习惯对自然人性的腐蚀。由此，关于道德善恶产生的原因，自然人性与社会风俗习惯之间存在着严重的对立与张力，这一点并不难理解，但是什么造成了社会风习的恶化，由什么来匡扶社会正义，以防止其恶化，这才是问题的关键，在这里，伏尔泰有过何种洞识？

在对罗马帝国衰亡原因的解读中，他让大家不要相信是从中国北方来的匈奴人入侵导致的，说那些至今强壮好斗的哥特人怎么可能一见到匈奴人就沿着多瑙河流窜，而合掌请求罗马人收容后，又渡过河去手持武器，沿途掳掠，直到君士坦丁堡城下？罗马为什么不像马略消灭森布里人那样消灭外来的掳掠者？

> 因为当时没有马略，因为风尚已经改变，因为帝国已经分裂为阿里安教派和阿塔那修教派。人们只关心两件事：竞技场的角斗和上帝的三位体。[2]

---

1 ［法］伏尔泰：《风俗论》（上册），梁守锵译，商务印书馆2000年版，第41页。
2 同上书，第347页。

表明当时世风日下，丧尽廉耻。[1]

拯救社会风习之腐败堕落，仅仅靠信仰宗教是不够的，因为教会作为上帝在尘世的代理机构，一样会随着尘世精神的腐败而腐败。伏尔泰隐隐约约地洞察到民族精神在历史的演进中，主观信仰的那些精神价值必须要靠世界历史的个人英雄来予以客观化，即建立起理性的（法律）制度才是有效的，所以在罗马皇帝中，他对那位重视学术、喜爱哲学、提倡宗教信仰自由的尤利安（Flavius Claudius Iulianus，331—363）皇帝评价最高：

> 如果说有人可望中兴帝国，或者至少是推迟其灭亡，那么此人便是尤利安皇帝。……自从他在德国获胜以后，人们便把他视为那个时代最伟大的将帅。没有一个皇帝比他处事更为公正，裁判更不偏颇，就是马可·奥勒留也不及他。没有一个哲学家比他更加朴实，更加节欲。他是靠法律、靠勇敢、靠表率作用来进行统治的。[2]

德国莱辛虽然是作为伏尔泰最为尖锐的批评者，但在《福斯报》（*Vossische Zeitung*）上发表《风俗论》的书评，还是意识到了伏尔泰的"民族精神"试图透过多样、复杂的历史素材把人性中的普遍理性精神揭示出来，是一项"不朽的功业"，但他与伏尔泰对人性的信念是对立的。伏尔泰的启蒙精神使得他借助于"历史"及其"风尚"的变化，说明人类文明总体上是在进步，而历史的倒退或某一文明的毁灭，只是理性精神腐化与堕落的结果，而不是原因，因而，他想将各民族的风俗作为"可见的历史事实"让人获得理性的清明。但是，对莱辛而言，他更相信人性中的"缺陷"是人性本质结构中的构成性要素，因而伏尔泰反驳说：

---

1 ［法］伏尔泰：《风俗论》（上册），梁守锵译，商务印书馆2000年版，第348页。
2 同上书，第347页。

历史就是有发展（演化），也是向越来越恶劣、越来越偏离普遍而正确的理性的方向发展。莱辛本人似乎赞同启蒙思想的这个范式，这在他谈论过去的幸福时代的言语里表露出来。"幸福的时代，那时最道德的人是最博学的人！那时一切智慧在于简洁的生活规则！"（G.ü.H., VII, 186）莱辛甚至断言，亚当拥有人类获得完善所必需的认识和道德的和谐统一，不过，这种和谐统一亚当的后代及其后代的后代没有维护下来。[1]

历史主义作为浪漫主义的一个分支对启蒙理性的批判其实是无效的，借助于神话的所谓原始时代的"黄金盛世"，仅仅是一种浪漫的想象而已。启蒙之所以反对神话，就是要让人类的理性明白，我们不可能生活在神话中，更不可能因现实历史中出现恶和转型时期的复杂多变、前景不明，就梦想回到梦想中的梦想。启蒙的理性让人明白，人类只能生活在这个善恶交织、知识与道德不可再回复到原始统一的简洁生活中。人生本来复杂多变，因而现代人的宿命也只能在这个复杂多变的尘世生活中，以实用的、科学的理性超越有限的、欠缺的人性，这才是黑暗人性中的希望之光。所以，只要我们不带过于褊狭的偏见，还是会承认，启蒙理性所开辟出的现代生活世界的文明秩序，其文明程度大大超越了过去所有的历史。承认这一点，并不意味着我们可以不反思18世纪启蒙的内在困境和局限，其局限许多思想家已经明确指出了许许多多，其中在哲学上根本的一个即同一性原则：

这是启蒙思想这种普遍传播、无处不在的哲学思想的首要原则。一般认为，理性在所有人身上显然是同一的；因而理性的生活是排除多样性的生活。[2]

---

[1] ［美］维塞尔：《启蒙运动的内在问题——莱辛思想再释》，贺志刚译，华夏出版社2007年版，第163页。

[2] Lovejoy: "The Parallel of Deism and Classicism"，转引自［美］维塞尔：《启蒙运动的内在问题——莱辛思想再释》，贺志刚译，华夏出版社2007年版，第162页。

这个批评前面一句某种程度上揭示了启蒙问题的一个面向，启蒙理性因为转向了人性的生活世界，当然不得不揭示出一种抽象普遍的人性的同一性结构，否则我们无法讨论诸如"你是一个人，应当尊重他人为人"，这恰恰是从中世纪以神为中心的文化转向现代以人为中心的文化之后，必须完成的一个基本工作。它有问题，但首先得承认它有进步意义。现代性文明已经不再从人的血缘、等级、身份来看待人[1]，而是在普遍性，也即抽象的类的意义上，非神非兽的意义上讨论人性，因而同一性才是人格认同所必须具备的。实际上，现当代哲学、伦理学和社会学都在普遍地讨论人格同一性或人格认同理论，启蒙运动只是开了个头而已。但后一句的推理显然是无根据的，严格的人格同一性，其实与是否排除理性生活的多样性根本就是两码事。伏尔泰考察不同民族、不同时代的风俗，本身就是展示理性生活的多样性，因为理性本身就是多样的。一个理性的人，既可以过政治生活，也可以过学者生活，还可以过乡村生活。如果这一批评仅仅是指启蒙理性导致的单一的线性的进步观，还是可以接受的，因为作为现代精神的开启者和建构者，它必须有一个明确的目标指向，尤其强调理性的进步意义，如果从更长远的时代回溯的话，就显得是个问题，而在开端处，却是其思想的成就。

其实，启蒙理性还有许多其他局限，也同样是以"事后诸葛亮"的方式看到的问题，而在其开端处看，不仅不成问题，反而是其成就，例如实用理性的兴起。科学已经从单纯的发自人类本性的无功利的求知欲，变成了以实用为指向的技术，而技术不断地引导了经济和政治的发展，从而以前所未有的广度和深度规范了人类生活，这在今天也不仅仅是困境，而在启蒙时代，却是理性的灯塔，哪个民族先有这种理性的觉醒，哪个民族就成为世界的领头羊。因而，作为弘扬启蒙理性的伏尔泰，也从社会效用的视角来考察人的

---

1 传统文化中都是这样看待人，因而人的平等性始终确立不起来，哪怕在近代早期，卢梭也观察到，哪怕在日内瓦公民共和国中，"公民"也是本城市民的一个身份，而不是所有人都能成为"公民"。

德性，就是这个时代的先声，在《牛顿哲学原理》中他说：在任何一个社会，人们所谓的德性，就是指对社会有用的东西。[1]

人有德性，并非人有什么内在的优秀禀赋，而是源自人性的生物学结构，包括人道在内的情感、博爱、同情的倾向与人的其他本能一样，沃格林说，在伏尔泰那里，"都是一种罕见的生物本能，而这种生物本能有助于动物族群的生存"。"人格的性灵养成对社会无用，而且可能是危险的私人癖好。对社会有价值的领域，只限于确保动物性的安逸，以及服务于此目的的科学发现。按照这个狭隘的意义，对社会无用的人不能算作人。"

因此，伏尔泰明确反对人格主义伦理学：

你有节制，但这与我何干？这是你遵守的一条健康的准则，有了它，你会过得不错，我也希望你健康。……你的神学德性是天堂赐予你的礼物，你的枢要德性是卓越品质，它们有助于你的行为，但是与你的邻人无关。明智者有助于他自己，有德性者有助于他人。

所以，哪怕德性这种内在品质性的东西，也是在社会有用性上具有其价值，人类之所以有共通的准则存在，也不是人类中有共通的灵性，而是符合这些准则的行为能够带来社会功效：

人与人的德性是良好行为的买卖；谁若不参与这场买卖，这人就不值一提。"牛顿认为，我们有着必须在社会中生活的倾向，这就是自然法的基础。"[2]

---

1 ［法］伏尔泰:《牛顿哲学原理》，转引自［美］沃格林:《政治观念史稿·卷六：革命与新科学》（修订版），谢华育译，贺晴川校，华东师范大学出版社2019年版，第68页。

2 以上引文都转引自［美］沃格林:《政治观念史稿·卷六：革命与新科学》（修订版），谢华育译，贺晴川校，华东师范大学出版社2019年版，第68—70页。

伏尔泰不是一个系统性的哲学家，他讨论道德问题最多的地方是在"自然宗教"条目下。他说"我把自然宗教理解为道德的原理，这些原理为全人类所共有"，这是一个完全不同于传统的说法，无论是古希腊传统还是罗马传统，德性都是通过行为习惯所养成的优秀品质，而从休谟开始才从对社会的有用性这一纯粹外在视角来言说。伏尔泰在这一点上承续了英国传统，他也是从人们之间的外部交往关系而说的，人间的德性就是彼此为善，不利他的人，他认为根本就不算是什么有德之人：

因此，在任何地方，美德与过恶，道德上的善与恶，都是对社会有利或有害的行为；在任何地点，在任何时代，为公益作出最大牺牲的人，都是人们称为最道德的人。由此可见，善行无非是给我们带来好处的行为，罪行则是与我们敌对的行为。美德就是做那些使人们高兴的事情的习惯，过恶就是做一些使人们不高兴的事情的习惯。[1]

在《形而上学论》中，他提出了几乎与后来功利主义相类似的道德标准：社会的公共福利是道德上善恶的唯一标准，善与恶的概念随着社会需要的变化而变化。这充分表明，启蒙理性在伏尔泰这里已经从英国的科学理性进一步世俗化为实用理性与功利理性了。

二、狄德罗与百科全书派

百科全书派指18世纪法国唯物主义哲学家群体，因于1751至1780年编纂、出版了三十五卷的《科学、艺术和工艺百科全书》而得名。主要代表人物有其主编狄德罗，和爱尔维修、霍尔巴赫、伏尔泰等参与词条撰写的哲学家、科学家、知识精英，他们对人类知识进行系统整理以普及知识、开启民智，因此形成整个18世纪的一个风向标和启蒙时代的标志。像发端于英国的启蒙

---

[1] [法] 伏尔泰：《形而上学论》，载《十八世纪法国哲学》，商务印书馆1979年版，第84页。

一样，以编撰百科全书的方式传播知识，启发大众的科学和理性，英国人也是如此启蒙的。欧洲最早的百科全书就是1728年钱伯斯（Ephraim Chambers）编撰的英语版的两厚卷大开本的《百科全书》（Cyclopaedia），他"创造了一种按照字母顺序理解（包括科学在内的）知识的模式，这一模式在整个欧洲都视为是榜样性的"[1]。因此狄德罗和达朗贝尔正是以钱伯斯为榜样来编法文版的《百科全书》（Encyclopédie），1751年出了第一卷。他们也同样按照字母顺序对知识进行整理，但从哪里体现法国人启蒙之特色呢？

狄德罗最初的希望是，对知识的展示不仅让读者学到单个的知识，而且还能获得对各类知识之内在关联的洞见，那么这就需要对各种知识的谱系进行体系化的整理。显然，由于是"百科全书"，由于参加撰写的人数差不多200人，面对7.2万多个词条，这一希望是无法贯彻和落实的。但是，他们试图展示对人类认知能力的分化工作的愿望还是大体实现了，至于对于知识谱系的体系化要求，显然是一个高度抽象的哲学工作，这一工作，也可以把黑格尔的《哲学科学百科全书》视为哲学意义上的完成。但在黑格尔这里，留下来的是其高度思辨的哲学体系，他以逻辑学、自然哲学和精神哲学来涵摄整个人类知识体系和知识能力的分化，而失去了单个知识的词条式展示。因而，在狄德罗这里，虽然这一理想没有实现，他对系统知识谱系加以整理的哲学的愿景依然是开创性的。所以，施耐德说：

> 知识秩序这个主题，数学家达朗贝尔在其为《百科全书》所写序言中就已经进行了讨论，而且该序言基本上就只处理了知识所包含的关联这个问题。可以说，正是这一对哲学式编纂方式的强调才为这部作品带来了声誉，并且令其成为启蒙运动的标志。[2]

---

[1] ［德］乌尔里希·约翰内斯·施耐德:《百科全书与启蒙运动》，李娟译，载邓安庆主编:《伦理学术4：仁义与正义——中西伦理问题的比较研究》，上海教育出版社2018年版，第74页。

[2] 同上书，第78页。

这种对于人类知识秩序的强调，带有一种十分明显的伦理意义，即理性知识的增长与社会生活的理性化之间具有正向关联的意识出现了，科学知识表达的理性进步，必然成为伦理生活世界合理性基础。因而百科全书派如果有什么伦理学的话，那么必定就是关于伦理生活合理性标准的确立。对于启蒙伦理而言，其实伦理生活的目标与亚里士多德为人类所有行为或实践所确立的根本目标是一样的，无非就是追求幸福，即美好生活，而对于狄德罗这些知识领域的先锋、权威和杰出思想者而言，他们所设想的实现幸福生活的途径，无非就是通过人类知识的进步促进生活世界的合理性，狄德罗明白地表示：

> 一个人必须由以出发、而且最后必须复归的唯一的目标……除了我的存在和我的同类的幸福之外，自然界中其余的东西与我有什么关系？

所以：

> 狄德罗和达朗贝尔对人类能力和［知识］成就的赞美，对文明进步的信念，是与一种投身于这种进步事业并为人类幸福而工作的可以强烈感受到的愿望紧密相连的。因此，《百科全书》编撰者试图普及和传播的知识的一个重要方面就是这样一种批判的思想，它与日俱增地向公认的至理名言和根深蒂固的权威发起进攻。人类理性不再是神秘世界里的脆弱的、不可靠的支撑，而是被逐渐认识的宇宙和被逐渐征服的环境中的一种可靠的向导。[1]

因为要让理性，真正地说，让科学理性成为伦理生活的"向导"，才能使生活世界合理化，因而启蒙首先是一场"批判"与"斗争"。不"批判"

---

[1] ［英］斯图亚特·布朗主编：《英国哲学和启蒙时代》，高新民、曾晓平等译，中国人民大学出版社2009年版，第266页。

无启蒙，这是由于习俗伦理的所谓"至理名言"太具有似是而非的欺骗性，能让人类理性一直沉睡在其中而不愿思想与清醒；不"斗争"即便有启蒙，也会仅仅被引导到一个被权威所认可的错误方向上，做无用之功，因为世俗的权威总是靠盲从众而不是靠理性支撑的，本质上具有反启蒙性。所以他们的"斗争"就像他评述伏尔泰《风俗论》的意义那样：

它的主要作用就是在读者的心中激发"一种对谎言、无知、虚伪、迷信和暴政的强烈憎恨"。[1]

但从正面而论，要实现以理性为向导的启蒙，必须完成一场心灵的革命，主体性的革命，同各种专制主义和禁锢人的肉体与思想的陈旧观念进行斗争，让理性成为向导，让思想出场，以无强制的自由思想追寻真理，从而不服从任何无真理性的教条。虽然在百科全书派这里，还没有提出"公开运用理性"的"公共理性"概念，但他们以真理为目标的"科学理性"更能保障理性本身的权威。

理性权威的确立之所以需要"心灵的革命"，是因为启蒙之前的西方人的心灵，被基督教各级教会所强化的宗教教条束缚太久，培根、笛卡尔、牛顿和洛克这些伟大的哲学家都经历过避免触犯宗教和政治的权威信条的经验，因而法国启蒙学者鉴于残酷的宗教斗争的经验，将教会视为理性的主要敌人，心灵和观念只有从中解放出来，理性才有可能真正觉醒。作为数学家的达朗贝尔也深切体会到自己和社会的思想精英总是被一类敌人所围困，因而他在为《百科全书》所撰写的"序言"中为启蒙提出了非常宏伟的计划，其基本的目标就是人类理性把握宇宙的统一性，这构成了启蒙理性的一个基本信念，即整个自然世界包括人类的一切事物，都包含内在的统一性，物理

---

[1] 转引自［美］卡尔·贝克尔：《18世纪哲学家的天城》，何兆武译，生活·读书·新知三联书店2001年版，第105页。

的、生理的和精神的现象都存在着普遍的联系，因而理性的权威建立在对这一普遍联系的把握和认知上，如果认识不到这一普遍联系，人类无从建立起伦理法则，因为伦理法则将可能缺失自然法则的根基。所以，理性权威的建立，依赖于心灵革命，而心灵革命要确立起科学方法论的保证，他把唯一有效的哲学方法称为"体系化精神"（esprit systématique）。"精神"正是从百科全书派这里才开始成为一个哲学概念，取代传统的灵魂概念，而到19世纪黑格尔哲学中，就成了哲学的核心概念。

百科全书派作为整个人类知识包括技术、手工艺领域的精英群体，理性和精神是他们共同的纲领。他们的纲领本身不是伦理学，却包含了一个对于理性时代的美好生活的全部构想：

> 启蒙运动的宗教，其根本信条可以这样表述：(1) 人并不是天生就腐化了的；(2) 人生的目的就是生命本身，是在大地上的美好生活而不是死后的赐福生活；(3) 人惟有受到理性和经验的光明所引导，才能够完善大地上的美好生活；(4) 大地上的美好生活的首要条件就是从愚昧和迷信的枷锁之下解放人们的心灵，从既定的社会权威的专横压迫之下，解放他们的人身。[1]

狄德罗的所有著述虽然没有一本专门的伦理学著作，但他被公认为一个有道德的人，道德和美好生活的问题，是他全部思想的核心要义。正如他在《拉摩的侄儿》中以第一人称"我"所说的那样：

> 我并不属于轻视道德家的一流人；从道德家可以获得许多好处，特别是那些把道德付诸实践的人们。恶行只是偶尔得罪人，恶行的表现却

---

[1] ［美］卡尔·贝克尔：《18世纪哲学家的天城》，何兆武译，生活·读书·新知三联书店2001年版，第98页。

是从早到晚得罪人。是一个傲慢的人比有傲慢的态度也许还好些；性情傲慢只是有时给人侮辱，态度傲慢却经常侮辱人。[1]

这正好与研究者对他的认识高度一致。卡尔·贝克尔说：

> 狄德罗的全部作品都洋溢着一种对道德的焦灼关怀。
>
> 在对道德的关怀上，狄德罗是他那一代人的典型；一般说来，"哲学家们"都像是休谟和狄德罗一样，是雄心勃勃地想要被尊称为"有德行的人"的。那原因恰恰在于，从他们对手的观点来看，他们乃是道德与德行的敌人。而且确实，假如他们不能够以一种根基更牢固的新道德来取代旧道德的话，又有什么能够证实他们全部的否定、他们对基督教的信仰和教义的全部攻击呢？[2]

狄德罗在谈到神学家时总是要显得更加高明，而且相信哲学要比充分有效的神恩更能造就出更美好的人。但"破旧"容易"立新"难，批判别人容易，创立新道德尤其难。基督教教义经由历代最博学、最睿智的人所阐发，而百科全书派精英们的愉快合作最多十几年，在对道德都有使命感的狄德罗和卢梭之间，合作之后很快就产生不和，争吵不断。卢梭不仅跟狄德罗闹翻，与霍尔巴赫也决裂了。达朗贝尔在《百科全书》"序言"中对他的观点进行了这样的描述与反驳：

> 一个文笔流畅又富有哲学思维的作家前不久批判科学与艺术，斥责他们败坏了风俗，以上的论述可以反驳这位作家的主要论点。（日内瓦

---

1 [法]狄德罗：《狄德罗哲学选集》，江天骥、陈修斋、王太庆译，商务印书馆2018年版，第272—273页。
2 [美]卡尔·贝克尔：《18世纪哲学家的天城》，何兆武译，生活·读书·新知三联书店2001年版，第79页。

的卢梭先生,也是这部《百科全书》中关于音乐的一些小文章的作者,我们希望公众喜欢他的作品。)[1]

卢梭后来还从狄德罗的口中知道达朗贝尔在《百科全书》第七卷中写的"日内瓦"词条,涉及对日内瓦的牧师关于宗教信仰问题的看法,卢梭认为这是受了伏尔泰的宗教批判的影响,因而十分生气,专门写了一篇《致达朗贝尔的信》,翻译成中文有将近200页的篇幅[2],批驳达朗贝尔。在此我们为什么需要关注百科全书派内部的纷争呢?因为他们虽然在理性启蒙上有某些共同的精神,但是,他们无论是在对待基督教的态度上,还是在批判旧道德、旧伦理上,都没有多少共同的主张,而且在如何建立新道德、新伦理上,更是没有什么共同的谋划。所以,当我看到麦金太尔在其《三种对立的道德探究观》中,将百科全书派与尼采的谱系学和"传统"放在一起讨论,写成一本书时,曾经十分惊奇,以为他概括出了百科全书派的道德观。但只要我们看过此书,就会大失所望,除了一句"百科全书派的叙述结构是一种由理性进步的信念所支配的结构"[3]还算是有内涵的话外,几乎找不到一句对百科全书派道德观念有实质意义的描述,也一点儿也没有涉及对百科全书派哪一位人物、哪一本著作、哪一种道德的具体思考。这表明,对百科全书派的伦理思想的研究几乎算是一个空白。

三、爱尔维修:合理利己主义伦理学

我们现在来探讨,爱尔维修是如何论证合理利己主义的。

---

1 [法]达朗贝尔:《启蒙运动的纲领:〈百科全书〉序言》,徐前进译,上海人民出版社2020年版,第105页。
2 [法]卢梭:《致达朗贝尔的信》,载《卢梭全集》(第五卷),李平沤译,商务印书馆2012年版,第1—197页。
3 [美]A.麦金太尔:《三种对立的道德探究观》,万俊人、唐文明等译,中国社会科学出版社1999年版,第78页。

在启蒙伦理的谱系中,他是第一个注意到"精神"概念的人。帕斯卡从"思想"来论证人的尊严,其他启蒙学者以"理性"来论证一个合理的社会才能让人幸福和有尊严,而对爱尔维修而言,人类文明的高度,是以"精神"为标志的。

但在《论精神》中,他似乎并没有为"精神"这个概念赋予更多新的内涵,只是在非常普通意义上,即在一般"心智"和"思维"能力上来理解:

> 精神或者可以当作我们思维生产的能力看待。在这个意义上,精神只是感觉和记忆;抑或,精神可以看成这些能力自身之结果,而在第二个解释里面,精神只是许多思维的集合,在每个个人,可按其所有的若干观念而把它分成若干的部分。[1]

这是他在第一讲"精神自体"最后得出的结论。从这个结论看,由于他并未赋予"精神"概念以不同于一般心智和思维的新内涵,因而在一般的"感受性"和"知性"(理解力)的研究上,他不仅没有达到同时期英国经验主义哲学的水准,更无法与本国的帕斯卡对"思想"研究的深度相媲美。

当他拓展为"社会精神"时,他注重考察的是"与社会公众有关系的观念之或多或少的集合"。在这里,他发现了"利益主持我们一切的判断",大众以什么作为衡量思想的价值呢?他说:"以自己的利益作为判断的准绳。"[2]在这里,谁都可以看得出,启蒙伦理在快速地向世俗的、小市民的精神转向,过去高大上的"真理"与"正义"被置换为市民的利益了。他有一个有趣的"思想实验"来验证,行为的最高贵者有时是对道德没多大热情的人,利益才是人们判断行为是否公正的判官。他说,假想一个人对道德有二

---

[1] [法]爱尔维修:《论精神》,杨伯恺译,上海人民出版社2019年版,第12—13页。
[2] 同上书,第15—16页。

十度的热情，对他所爱的妇人有三十度的热情，而正是这个妇人想把他变成一个杀人犯；再假想一个人，对道德只有十度热情，而对这个可恶的妇人只有五度的热情，显然，他比前面那个人罪恶更小些。他因此想要相反地证明，只有对于私人有益的行动，才予以高贵之名。如果有时忠告是有益的，这就要好好忠告自己。懂得忠告有益的稀有的绝顶聪明之人，他们对于忠告是吝啬的，只有那些蠢材才总想指导精神伟大的人的行动。

公民对德行的爱慕与冷淡与其说是他们内在品质的事，毋宁说与他们国家的政体更相关，因为给予何种德行以荣誉，何种大德享用何种美誉，这都是贤明的立法者处理个人利益和公众利益的高妙手段。因而，各个民族的公民对何种德行爱慕，对何种德行冷淡，他们对德行之爱欲的程度，并不归因于自然，而是归因于政治：

> 情欲的活跃力，或者依属于立法家用以点燃我们的情欲之火所使用的方法，也许依属于财富所给我们的地位。我们的情欲愈是生动，它们所产生的结果愈是伟大。所以，成功常常是伴随着那为强烈的情欲所冲动的人民的。[1]

亚历山大之所以是无与伦比的伟大政治家，就在于他煽动情欲的技术比别人都高超。动物出于自然本能在满足情欲需要中获得快乐的满足，一旦需要被满足，勇敢行动的动力马上消失，变成怯懦者；饥饿的狮子凶猛地扑人，而吃饱了的狮子则温柔地尾随人，因而在动物中，勇敢等德性是需要的结果，而人类则是教育的结果。在人类行为中，死亡通常伴随着痛苦，而生活总是与快乐相依偎。痛苦与快乐也与情欲或德欲的满足与渴望密切相连。所以：

---

[1] ［法］爱尔维修:《论精神》，杨伯恺译，上海人民出版社2019年版，第108页。

人是由于对痛苦的恐惧和快乐的爱恋而与生活相连的。生活愈是幸福，人们就越怕失去它。

然而，如果我们的存在之爱是建筑在对痛苦的恐惧和快乐的爱恋上面，那么，想成为幸福者的愿欲在我们就比生存的愿欲还强大有力。为要得着幸福所关的目的物，每一个人都犯了些或大或小的冒险，但这是以取得该物的愿欲之强烈程度为正比的。要想绝对没有勇气，就需绝对没有愿欲。[1]

在如此自然的欲望所激发的行为动机上，快乐和痛苦本身就是自身利益的判官，给予行为以合理理由。所以，爱尔维修认为，他的道德学参透了自然的秘密，这可不是宫廷的儿戏般的秘密，这是人获得社会尊重的前提。要想赢得一般的尊重，就必须在精神上少讲表面，多究深刻。只有蠢人才永远结交那些缺乏高尚精神的朋友。道德家不断地叫嚣反对人性中的恶性，其实就是认识浅薄的表现。人绝不是恶的，但只要被制约于特殊社会中的特殊利益，就会显示出恶。我们由于虚荣心，尤其由于在道德上的愚昧，使得人类的精神进步缓慢。就一个特殊社会而论，公正不过就是或多或少特别有益于这个小社会的行为习惯。道德家呼吁的有德的社会，常常表现为把自己的利益从社会公益中剥离出来，对于人们关心公益的动机进行判断。但这只是满足于将一种开明的自尊代之以德行的热情，因而最终与其他社会行为一样，只服从于合理的个人利益。因而，道德家的努力，如果不能提供更多的社会公益产品，而只是谴责个人利益，必然改变不了道德世界的单薄。因而，可恨的其实不是人性之恶，而是立法家精神上的蒙昧无知。利益之于宫廷的特殊社会，永远蒙蔽着同样的真理，要想能够维护自己不致为那些迷误人的幻想所欺，仅仅远离这个社会是不够的，因为人有社会性，我们无法真

---

[1] ［法］爱尔维修：《论精神》，杨伯恺译，上海人民出版社2019年版，第112页。

正脱离社会而生活，我们能够做到的，是在事关道德的问题上，认清人的真正利益的合理性。在一个合理的社会，不把公益精神作为原则，没有对于公众、道德和政治真实厉害的真知灼见，没有科学知识和独立的自主判断力，就不可能保持永远纯洁坚贞的德行。爱尔维修就是这样，在百科全书派中为启蒙理性提供了一种不同于狄德罗和卢梭的合理利己主义的道德观。如果说，狄德罗提供的是一种没有理论的道德[1]，卢梭提供的是一种基于自然情感和契约伦理的道德，那么爱尔维修提供的则是基于自然愿欲和公益精神的理论化道德。

---

[1] 参见［美］J. B. 施尼温德：《自律的发明：近代道德哲学史》（上册），张志平译，上海三联书店2012年版，第576页。

第 六 章

沙夫茨伯里的道德感理论与美德伦理

沙夫茨伯里在道德哲学史，尤其是英国道德哲学史上的地位一直赫赫有名，被称为道德感主义之父。但他可能也是唯一一个以地名和爵位命名而让人难以记住真名的人。他的真名是安东尼·阿什利·库珀（Anthony Ashley Cooper），是沙夫茨伯里的第三代伯爵。沙夫茨伯里这么有名，也是因为他们"三代伯爵"的影响力。沙夫茨伯里伯爵一世（Anthony Ashley Cooper, 1st Earl of Shaftesbury，1621—1683）是英国著名政治家，辉格党的领袖，任财政大臣、大法官，并兼任上院议长。1679年支持通过了《人身保护法》，这是最早专门针对"人身权"保护的法律，在英国法律史上被叫作"沙夫茨伯里法案"。他们家与著名哲学家洛克交往甚密，因为年轻的洛克曾经当过沙夫茨伯里伯爵一世的秘书，后来也就成了我们要研究的这位三世伯爵的哲学老师。伯爵三世出生在英国"光荣革命"之后的第三年，这真是一个美好的启蒙时代。在英格兰启蒙的光亮中，政治逐步走上了通往法治与正义之路，科学迅猛发展，社会日益进步，商业日益繁荣昌盛，工业革命的曙光开始显露，自由而开明的精神主导着人们的价值世界。因此，在这样的时代，确实是到了改变霍布斯和曼德维尔关于人性自私之预设的时候了。

第一节　沙夫茨伯里道德哲学的启蒙精神

启蒙与破宗教迷雾相关，因为走出中世纪，并没有一道明显的地标，而需要在生活方式尤其是观念、意识和价值上转型。作为一个现代人的意识和观念，是与不再对追求世俗生活的幸福、享受感性生活的快乐感到可耻和有罪相关的，但这一意识与观念的普及需要一个过程，尤其是与在教育上公开贯彻新价值密切相关。而基督教及其教会是欧洲人最普通的思想教化学校，虽然新教改革到18世纪也快三百年了，但成了新正统的加尔文宗和路德宗，在思想上依然具有强大"专制力"，我们从茨威格的《良知反对暴力》的字里行间依然可以读出心灵的恐惧和颤抖。我们从此也就明了，为何在宗教改革三百年后的18世纪，启蒙成了思想主题。一个重要原因就在于，自由与民主、公平与正义、法治与权利，这些现代基本价值，从来不能现成地在古人思想中"开出来"，而是在现实的生活世界的价值冲突中争取得来的。沙夫茨伯里的道德哲学之所以有意义，之所以能直接地影响苏格兰启蒙之父哈奇森，就在于通过他，洛克哲学的基本精神从伦理学中得到阐扬与发展，同时又以适合于英国现代精英生活的高雅化、精致化、保守化的方式，开展了伦理与审美的现代启蒙。

一、沙夫茨伯里时代的精神风貌

英格兰的启蒙，我们已经提到过，在宗教上与他们接受一种新的"自然神论"（deism）相关，这是早期英国启蒙学者对抗传统神学的主要形式，其代表人物是约翰·托兰德。对于"自然神论"，我们不能望文生义地把它与"泛神论"等同，后者认为，自然法则就是神的化身，自然即神，即上帝。但这并不是"自然神论"关于神的解释。"自然神论者"或"自然宗教者"其实都是洛克的信徒。休谟这样说：

> 洛克似乎是第一个基督徒，敢于公开地主张信仰无非是理性的一

种，宗教只是哲学的一支，以及要发现自然神学和天启神学的原理，也总得要运用成串的论证，和建立伦理学、政治学、物理学的任何真理所用的成串的论证一样。[1]

自然神论者采取一种非对抗却是更高的哲学论证形式，把真正的宗教归为哲学，而把以教会机制存在的宗教统统归为虚幻的、反理性的、违反自然的迷信与狂热。因而，自然宗教就是一种真正的理性哲学，它在"理智"上承认"上帝是存在的"，但同时认为这个"上帝"与你们宗教神学所宣称的那个充满神迹的、位格化的"三位一体"的上帝根本不同。对自然神论而言问题的关键，不在于上帝是否存在，而是在于上帝的性质如何。上帝的性质问题，除了交给哲学来思维外，一切关于它的言说和论证，都是无效的。

托兰德也是在几乎相同的意义上，不承认基督教所宣称的"道成肉身"的耶稣基督、"三位一体"的"上帝"观念。但他还是承认，世界是由一个"神"或上帝创造的。这个上帝既然不能是一般宗教所宣称的"神秘"，那么宣传这种"神秘"的宗教就无非是掩盖其自身的"利益"和"腐败"：

90. 在基督教诞生后的最初一百年或一个世纪里，神秘还并不怎么流行；但是，在第二、三世纪，靠着各种礼仪，它就开始确立了。

92. 由于早期教士们的自身利益驱使他们去恢复神秘，因此，他们很快就借助于神秘建立起一个独立的政治团体，虽然尚未立即制定各种秩序和等级。……但是，在不长的时间内，神秘就借口"主的葡萄园中的劳力者"为这些以及别些对人类的巧取豪夺开辟了道路。[2]

可见，"自然神论"就是16至17世纪在科学主义、洛克政治自由主义和

---

1 ［英］休谟：《自然宗教对话录》，陈修斋、曹棉之译，商务印书馆1989年版，第12页。
2 ［英］约翰·托兰德：《基督教并不神秘》，张继安译，商务印书馆1989年版，第92、93页。

休谟怀疑论哲学构成的时代精神中一种英国风格的宗教信仰转型形式，本质上是弘扬现代世界的科学与理性精神，但又不去革教会宗教之命的温和路线的信仰革命。它名义上崇拜的也是上帝，但其实却是自然本身中的理性或有智慧的意志。在解释上帝与世界的关系时，"自然神论"只承认"上帝"是"世界的始因"或"造物主"。祂创造却并不"主宰""世界"，等于说"神"在创世之后，就不再干预世界事务，让世界按照它本身的"自然"规律存在和发展。

实际上，"自然神论"是在自然科学兴盛的英格兰，为人们提供了一种不同于中世纪天主教的信仰形式。在自然科学高歌猛进的时代，只有这样理性的宗教哲学，才能真正满足人们的精神需要。它旨在开启一种新的启蒙形式：不再诉诸旧的启示宗教，而诉诸理性形而上学作为人类安身立命的道义依据。正是它带动了形而上学在现代世界的第一次复兴。这样的理性宗教，毋宁说，本身就是理性形而上学，它所信仰的，就是自然本身中的理性和灵性智能，以此来反对蒙昧主义和神秘主义，否定迷信和各种违反自然规律与理性的启示宗教之"奇迹"，这满足了现代人的精神所需。

沙夫茨伯里在宗教上深受约翰·托兰德的影响，两人交往密切，情谊深厚，而在哲学上受到他的老师约翰·洛克的深刻影响。虽然他后来在狭义伦理学领域大大超越了老师，但在宗教宽容和政治自由的理念上，他显然一直是在老师的精神熏陶之下的。所以，沙夫茨伯里的启蒙就具有一种与众不同的形式，这种不同，有的已经被学者们看清了，有的还没有被人们广泛认识到。

二、沙夫茨伯里自然神论意义上的"卓越心智神"

"自然神论"提供了以科学和理性为核心的信仰形式以对抗新旧神学的迷信。但新的知识信仰如何为新时代以自由为基础而非以上帝律令为基础的伦理奠基，还需要道德哲学自身来完成。一般而言，自然神论的意义依然还只有消极的"破除"功能，它在精神上为人们划定了一个精神底线：不能再仅仅从《旧约》的摩西立法中去寻找道德规范根基。但如何在新的自然，尤其是科学与理性所主宰的信念下，真正从以神为核心转向以人的自然（本性）为核心，确立伦理与道德的规范性基础，这依然是十分困难的时代课题。这一课题构成了沙夫茨伯里的思想任务。

他自己的上帝观念显然是自然神论意义上的，与正统基督教完全不同。他说：

> 在任何一个程度上比世界更优越的东西，或者以洞察力及一种心智上统辖自然的东西，根据普遍的一致意见，都是人类称之为上帝的东西。假如有多种此类优越心智，那就会有许多上帝。但是，假如只有单一的心智，或那些多重的优越者本质上并非善，他们就不如取恶魔这个词。（《特征》，第144页）[1]

这简直就是一个"美德论"意义上的"自然神"，而不是"三位一体"的"上帝"。以卓越的"心智"言说上帝，那么所谓"神""统辖"世界，实际上就意味着是"世界"本身的卓越心智、理性与法则来规范世界。这确实表达了现代精神一个非常重要的转变，使得沙夫茨伯里转而依靠理性的形而上学来理解和论证人世间一切道义和理由的根源，包括伦理上善与良心的根源，它们都不再依从《圣经》的启示或上帝神圣意志的立法。这就是"自然神论"关于世界的信念：

> 相信一切都受一种必然是善和永恒的设计原则或心智的主宰、训令或管辖以获得最大利益，这样的人就是一位完全的有神论者。（《特征》，第144页）

---

[1] ［英］沙夫茨伯里：《人、风俗、意见与时代之特征》，李斯译，武汉大学出版社2010年版。以下凡引此书，都是这个版本，直接在引文后标注页码。

显然这是从人论神，而非从神论人的角度来论证的。在人神关系上，人首次具有了"本位"意义，这是进入现代性的一个根本观念。这一观念必须通过人神关系来确定，因为单靠人类的理性或意见，人都不可能获得"本位"。哪怕最虔敬的人，也总有某些时候，他们的信心依据不能支持自己坚定不移地相信一个终极智慧、最卓越的心智存在。他们也会经常受到一些世俗权威的诱惑，宁可相信最有权力者最智慧且最卓越，而不相信世界的整体有一位正义的创造者和管理者存在。相信有这样一位"神"的存在，把这样的神解释为心智（智慧）卓越者，同时让整个世界自身在智慧和美德中实存与发展，这样的"有神论"既保障了伦理与美德的绝对善性，同时也"以人为本"地呈现出正义和美德在"构造"人的世界和人的生活中的"统辖"意义。这才是沙夫茨伯里以自然神论来启蒙时代"心智"的根本意图：

> 我们关心的事情是，这些意见，或者说这些意见的缺乏，如何有可能跟德行和价值相关，或如何与诚实或道德的品格相互兼容。（《特征》，第145页）

当代学者弗雷泽正确地指出他的启蒙，实质上是以经典的理性形而上学而不是正统基督教为基础这一特质：

> 诚然，沙夫茨伯里版本的情感主义和基督教思想关系甚微——这也导致他和休谟一样在非宗教性这一点上背上恶名——然而事实上，沙夫茨伯里的理论是建立在强调自然神论的经典形而上学基础上的。[1]

---

1 ［美］迈克尔·L. 弗雷泽：《同情的启蒙——18世纪与当代的正义和道德情感》，胡靖译，译林出版社2016年版，第16页。

这一评论非常到位地指出了即将开启英国现代伦理思潮的形而上学基础，这是我们需要首先注意到的。

三、典型英国绅士的启蒙谋略

当沙夫茨伯里开始进行他的启蒙工作时，他不是像后来的法国启蒙学者那样，去启蒙大众，号召"革命"，而是像伊拉斯谟那样通过书信，以个人的方式启蒙君主或大臣——这些政治生活中的主事者。我们看到，在他书中《论宗教狂热》原来是写给"索默斯阁下"的信，而这位"阁下"，约翰·索默斯男爵（John Sommers, Baron）既是他的朋友，也是辉格党的政治家，本身就是知识分子。他试图对他"讲理"，讨论宗教狂热产生的心理机制以及社会危害，劝说他有更好的化解宗教狂热的方法，来让社会和人们之间的相互关系变得更加美好。

所以，沙夫茨伯里的启蒙方式，完全体现出英国精英阶层的绅士做派。他不需要法国轰轰烈烈的革命形式，因为对他而言，最主要的启蒙任务，既不是指出正统教义的欺骗，也不是揭露教会的虚伪腐败，而是避免一般民众的宗教狂热。宗教狂热不仅仅是正统教会的事，许多宗教改革者也好不到哪里去。他似乎认为，狂热与欺骗其实也与宗教无关，根子是我们每一个人身上的人性。所以，他告诫索默斯阁下大人：

> 世上最强大的，莫过于真理。一切的虚构本身，无不受真理的扼制，虚构只有与真理相似才有吸引力。无论哪一种炽情，要能表达顺畅，非得有一种符合现实的外表，要使别人感动，我们自己首先要有所触动。（《特征》，第3—4页）

> 凡人都有自欺天性，这天性时常令人乐此不疲，一有机会便沉溺其中。（《特征》，第4—5页）

针对宗教狂热、虚构和自欺，沙夫茨伯里就不像伏尔泰那样，采取理论上深入"揭露"、行动上坚决"斗争"的激进形式，也不像康德那样，采取系统化的理性批判，从而让人类理性通过"自我批判"以明了"正确使用"理性的方法，阐明看似"对自己有好处"的理性"私自运用"都是"不成熟"的表现，告诉人们要"有勇气"对"理性"进行"公开运用"。沙夫茨伯里采取的形式，是通过"书信"推心置腹地跟"阁下大人"讲"常识"，让"阁下大人"多多"宽容"，省察如下几个关键的事情。

其一，鉴于人的自欺天性和乐于表演的特点，无须对"异教徒"过于严厉和苛责。异教徒诗人即便信仰缪斯女神，但按照宗教的普遍方式，怀疑启示信仰从来都不是诗人们投好的事情，启示毕竟对他们的艺术大有裨益。"现代人的智谋"也通过他们信奉的神灵而提升，虽然他们不再欲求超世俗的极乐世界，但在世俗世界的舞台上，只要有信，"阳春白雪"毕竟高于"下里巴人"。所以他力劝"大人"也要加入现代世俗生活的舞蹈：

> 阁下是高尚无比的出演者，在这个俗世的舞台上，您还分得凡胎所能配受的最崇高的一个角色，当你为自由和人类而表演时，有那么多人现场观摩，而且都还是您的友人，都激赏您所从事的事业，这难道不会为您的思绪或才智锦上添花吗？（《特征》，第5—6页）

其二，让阁下大人对于"现代人"的"自由"所导致的所谓"世风日下"要尽量做到：付之一笑往往比古板严肃更能强有力地决断事情本身的分量。他要让"大人"认识到，"庄重是欺骗的真正本质。它不仅使我们看错其他事物，而且还让我们对它本身产生错误看法"。因此，大凡睿智的国度都有一种智慧，任其民众保持随心所欲的愚昧，能够一笑了之的事情，绝不会严加惩罚，治疗傻瓜，简单易行的方法就足矣。幽默是人的天性之一，但幽默又是极高的品味，因此，对于政治家而言，如何培养自己的幽默，以"一笑了之"而不是"庄重其事"的方法处理与自由民众的关系，是一种现代政治智慧。"自由"是所有人的全体利益,是不可损害的,它有太多积极的意义被人们对它可能导致的混乱的害怕给掩盖了,沙夫茨伯里说:

> 假如国人的嫉妒心,一个伟大民族的病态生活或其他任何一种原因强大到足以压抑任何一部分人议论国是的自由,事实上就损害了全体的利益。……仅只在像我们这样的一个自由国度,欺骗才找不到任何藏身之处,无论凭朝廷的信任、贵族的特权还是教会的威严,都不能为欺骗之举提供保护,也不能阻碍人们对欺骗行为大加讨伐。当然,这份自由看起来有可能走偏……人们也许还可以说这种自由被滥用。(《特征》,第6—7页)

沙夫茨伯里给出的启蒙方案就是政治家和国人都以"幽默"化解危机。因为只有良好的幽默感才是防范宗教狂热的最好基础。他提供了一个心理上的常识论证,说大凡求助于宗教的人,往往总是生活中遇到了大灾大难,或者身体、思想、性情出了大问题,或者家人出现了无法救助的痛苦或劫难,总之是人生极其沉重的至暗时刻。在此情况下,如果上纲上线地说他们的信仰不正统,对其行为进行严酷的打击和镇压,那就会让一个本来就已经濒临绝望的人失去所有情感宣泄的渠道,进而必定会激发阴郁气质的人走向狂热的复仇与报复,引发社会悲剧。因此,沙夫茨伯里告诫"阁下大人","我们"应该本着适当的幽默感来处理宗教事务,再怎么幽默也不会出格。不仅平日里保持一般的幽默,而且在特殊的时刻、面对特殊的事件,还要更加保持上乘的幽默,让人们的性情都维系在一个轻松愉快的氛围下,展示各自最甜蜜、最仁慈的性情,这样人们才能最好地理解对方的善意和真正的善究竟是什么,最有效地防范出现相互之间的猜疑、嫉妒、怨恨,因而也就铲除了相互冒犯和攻击的土壤。沙夫茨伯里认为,这才是防范各式迷信和狂热的保障。

在良好的幽默气氛中，个人的自由与随和都会激发起相互的善意，这比任何的不宽容、杀无赦、钉十字架都能取得更好的效果，互信和彬彬有礼的社会需要人具有幽默的品味。相反，沙夫茨伯里看到，罗马早期的一些皇帝，追求君临天下的威严与权力，不仅没有一点幽默感，简直就是实现严酷暴政的怪兽。他们对信教的人严加逼迫，对所有具有价值观或有德行的人都严加逼迫，因而造成灾难的局面：不仅没有一个皇帝自己能够善终，整个文明也不得不遭受厄运与重创。后来君王之高明就在于接受教训，听从劝告，放弃严厉之苛政，罗马文化才产出新观念，创造出新文明。公民平和性情的培养，高尚品味的教育，幽默感的形成，不仅可以防范社会戾气和各种宗教与非宗教的狂热，而且是良善社会关系和虔敬之心的宗教基础。即便我们相信所有事物都是向善的，善心也一定要在自由而轻松的社会环境下才能真正激发出相互之善意。

其三，阁下明鉴，信仰宗教的目的是让人敬畏神性的博爱与至善，因而，我们可以通过公众性情的培育和教化，让人知道如何克服人性的弱点，让人认识到自己并非仅仅是一个特殊的有限存在，而且是一个完美的普遍存在。我们就会懂得，人性中那些挑衅、冒犯、愤怒、报复、趋炎附势、爱慕虚荣等脆弱性的缺陷，都只是我们身上有限存在的心理特征。如果我们心胸越来越狭隘，越来越把自己视为特殊的个体，封闭在狭隘自私的人性之内，我们就越来越无法认识自己、认识他人、认识世界，从而成为一个与世隔绝的可怜虫。但是，如果我们能破除狭隘自私的封闭，向自身普遍而完美的自我开放胸怀，接纳与自身同样普遍的他人和世界，那么我们自己就处身在一个完全不同的、能与他人共享的广阔的天地中。通过这样与他人的共享，才能与他人共情。与他人共情，我们就能发现，这个世界并不是完全由各自的私利构成的相互冲突的世界，而且即便存在相互冲突的"恶意"，也并不是单由"利益"引发。因此，在这里，沙夫茨伯里劝人要摆脱奇怪的日常推理：

第六章 沙夫茨伯里的道德感理论与美德伦理

有一种奇怪的推理方法，会在运用它的人出现脑热病的时候出现，就是这样的："除非利益发生冲突，否则不可能存在任何恶意。一个万有的存在不可能有相反的利益。因此也就不存在恶意。"（《特征》，第23—24页）

这种推理之所以错误，就是没有认识到人的伦理存在之本质其实不在于利益，而在于相互的情感关联。如果你对他人始终抱有善良意志，他人不可能仅仅为了一点利益对你有恶意。当然人与人之间不能损人利己，亚里士多德也说过，在真正的朋友之间是不用讲公正的，因为友爱高于利益，公正是冲着利益讲的。高贵的有教养者与他人交往，看重的是彼此的情义，而不在乎相互的利益。在考虑人神关系的宗教中，同样如此。人们之所以需要相信上帝存在，相信这个世界中最高的心智是上帝，原因就在于这样的"世界"才让人"放心"，让人"安逸"，脱离"颠倒妄想"。信仰作为最高心智的上帝就不会引起对世界的恐怖联想。人们会丝毫不带激情的瑕疵，把最高的善归属于祂。相信祂作为完美无缺的至情至性、至爱至善存在，对祂的敬与爱于是就能引导和提升有限人性的情感关系。进而言之，这样的爱与善的上帝，就是我们人性品格之神性的依据，且能更好地帮助我们区分哪些情感适合于或不适合于一种完善的存在，甚至让人明白，我们如何爱，如何有情有义、有爱有趣地处理相互之间的关系。

把宗教的启蒙与情感的启蒙结合起来，这是一种高级文明教养的启蒙。在此，我们情不自禁地想起歌德与伏尔泰在斯特拉斯堡决裂的故事。歌德这样的精神贵族实在忍受不了伏尔泰式启蒙对教会的粗暴抨击、对《圣经》故事的百般嘲讽，虽然他心里十分清楚，《圣经》故事对精神和伦理的阐释并非总是清晰和有深度的，但是，一个有教养者却必须对塑造了人类精神信仰的《圣经》保持敬畏，它的神圣性不容亵渎。所以，为了摆脱肤浅的法式启蒙，他不得不与伏尔泰决裂，这是一种高贵情感与世俗理性情感的决裂，以此保持自身心灵的纯洁和高贵。正如歌德的一首诗所述：

> 有一种追求，涌动在我们纯洁的心灵
> 让人以感恩之情自觉自愿
> 献身于高尚、纯洁和不知名，
> 如果揭开这个不知名的谜底，
> 我们把它叫做：虔敬

人所以有此纯洁的虔敬之心，究其本质，无论是歌德还是沙夫茨伯里，无非都是觉悟到，自然的存在是寓于上帝之中的。上帝似乎是在自然之外，实际上祂是作为存在之总体而对存在进行创造，总体无非是每个人的人性中的自然具有的善性与爱性意向性地投射出来的一个结果。所以，所谓启蒙，无非就是启发人性认识到普遍的善，热爱公众，并在力所能及的范围内促进全体的利益、全世界人的利益，"这才是最高的善，并构成我们称之为神性的性情"（《特征》，第22页）。

这样一来，神性之性情就不只是外在于我们的、上帝身上才有的，我们每一个人的人性中也固有这种潜能或禀赋。世俗存在者之所以认识不到，实际上不过就是生活的艰苦让他们把所有的才能都用在了为生存而挣扎之上。因而，启蒙就是对这种高尚存在形式的启发，让我们可以内观自身内在的向善禀赋、激活这种高级生命禀赋，人生才有可能活出品味和光彩。

其四，接下来涉及美德启蒙的关键问题，因为美德基于个体人性之品味，而良善品格与我们熟知的其他品格又根本不同，我们对它十分渴慕，目前却并不具备。这是美德伦理学不可忽视的一个根本问题，我们可以聚焦于美德，但美德却并不是人已经固有本有且现存在身的东西。沙夫茨伯里充分意识到，也许人天生具有一双听音乐的聪慧耳朵，但并不因此说明，他/她就具有了欣赏高雅音乐的审美品味；儿童也许天生能说出诗一般的童真语句，但要具备诗歌的品味还需要文学艺术的修养。因此，沙夫茨伯里得出了一个重要洞见，人要想过有品味的生活，成为有品味或有美德的人，首先要懂得赞美神圣的存在。而赞美神圣的存在，表面看来是宗教生活的必修课，但他现在却把它视为过好世俗生活的必修课。他的逻辑是，一个人不懂得赞美神圣的存在，对神圣的存在毫无意念，这样的人根本就只能是一个粗俗的存在者，不可救药，就像一个没有感知过精神快乐的人，必然只能从感性欲望的满足中寻求快乐。人欲追求高贵的生活，就得有对神圣存在者的敬畏之心，知道如何赞美神圣的存在，这样才能在其心田种下神圣生活的种子，然后发育它，培植它，最终让高贵、神圣、圣洁变成其习得的品格。否则，一个禀性粗俗而对高贵全然无知的人，是不可能赞美善与美德的，即便有心赞美，也会言辞空洞、言之失据、言不及义，成为高贵的伦理生活中最不协调的声响。禀性粗俗者一旦有权有势，更会成为伦理生活的灾难，因为在他根本不可能发出适宜声音的地方，可能只有最刺耳和不文雅的陈词滥调最为盛行。人的性情是经不住腐败语言的污染而永葆平和与洁净的，一旦性情暴戾起来，高贵存在就会隐匿在人性的无底深渊中，难以显露，人们最终不知赞美为何物，争吵和斗争就成为人生的主调。

良善的伦理生活必须让人们从相互之间学会赞美开始，这是沙夫茨伯里品格启蒙的又一特色。被这一启蒙视为"第一知识"的是对自身气质类型的知识：

> 这是第一知识，也是先前判断："要理解我们自己，明白自己是哪一种气质类型。"此后我们才能判断他人的思想，考虑他们个人都有哪些长处，并根据其大脑的清晰与否来证明其证词的有效性。通过这样一种方法，我们就可以做好自身准备，拿出针对宗教狂热的解药。这也就是我斗胆放言，说是最好用幽默方法加以解决的事情。不然的话，解药本身可能会加重病情。（《特征》，第32页）

而对于宗教狂热之外的人情世故，我们也就可以用赞美表达人类激情所认识到的最为崇高的任何事物。通过赞美，让高贵品味成为人们日常生活的美德赖以发育的基石。

第二节　伦理学观念的转型：人性"伦理构造"中的"公共精神"

一、"伦理构造"与"自然构造"

从沙夫茨伯里开始，思考伦理学问题所抓住的一个核心概念，即"构造"（constitution）[1]，这是"自然神论"描述"世界""自然"或"人性"的基本概念。"伦理"在世俗意义上，作为人为的"构造"，如同上帝是以其超越的善或正义来"构造"这个"世界"一样。上帝"构造""世界"和"世界中的人类"之后，人类要依赖"伦理"继续完成上帝赋予人的构造人类世界和自己人生的使命，这是神赋予人类的使命。在"伦理"不能得到"觉悟"的民族和人那里，就很难明了"伦理"是自身所属的世界和人自身生命的一种"构造原理"。但要明了这一点，得先探究自然之构成及其内在的结构。在此结构中，自然事物内在的目的论指向服务于自身目的，而不服从任何其他目的的自然选择与造化机制。只有明了了这一点，才能点化人类封闭而狭隘的心智，超越各自的利益和偏好，每个人天性中所共同指向的"正义"和"美善"，作为"伦理"构造的目标才能呈现出来。

"自然构造"作为"伦理构造"的基础和标准，适应现代精神以"自然正当"为自然法的要求，之所以被现代人接受，就在于自然科学兴起之后，人作为自然中的理性生物，无论其身体还是心智，都需要在"自然构造"上

---

[1] Anthony Ashley Cooper, Third Earl of Shaftesbury: *Characteristicks of Men, Manners, Opinions, Times* (Volume II), Indianapolis: Liberty Fund, 2001, p. 8. 感谢湖北大学李家莲教授给我提供了这本书的电子版，中文译本放弃了这些重要注释的翻译，十分可惜。

获得科学的解释。这一点到17世纪之后已经深入人心，作为人为构造者的"伦理"，其内在灵魂依然在神所造的自然构造之中，所以，深入人性的自然构造，乃是对神造景观的审美欣赏，其"美"就美在构成其整体的和谐完美的"机制"上。

伦理生活中的"人"有如自然中的"物"，作为"个体"是从他/她所属的"世界"整体中抽象出来的"对象"，每一个这样的"个体"都会面临一个共同问题，如何与其他个体相处才恰当和适宜？恰当不恰当，合宜不合宜，最终都涉及自身私有的善和利益与他人的善和利益、共同体的公共善和公共利益之间的关系问题。这也就是我们古人所思考的义利关系问题。沙夫茨伯里三世伯爵，依据他对人性问题的洞察，应该并不会认可孟子向梁惠王说的"何必曰利，唯义足矣"，因为他们的传统正义必与利相关。讲人性就得从"利益"出发才有"义"，只有对神才能完全脱离"利益"只讲"义"。要承认和接受这一点，就得返回到自然人性的"自然构造"上，因为自然构造中每一个生物都有其自身的利益和目标，而"伦理构造"只不过是将各自私有之利益聚合为"公义"的一种机制，这一点尤其需要得到阐明。

二、伦理构造中的公共精神创生机制

由于每一种生物都有生物自己的利益或目的，在其构造中必定也有某一种目的是每一事物都自然指向的。指向这个目的，无论其欲望、激情还是感情，都被视为善或德，如果有什么东西不被引导到该目的而是被引导到相反的方向，一般就将恶意归诸于它。如若以这种方式待人，这样的欲望或激情必定会对他人造成伤害，对自己也是恶的。

> 现在，如果根据任何理性生物的自然构造，同样任意的欲望对别人构成伤害，也会伤害他自己。如果相同的情感规律，使他在一种感觉上为善，那么就会使他在另一种意义上也为善；这样，他对别人有用的善

良（goodness），对他对自己就是一种真正的善（good）和利益。这样，美德和利益就会最终契合一致了。[1]

实现从各自"私利"向共同"公义"转向的伦理机制，在这里被视为"情感规则"，这是人类这种理性生物优越于动物的地方。"情感规则"遵循的是"爱欲机制"，柏拉图已经从"功能论证"证明，"爱欲"不仅指向美而且指向善（好）。你渴了"欲"喝水，那么在可能的条件下，一定想喝最好的水，这种欲望是自然的，却是向善（好）的。每一自然欲求都欲求对它而言的善，对它而言的利益，那么，按照自然爱欲原理，必然会有所有个体的"爱欲"共同指向的那个"目标"（善），这种"善"就是对每个人都有利的共同善。所以，只有每个人以这个共同善为标准来衡量自己的私益，而不是以每个人的私益和私善来衡量公益公善，才有真正的善恶标准，这个标准才被称为"公义"或"正义"。伦理善是以普遍的公义或正义而定义，美德也就不再与利益无关，而是与每个人真正的利益内在契合。伦理构造的两个最为重要的善——正义和公益——就被发现了。

爱欲之原理就成为人类因情感而相互友善、爱戴与和睦，因私利相争而相害、相恨与敌对的原理，从现实的人及其人性的观察也能得出这一结论。因而，在人性论上，沙夫茨伯里反对其老师洛克的"观念论"，认为伦理学必须立足于经验中有性情的现实的人，而不能立足于认识论所抽象出来的人的观念。但蹊跷的是，这么注重情感、爱欲之原理的人，最终却接受了主张"冷漠"（不动心）处世的斯多亚主义的哲学观念。但如果我们稍加比较，也就可以发现，沙夫茨伯里对斯多亚主义的接受和对洛克的反对，其实涉及他关于哲学与伦理学的关系以及伦理学性质极其关键的看法，他在两点上赞同斯多亚主义：其一，伦理学是"实践的艺术"，即过美好生活

---

[1] Anthony Ashley Cooper, Third Earl of Shaftesbury: *Characteristicks of Men, Manners, Opinions, Times* (Volume II), Indianapolis: Liberty Fund, 2001, p. 9.

的艺术，不是形而上学和认识论；其二，哲学就是伦理学，只有伦理学才是真正哲学智慧的表达。弗雷泽正确地看到了他的这一转变以及反对洛克的原因：

> 他们［指斯多亚学派——引者］将哲学视作关于学习如何去恰当地思考、行动和感受，从而更好地生活的一门艺术。沙夫茨伯里就认为哲学应该投入到实践中去。他的老师洛克所传习的形而上学和认识论的推测都被他看作无用的干扰。[1]

当然我们可以说，沙夫茨伯里也没有完整地理解洛克的哲学。因为洛克哲学实际上不只有形而上学和认识论，也有实践哲学，而且他对现代世界的影响，主要不是其认识论和形而上学，而是其实践哲学，即政治哲学。凭借其为个人权利立法的政治自由主义方案，洛克才为整个西方现代文明奠定了自由秩序伦理。而斯多亚主义注重内省和修身养性的德性实践，对现代文明的影响与洛克根本不可同日而语。

但从伦理学而言，沙夫茨伯里在这里确实实现了现代伦理观念的现实转型，把实践哲学内在包含的政治哲学和伦理学真正区分开来，从而转向了与政治哲学相分离的狭义伦理学概念。只有在这个狭义伦理学所谓"实践的艺术"（实则斯多亚主义的"修身功夫论"）上，我们才能理解，他为什么拒斥英国经验主义认识论传统。他并不认为培根、洛克和霍布斯所代表的经验主义知识论错了，而只是觉得这套经验主义知识论，尤其是洛克那种唯名论色彩的"观念论"对于他所注重的伦理生活的艺术，不仅无用，而且更多的就是干扰。

政治哲学与伦理学的分离在霍布斯那里就开始了，在沙夫茨伯里这里，

---

[1] ［美］迈克尔·L.弗雷泽：《同情的启蒙——18世纪与当代的正义和道德情感》，胡靖译，译林出版社2016年版，第20页。

他并没有区分政治学和伦理学，而是不谈政治学，从而他的哲学就只剩下狭义伦理学了，这是非常明显的一个转变；同时，在他的狭义伦理学中，他所要实现的目标非常明确，就是要扭转霍布斯所阐发的人性自私论以及在此人性论基础上形成的利己主义伦理学，这是他要完成的第二个转向。

沙夫茨伯里伦理学反对的敌手是霍布斯（对曼德维尔的批判则是他那个时代其他许多人在做的工作）。他之所以不满于他，是因为"霍布斯主义"在1660年英国王政复辟后就被用于称呼那些"反对热爱道德和信仰"的态度，这种态度主张生活在"自然状态"下的人类是"孤独、贫困、污秽、野蛮又短暂的"，使人摆脱自私而野蛮之竞争的，并不靠人类天生的良心与道德，而是社会契约。所以沙夫茨伯里抱怨"霍布斯主义者"把人类所有的自然情感和社会情感统统都解释成合乎自私情感的例子。他未指名道姓，但十分明显地说"在我们这个时代"就有一位"能干和风趣的哲学家"，指的就是霍布斯，他反问道：

> 我们是否应该抨击每一种宗教和道德原则，拒绝任何一种天生和社会的情感，尽可能把人看做彼此为狼的动物呢？当我们这样描述他们，并努力迫使他们以比这更野蛮和更腐败的方式看待自身时，是不是要以他们当中最恶劣的一部分尽可能有的不良意图来看待自身？你会说，这一定会成为最荒谬的一部分，就连最卑鄙的人也不屑一顾。（《特征》，第50页）

沙夫茨伯里明确地说，让我们明白我们天性都是狼，这并不合适。反对这一假说的那些绅士，既非为了欺骗，也非伪君子。因为往往只有骗子才会大谈人性美好，给别人先戴上道德高帽，好在被赞美得陶醉时他们轻松下手。而真正的绅士只有当我们出于对人的仁慈的关爱时，才告诉人们，人心险恶，不能轻信别人的花言巧语。

既然"伦理构成"是某种自然的机制,沙夫茨伯里从"情感"论出发证明,人性中天然地存在一种"公共精神",他说,这是"能够来自社交感情或与人类的一种伙伴感"(《特征》,第58页)的东西,完全缺乏社交,与人类根本没有伙伴感的绝对孤独的人,是完全令人恐惧的。因为根本缺乏公共精神的人,可能比狼更凶猛,毕竟狼的力量也要靠狼群的支撑。只有当"哪里有绝对权威,哪里就没有公众可言"(《特征》,第58页)的地方,才会有与世隔绝的绝对无情无感的"独夫",否则不可能存在"原子式个人"。沙夫茨伯里说,即便在最为专制和野蛮的国度,国民只知道对自己的国君,即便是暴君而怀有个人的敬爱,这从反面恰恰可以说明,"人类心里对治理与秩序有一种多么天然的情感"(《特征》,第59页),"骨子里"存在一种"公共原则"。

但是,如果这种来自人类天然情感的"公共精神"和"公共原则"不能成为"伦理构造"的法则,那么在这样的国度,就不可能形成什么是善、什么是正义的伦理观念。一切都由强权意志随心所欲地决定,生活在无伦理之国度的人是可悲和堕落的:

> 生活在暴政之下,并学会崇拜其权威,认为这种权威是神圣不可侵犯的那些人,他们的道德和宗教同样堕落。(《特征》,第58页)

在这里,沙夫茨伯里要证明的就是,人类生活的伦理和美德都必须建立在出自人类公共情感或伙伴感的公共精神和公共原则之上,而不是根据理性契约。他说,相信人类有义务基于社会契约,每个人的无限权利让渡给大多数人指定的某些人,通过一种"允诺"来处理,这是十分可笑的。这是一种"奢谈自然"却"绝少有意义的哲学"。如果确实是按照"自然法"来理解,那么它应该表现为"自然状态"下的"伦理构造",伦理的"自然"是这样一个肯定的原则:

> 假如有任何东西是自然的，无论对哪一个动物种类来说，它都必然是那种能够保存自身，并有益自身福利和自我持存的东西。（《特征》，第60页）

任何"伦理构造"只有直接表达这种"自然法"才是有意义的。沙夫茨伯里说不列颠人感谢他们的祖先传给他们的一种良好感觉，是相信常识，只有常识才是自然的。它不来自人为的契约的理性设计，不需要"仁爱天下"的绝对君主，每个人的常识都告诉他正确的适当的理性就是保存自身、自我持存并有益于自身福利。

这种"自然的东西"之所以同时就是"伦理构造"，原因就在于：

> 能够使一个允诺在自然状态下具备约束力的东西，必须使人类所有其他的行为成为我们真正的职责和天然的部分。因此，信任、公义与诚实及其德行等，都一定早在自然状态时期就已经存在，否则它们根本都不可能存在。（《特征》，第60页）

这样，就成功拒斥了霍布斯关于自然状态的阐释，而从"伦理"扎根于"自然法"更好地理解人性美德的根源和规范性基础。他的论证成功，不是基于任何公益、道德的观念，而是基于对自身高贵人性品质的真诚。一个真实的品味高贵者，绝不可能跟自己玩俗套。人在社交圈中为了人情或地位，可能会容忍同道中人的可耻，甚至会为一个流氓辩护，为政治伪装愚蠢。但在面对自己时，人完全脱下所有的伪装跟自己认同的那个"人格"做灵魂交流，这时他无法对自己俗套，无法对自己的灵魂装无赖。高尚的心性和优雅的品质是能打动自己的，真正的高贵价值会压倒任何私心的利益。利己唯有靠高贵的精神，而不是任何俗套的东西，自私和龌龊在真正优雅的灵魂中毫无藏身之地。沙夫茨伯里在寻找到了心灵中的伦理构造之后，美德就是其伦理思想最为核心的内容。

第三节　道德感、美德与价值

每一个理性生物都有其自身的私有的善，有其自身的利益或目的，这是沙夫茨伯里所认同的。但对于整个世界而言，没有任何一种动物是因自身利益而互相伤害的，因而也就没有任何一种动物可以被公正地称为有害动物。人类这个物种更不会因自己的利益而变成世上唯一的有害动物。人类中的个体即便想追求自己私人的善和利益，也只能在与他人的交往中才能实现，没有他人，没有与他人的友好交往，他自己的善和利益根本就没有实现的可能性。因此，人类不可能将自己与世界隔绝开来，过与世隔绝的孤独生活。要与他人交往才能生存，他也就不可能永远保持阴郁的心理。人要生存，要追求自己的善和利益，就必须完善自己的社会本性，他的善与恶都是在与他人的关系中，因相互的情感而生的善与恶：

> 因此，在一种有感情的造物中，不出于任何情感而做事，那么在这造物的本性中就既不能造成善，亦不能造成恶。只有当他与之存在某种关系的那个系统的善与恶，是驱使他的激情或情感的直接对象时，他才被认为是善的。[1]

这就明确了双重驱动力：人因感情与他人相关和互助，而与他人相关那个系统中的善驱使其情为善。因此，认识到一个受造物（creature）的好坏（善恶）是由其感情（affection）决定的，以及是如何由其生活系统中的善恶驱动的，这还不够，对沙夫茨伯里而言，现在的任务是要进一步审查，哪些是善的和自然的情感，哪些是恶的和不自然的情感。这使他在伦理学中首次将"道德感"作为一个核心概念提了出来。

---

[1] Anthony Ashley Cooper, Third Earl of Shaftesbury: *Characteristicks of Men, Manners, Opinions, Times* (Volume II), Indianapolis: Liberty Fund, 2001, p. 12.

一、道德情感：出于善的自然性情

就关系而论，没有什么情感是绝对善或绝对恶的，因为没有什么情感是绝对不自然的。哪怕是那种完全趋向自我利益的情感，无论它自私到什么程度，实际上只要与公共利益一致，而且在某种程度上有助于公共利益的话，那就既非病态，也无可责备。我们需要承认，一个善良的人是造成的，而且绝对必要造化为一种善良的造物（absolutely necessary to constitute a creature good）。自私的情感就像自私的人一样，在整个系统中，属于整体的一部分，虽然与公共利益不符，但依然是自然的，我们只能说它是一种有缺陷的情感，而不是违背自然的恶的情感。只有当自利的情感毫无节制，损害到公共利益和社会关系的持存时，它才会引起别人极端的厌恶。这时，人所追求的自利就演变为自害了，不仅实现不了自利，而且人格也会彻底败坏，遭人不齿。

这种人将被视为一个性情恶劣者。但其性情的恶劣并非天赋，而是由其自私自利的性情造成。如果他不改善这种性情，那么无论搬来什么救兵促使自己做一件大好事，都不可能在他心里产生善。所以，道德的情感，出自人的性情之善而驱使其情感善，性情善是决定要素。生物只能根据其自然的性情而是善的生物。但对人而言，自然的性情也是"养成的"，而不是天生的；是"节制的"（moderate），而不是放纵的；是健康的，而不是病态的。天生的性情本身没有什么善恶之分，一切善恶之分野都来自社会情感的好恶倾向。哪怕最自然的仁慈与仁爱之性情，如果对某些人无节制地过度了，也是恶劣和有缺陷的。过度的温情会破坏友爱，过分的怜悯也会导致救济无法施行，就像过分的溺爱会导致被爱者的虚弱和无能一样。因此，自然的性情之善，最终不能依据性情本身，而是性情所指向的利他和公共善：

> 一般说来，所有感情和激情是为了公共善（to the public good），或是为了这个物种的善，这样的自然的性情才是完全善良的。反之，如果

缺乏必要的激情，或有任何多余的、软弱的、有害的或违背这一主要目的的东西，那么自然的性情，因而造物本身，结果就是败坏和病态的。[1]

所以，在自然的和不自然的情感之外，莎夫茨伯里提出了一个"社会情感"（social affection）概念。这是与利他、仁爱、宽容、温柔、怜悯、同情、合作、共生等等相联系的情感，它们克制甚至遏制自私情感的泛滥和无度，引导一切自然的非自私、非社会的情感向社会情感靠拢。没有社会情感，仁爱、友谊、慈善之美德就缺乏基础。如果一个人的情感或激情趋向于社会情感，那么这种性情就会转向公共利益或适合于物种的利益，转向公共善；反之，如果一个人的性情对公共利益或适合于物种的利益缺乏任何一种必要的激情，那么这种性情就会走向败坏与恶劣。

当然对于这位伯爵三世而言，他的生活和教养使得他根本不相信会有如此性情恶劣者，他说：

> 我们不可能想象，一个纯粹的理智受造物，原初就被构造得如此邪恶与不自然，从其被理性的事物所考验的那一刻起，竟然不对他的同类有善的热情，竟没有怜悯、爱、善良或社会感情（social affection）的基础。[2]

但无论如何，他关于情感和性情善恶的标准非常明确地确定下来了，这样就为从自然情感过渡到道德情感提供了清晰的理论阐明。

---

[1] Anthony Ashley Cooper, Third Earl of Shaftesbury: *Characteristicks of Men, Manners, Opinions, Times* (Volume II), Indianapolis: Liberty Fund, 2001, p. 15.

[2] Anthony Ashley Cooper, Third Earl of Shaftesbury: *Characteristicks of Men, Manners, Opinions, Times*, edited by Lawrence E. Klein, University of Nevada, Las Vegas, Cambridge University Press, 2000, p. 29. 我在对此章做最后修改的时候，我曾指导的博士生陈晓曦副教授给了我本书的电子版，而且我得知他正在翻译这个版本，使得我也有幸阅读了他尚未出版的译文，在此特别表达我的感谢。

二、"共通感"作为道德情感发生的心理机制

"共通感"是沙夫茨伯里提出的一个重要概念，通过这一概念，他才让"道德感"在西方道德哲学史上占有一个辉煌的地位。正如社会情感是阐明自然情感通向道德情感的桥梁一样，"共通感"则为所有的道德情感提供了心理机制的阐明。

沙夫茨伯里之所以提出这个概念，本来是为最具有主观性和最易导致宗教狂热的情感确立一种善恶的标准，这种标准当然不能依据自然慈善之情，而只能是"公正"的情感。但所有情感都是主观的，哪有公正情感可言？沙夫茨伯里认为，公正情感是有的，但必须依赖于"常识"，而常识，就是所谓的"共通感"，sensus communis。只有阐明了"共通感"这一"常识"，公正的情感才能让道德感（moral sense）建立起标准。

关于这个核心概念的讨论，沙夫茨伯里是在《人、风俗、意见与时代之特征》第一卷第二篇文章《共通感：论机智及幽默的自由》（Sense Communis: an Essay on the Freedom of Wit and Humour）中引入的。在一个长注中，他说明了"sensus communis"这个拉丁词取自贺拉斯的早期讽刺诗（Horace, Sat. 3. lib. 1.），是表达对于公共福利的共同感觉（sense of public wealth）和共同利益（common interest）判断力。这种判断力不以作家名流在善意地嘲讽贵族和宫廷时的判断为标准，而是以普通大众的"常识"作为礼貌和善意的标准（standard of politeness and good sense）。[1]

与一般对"常识"的理解不同，这个词带着深厚的罗马人文主义精神，是心灵相通的共同敏感性（common sensibility），既是对公共福利和共同利益的敏感，也是对一种社会共同体的爱、自然情感、友善品质的敏感。但在生活中，它常常是通过"讽刺"所表达的"幽默"发挥作用。剑

---

[1] Anthony Ashley Cooper, Third Earl of Shaftesbury: *Characteristicks of Men, Manners, Opinions, Times* (Volume II), Indianapolis: Liberty Fund, 2001, pp. 65–66.

第六章　沙夫茨伯里的道德感理论与美德伦理

桥版的沙夫茨伯里著作编者在此加了一个注释，让我们在这里要参照伽达默尔的阐释。[1] 而伽达默尔确实具体地告诉我们，罗马的古典作家对sensus communis的人文主义理解是采用了Mark Aurel[2]的κοινονοημοσύνη，同时告诉我们：

> 这是一个非常生僻的人造词，并基本证实了sensus communis这个概念根本不是来源于希腊哲学家，而只是如同一种泛音（oberton）那样，让我们再次聆听到了斯多亚主义概念的回响。人文主义者沙尔玛修斯（Salmasius）把此词的内容改写为：人们的一种谦逊、适度和通常的精神状态，以某种共同的东西为格准，不把一切都归于自身的功利，而是注意共同所追求的东西，且合宜地、适度地从自身去思考。因而这就不仅只是赋予所有人一种天赋人权的自然禀赋，而且赋予所有人一种社会德性，比头脑的德性更丰富的心灵的德性，这才是沙夫茨伯里所意指的。如果他是从此出发理解风趣（wit）[3]和幽默，那他也是跟随古罗马人的理解，即在人道（humanitas）中所包含的优雅的生活方式，领会并造就愉悦人的相处方式（Haltung des Mannes, der Spaß），因为他知道他与他人具有某种深入的唇齿相依性（Solidarität）（沙夫茨伯里尤其把风趣和幽默限制在朋友之间的社会交往上）。如果sensus communis（共通感）在这里几乎表达为一种社会交往的德性，那么在它里面实际上就蕴涵着

1　Anthony Ashley Cooper, Third Earl of Shaftesbury: *Characteristicks of Men, Manners, Opinions, Times*, edited by Lawrence E. Klein, University of Nevada, Las Vegas, Cambridge University Press, 2000, p. 29.

2　"Mark Aurel" 其实就是那个写了《沉思录》的罗马皇帝、斯多亚主义哲学家马可·奥勒留（Marcus Aurelius，公元121—180），参见［德］汉斯-格奥尔格·加达默尔：《真理与方法》（上），洪汉鼎译，上海译文出版社2004年版，第31页。

3　对照伽达默尔的阐释，沙夫茨伯里著作的中译本把"wit"都翻译为"智慧"是不妥的，伽达默尔一直强调，从亚里士多德反对柏拉图的善的理念以来，伦理学作为实践哲学追求的"实践智慧"（phronesis）与思辨的"智慧"是对立的。因此，沙夫茨伯里使用的是wit，不是wisdom，因此，将其翻译为生活中的"风趣"，而不翻译为理论性的"智慧"，或许更为正确。

一种道德的，也即形而上的基础。[1]

在整个人文主义的哲学背景中，"共通感"就成了描述并规范人的高雅精神品性的概念，如同ethos塑造了古希腊的伦理品质一样。通过沙夫茨伯里，sensus communis在18世纪的英国和更早的晚期意大利文艺复兴时期的维科那里，成为塑造现代人伦理品质的一个核心概念。人的精神品味虽然强调的是个性、风格，但作为"教养"，它必须是"通常的""健全的"。"通常性"拒斥了我们常在小说、电影中见到的贵族小姐那种独具匠心的故作姿态和矫揉造作，它指向与交往环境下的其他人的心灵相通，对优雅、幽默、风趣、共同利益的共同敏感性，这是文明人的灵气的敏感，在更大范围内指向"社会情感"。如果一个人只想着与众不同的个性与风格，而与他人和社会缺失情感上的沟通，不"同气相求"，那么就不会拥有"日常感觉"（common sense），更不可能有健全感觉（bon sens/good sense）。

所以，"做人"的难处，是由人性的这一双重矛盾构成的，它既是完全个性的、独特的、讲究风格的，同时又必须是社会性的、合群的、正常的。沙夫茨伯里这样的贵族世家，要讲个性风格上的高贵，没有几个人能够有他那样的独特性或与众不同的超凡脱俗，但就是他才真正发现，如果高贵的有教养者身上缺乏社会性的情感，缺乏对他人与常识高度敏感的心灵，就不可能有健全的心智，不可能具有"风趣"与"幽默"。后者才是人成为具有健全心智、拥有朋友、受人爱戴、受人尊重的人的基础砝码。

三、情感之品味

从沙夫茨伯里这里开始，人们明白了一个道理，性情虽然说不上原始就有善恶，但它们有其品味之逻辑，性情达到一定品味，不仅对自己好，对每

---

[1] Hans-Georg Gadamer: *Gesammelte Werke I: Hermeneutik I*, J. C. B. Mohr (Paul Siebeck) Tübingen, 1990, S. 30.

一个人都舒坦和美善。因为品味是在高贵精神中才养成的东西，一般性情在高贵精神的熏陶下，才使其自然的情感导向了道德的情感。在"品味"概念中，融合了大众、常识都有共同敏感性的趣味，是能给众人带来精神愉悦的"趣味"，其核心在"趣"而不在"味"。而"趣"是需要"识"做基础的，我们俗语中，有"识趣"一词，一个"识趣"的人，总是"知道"自己的个性和品味与对方、他人和团体之"趣味"之间的共性和差异性，从而既能恰如其分地保持其个性，而又能融洽地营造和享受共同的趣味。因而，"品味"主要不是靠外表的衣着、举止表示，而是精神的敏感和融洽所带来的惊奇与满足，具有化腐朽为神奇的功效。

所以，沙夫茨伯里讨论较多的"品味"，主要体现在"风趣"和"幽默"能力上，这两种能力具有十分鲜明的"实践智慧"特点。在心理机制上，它们强烈依赖于sensus communis（共同感），往往只能借"常识"之名来言说，但根本上是要将"常识"所掩盖和迟钝了的"趣味"在敏锐的感觉中激发出来，产生人们意想不到的惊讶，达到神奇的意会之同乐。因而，沙夫茨伯里在现代性发轫之际，看出了世俗化的精神与高贵之间不能只是"两级"，而需要在此两级之间寻找到沟通的桥梁，这是"政治"的严肃与美好生活的"轻松"之间必须要有的润滑剂。由此我们可以看出，他想借助于人文主义传统中蕴含的源自基督教古风的纯洁灵性，在一个完全世俗化的现代性中塑造现代人精神品味之高贵的雄心。

在心灵不通的人们之间，只靠机械而严肃的理智不可能营造出轻松诙谐的风趣，这是在工具主义盛行的时代，人不能被作为目的本身来对待的心理根源。而人要能在一个社会被承认和尊重，确实要靠自己的性情品味，它不像道德品质那样板着严肃的面孔，是人人都愿意接纳的优秀品质。所以，风趣和幽默在有教养的文人圈子中，在咖啡馆、沙龙文化中，对于参与者而言都是不可或缺的禀赋。人的"风趣"和"幽默"之品味确实不是天生的，不是教化的，而是高级文明长期浸润和潜移默化的结果。

养成风趣和幽默的品味，需要两个缺一不可的条件，一是精准的判断力，这需要心灵的敏感性和对整体的洞识力，而不能靠死板的逻辑推理来保证；二是需要对他人和共同体整体具有心灵相通的高度敏感性。英语把拉丁语的 sensus communis 写成 common sense，在"常识"意义上使用它[1]，丢失了不少妙义。而沙夫茨伯里将其作为"道德感"的机制来使用，激活其本义，使伦理与德性的研究发生了一种根本转型，即从理性主义向情感主义的转变，这是早于法国启蒙的英式启蒙确立的一个目标。

"共通感"作为"道德感"的基础，首要的在于对"共同善"（common good）的意向，它以温和而节制的方式，指向各自认可的善意。健康的社会需要有批评的声音，理性启蒙是对社会生活的全面批评，后来康德把启蒙时代称为"批判时代"。康德说，在这个时代，没有什么能逃脱批评，宗教之神圣、政治之权威、习俗之正统，都要在理性批判的法庭前，为自己的合法性争取到地位。但是，沙夫茨伯里却发现，批评与批判如果不采取一本正经的态度，只以善意的嘲讽和风趣的诙谐来进行，更能取得意想不到的神奇效果。它更能体现我们世俗文化中"点破不说破"的智慧，以"讽刺"代"批判"，批评效果达到了，又能给被批评者留足面子，避免陷入撕破脸皮的尴尬；可以与人激烈争辩，却又不至于上纲上线，构成言语上的冒犯。如果经过相互激烈的不给面子的批评，社会共同体普遍地分裂，情感上不共戴天，朋友成为敌人，这样的批评不仅起不到积极作用，反而造成恶劣的瓦解社会的后果。因而，沙夫茨伯里说，如果一个社会，允许大家都有善意嘲讽的自由，用合宜的语言质疑一切的自由，却又不对争论者构成冒犯，这是社会保持为一个令人愉快的共同体的宝贵条件。在这样的社会里，道德感才是必要和有效的。但这对人提出了一种很高的文明要求，不是原则性的道德规范所能解决的，需要从培养人的高情商开始。

---

[1] Anthony Ashley Cooper, Third Earl of Shaftesbury: *Characteristicks of Men, Manners, Opinions, Times* (Volume I), Indianapolis: Liberty Fund, 2001, pp. 65–66.

四、美德及其价值

一个有情商的人不是不讲真理和道德规范,但硬邦邦地直接讲真理和道德规范,除非在特别场合,一般地都显得一个人不够绅士、不够风趣。所以,沙夫茨伯里给现代人提出了一个更高要求,在品味上让人先成为一个绅士。一个文雅的绅士在需要讲真理和道德的时候,他的做法是让不忍直视的真相在柔和的双关语中得到嘲讽,而不让它在赤裸裸的言辞中令人难堪。当一个残忍的真相不忍直视,却硬是让其在赤裸裸的言辞中让人必须直视时,这就对人构成了"冒犯"。人最不能被冒犯的,说到底就两件东西:一是他的神圣观念,二是他的智商。哪怕地位卑微的人,从小所养成的价值观念,他对自己智商的认可,都是神圣不可侵犯的,一旦被人嘲笑,他就感受到尊严被损害,脸面被撕破,其野性立刻就爆发出来。因而,沙夫茨伯里所说的道德感,就是让自己和他人时刻保持着体面、教养、高雅的精神气质和为人处事之风格。由于共通感是一种对共同善的敏感性,是一种德性判断力,因此,"道德感"在沙夫茨伯里那里,底线是"是非感":

> 没有什么能帮助或推进美德原则,除非在某种程度上培育和促进一种是非感(sense of right and wrong),或维护其真实和不腐败,或以其他感情在这种情况下服从于是非感的方式来遵守美德原则。[1]

不直接指出别人错,显示自己对,并不表明自己没有是非感,反而显得更有德性。道德感之下的美德,需要我们在表达对他人过错,尤其是道德过错时,不要剥夺他人自愿的自由,不冒犯别人心中崇敬的价值。因而批评者需要首先维系的是情感上的善意和相互自由平等的关系。这是道德真理能发

---

[1] Anthony Ashley Cooper, Third Earl of Shaftesbury: *Characteristicks of Men, Manners, Opinions, Times*, edited by Lawrence E. Klein, University of Nevada, Las Vegas, Cambridge University Press, 2000, p. 41. 译文采用陈晓曦译稿,下同。

挥其引导和规范作用的前提。只有通过情感的善意互动才能达到以善得善、以爱得爱的效果。丧失道德感的第一表现确实是丧失了"自然的是非感"。所谓自然的是非感就是我们口语中的"懂好歹"。每个人在伦理生活中，都自然地懂得是非善恶，能辨别什么是公共利益，什么对他人、共同体是好的。只有完全对人类、物种和任何公共的善恶都不关心，也不关心卓越与羞耻时，我们才可以说这个人丧失了自然的是非之心。但"是非""对错"在伦理学中，是一个社会概念。因此，沙夫茨伯里的"道德感"是从"社会情感"的角度讲与他人的关系，要让他人感受到尊重，而不是相反的被冒犯，这是非常符合"常识"的道德感。但这种道德感，需要人的德性品味与之相应，道德真理才能发挥其规范的有效性。

如果只是表面上维护道德真理而不顾自己和他人的体面，那就得随时准备应对因冒犯别人而受到报复的危险。因为每个人的心理现实是，当受到了不该受的冒犯和伤害时，都是要报复回去的。因此，无论地位有多高、权力有多大，理性存在者都不会随意地去冒犯或伤害别人，如果不小心做了，内心也会产生强烈的不安和愧疚。所以，道德感下的德性，需要调适正反两种不同的情感倾向：不冒犯和蔑视，而是关心和尊重他人的利益与尊严，这会导向正面的善意情感；在无意说了不适宜的话、做了不恰当的事之后内心的自责感、愧疚感和悔恨感。

所以，友善（Εὐγνωμοσύνη）是道德感下最为重要的德性。共同感的机制实际上首先是对相互友善的那个共同善的敏感相通，当人与人之间相互感受到友善时，道德感就存在了。道德感最主要的是友善的相通性带给人一种自我要求的德性品味。因而道德感下的正义德性，也就具有了品味的要求：它不能伤害他人的情感，出现伤害友善情感的情况时就出现了不正义；因而"冒犯"他人，不管是否有"道理"，在"情感上"是不义的，它破坏了相互的善意基础。尊重和承认也是如此。

德性的品味在道德感概念下，具有如下四个关键特征：感通的敏锐、审美的鉴赏力、文雅的教养和愉悦的情感。

德性本来是个人的品质卓越，但品质之卓越，要在与他人相互感通的伦理关系中才能养成，不是闭门修身的功夫。从沙夫茨伯里之后的英国道德情感主义，无一不是从相互情感关系来讨论个人的德性品质。人若缺乏与他人同感、共感之能力，就不会感受到他人赞美什么、厌恶什么，就不可能懂得与他人的共同善在哪里，因而，根本不可能具有社交能力。人是在社交中成长起来的，因而人的德性是在社交中磨砺出来的卓越品质，它首先是基于每个人的人性所具有的与他人感通的禀赋。这种禀赋人人都有，无学而知，不虑而能。但每个人的敏感性不一样，有的人相当迟钝，显得木讷；有的人相当敏感，你的一举一动都能让他产生敏锐的感应。因而，德性的品味要基于这种感通品质的卓越，对共同的善和相互的善意和善举都要高度敏感，才能具有德性品味。没有这种对共同善的品味，就难以产生对高尚东西的品味，从而难以产生德性品味。"品味"是赋予人以"品格"的东西，没有品味和品格，人就缺失了美德，这样的人很难立足在社交中，也就难以成为一个真正卓越的人。

人的品味确实有高低，它通过鉴赏力显出高下。而德性的鉴赏力如同或等同于审美鉴赏力。它既具有鲜明的个性特征，同时又有普遍化的相通机制，使得鉴赏判断成为有权要求他人的东西。对同一幅美术作品，有品味的人能具有的鉴赏力，他就会内在地要求他人也同样地鉴赏，否则就嫌弃他人缺乏品味。在此意义上，鉴赏力高低不是问题，问题是不具有同等的水准，就被视为"无鉴赏力"，因而它实际上具有某种"绝对性"标准，这使得它具有了与美德同样的普遍化要求。这是沙夫茨伯里首次发现的问题，因而，他将美德的品味与审美的品味作为同样的问题来处理，以审美鉴赏力要求人要有德性品味。这种要求之所以是合理的要求，源于美与善都如同"自然"一样，内在地具有一种"构成"自身生命以品格（或形式）的力量，这也是我们在第一节就讨论自然"构造"与"伦理构造"之原因。大自然之成为自然界，来自大自然具有按照自身塑造自身的构造力，乃至上帝被视为"创造自然的自然"（natura naturans），我们欣赏自然美，就是对大自然这种创造力的赞美。同样，我们欣赏雕塑是美的，我们会忽略它的质料是大理石、青铜还是"沙雕"，而是这种构造生命品格的"赋型力"（forming power）。审美品味就是对这种内在"赋型力"的鉴赏力，因而，审美品味不是主观的"口味"，它有内在普遍性的要求，"品味"就是对"趣味"达标的"普遍化"资格的要求，不能作为纯主观性来理解。这也就是德性品味与审美品味相等同的理由。德性之所以不能等同于某种"德行"，原因在于后者体现在所做的"事"之为善上，而前者必须体现为内在稳定的品格之善上。它如同美一样，是"赋型力"，人因有德性品质而被塑型为有品格的人。在此意义上，我们赞同，沙夫茨伯里是第一个将道德哲学与美学结合在一起的人，他因此也成为英格兰第一位现代美学家。

后来康德在《判断力批判》中说出了一句经典的话，"美是道德的象征"，这显然有受沙夫茨伯里影响的痕迹。但仅仅强调"美"作为"德"的"象征"，还是外在的，沙夫茨伯里恰恰是从两者都共同具有的内在构成生命品格（形式）"精神"或"灵魂"力量去看待二者的内在同一性的，它们体现出的对高尚东西的品味、鉴赏和趣味，才是外在的形式，主观的形式。没有审美鉴赏力，人作为无品味的人，就只能感受那些低级趣味的价值、欲求和利益。所以，美感和美德情感，从人的心性而言，共同的心理机制就是"共通感"，是对那内在生命构型力量的欣赏和赞美，这种"共通感"成为人们相互之间具有善意相处的"道德感"的基础。没有它，一个人在自我相处或与他人相处时，都不能具有对和谐关系的敏感和享受力。

因而，道德感下的德性，文雅（politeness）如同孔夫子讲的君子的"文质彬彬"一样，具有崇高的价值等级。这个词也像汉语的"理"一样，来自"治玉"，是按照自然的"纹理"在玉石上打磨、雕琢之后养成的天然高雅的气质，沙夫茨伯里将其奉为最文明的德性。但文雅德性的养成最终要靠每个人自我造化。有人只是受到自然天性（nature）的教导，而有人则通过反省，在艺术的帮助下，学会如何去塑造自己文雅的举止。心地善良的农夫、素朴的手艺人以及处于社会底层的人，迫于生活之所需，可能从事低贱的工作，但凭借他们娴熟的技术和老道的经验，尤其是自由的心灵，他们也能够文雅地与这个世界相处，并文雅地塑造自己的生活。有些人幸运地投胎在富贵与官宦之家，却受教育的扭曲，放纵自己的任性，最终野蛮生长，与优雅与得体渐行渐远：

> 最终一些受过良好教育者，由于目标错误以及对优雅采取了不明智的矫情，因而被最远地抛在优雅之外了。但无法否认的是，在行为举止上最唯美的优雅与得体只能在接受过自由教育者中找到。[1]

不仅仅是文雅与教养，爱与奉献、仁慈、同情、自我约束和幽默感，这些"高雅的"美德，都是成熟文化结成的果实，但也是自由教育和自主造化的成就。赫尔曼这样评价沙夫茨伯里的成就：

> 沙夫茨伯里还说明了最高雅、最成熟的文化的来源，答案很简单：自由自主。"所有文明都归功于自由自主，"他写道，"我们彼此打磨［修改自'琢磨'——引者］，通过一种温和的碰撞，除去粗糙的棱角。如果怠慢磨炼，人类的理解力就不可能避免地驽钝，那将摧毁文明、修养甚至慈善本身……"沙夫茨伯里从约翰·洛克那里引用了政治和宗教信仰自由的概念，将其与个人自由联系到一起，通过与他人的友善的社会交流，改良得更加完善。沙夫茨伯里主张两者缺一不可：人类只有首

---

[1] Anthony Ashley Cooper, Third Earl of Shaftesbury: *Characteristicks of Men, Manners, Opinions, Times*, edited by Lawrence E. Klein, University of Nevada, Las Vegas, Cambridge University Press, 2003, p. 190.

先获得政治意义上的自由，才能在社会和理智意义上得到自由。[1]

这种在高雅文明中造化出来的高雅德性，其情感的底色是愉悦，并带来共同的愉悦，这使得沙夫茨伯里的高雅德性与快乐不可分割地联系在一起。我们已经说过，沙夫茨伯里伦理学主要反驳的对手是霍布斯利己主义的心理学，在沙夫茨伯里的情感分类中，主宰动物和人类激情的自然情感（natural affections），因其具有导向公共善的倾向，而具有快乐的倾向。只有霍布斯所宣扬的利己情感或专注于自我的情感（self-affections），因其导向私人善而容易导致与他人的矛盾与冲突，从而违背了人类追求快乐的自然倾向。人类以情感为生的社会人格，要想得到善或德的名号，就必须让他心灵的倾向和感情，心灵之性情（disposition of mind）与同类的善和利益保持一致，至少是不相违背。所以，不仅对自己而且对社会和公众而言，人的最重要的美德就是正直或公平。完整地拥有这样的美德，他的心灵就会一直被公共善所充满，因而是光明和善良的，也是愉快的。

所以，沙夫茨伯里的道德感本身是令人快乐的情感，能够作为道德行为的动机驱使一个人去做道德的善事，而不需要以低级欲求相关的私利作为动机。他的道德感学说提供了现代快乐主义的一个版本，即源自仁爱与美德的快乐。是仁爱与美德的行为直接带来快乐，而不是这种行为所带来的"利益"或"感恩"的"后果"带来快乐，这种快乐与审美的愉悦同样具有无利害、无目的的特性。一旦与利害、目的相连，其快乐本身就不存在，因而是不道德的。

道德情感所带来的快乐具有一种伦理功能，就是与他人共享快乐的功能。这是与那些基于利益和权力欲带来的快乐根本不同的。出于私利和权力欲带来的快乐，只具有独自占有的性质，而源自仁爱和美德带来的快乐，如

---

[1] [美]阿瑟·赫尔曼：《苏格兰：现代世界文明的起点》，启蒙编译所译，上海社会科学院出版社2016年版，第69页。

果不能与他人共享，就失去了其趣味。就像一个人欣赏到了美，如果他人也同样分享了这种美，产生心灵的共鸣，就会产生一种特别美好的人间快乐。沙夫茨伯里清楚地看到，同情感，如同美感一样，能让人产生共情。它所带来的快乐无处不在，我们生活中任何值得称道的快乐和享受，都能看到共情所起的作用。我们懂得依据天性的构造来设想自己与他人的行动机制，那我们就注定会由于道德感所养成的高雅德性，无所不在地感受到快乐，我们也能与他人自由而毫无保留地享受仁爱和友善、公正和正直所能带来的快乐。享受这种快乐只有好处没有坏处。哈奇森受他的影响，也十分赞同这一快乐主义的思想，向正在迈入权利时代的同仁们论证说：生活中最真实、最幸福的享受和乐趣，全部存在于我们对他人的友爱与善意中，因为因德而来的快乐，没有别的坏处，只会让人更加善良，让社会变得更美好，从而导致更多社会乐趣的产生。秉持这样的美德与价值，哲学既可以是积极建构性的，也可以从斯多亚学派那里借用治疗学（surgery）的概念，以治愈我们身心的不和谐。

第 七 章

苏格兰启蒙之父哈奇森的道德情感主义

在沙夫茨伯里之后，我们要探讨弗兰西斯·哈奇森。他们都受洛克经验主义认识论和自由主义政治哲学的影响，却都在伦理学方向上力图超越洛克。通过接受沙夫茨伯里的"道德感"启蒙，弗兰西斯·哈奇森将苏格兰文化直接相接于英格兰，他比沙夫茨伯里三世伯爵小23岁，实属晚辈，但他把沙夫茨伯里的伦理学，尤其是"道德感"理论做了系统化论证，构成了英格兰启蒙向苏格兰启蒙的决定性转变，并形成了一个特色鲜明的"道德情感主义"流派。通过道德情感主义，哈奇森奠定了他在18世纪苏格兰启蒙运动中的重要地位，他不仅成为苏格兰启蒙运动"奠基人"，而且被尊称为"苏格兰哲学之父"。但就出身而言，他并不出生在苏格兰，而是生在爱尔兰。他的祖父与父亲在苏格兰人聚居区是受人尊敬的长老会牧师，因而弗兰西斯·哈奇森从小就受到了正规的学校教育。但从大学时代（1711—1717）开始，弗兰西斯·哈奇森的人生舞台定在苏格兰了。1711年（这一年休谟才出生）他进入苏格兰三大名校之一的格拉斯哥大学，学习自然哲学、文学和神学；当时的欧洲大学基本上还是由教会主管，不仅教授岗位的确定和聘任是教会说了算，而且大学生的培养其实都是为教会培养神职人员。所以，哈奇森大学毕业后于1719年从格拉斯哥返回乌尔斯特，任长老会的牧师，1720年又应长老会邀请，在都柏林筹建长老会私立学院，担任院长达10年。由于长老会与国教之间的冲突与斗争在此期间十分激烈,哈奇森一度受到宗教法庭的指控,控告他在没有得到国教许可的情况下私开学校。也就是在此期间,他受到了洛克哲学的强烈影响,但他也像沙夫茨伯里三世伯爵那样,没有在政治哲学方面继承洛克。他的伦理学不从政治制度方面探讨伦理建制,不以契约论探讨人类的伦理生活,而是倾向于从人性的知情意复杂结构,探讨人的道德情感的形成与完成,因而继续走品味、品格与情感的启蒙路向。

我们只需简单地浏览一下哈奇森的传记,就能对他留下这一深刻印象:名门望族之出身,博识强记之天赋,超凡脱俗之品性,坦诚热情之个性,追求真理与正义之心灵,博通古今之学识,统合仁爱与自由之美德,造就了近代道德哲学的一座难以攀登的高峰。他的思想形成于在都柏林工作期间匿名发表的四篇用英语写成的哲学论文(当时欧洲学界的官方语言是拉丁语,他是最早自觉用当时作为"方言"的英语写作和教学的人):1725年的《论美与德性观念的根源》(An Inquiry into the Original of Our Beauty and Virtue)、《论道德的善与恶》(Inquiry concerning Moral Good and Evil)、《论激情与感情的本性与表现》(An Essay on the Nature and Conduct of the Passions and Affections)和1728年的《对道德感的阐明》(Illustrations on the Moral Sense,后来合并出版)。1755年他三卷本的《道德哲学体系》(A System of Moral Philosophy)出版了;1730年用拉丁文作了《论人类的社会本性》的就职演讲,《伦理学概论》(Compend of Ethics)同样是在现代拉丁文作品中少见的具有纯正与热情风格的杰作。在更早的1722年,哈奇森还写有《逻辑学纲要》与《形而上学概要》。他的这一系列研究成果,自然获得了母校格拉斯哥大学的青睐,1730年在他36岁时,格拉斯哥大学聘任哈奇森作为道德哲学教席的教授。

我们的西方道德哲学通史写到这里,才终于出现了第一位正规大学教席上的道德哲学教授,这样的幸运直接与哈奇森的名字联系在一起。道德哲学确实是从现在开始才作为大学里的一个专业和方向,被纳入现代知识体系中获得专业化发展的。只是由于当时的"道德哲学"还是一个十分宽泛的概念，与社会科学诸学科尚未分离开来，它对应的是"自然科学"（所谓的"物理学"），因而所有关于"人性""社会"的科学，都包括在内，实际上构成了一个没有独立分科的哲学社会科学概念，财政、经济、税收、伦理、社会和道德等等都涵摄在"道德哲学"名下。

所以，到这时为止，虽然大学有了"道德哲学"教席，但学术上的"道德科学"概念还没有提出来。哈奇森自己生前出版著作的关键词，依然是"道德感""道德情感"，在他死后出版的《道德哲学体系》中，已经有了关于"道德哲学"的概念，但还没有"道德科学"的概念。后者的发明权，只有留给他的学生亚当·斯密了。在亚当·斯密正式提出"道德科学"概念之前，比哈奇森小17岁却是哈奇森珍重朋友的大卫·休谟提出的"人性科学"是道德科学产生的重要环节。通过这个环节，"道德科学"与作为自然科学统称的"物理学"的区别就非常鲜明了：人性的科学与物性的科学，自由的因果性科学与自然的因果性科学。因而，"道德科学"的"自然法"也就必须经历一场思想转型：从自然法被中世纪以来的哲学阐释为"上帝的诫命"到近代哲学被阐释为人类的"理性法"，再向人类"自然权利"的演变，"道德哲学"才能真正转变为"道德科学"。

所以，哈奇森的道德哲学依然具有过渡性质。一方面，它上承沙夫茨伯里，伦理学作为探究"伦理构造"的机制，需要从人性的自然与自由关系中，发掘它与单纯自然"物理构造"相对应的机制。正是在这种"构造机制"意义上，人性中"道德情感"的结构被揭示出来，因而哈奇森所做的工作，是将沙夫茨伯里的"道德感"从其所依托的常识的"共通感"中抽取出来，对它进行形而上学与道德心理学的论证，使道德感学说得到全面而系统的论证，变成一种"道德情感主义"的伦理形态。另一方面，这种道德情感主义伦理学下启亚当·斯密，在斯密这里，还保留着强烈的哈奇森道德形而上学论证的思想烙印，但仅仅是"烙印"而已。他作为哈奇森的亲炙弟子，有其自身时代使命：将道德情感主义作为现代工商业社会中伦理与德性的现代范式。

哈奇森属于英年早逝的人，1746年去世时才过51岁，但他的道德情感主义一直流传至今，不断地勾起现代人重新复活它的欲望，足见他对现代道德的影响是精神与灵魂上的。

第一节 "道德感"启蒙与作为"幸福指南"的伦理学

相信人天生具有品味能力，因而天生爱体面、受人尊重，这根源于人人具有渴望被赞美的激情。哈奇森的道德哲学，继承了现代从霍布斯以来就侧重于探究激情如何构成行动动机的道德心理学路线，更受沙夫茨伯里的贵族精神影响，认为人之所以讲道德，根源于我们的人性中无不喜爱被赞美的激情，因而要探究人的情感与品味如何让人生活得更为幸福的道理。

由此看来，哈奇森伦理学的目标依然是传统的：以过好生活即幸福为目的。这时的大学学科设置和对哲学伦理学的理解，都是来自通过斯多亚派继承下来的柏拉图主义的哲学体系框架。在《逻辑学纲要》中，他说：

> 哲学[理智、智慧、明智、技艺和技能——引者]通常被定义为"获得人类事物和神圣事物的知识（cognitio），而我们则通过唯一的人类理性的能力追求这种知识"。哲学通常被划分为理性哲学（或逻辑学），自然哲学和道德哲学。[1]

因而他的"道德哲学"虽然是一个与"自然哲学"相对的大概念，但依然按照亚里士多德的古典理解，是以获得关于幸福生活为目的的学科。在他去世后出版的《道德哲学体系》英文译本《道德哲学简介》（*A Short*

---

[1] ［英］弗兰西斯·哈奇森：《逻辑学、形而上学和人类的社会本性》，强以华译，浙江大学出版社2010年版，第11页。

Introduction to Moral Philosophy）的前言"致大学生"中，编者这样写道："哈奇森指出他接受将道德哲学分为两个伦理学分支的传统做法。第一个分支旨在'宣扬德性的本性和调节内在的脾性'，而在他的授课中，这一部分用来驳斥曼德维尔《蜜蜂的寓言》一书所阐发的人性自私论。"

哈奇森所教授的伦理学的第二分支是关于"自然法理学的知识"。这又分为三个部分：

1. 私人权利学说，或从自然的自由中发展而来的法律；

2. 经济学（oeconomicks），或一个家庭内部不同成员间的法律和权利；

3. 政治学（politicks），展示文明政府的各种规划和国与国彼此之间的权利。[1]

因而这样的道德哲学概念与后来越来越狭隘地变成为个人行动确立"道德性"标准的道德哲学根本不同，它是把获得幸福的生活方式作为一个整体来研究的。哈奇森非常清楚，虽然道德哲学的总体目标是古代就确立的，但作为"伦理的学问"，它是要为现代人提供幸福生活指南。因而，对于正在走向现代工商业社会的人类而言，获得幸福的进路与古代人根本不同。他不必像古希腊人那样，去致力于建构一个正义和友爱的城邦制度伦理秩序，也不必像中世纪神学教导的那样，通过敬仰上帝之博爱与正义，最终获得被救赎的恩典，享受灵魂圣洁的极乐之福。他的道德哲学延续文艺复兴时期的人文主义的成就，是要在我们人性的结构中，发现我们有喜爱被赞美的天性，沿着这种天性，将人的本性朝向社会性格发展，向追求高尚、仁爱和自身教

---

[1] ［英］伊安·罗斯：《亚当·斯密传》，张亚萍译，罗卫东校，浙江大学出版社2013年版，第94页。

养的高品位发展，这就是我们"道德感"的心理机制。通过这种心理机制，人性越来越朝向卓越，人生也因其品位和卓越而越来越受人爱戴、尊重和赞美，从而活出与人的美德本性相一致的幸福生活。

人性—美德这一情感主义进路彻底翻转了人曾经在基督教文化中的原罪与卑微的定位，在世俗生活世界绽放其本有的光辉。这一成就在沙夫茨伯里三世伯爵已经得到了阐发，而哈奇森道德哲学的起点是继承，不是完全的创新。所以，我们要从整个英国的启蒙进程来理解其"苏格兰启蒙之父"这一定位。

一、承续英格兰常识—情感—品味之启蒙进路

所谓"苏格兰启蒙运动"确实不能由18世纪法国启蒙运动和18世纪晚期德国启蒙来界定，苏格兰启蒙只能就苏格兰文化精英以其自身历史与文化开启世界文明的现代进程来认识。对英国而言，历史上就有排斥天主教之传统，因而它完全不用像法国的伏尔泰那样，采取极端反抗的形式来揭露天主教会的黑暗和愚昧，也不用像卢梭那样，为法国大革命提供激进理论。沙夫茨伯里伯爵一世，即我们熟悉的莎夫茨伯里伯爵三世的祖父，在17世纪下半叶就积极投身于反对天主教的斗争，并成为反对派的辉格党领导人。所以，沙夫茨伯里伯爵三世的启蒙方案，是以"朋友"身份向王公大人写信，劝导他们要以幽默方式对待宗教狂热，教导大众以审美品味提升人性品质，以道德感激发道德感，这样才能生活在一片祥和、平静、自由而富足的生活中。这确实是一种风格独卓的高级文明形态的启蒙。

哈奇森出生在英国"光荣革命"之后，经济繁荣、政治稳定、文化发达，辉格党议会政治一直处于主导地位，使得培根的科学启蒙、洛克的政治启蒙之后，具有了教养（品味）启蒙的现实土壤。因而，哈奇森所从事的教养的启蒙，依然与"人性"和"伦理"密切相关。与"物理"相对的"伦理"涉及人类共生共存的机制，它如何能像"物理"的"自然机制"让世界

成为丰富多彩的世界那样,让人类按照人性的共同法则生活,让每个人在有法则秩序的世界过上体面、尊严、自由而美满的幸福生活,成为当时社会精神的迫切需要。哈奇森继承了沙夫茨伯里伯爵三世奠定的常识性启蒙方案,这一方案就知识而言,反对愚昧是底线,普及教育开启民智是起点,而让人有美德,因自身品质的优秀和卓越活得体面、完美而幸福,成为文明的标志。所以,我们只有在"文明标志"这一意义上,才能准确定位哈奇森"苏格兰启蒙之父"的地位。

通过沙夫茨伯里三世伯爵,人性的地位已经抬高到如此之高。人似乎不再是个只靠祈求天国恩典才能被拯救的造物,人凭借自己与他人的友善交往,也能在世俗世界获得幸福。因为神的恩典在造化人时就把"道德感官"赋予了人,从而人仅仅依赖自身天赋中的德性品质就能造就自身的美德与幸福。所以,由哈奇森的启蒙,接着从"道德感"讲,道德自古就是连接天地神人的。爱尔兰长老派教会,属于加尔文新教,与正统国教不同,但也"分为传统派和更理性的'新光派'牧师两派。弗兰西斯的父亲约翰·哈奇森(John Hutcheson)是一位传统主义者,他撰写了教会对'自由派'非信徒主张的回应"[1]。所以在传统派的长老派教会中,也有严苛的旧神学教条,那些不断重复的天使、魔鬼、地狱、天堂以及宇宙秩序和个人救赎的陈词滥调很难跟得上追求商业发达、经济繁荣、文化兴盛的格拉斯哥人的精神生活的需要。已经信奉了洛克宗教自由和政治自由思想的哈奇森,晚上作为长老会牧师讲授基督教《圣经》,传播加尔文主义的基督教福音,依然要按照长老会的信条,宣教道德法则为上帝之立法,善恶标准在神不在人,以此强调"道德"具有绝对正确性;而白天在大学课堂上讲哲学伦理学,却是要阐明,每个人内心都天生地具有道德感,只有"道德感"才是人判断善恶的准绳,这

---

[1] Introduction by Aaron Garrett: *An Essay on the Nature and Conduct of the Passions and Affections, with Illustrations on the Moral Sense (1728)*, Indianapolis: Liberty Fund, 2002, p. X.

是没有上帝知识的人也要知善恶、明是非的理由。哈奇森以这样两种价值身份讲两种不同价值观的课，他自己心中是否有违和感，我们并不清楚，但他"一度遭受到长老会点名指控"[1]却是所有传记都描写过的事实。这一指控之所以最后被撤销，原因在于他的"启蒙"确实并不反对"上帝"或"神"本身，也不反对"天赋观念"，他承认大自然有个造物主（authour of nature），人、动物和世界都是由这个造物主所创造，而且我们人类在儿童时期全都是"由上帝之手明智地赋予我们的本能来行动的"，因而，也就承认是上帝创造了我们的外在感官，使我们能发现"天赋原则"。我们的外在感官本能地就将快乐与痛苦的知觉引入心灵，使得人类具有了超越动物的灵性，以弥补人类身体及其机能天生不如动物的不足。心灵由于具有了感觉和意识，就不再停留在赤裸裸的知觉之上，而与天赋的决断（心）能力相结合形成天赋的善恶或幸福与不幸的观念。基督教教义所传播的那些观念，最终都会交由以自身感官为基础的知觉、判断和推理。所以，基督教那套道德叙事经由哈奇森的中介，就转变为以人类不同感官知觉所接受的感觉与情感能力为基础的伦理叙事。在此意义上，称哈奇森是苏格兰启蒙之父，完全可以成立。而他的启蒙是伦理启蒙，即告诉人们，依凭人自身的感觉与决断就能实现在现世生活中的完满与幸福，伦理与德性的根源都在于我们天赋就有的道德感，所以也可以说是道德情感之启蒙。

经验主义是英格兰科学启蒙和知识启蒙的主要进路，而苏格兰启蒙受洛克经验主义知识论的深刻影响，但又不再像洛克那样反对"天赋观念"。因为感官和感觉乃至决断心等心灵禀赋和能力，也已经被视为是"天赋的"。这就决定了苏格兰启蒙与英格兰也有观念上的不同。洛克说，在人没有经验之前，心灵就像"一块白板"，是经验给人心留下印象和观念，由简单观念到复杂观念，这样构成人类知识大厦；而哈奇森则说，恰恰是天赋于人的感

---

[1] 杨通林：《大家精要·哈奇森》，云南教育出版社2010年版，第6页。

官才使我们具有了感觉、知觉、观念甚至道德感。虽然人类的心灵比动物的知觉更高级，但就天赋的感官和肌体能力而言，人类还远远不如动物。但由于有了天赋的道德感，人类才有了对高贵、品味、美善的追求，使得人类最终脱离了动物的粗鄙，不仅仅能从本能性的感性欲求的满足中获得快乐和幸福，而且能直接从纯粹精神、品味、美善中获得纯粹精神享受，因而人类的幸福和完美可以通过对人类心灵的感官构造的阐明，获得指南性的教导。

二、立足于"道德感"的幸福生活指南

从天赋的道德感官中证明道德真理的实在性，使得哈奇森的道德启蒙走"自然法"路线。"自然法"在哈奇森这里有广义和狭义之分，与他称为"特殊自然法"[1]的狭义自然法不同，广义自然法指的就是道德感官所显示的自然（或本性）是最高善，有德性的生活就是遵循自然而生活（Vita secundum naturam）：

> 按照我们从我们本性的构造中所看到的一切而行动，我们的造物主觉得了我们想做的一切。[2]

从"本性构造"中发现了"道德感官"，而"道德感官"呈现了本性之善，即性情之善，按照自然而生活，因而，所谓本性构造也就是人的"心灵构造"。我们只知道人的性情、行为和幸福都受自己的情感或激情的影响，但我们几乎从不反思我们情绪的产生机制，以至于对自己情感产生的自然构造及其能力禀赋处于无知和无思状况。其结果就是人类至今依然像大多数动

---

[1] 参见［英］弗兰西斯·哈奇森：《道德哲学体系·上》，江畅、舒红跃、宋伟译，浙江大学出版社2010年版，第二篇"对更多特殊自然法的论述"。
[2] ［英］弗兰西斯·哈奇森：《论激情和感情的本性与表现，以及对道德感官的阐明》，戴茂堂、李家莲、赵红梅译，浙江大学出版社2009年版，第7页。

物那样，以自己直接的情绪待人接物：喜爱的、对路的人我们赞美有加，不惜以最美最善的言辞，把人夸得天花乱坠，就像古代文人夸他们的皇上那样，个个都是以德配天的圣人天子；而对自己不喜欢的、看不顺眼的人，则直接地从心底厌恶，哪怕他们真有什么卓越之才，也根本视而不见，见而不认。因此，关于人的本性构造，还真应该是启蒙的主题，人类对之迷惑太多也太久了。

与休谟要求区分哪些是事实、哪些是应该（价值）相类似，哈奇森要求我们多反思心灵的感官构造，知道我们有哪些感官，都是因何而产生出感情和欲望。感情欲望的性质与我们感官本身的知觉能力和判断能力密切相关，也因此与我们自身的性情、情绪和激情相关。有了这些知识，我们就能提升自己的品味，在待人接物上知道如何按照感情的逻辑，与自己和他人友好相处，从而实现自身的完善和人生的幸福。如果按现代语言来讲，情感之启蒙属于"情商"之启蒙。

在这一探究中，哈奇森发现，道德感虽属于人，但道德感官的特殊构造是上天赋予的，是"真实的和天生的"，我们不可能改变它，"它天生注定要控制心灵的所有其他能力"（第63页）[1]，"似乎就是为规范和控制我们的所有能力设计的"（第60页）。"遵从道德真理（conformity to moral truth），或者说遵从道德上的正确命题，同样属于德性和邪恶；因为心灵既能够识别德性的真相，也能够识别邪恶的真相。"（第55—56页）

这里就这样出现了"强道德实在论"的最早版本，它奠定了苏格兰启蒙运动伦理学的自然主义方向和道德的经验科学化运动，"使得整个18世纪苏格兰道德哲学的主流基本上是认知论（cognitivist）和实在论传统"[2]。其最终

---

[1] ［英］弗兰西斯·哈奇森：《道德哲学体系·上》，江畅、舒红跃、宋伟译，浙江大学出版社2010年版。以下凡引此书，都是这个版本，直接在引文后标注页码。
[2] ［丹］努德·哈孔森：《自然法与道德哲学——从格老秀斯到苏格兰启蒙运动》，马庆、刘科译，浙江大学出版社2010年版，第68页。

目标就是阐明"通往我们本性的至上幸福之路"。

正是在这里,哈奇森最为清楚地阐述了苏格兰情感主义启蒙的真实意图:

> 道德哲学的意图是把人们引向最有效地倾向于促进其最大幸福和完善的行动指南;用不着借助任何超自然的启示,通过从人性的构造中所能发现的各种观察和结论我们就能做到这一点。(第3页)

伦理学在这里第一次被规定为促进人生幸福和德性完善的行动指南。"伦理"指导"行动"自古以来就是伦理学的核心,也正是通过"行动",德性才能完善到卓越。"德成之"是需要在"行动"中完成的,但"成德"的基础在人性之禀赋。哈奇森现在要阐明的是,如果人性构造中不具有道德感官,人不具有道德情感,那么他就在善与美上不具品味或品味低劣,那无论如何都成不了德。因此"成德"是"实在的"事,这种"实在"一般不是指一种物理实在,而是一种"能力"实在,即能将人性自身中的"德的禀赋"生之、育之而成之,"成"的目标是"德之禀赋"这个"幼苗"自身所指向的自性的完善实现和趋于卓越。

因而就其把道德哲学规定为"行动指南"而言,它是完全现代的,但就其幸福论和德性论内涵,它依然还是古典的,从中看得出古希腊亚里士多德伦理学的影子。与亚里士多德相一致之处在于,他们都把伦理学的目标定位于生活之幸福,但对实现幸福的手段却有不同的阐释。对于亚里士多德而言,如果我们能以哲学的眼光看透其对幸福的各种杂多的阐释,其实归根结底只有一种是根本性的:自身卓越德性充分而完满的实现才是真幸福。但对于哈奇森这样的道德情感主义启蒙者而言,他的哲学思维已经在"科学化"的方向上,不可能还会在形而上学思辨意义上重复亚里士多德的"旧话"。他的伦理学话语是接续沙夫茨伯里,对标霍布斯和曼德维尔的"利己主义"的，尤其是对曼德维尔悖论——"自私心"导致"最大公益"的批判。这种批判需要"科学地"阐释人的"心性""构造"。为了反驳霍布斯和曼德维尔的人性自私论，辩护和维护人性的社会性和仁爱、正义这些社会性情感作为人生幸福的根本，他必须适应科学性要求，返回人心的"自然构造机制"，论证情感的"善念"才是人生幸福和德性完满的实现方式。现在到了我们探讨哈奇森如何阐明"道德感"的时候了。

第二节 "道德感官"与"道德情感"

一般所谓的"道德感"就是"道德的情感"，但究竟什么样的情感才属于道德情感，这在理论上并不总是清晰的。即便沙夫茨伯里已经说清了"道德感"的性质，但他更多的是从"常识"般的"共通感"来阐发道德感由利己的私人情感向对己对人都有利的社会情感和仁爱等高贵情感过渡，从而论证后者不仅让社会更美好，而且让自己更体面、更受赞美因而也更为幸福。但这样的理论毕竟没有从"科学性"上阐明清楚道德情感在人心的构造本身中有何"机制"，又如何自主地凭着人的天性构造出来。这就是哈奇森站到道德哲学教席上时自己感受到的历史使命。

一、"感官""感觉"与"情感"

在一般语言中，"道德感"是指"道德感觉"或"道德情感"，但在哈奇森这里，这三个概念都有不同的含义。"道德感"是对 moral sense 的翻译，它同时也指"道德感官"。"道德感觉"一般是对 moral affection 或 feeling 的翻译。而"道德情感"中的"情感"哈奇森使用较多的是 affection 和 passion（一般译作"激情"），与亚当·斯密多用 sentiment 不同，他有时也用 sentiment 指"道德情感"。所以，在哈奇森这里，弄清楚他在使用这些概念时的含义及其所指的边界至关重要。

第七章 苏格兰启蒙之父哈奇森的道德情感主义

"感觉"这个概念,无论是哈奇森还是休谟,实际上都与洛克的用法相关。在英国经验主义哲学中,感觉(sensation)是"感官"在外在事物"刺激"下对外在事物"印象"的接受能力。在"接受印象"的同时直接在"心灵"中唤起"观念",如"快乐或痛苦"就是"感觉"所唤起的观念。在哈奇森这里,sensation(感觉)和perception(知觉)基本上很难看出有什么分别,但仔细体会之后,可知一个小小的区别在于,sensation(感觉)是各种perception(知觉)的统称,perception才是个别的。这与我们一般哲学原理上讲的正相反。他给sensation(感觉)下的定义是:

> 因外在对象呈现并作用于我们的身体而在心灵中唤起的那些观念被称之为感觉。[1]

从这段话中,我们可以看出"感觉"和"知觉"之间的差别:

> 当两种知觉彼此完全不同,或只在感觉的一般观念上一致时,我们就称接受这些不同知觉的能力为不同的感觉。[2]

所以,不同的感觉直接来源于"感官"不同的接受能力。我们要理解"感觉""感情""情感"和"欲望"以及"道德"的关系,先得明了不同"感官"的区别。因为在最强调"道德感"的沙夫茨伯里和哈奇森这两人这里,只有哈奇森如此强调有一个不同于其他感官的"道德感官",也就是说,"道德感"这个moral sense在他这里确实不仅仅是sensation,他更加强调

---

[1] [英]弗兰西斯·哈奇森:《论美与德性观念的根源》,高乐田等译,浙江大学出版社2009年版,第3页。

[2] Francis Hutcheson: *An Inquiry into the Orinignal of our Ideas of Beauty and Virtue, in Two Treatises*, edited and with an Introduction by Wolfgan Leidhold, Indianapolis: Liberty Fund, 2004, 2008, p. 19.

moral sensation 是一种特殊"感官"的产物：

> 对象、行为或事件获得善或恶的名声，其根据在于他们是对敏锐的本性产生愉快或不愉快知觉的直接或间接的缘由或诱因。因此，为了理解各种各样的善与恶，我们必须了解天生的几种感官。[1]

"道德感官"初看起来是令人难以接受的，我们熟悉的"感官"都是真实的感觉器官（organs of sense），"眼"、"耳"、"鼻"、"舌"（口）、"身"这"五官"，都是可感可见的，而所有这些感官，哈奇森都将它们归入"外在感官"（external senses）。哪来什么"道德感官"呢？我们一般也会讲，在五官之外有第六感，那是"灵感"能力，或"神秘直觉"，但一般不会去寻找它有什么与之对应的特殊感觉器官。但哈奇森确实是这样做的，不同的感觉就是不同感觉器官的认识或判断能力的结果，它是感觉能力或产生观念的能力，因而"感官"在他这里，变成了不同感觉、知觉、知识与情感能力的产生机制。于是，哈奇森区分了如下"五类感官"：

> 无论以什么顺序来进行排列，人类心灵中存在着这样的天然能力。第一类是外在感官，这已普遍为人所知。在第二类中，令人快乐的知觉来源于有规律的、和谐的和匀称的对象，也来源于宏伟与新奇。我们能效法艾迪逊先生把它们称为想象力的快乐，或者，我们可以把它们那种能力称为内在感官。任何不喜欢这个名称的人可以代之以其它名称。我们可以称第三类知觉为公共感官，即"我们的决定会因他人的幸福而快乐，因他人的苦难而不快"。在某种程度上，这可以在所有人身上发

---

[1] ［英］弗兰西斯·哈奇森：《论美与德性观念的根源》，高乐田等译，浙江大学出版社2009年版，第3页。

现，它有时被古代思想家称为κοινονοημοσύνη或sensus communis。我们可以把第四类称为道德感官，通过它"我们知觉到了自身或他人的善与恶"……第五类为荣誉感官，"它使他人赞许或感激我们所做的善行"，这是快乐的必要诱因；使他人厌恶、谴责或憎恶我们所造成的伤害，这是被称之为羞愧及令人不快的感觉的诱因，即使我们不害怕来自他人的更大恶行。[1]

显然"道德感官"是个非常狭义的称呼，区别于"外在感官"我们都能理解与同意，但区别于"内在感官""公共感官"和"荣誉感官"则需要理论，现在我们对之做点比较。

二、"道德感官"与"内在感官""公共感官"和"荣誉感官"的区别

"内在感官"（internal sense）与"道德感官"一样区别于"外在感官"，这是它们的共同点。但不一样的是，"内在感官"被专门规定为产生知觉、想象力和快乐的能力，是"美感"的发生机制。而"美感"，康德也说过，是道德之象征。但哈奇森却不把它算作"道德感"，更严苛的是，因"共通感"（sensus communis）和"荣誉感"也被排除在"道德感官"之外，使得"道德感官"被仅仅限制在"良心"上，即把它作为知觉善恶的机制。这样的严格限定，使得"道德感官"与"道德情感"的关系出现了阐释上的巨大困难。

泛泛而谈哈奇森的人惯于将二者等同，似乎无区分之必要。但从上段引文来看，哈奇森对它们做出如此明确的区分，让我们不得不深究一下"道德感官"与其他感官之区别究竟有何妙意，有何必要。

---

[1] ［英］弗兰西斯·哈奇森：《论激情和感情的本性与表现，以及对道德感官的阐明》，戴茂堂、李家莲、赵红梅译，浙江大学出版社2009年版，第5—6页。

"道德感官"或"道德感"与"外在感官"或"外感"的区别，我们可以通过"知"与"情"的区别更进一步看清因"知"之情和因"感"之情的区别。一般理解的"道德感"，是 feeling 之感，与"外感"之"感"无异，都属于"感觉"之感，是被动的接受性，因而严格地说，它也是"知觉"。但这种"觉知"太过具体，太过表面，太过直接，几乎没多少"真知"，也就缺乏真正的"实感"。而"道德感官"之"感"，是"内在反思"中的关于善恶之"知"的产生机制，因而由它产生的"情感"，就不再是"道德感受"，而是"道德激情"了，因为它是由善恶之知所激发出来的强烈的道德情感。所以，虽然它在人类心灵结构中也属于"情"，但与整个"外感"所属的"知"相比，高出了一大截，它体现出来的不再是外感"知觉能力"对事实之"是"的印象与知觉，而是出于对善恶之"知"所激发出的"道德情感"，因而本质上不再属于外感之知觉，而属于人格之"价值"与"品味"，这是"道德感官"作为"道德感"的产生机制与外在感官的根本不同之所在。

但"道德感官"或"道德感"与"内在感官"或"内感"的区别并非总是很明显。因为"道德感"作为对善恶的知觉能力，一般地说它属于"内感"，似乎是没有疑问的，但哈奇森只把"内感"赋予仅能知觉"想象力"之快乐的机制，而想象力之快乐的知觉来源，在他看来是"有规律的、和谐的和匀称的对象"，即"美的对象"。在此意义上，"美的对象"可以与"善的对象"没有不同，但与恶的对象却毫无共同之处。所以，尽管哈奇森和古希腊人一样，不区分"美的"和"善的"，如李家莲指出的："一方面，哈奇森认为，真等于美，美的根源在于寓多样性于统一性的审美对象能够使美的感官产生审美快乐；另一方面，哈奇森认为，在所有审美快乐中，德性之美是最高的美，因此，善等于美。"[1]

我们依然可以发现，把"道德感官"与"审美感官"区别开来，是有理

---

[1] 李家莲：《道德的情感之源：弗兰西斯·哈奇森道德情感思想研究》，浙江大学出版社2012年版，第27页。

由的。因为"道德感官"虽然是情感感官,但他的"情感"是基于是非善恶而产生的情感,是基于"善恶"之知的情感。"知善"与"知恶"因两种对象根本不同,其情感的性质也就根本不同。"知善感"可与美感相通,因为善的对象也可以是有规律的、和谐的和匀称的,但对"知恶"感而言,因是对"丑恶"的知觉,是对令人厌恶、羞恶、反感对象的知觉,而丑恶对象恰恰是反规律(违规)、不和谐、违反生机和道义的,因而在此基础上产生的道德情感就与美感表达出根本不一样的状况:气愤、想骂人、想说脏话出口气,甚至怒发冲冠等各种非理性的举动都会不受控制地激发出来。处在这种义愤的道德情感中的人很可怕,他可能也会做出不道德的事情来,但他绝不是一个恶人,而是一个真正的善人。

如果我们严格地按照哈奇森接受的斯多亚主义对"激情"的分类,从"激情"的内涵与性质,也可以把美与善区分开来:

> 首先,激情被分为爱与恨,其根据在于对象是善是恶;然后对二者进行再分类,其根据在于对象是当下显现还是为人所期望。对于善,我们有两种激情,Libido & Latitia,即欲望和喜悦;对于恶,我们也有类似的两种激情,Metus & Agritudo,即恐惧和悲伤。[1]

可见,美的激情或情感属于爱而不属于恨,道德感却既属于爱也属于恨;美感依据的对象是"当下显现",而道德感依据的对象是"为人期望";前者的"时间"是"当下",而后者的时间是"未来"。美与善相同时,它们的激情都是欲望和喜悦,但美的激情中却没有恐惧和悲伤,后者只是"恶"的对象所引起的情感。

与"公共感官"之"共通感"区别开来也令人费解。从沙夫茨伯里

---

1 [英]弗兰西斯·哈奇森:《论激情和感情的本性与表现,以及对道德感官的阐明》,戴茂堂、李家莲、赵红梅译,浙江大学出版社2009年版,第43页。

开始,"共通感"就是美德的基础,因为每个人的心中都具有一种对他人情感的共情能力,即共通感,在哈奇森这里,称之为"公共感官"(public sense)。与沙夫茨伯里关于"社会感情"(social affections)的概念很有相似之处,但哈奇森似乎把"感情"更多地赋予 affection,而"情感"(sentiment)是一个统合性概念,既包含"感情"(affection),也包含"激情"(passion)。前者主要是指因"感"而生的各种心理上的变化。无论是外感、内感、公共感还是道德感和荣誉感,其"感知"造成心理上的"感觉",因感觉而生出愉悦(grateful)或不愉悦(uneasy)的知觉,随之还会产生对愉快知觉的欲望,对不愉悦知觉的憎恶。这样也就有了感觉和感情的区别:对感觉(sensation)而言,心灵是被动的、接受性的,心外"对象"的"刺激"才是主动的;而"感情"(affection)不同,是我们心灵对感觉(愉悦或不愉悦)直接、主动产生行动或运动的意志力——对愉悦感觉的欲望(desire),对不愉悦感觉的厌恶(aversion)。所以,哈奇森说:

> 如果把感情(affection)限定于这两者(它们与所有感觉决然不同并可以促使心灵产生行动或运动的意志力)之上,我们就应该不再对感情的数目和分类产生争论。……我们称"因当下对象或事件产生的直接而即时的快乐或痛苦的知觉为感觉"。但我们用感情或激情指其他快乐或痛苦的知觉,它们并不直接由事件或对象的出现或运行而引起,而是由对它们当下或确定的未来存在的反思或理解而产生。[1]

当然,这种太过细致的区分,让一般的非专业读者越来越难把握。但要记住一点:感觉的时间性是当下、即时产生的快乐和痛苦的知觉;而感情或激情的时间是或当下或未来、通过反思性的理解所产生的知觉,严格地说,

---

[1] [英]弗兰西斯·哈奇森:《论激情和感情的本性与表现,以及对道德感官的阐明》,戴茂堂、李家莲、赵红梅译,浙江大学出版社2009年版,第22页。

这种知觉不再仅仅是知觉，而是真正的"知识"了。

感觉作为各种知觉的统称，这是哈奇森的独特用法，具有被动性，在一般地"外感"与"内感"所接受的知觉内容与观念的"激动"下，不由自主地产生相应的情绪或情感反应。而感情或激情主要属于心灵中的意志活动，是主动而自由的，这一点务必提起注意，这是关于情感理论非常大的一个进步，我们接下来要专门加以论证。我们在此，仅满足于一般地指出，哈奇森是西方道德哲学史上第一个提出"自由情感"的人，出处就在于他把情感，更准确地说，把道德情感在发生机制上置于意志活动之下。而意志作为情感活动，总是自由的，这是谁也无法否认的。他说，我们在观看建筑物时，产生美的感觉，但我们基于这种美的感觉，在任何乐意的时候，才产生对它喜悦的情感。所以，我们只有从"自由情感"才能理解哈奇森关于"道德感官"与"公共感官"的区别。因为后者在他这里，"公共感官"与一般的共情、同情、怜悯或"社会情感"都不同，它不是直接来自对他人快乐或痛苦的感觉，而是来自自己的心灵对他人的幸福或痛苦感所做的"情感之决定"：决定会因他人的幸福而快乐，因他人的痛苦而不快。

这种情感或激情的"决定"是公共感官的意志活动，因而是自主和自由的情感，这也就是公共感官与道德感官相同的地方：意志的自主决断。

最后我们来分析"道德感官"与"荣誉感官"（sense of honour）的区别。后者被规定为对我们的善行具有赞许或感激的能力，从而作为快乐的必要诱因；对我们所造成的伤害具有厌恶、谴责或憎恨的能力，从而是羞愧和不快的诱因。因而它不像"道德感官"那样是对自身与他人的善与恶的知觉能力，而是在知善恶的能力之上，对他人身上的善表示赞许与感激、对他人身上的恶与伤害表示厌恶、谴责和憎恨的能力。而对于自己而言，荣誉感官在积极方面是作为产生追求荣耀、高尚和被赞美行动的能力，并因这种德性被赞美而充分荣耀、自豪和快乐；在消极方面则是愧疚、自责、羞愧之苦恼。

在这样的解释框架下，我们立刻就感受到哈奇森的道德哲学具有一种论证上的难度:"道德感官"被定义得非常狭窄,而"道德情感"却很宽泛,它将如何严格地阐释"道德感官"和"道德情感"之间的紧张关系呢?

实际上,只有耐心地顺着哈奇森自己的思路,我们才能明白,定义得过于狭窄的"道德感官"有一个关键的功能,就是它是一般情感向道德情感转化的基础:因善恶之知而导致的情感。这区别于一切心理学的情感,不再是被动的而是自主的自由情感。哪怕"同情感",也只有经过道德感官的中介,经由情感主体的反思和决断,才能产生道德上的赞美或厌恶、快乐或痛苦。因而经过了道德感官的这一狭隘关卡,感受性情感的善性与恶性便具有了标准与尺度,具有了门槛之意义。而对道德情感的进一步阐释,就是道德感官机制中的"自由情感"。

三、情感中的意志活动与自由情感

理解道德心理,无论是道德情感还是道德意愿,都离不开对人性中的欲望的洞识。哈奇森哲学中的欲望(desires),不是与生俱来的本能冲动或"原欲"(libido),不是口腹之欲(appetite),而是基于对对象、行为或事件的善或恶的理解而产生的。当对象或事件为善时,欲望的产生是为了自己或他人获取愉悦的感觉;当对象或事件为恶时,欲望的产生是为了阻止令人不快的感觉。[1]

因此,这种"欲望"特别类似于我们宋明理学中的"理欲"。但哈奇森并不想"存天理,灭人欲",而是肯定人欲的合理性,只是,他觉得即便是基于善恶的理解而产生的欲望,也不仅仅就是美的欲望、对公共幸福的欲望、对德性的欲望和对荣誉之乐的欲望,同时也包括了对所有外在感官产生的肉体快乐的欲望。他似乎是要证明,"肉体快乐"本身,也只有在一定的理解框架下才能定其是恶是善。因而当人理解了它的善恶之后,人既能够产

---

1 [英]弗兰西斯·哈奇森:《论激情和感情的本性与表现,以及对道德感官的阐明》,戴茂堂、李家莲、赵红梅译,浙江大学出版社2009年版,第7页。

生对肉体快乐的欲望,这与对美的欲望、对公共幸福的仁爱之欲望、对德性之欲望、对荣誉之欲望具有同样的合理性。因此,关键不在于欲望之善恶,而在于对善恶之欲望的这种情感本身是否是自由的。如果是不自由的,人完全受本能欲望的驱使而行动,人有自主能力却放弃了这种自由,当然依然要承担欲望行动的后果责任;如果是出于自由的情感决定,那么这种情感就是自主的道德感,应受到赞美而不应该受到谴责。

"自由的"情感就是理解哈奇森道德感或道德的情感之关键。在讲道德情感时,他一般不太使用feeling,而是使用affection和passion。我们一般都将它们翻译为感情或激情,但认为激情(passion)比感情(affection)炽热的程度要高,但哈奇森是无差别地使用这两个词的,因而重点不在于"情绪"的浓烈、炽热程度,而在于它是在情感主体理解了感受对象、时间和人物的善恶之后,带着情绪的"意志""自主地"做出了自己的"选择"和"决定":欲望它是为了自己和他人获得幸福和愉悦的感觉,厌恶它是为了阻止和避免令人不快的感觉。因而,对愉悦感、美感、他人幸福感、他人善行等,在任何乐意时欲望它们,是自己"选取的";对相反的不快感、丑恶感、他人苦难感、他人恶劣行径等,在任何乐意的时候厌恶它们,恨它们,也是自己阻止的。所以,他在《对道德感官的阐明》的开篇讨论"道德的两个问题"时,就明确指出:

> 当[情感和行为的]天然差异已为人所知时,下列问题仍有待探讨:第一,"行动中的什么性质规定了我们选取(election)这种行动而非相反的行动?"或者说,如果心灵能够自我规定,"什么动机或欲望推动了另一种行动,而非与之相反的行动,或者说而非对该行为的放弃?"第二,"什么性质规定了我们赞许一种行为,而非与之相反的行为?"[1]

---

1 [英]弗兰西斯·哈奇森:《论激情和感情的本性与表现,以及对道德感官的阐明》,戴茂堂、李家莲、赵红梅译,浙江大学出版社2009年版,第149页。

答案就是情感中的意志活动，意志活动基于道德感官对善恶的感知，自主地选择产生爱的行动，避免导致恶的行动，从而让自己的情感保持在精神的永恒快乐中，避免或阻止精神陷入痛苦、愧疚和自责之中。哈奇森在这里批评了伊壁鸠鲁和斯多亚主义都没有很好地阐释清楚道德情感的自主自由性质。伊壁鸠鲁主义者将所有欲望最终还原为自爱或私人幸福的欲望，但这种欲望是未经善恶之知的反思之中介，是直接的，这种原始的"欲望并不产生于意志力"，因而在这种初级欲望中的情感都是"诱惑物"，会让人"受到役使而去爱和恨"。而斯多亚主义者为了防止处在情感的这种不自由的束缚，采取了"不动心"和"冷漠"，他们有纯粹理性的意志自由观念，但在情感上实际上放弃了意志自由。

之前的伦理学，特别是自霍布斯以来所宣扬的心理利己主义，无法阐释自爱的利己情感如何能够欲求他人的幸福这一问题，包括祈求他人幸福等其他所有友善情感，即便有，这在逻辑上也只能是实现利己快乐的从属性情感，而不会是自由情感。因而哈奇森说，我们现在明白了，这些从属性的情感欲望，绝非伦理上人们所赞许的高尚情感，而不会是自由情感。而所有高尚情感，无一不是自由的情感。这种情感出自自己内心的感受，是根据自己的意愿、判断力和高雅的品味在自主的领悟中做出的情感表达。哈奇森以欣赏著名悲剧为例论证说，我们看到一个具有非完美的善良性格的人由于恶行而给自身带来极大的不幸时，我们对受害者产生怜悯之情，对这种悲惨状况产生悲伤之情，对恶行产生痛恨之情，对具有约束力和正义手段的上苍保持敬畏之情等。这些情感都是自由情感，因为它们出自自我鉴赏的良心判断和自主表达。我们观看《安提戈涅》中克瑞翁（Creon）的命运、拉辛《安德洛玛克》中皮洛士（Pyrrhus）和俄瑞斯忒（Orestes）的命运时将产生同样的激情：

我们衷心地怜悯这些角色，却对上苍没有丝毫抱怨，因为他们的不幸是他们自己行动的结果。正是带着最正义的理性，亚里士多德更欣赏这样的情节，而不怎么欣赏其他情节。[1]

所以，伦理学要以真正的道德情感，即自由情感为幸福生活的指南。哈奇森的具体做法是，通过意志的自主选择和出自高贵心理赞许的高尚情感之自由决定，一方面将所有自然欲望下的自然心理情感排除在道德情感之外，另一方面也对仁爱、同情这些高尚情感，做出哲学阐释。因为从中世纪以来，仁爱一直被视为造物主神或人世间君主的美德，尤其是《圣经·旧约》中，上帝的仁爱之德就是通过摩西立法的"诫命"体现的，而哈奇森坚决反对这一点，诫命是法，是必须遵循的义务命令，却不是任何道德情感，其原因就在于，情感是自由的，不能接受任何外在的诫命。诫命下的爱，也只是爱的命令。如果是一种真正爱的情感，那么就依然要遵循人类道德情感的逻辑，经过反思后自主地选择是否仁爱，而不是因为这是上帝的命令才去爱。仁爱作为自由的情感，才是真正高贵的情感，才是以意统智、穷智见德的自主高尚的道德情感。

在这种真正的道德情感下，对德性的欲望是自主自由地发动和施行的，许多平常能被算作"道德情感"的感情都被排斥在"道德感"之外。例如，感激之情（gratitude）源自"荣誉感"，怜悯之情（compassion）、友谊之情（friendship）源自第三类公共感官对公共幸福的欲望（publick desires），而天然的喜爱之情（natural affection）也不是源自道德感官，不属于对德性的欲望，因为它属于自然的因果性，而不符合道德情感的准入条件：自由情感与出自高贵情感的赞许。由此，我们必须由道德情感转向对哈奇森的德性概念以及他的美德论的深入探索才能真正理解其伦理学。

---

[1] ［英］弗兰西斯·哈奇森：《论激情和感情的本性与表现，以及对道德感官的阐明》，戴茂堂、李家莲、赵红梅译，浙江大学出版社2009年版，第58页。

第三节　人的社会本性与自由情感主义的美德论

与沙夫茨伯里一样，哈奇森的美德论也是基于对人的本性的阐明，从本性说明德性之根源。但他一方面基于人的社会存在形式阐明人的社会本性，另一方面他（比休谟更早地）开始从人的自然心灵构造之知、情、意结构，来阐明德性的性情发生机制：基于"感觉"产生"感情"或"激情"，基于实际交往中与他人的"情感"或"激情"产生"道德感"，基于"道德感"产生自身之美德。因此，知觉能力、意愿能力（欣喜和厌恶什么）和意志能力（决断与判断力），都直接决定一个人的幸福。鉴于他自由情感的思想，基督教意义上的"仁爱"就不再阐释为一种温情、关爱的情感，而是一种意志的自由行动，由此对道德情感主义美德论的动机问题做出了深刻的阐明。在明了这一切之后，我们现在再从人的社会本性来探究哈奇森的美德论，就有了一个与众不同的决定性的视野，能真正洞察到美德论伦理学的优势究竟何在。

一、美与美德

在哈奇森哲学中，"美"（beauty）与"德性"（virtue）像在我们传统汉语中一样，是两个概念，而不是一个合一的"美德"概念，要从两者的义理中才能领悟其含义。从相分角度看，"美"属于艺术，"德"属于伦理；"美感"源自"内在感官"，"道德感"源自"道德感官"。但我们在上文也已指出，在古希腊人和哈奇森的意识中，美与善是合一的，"善"是"德"的"价值"，却不能等同于"德"本身，因为"德"分善德与恶德，只有"善德"才能被称为"美德"。"善德"要在行动中"实现"出来，在"本性"中"潜在的"的只是善与恶的可能性。因为本性中潜在的人性，尚无善恶之分，只有在行动中表现出来，才能分别善德与恶德。一个温和性格，虽然人们总说它是善的，但当它对于眼前之邪恶也表现出温和，人们也会厌恶地说它是坏的；即便是易怒之性格，人们虽常说其坏，但在邪恶面前它能怒气冲天，该出手时就出手，人们就会对之拍手称快，说其善哉。所以，潜在之性，只有从其在行动中表现出的"品质"上，我们才能严格地评价其善性与恶性，善性实现出来的德行，才是"美德"，这也是哈奇森的思路。

正如美分为绝对美或本原的美（absolute or original beauty）和相对美（relative beauty）[1]，善也可分为绝对善和相对善，但德作为人性所实现出来的"美德"，作为绝对善在人性中的完美实现，是个人人品之"卓越"。就此而言，哈奇森也是从"品质"讲"美德"，但不单从作为人之本性的天性"品质"或"性格"（habitus/character），而是从其行动中领悟到的某些品质（of some quality apprehended in actions）来表达德之美善（moral goodness）。[2]

这种意义上的"德"（virtue），其实没有固化，从而有别于作为行为规范概念的道德（morality）。只是作为行为所体现出的人的品质之善，是实现出来了的人性品质之善。也正是在此意义上，哈奇森说道德善（与道德恶 moral evil 相对，其实这里的 moral 就相当于 virtue）与自然善是相区别的。道德善是人性通过行动习惯养成、品德修养之后"获得"（procures），才"拥有了"德性善的品质（美德），譬如真诚正直（honesty）、忠诚守信（faith）、慷慨大方（generosity）、仁慈友善（kindness）等；道德恶同样是因为习惯和习性养成后"获得"的"德性恶"的品质（恶德），譬如贪婪、欺诈、忘恩负义、损人不利己等。这些都是与"自然善"不同，"自然善"指的只是那些外在的善物：房屋、土地、花园、葡萄园、健康、力量等等。所以，就其实现出来的善德，即美德而言，它需要从审美修养来培育而生长。

在这里，我们需要更清晰地表述"美德"这个义理性概念：仅仅"德性"（virtue）这个词语还不能直接等同于中文"美德"之义，它本身既可以

---

1 Francis Hutcheson: *An Inquiry into the Original of Our Ideas of Beauty and Virtue, in Two Treatises*, edited and with an Introduction by Wolfgan Leidhold, Indianapolis: Liberty Fund, 2004, 2008, pp. 26-27.

2 Ibid., p. 85.

发展出德性善，也可以发展出德性恶，是一个中性概念。正如"勇敢"，在正义者身上是美德，在不义者身上是恶行。真诚、守信、友善、慷慨是德性善，欺诈、背叛、淫逸、蛮横是德性恶，这都是需要从道德感官来感知和评判之后得出的概念，不能直接从一个人的自然人性中得到。哈奇森不相信有很多人的人性是绝对善，或绝对恶的，人类通常都只是存在于绝对善恶之间。正常状态下的人性其实可善可恶，至于最终是善是恶，一是取决于所遇到的人们相互之间的情感关系，你对人友善，别人很少无缘无故对你邪恶，若有如此之人，如果社会习俗良善，就会马上成为过街老鼠，人人喊打，自然就会引发大家的谴责与厌恶；二是取决于自身品质的优秀与高尚，"人以群分"，如果你的品质足够优秀，在你朋友圈子中的人，品质恶劣者就会相对少，相反，自身品质比较恶劣，也就很难以品质高贵者为友，偶尔遇到，也不会受到多大的"待见"。品质优秀与高贵者，他们会尽力使大家相互之间的竞争、嫉妒或羡慕通过规则和制度得到抑制，因为道德情感是自主自由的，我们会以"坚定的决心"记住每种性格（德性）可亲可爱的一面，以我们自身德性之善激励他人的德性向善，抑制和阻止自身和他人身上都具有的恶性能有发作的动机与可能。这样高贵德性的修养，确实需要从美感来培育。

　　美和善一样，并不是一种外在于我们感官的绝对实在。再美之物，对于缺乏美感者，都不会存在。哈奇森明确说，美这个词就是指在我们心中唤起的观念，而美的感官才是我们接受美之观念的能力。德也一样，它或许可以外在于我们感觉而存在，但那种外在的非道德的德（功能之优秀）也是通过我们内心的道德感官而存在的。美与善都不是某种"实在之物"，而是通过我们的感官唤起的"观念"被人接受并作用于我们的心灵，影响我们的意识与行动，从而获得其道德实在性。所以，对美感感官或道德感官的寻求，在他这里，不是一种知识论的追寻，不是寻求"美"与"德"的知识构成之逻辑，而只是探究人性中的"品味之逻辑"。没有对美感的品味，我们就很难有对和谐、高贵、崇高、卓越的品味，没有道德感就不会有美德。无论是"美"还是"德"，它们都不是任何"物性事实"，而是心灵中的自由活动造化出的"实存"与"实效"。从其"实存"与"实效"追寻到产生它们的根源，既可回到感觉对象之本性，也自然包含感觉者自身之官能品味，两者缺一不可。

哈奇森让我们深切地体会一下，诗人的审美品味与常人对外在事物的知觉是何等不同：诗人通过描述自然美的对象所传达出来的知觉，就会令人沉醉；而在乏味的批评家或没有鉴赏力的艺术家那里，我们获得的只是对冰冷而毫无生气的概念的知觉。后面一类人虽然可能具有更完备的、源于外在感觉的知识，他们能够说出树木、草药、矿藏、金属的所有差异，他们甚至知晓每一片树叶的外形，茎根花朵和所有种类的种子，但遗憾的是，他们对于诗人所描绘的令人沉醉的知觉，常常一无所知，毫无所感。

这说明，美感不是知识，也不基于对事实性的知觉，但它以令人愉悦的快感，给人带来化腐朽为神奇的美与和谐，它可以引领和激励我们的心灵不断朝向完美和高贵无限攀升。如果人没有审美的内在感官，永远都是一个粗人，而不能成为一个优雅的有品味的人。有品味的人虽然有时会俗气和做作，但他对美与善的独特感受力，是成为一个"伦理存在者"必不可少的条件。如若我们身边都是缺乏美感的粗人，我们所能激发出来的情感，就只能在低俗中忍耐和挣扎。

好的伦理生活需要许多纽带，但最为根本的是跟有人性温度和人文教养的人一起，这样才能在美所激发出的高贵的生命感受中，感受到真正的生命之美、德性之美，我们才能共同珍惜生命、热爱生命，伦理之善才有可能发育与成长起来。所以，美感与道德感的根源之研究或启蒙，对现代文明社会确实具有深远的意义。因为自由起来了的现代人，越来越依赖自己对于什么是美好的情感来生活，而这种美好情感之品味就是认识到人性之美和人性之美德，这种美德才能成为现代人的幸福生活指南。

二、美德伦理之进路

在此,我们遇到了哈奇森对德性善(美德)的两种不同解释路径的评价或态度:一种是从行为品质解释德性善,另一种是从行为合理性标准解释德性善。对于前者,他这样说:

> 这种道德感不是与我们自己的行为相关,就是与他人的那些行为相关,同我们其他感官相同的是,无论我们对德性的欲望怎样受到利益的制衡,我们对其美的情感或知觉(our sentiment or perception of its beauty)都不会如此。[1]

这里可以明显地看出,"美"是通过"道德感"赋予道德行为之品质的一个评价性副词,这是我们认可中文用"美德"来翻译"virtue"的原因。对于后者,哈奇森说:

> 如果合理性,作为德性的特征……他们使它成为先于任何官能或感情的道德善的原初观念。
>
> 他们告诉我们,必须具有先于所有感官或感情的标准,因为我们甚至会评价我们的感官和感情,赞成或不赞成它们。这种标准必须是我们的理性,与理性相符必定是道德善的原初观念。[2]

明显可见,哈奇森完全不能赞同从行为"合理性"出发阐释德性善的思路,他的理由是,从行动"理由"来解释行为的合理性,只要我们稍做分析,就会显得非常混乱。因为合理性意味着与真理相符,而真理在于真实命

---

[1] Francis Hutcheson: *An Inquiry into the Original of Our Ideas of Beauty and Virtue, in Two Treatises*, edited and with an Introduction by Wolfgan Leidhold, Indianapolis: Liberty Fund, 2004, 2008, pp. 94–95.

[2] [英]弗兰西斯·哈奇森:《论激情和感情的本性与表现,以及对道德感官的阐明》,戴茂堂、李家莲、赵红梅译,浙江大学出版社2009年版,第155页。

题与其对象的符合，但这种符合从来不会使我们对一种行为的选择或赞许多于对相反行为的选择和赞许。例如，当大洪水冲向一个村庄，使这个村庄的房子都处在倒塌的危险中时，我有理由先逃到一个安全的地方再来想办法救其他人，我也有理由选择与其他人一起在危险时刻共度时艰，事后的结果可能是完全不一样的，但处在危险中的人，只能在不知何种结果会更好的前提下，预先为自己的行动提高理由的合理性。这种合理性，抽象地说，都会与事物之本性相符合，但它提供不了规范，因而什么也规范不了。我既可以赞许前一种理由，也可以赞许后一种理由，因为它们各自表达着不同的与"真理"的符合，而不能让人准确地判定行为本身的德性品质。

理由或者是辩护性的，这是"事后"诸葛亮，对于处在道德困境中的人不起作用；或者是激励性的（exciting reason），直接为某种行动提供动机。这种理由，如奢侈之人为其追求财富提供的：财富对于获取快乐是有用的。但我们却不能从这个理由本身的合理性来评价该行为是否正当，因为这个理由显然是真的。如果我们要评价该行为是否正当，就不能从理由的合理性方面，而只能从行为所体现出来的"品质"方面，来确立我们赞许和不赞许的标准。恰恰是从某人关于行为的理由中，某人的品质向我们显示，这才是引起我们的道德感赞许与不赞许的真理。

所以，只有从这里，我们才能发现哈奇森道德感理论的美德伦理进路。他强调品质相对于理由的优先性，但不像当今的某些美德论者那样，将品质优先与行动对立起来。他恰恰是从行动呈现出的品质入手，进一步探讨美德作为避免了德性之恶的品质而朝向德性善的最佳实现，从而获得我们道德感之赞许的根源：

> 如果有人宣称追求公共善的辩护性理由是"全体幸福为最佳"，那么我们就会因行为趋于的最佳状态而赞许它们，而非因为其与理由相符。[1]

---

[1] ［英］弗兰西斯·哈奇森：《论激情和感情的本性与表现，以及对道德感官的阐明》，戴茂堂、李家莲、赵红梅译，浙江大学出版社2009年版，第164页。

行为趋于的"最佳状态"就是行为者美德之实现，我们的道德感就会因这种品质的最优状态赞许该行为的美德品质。所以，我们用不着更多的考察，已经清楚地指出了哈奇森道德情感主义的德性伦理进路，它包含如下三个特点：

其一，以行为品质相对于行为理由的优先性，考察品质之最佳状态之表现；

其二，以道德感作为对德性品质之优劣的知觉基础，决定对品质的赞许与厌恶；

其三，美感与道德感相互一致。

我们现在必须进入哈奇森伦理学的其他方面。

三、功利主义原则的第一次"出现"与美德根源于人的社会本性

确实，在上述引文中"出现"了被后来的功利主义者作为行为道德性之标准的公式。我之所以用"出现"，而不是用"提出"，是因为哈奇森在这里是讨论社会上已经"出现"的关于行为道德性的标准，而不是他自己"主张"或"提出"的标准。把哈奇森误解为"功利主义之父"，这一错误来源不是别人，正是大名鼎鼎的美德伦理的奠基者和著名伦理学史家麦金太尔，他在《伦理学简史》中明确地做出了这一判断：哈奇森总是以一个旁观者的口吻说话，而正是在这样一个论述过程中，一句名言第一次进入伦理学史。哈奇森断言：

"最好的国家就是给大多数人带来最大幸福的国家，而最坏的国家就是给最大多数人带来最大痛苦的国家"（出自哈奇森《美与德性观念的起源研究》，第3页）。所以，哈奇森成了功利主义之父。

伟大的伦理学史家出现这样的判断错误实在令人遗憾，因为这个判断

下得过于急躁。麦金太尔没有看清楚，在"功利主义"还没有成为流行概念的18世纪（因为"功利主义"直到18世纪快结束的十几年才开始"流行"开来），哈奇森是把它作为一个批评对象予以讨论，而不是自己主张的观念。比哈奇森稍晚的休谟以及哈奇森的学生亚当·斯密，现在都被视为古典功利主义的代表人物。但其实，他们的伦理学也只有部分内容是带有功利主义的倾向，他们的共同点还是更加注重考察那些被视为美德的行为和品质是从人性中的哪些"情感"激发出来的，它们受到赞美或厌恶的心理基础在哪里，因而是把"道德感"作为德与恶的知觉依据。

不过，哈奇森在这里确实是在探讨行为道德性的标准和德性之特征（character of virtue）究竟是真（truth）还是合理（reason）。为了回答这两个问题他提出：

（1）行为的道德性究竟在于同理性相一致还是不相一致？（Morality of Actions consists in *Conformity to Reason, or Difformity*？）

（2）德性是按照与事物的绝对适宜性和不适宜性而行动，还是依照事物的本性或关系去行动？（*Virtue* is acting according to the *absolute Fitness and Unfitness of Things,* or agreeably to the *Natures* or *Relations* of Things？）[1]

所以在这里，道德性与德性是区别开来使用的，这对于我们学界许多人至今伦理与道德不分、道德性与德性不分是个提醒。不加区分，严格的道德哲学讨论其实是非常难以进行的。前一个问题关于行动的道德性，我们已经指出了，哈奇森不同意以行为的合理性为标准，reason 实际上指的是 rationality，而 truth 实际上也不能理解为认识论意义的"真理"，而要理解为

---

[1] Francis Hutcheson: *An Essay on the Nature and Conduct of the Passions and Affections, with Illustrations on the Moral Sense (1728)*, edited and with an Introduction by Aaron Garrett, Indianapolis: Liberty Fund, 2002, p. 136.

"真性情"或"真实本性",因为哈奇森的使命是要批评霍布斯为代表的人性自私论是错误的。从人性自私论的假设出发,哪怕建立了社会契约,也很难推导出人们会有社会合作和仁爱的社会美德。因而,他要论证的就是人性之真,即人的社会本性,合群性、社交性才是真实的人性。从这种人性出发,才能回答上面第二个问题,人的真正德性是按照与自己真实人性的绝对适宜性而生活,才能实现人生之幸福。因而,德性既是本性之善的标准,也是行动之品质、品性之道德性的标准。这也就达到了他的伦理学之美德进路的最终目的:把"美德描述为过与本性相一致的最完美生活的最佳品质"[1]。这就指出了美德才是实现幸福的根本。

因此,哈奇森是在讨论这两个道德问题时,附带地讨论别人的观点所表达的功利主义思想。"最大多数人的最大幸福"作为行为道德性的标准,恰恰是哈奇森所反对的,但他以反对的态度,把其核心概念都展示了出来,涉及快乐的最大化,即幸福之总量问题。他说:

> 我们可以很快发现在哲学研究中已学会建构非常抽象的普遍观念的人都会陷入其中的错误:他们假设,因为他们已经建构了无限善的概念,可以囊括所有特殊快乐的最大可能的总体(greatest possible aggregate)或幸福总量(sum of happiness),也存在独一而伟大的终极目的,每一个特殊对象都带着指向它的意图而受到欲求。[2]

---

[1] 哈奇森和莫尔共同翻译了奥勒留的《沉思录》,定名为《马可·奥勒留·安东尼帝王的沉思录》。这句话在该书第176页注释和第265至266页的注释中。同时,在他于格拉斯哥大学的就职演讲《论人类的社会本性》中,他也引用了这句话,参见Francis Hutcheson: *Logic, Metaphysics and the Natural Sociability of Mankind*, edited by James Moore & Michael Silverthorne, Indianapolis: Liberty Fund, 2006, pp. 193-194.

[2] Francis Hutcheson: *An Essay on the Nature and Conduct of the Passions and Affections, with Illustrations on the Moral Sense (1728)*, edited and with an Introduction by Aaron Garrett, Indianapolis: Liberty Fund, 2002, p. 140. 译文也请参照中译本,第158页。

哈奇森甚至使用了 the *general sum* of our happiness（我们幸福的总量），说这是建构抽象观念的人陷入其中的错误，即把此当作人类行为的终极善或终极目的。如果我们的理性继续问，这种最佳之善，幸福总量对谁而言才是真的善呢？你或者回答，对整体，或者回答，对个体。如果是前者，那么你还必须承认，这个最大可能的幸福总量是能够被整体所拥有，而不可能被少数人或个别人所拥有的。那么这个抽象的善的标准显然没有包含这一限制性条件，我们就只能说，为了能够满足为整体所共同拥有的最大幸福总量，我们必定要以友善感情为前提。因此，如果把这个总目标落到实处，就要回到人们相互友善感情的建立上，它才可能是有效的规范性标准。如果答案是对个体，幸福总量对个体幸福也是相应的总量，那追求幸福总量才是有意义的，个体才有动机去追求它，那么这个动机的最终发动者却依然是自爱（self-love）。

由于从自爱动机推导不出真正有德性的生活，哈奇森坚决地否定了功利主义的道德标准，他最终要回到美德进路的幸福指南上来——把美德视为与本性相一致的最完美生活的最佳品质，因而他要论证人的本性之真理或真性情、真本性就是自然的社会性（natural sociality）：

> 因此，首先我想探讨一下，就其德性特征而言，人的哪些品质能被正确地说是自然的；然后，我要探讨人的社会性——无论公民社会还是无政府的社会——在多大程度上能够被包含在事物的自然中。[1]

这里要注意哈奇森用的这个限定语：就德性特征而言（far as concerns moral character）的人类本性之性质。这是1730年11月哈奇森经过激烈竞争获得了道德哲学教席教授后在就职演讲中说的话，原文是拉丁文，他之所以要加这个限定语，表明他并不是探究抽象的人性论，而是人类所能实现的最

---

[1] Francis Hutcheson: *Logic, Metaphysics and the Natural Sociability of Mankind*, edited by James Moore & Michael Silverthorne, Indianapolis: Liberty Fund, 2006, p. 195.

佳德性之目的视野下的本性。这是他直接受斯多亚主义者西塞罗影响，间接受柏拉图和亚里士多德自然目的论形而上学影响的思维特色。所谓一个事物的本性，我们是就事物已经成为该事物的完成状态而言的，"本性"是"自然"。我们总想着本性是事物"根基"处的性质，但其实它是必然包含从"根基"到"长成"的整个事物生命整体中的本质性东西。所以，当思考根基中的本性时，必须立足其"目的因"才能得到正确理解。也就是说，只有相对于设计得好的最终目的去看待事物，我们才能洞察出本性何以是"自然的"。事物的"目的因"对于该事物而言，也就是"意向中"该事物最佳本性的完满实现状态，这在柏拉图和亚里士多德那里，都被称为事物之"德性"。如是我们就能理解，哈奇森在这里说就其"德性特征"而言的人的本性之性质，就是从人性之所能实现出来的最佳状态（德性）而言"自然的"本性之性质。这样就能方便地论证，人性不能从虚构、假设的利己性来解释，而只能从"社会性"来解释。因为孤立的个人根本是不能存在的。人，只要是父母所生，他就不可能是孤立的，人性不可能是自私的。如果我们能同意一切人为事物都是按照某种目的设计出来的话，那么这种目的显然就是该事物本性所趋向的"好"或"善"，我们也就能理解人类之被"设计"（构成），自然的欲望也就是趋向其自身的最佳，因而趋向其"德性"特征，所以只有就这个德性特征来谈人性，才是人的真实本性。人类本性的原始设计中，当然也会包含不完善、不完满的缺陷，但是，只有就其自然目的的完成状态——德性——而言，才属于人的本性中必然的、整体的内容。不完满的缺陷因而就其是偶然的和局部的方面，不包含在设计的目的之中，它不能阻止人按照德性的完满而与行动生活。所以，就德性而言的人类本性，只能是人的自然的社会性，它既是本性成长的根基，也是本性完成的目标，因而可以说是人的本性（自然）之真性情。

而霍布斯为了论证人类生活所需要的理性与契约的自然法根源，却虚构了一种所谓的"自然状态"（status natulalis）。在此状态下，人性被描述得极其自私与恐怖，人对人就像狼一样，始终在战争状态下。他试图论证"自然状态"下的自私、利己是人性的本真状态，而哈奇森相反地证明这个词语被滥用的歧义性：

> 还需要补充的是，"自然状态"（status naturalis）一词也存在严重的歧义。我不会详细阐释这一词语完全被滥用（utter abuse）的说法，这些说法认为，自然状态不仅与公民状态对立，而且它还被认为排除了所有那些通过人类的力量、勤奋和聪敏所获得的东西，因而不仅妨碍了我们某些自然欲望的发挥，而且也阻止了某些自然欲望的实行。在这种用法中，人类只要保持其自然状态，就被描述为（也许上帝会宽恕这种想法！）不会说话的、赤裸的动物，贫穷、孤独、急躁、肮脏、粗鲁、无知、胆怯、贪婪、好斗、不合群，不可能给予爱，也不可能吸引别人的爱。[1]

哈奇森说，这不仅不可能是真实的人性，而且是对我们人类本性的一种侮辱，是对伟大而善良的上帝、人类之父的亵渎。如果要正确地理解"自然状态"，我们有理由把高度文明的状态称为人类的"自然状态"。而它的对立面，那原初的"自然"，只不过是"尚未文化"的状态（uncultivated state），在那里，自然的能力尚未受到训练。哈奇森表示，他的整个演讲最为重要的问题是考察什么样的社会生活对人类而言是自然的，答案就是：自由状态下的社会（sociability in the state of liberty），才是最自然的。

哈奇森从曼德维尔《蜜蜂的寓言》中借用了"自然社会"（natural sociability）[2]的概念，以表达人是出于自己的（社会）本性而欲求与他人交际、合群、合

---

[1] Francis Hutcheson: *Logic, Metaphysics and the Natural Sociability of Mankind*, edited by James Moore & Michael Silverthorne, Indianapolis: Liberty Fund, 2006, p. 198.

[2] Ibid., p. 201. 同时参见 Mandeville: "A Search into the Nature of Society," in *The Fable of the Bees*, vol. 1, pp. 340–341。

作、团结，是通过自身的本能和为其自身之故而欲求的善。这不是为了任何外在的其他功利目的而合群与聚合，而仅仅是本性（自然）使然的一种社会状态。因而，自由的社会本性需要从培育人的社会性美德开始。

四、仁爱之德

自由状态下的社会最自然，而自然的社会最适合于人类自由天性的发展。因为大家都能因自由的情感而相互影响、合作和交往，通过这种相互的自然善意而结合成为爱的联盟。所以在这样的社会状态下生活，也就特别需要培养仁爱的美德。在对仁爱这一美德的阐释上，哈奇森受到了沙夫茨伯里、普芬道夫和休谟的影响，但与他们的阐释都不相同，表达出了自己的新意。

哈奇森在多处都不惜以最美丽的言辞赞美沙夫茨伯里伯爵三世"凭借高贵的门第和卓越的天才"对仁爱美德的颂扬，这在英国现代早期为反对霍布斯和曼德维尔的人性自私论对人类悲惨生活状态的描述起到了正本清源的作用。然而，虽然可以说，哈奇森对沙夫茨伯里的道德情感做了系统化的论证，建立了"情感主义的道德哲学体系"，但是，他很少像沙夫茨伯里那样借助于常识性的"共通感"，而是直接证明，仁爱等高贵情感之美德，是上帝直接植入人性中的，因而每个人凭借自身的这种高贵本性就能欲望社会性的美德，激起社会合作。这种美德本身令人快乐，是幸福的灵魂本身，是高贵的人性本身带来的快乐，不需要借助于"共通感"来寻求其根源。这种美德本身源自人类的社会本性，它自带快乐，不需要借助于他人，直接面向自我与他人，造就快乐的最大化。因而无须借助于共通感的推理，而仅依赖这种社会本性自身的快乐就能证明相互合作的与共享的社会生活本身就成为令所有人高兴和期待的义务。哈奇森相信西塞罗在《论友谊》(*De Amicitia*)中发现的这一欲望的秘密：没有任何东西能比与他人分享幸福更加令人快乐，因而几乎没有任何令人愉悦、欢乐、幸福和使人高兴的东西更渴望从自己的心里流淌出来，向他人倾诉，与他人分享。因而，也没有任何东西能比美德自身更能使人相互接近，激发人们相互友爱与协作。

哈奇森在多处引用了普芬道夫《关于自然法和国家法》中论述人类的社会本性的观点，说他比大多数近代道德学家从源自伊壁鸠鲁的自爱学说来阐明人的社会合作的意义要高出很多。因为几乎所有的思想论证都是为了指出这一点：我们如此需要他人，没有他人我们甚至不能生存，更不用说不能获得他人的帮助，不激起他人强加给自己的伤害，最终的理由依然是这样对自己最为有利。普芬道夫的高明之处就在于他是真正从社会本性而不是自爱本性来论述社会生活本身就是有意义的。他认识到，人类的幸福只有在社会生活中才能获得，但社会生活自身对于人类而言并非直接是自然的，而是在第二感官意义上才是自然的，即出于人类的自由本性并借助于种种社会的制度安排，才能"自然地"与他人合作和共事，使得生活变得安全、和平和惬意。普芬道夫甚至借助于自然法，说上帝是按照社会生活而创造了人类。但是，他的所有论证存在一个致命的缺陷，即给人感觉人们仅仅是为了外在利益和对于外在邪恶的恐惧，"才被赶进社会"。"本性却被因此而贬值。""但是，事实却是：存在许多直接被自然植入的欲望，并不寻求快乐，也不寻求物质的利益，而去寻求以与他人交际为基础的更为高尚的东西。"[1]

因此，需要阐明的恰恰是上帝给予了人类心灵的自然构造，除了外在感官外，我们有内在感官对美、赞美、美好的感知能力，有道德感官对善恶是非的感知能力，有公共感官对一切共通性东西的感知能力，有荣誉感官对体面、荣耀的感知能力。借助于所有这些"非外在感官"，我们可以不为了任何利益，也不期望任何外在利益，不是为了避免恐惧和伤害，而仅仅因本性之快乐而把友善、仁爱给予所有人，让所有人都能享受到因友爱本身所带来的超越所有功利的快乐。因而，只有对于高贵的心灵社会生活才是自然的，友善仁爱本身才能取代自爱为生活和行动提供动机、指导人类的行动，从而

---

[1] ［英］弗兰西斯·哈奇森：《论激情和感情的本性与表现，以及对道德感官的阐明》，戴茂堂、李家莲、赵红梅译，浙江大学出版社2009年版，第221页。

成为真正幸福生活的指南。这是哈奇森超越普芬道夫之所在。

哈奇森欣赏休谟的人性科学，也从休谟关于人的社会本性中吸取了营养，但在仁爱的美德的阐释上，他不像休谟那样依赖于"同情"做基础。因为在他看来，同情这种情感就其本性而论，很少或根本没有任何快乐。在同情中人们能够获得安慰，但不是获得了快乐，因为同情总是与他人遭遇到的挫折、不幸、命运的打击相关，至少是与人自身性格的欠缺而导致的行为过失相关。而仁爱这种德性比同情有更为宽广得多的社会性空间，而不仅仅是道德心理学的空间。它能提升人性的高贵，人类因本性而仁爱的美德就成为哈奇森的唯一社会性美德，它与所有功利主义者不同，这种美德不再需要通过利益的算计和期待他人赞美的回报来阐明其对于行动和生活的指导与规范意义。任何利益的报偿都不如来自仁爱之不需要任何报偿的自带无限快乐的美德更加合乎人的本性：

> 从本性上说，人总需要体面（decorum）和尊贵（honestum）的感觉；正是这种感觉驱使我们尊重一切和善的、忠诚的、礼貌的、友好的东西；它也是为什么我们用强烈的爱和善意挚爱具有这些美德的理由。……我们不再用卑微和低下的心理去考虑由于友谊和仁慈而导致的在外在事物上的那些损失；我们认为，当体面和尊贵就在眼前时，所有其他那些连根稻草都不如。我们内心和善的性格由此获得了新的力量，并被它的运用所确认。我们对于在所有工作中得到他人赞扬的热忱更加炽热。……因此，这种（虽然在行为过程中它很少被心灵觉察）就其自身而言是最受欢迎的人道和仁慈的事业，几乎总是伴随着对每一个人而言的最大利益。[1]

---

[1] ［英］弗兰西斯·哈奇森：《逻辑学、形而上学和人类的社会本性》，强以华译，浙江大学出版社2010年版，第225页。

这种最大利益是人的高贵人性带来的，只有这种社会性的高贵人性，才是自由的自然社会中自然的人性。它将展示出一种伦理生活共同体的文明和体面，带着希望和勇气，使每一个共同体的成员走向心灵与社会生活中最内在的极乐，走向个体生命之真正的尊严，走向对每一个重情重义的人的敬重。因为这种自由的道德情感将把每一个人带出冷冰冰的现代经济人的利益算计、隔膜和自私，走向人性中高尚的荣誉和心灵生活中的最高快乐。

第 八 章
复调性的休谟伦理学

作为苏格兰裔英国人,大卫·休谟是位神童般的人,不满12岁就入学爱丁堡大学。而爱丁堡大学又是苏格兰启蒙运动的重镇,这奠定了他后来道德哲学的启蒙底色及其与之一脉相承的关系。在苏格兰启蒙运动的脉络中,休谟的伦理学构成了"现代性伦理话语"的基本形态之一,是从道德情感主义向功利主义转向的最为重要的关节点。

但不同的哲学史对休谟的定位相当不同。20世纪80年代哲学史,重视认识论或知识论,西方哲学史被视为认识论史,因而休谟哲学基本上就是被放在经验主义认识论的脉络上来定位,他的怀疑论推理最终使得建立在经验主义基础上的知识论犹如沙滩上的城堡,摇摇欲坠。而休谟自己说他的学术理想,是要成为人文科学中的牛顿,因而是以牛顿物理学为榜样,意图建立新的"人性科学",后者就是苏格兰启蒙运动中确立的"道德科学"的基础和核心。而随着西方学术在20世纪晚期出现的实践哲学转向,休谟又在道德哲学史成为现代伦理的高峰。

不过,道德哲学史上,人们看重的是完全不同方面的休谟。有人侧重于他的道德情感主义反"唯理论"道德奠基,并因此在当代复兴美德的浪潮中,将他作为情感主义美德伦理学的一个经典类型;而在受美德伦理强烈批评的功利主义后果论伦理学中,休谟又被作为"古典功利主义伦理学"的代表，表现出对休谟伦理学完全相反的两种不同的定性。为休谟作传的当代学者发现，伦理碎片化的定位损害了其思想的整全性，因为休谟是在亚里士多德确立的古代"实践哲学"范围内，即在政治与伦理的反思结构中探究道德的基础和形态，因而不适合于各种精致的非此即彼的定位：

> 尽管时至今日，休谟被普遍认为是启蒙时代最真实的声音，但启蒙时代本身很难认同这一点。
>
> 休谟那无所不包的"人性科学"，现在已成为各个领域专家[……]的研究对象。在当今各专门领域的所有专家中，只有少数学者试图保持启蒙文人的整全性（universality），其中最著名的当属伯兰特·罗素和约翰·杜威。这种对于人的整全的研究进路基于如下信念：他们相信人之本性的尊严。而在休谟看来，对于所有的哲学而言，这种信念至为根本。[1]

从休谟的著作看，"复调性"才是他真正的特色，他确实不属于自霍布斯开始流行的作为现代"圭臬"的与政治相分离的"道德学"，包括他著名的六卷本《英国史》在内，休谟伦理学都是以整全的人性论为基础反思社会的政治与道德。相互矛盾和对立的休谟伦理学定性，只不过反映了现代各种流行的伦理"主义"本身的狭隘性和碎片化，我们不可能在这些片面因而狭隘的"主义"中进行非此即彼的"选择"。

第一节 休谟的"人性科学"与"道德学"

休谟之前的英国哲学家和伦理学家延续了人文主义的传统，通过探究人

---

[1] ［美］欧内斯特·C. 莫斯纳：《大卫·休谟传》，周保巍译，浙江大学出版社2017年版，第14—15页。

性而把人类的道德情感和德行品质确立为实现幸福生活的根本形式，但都没有提出"人性科学"这个概念。自从休谟1739年出版《人性论》(*Treatise of Human Nature*)之后，"人性科学"就开始与"道德学"或道德哲学/伦理学直接关联在一起。休谟《人性论》的副标题是"在精神科学中采用实验推理方法的一个尝试"，他在这里提出的"精神科学"概念与"人性科学"有何不同，而他提倡的"实验科学方法"又是何意，这都是我们需要考察的。不过，无须获得关于它们的精确界定，我们从这些名称中就已经能感受到一种强烈的科学气息扑面而来：休谟道德哲学延续了苏格兰启蒙运动从哈奇森开始的科学性的特色，坚定地强调"人性"是"一切科学的稳固基础"，因而也是他所要建立的"精神科学"这门"道德学"的基础，而所谓"实验科学方法"是使人性研究或精神科学成为"科学"的工具。在他这里，虽然"道德科学"(moral science)这个概念已经呼之欲出，但还没有提出来。不过休谟的志向，即要成为"人性科学"的牛顿，已经明确地表达出来。也就是说，要让"道德学"成为"物理学"那样严格的"科学"，使其所有的命题和推理，都建立在"人性"基础上，如同"物理学"建立在"力学"基础上那样。因而，我们首先从休谟"人性科学"进入他的"道德学"的"科学领地"。

一、"人性科学"及其所谓的"实验科学方法"

在休谟之前，哈奇森也是在"科学"意义上探究人性之构造的，因为他与18世纪其他人文知识分子一样，受到牛顿物理学严格推理形式的影响，把探讨世界本身的"构造原理"作为这个时代学术的"荣耀"与"快乐"。从沙夫茨伯里到哈奇森，情感主义伦理学者都坚定地认为，人性中所蕴含的道德感绝非任何天才的主观发明，也不是从任何形而上学推论而来，它们就是上帝直接植入人性之中的基本"构造"，因而我们的道德哲学就需要从经验观察来推理，阐述清楚人类心灵中的这种"道德构成"的机制。这就是这个时代所理解的"科学"的基本含义。所以，哈奇森的道德哲学推理，被麦金太尔批评为都是建立在无根据的推理之上[1]，是有失公允的。

休谟是哈奇森的好友，非常熟悉哈奇森对人类心灵构造的这种"科学性"的研究，虽然在私人信件中也抱怨过这位好友的道德感推理的"神秘性"[2]，但他没有像麦金太尔那样一棍子打死，认为其推理全无根据，而是说哈奇森借助于"上帝植入"的"原初直觉"，还不够"科学"，有欠明晰。所以休谟以进一步推进情感主义道德推理的"科学性"为要旨。《人性论》写于1739至1740年间，作为休谟的第一部著作出版，这时的休谟既不是知名学者，也不是大学教授（他一辈子都未能成为大学教授），只是一个旅居法国的青年哲学爱好者而已，而且，此时休谟也正处在人生危机之中。伯林这样评价这部著作产生的背景：

> 1734年，在布里斯托尝试经商失败后，他经历了一场理性的危机，并且在刹那间的灵感中发现了他的真正职业，他去了法国，在那里撰写他的哲学巨著《人性论》，该书次年出版，用他自己的话说，"它从印刷机死产下来"。[3]

---

[1] "但为什么我们只赞同仁爱而不赞同自利呢？哈奇森没有回答（回避了）这一问题。他仅仅断言我们是这样做的。同样，当他把仁爱看成是德性之全体时，他把他的观点仅仅建立在无根据的断言上。"[美]阿拉斯代尔·麦金太尔：《伦理学简史》，龚群译，商务印书馆2003年版，第221页。

[2] 参见[美]迈克尔·L.弗雷泽：《同情的启蒙——18世纪与当代的正义和道德情感》，胡靖译，译林出版社2016年版，第27页："休谟和斯密都对哈奇森这神秘无解释的道德感进行了批判，他们认为'试图用人类心灵的原处直觉来解释道德感'（《人性论》，3.3.6.3）是'十分荒谬的'"，在第36页，弗雷泽写道："对于哈奇森的《道德哲学的概论》，休谟抱怨道：'看起来你就是接受了巴特勒博士对于人类本性的意见，认为道德感除去它本身的力量和持久力以外，有一种特别的权威性。因为我们总觉得它应该占有优势，但是这仅仅是一个直觉或者原则罢了，它确实是在反思性上认同自身，而这一点对所有的这类东西都是通用的。'"

[3] [英]以赛亚·伯林编著：《启蒙的时代——十八世纪哲学家》，孙尚扬、杨深译，韩水法校，译林出版社2005年版，第155页。

所谓"从印刷机死产下来"指的是这部书出版后未能引起任何反响，如同产下一个"死婴"。但是，对于现在的我们而言，一个23到27岁之间的大学体制外的哲学爱好者，能够出版这样一部宏大主题的作品，简直就是天方夜谭了。不管评价如何，在这个青年人的抱负中，其思想格局不仅宏大，而且走在世界精神发展的正道之上：致力于探究人性（human nature）这一"新科学"，为现代道德立言，无疑具有不朽之功勋。《人性论》分三卷出版，第一卷《论知性》，第二卷《论情感》，都在1739年出版，而第三卷《道德学》，于1740年出版。为了让它在社会上产生反响，休谟于1748年将《论知性》改写为《人类理解论》[1]，将《道德学》改写为《道德原则研究》，可见，只有《论情感》他觉得是无须改写的。当然，一本哲学著作是否成功，多少还是受运气的影响。当他六卷本的《英国史》在法国取得成功之后，他的所有作品，包括《自然宗教对话录》（1755）就都成为学界不断阅读和研究的经典文本了。

回到正题上来。从休谟后来的"改写"，我们看得非常清楚，所谓"人性"研究，依然是对从哈奇森那里已经开始的人的心灵结构的研究，在休谟这里现在清晰地表现为"知""情""意"三分的结构。"知"的结构在洛克哲学中已经得到充分研究，通过洛克影响沙夫茨伯里，再到哈奇森，他们关于"道德情感"的研究，全部基于"知觉"这种"感觉"形式。哈奇森重在知觉基础上的"情感"研究，从人的社会本性中推导出"仁爱"这种"道德情感"，最终让人类过与美德德性相一致的美好生活。因而，在他对"道德情感"的阐释中，最终是将意愿、意志概念纳入，才使得道德情感作为自由情感摆脱了从直接自私人性推导出利己心理动机的低级欲望模式所导致的对人类生活模式的可怕误导。休谟非常清楚哈奇森情感主义科学化推理的意义与限度，他在"科学性"上至少推进了两大步：第一步就是严格把知、情、

---

[1]《人类理解论》实际上就是"人类知性论"，同一个understanding的两种不同的中文翻译。

意三部分分门别类地加以研究，尽管"人性科学"是个十分宽泛的概念，但是，将其划分为知、情、意三部分之后，每一部分都可以因其不同的主题做不同的"科学处理"；第二步就是把"科学性"推理的关键核心——因-果-关系——作为"人性科学"的基本推理模型。

我们只就他所做的这两大步推进来理解他的"科学"概念所要求的"精确性"。如果抓不住这个关键，就会像一般读者那样，为《人性论》本身的"叙事性"写作与其内在的"科学化"意图之间的巨大张力所困扰，而不得其门。当代研究者都能感受到这种困惑：

> 《人性论》是以一种叙事的形式进行写作的，并在某种程度上应被视为一场哲学戏剧，之前的部分只有在之后进展的审视下才获得意义。第二卷处出现了一种令人惊讶的思想转变，在那里休谟确立了一种"一般原理说，凡呈现于感官之前的任何对象和思想所形成的任何意象，都伴有某种与之成比例的情绪或精神的活动"（第410页）……在这一"新发现"的审视之下，第一卷的知觉重焕光彩。[1]

而如果我们能更进一步意识到这里所说的"一般原理"就是休谟关于知觉与情感之间的"因果性"原理的体现，那么不仅仅能让第一卷的"知觉重焕光彩"，更能让之后关于"情感"与"意志"研究的"道德学""重焕光彩"。因而，关键依然在于理解休谟所谓的"科学"及其"方法"。

来自拉丁文的"科学"（science）本来就是"知识"（knowledge）的意思，它可以恰当地用来指称任何分支的知识或研究。而"科学"的含义，早在亚里士多德的《形而上学》中就已经指明是关于"原因"的知识。因而所有科学知识，无非都是关于因果关系的推理。休谟赋予"人性"以牛顿物理

---

[1] [美]唐纳德·利文斯顿：《休谟的日常生活哲学》，李伟斌译，华东师范大学出版社2018年版，第155页。

学为典范的"科学"含义,就是要寻找到"人性"中如同物理学中的基本"力"作为所有物体运动之"原因"的解释。只是,"人性"中的"力"不孤立地存在于一个物体中,而是源自人与人之间相互感知感应的经验性的"感觉印象",并由这种感觉印象产生出对他人的"观念"和"情绪",由各种观念与情绪,导致对他人的喜爱、厌恶、想念、牵挂、合作、互助等平静的、激烈的情感,决定人们之间采取何种行动。因而,人性科学,像物理学一样,也可以成为"经验科学",即以直接来自对人性的经验观察和实验基础上的"知觉的事实",进行因果关系的推理,从而显示出上帝所造化出的大自然世界的一般规律性运作。所以,"科学性"内在地包含了获得知识或真理的"科学方法":直接来自经验观察和实验基础上的推理,将这种方法运用到一直被各种形而上学和神学所主宰的道德哲学,必将引起伦理学范式的根本变革。

这一变革的标志就是所谓"实验科学的方法"被引入整个精神科学中。科学方法论由此支配了整个近代哲学,人性科学通过休谟追随"现代性"步伐,"伦理自然主义"也成为休谟道德思维最为重要的推理进路。但是他承认,并非他而是洛克才是"试图把推理的经验方法引进道德学科中来"的第一人,这一经验推理方法的实质在于:

> 休谟并不是指万有引力定律或血液循环定律能够从对理智和情感的考察中发现出来。他的意思是说,当科学形成体系时,能够找得到表示它们特性的一般特征;而这些一般特征的解释应该在人类的本性中去寻找。[1]

作为伦理自然主义者,休谟伦理学也与苏格兰启蒙伦理学一样,坚信伦

---

[1] [英]索利:《英国哲学史》,段德智译,山东人民出版社1992年版,第178页。

理学中所有事实之外的"规范性东西",都无须求助于任何超自然的东西或超经验的形而上学而获得理解,但必须回溯到自然人性。这种自然主义在解释道德之来源时,就以经验主义推理方法,回到人性内部之知、情、意的结构。在此结构本身中,带有不依赖于任何纯理性的规则,内在的情感发生机制。正是这种内在机制,由于具有自身的规范场域,所以足以抵御从超自然神学和形而上学寻找伦理道德之规范性来源的陈旧思想,也足以抵抗怀疑主义对伦理道德的侵蚀。

二、作为"精神科学"的"道德学"

至此,我们可以准确地把休谟所谓的"人性科学"做出这样的界定:它是从"人性"的经验观察中以"实验方法"推导"人性之原理"的学问。休谟像所有科学家一样采取的是自然主义立场:

> 一切科学对于人性总是或多或少地有些联系,任何学科不论似乎与人性离得多远,它们总是会通过这样或那样的途径回到人性。
>
> 因此,在试图说明人性的原理的时候,我们实际上就是在提出一个建立在几乎是全新的基础上的完整的科学体系,而这个基础也正是一切科学惟一稳固的基础。[1]

这里指的是所有科学,包括数学、物理学(自然哲学)、自然宗教和一切"精神科学"都在某种程度上依赖于人性的科学,基于人性的原理。因为所有科学都是在人类的认识范围内且依据人的认识能力和官能而被判断的。人类"知性"的限度决定了"科学"的界限。

---

[1] [英]休谟:《人性论》,关文运译,商务印书馆1980年版,第5页。以下凡引此书,都是这个版本,直接在引文后标注页码。

第一卷《论知性》分为四章："论观念、它们的起源、组合、抽象、联系等""论空间和时间观念""论知识和概然推断"和"论怀疑主义哲学体系和其他哲学体系"。

"观念"在休谟这里虽然从"字词"上看也就是柏拉图的idea，但完全不是一个含义。他指的是感觉、情感和情绪在思维推理中的微弱的印象（impression），它们统统来源于"知觉"（preception）。知觉是对某一"对象"的整体的感性觉知，当我们说，我"知觉"到我住的房屋前有一棵樱桃树时，我的知觉留下了强烈的"印象"，如树的形状、樱桃花开的颜色与样态等等；如果"印象"不强烈，那就是休谟说的"观念"，我的"知觉"只留下"微弱的印象"，即只有"那是一棵樱桃树"的"观念"。简单的印象和观念，称之为"简单的知觉"，它们是不容再区分的印象和观念；"复杂的印象和观念"就可进一步区分为许多不同的部分。通过这种区分，可以"限制"通常推理中的模糊不清，说一切观念和印象都是类似的。由此区分，建立了"人性科学"的第一条原则：印象先于观念，观念是印象的"意象"，原始观念于是就是由印象而来，但观念在新观念中能产生自己的意象。

"印象"分为感觉（sensation）印象和反省（reflection）印象；"观念"又区分为记忆（memory）和想象（imagination）。从这里形成了人性科学的第二条原则：想象可以自由地移置和改变它的观念。

于是，就产生出观念间的联系或连接，心灵在各个观念间推移的性质共有三种：相似性（resemblance）、接近性（contiguity）和因果性（causation）。只有因果关系才是科学知识的根本特征，这是休谟对知识论最有贡献与创建的论述。

休谟关于"印象"与"观念"的思考受到洛克的明显影响。按照洛克，知识的"经验"源泉，不只是"感觉"，而是感觉和反省。感觉提供"印象"，"反省"提供观念之间的联系。但休谟进一步把"知觉"限定在特定的"印象"上，即不包括"感觉印象"（它们是解剖学和自然科学的对象），只单纯作为"反省印象"。休谟在这里说,只有它们——反省印象——才是"精神科学"的对象。

由此我们才能理解"精神科学"中的spirit不包括整个mind(心灵)活动,而只是反省印象中的心灵活动。因而,与巴特勒把"心"界定为人的所有感情活动,并把"良心"视为具有统领所有灵魂(心灵)活动的权威解释不同,休谟认为通过反省或反思式的自然评价,善恶的决断才具有良心的功能。因而,反思性的自我认识才是人类情感的根本特征,它才是一切快乐的根本原因。在此意义上,休谟的"精神科学"区别于一切心理学的和超心理学的灵魂学研究,他以出于人类自主本性的道德情感为核心,超越了包括哈奇森在内的之前所有情感主义研究的不足,让"道德学"建立在"精神科学"意义上的"人性科学"之基础上。这样,我们才能理解他所说的"道德学"与"精神科学"的关系:

> 逻辑的惟一目的在于说明人类推理能力的原理和作用,以及人类观念的性质;道德学和批评学研究人类的鉴别力和情绪:政治学研究结合在社会里并且相互依存的人类。在逻辑、道德学、批评学和政治学这四门科学中,几乎包括尽了一切需要我们研究的种种重要事情,或者说一切可以促进或装饰人类心灵的种种重要事情。(《人性论》,第7页)

所以,休谟的"科学"观念,正如怀特海对17世纪以来的科学观念的发展所做的评论那样,有从伽利略、培根和牛顿等所有现代科学观念奠基者所留下的观念之印记,但又有自己的伟大创新之处,虽然科学界也并不都能认可:

> 伽利略所谈的一直是事物是如何发生的,而他的对手则有一套完整的理论说明事物为什么发生。令人遗憾的是这两个理论所得出的结

论并不相同。伽利略坚持"无情而不以人的意志为转移的事实",但他的对手辛普利歇斯则提出另一套至少在他本人看来是很充分的理由。(第9页)

发明刺激了思维,思维又加速了对自然界观察的进展……但到1700年的时候,牛顿完成了巨著《自然科学的数学原理》,整个世界也就因之进入了崭新的现代。(第6页)

所以,现代科学思想的新面貌就是在培根倡导的"新工具"——经验观察和科学实验方法——基础上发展起来的:

这便是一种很高贵的探究(对更精微的知觉的探究)所研讨的目标。知觉是打开自然界的另一锁匙,和官觉起同样的作用,有时比官觉还好。

我认为培根的思想路线却发表了一个更基本的真理。

充满了实验的方法;也就是说,充满了对"无情而不以人意为转移的事实"的注意,并且也充满了说明一般规律的归纳法。(第41页)

我们发现自从休谟时代以来,流行的科学哲学一直在否认着科学的合理性。这种结论是以休谟哲学的表面理论为基础的。

休谟哲学的某些变形在科学家中流传极广。但科学的信念及时地兴起了,而且也悄悄地移开了哲学所造成的这一座大山。(第4页)[1]

确实,休谟的科学概念很难用流行的观念来概括,其有独到性,但我们不能说他否认了而只能说他更新了科学的合理性内涵。他既不同于培根,也不同于霍布斯和洛克等经验主义哲学家,因为休谟最终是一个怀疑论的彻底

---

[1] 上述引文均出自 [英] A.N. 怀特海:《科学与近代世界》,何钦译,商务印书馆1989年版。

经验主义者，他不对外部物理世界的"事实性"做任何形而上学的假定，从而不能像霍布斯那样，以外部物理世界的机械运动规律来解释人类生活世界和人类精神世界。因为既然不先验假定有"机械世界"的事实，那么对它的全部解释就是无意义的多余的东西。相反，休谟认为，在任何解释和行动之前，总有我们的"知觉"存在，那么我们唯一"科学的"做法，就只能是借助于我们"知觉"到的印象和观念，来解释处在我们"可经验范围内"的"世界"。在此意义上，说休谟是"头足倒置的霍布斯"[1]是不确切的，因为对霍布斯的唯物主义所相信的总有一个客观存在的"外部世界"，休谟是持怀疑态度的，他对此根本不做任何假定。

他也修改了洛克的知觉理论，因为后者如同霍布斯先于经验地假设了外部物理世界的存在一样，先验地假设了一个精神世界（且与物理世界并存），这也是他所反对的。休谟的知觉理论因而只处理"印象"与"观念"，他不认为"印象"与"观念"根本不同，因为"观念"也都是印象中的观念，而不是纯理论抽象出来的观念。所以，每一个简单观念都有一个与之相似的简单印象。区别也是有的，只是表现在生动性和强烈性的程度上，"印象"更生动、更强烈，而"观念"变成了"印象"的"弱化"。生动与强烈的印象造成"记忆"，弱化后的微弱印象造成"想象"。"反省"造成"新印象"，它们属于感情、欲望和情绪，只有它们才构造了"精神世界"。"精神世界"的"科学"，是建立在"反省知觉"之上的。

也正是在这里，才出现了所谓的"休谟问题"。

三、"休谟问题"之实质

哲学史上所谓的"休谟问题"（Human Problem），指的是休谟发现了人

---

[1] ［英］以赛亚·伯林编著：《启蒙的时代——十八世纪哲学家》，孙尚扬、杨深译，韩水法校，译林出版社2005年版，第179页。

们通常惯犯的一个推理错误：从"是（is）什么"的所谓"不以人意为转移的""事实"推导"应该"（ought）如何。这本来是从伽利略以来的科学思维要求的科学知识之客观性的表现。但休谟发现，这种推理本身是错误的。"是什么"指代一个观察性的"事实命题"，如"这是一朵花""这是一台苹果牌电脑"，但我们不能从前一个"是"中推论出"这应该是一朵美丽的花"，不能从后一个"是"中推导出"这应该是一台最好的电脑"。但是，休谟发现，许多人的推理却恰恰是这样进行的：

> 在我所遇到的每一个道德学体系中，我一向注意到，作者在一个时期是照平常的推理方式进行的，确定了上帝的存在，或是对人事作了一番议论；可是突然之间，我却大吃一惊地发现，我所遇到的不再是命题中通常的"是"与"不是"等连系词，而是没有一个命题不是由一个"应该"或一个不"应该"联系起来的。这个变化虽是不知不觉的，却是有极其重大的关系的。因为这个应该或不应该既然表示一种新的关系或肯定，所以就必须加以论述和说明；同时对于这种似乎完全不可思议的事情，即这个新关系如何能由完全不同的另外一些关系推出来的，也应当举出理由加以说明。不过作者们通常既然不是这样谨慎从事，所以我倒想向读者们建议要留神提防；而且我相信，这样一点点的注意就会推翻一切通俗的道德学体系，并使我们看到，恶和德的区别不是单单建立在对象的关系上，也不是被理性所察知的。（《人性论》，第509—510页）

从这一发现中我们根本不能说，休谟是想否认科学思维建立在"客观事实"基础上的"科学合理性"，因为我们根本不能遗忘休谟哲学的彻底怀疑论立场，是不允许我们的科学理性能先验地假定有这样一个"客观事实"的。科学的所谓"客观事实"是经验观察到的"事实"，基于我们的"知觉"，因而所谓的"客观事实"依然不过是经验观察留下的"印象与观念"，其中是渗透了观察者的"眼界""见识"和"鉴赏力"的。尤其是，休谟现在说要研究的"道德学"，属于"精神科学"，而精神科学的基础是"反省印象"，在"反省印象"中，那种完全客观的"事实"是不存在的。

为此，"道德学"如果要想成为"科学"，必须首先研究因果关系，尤其是科学的"归纳法"。通过休谟对因果关系的重新阐释，人文科学才能追求与现代科学相同的基础与推理形式。

第二节　休谟重新解释因果关系的后果

休谟对科学的阐释依赖于他对因果关系的阐释，因为所有的科学解释都是对事物之因果关系的解释。但因果关系本身的性质，却无人解释清楚过。休谟的工作就是试图阐释清楚因果关系本身的性质究竟如何。当我们回到这一问题本身时，就会发现一个争论的焦点：每一种东西是否必然有一个原因？如果我们相信有"科学"的话，自然就会得出一个肯定的回答。因为所谓科学知识，就是关于事物之原因的知识。但恰恰在这个根本问题上，休谟却持否定答案。因为对于所有事物必然有一个原因这个断言，我们既没有得到直观的确实性，也没有得到理证的确实性，所以那个断言不是由科学知识或任何科学推理得来的"意见"，而只是由观察和经验得来的。而问题就在于，由经验和观察得来的所谓的因果关系，如何可能具有必然性呢？这才是"科学知识"的本性：由经验和观察得到的命题表达的是关于事物之必然的因果关系。

一、关于因果关系的几种错误理解

从亚里士多德开始，"科学"或"知识"指的就是关于原因的知识。一个如此这般的"事实"或"物体"a必有产生它们的"原因"b，于是a和b之间构成因-果-关系。追求知识的"科学"就是探究事物之间的因果关系，从

"果"（如此这般的事实/事物）探究其为何如此这般的"因"。哲学也被称为"科学"，但它探究的是万事万物作为一个总体之"存在"的"第一因"，因此，亚里士多德说，哲学的科学与其他科学相比，它不仅仅是求知，而是求"智慧"。知识是"知"具体事物之间的原因性（causation），而只有"知""存在"之"第一因"才是"智慧"。所以，当我们只在科学意义上探讨因-果-关系时，休谟给因-果-关系下的第一个定义是一个事件或对象在"时间"上的先-后-相续：

> 我们可以给一个原因下定义说，"它是先行于、接近于另一个对象的一个对象，而且在这里凡与前一个对象类似的一切对象都与后一个对象类似的那些对象处在类似的先行关系和接近关系"。（《人性论》，第195页）

但是恰恰在这里，存在着错误的认识，它误以为"空间上""接近"和"时间上""接续"就有"因果"，是把构成因果关系的必要条件当作"因果"本身了。一般认为，因果关系的观念必然是从"对象间"的关系得来，认为构成原因与结果关系的那些对象，必定具有在空间上的"接近关系"，否则不可能"发生作用"，当然也就没有因果关系了；认为"两个对象"必定在"时间上"具有一先一后的"接续关系"，否则"接近了"也依然无"联系"。休谟承认，这是因果关系得以成立的两个"必要条件"。但是，当我们考察物体运动的原因时，一个物体被撞击，可以"接近"另一个物体，但"接近"并不必然地就是造成另一个物体运动的原因，"接近"只是必要条件而已，而接近后是否有"因果关系"，完全是另一回事儿。在"时间上"的"接续关系"争论更大，因为有些人认为，原因在时间上总是先于结果，但有些人主张，原因并不是绝对必然地先于它的结果（《人性论》，第92页）。所以，关于因果关系的这三个一般看法——作为对象之间的关系，作为空间上接近的关系和作为时间上接续的关系都是成问题的。

"因果""作为对象之间"的关系之所以成问题,从休谟的经验主义立场可以说清楚。如果没有人对对象有"知觉",我们如何能断言有一个"对象"在我们之外存在?既然有一个"对象"或两个"对象"存在,且存在某种"因果",那必定是"先"对它们的存在及其之间的关系具有了"知觉",而一旦是通过我们的"知觉"而"知道"它们的存在,且存在"因果",那么就可以得出一个普遍性的推理:外部世界的"存在"及其关系,都是以人类的"知觉"为基础,且只存在于"知觉"内,任何脱离"知觉"、超越"知觉"外的"因果关系"都是可以存疑的不实的言辞。

既然我们必须在"知觉"内才有因果关系,那么"对象之间"的因果关系,就必须与"知觉"的规律相符合。但你知觉到的因果是否真的是因果,还需要破除知觉上的一些误解。

休谟发现,知觉上一个最大的误解,往往都是把"类似关系"——这个对象"看似"原因,那个对象"看似"结果——两个"看似"的原因与结果关联起来作为"因果"。休谟的最大洞见在于指出:类似关系是错误的最丰富的根源(《人性论》,第76页)。

不求甚解、不求真理的人,最热衷于"比较",而"比较"中的"推理"几乎都是"类似关系"的推理,殊不知看似"类似"的东西,只要脱离它自在存在的环境和语境,把它抽取出来,同另一个环境和语境中的"东西"比较,我们的"知觉"就最容易出错:把只要是相同的或类似的东西混淆为一样的东西。

另一个容易出错的点在于,知觉活动中"记忆"和"想象"具有重要的作用,但由于我们上文已经提到的,"想象"可以自由地移置和改变它的观念,那么,关于因果观念的时间上相续、空间上接近的必要条件,就使得"因果"不可能完全是两个对象之间"客观"的关系了。在这里,休谟又有一个特别重要的因果关系上的洞见:

没有任何关系能够比因果关系在想象中产生更强的联系于对象之间，并使一个观念更为迅速地唤起另一个观念。(《人性论》，第23页）

休谟关于因果关系的第三个洞见，是指出因果关系问题上最常见的一个错误是认为：

每一个结果都有一个原因，因为原因就涵摄在结果这个观念之内。(《人性论》，第99页）

休谟说这是"轻率的人"最常出现的误解。当人们说，父母是产生儿子的原因时，我们知觉不到作为"原因"的父母是如何被"涵摄"在作为"结果"的儿子之内的。我们不能因为每一个丈夫必然有一个妻子，就说每个男人都结婚了一样。休谟这样说的时候，是指"原因涵摄在结果"之内的这种"逻辑蕴涵"关系，仅仅是一个逻辑上的先天观念，它只是一个逻辑上的相关项。而从逻辑蕴涵关系上，虽然不能从每一个丈夫必然有一个妻子，推导出"每个男人都结婚了"，但它却能够说，当且仅当一个男人有了一个妻子时，他才成了丈夫。在"逻辑必然性"上，"有一个妻子"，是"一个男子成为丈夫"这一"结果"的"原因"。只是，该"原因"（妻子）不具有在可经验的日常"时间"上"先于"丈夫存在的可能性，也不能说成为"丈夫"的男人在"时间上""后"于女子。在"逻辑"的"时间"上，"夫妻"是同时的，更准确地说，是互为因果的。因为一个"男人"当且仅当"有个妻子"这个"先天条件"，才成了"丈夫"，"妻子"在此意义上是"男人"成为"丈夫"的"原因"。但同时，我们也可以说，当且仅当一个女人有了一个丈夫，她才成了"妻子"。在此意义上，丈夫又是一个女子成为妻子的原因。所以休谟说，"因果关系"的恒常性"毁灭了""时间"，前因后果的"先后性"是逻辑上的必然条件，逻辑上的先后，不是日常时间的先后。

但休谟在《人性论》中的"时间空间"讨论历来被视为最失败的部分，没有多少人能读得明白。原因在于，他还没有康德那样的"先验逻辑"，所以他没有明晰地说，我对因果关系中的先后时间的"摧毁"是要以逻辑上的先后或同时，取代日常时间的先后。按照日常时间的先后根本就无法正确理解因果关系的恒常性和必然性。因为所有在时间中的东西，都不具有实在性，而只具有或然性。但他在这里做出了一个具有哲学史意义的洞见，就是发现原因不仅不能"涵摄"在"结果"之内，而且原因和结果就是完全不同的两回事。我们可以说，每一个"丈夫"必然有一个"妻子"，这是逻辑蕴涵的关系项，但我们不能因此就说，"妻子"作为使一个男人成为"丈夫"的"原因"，已经涵摄在作为结果的"丈夫"概念下了。妻子和丈夫，在这个逻辑的蕴涵关系之外，根本就是不同的两个人、两回事，是不能这样被纳入逻辑蕴涵关系中的。所以，因果关系的实质，在于区分两方面：一是逻辑的先后关系和时间的先后关系；二是这种"先后"的逻辑必然性。

当休谟说，任何原因和它本身的原因都是决然不同的两回事时，指出了"先天观念"的武断，实际上就是已经看出逻辑的关系与实际关系并不能相互蕴涵。只有康德后来建立了"先验逻辑"，才区分出"逻辑上的先后"和"时间上的先后"其实是相反的：就时间上的"先后"而言，"父母"当然是先于、年长于"子女"的，但使一对男女成为"父母"的"原因"，却是他们生下了"儿女"，所以有自己的"儿女"才是一对夫妇成为父母的"原因"，即当且仅当一对夫妇有了"子女"才是他们成为父母的逻辑必然性条件，在此意义上，"子女"是"先于"父母的，或者用休谟的话说，至少是"同时"的。即"子女"一出生，"父母"就同时"产生"了。这是休谟在《人性论》第92页反驳"原因绝对必然地先于其结果"的理由。他说，当我们从经验中发现，原因与结果是"同时"成立的话，那么就不仅摧毁了一般所认为的原因与结果之间的时间上的"接续关系"，"并且确实也把时间消灭了"。

我们只能按照康德的"先验时间"，即纯逻辑时间才能理解休谟所说的

"把时间消灭了"的意思，实际上就是消灭了通常意义上的时间的先后、接续关系。因果关系成立的条件是"逻辑上同时性"：作为"原因"的东西让作为"结果"的东西同时成为结果。

因此，只有我们正确地理解了时间上的先后与逻辑上的同时作为因果关系的必要条件时，才能真正理解"为什么一个原因永远是必然的"。虽然之前人们对于原因的必然性"所提出的每一个理证，都是错误的、诡辩的"（《人性论》，第97—98页），但是，当我们明了因果关系所谓的"因前果后""时间性"被取消之后，原因的"必然性"就不是时空中的客观对象之间的关系属性，而是在人类心灵的"知觉"推理中才具有的一种观念性联想。

二、因果关系必然性的本质只是心灵中的习惯倾向

由于因果联系是由心灵的知觉建立起来的，而"想象"又在因果关系中比在任何其他关系中起着更大作用，让一个观念唤起另一个观念，那么，原因必然产生其结果，就不过是知觉把观念经常如此连接的习惯建立起来的"必然性"。这就是休谟的结论。我们现在将他这一推理的几个关键性步骤再分析地考察一下，以发现这一推理中的关键性洞识和可能会引起争议的问题。

休谟经验主义在因果解释上的彻底性，第一步就是将"原因"与"结果"之关系的联结，从单纯是外在"对象"之间的关系还原为"观念之间"的关系，而"观念"无非就是某种"印象"。如果一个对象作为原因，引起另一个"对象"，那么"对象"作为人的知觉之外的"自然物"，对象之间的作用力也是独立于人类经验以外的，这样的推理或者是独断论的，或者充满了各种虚幻的迷雾，比如把因果关系涵摄的接近与接续这种"时间"上"概然"发生的关系，全都当成必然的关系。这种迷雾不清除，就不可能有真正的科学。所以，休谟需要给"原因性"本身先下一个"定义"：

它是先行于、接近于另一个对象的对象，而且在这里凡与前一个对

象类似的一切对象都和后一个对象类似的那些对象处在类似的先行关系和接近关系中。(《人性论》，第195页)

这是满足于那些认为因果关系是对象之间的客观关系的人们所给出的定义。根据休谟在这之前的所有证明，我们知道这个定义是有缺陷的，因为它不懂得"原因"的"效能"（efficacy）和"作用"（efficient causes）其实并不存在于"对象"中，而仅仅存在于心灵的倾向中。我们的心灵永远无法知道自然界的最终效能和能力，但我们的知觉不断重复地产出一个对象与另一个对象相近和相续的关系后，知觉就习惯于产生由一个对象推移到该对象通常的伴随物的观念的倾向，"这就是必然性的本质"（《人性论》，第190页）。由此，休谟就可以从"知觉"上替换掉第一个有缺陷的"原因性"定义，而给出了"原因性"的第二个定义：

一个原因是先行于、接近于另一个对象的对象，而且它和另一个对象那样地结合起来，以致一个对象的观念就决定心灵去形成另一个对象的观念，一个对象的印象也决定另一个对象的较为生动的印象。(《人性论》，第195页)

这样就把因果关系从外部对象之间的关系转向了"心灵"由对象产生的"观念"之间的关系。因为我们绝不可能仅仅在客观对象上发现它有因-果-能力，即一因必然产生一果的恒常能力。而且对象之间是相互作用，不是单向作用的，那么哪个对象作为在先的原因必然产生在后的结果，只能从我们思维它们时的内心观念进行联想。所以，是我们的"经验"而不是事物自身的必然性构成了因果关系。根据单一的知觉经验，我们无法知道任何事情为另一个事情的原因，我们也不能给出任何理由，将我们过去的经验扩展到未来。例如我们经验到太阳每天从东方升起，从西边落下，我们并没有任何理由理性地推论出，太阳明天必然（一定）会从东方再升起。然而，从单一的经验归纳，虽不可能完成因果必然性推论，却可以在我们知觉不断重复的记忆、不断变更的想象中，最终由"习惯"产生出它们具有恒常联系的"信念"与倾向：

> 当任何对象呈现于我们面前时，它立刻就使心灵转到通常被发现为伴随这个对象的那个对象的生动观念上。心灵的这种倾向就形成了这些对象之间的必然联系。但是，当我们改变观点，由对象转到知觉时，那么印象就被看作是原因，而生动观念就被看作是结果；而它们之间的必然联系就是我们感觉到由这一个观念转到另一个观念的那个新的倾向。……但是，经验的本性和结果……永远不能使我们洞察对象的内在结构或作用原则，它只是使心灵习惯于从一个对象转到另一个对象。（《人性论》，第194页）

所以，休谟总结出只有两个确立"结果"之"原因"的方法：或者通过"记忆"，或者通过感官的直接印象。如我们凭借什么原因相信"恺撒是3月15日在元老院被刺死"这一结论？根据历史学家的一致意见，这是一种"历史的记忆"。而"历史的记忆"从哪里产生的？从当时人的直接感官印象中。但也有人对此提出反驳说，既然根据过去的历史结论确立了"原因"，那么就不必求助于此结论所得出的最初直接印象了。休谟说，这类反驳根本无效，一切关于因果的推理都是由某种原初印象得来的，即使原初印象在历史记忆中消失了，由它们所产生的"信念"不会消失。而这种"信念"其实"就是感官的直接印象，或是感到那个印象在记忆中的复现"（《人性论》，第104页）而已。在这里，自然的"时间性"又被"消灭"，它在"记忆"中，把"过去""唤醒"在"当前"，呈现出"结果"与"原因"的"同时性"才是"有效的"推理。

由此可见，从因到果的推论，"不单是"从对象的观察或关于对象的本性得来。没有任何对象能"涵摄"其他对象，我们只是从"经验"，即感官印象及其所引起的观念，推断一个对象的存在与另一个对象的存在具有"依赖关系"，如火焰与热的关系，其"接近"或"接续"的"经验"并不能让"知觉"建立其因与果的联系。这种联系要能建立起来，靠的是火焰与热之依赖关系的一种"恒常结合"（constant conjunction）。但这种"恒常结合"是在我们的"记忆"中建立起来的，"记忆"是一种"重复作用"，是对"流俗时间"的不断"变调"。因而休谟指出："重复作用在每一个情况中并不都是同样的，他产生了一个新的印象，并因而产生了我现在要考察的那个［必然性］观念。"（《人性论》，第179页）所以，正是在这里，休谟说出了他的惊人论断：那个必然的联系依靠于那种推断，而不是那种推断依靠于必然的联系（《人性论》，第106页）。

因而，因果观念之间建立其必然性，需要将流俗的时间性取消，将强烈的知觉印象"现前"，从而在一种自然的依赖关系中推导出必然的伴随物，这不过就是在知觉思维的"记忆"和"想象"的"习惯"中所建立的：

> 凡不经任何新的推理或结论而单是由过去的重复所产生的一切，我们都称之为习惯（custom），所以，我们可以把下面一种说法立为一条确定的真理，即凡由任何先前印象而来的信念，都只是由习惯那个根源来的。当我们习惯于看到两个印象结合在一起时，一个印象的出现（或是它的观念）便立刻把我们的思想转移到另一印象的观念。（《人性论》，第122页）

这样的结论具有摧毁性后果，虽然大家都承认，休谟关于因果关系的论述，是自亚里士多德以来首次从"经验科学"立场做出的最详细的论证，它消除了因果关系问题上的许多虚妄和谬误，但实实在在地摧毁了人们对科学真理客观性的信念，让人们看清了一个残酷真相：科学知识迄今并未确立起自己坚实的基础。伽利略以来所相信的那种"坚不可摧的不以人的意志为转移的"科学真理的"事实性"基础，依然还只是海边的沙滩。这也就是怀特海说的后来科学家纷纷离开了"哲学这座大山"的原因。但是，这种因果性的阐释，对于道德哲学却具有重大的意义，它使得休谟在他自己的道德学推理，尤其是在其关于道德情感的阐释中，不可能再像他之前的那些道德哲学那样，几乎不可避免地犯了"自然主义谬误"（naturalistic fallacy），即从"是"（事实）推出"应该"的错误。因而，我们现在需要对之进行考察。

三、休谟道德哲学中"无自然主义谬误的自然主义"解释模式

正如休谟没有像康德那样区分一般逻辑和先验逻辑，他也没有像康德那样区分自然的因果性和自由的因果性。但这种区分的意思不仅有，而且上述许多想法至少可以被视为康德思想的催化剂。他们两人有一共同点，就是摧毁常识性见识，把流俗之见带向科学和哲学。同时代的常识哲学家、比休谟还年长一岁的里德就批评休谟的"经验"与"日常经验"，即"常识"格格不入。后来，只有接受了德国哲学的新黑格尔主义者格林（T. H. Green, 1836—1882）才读懂了休谟，认为休谟的经验主义开创了一种"现象主义"诠释的先河。这种现象主义意味着：

> 仅仅参考逻辑性的私人经验集就可以以某种方式对这个由众多物理对象和他者之心灵构成的公共世界给出一个满意解答的这样一种信念。休谟似乎被这种信念所指引，这从他以下语句中可以明显地看出来："除了知觉以外，从来没有其他存在物呈现于心中。"[1]

---

[1] ［美］唐纳德·利文斯顿：《休谟的日常生活哲学》，李伟斌译，华东师范大学出版社2018年版，第12页。

我们虽然可以认同这一点，休谟确实发展了一种完全不同的经验主义解释模式，但如果通过"知觉"变成了贝克莱式的"存在就是被感知"，外在物理世界的存在这一"无情的事实"就会时不时跳出来发出强烈的抗议。康德的做法是更加稳妥的，他不把所有的因果性都视为一类，而是分为两类：物理世界的自然因果性与伦理世界的自由因果性。如果正确地理解休谟的话，他不是不承认物理世界有其自身固有的因果性，而是认为它也像伦理世界的自由因果性一样，都只有在"知觉"逻辑意义上才能获得合理的解释。所以，他也不是根本否认外在物理世界的客观存在，而是说，任何外界存在，只有通过"知觉"，才为我们感知得到，否则关于它们的存在的所有断言都是毫无根据的独断。因此，鉴于"休谟问题"的发现和休谟对牛顿式物理学的迷恋，我们可以合理地将其关于因果关系的诠释视为一种"无自然主义谬误的自然主义"解释模式。

鉴于他的道德学推理全都基于"人性科学"，他确实也在《人性论》中处处采用"实验推理方法"来解释和验证情感依据印象与观念而发生的心理机制。在"论爱与恨"中，他连续提出了"八个实验"（第369—383页）来证明"情感永远随关系而变化"，当一种关系由于任何特殊情况而没有通常的作用，即不能产生观念间或印象间的推移时，它就不再对情感起作用，既不能产生骄傲或爱，也不产生谦卑或憎恨，他的伦理学是"自然主义"的就根本不存在任何问题。斯特劳森对休谟做了这种自然主义的定位：

> 一个人可以谈论两个休谟：作为怀疑论者的休谟和作为自然主义者的休谟。而休谟的自然主义，正如所引用的那些句子［理性是且只应当是情感的奴隶——引者］所阐明的，看起来像是在躲避他的怀疑论的一个庇护所。一个拥有一种更为彻底的自然主义的人，可以把"是什么原因使我们相信物体存在？"这一问题视为我们很可以问的问题，视为一种可悲的用来指涉经验心理学、指涉婴儿发展研究的问题。但在这样做

时，他会怀有正当的期望，即关于这一问题的答案事实上会把物体的存在看作是理所当然的。[1]

这就使得休谟的自然主义在另一方面对道德世界进行一种"无自然主义谬误"的自然主义解释，这仰赖他的因果关系诠释不是直接从物理对象之间的关系，而是从具有反省性、记忆性和想象性的"知觉倾向"中，取得因果之恒常的必然性。这使得人类的"心灵"具有了自主作用，心灵不是被外物刺激从而产生的观念，而是这种观念在人心中被知觉自身的自主性所主宰，而得到了原因和结果之间的恒常必然性联系，所以在这里根本不会发生从"是"直接飞跃到"应该"的自然主义谬误。这恰恰可以视为导致休谟这一自信的理由：道德哲学家具有一种为自然哲学家所不具备的解释人类行动的特殊方式。道德行为普遍被认为是做应该做的事，因而，关于道德的因果解释，就不能通过某一经验的法则来涵盖某一行为，而只能用"道德的原因"来阐释一个道德的主体之所以采纳这一原则的道义理由：

> 所以对于道德解释来说，可理解性原则即是：某一行为只有在它能够被驱使主体行动的充足理由所论及的情况下才是可理解的。在特例中被拒绝的荒谬性原则，就是指那些行为无法被充足的理由所论及。由于道德说明不是以一种经验法则来涵盖行为的方式而是依据驱使主体行动的充分理由来进行解释的，因而它们正如休谟所说的那样是不具有预测效力的。[2]

如果能把这里的"预测效力"改换成"规范效力"，我们就更能明了休

---

1 [英] P. F. 斯特劳森：《怀疑主义与自然主义及其变种》，骆长捷译，商务印书馆2018年版，第16—17页。
2 [美] 唐纳德·利文斯顿：《休谟的日常生活哲学》，李伟斌译，华东师范大学出版社2018年版，第243页。

谟关于道德的因果解释的真正模式。其实质就是通过道德主体的知觉自主性来确立行为的道义理由，从而自我决定采纳何种行为法则。这种行为可理解性的原因，在于其行为的充分理由本身是合理的或合道德的，而这一"原因"的结果，则是它"驱使主体行动"，从而表明这一道义理由的"实在性"不是由任何外在的"道德事实"决定的，而是由这一道德理由的规范有效性决定的。

  这种道德的因果性解释，依然坚持了"道德实在论"的立场，但不像某些被误解了的自然主义那样，试图将"道德理由"中的"道德真值"还原为表达了某种自然的"事实"。如果道德解释必须是这样，那么，在休谟看来，这恰恰是从"是"推导出"应该"的自然主义谬误。休谟以"道德理由"来解释道德行为之发生，自然十分有效地克服了这一困境，为20世纪整个人文科学、精神科学正确有效的思维推理确立了一种"思维模型"，可惜它的意义根本没有得到应有的重视，大量的推理依然是在还原论的自然主义，即物理主义的思维模式下进行的。这无疑从根本上误解了何为人文科学的"事实"和"应该"，它们与自然科学中的"事实"与"价值"的区别究竟在哪里，还远没有得到知觉，休谟关于道德的因果解释和自然哲学的因果解释之间的关系，也没有得到系统的整理。但至少，通过休谟的道德因果性解释模式我们增长了这样两个见识。第一，那些看起来无规律（无规则）的行为实际上虽然是无规律的，但并不是不合理的，种种无规律的荒谬行为都能有其如此这般做的"合理理由"。因而，当代英美伦理学一些人将道德哲学的重心确立为"行动提供理由"，从休谟的解释模型来看就是十分可疑的。人类任何时候都能为自己的行为提供这样做的理由，但这个理由本身是不是具有道义，与是不是合规律完全不是同一回事儿，我们只有在休谟这里才具有如此清明的意识。第二，道德的因果解释具有比自然的因果解释更大的优势，让我们能够真正明了，最终的必然的因果律究竟是如何通过行为变得可理解的：

休谟通过这种方式再次抛弃了科学统一的命题，相信道德哲学中的解释以某种方式优越于自然哲学中的解释。……准确地说，道德哲学的优越性在于道德哲学家们可以通过为经验规律提供道德解释，从而以自然哲学家们所不具有的方式使他们的这些规律变为"可理解的"这一事实。[1]

第三节　休谟版本的情感主义德性伦理

当我们进入对休谟情感主义德性论的具体讨论时，就会发现，休谟伦理学其实是无法满足当代美德伦理学之标准进路的，在他的《道德和政治论文集》(*Essays Moral and Political*) 中的"论怀疑主义者"被认为是《人性论》中的人性原理的通俗化，在此他否认了"人性"就其自身而言的所有价值判断的可能性：

> 如果我们能够信赖我们从哲学中学到的任何原理，那么，在我看来，这一点或许是确凿无疑的：没有任何事物就其本身而言是高贵的或卑鄙的、可欲的或可恨的、美的或丑的；所有这些品性都源于人类情感的特殊构造和结构。在一种动物看来最精美无比的食物，在另一种动物看来则令人作呕；让一个开心的事物，却让另一个人惴惴不安……[2]

所以，我们在他这里不可能发现，他是以美德为中心而不是以行动为中心，以做一个有美德的人为中心而不是以何种行动规范为中心。就休谟自

---

[1] ［美］唐纳德·利文斯顿：《休谟的日常生活哲学》，李伟斌译，华东师范大学出版社2018年版，第246页。

[2] 转引自［美］欧内斯特·C. 莫斯纳：《大卫·休谟传》，周保巍译，浙江大学出版社2017年版，第157页。

己对哲学和道德学研究的目标而言,他不可能有这样的区分意识。我们前面已经引用过,他对"道德学"的规定仅仅是如此简单:道德学研究人类的鉴别力和情绪。这里的"鉴赏力"实际上就是沙夫茨伯里所探讨的"品味"tastes,而"情绪"就是情感主义所探讨的sentiments[1],因而,道德学是研究人类心灵的品味和情感。以什么为进路呢?答案是人性科学。因为他认为这是在我们的哲学研究中我们可以希望借以获得成功的唯一途径,唯有人性可以直捣"科学"的首都或心脏。而从"人性"到"美德"还有非常遥远的距离,不能说以"人性"为出发点,就是以"美德"为出发点。关于人性的原理,还需要先探究人心的知觉原理,因为就像外界物体的本质是我们所不能认识的一样,我们对心灵的本质或本性也根本不能认识。

一、情感阐释的自然主义进路

"人性科学是唯一的一门关于人的科学",没有什么能比这一断言更鲜明地表达休谟哲学的自然主义进路特点了。我在这里采取的是自然主义的一般含义:以自然科学的方法来研究哲学,拒绝任何形而上学的和神学的未经反思的设定,反对不能为科学清楚说明的超自然的、神秘的观念。当然,休谟实际上比这种自然主义走得更远,他甚至否认道德区别是从理性得来,认为我们只能根据情感,更直接地是根据"印象"来区分道德上的善与恶,并判断一种行为在道德上是可赞美的或可谴责的。因而他甚至拒绝在道德哲学上从事过于深奥的推理,因为这种推理或许可以使论敌哑口无言,但并不能使之信服。因为他认为"信服"属于情感上的自然的事,而不能借助于任何非自然的理性论辩。

所以,休谟的自然主义进路,直接按照"人性科学"要求返回到自然人性来理解和解释人类的道德情感。而"人性科学"又只能根据人在实际

---

[1] David Hume: *A Treatise of Human Nature: Being An Attempt to Introduce the Experimental Method of Reasoning into Moral Subjects*, Oxford: Clarendom Press, 1896, p. XX.

相处时的"经验"来考察人性。他所倡导的在道德哲学这一精神科学中引入"实验科学的方法",是近代最早,也最自觉地让道德哲学摆脱神学和形而上学,以自然科学及其方法为基础的自然主义宣言。正如传记作家评论的这样:

> 休谟最迟于1726年离开了爱丁堡大学,并决定在道德哲学领域进行原创性的研究。在18世纪,作为一个研究领域,道德哲学仍不仅涵盖伦理学和心理学,而且涵盖政治学和政府理论、历史学,所有的社会研究,以及美学和批评学。此时的休谟已对牛顿在自然哲学领域明智运用科学方法了然于胸,并且一如启蒙时代其他的许多思想家一样,休谟深受牛顿自己在《光学》一书的结尾所留下的一个暗示的激励:"如果通过运用这种方法,自然哲学的各个部分将得到最大程度的完善,那么道德哲学的边界也将被大大扩展。"[1]

而"实验科学方法"在当时,无非就是在"观察和经验"基础上的"思想实验",因为"实验心理学"在当时还未诞生。休谟经验论的特点就是在"感觉"与"观念"之间插入一个"印象",所有"印象"虽然都是"主观的",但有直接和间接之分,有"平静"和"激烈"之分,因而,关于感情起源和性质的讨论,就回到其自然发生的起点:以"印象"为出发点。就像知觉可以区分为印象与观念一样,休谟把印象也区分为原始印象和次生印象,前者等于"感觉印象",后者等于"反省印象":

> 所谓原始印象或感觉印象,就是不经任何先前的知觉,而由身体的组织、精力或由对象接触外部感官而发生于灵魂中的那些印象。次

---

[1] [美]欧内斯特·C.莫斯纳:《大卫·休谟传》,周保巍译,浙江大学出版社2017年版,第85—86页。

生印象或反省印象,是直接地或由原始印象的观念作为媒介,而由某些原始印象发生的那些印象。第一类印象包括全部感官印象和人体的一切苦乐感觉;第二类印象包括情感和类似情感的其他情绪。(《人性论》,第309页)

但他发现,情感领域的所有推理都不过是一种概然推理,其实真正说来,在此领域内都不过是一种感觉的关系,而不是什么推理。可是,如果把情感和情绪区分开来,把情绪归入"感受""感觉",从而归入"身体",而把"情感"归入经过"反省"为中介的"心灵",那么,情感领域也就可以存在真正的理性推理了。因而,印象与知觉的区分,感觉印象和反省印象的区分,是情感领域真正科学研究的前提。需要提前注意的,是我们自身的研究不能再随意地把休谟的"情感"(sentiment)翻译为"情绪",这种混淆大量存在于《人性论》等著作的翻译中。只有当"情感"超越了身体性的"情绪"和直接的感觉印象,情感领域才有"因果关系"问题:能够引导我们超出我们记忆和感官的直接印象以外的对象间的唯一联系或关系,就是因果关系(《人性论》,第107页)。

休谟之前盛赞过哈奇森,把判断真假的知性官能和判断善恶的道德感官区分开来,这是清除道德哲学领域认知混乱的前提。通过这种区分,使人更清楚地认识到,道德认知不属于知性范畴,而属于品味或情感的范畴。[1]但休谟超越了哈奇森,他不再借助于"道德感官"这一神秘的官能构造,而以科学的方式阐释道德情感在人类心灵中的发生机制。虽然人们都能像诗人蒲伯所指出的那样,休谟应该"像解释自然之物那样,解释道德之物",但是,休谟遇到的最大困境却是道德与人性之间巨大的张力。道德的科学要求,是所有的道德都建基于永恒不变的关系,就像有关量与数的命题对于有智慧的

---

[1] 参见 N. Kemp Smith, *Philosophy of David Hume: A Critical Study of Its Origins and Central Doctrines*, London, 1941, pp. 14–20, 24。

心灵属于永恒不变的关系那样,但是,一旦把道德建立在人性的情感而非理性基础上,马上就会像哈奇森那样认识到,在事关品味和情感的领域中,一切都因情感本身的变化不定而发生不稳定的无常变故。这就是休谟在人性科学和道德情感上所面临的一个根本困境:由于他的怀疑主义否定了永恒不变的人性,或者说,当他在科学上把所有因果关系都不视为事物之间的必然关系,而只是我们心灵中的知觉印象与观念之间的习惯性联想,那么,"人性"本善本恶的设定就会统统失效,变成毫无意义的空洞言辞。因而从恒久不变的人性来言说道德,也就只能导致虚妄而愚蠢的推论。他坚信:

> 人性是十分无常的,不可能有任何那样的规律性。易变性是人性的要素。既是这样,那么人性不是极其自然地要向着那些适合于人的性情、符合于当时占着优势的那一套情感的感情或情绪而变化么?因此,在印象间也和在观念间一样,显然都有一种吸引作用或联结作用;不过两者之间有这样一种显著的差别,即观念是被类似、接近和因果关系所联结的,而印象却只是被类似关系所联结的。(《人性论》,第318页)

而迄今为止,同样是在英国经验主义哲学影响之下的沙夫茨伯里、哈奇森、巴特勒等人,作为休谟的先驱,开创了道德情感主义研究的先河,取得了一系列可喜的成就。但是,在他们的道德情感研究中,依然存在着大量错误的观念和推理,这使得休谟感受到对时代的情感主义进行彻底"科学的启蒙",实际上是非常迫切的课题。他本人虽然是位性情平和的精神贵族,但他对"精神科学"中无知与偏见的揭露依然相当尖锐:

> 精神哲学在这里所处的情况正和哥白尼时代以前的自然科学所处的情况一样。……倘使我们以叠床架屋的原则充塞在我们的假设之内,那就确实地证明了,这些原则中没有一条是正确的,而我们只是想借一大

批伪说来掩盖自己对于真理的无知罢了。(《人性论》,第316页)

我国宋儒在面临道德的不变与人情的永变矛盾时,总会以"天道"来规范"人道",犹如明道先生(程颢,1032—1085)说的"只心便是天,尽之便知性"那样,但休谟坚决不走这样的形而上学老路,他想要在情感本身的变化无常中寻找关于道德情感的因果解释法则。因而他不对自然"天性"之本性做任何无谓的空谈,而仅仅在"印象"和"知觉"范围内探究情感之发生和性质,既然没有任何情感不被归入知觉之内,"因此,知觉这个名词就可以同样地应用于我们借以区别道德善恶的那些判断上,一如它应用于心灵的其他各种活动上一样。赞许这一个人,谴责另一个人,都只是那么许多不同的知觉而已"(《人性论》,第496页)。

所以,休谟也与霍布斯一样,相信知觉所提供的印象和观念只是"看起来"变化无常、杂乱无章,但其实它们之间依然还有"一种引力",让人们以情感为纽带产生精神上的普遍联系。至于这种"引力"是事物之间存在的"何种力量",休谟没有断言,也不可能断言。做出任何这种超出经验之外的断言,都与其怀疑主义立场相悖。但我们在《论情感》中完全可以感受得到,这种"引力"无非就是人与人之间"情感"的品味能力,从而内涵一种自然地向美德提升的内在动力。没有这种德性及其品味的"引力",人既不可能过社会生活,也不可能真正地成为人类。

也正是从这里,我们可以看出休谟道德情感主义的初衷与特色,自然主义进路才能更顺畅地对从道德情感到美德之间的过渡做出科学的阐释。因为情感主义本身不是目的,目的在于阐明美德对于美好生活的意义。而美德不可能毫无来源与根基地作为德性伦理的元概念,从人性出发,除了人们还死死抱住的旧形而上学的人性本善的抽象而无意义的设定,我们很难直接地就在人性之中,发现德性向着美德提升的种子或根源。休谟坚信人性的易变性,更不可能直接从人性跳到美德。人性在何种原因、何种条件之下,才能发展为美德，这才是休谟人性论所要探究的。因此，《人性论》第一卷讨论人性之知性特点，第二卷讨论人性情感之根源与本性，直到第三卷，休谟才进入"道德学"，才从"道德区别"依赖于"情感"而不依赖于理性，开始对德性的探讨，这种探讨才合乎人性之逻辑、情感之逻辑。因为"情感"的三章——"论骄傲与谦卑""论爱与恨""论意志与直接情感"，都最终依顺于我们知觉之印象与观念的联结。

二、心理学情感与道德情感

通过人性研究的科学化，休谟成功地把情感主义从神学和形而上学的陈腐方法中解放了出来。这使得休谟对道德情感的阐释，既在自然人性之内找到了根基与力量，又超越了巴特勒、沙夫茨伯里和哈奇森，把附加于自然人性之上的虚假的多余的设定统统抛弃。虽然巴特勒最早地说出了后来被归之于休谟的金句——理性是且只能是情感的奴隶——休谟对巴特勒注重情感的意义，是称道的，但对于他借助于上帝、借助于基督教的神学假定来言说情感，则唯有批评。沙夫茨伯里和哈奇森同样，虽然他们的情感主义与基督教思想关系不大，但他们依然强调人类本性之情中具有根深蒂固的自然神论之形而上学的基础。我们站在沙夫茨伯里和哈奇森的立场上看，由于他们道德情感论的主要敌手是霍布斯的利己主义心理学，因而他们援引自然神论和知性形而上学做论证有他们的便利，即借助于"上帝植入人心"的情感发生机制，比心理主义的解释更加有效地阐明道德情感的神圣来源和有效规范的基础，可是，通过休谟的彻底科学化之后，如何克服心理主义情感阐释的困境，又成为休谟自己需要面对的一个难题。心理主义的困境，实质上依然可以归结为从"事实"推导不出"应该"这一"自然主义谬误"。那么，休谟的情感主义能有效避免这一心理学的自然主义谬误吗？

虽然弗雷泽从道德和政治的角度为休谟的规范性来源做了"无自然主义谬误"的辩护：

> 休谟对规范性的理解则不一样，他的理论……不依赖形而上学的基础……休谟的体系是一个关于道德和政治反思的自立的体系。在这个体系内，反思平衡中经考察的道德确信所具有的规范性权威并不取决于它们和超自然物的联系，而是建立在人类幸福需要依靠精神稳定性这一事实上的。[1]

我们现在还没有进入休谟的政治哲学，但就"论情感"的这一部分，他显然具有心理学阐释的路向。探讨他关于情感的科学解释本身，如何能避免心理学的自然主义谬误，依然是我们现在必须做的工作。

按照休谟的自然主义进路，情感产生于对外部事物的"原生印象"，它直接导致身体的苦乐感。这种苦乐感，当然只是心理学意义上的原始情感，它们未经先前的思考或知觉，直接原始地在人自身的身体或灵魂中产生了。像不幸得了痛风的人那样，他们根本没有痛风的观念，根本没有任何的预备，就直接产生了痛苦的感受，从而也直接地感受到悲伤、恐惧与希望之类的情感，这是原始或原生的情感。也和我们遇到的人一样，常常不期而遇，他们直接就给我们留下了原初印象，让我们感受到一个陌生人直接带给我们的或平静或激烈的情感感受。我们通过对方的情绪，也不由自主地受到他/她情绪的感染，直接产生相应的情感反应。这样，直接的心理学情感是有其心理发生内在机制的，实验心理学探究的就是这一机制。

但休谟显然不把重点放在单纯原初印象产生情感的这一纯自然心理的发生机制研究上，毋宁说，他的重点乃是在此基础上的"再生情感"，即以反省印象为中介的各种情感的来源与性质。这是他的真正创新之处，也是他举重若轻地超出所有他之前的心理学情感解释之泥潭的起点。在哈奇森那里，他需要借助"内在感官"的设定，才能说明人有美丑的感觉，产

---

[1] [美]迈克尔·L.弗雷泽：《同情的启蒙——18世纪与当代的正义和道德情感》，胡靖译，译林出版社2016年版，第16页。

生审美情感；需要借助上帝植入人心的道德感官，才能阐明人有道德情感。但是，所有这些，休谟统统不需要，他只需要从"反省的知觉"机制，就能说明所有的美丑善恶的情感之源。因为他发现，情感无一不是依据"印象"的自然原则和观念的连接原则而发生并借助于反省知觉而相互感应：

> 凡与我们自己关联着的一切愉快的对象都借观念和印象的联结而产生骄傲，而凡不愉快的对象则都产生谦卑。（《人性论》，第325页）

反省的印象只有"平静"和"强烈"两类，它们都是在"原生情感"之上的"再生的"印象，有反省者自我的思考、反省、意志等参与其中。如此"再生"的情感，就突破了自然心理学的自然因果律——刺激—反应模式的必然因果性，而进入了道德哲学之自愿、自主的情感领域和自由的因果性中。休谟虽然还没有康德的这些观念，但这两个层面的区分，我们处处都能感受得到，否则，他的道德情感无法与心理学情感区分开来。

与原初印象和反省印象的区别相对应，休谟也把情感区分为直接情感和间接情感，这种区分就更加通俗易懂。他说，直接情感是直接起于善恶苦乐的情感，这似乎没多大问题，都能理解。不经反省，只要是正常、健康的人心，都能直接感受到善恶苦乐，产生相应情感，但间接情感，则需要解释。他说：

> 我所谓间接情感，是指由同样一些原则所发生、但是有其他性质与之结合的那些情感。（《人性论》，第310页）

休谟自己并没有详细解释，但这句话突出了间接情感的两个核心要件：由同样原则发生且与其他性质相结合。按原则发生，说明这类情感脱离了心理学情感，摆脱了情感自然或必然发生的机制，而属于完全自主的符合性的情感。所以,他概括地说,把骄傲、谦卑、野心、虚荣、爱、恨、嫉妒、怜悯、慷慨和它们附属的情感全都包括在内。只是当他把希望、绝望、安心也同欲望、厌恶、悲伤、喜悦放在一起算作直接情感,就只能说显得混乱不堪了。因为希望、绝望、安心无论如何都是按照原则发生且与其他性质相结合了的情感。而且,他也把悲伤与喜悦,与爱、恨、骄傲,与谦卑一起都算作"强烈的"反省印象,属于"激情",这些激情,由于出于反省印象,不是原初印象,当然应该也属于自主的情感之内。这只能说明,休谟的这些分类以及道德情感与心理学情感之区分,在他这里还很不严格,他自己也说"远非精确"。但其中也有非常明确的意思,要将道德情感从自然心理学的解释模式中解救出来,以便帮助我们更好地理解情感的性质,更好地按照情感发生的逻辑追求真正的美德。

  道德情感一个根本的特点在于它的自主性。在讨论骄傲(pride)和谦卑(huminity)时,休谟明确地强调,由于它们都是单纯而一致的印象,都指向同一个对象——自我,因而这种情感看起来具有心理学情感的性质,但由于它们起源于强烈的反省印象,又有此印象发生的单一主体——自我,所以,它们属于自主的道德情感。这种道德的情感由于具有一种趋向于稳定化的性格定向,因而习惯于骄傲和习惯于谦卑的不同倾向,造就出两个不同的稳定的德性品质:骄傲和谦卑。

  德性品质之所以是稳定的,原因在于品质不可能包含对立面。一个骄傲的品质不可能同时谦卑,一个德性谦卑的人,也假装不出骄傲的性格,这是两种相互对立的情感造就出的德性之别。当两种情感在同一个人的身上交替出现或相遇时,一方总是尽其全力消灭对方,结果就是未被消灭的情感留存下来占了优势,继续影响心灵。于是心灵就按照这种占优势的情感不断影响、感应与相生,直到稳定的性格形成,不稳定的情感固化为稳固的德性品质。

  心灵每一种有价值的属性,想象力、判断力、记忆力、风趣、见识、学问、勇敢、正义、正直等等,都是一个人骄傲的资本或原因;与之相反的属性则是谦卑的原因。在这里，休谟理解的谦卑或谦虚之原因，与习俗的理解不同。当约翰·保罗说，一个人真正伟大之处，就在于他能够认识到自己的渺小时。"谦虚"不是自己身上真的缺乏令人骄傲的"德性"，而是即便有，依然还认为自己不够伟大，自认"渺小"。自认"渺小"却不真的"渺小"，不是真缺乏那些令人自傲的属性，这是"虚己以待人"的儒家美德，如同儒家"傲骨"方孝孺所言，虚己者乃进德之基也。当然，休谟关于骄傲和谦虚之原因的阐明，适用于一切动物的心灵通则，而不只是高级动物乃至具有美德之心的本色。放在一般动物身上，休谟的阐释毫无疑问是"科学"的，因为谁也无法否认：

> 显而易见，几乎在每一类动物方面，特别是在高等动物方面，都有骄傲和谦虚的许多明显标志。天鹅、火鸡或孔雀的姿态和步伐，表示它们对自己的自负和对其他动物的轻蔑。这一点更可注目的是：在后两类动物方面，骄傲永远伴随着美丽的羽毛，并且只在雄性方面显现。……所有这些都显然证明，骄傲与谦卑不但是人类所有的情感，而且是推广到全部动物界的。(《人性论》，第362页)

不过，按照休谟的洞见，原因与结果本来就是两回事，那么，自然的人性之情感，也不过是产生美德的根基与原因，还不能等同于美德本身，美德本身有其情感发生的逻辑，但不是从某种神秘的人性之善中直接推导出来的结果。因而，我们接下来以同情为核心探讨休谟道德情感的发生机制。

三、作为道德情感发生机制的同情

休谟在《人性论》第二卷"论情感"中讨论了许多"情感"：骄傲与谦卑，痛苦与快乐，爱与恨，慈善与愤怒，尊敬与鄙视，怜悯或同情，恶意与嫉妒等等。在"爱"的情感中，他区分了对名誉、财富的爱，对亲友的爱，对动物的爱，两性间的爱，对真理的爱，还有对自己的爱——自爱等，显然并非所有的情感都是道德情感（moral sentiments）。道德情感中，"道德的"不仅是一个修饰语，也是一种"标准"，所有道德哲学的一个核心问题，就是确立一种道德性的标准。情感主义伦理学也一样，它要为一般的心理学情感确立一个道德性的标准，使得"情感"一跃而为"道德的情感"。

休谟探讨了这么多的情感，也是有理由的，因为人作为情感的动物，人性的丰富性就表现为人的情感的丰富性和复杂性，但人的尊严却不是由某种情感所单独赋予的。相反，人性要求整全性，整全的人性乃是休谟对人性之尊严的根本信念。而恰恰在这里，问题就来了，为什么一般人讲休谟的道德情感时，却不是以整全的人性、整全的情感，反而是偏爱以同情为中心，以同情来涵摄其所有的道德情感，更有弗雷泽以《同情的启蒙》把他与亚当·斯密并列作为道德情感主义的"双雄"呢？

我的理解是，这样做并非是要把丰富的道德情感"简化"为"同情"，而是觉得可以以"同情"为范本，阐释清楚道德情感的发生机制。而这恰恰是最为重要的。如果我们只想满足好奇心或博学之偏好，在休谟所讨论的各种情感中寻求洞见，却不把握住道德情感的发生机制，那么，就会将情感主义道德哲学混同于一般的道德心理学，这就是目前许多人舍本求末的一种做法。

问题是，"同情"真的可以成为休谟道德情感的核心吗？在《人性论》中，这本不该成为问题，而在后来改写的著作《人类理解论》和《道德原则研究》中，显然不能这样说。因为有人看到，"同情"在这里几乎不见了，寥寥几次出现，还包括在脚注中。但如果我们相信这能成为同情"在休谟后期思想中不重要"的论据，那就显得自己不读书了，因为"同情"是在《人性论》第二卷"论情感"中讨论的，而后两部著作，却分别是对第一卷和第三卷的改写，这两部分本来就不是讨论"同情"的地方。所以，同情究竟是不是休谟道德情感的核心，我们不能依凭休谟后期著作来做判断，关键还是要回到《人性论》，考察它与"爱与恨"等情感的关系。

爱与同情，恨与恶意在休谟伦理学中是密切联系在一起的：

> 爱只是希望别人幸福的一种欲望，而恨只是希望别人苦难的一种欲望。欲望和厌恶就构成爱和恨的本性。它们不但是不可分的，而且就是同一的。(《人性论》，第404—405页)

因而，爱与恨只是心理学意义上的情感，它们只有与慈善和愤怒相结合，才变成道德的情感。这种结合，不是外在地把一种慈善和愤怒作为原则，在这种原则规范下产生爱与恨的情感，这样的解释与休谟的情感主义根本不沾边。休谟恰恰是从爱与恨的情感活动之中，认为有一种内在的机制，将爱与慈善结合、恨与厌恶和愤怒结合。这种内在机制就是同情。

所以同情与爱一样是一种情感，作为情感，同情就是爱，就是慈善之爱；因为同情一个人，就是希望他幸福的欲望，就是慈爱他、关爱他的欲望。但同情又不仅仅是一种爱的情感，它同时是作为人们之间情感上的互感与共鸣的机制。不借助于同情共感的机制，人们之间的心意不能相通，情感不能互动，慈爱、慈善自然就不可能发生。爱与恨都是在互动中产生的情感关系，而这种情感产生的中介，就是同情。

"同情"(sympathy)在许多时候与"怜悯"(pity)是同义词，它们都含有希望他人幸福、幸运，而对他人遭受的苦难感到悲伤、痛苦的欲望，从而对处在苦难中的人出于纯然善意而表达关心、关爱的情谊倾向。休谟说，慈善借助一种自然的和原始的性质与爱发生联系，而愤怒又借同样的性质与恨发生联系，所以：

> 怜悯就是希望他人幸福和厌恶他人遭难的心理，而恶意则是相反的欲望。(《人性论》，第420页)
>
> 怜悯是对他人苦难的一种关切。(《人性论》，第406页)

但休谟显然并不总是把"同情"视为"怜悯"的同义词,"同情作用"有时也并非就是"怜悯"。因为很显然,怜悯只是作为"对痛苦的同情"而从属于同情的,后者作为与他人"共情"的一种机制,才是本质。在"论我们对于富人与权贵的尊重"这一节,就根本不涉及"怜悯",而只探讨共情的心理机制。他试图揭示人性中这一通例:没有什么比一个人的权力和财富更容易令人产生尊视,也没有什么东西比他的贫贱更容易引起人的鄙视。但"尊视"的对象究竟是"权力和财富"还是"权力和财富的所有者"?同样,当人们"鄙视"时,是鄙视贫贱者还是鄙视"贫贱"本身呢?当一个大权在握者获得尊重时,他总误以为人们是"尊视"他这个人,其实人们尊视的不过是权力(或财富)。因为权力能给人带来快乐和被尊重,权力拥有者却不一定,甚至相反。所以,休谟在这里探究的根本不是"怜悯",而是"鄙视",是"同情作用"或"同情心理"由心理性情感向道德情感转化的机制:因为同情"使我们分享每一个与我们接近的人的快乐"(《人性论》,第395页),并分担每一个令人同情者的痛苦。因此,我们表面上看是"尊视"权力和财富的拥有者,实际上只不过是"分享"了他/她所拥有的"权力"或"财富"本身所能带给人的快乐,分享了"贫贱"所能带给人的"痛苦"。"同情"的意义就是通过与他人"共情"而"分享",从而使快乐之善普遍化,悲伤之苦分担化。借助于这种同情心理或同情作用,产生快乐的源头是令人快乐的"快乐物",人只是"派生情感"的对象而已,所以:

  总起来说,除了同情原则之外,不再有什么其他东西使我们尊重权力和财富,鄙视卑贱和贫困;借着同情作用,我们才能体会富人与贫人的情绪,而分享他们的快乐与不快。财富给予其所有主以一种快乐;这种快乐通过想象传给旁观者,因为想象产生了一个在强力和活泼性方面都与原始印象相似的观念。(《人性论》,第399—400页)

所以,"同情作用"能够比"怜悯"更为广泛地说明人类心灵的情感活动是如何在"相互关系"(每个人的心灵都是相互反映的"镜子")中,传递、分享并趋向共同的情感,包括审美这些在"怜悯"之外的广泛的情感活动。

但"怜悯"从对他人苦难的关切,即对苦难的同情,变成"次生情感"意义上的关爱,变成了"混合的情感",就与"同情"同义了。休谟有原生情感和次生情感之分。原生情感指"他人处在苦难"中所产生的悲伤、忧虑、焦灼、痛苦、绝望等情感,是直接由苦难所生的情感或情绪,它以"生动的形式"刺激"我们",从而产生一种与原始情感相同或相似的情绪,同时也容易转换为一个"印象",拍打着人们的心灵。"次生的情感"是借助于想象、反省而发生的。他人的苦难以强烈而生动的方式刺激我们的心灵,我们的心灵在想象中,将自身移情、放置于这种苦难中,于是这种苦难就如同发生在自己的身上一样,甚至借助于想象与反省,比当事人更为悲痛与哀伤,于是自然地对他人产生一种强大的善意或友爱的决心,所以,这种自然的善意或性善就使得怜悯变成同情,同情之爱从心理学情感变成了"道德情感"。

在"同情"的心理发生机制上,人与人之间的相互关系是同情感发生的必要条件。但并不是所有人都愿意接受别人的同情,特别是那些本性高贵者。休谟说,那些出身名门而境况贫乏的人,总喜欢抛弃亲友到没有熟人的异国他乡,去从事低贱的和手艺的工作谋生,这是因为不愿被人同情。在他们看来,被同情同时就带有"被人轻贱"的感受,因而产生强烈的不快感。这从反面证明,同情作用依赖于对象与我们平等,尤其是心气与精神的平等关系。休谟分析说,隔断关系以减弱同情,就是因为受陌生人的轻蔑总比受亲戚或关系近的熟人轻蔑更为自在坦然。这种坦然自在是由于陌生人并不知道他的不幸,因而他自己的不愉快或痛苦,只是来自他自己的回顾和比较,而不是来自他人的同情,这在很大程度上能减轻自己心里的不安。

因而同情不仅涉及关爱他人,其实更为根本的还是涉及自爱与自尊。他人对自身的赞美是令人愉快的,从我们自己所尊重和赞许的人而来的赞美,比从我们所憎恨和鄙视的人而来的赞美,能让我们得到更大的快乐,这其实就是自爱的表现;反之,如果从我们所憎恨和鄙视的人那里得到轻蔑,甚至同情,就会令人感到耻辱和难堪,他伤害的是人的自尊心。因此同情心理作为道德情感的发生机制就显得尤其重要。

从"同情"机制上看,情感关系中并不存在任何"独立的"自我。自我如果离开了对他人、对他物的知觉,"实际上就毫无所有","在同情方面我们自己并非任何情感的对象,而且也没有任何东西使我们的注意固定在自我身上"(《人性论》,第377页)。在伦理生活中,我们必须将目光投向自我之外的他人和他物,也只有在他人和他物的目光对视中,我们才能回得到自我之内在的心灵。但是,他人的情感也无法直接呈现在我们自己的心灵面前,只有借助于同情机制,借助于想象力的作用,一切情感才从一个人转递到另一个人。

同情建构起与他人的伦理关系,也解构同他人的伦理关系,关系对同情是必需的,但不是绝对就外部关系而言,"关系"也并非是确定的亲戚或亲近关系,而是更广泛偶遇的人与人之间的关系。同情所强调的重点,不在于固有的关系,而在于因同情而共情,通过这种情感的转移,把自己对别人的情绪所产生的观念转化为情绪本身,达到共情,这时才建构起伦理关系。这种关系的实质拒绝任何表面、做作和虚伪的关系,而是与内心真诚地"感同身受"而勾连起来的情感一致。

借助于同情,让人与人之间的关系超越门第、出身、等级、身份这些"伦常关系"。我们不是就某人的地位而同情,而是就一个人遭遇的苦难所产生的不幸、痛苦、悲伤的情感本身而同情。同情之所以是道德情感,根源于这种情感发生的自由属性,是一个人作为自由的人对快乐和痛苦之感受、反省能力所引发的情感,引起了我们的共情。共情之发生,虽然最终由印象与观念所造成,但是,休谟绝非是为了证明道德情感是由一种感性的刺激感应性而发生，相反，它们只能借助于反省印象的自主情感所导致的产生快乐与痛苦的倾向而发生：

> 任何东西如果不是与我们自己发生关系，并产生一种独立于那种情感以外的快乐与痛苦，就永远不能刺激起这些情感中的任何一种。……我们还更进一步证明了，这些情感的最重要的原因，实在只是产生愉快感觉或不愉快感觉的那种能力。（《人性论》，第361页）

这就是几乎所有人阐释休谟道德情感问题时几乎完全忽略了的，却对从一般心理学情感转化为道德情感起着关键作用的"自由情感"。道德情感之"道德的"属性，既要从同情之善意取得，但更为关键的是这种善意出于情感本质的自主自由，没有这种自主自由，同情是令人可畏的，也是令人逃避的。

同情心在所有人身上都可以发现，但并非所有人都能在任何关系中产生同情，原因在于这种自由情感的缺乏。"情感永远随着关系而变化"（《人性论》，第383页），我们对我们认为关系重要的人物的情感，总是比对我们认为较不重要人物的情感，更为密切、强烈和更容易相互感应。但是，人的心灵中产生愉快和痛苦感觉的那种能力本身是由德性品质决定的，不是关系决定能力，相反是这种德性品质所规定的能力决定了关系的变化。因此，道德情感只有作为自由情感，其发生机制才算得到了奠基性说明。

四、道德情感与美德

弄清了同情作为道德情感的发生机制，我们也就明白了情感与美德的关系。同情心是人的一种自然的爱的情感，但同情却是一种美德。同情让情感变成美德，关键在于同情的机制是善意情感规范化的一种形式。通过善意情感的规范性运作，同情让快乐因分享而普遍化，让悲伤因分担而轻松化。因而这种道德情感内化成为美德的机制，才是我们现在需要探讨的课题。

正如只是一般地描绘休谟关于同情或怜悯的一般言谈，而不总结出同情作为道德情感的发生机制是空洞无意义的一样，如果我们只是罗列出休谟关于情感与美德的关系，而不从中归纳出美德在人类心灵品质上的规范性机制，也就同样是无意义的空洞言辞。

> 为了证明是非的标准是约束每一个有理性的心灵的永久法则，单是指出善恶所依据的那些关系来还不够，我们还必须指出那种关系与意志之间的关系，并且必须证明，这种联系是那样必然的，以至在每一个有善意的心灵中它必然发生，并且必然有它的影响。（《人性论》，第505—506页）

由此可见，规范性问题是休谟在讨论道德和德性问题时首要考虑的问题。既然约束心灵的永久法则不能从善恶所依据的事实性关系中得来，那就必须考察事实性与意志之间的必然关系。而恰恰在这种与意志的必然关系中，能看出一个人的心灵品味和德性品质。

休谟用了很长的篇幅讨论一个人与邻居妻子的偷情行为，指出任何一种关系绝不能单独地产生行为，一种行为的罪恶或道德上的丑恶也不能通过行为本身的事实性，而要通过道德感，即内心感觉、行为关系与意志，以及与当事人的动机、意愿等各种情感的反思平衡来判断。在这种反思平衡中，理性与情感都参与其中。没有理性的参与，是非就不可能有标准，没有情感或意志的自由选择，那情感就像在所有其他动物那里一样，成为必然的驱动力，这显然贬低了人类的尊严。人类高于动物，显得比动物更有尊严，不是因为人类的行为动机由情感驱动，而是因为这种情感经由人性的反省、反思和自主的决定与选择，因而是道德的、自由的情感。因此，道德情感的规范性来源，依然在于心灵自身的道德感。我们性格中给道德感以更巨大作用力的一个源泉，是对名誉的爱，即自爱与自尊。虽然自爱和自尊是自然的情感，但它作为规范性，却是因为人生活在社会中，所以作为规范性来源依然是社会性的。我们表面看起来是由自然欲望驱动，使自己对名声、名誉和声望产生强烈追求，但根源在于我们的社会性，因为尊严和尊敬最终是要由他人、由社会的承认而赋予我们。这是我们在社会生活中不断地检查我们自己的行为举止和品行，考虑他人该如何看待我们，从而让自己养成高尚的品味、判断力和修养的原因。自尊和尊重他人最终成为一切德性的最可靠的守卫者。

但自尊和自爱更多的是社会心理意义上规范性的来源，德性还需要美德自身的规范引导，才能生成或实存为美德。这种美德规范，在休谟那里就是仁爱和正义。

虽然休谟有时混淆仁爱和同情心，但实际上这两者在他心目中还是区分开来的。因为他看得清楚，尽管同情心普遍存在于人们心中，但其规范性强度却是很弱的。仅仅依靠人心构造中的普遍同情机制，根本不足以促进公益和陌生人利益的道德行为。休谟说，这表现为"广泛的同情和有限的慷慨"之间的"矛盾"（《人性论》，第628页）。所以，"普遍的仁爱"是不能等同于普遍的同情的，后者还仅仅是心理学上的道德情感发生机制，而前者已经超越心理学成为哲学层面的行为准则了。

当然，这只是我们的解读。在这里，回避不同解读倾向的差异是不明智的。一种比较陈旧的意见认为，休谟是不可超越的：

> 当我们回顾哲学问题的发展时，可能似乎是这样：休谟之后的哲学思想家，只有一件事值得去做，即如果可能的话，就去答复他；而如果不可能，就保持沉默。[1]

但这是不符合哲学史的实际的，我们从休谟之后哲学史的发展并没有完

---

[1] ［英］索利：《英国哲学史》，段德智译，山东人民出版社1992年版，第200页。

全变成休谟主义就可知道这一说法过于极端了。另一种当代的解读显然更加中肯,考虑到休谟自身的思想也是变化的,而休谟从"同情"转向"仁爱"之后,尤其是从"仁爱"转向"正义论"探讨之后,"情感主义"这个标签就成问题了。因为对于情感主义的休谟而言,"道德,只适合于感觉,而不适合于判断",而"正义"属于人的政治德性,在政治正义问题上,一切都依赖于正确的判断。因此弗雷泽就认为,休谟的情感主义将正义(感)建立在人类的心理情感之上,使得政治的正当性或正义性这一政治哲学的任务变得更为艰难了,休谟在这一点上并未取得成功。他甚至认为,"理智的投机者"使得一个正义的良俗社会无法解决"搭便车问题""理智的功利主义者"等这类问题。虽然这不会给休谟的正义论带来无法克服的挑战,但也指出了更大的问题。[1]

所以接下来,我们的解读要充分考虑这一事实:在休谟的《人性论》和随后改写过的《道德原则研究》之间,"道德感"学说究竟是基于"同情",还是基于更广泛的"仁爱"。这确实构成了一种明显的"张力",而这一"张力"的形成,我们不能不注意到休谟在写作《人性论》这样的鸿篇巨制之后出现的短暂精神危机。后来,通过探讨一些更简短的社会时政话题,休谟对许多问题产生了更为清楚的认识,因而也力求修正《人性论》中许多模糊不清的表达。这就是在1744年出版的《道德和政治论文集》对于休谟研究的意义。休谟自己显然也是十分看重这些"随笔"的,这从此书出版后,他就去申请担任爱丁堡大学伦理学和精神哲学系所的教授,可明显地看出来(当然被该大学拒绝是另一回事儿)。如果我们同时参照《道德原则研究》对《人性论》第三卷的修改,休谟的思想发生了转变,就是很明显的。这不仅仅表现为"道德情感"的"同情"机制被"普遍的仁爱"所取代,而且也有一个从道德情感的人性美德向社会德性的功利主义阐释

---

[1] [美]迈克尔·L. 弗雷泽:《同情的启蒙——18世纪与当代的正义和道德情感》,胡靖译,译林出版社2016年版,第95页。

第八章 复调性的休谟伦理学

的转变,所以,任何有意义的解读,都必须透彻地说明这种转变的内在道理在哪里。

而这就是我们下面解读的基本思路:道德感的同情机制为什么被两种普遍的美德——仁爱和正义所取代?为什么从仁爱转向正义后,会从情感主义德性论向功利主义后果论转变?

当代美德伦理学复兴中的一个支脉,是将休谟视为美德伦理学的一个经典版本[1],这样做确实有一定的合理性。但忽视休谟后期思想的转变,就不可能对他情感论中的美德伦理倾向做出合情合理的阐释。

休谟伦理学从自然人性中探究人的德性,因而笼统地将休谟德性论称为"人性之美德"(virtue of humanity)当然是有依据的。但休谟显然不是以一个有美德的人为出发点,更不是以美德为元概念的美德论者,这样对休谟而言全然是陌生的。在他这里,美德是在"社交中"甚至是在制度规范中,而不是在"自然中"长成的。根本没有一个在日常生活之外、在"情感"生活之外作为"事实"或"价值"存在的"美德"作为"起点"。人性作为知、情、意的结构,从自然人性到美德实存有一系列发生学与政治道德学的条件,如果这些条件不存在,人性也会变成恶劣之品质。因此,理解休谟的德性论,需要理解其两大原理,人性原理(principles of humanity)和同情原理(principles of sympathy)。

人性原理指从实际生活中对人或对事的"知觉"认识人性,探究在人性之"情感"发生中道德情感的实存机制。休谟将"同情"视为这种"机制",意味着"同情"不是道德情感之外的一种抽象的道德原则,而是所有情感向道德情感的实存进程中的德性生成原理,是所有"美德之心"或"灵魂"对美德的化成。在此实存机制中,我们就看清楚了,仁爱之为美德,在休谟这里,不是心灵的一种静态品质,而是在善意情感主宰下的仁爱行动所

---

[1] 奥克兰大学的哲学教授斯旺顿(Christine Swanton)被视为休谟主义美德伦理学的当代代表。

生成出来的"行为品质"。所以，理解这种美德，必须先理解人性原理，否则我们无法理解仁爱行为的动机何在。仁爱行为的动机，即纯粹关爱的善意内生的快乐情感，决定了一个人是否具有仁爱行动的品质。在此意义上，我们无论如何也不能把休谟理解为一个功利主义式的后果论者，而是一个德性论者，人性论原理提供的是理解仁爱等自然美德的规范性来源。

在《道德原则研究》第二章"论仁爱"（Benevolence）中，他首先说，"社交的""慈善的""性情善良的""人道的""仁慈的""友爱的""慷慨的""感激的"这些词语在所有语言中都是众所周知的，普遍表达"人类本性"所能达到的"最高功绩"。他虽然并未像亚里士多德那样明确说，"德性"在"天性"中是"潜在"的，之后经过习惯养成才完满实现为"最高功绩"，但他承认了这些"和蔼可亲的"品质是伴随着出身、权力和卓越的能力，并展现在人类贤明的治理活动和有用的教育中，使得拥有它们的人几乎超越于人类本性之上，并在某种程度上接近于"神圣"。这也就说明了，"德性"具有一种"生成"机制，并非一个人在"天性"中就"自然地"拥有，"拥有它们"必须经过伦理生活的历练，"贤明的治理"属于政府，良好的教育属于社会，只有卓越的能力才是自身具有的，它们都是德性品质作为最终实现出来的"最高功德"[1]的条件。因此，休谟版本的德性论，在此意义上依然可以视为亚里士多德的同类，是自然主义的。

但他与亚里士多德的德性论侧重点显然不同，他与其说是论证德性在个人身上如何"生成"，不如说更多地论证每个人都是受到爱"受赞美""受尊敬"的心理驱动而追求美德。因而是从另一方面论证，一个人正是因拥有了这些美德，才能为自己和社会带来幸福与满足。对于德性的一般

---

[1] 德译本把休谟所用"the highest merit"翻译为"das höchste Verdienst"（最高功德）可能比"最高价值"译法更能准确地表达出"德性品质"由其"天性"最后生成为"卓越"品质这种"德性生成性"，因为仅仅"最高价值"就还没有"成德"。参见David Hume: *Eine Untersuchung über die Prinzipien der Moral*, übersetzt und herausgegeben von Gerhard Sterminger, Stuttgart, Philipp Reclam jun. 2002, S. 94。

规定，休谟与亚里士多德也不一样。亚里士多德和柏拉图都是从事物内在本质的"功能实现"之"卓越"来定义德性，而休谟更诉诸"功用"，即"效用"。看起来"功能论证"和"功用论证"一字之差，却是完全不一样的德性规定。

作为自然主义者，休谟像亚里士多德一样，强调德性的生成或实存要靠好的习惯和正确的教育：

> 一切道德思辨的目的都是教给我们以我们的义务，并通过对于恶行的丑陋和德性的美的适当描绘而培养我们以相应的习惯，使我们规避前者，接受后者。[1]
>
> 大自然在人与人之间所安置的差异是如此巨大，而且这种差异还在为教育、榜样和习惯如此更进一步地扩大，以致这对立的两级一旦被我们所了悟，就再也没有一种怀疑主义会如此严格，亦几乎再没有任何一种自信态度会如此坚定，竟至于会绝对否定它们之间的一切区别。

可见，美德不会自然地实存，否则所有人都同样成为美德之人，没有德恶之别，这连想象也不可能。德性论存在太多的混乱，而美德伦理学复兴不仅没有杜绝反而又加剧了这一混乱。重新回到休谟，让人能够清醒许多。他令人信服地证明了：

（1）知性的证明和推理，如果知性上的知识，连感情都不能控制、连行为动机都不能发动，如何可能推动德性之生长与实存呢？所以知性可以发现真理，但不能导致美德。德的源头在于情与美，而不在于知与推理。人性研究不是让人相信那不可推证的人性本善，反而是告诉人们人性根本就不完善，因而需要人生的自我造化，才可能让它完善起来，成为德性或美德；试

---

[1] ［英］休谟：《道德原则研究》，曾晓平译，商务印书馆2001年版，第23页；下一段引文，第21页。以下凡引此书，都是这个版本，直接在引文后标注页码。

图不靠自身的人生造化与修行就能直接从人性之善中拥有美德，只是空虚不实的玄论。

（2）仁爱、仁慈是美德，在所有语言中都普遍地表达为人类本性所能达到的最高功绩。但"所能"达到不等同于人人都"必定"达到，甚至也不意味着所有人都会赞同"应该"达到。《商君书》和《君主论》的作者就不教导君主要仁慈，而是要狡诈和残暴。西塞罗正确地看到，人类不完善的人性，在不正确的观念和教育引导下，最容易蜕变为一种暴烈的凶残。习俗化的美德也同样如此，人们习惯于以最好的言辞赞美德性，但不明白，德性本身如果没有仁爱之德的指引，就会仅仅成为一种"美名"并变成一种令人厌恶甚至可怕的残忍。正如笛卡尔所说：

> 他们把美德捧得极高，说得比世上任何东西都可贵；可是他们并不教导人认识清楚美德究竟是什么，被他们加上这个美名的往往只是一种残忍，一种傲慢，一种灰心，一种弑上。[1]

因而，尽管休谟本人有时也有所混淆，但是他其实非常清楚，仁爱与正义这两种德性才是使所有其他德性成为美德的关键。只有在这里，我们才能明白，德性伦理的规范性来源和规范性特质。

如果德性仅仅是古希腊人所说的非道德性的杰出或卓越的品质，那么休谟告诉我们，这种品质唯有通过"仁爱"品质之"规范"，使杰出者以仁爱之心来行善，一个人才能享受到做杰出者的好处：被赞美，被尊敬。相反，没有仁爱品质的杰出者，如果获得高位、拥有无上的权力或财富，他的高位和财富就会令他处在危险和风暴之下，只有仁爱的品质和行为才是给予杰出者以荫蔽和护佑的法宝。

---

[1] ［法］笛卡尔：《谈谈方法》，王太庆译，商务印书馆2000年版，第7—8页。

仁爱于是既是自然德性也是社会德性。作为自然德性而言，仁爱之德使子女对他们的父母能有孝敬的善意和恭顺的关怀，而父母对于子女的管教也不靠威严与拳头，而靠慈爱与相亲。仁爱能让勇敢、节制、慷慨、智慧等德性成为美德，成为真正善德。

但休谟更看重仁爱作为社会的德性。因为作为自然的德性，仁爱带有偏爱性质，而作为社会德性，它让友谊与仁慈之爱"潜移默化于每一个注目者中，并在他们自身唤起它们所施加于周围所有人的同样的那些愉悦和亲切的情感"（《原则》，第23页）。

休谟看得透彻，如果被局限在私人生活中，仁爱作为自然的情感，其活动领域就会狭窄得多；而作为社会德性，它的宽厚与温和的爱，就将人类提升到高位，整个人类世界也会收获其丰硕的果实。但作为社会性德性，休谟似乎也看出了仁爱之德具有局限性，即同一个仁爱行为从另一方面看，其社会效用起相反的作用：

给予普通乞丐以施舍自然是受称赞的，因为这似乎是救困扶危；但是，当我们观察到由此而导致鼓励游手好闲和道德败坏时，我们毋宁将这种施舍行为视为一种弱点而非一种德性。（《原则》，第30页）

这样的例子还有很多，譬如诛戮暴君，古代都是高度赞美的德性行为，但同时也加剧了君王们的相互猜忌和残忍程度，同时加强了对国民的暴力控制；又如奢侈被普遍视为一种恶德，却能刺激经济发展，提高社会财富总量。所以，社会性德性，哪怕就是仁爱，也需要与正义或公正的美德相联系，才能克服自身的局限。单独地、抽象地赞美它们是无上美德，是有问题的。与正义或公正美德联系起来，才可以消除仁爱德性作为自然德性的"偏爱"局限，消除作为社会行为而可能一面善、一面恶的困境。

（3）这样就过渡到正义之美德了。休谟说：

没有一种德比正义更被人尊重，没有一种恶比非义更被人厌恶；而且在断定一个性格是和蔼的或可憎的时候，也没有任何性质比这两者的影响更为深远。但是正义之所以是一种道德的德，只是因为它对于人类的福利有那样一种倾向，并且也只是为了达到那个目的而作出的一种人为的发明。(《人性论》，第619页)

这说明了两个问题：第一，休谟像亚里士多德一样，最终把正义视为比友爱更高的"总德"和"首德"；第二，休谟是从作为社会德性对"人类福利"的增长倾向这一"功利主义"标准而做出"正义"为最高美德的判断的。正义之德与仁爱之德的差异在于，后者无论是作为自然德性还是社会德性，都是个人单独的行为中发生的，是具体的、处境化的。因而由仁爱得来的福利，就是自然情感的对象相互的爱与友善，都是在自爱与互爱之间的情感关系，无法根本摆脱"私己""偏私"的情感本性。虽然休谟也讨论了普遍的仁爱，但普遍的仁爱与普遍的同情常常混淆在一起，使得人们感觉休谟对此问题并未说透彻。实际上，透彻地来说，普遍的仁爱是仁爱品质固化的结果，就像同情机制使在经验中发生的怜悯与同情变成了普遍的道德情感一样，仁爱成为每一个人心灵中的美德品质后，才让它把具有偏私性的仁爱变成普遍的博爱。

但即便如此，毕竟仁爱的行动总是具体而个别的，而个别仁爱行动之正义性，却又极有可能是违背普遍公益的。所以，真正普遍仁爱的实现，只有在一个总的行为体系或制度体系中有机协作才是可能的。而这种制度化、总体化的普遍仁爱就是正义。

正义当然也不仅仅就是制度性的"人为德性"，它也依然还是"自然的德性"。在《人性论》中，他的一个说法特别具有洞见：正义是制度性的人为德性规范，而正义感却是自然的。因此，在这里，正义作为"自然德性"与"人为德性"的主要差别在于，前者基于个人之间的情感就可直接实施行为，而后者虽然也是基于情感的行动，但需要更多地借助于契约与制度的规范而发生，它需要在一个体系化和制度化的规则之下，考虑社会的总体利益。休谟这样比较了仁爱德性与正义德性的区别：

> 人类的幸福和繁荣起源于仁爱这一社会性的德性及其分支，就好比城垣筑成于众人之手，一砖一石的磊砌使它不断增高，增加的高度与各位工匠的勤奋与关怀成正比。人类的幸福建立于正义这一社会性的德性及其分支，就好比拱顶的建造，各个单个的石头都会自行掉落到地面，整体的结构惟有通过各个相应部分的相互援助和联合才能支撑起来。（《原则》，第156—157页）

休谟这样说时，他是强调正义的"伦理"作用，而不是正义德性本身。这种区别他含混地没有明确表达出来，但我们还是可以看出德性要落实在个人的品质和行动上来。就正义德性本身而言，他首先强调它是"警诫性和防备性的"。因为正义要通过契约和制度规范体现。人们签订契约，就是"丑话说在前头"，如果你不守诺就会得到相应的处罚，因而是"警诫"人必须守诺，必须遵守约定和规则。自然的德性通过自身的卓越、生命的繁盛就可以实现，而且是实现到"至善""最高善"的状态，但"人为的""制度性"的"正义"德性，则是持守一些底线的原则。警诫性和预防性的反面，或这种德性的正面的表述，那就是守诺和守法承认什么是"你的"，什么是"我的"，我们各自有自身必须坚守的个人权利。守法之德就是内心对他人有其合法个人权利的尊重，无正义德性的人不承认这一点。他们总想把别人的权利占为己有，别人应得的他非要多占多抢，因而损害别人的合法利益。所以，正义的德性不是私人德性，而是社会德性，其实存与社会制度密切相关：

> 正义这一德性完全从其对人类的交往和社会状态的必需用途而派生出其实存，乃是一个真理。（《原则》，第37页）

所谓"社会状态的必需用途"，休谟接下来自己做了解释：

> 正义这一德性的用途和趋向是通过维护社会的秩序而达致幸福和安全。（《原则》，第38页）
>
> 因而，公道或正义的规范完全依赖于人们所处的特定的状态和状况，它们的起源和实存归因于对它们的严格的遵守给公众所带来的那种效用。（《原则》，第39页）

这就是休谟从情感主义德性的动机论转向了功利主义的"效用论"的根本原因。正义是整个社会的伦理规则，它的意义不再像情感德性那样，局限于"情感相关者"的少数人领域，其善也主要地体现在"心意"情感的怜悯、同情和仁爱，而是因其与"利益"密切挂钩，所以利益相关者扩大到整个社会共同体。对一人不义，从规则上讲，就是对所有人之不义，损害一个人的利益，就意味着损害所有个人的利益，因而整个社会利益就受到损害。这是制度性正义与所有情感性仁爱的根本不同。因此，我们接下来要探讨休谟伦理学与功利主义的关系。

第四节　休谟版本的功利主义伦理学

确实，如果仅仅保持在情感主义伦理学之中，而不考虑社会整体的"拱顶建构"，那么德性只与善意和道义相关，而与利益无关，就可以像沙夫茨伯里那样，完全在品味意义上讨论道德情感。而一旦德性与利益挂上钩，品味和情感本身就变了，就得考虑个人利益与整体利益的关系，虽然正义最内在的动机还是为了每一个人合法的私利得到尊重、保护和不受任意的侵害。因此，对于情感主义者的休谟为什么最终转向了功利主义，我们在上文交代了之后，现在要考察的是，他的功利主义究竟表现在哪里，有何基本特色，学界对此做了哪些评说？

一、休谟伦理学在何种意义上具有功利主义性质？

把休谟解读为"古典功利主义者"并认为休谟对边沁和穆勒具有明显的影响和先导作用的罗森，一开始就承认，这种解读在当代学者中是绝少的。而与罗森的观点相类似，努德·哈孔森（Knud Haakonsen）虽然认为休谟的功利观念与边沁和穆勒的不同，但他通过对晚期亚当·斯密著作的分析，得出了斯密具有与休谟相类似的结论。因此，我认为，罗森实际上混淆了两个问题，即休谟究竟是不是一个功利主义者和休谟是不是一个边沁版本的功利主义者。重要的不是后一个问题，而是前一个问题，因为它问的是，我们根据什么能把休谟视为一个功利主义者？至于是不是一个边沁版本的功利主义者则无关紧要，因为每一个功利主义者都可能是不一样的。

罗森告诉我们，麦琪（Mackie）也像哈孔森一样，看到了休谟与后世功利主义者之间的差别，但她也注意到功利概念在休谟理论中的重要性：

> 对于麦琪来说，休谟并没有吸收一种诸如功利最大化之类的观念，这种功利最大化是要通过对某种形式的计算来实现最大多数人的最大幸福之目标。进而言之，按照麦琪的观点，休谟更为关注的是动机和特性，而不是行为和衡量标准的对与错。[1]

---

[1] ［英］弗雷德里克·罗森：《古典功利主义：从休谟到密尔》，曹海军译，译林出版社2018年版，第37页。

这说明，罗森实际上是认同这一观点的，即不是按照边沁的把"功利原则"作为衡量行为对错的道德性标准意义上，而是在将功利作为行为动机和德性特性意义上，可以将休谟视为一个功利主义者。但这些说法更多的只能符合休谟《人性论》中的观点，而与《道德原则研究》有冲突。因为在这里，休谟几乎没有再从"动机与特性"，而是从遵守正义规则所能带来的"社会利益"角度讨论正义美德。我们在上一节中的引文可以看出休谟总是强调这一点，由此我们可以清楚地发现，休谟作为功利主义者，其实就是因为这两点："社会利益"与"后果"。不正义行为之所以不义，休谟也是从其危害"社会利益"这一"后果"立论的：

> 同样假定，一个有德性的人命运乖蹇，陷入一个远离法律和政府保护的匪寇社会中，它在这个令人忧郁的境况中必定接受什么指导呢？他看见到处盛行如此孤注一掷的贪婪的抢劫、如此漠视公道、如此轻视秩序、如此愚蠢地盲目不见将来的后果，以至于必定立即具有最悲惨的结局，必定以大部分人毁灭、剩余的人彻底地社会解体而告终。当此之际，他别无他法，惟有武装自己，夺取不论可能属于谁的剑与盾，装备一切自卫和防备的工具，而他对正义的特定的尊重不再对他自己的安全或别人的安全有用，他必须援引独自自我保存的命令，不关怀那些不再值得他关心和注意的人。（《原则》，第38—39页）

这就非常清楚地界定了"不正义"，即无正义法则实存与遵守的社会后果：大部分人的毁灭和少部分剩余的人的社会解体。因而，休谟关注的"社会利益"不是物质财富，而是社会本身的秩序、安全和公道这一公序良俗的实存带给每一个人的好处或益处。这是对于整体的益处，对公众的效用。在此意义上，罗森所同意的对休谟作为功利主义者的两个判断理由都是成问题的。第一个是这样说的：

对休谟使用功利的这种描述依赖于何谓功利主义的观点,这与边沁和J. S. 密尔［穆勒］这样的功利主义者几乎没有任何历史相似性,更多地类似一种粗糙的行为功利主义版本,成为二十世纪遭到抨击和批驳的靶子。[1]

第二个否认休谟的正义是一种规约性的道德规则,是这样说的:

> 有时候休谟也力图表明,在经验上,功利几乎始终与人的快乐形成呼应之势……此外,需要论证的是,休谟将功利原则视为普遍的标准,这就涉及他"逐渐从描述性说明转向了赞同或接受功利是一种合宜的标准,不过未曾明确断言是一种规约性的道德规则"[2]。虽然这些批评是老生常谈而且切中肯綮,但休谟……[3]

下面我们将证明,这两个判断为什么是错的。我们将仅仅辩护这一理由:休谟之所以是功利主义者,取决于他将正义做了伦理规则主义的理解,即情感上敬重、行为上遵守正义规则之所以是道德的,全依赖于社会利益这一知觉上可预见的"后果"。

二、休谟的效用性概念

实际上,休谟只在《人性论》的情感主义立场上,才在正义直接产生

---

1 ［英］弗雷德里克·罗森:《古典功利主义:从休谟到密尔》,曹海军译,译林出版社2018年版,第37页。这个观点是卡帕尔迪（N. Capaldi）的 *Hume's Place in Moral Philosophy*（New York: Peter Lang, 1992, pp. 365–366）和高蒂尔（D. P. Gauthier）的"David Hume, Contractarian"(in D. Boucher and P. J. Kelly [eds.] *Social Justice from Hume to Walzer* [London: Routledge, 1988, pp. 21–22, 26ff. 1])提出,罗森所赞同的。

2 罗森引用的是 F. G. Whelan: *Order and artifice in Hume's Political Philosophy*, Princeton University Press Princeton, 1985, p. 211。

3 ［英］弗雷德里克·罗森:《古典功利主义:从休谟到密尔》,曹海军译,译林出版社2018年版,第43页。

快乐感，不义产生痛苦或仇恨感时强调快乐与痛苦的情感会激发相应的行动动机。而在《道德原则研究》中，他很少谈动机和性格，而是谈效用或者说"功利"，把"效用"视为行为的基础。罗森所引用的这一段当然是休谟的一种看法：

> 看起来事实是：效用（功利）这个因素在所有主题中都是称赞和赞许的源泉；它是关于行动的过失和价值的所有道德决定经常诉诸的，它是正义、忠实、正直、忠诚和贞洁所受到的尊重的唯一源泉；它是与其他社会性德性如人道、慷慨、博爱、和蔼、宽大、怜悯和自我克制不可分离的，一言以蔽之，它是道德中关乎人类和我们同胞被造物的那个主要部分的基础。（《原则》，第82页）

仅仅根据这段话就把休谟贬斥为"粗鄙的行为功利主义"是缺乏依据的，因为休谟时代，不仅"功利主义"没有成熟的表达，而且也根本没有行为功利主义和规则功利主义之区分，休谟仅仅是功利主义思想的一个先驱而已。所以，他强调对"功用"的快乐考量行为的过失和价值，是所有其他社会性德性的一个基础，这是很自然的一种思想倾向。但由于这种"功用"是社会的幸福，是整个社会大厦的拱顶石，是社会秩序和安全的整体利益，所以它超越了狭隘的自私的自爱和自尊的"利益"，也必然超越了仅仅从个人行动来设想的可能性：

> 有用性只是一种对于目的的趋向；当一个目的本身决不影响我们时，说任何事物作为达到这个目的的手段而使人快乐，这是自相矛盾。因而，如果有用性是道德情感的一个源泉，如果这种有用性并不总是被关联于自我来考虑，那么结论就是，凡是有助于社会幸福的东西都使自身直接成为我们的赞许和善意的对象。（《原则》，第70页）

于是，休谟自然地知觉到，正义的规则比任何单一的道义行动都更能有助于社会幸福和繁盛这一有用性目的的实现。所以，我们看到，休谟几乎都是从"正义规则"来论述对"有用性"这一后果实现的意义的：

> 因而，公道或正义的规则完全依赖于人们所处的特定的状态和状况，它们的起源和实存归因于对它们的严格规范的遵守给公共所带来的那种效用。(《原则》，第39页)

休谟甚至把是否尊重正义规则视为野蛮和文明的区别标准：

> 未听说过法律，不知有正义的规则，不尊重所有权的区别，把力量视为正当与否的唯一标准，一切人反对一切人的没有间断的战争，是人们未被驯服的自私性和野蛮性的产物。(《原则》，第41页)

这样一来，休谟也用有用性这一功利标准来考察法律。法律本身就是规定所有权和人们的法律义务的正义规则，所以法律的目的不是对人民进行处罚，不是成为用来治理人们的暴政工具，它们的唯一目的只能是增进人类的利益和全体社会的幸福：

> 为了社会的和平和利益，所不可或缺的不单是人们的财产权应当被划分，而且是我们做出这种划分所遵循的规则应当是那些最能被发明来进一步为社会的利益服务的规则。(《原则》，第44页)

休谟甚至在这段话中明确否定了正义的益处不在于单个行动的后果：

> 正义和忠实是对人类福利非常有用的，或者说其实是绝对必需的；

但是它们的益处不在于单个人的每一单个行动的后果,而起源于社会整体或其大部分一致赞同的整个体制或体系。(《原则》,第156页)

用不着更多的引用,已经可以让大家相信,休谟绝不单纯是一个"粗鄙的"行为功利主义者,而且更主要的是一个"规则功利主义者"了。他与后来的边沁不同的地方在于,边沁随着英国社会进步发现,由于自然法的抽象性,社会契约的一般理论过多地依赖于各种必要条件的预先设定,并不能真正带来社会功利的最大化,因而对自然法和社会契约论都采取批判的立场;而在休谟时代,这样的问题尚未出现,他的使命更多的还是在于对正义规则的强调上,所以他的正义论在很大程度上继承了霍布斯和洛克的社会契约论,使得正义的德性保持在对个人权利的承认层面上,导致在有关对社会契约的敬重、遵守和维护的内容上,他需要从理论上进一步证明,每个人的正义德性是与权利和义务观念联系在一起的。如果大自然有足够丰富的物产,保证每一人都能随心所欲取得任何他们认为有价值的东西,那么就不需要正义的规则或法律。但事实上,有价值之物总是有限的,而人心又总是自私的,所以人类生活必须依靠法律、契约和各种警诫性和预防性的正义规则才能保证社会功利的实现。因此,虽然休谟确实没有像边沁那样从功利总量的最大化角度来论述功利原理,但它的社会功利是从社会整体角度而论的,可以说是规则功利主义最早的一种理论表达。

三、休谟功利思想的影响和所受到的批评

休谟的情感主义道德和功利主义思想直接影响了亚当·斯密,但亚当·斯密毕竟是哈奇森的学生,他们更多的是继承了沙夫茨伯里以来的情感主义,认为道德情感与自私和利益是划清界限的。而对于休谟而言,无论是情感还是正义,都是与私利或公利相关的,它们的联系是:自私是建立正义的原始动机;而对于公益的同情是德性引起道德赞许的来源。

第八章 复调性的休谟伦理学

亚当·斯密的同情和仁爱都受到休谟的影响，但在休谟这里，仁爱驱动的道德行动，是美德，但这种美德在增进社会公益方面的效用是很有限的，因为它在增进仁爱行为使受益者幸福的同时，可能就会损害另一部分人的幸福。比如乞丐和穷人接受了仁爱的施舍，会养成等待救济的恶习，停止救济可能反而会引起他们的不满或仇恨，觉得社会都欠他的；社会成功人士接受了以国家名义给予他们的仁爱施舍，也可能是得了本不该得、他们也本不需要的礼物，同时也有加剧社会不公和腐败的恶劣后果。所以，仁爱之美德，最终在休谟这里需要以正义之美德来矫正之。

但休谟的正义观引发了当时一些学者的"抗议"，因为他们认为将正义建立在人为与功利基础上，不仅削弱了正义，而且似乎也威胁到了支撑正义的内涵，即社会基础：

> 对我而言，这看起来不仅是基础不牢靠，甚至存在着危险的趋势；所有美德的正义对于社会来说都是最必要和最根本的，休谟的观点将正义置于更为松散且危险的边缘，某种程度上将其降到更低的品级，以不名誉的方式区别对待他。[1]

这种对休谟式正义的批评实际上就是对休谟功利主义正义观的批评，它当然是存在一些明显误解的。正义作为规则性、制度性的德性，规范的当然是人们最低等级的品质，如自私、嫉妒等，它只是以警戒性、底线性和预防性约定起作用，防的就是小人而不是君子。但对正义规则的尊重和遵守恰恰体现出正义之美德也可以甚至比仁爱这种情感美德更好地促进整个社会幸福的实现。在此意义上，谁说休谟没有承认正义是最高美德呢？

---

[1] 转引自［英］弗雷德里克·罗森：《古典功利主义：从休谟到密尔》，曹海军译，译林出版社2018年版，第49页。原文出处在 Anon: *Some Late Opinions Concerning the Foundation of Morality, Examined. In a Letter to a Friend*, London: R. Dodsley and M. Cooper, 1753。

美德在休谟这里，既是人性中的情感美德，也是契约和法律制度所体现出来的规范美德。对亚当·斯密、边沁和穆勒的影响，笼统地说，当然是十分明显的，正如茱莉亚·德莱夫（Julia Driver）所说：

> 古典的功利主义者，边沁和密尔［穆勒］都关心立法和社会改革。……达成这一目标需要一种规范的伦理理论作为批判的工具：真正使得一个行为或一个政策成为道德上好的或正确的到底是什么呢？同时理论本身的发展也受到"社会中什么是错误"的这类强烈观点的影响。……对于杰里米·边沁而言，它们之所以是坏的，是因为它们缺乏功利，它们倾向于导致不幸和痛苦却不会为幸福作任何弥补：如果一条法律或一个行为没有任何好处，那么它就是不好的。[1]

但要具体地指出，边沁究竟在什么意义上受到了休谟功利主义正义论的影响，却并不那么容易。在《道德与立法原理导论》（*Introduction to the Principles of Moral and Legislation*，1789）中，边沁在涉及历史上的事件时，多处引用了休谟的《英国史》[2]，而在具体的阐明功利原理时，则几乎没有见到他直接引用休谟。只在一处，论及与功利原理相反的"同情和厌恶原理"时，说"该原理的信徒"在行为对错的标准上最终所依据的"只是你个人的感觉"，因而是在反对的意义上，在此处做的注释中把休谟和沙夫茨伯里和哈奇森相提并论：

> 有人［沙夫茨伯里勋爵、哈奇森和休谟］说自己具备一样东西，把它构想出来是为了自知孰是孰非，此物名为道德意识。于是，他们便随

---

[1] ［美］茱莉亚·德莱夫：《后果主义》，余露译，华夏出版社2016年版，第14—15页。
[2] 参见［英］边沁：《道德与立法原理导论》，时殷弘译，商务印书馆2000年版，第77、112页。

意说三道四：这是对的，那是错的——为什么？因为我的道德意识告诉我什么对什么错。[1]

但休谟对边沁实际的影响确实是显而易见的。弗雷泽这样说：

> 一个具有足够反思能力的休谟主义者其实在某种意义上也是一个边沁主义的功利主义者。有趣的是，边沁似乎正是这样开创了他的功利主义学派。在读过休谟的《人性论》不久以后，边沁就写道，感觉"好像迷雾从眼前散开了……所有美德都根植于功利这一论断在这里被证明了，在说明几个例外后，这论断被强有力地证明了：但我看不到……那些例外存在的必要性"。[2]

休谟对亚当·斯密的影响几乎是毫无疑问的，在涉及他们关系的所有著作中都毫无例外地做了介绍：学生时代的"斯密又从休谟的'人的科学'中，获得了一些修正和更多的洞见，连同一些与休谟截然不同的看法，斯密将所有哲学作为了自己研究人类天性，及其展开写作计划的根基所在"[3]。

麦金太尔对这种影响的描述既客观又具体：

> 休谟之后的另一个值得注意的道德学家是休谟的朋友、经济学家亚当·斯密。斯密如同休谟，也把同情心看作是道德的基础。他构造并使用了一个人物，这个人物也在休谟那里出现：想象中的对我们行为的公正的观察者，他提供了判断我们行为的标准。斯密不赞同休谟在功利问

1　［英］边沁：《道德与立法原理导论》，时殷弘译，商务印书馆2000年版，第73—74页。
2　［美］迈克尔·L.弗雷泽：《同情的启蒙——18世纪与当代的正义和道德情感》，胡靖译，译林出版社2016年版，第98—99页。
3　［英］伊安·罗斯：《亚当·斯密传》，张亚萍译，罗卫东校，浙江大学出版社2013年版，第92页。

题上的论点。当我们在道德上认可一个人的行为时,我们主要把它看作是适当得体的行为来认可的,而不是把它看作是有用的。[1]

确实,由于休谟的功利主义与他的情感主义德性论交织在一起,后来真正的功利主义者对休谟的功利主义思想反而是更为不满的。19世纪对功利主义做了最好、最完备性证明的亨利·西季威克(Henry Sidgwick, 1838—1900),一方面认为:

> 我们应当指出,休谟在一种比边沁的用法更狭窄的意义上使用"功利",这种用法更符合于日常语言的用法。他把"有用的"区别于"直接合意的",所以他一方面承认"功利"是我们在道德上赞扬比较重要的德性的主要依据,一方面又认为还有一些其他的个人功绩,我们之所以表扬它们是因为它们是对占有它们的人或他人是"直接合意的"。然而,在自边沁以来变得流行的广义上使用这个词似乎更方便。[2]

这是一种客观的描述,但对于休谟表达的功利主义作为"常识道德",他最终深刻地认识到它的危险性,批判意识十分强烈,他说:

> 随着把道德阐发为一种科学真理体系的尝试陷于困境,依赖于道德意识的情感方面的倾向便盛行起来。但是一旦伦理学的讨论转变为心理学的分析与分类,道德情操所依赖的义务的客观性观念就慢慢地消失了。……然而,当新学说得到休谟这个可怕的名字认可时,人们就看清了它的危险的本质,以及把道德意识中的认识因素再次提高到突出地位

---

1 [美]阿拉斯代尔·麦金太尔:《伦理学简史》,龚群译,商务印书馆2003年版,第236页。
2 [英]亨利·西季威克:《伦理学方法》,廖申白译,中国社会科学出版社1993年版,第436页注释2。

的需要。而这一工作后来成了苏格兰学派对在休谟那里达到顶点的经验主义哲学抗议的一部分。[1]

所以,休谟伦理学的复调性对后来的伦理学产生了多方面的影响,但其内在的矛盾和各种调性之间所隐含的相互冲突的张力,也是后辈伦理学家试图克服的方向。有一点是不容置疑的,就像麦金太尔所说的那样,在休谟之后,英国很少能再见到像休谟这样具有无穷魅力和思想独见的哲学家了。

---

[1] [英]亨利·西季威克:《伦理学方法》,廖申白译,中国社会科学出版社1993年版,第126页。

第 九 章
亚当·斯密的道德情操论

1737年，亚当·斯密进入格拉斯哥大学时，才刚刚14岁，这无疑算是一个天才了。这样的天才进入一所一年只招200到300名大学生的名校当然是幸运的事情，这所名校不仅历史悠久，而且坐落在格拉斯哥这个除伦敦外全英国最美丽、美好的城市，它比爱丁堡的学术更严谨，拥有更牛津、更剑桥风格的精英学术圈，其温和优雅的精神氛围非常适宜这个天才少年。大学的课程第一次出现了专业教授体系，除了开设逻辑学和形而上学训练学生的逻辑思维和哲学思维外，自然哲学和道德哲学也是学术的两大基础门类。1687年牛顿《自然哲学的数学原理》问世，彻底改变了英国大学的基础学科。格拉斯哥大学当时的数学教授罗伯特·西姆森是牛顿的追随者，将欧几里得几何学的精确推理、牛顿的动力学和当时数学的最高发展相结合，"似乎使亚当·斯密发掘到了一些令人陶醉的东西"[1]。

当然，亚当·斯密的另一个幸运是，他在这所大学里遇到了对他影响最大的老师——哈奇森。他在第二学期就选了哈奇森教授的道德哲学课，其思想反对霍布斯关于人性的黑暗假设，主张人类具有审美和道德感官，德性

---

[1] ［英］杰西·诺曼：《亚当·斯密传：现代经济学之父的思想》，李烨译，中信出版集团2021年版，第19页。

出自这种高级情感能力的社会性，人们的相互关系并不由利己的自私心理决定。在相互友善的情感关系中，人的社会本性决定了仁爱是人们唯一的道德情感，这非常符合对未来具有无限美好憧憬的青年人。这套情感主义道德心理学、自然法理论以及与之相对应的温和的自由主义政治哲学，建构起了斯密精神世界的基本架构，他将其引入人性研究的所有方面，尤其是人类的趋利倾向与政治和道德的关系上。

亚当·斯密对哈奇森的情感理论非常入迷，但最终拒绝了"道德感"学说的核心理论，这也许与他自己的身世相关。1723年6月5日他作为苏格兰法夫郡（County Fife）克尔卡迪（Kirkcaldy）一个海关审计员的儿子来到世上，但父亲在他出生前几个月就不幸离世，他从未见过自己的父亲，完全是在长寿的母亲的照顾之下长大成人，因而对人类之间的情感，对母亲一生的慈爱（他母亲只比他早6年，即1784年去世），比一般人有更深切的体悟。他从小身体孱弱多病，智力却远在常人之上，因而小小年纪就以出色的成绩在最基础也最难的哲学和数学学科中学习，并成为其中的佼佼者。这让哈奇森发现了他的卓越天资，对他格外器重和关照。在斯密16岁时，哈奇森主动介绍他认识正在写作《人性论》的休谟，使他得以可能成为休谟之后苏格兰又一个具有世界历史影响力的伦理学家。斯密自己后来也一直把哈奇森和休谟作为他在哲学上两个最为重要的引路人和好师友。

显然，斯密在某种意义上是紧跟休谟的步伐从事道德哲学探究的，两人性情相投，都有哲学的野心，希望通过建立"人性科学"，实现启蒙运动将人类伦理生活统一到基于科学事实和人性经验上来把握和理解的伟大目标。在休谟出版《道德原则研究》之后8年，斯密就出版了标志其伦理思想的《道德情操论》。在他28岁时，也即休谟出版《道德原则研究》的1751年，他就成为格拉斯哥大学的逻辑学教授，第二年成功接替其老师哈奇森的道德哲学教席，这是一般人根本不可想象的殊荣。这也使得亚当·斯密的大名永远与格拉斯哥大学紧密联系在一起，而且必将是能够为大学带来荣誉，也确实为大学增添了光彩的人物。因而，该校师生于1787年11月和1788年11月连续推举斯密担任名誉校长，给予他极高的荣誉。

第一节 "道德经济学"的启蒙

我国某著名经济学家曾发表《经济学就是不讲道德》，那么，能有"道德经济学"吗？答案是：有，而且是在与我们即将要讨论的现代经济学之父亚当·斯密的经济学思想诞生之前的英国就有。我们现在需要考察，从这种为穷人提供经济辩护的所谓"道德经济学"到亚当·斯密作为现代经济学之父的现代经济学之间，人们对经济与道德之间的关系，发生了何种根本转变，这种转变对于现代文明的意义究竟在哪里。

一、"道德经济学"及其致命的缺陷

"道德经济学"是对工业化早期野蛮的"圈地运动"所引发的英格兰从乡村经济向市场化、工业化的贸易经济转型中，出现的第一批现代"穷人"所发生的反抗、骚乱、起义和暴动所做出的理论反应：

> 这些抱怨对民众形成一致意见起了作用，以致引发了在市场销售、碾磨、烘烤面包等行业中，关于什么是合法的以及什么是非法的问题的实践问题。这作为一种替代，是以连续的传统观念为基础的。这些基础主要是社会规范和义务、团体中不同部分应有的经济功能，它们合在一起，可以说构成了贫民的道德经济学。与现实中的剥夺十分相似，对这种道德承诺的义愤，成为常见的直接行动的契机。
> ……
> 这种道德经济学无法在任何先进的意义上被描述为"政治的"学说……所以，这种道德的经济学并不只是在骚乱时刻作用于人们，而是

非常广泛地冲击着18世纪的政府和思想。[1]

可见，道德经济学因其观念陈旧老化，不仅化解不了经济基础与急剧变革时代所必然出现的骚动的危机，而且进一步引发了"道德的义愤"。因为这种危机是经济基础变革带来的，它不仅仅是一种道德的危机，更是全方位的社会危机。它刺激了政府和学者重新思考道德与经济的关系，呼唤有一种理论能有效解决从传统的农业经济和手工业者围绕家乡附近的城市开展的商业交换经济，转型到现代以"世界"、以全球发达商业城市之间的贸易交换为视野的全新的市场经济，所引发的早期现代性所面临的复杂的政治、道德和社会心理难题。

太多的经济学家都容易忽略动机、行为和经济收益之间复杂的因果关系，出现愚钝的简单化解释成本收益关系的各种经济模型。在令人振奋的资本主义工业革命时代，大机器生产取代了传统的手工业，随着生产力的极大提高而产生的大量商品急需寻找的是世界市场，而非附近城乡接合部的小市场，这需要对市场经济本身的道德性做出强有力的辩护，以真正增加所有人的财富这一可见的成效，才能化解道德经济学所引发的道德义愤。

所以，道德经济学本身不能固守在"穷人经济学"的老套立场来为所谓的穷人提供心理按摩，而是也要转变视野，从更宏大的政治——经济的世界市场角度来为国民财富的增长提供理论。最终让民众在社会财富增长的进程中取得实实在在的收益，才能让道德经济学甩掉"虚伪"的帽子。新的经济学不能过于狭隘地作为穷人的经济学，让穷人遵循传统的道德规范和社会义务，让穷人永远只是穷人，而要让所有人适应市场经济的逻辑，在市场经济本身的合法化、合理性运动中能改变自身的财富状态。因而，新的经济学是

---

[1] ［英］E. P. 汤普森：《共有的习惯：18世纪英国的平民文化》，沈汉、王加丰译，上海人民出版社2020年版，第218页。

为整个现代工商业社会提供道德基础的学问，只有在这种意义上，才能理解经济学的道德意义。

所以，迄今为止的亚当·斯密研究，越来越注意到他的经济学理论的重要性在于：

> 斯密强调了全球化辩论中缺失的维度，那就是道德。
> 它提醒我们，没有两个市场是相同的：市场的存在并非是一种神圣的权利，而是具有公共和私人的功能；可能需要监管来确保其有效性和有竞争性的运作。
> 纯粹经济的分析，比如对失灵的市场、全球化、资本主义本身的分析，既误导了诊断，也耽误了可能的治疗。[1]

因而，经济学真正的道德意义，实际上有两方面：一方面，为商业社会的繁荣做道德辩护，提供以发展经济为中心的政策导向，与此相应，要对不发展工商业、不以商业经济发展为中心的政治与政策的不道德性提出批判；另一方面，为国民过上一般社会水平的"体面"和有尊严的生活，对政府和个人都提出正当的要求。这是政府社会责任的一个基本方面，一个好的政府，无论是在何种政治体制下，享受着国民收入的公共财政给养，它为社会承担的一个基本道德责任，就是利用一定合适比例的财政支出，建立一个广泛的地方教育系统，为所有人提供基础教育，掌握科学技术基本知识，特别是要让穷人从教育中获得翻身解放的机会。所以政府要为发展经济和提供有效的社会教育供给提供合理保障，这不是一般的空洞要求，而是要落实到国民为过上"体面"的和有尊严的一般社会水准的生活所必备的"必需品"的

---

[1] ［英］杰西·诺曼：《亚当·斯密传：现代经济学之父的思想》，李烨译，中信出版集团2021年版，第276—277页。

具体数量上，不仅有经济收入指标，还包括按照约定俗成的尊严定义必备的最低标准所必需的基本品指标。如果国民中的大多数一直处在贫穷状态，这个社会不可能是繁荣的，政府不可能尽到了它的社会责任；如果国民享受不到社会繁荣带来的进步，除开一般社会正义问题的考量之外，还需要对个人自身提出摆脱贫困的道德要求，如个人有义务让自己在智力、文化等能力上具有一个自由存在者所必需的基本精神和基本素质，有义务培养和发展自己在社会生活中自立、自主过上体面生活的必备素质。因而经济学要通过对政府和个人的国民财富的来源、分配、政策的合理性做出科学分析，来为繁荣的社会经济所要达成的"经世济民"的效果提供道德辩护，这确实是现代经济学的目标之一。

二、"现代经济学"的性质与特点

亚当·斯密最卓越的贡献既在道德哲学也在经济学上，他被称为"现代经济学之父"，不管后来的经济学是否有道德意义，至少他的经济学完成了我们上述所说的为发展繁荣的经济、为经济发展"经世济民"的使命提供道德辩护。他最早领悟到"商业社会"对于人类存在的意义，虽然著名的《国富论》是他1767年辞去教授工作回到家乡后写作的，但他在1751年28岁成为格拉斯哥大学教授后就开了经济学的课程，为自由竞争的商业社会大唱赞歌，为自由的市场经济做启蒙：

> 一个学生记录下了斯密在格拉斯哥大学的讲座，在那里斯密说：人类能够拥有的两个最大恩赐。"富裕和自由"（LJ: 185）这种联系是斯密为商业社会所做的辩护的关键之处（cf. Berry 1989, 1992）。[1]

---

1 [英]克里斯托弗·J.贝瑞：《苏格兰启蒙运动的社会理论》，马庆译，浙江大学出版社2013年版，第139页。

可见,"现代经济学"与上一节说的"道德经济学"根本不同,它不立足于"穷人"和"贫穷",而是相反地立足于"财富与自由",主张从"市场经济"才带来"财富与自由"来为"现代道德"奠基。因而,"现代经济学之父"这一标签只是抽象地承认,亚当·斯密所设想的经济学原理对后来称之为"现代主流经济学"思想的原初观念具有奠基性意义,但其实,这并非与《国富论》的构思完全合拍。斯密自己说,此书前四篇的目的在于说明,广大人民的收入是怎么构成的,供应各国人民消费的资源究竟有什么性质;第五篇说明君主和国家的收入,哪些是必要费用,哪些应该出自全社会负担的赋税等等。因此,这样的经济学与当时的"政治经济学"不同,它放弃了对"政体"或"政治共同体"性质的研究,作为单纯的经济学,它有类似于休谟要成为"人文科学"中的"牛顿"之野心,成为经济学中的"牛顿",使之成为一门以物理学为原型的"精密科学"。他发挥了他所受的数学训练的优势,使经济学原理的论证尽量能够使用数学作为分析工具,来阐释以市场贸易为中心的经济学原理与政治、政策、历史与文化的互动关系,却又带有与政治学、数学、美学和伦理学并列的具有独立气象的通用理论体系。正是其中所阐发出来的卓越见识,代表了现代精神的气质,为现代经济学家从各方面对它进行解读提供了可能。但实质上,亚当·斯密经济学的核心就是"市场",是自由竞争的市场机制。所以,亚当·斯密究竟是如何认识市场的,这是我们现在关心的重点。

我们从《国富论》入手,就不能过于狭义地理解"市场"。英国经验主义哲学拒绝抽象地谈论问题,在他这里充分体现出来。他不从概念分析入手,而是从经验出发,他的洞见在于,世上根本就没有两个完全相同的市场,所有的市场也并非以同样的方式运作,这是他出自经验的基本立论。但对于所有市场而言,只要能称之为市场,必然也具有相同的基本要素:商品及其交换机制。不过,斯密也总是小心翼翼地寻求关于它们的差异解释。我们从《国富论》"绪论"中就可以看到他对"道德经济学"的超越。他分析国民收入的构成，即贫富问题，不是从个体劳动的时间、技能的熟练程度、勤劳与懒惰等入手，而是直指根本：必然取决于其国民每年"从事有用劳动的人数和不从事有用劳动的人数，究竟成什么比例"[1]。如果从事有用劳动的人数比例不高，那么即便这些劳动者再勤劳、技能再熟练、对市场的判断力水平再高，都不可能改变其贫穷状况。另外一个根本要素要看一个国家的财政政策，允许多大比例的国民生产总值被用于政府支出，多大比例用于国民正常的消费品。后者比前者更加直接地决定了国民收入的状况。如果被用于国民正常消费品的收入比例过低，即便从事有效劳动的人数比例大，劳动者再勤劳、再节俭都无济于事，只能是贫穷的。所以，他说，在未开化的渔猎民族间：

> 一切能够劳作的人都或多或少地从事有用劳动，尽可能以各种生活必需品和便利品供给他自己和家内族因老幼病弱而不能狩猎的人。不过，他们是那么贫乏，以致往往仅因为贫乏的缘故，迫不得已，或至少觉得迫不得已，要杀害老幼以及长期患病的亲人；或遗弃这些人，听其饿死或被野兽吞食。[2]

所以，贫穷本身就是恶，对于处在贫穷状态下的"穷人"，告诉他如何遵法守礼有道德，如何敬老爱幼，克己奉公，都不如启发这个社会认识市场。认识财富增长的经济学原理，才是建立并规范市场的合理运作以真实解决贫困的方法。让贫穷者富裕起来，就是让国家富裕起来，除了市场经济的商品生产、交换和消费外，重要的是税收和财富分配政策。国民再勤劳，如果没有公平的税收政策和分配政策，穷人永远都只能是穷人，而富人都只能

---

[1] ［英］亚当·斯密：《国富论》（上卷），郭大力、王亚南译，商务印书馆2015年版，第1页。
[2] 同上。

是那些少数人。所以，只要经济学真讲经济，就能实事求是地承认，繁荣昌盛的文明民族之所以文明，是与他们良好的经济政策、税收政策、国民收入的分配政策密切相关，做这些经济学知识的启蒙，就是经济学的"良心""道德"之所在。经济学不讲空洞而虚伪的道德，而从繁荣经济、增强社会利益总量讲道德。为此，斯密提出了经济政策之"良好"的标准，一在所有政策以民生为中心，促进商品经济向市场经济发展，这样才能导致国民财富总量的高速增长；一在财富总量能够以公正合法的程序在君主、政府和国民个体之间公正地分配，这样的经济学就是讲道德的，讲正义的。如果经济上对国民施加各种高税赋进行盘剥，却在道德上让人守礼法、讲良心，这就是从前"道德经济学"之所为，结果只能是让穷人安贫乐道以维护统治阶级的利益。但斯密的经济学，从社会生产力、税赋等探讨国民收入的分配方式，让人看清了经济学的道德与不道德以及导致文明与野蛮的秘密。

所以，亚当·斯密首先论证的是推动劳动生产力增长的要素，他认为首要的在于分工。合理的分工，最能促进生产力的提高，从而促进国民财富的增长。但分工受到市场广狭的限制，要依据"有效市场"而不断增加分工的合理性，不能以分工而固化劳动者的阶层身份。关键在于，何为"有效市场"？所有经济学家由于受到政治、经济、文化以及习俗的道德观念的影响，只能得到一个不完美、信息不对称的模型。而对亚当·斯密而言，一个大致的原则性框架必须坚持，这就是"看不见的手"的自发秩序与政府有效监管的合理结合。对这种比例，几乎没有人能够提供一个准确的公式。

因而我们一方面要承认，"看不见的手"这一"市场自发机制"的发现，奠定了其自由市场经济理论之父的地位，不过这一"隐喻"式的概念，并未成为《国富论》的核心概念。因而，这种地位实际上更多的是后来研究者"预期"的含义赋予斯密的，他自己仅仅是在"常识的、狭义的、从不需要资本管制的意义上使用'看不见的手'的提法。《国富论》第四篇中的延伸篇'关于谷物贸易和谷物法'详细探讨了市场的运作，却没有出现'看不见的手'这样的词汇。……亚当·斯密作为'第一个把市场、竞争和市场交换视为经济学核心问题的思想家',意识到通过公开竞争和自愿交换达成的市场可以发挥类似自然选择的作用。正是在这样的思想框架下,'看不见的手'的说法方得成立"[1]。

在一个不确定的市场中,"需求"和"欲望"对经济行为起了决定作用,因而,斯密的思考显示出对重农主义的批判。在他的经济学中,我们也看不出任何像古典政治经济学那样把社会必要劳动时间作为商品价格的决定因素的想法,他也特别反对过分依赖于高度理想化的和人为的假设。原因就在于他更多地看到,市场是被需求和欲望决定的,而需求和欲望不是固定的,尤其是不受劳动产品的限制。相反政策的导向、观念的变化和潮流的影响,都会带来需求和欲望的不断变化。他更多地从国际贸易中,看出了原有城市及其周边的那种实体性市场,在向着全球非实体性市场转变,因而古典经济学所依赖的理想化的假定,都会在真实的市场中失灵。市场中的关键驱动力在于资本,而资本是围绕利润而不是固定的商品打转的。虽然经济学家都会认为"价格总是对的",但这绝非意味着,必要劳动时间决定了价格,而恰恰是需求、市场交易本身决定了它。虽然斯密在思想的许多方面上是一个严格的牛顿主义者,认为个人和世界都受自然法则规定,以机械的发条驱动,但人毕竟是有自由意志的,市场的流动性和不确定性本身,会摧毁一切固定不变的想法。

过分相信"看不见的手"、认同主流经济学关于"自利"的"经济人"(homo economicus)假设,必定会造成对斯密的误读:

> 可以说,《国富论》的特点更趋近奥地利学派,而不是新古典学派。

---

[1] 朱嘉明:《序一》,载[英]杰西·诺曼:《亚当·斯密传:现代经济学之父的思想》,李烨译,中信出版集团2021年版,第Ⅵ页。

事实上，在许多方面，恰恰是主流经济学误解了亚当·斯密。它视个人为固定的、孤立的、有偏好的个体，而不是像斯密那样，视个人为变化的、动态的和社会性的存在。主流经济学把个人的偏好视为既定的，而不是像斯密那样，认为个人的偏好在交易过程中是持续变化、被不断要求和塑造的。主流经济学中的竞争是交易双方最终的平衡状态，而不是一个争夺优势的持续过程。也就是说，在主流经济学中，这是一种封闭的、静态的理论，而斯密的观点是一种开放的、进化的理论。[1]

这些误读者根本没有注意到一个基本事实，对亚当·斯密影响最大的两个人，哈奇森和休谟，都是反对人性自私论假设的，他们的一个基本特点就是认为人性是受社会关系中偶遇的具体个人的情感决定，人的社会性在相互的情感互动中，最终决定了激情对行动的驱动力。可以说经济学作为人类行动理论过多地把经济人设想为一种工于算计的理性经济人，但恰恰是休谟证明，理性往往都是情感的奴隶。因此，在斯密的经济学中，人也是受情感影响的变化中的人，分工的固化，带给人的是人性的异化，而不是人的德性的充分实现。

三、经济，道德与法理：斯密思想的启蒙意义

《道德情操论》出版于1759年，这是英国海军在法国基伯龙湾的狂风暴雨中歼灭法国海军、战胜法国舰队之年。如同1588年以貌似弱小的海军摧毁了强大的西班牙无敌舰队一样，胜利大大鼓舞了英国人的士气，让人看到了科技对于战斗力的决定性影响，使英国具有了后来称霸世界近二百年的强大海军力量。没有这一次海战的胜利，就不会有英国在19世纪走向日不落

---

1 ［英］杰西·诺曼：《亚当·斯密传：现代经济学之父的思想》，李烨译，中信出版集团2021年版，第205页。

帝国的辉煌。这一胜利也是英国自1688年以来不断进行的温和的政治改革的胜利，是17世纪以来科学启蒙、道德启蒙的胜利。而此胜利之后的17年，到《国富论》出版的1776年，英国从此也要重新开始一个自由市场经济的启蒙，正是这一启蒙，一种国富民强的经济学再次让英国走在了世界文明的前头，引领这个世界朝向以自由和财富为价值的现代文明迈进。而也正是在这一年的7月，美国《独立宣言》签署了，预示着一个新兴的资本主义国家正在把欧洲作为"老牌"资本主义送进历史。世界文明将在古老的欧洲文明基础上，在新大陆开辟一种现代文明的新形态。

而此时的欧洲也处在现代文明的高峰上，但时刻处在新与旧的冲突中，"启蒙"与"革命"的交替，尤其是处在法国大革命的前夜，这一切，都影响到了亚当·斯密的道德哲学思考。他毫无疑问是法国大革命的经历者，虽然他在法国大革命之后的一年，即1790年7月17日就英年早逝，但他《道德情操论》的最后一个修订版，第六版，却是在法国大革命中完成的。1789年的11月18日他写信给出版商卡德尔宣布，这本书终于完美地画上了句号。所以，最后的第六版修订，确实反映了他对欧洲政治、经济转型中问题的思考。

亚当·斯密之所以能在法国大革命前夕考察法国，是因为他在休谟的劝说下，辞去了格拉斯哥大学的教授一职，而成为苏格兰当时最大的地主巴克卢公爵家的家庭教师，专门陪同小公子旅游法国，这在当今完全是不可思议的事。这趟历时三年的法国游对亚当·斯密而言特别重要，1764年他们先是到了法国第二大城市图卢兹，在这里亲眼见证了图卢兹当时的动乱，以及启蒙哲学家伏尔泰作为法官所接手的一个案子：当地一个信奉新教的商人卡拉斯，因儿子皈依了天主教，父子之间因信仰的不同，经常发生矛盾，某日儿子被谋杀后，这个商人受到反新教势力的陷害，被法庭判定是谋杀自己儿子的凶手，被不公正地定罪，关进大牢折磨殴打，最终被处决。伏尔泰接手这个案子之后，彻底推翻了原判，并将前审判官驱逐出境。但这场胜利，引发了斯密的反思，他把它同伦敦1780年反天主教的胜利所引发的骚乱关联起来，深刻地感受到现代文明的脆弱性，以启蒙的合理性理由改变不合理的旧现实，是文明发展的方向，但激进的革命也导致以暴力摧毁旧文化的可怕，因为暴力本身就是恶。如果社会的公共善之总量不变，通过暴力革命起家的统治阶级，因暴力起家而欣赏暴力治理，革命前预期的那种抽象的合理性，立刻就会因暴力支柱而变得更加邪恶。这可能就是斯密在从法国回去之后，就回到安静的乡村写作《国富论》的思想背景，他要把文化从以信仰与政治为中心转向以经济和市场为中心，为此产生一种新的文化，以增长社会公共善的总量为目标。

1765年斯密陪同公子到了法国巴黎。他见到了伏尔泰，但与卢梭却遗憾地失之交臂。结识了重农主义者魁奈和他的信徒，可能是斯密的巴黎之行最重要的收获，他对重农主义（physiocratie）的理论论证非常欣赏，大大增进了斯密对重农主义经济模式的理解，其宏观的经济模型远远超过了斯密在经济学讲座和法学讲义中所阐述的思想。但斯密同时也洞察到重农主义的一个根本局限，也是宏观经济上的一个眼见蒙蔽，那就是误以为只有农业才真正具有"生产性"。这个蒙蔽不祛除，现代经济和现代文明就很难设想。因而，他自己经济学启蒙的一个明显的宏观经济指向，就是贸易、市场和竞争，他要冲破魁奈的一个完全错误的认知：只有地租才是"净产出"，而技术工人、制造业和商人都不具有生产性，都不会增加财富的积累。如果一个社会死死抱住这种错误的认知，经济必将越来越弱，国家和社会也必将"积弱"而野蛮化。所以这促使斯密不断地探讨，国民财富的来源究竟在哪里，财富以何种公正的形式分配，才能刺激生产力的提高和财富的积累，真正让国富民强的经济政策究竟如何。经济构成了一个新时代的教授必须探讨的主题，虽然是在道德哲学的母体上诞生的，但这对于后来每一个对新时代的文明具有真正推动性的思想家是必须学习的基础学问。

在巴黎的沙龙里，斯密也见到了当时倡导合理利己主义的哲学家爱尔维修，但两人似乎没有更多的往来，合理利己主义是否对斯密的经济学产生过影响，我们也不得而知。但我们知道的是，作为经济学家在法国旅游，他最关注的是因税收政策的不公平所导致的社会分层和社会动乱。他亲眼见证了国王、教会和第三等级之间的矛盾，情况看似复杂，实际上都是因税收政策的失误导致的，这是有智慧的洞见。如果税收政策不改变，革命是迟早的事。那时，离法国大革命的爆发时间尚早，但革命的导火索已经明晰可见。斯密心中已经把问题诊断得非常清晰。

还有一件事非常重要，不得不提，那就是亚当·斯密与著名的保守主义思想家柏克的友谊。1783年11月，柏克被任命为格拉斯哥大学的校长，在就职前拜访了亚当·斯密，两人在爱丁堡待了10天之久，之后一同参加了柏克就任校长的仪式。他们两人友谊深厚，许多思想非常接近，我们在柏克1790年发表的《反思法国大革命》中第四章的一节标题"当代的野蛮哲学"，看到了柏克对现代文明脆弱性的观察，实际上这也是斯密所深刻认同的：

> 但现在一切都变了。所有那些带来温柔的权力、自由而服从的美好幻境，那种可以协调不同人生轨迹、用一种温和的同化作用让政治与情感和谐共融、从而让世界变得美丽而温柔的力量，终将消逝于这场所谓带来光明和理性的、试图征服一切的崭新王国里。生活中所有美好的修饰将被粗鲁地掀去。人心中拥有的道德想象力的装点衣橱的新想法，以及那些能够遮盖我们赤裸而颤抖的身体上的瑕疵、将它引向尊严的理解力，将在这场奇怪、滑稽而过时的大潮中土崩瓦解。[1]

从这段话里谁都能感受到柏克对政治的"绝望"，但他的反思却不是为了"绝望"，而是为了汲取历史的经验教训。心中的气愤明显表露在文字里：维系欧洲文明的是绅士精神和宗教博爱，而大革命爆发后的暴力专政带

---

[1] [英]埃德蒙·柏克:《反思法国大革命》，张雅楠译，上海社会科学院出版社2014年版，第90页。

第九章 亚当·斯密的道德情操论

来了恐怖与罪恶。对此他们内心都是谴责的,而导致野蛮报复的根本原因,斯密看得非常清楚,就是皇家宫廷对国民的高额税收的剥削,对教会财产的没收,乃至整个法国政府的税收政策导致的社会极其不公。但是,柏克和斯密同时认识到,暴力为不公出了口恶气,却恢复不了"正义",它摧毁了本就脆弱的现代自由,这才是最可怕的。因此,在整个启蒙运动的尾声,亚当·斯密依然还是通过他的三部著作——《道德情操论》《国富论》和《法理学讲义》进行现代文明的观念与意识的启蒙。

在经济上,亚当·斯密比重农主义者更多地看到了现代文明之潮流。在工业化和商业化的背景下,如果不顾世界潮流而依然按照其严格而精确的规划以农业为重,这将导致一种脱离实际的乌托邦精神,使得资本被投入到无利可图的领域,而导致整个国家财政乃至人民生活的失败。因此,他对重农主义和重商主义都进行了批判,后者的失误就是过分地依赖金钱与资本,走向了重农主义过分地依赖于土地和地租的反面,由此国家也将试图通过储存金银的方式来获取财富,这势必导致向海外争夺殖民地的战争。所以,重商主义虽然有其不足,但依然可以是经济进步的动力,这成为《国富论》第三卷的主题。一种现代文明,不重视经济进步,就不可能有财富总量的增长,文化、科技、艺术、伦理和道德的发展也终将沦为空谈。因而,整个说来,如果就斯密的经济学谈启蒙的意义,那么可以归结为一点,那就是发现商业文明的逻辑,这种逻辑是在经济进步、财富增长这个前提下,因而是在以市场为核心的现代经济运行机制中,如何让经济人与国家共同繁荣进步的文明逻辑。个人权利与自由发展显然是其中重要的乃至核心的要素。而经济运行中的公平正义是避免社会冲突、消灭剥削压迫,从而防止社会野蛮化的关键。在这里,他关于国家税收的原则,是避免奢谈国家作为利维坦之恶和奢谈爱国主义的重要原则。关键的启蒙意义,是他充分认识到了现代性的复杂性,经济学必须不断地从道德哲学的母体中吸取营养,才不会让财富的增加腐化美德之心,败坏社会正义。正如现代学者所充分看到的:

在苏格兰启蒙运动中，政治经济学的现代性是双重的。首先，苏格兰人意识到商业是文明史中的积极力量，它成为值得科学论述的主题，被置于社会的推测历史（conjectural history）中的演进阶段之顶点。另一方面，苏格兰文人也意识到，我们为了得到商业带来的物质成果，付出的代价如此高昂，以至于进步（progress）观念本身变得很有问题。在这里，现代性在于紧张意识，这些紧张源自不同社会概念与理念之间的冲突与模糊暧昧，那些不同观念凭其自身之名义乃是理想美好之物，但趋向于在相互之间设置严格限制。这种对社会之复杂、进步之歧义（ambiguity）的敏感（sensibility），就构成了苏格兰启蒙运动最完整的主张，并清晰阐述了看待社会世界的一种独特的近代模式。

自由概念自然也受到这种见解的影响。如同财富与美德，自由被视为内在可欲的（desirable），但依据环境服从数量和性质的变化。如果亚当·斯密认为"丰裕与自由"构成了"人可以获得的两种最大幸福"，他敏锐地意识到，所有人并不按同等程度或以同样方式获得这些幸福——实际上，一些人一无所有。[1]

所以，如何在一个复杂多变的世界中而不是在世界外发现人类共存的伦理机制，不从固定的形而上学设定和传统习俗的道德规定中制定人类行为的善恶标准，而从人们直接的相互交往本身的情感中，去发现善良的行为原则和美德的成长机制，这是亚当·斯密式启蒙的特点。所有这些启蒙的目标都是依赖每一个人的道德情操在一个良善的商业文明中实现人类幸福的两大指标：丰裕和自由。商业、税收和政府形式都与丰裕和自由的幸福一起被纳入伦理思想之内系统地加以考察。

---

[1] ［美］戴维·伍顿编：《共和主义、自由与商业社会：1649—1776》，盛文沁、左敏译，人民出版社2014年版，第343—344页。

第二节　亚当·斯密的道德情感主义

情感主义伦理学，从沙夫茨伯里算起到亚当·斯密这里，直系上已有三代，再算上休谟，也可称之四代了。但由于亚当·斯密后来直追跟进，与休谟成了志同道合的朋友，他们之间实际上相互影响，当然休谟对斯密的影响毕竟更为根本。因而，为了准确地理解斯密的道德情感主义，我们先考察其思想渊源。

一、亚当·斯密道德情感主义的思想渊源

作为哈奇森的学生，斯密在大学时代受到的教育，在伦理学上主要就是哈奇森的道德情感主义教育，斯多亚主义对哈奇森的影响也体现在课堂上对学生的阅读要求中：

> 我们阅读西塞罗著作的几个不同卷本或不同部分：论自然礼节（*De natura Deorum*），《论目的》（*De finibus*），《论图斯库兰问题》（*Tusculan Questions*）等等。在学期临近结束时［五月中旬或六月十日结束］则读他非常有价值和实用的专著《论义务》（*De Officiis*）；每位学生轮流将一个或两个句子翻译成英文，并回答一些关于语言或情感的简单的问题。[1]

所以后来亚当·斯密在构思其伦理学思想时吸收了斯多亚主义的思想，尤其是他们的自然法思想：宇宙是一个根据其内在的自然法理和谐运动的体系，遵循自然而生活就是遵循内在的自然法理而生活。这也是他后来在《国富论》中相信在自由贸易的市场经济中，有一只"看不见的手"调节着经济活动的深层原因。而在《国富论》出版前17年的《道德情操论》中，他要探

---

[1]　［英］伊安·罗斯：《亚当·斯密传》，张亚萍译，罗卫东校，浙江大学出版社2013年版，第95页。

究作为"看不见的手"却在调节人类整个生活世界之和谐有序的是何种伦理法则。因而,哈奇森对亚当·斯密的伦理学史教育,目的是告诉他们,虽然我们可以对某一学派具有更大的激情,但要从伦理生活的构成性规则来思考,不能局限于一家一派,道义不会单独实存于一个特殊的"主义"中,在每一个特殊的主义中,都部分具有道义实存的智慧。因而,对待伦理学史上的各派,都要从其倡导的特殊主义中凝聚出普遍的存在之道义,进而在自己的道德哲学理论中综合创新。

1740年夏季学期开始,亚当·斯密获得一笔奖学金去牛津大学学习,其间受到了数学和物理学的训练,开始着手写作《天文学史》。第二学期也像其他大学一样,给学生讲授伦理学课题,讨论传统的自由意志问题和幸福作为人生目的和良知作为行动的标准是否充分等问题。但牛津大学带给斯密的印象是,这里的大学教育落伍了,不如格拉斯哥,而且没有像哈奇森那样教授包括自然法理学和经济学内容的广义道德哲学课程,推荐的阅读材料不是原著,而是摘录,考试死记硬背,这都让斯密受不了。但斯密在牛津大学学到1746年才离开。因而,在牛津大学,斯密花了很多时间来自学,他主要深入钻研了休谟刚刚出版的《人性论》,而这居然导致了"调查这一事件的牧师们,没收了这本异端邪说,严格地批评了这位年轻的哲学家"[1]。

因为休谟在牧师们的眼中是"臭名昭著的怀疑论者",而年轻的斯密却利用休谟《人性论》的原理,在课堂上挑战老师讲授的牛顿的自然哲学学说,并以此为乐。

从牛津大学毕业后,亚当·斯密幸运地谋到了爱丁堡大学的教职,他在那里教授修辞学,这使他开始处理自亚里士多德以来的修辞学传统。他尤其对沙夫茨伯里的文体和思想进行了清理,他盛赞斯威夫特的文体是所有英语写作家中最为朴实、合宜和精准的新修辞学典范,而认为沙夫茨伯里则是使

---

[1] [英]伊安·罗斯:《亚当·斯密传》,张亚萍译,罗卫东校,浙江大学出版社2013年版,第124页。

用了一种过时的旧文体，说他的文章中抽象的推理与深入的探索过于累人，对自然哲学的最新进展一窍不通，而数学又大大超过了他们虚弱的思维习惯所能达到的程度。因而，他颇为不敬地说，沙夫茨伯里所欣赏的彬彬有礼的高贵风度，唯有依赖华丽而夸张的措辞来达到。这种"不敬"实质上表现了经过科学启蒙了的新一代大学教师已经在知识和思想上，大大超越了前辈学者。对英国近代哲学而言，霍布斯推翻了旧的神学和哲学，已经是现代性的一大进步；而沙夫茨伯里又通过对柏拉图和洛克的"古今融通"，超越霍布斯创立了新的修辞学和审美与伦理相融合的新道德哲学；哈奇森通过道德感官机制的发现，将道德情感建立在人性科学之上；而休谟进一步以牛顿的物理学为榜样，建立起人性科学，并在此科学之上，阐发了基于知觉因果性的道德情感理论和具有功利主义特色的仁爱和正义理论，这都是英国哲学所展示出来的进步。而亚当·斯密则需要在融合所有这些理论基础上，将其老师哈奇森建立起来的道德哲学体系再往前推进。他在修辞学课程中讲授的"语言的起源及其演化"完成了对沙夫茨伯里思想的清算，这一清算的意图，就是新的道德哲学必须有能力吸纳自然科学的新成就，并通过数学般的抽象将它纳入伦理规则之中。他认为这两点都是沙夫茨伯里所缺乏的。

斯密一直紧追休谟的步伐是明显可见的，特别是在修辞学教学过程中，当他越来越清晰地阐明修辞学与人类善感的天性之间的紧密联系之后，如何推进休谟《人性论》中提出的情感理论，就成为他思考的核心课题。

斯密试图将《人性论》中把现象之间的因果联系看作现象背后"隐秘关系"的休谟式怀疑主义与自然主义结合起来，将哲学界定为"在自然的原则之间建立联系的科学"，"因而，哲学或许可以被理解为是诉诸人们想象力的众多艺术形式之一"；"哲学史"或许有可能被称为"科学发现史"。[1]

---

[1] ［英］伊安·罗斯:《亚当·斯密传》，张亚萍译，罗卫东校，浙江大学出版社2013年版，第158—159页。

这样一些想法，在爱丁堡大学时就形成了。哲学史被他设想为不过是人类将原本支离破碎、杂乱无章的自然现象通过想象力所做的连续性联系的发明史，而此时的休谟也正按照类似的观念在写作《英国史》第二卷，此时他们正式结为好友了。休谟的《人性论》开创了把所有"科学"建立在人性科学基础上的尝试，而恰恰是这一尝试本身刺激了亚当·斯密在爱丁堡大学开设的系列哲学史讲座要按照柏拉图的逻辑学、物理学和伦理学这样一个大的科学体系去发现自然，包括伦理中"统一性原理"的宏大计划：

> 当哲学家们"发现了或想象他们已经发现了"将自然的各个部分绑在一起的那根"链条"时，他们就将宇宙看成了"一部完整的机器，一个连贯的系统，由整体的规则支配着，并为达到整体的目的服务，即为了它自身以及所有里面的物种的持存和繁荣"。[1]

而正是在这一宇宙论体系中，我们才能理解柏拉图综合了古希腊巴门尼德的自然哲学和毕达哥拉斯灵魂论的世界灵魂自然神学与其正义论的伦理学之间的联系，才能理解亚里士多德的四因说的自然目的论世界观和伦理学，也才能理解斯多亚主义顺从自然法理而生活的德性伦理学。而恰恰是斯多亚主义，通过哈奇森的传承，而成为亚当·斯密道德哲学思考的最为重要的思想资源：

> 斯多亚派哲学对斯密的伦理思想产生了重要影响，它也从根本上影响了他的经济理论。跟同时代的其他学者一样，斯密精通古代哲学，《道德情操论》中他经常地把参照柏拉图、亚里士多德和西塞罗（后者有时但并不总是作为斯多亚主义的思想资源）当作回事儿这是理所当

---

[1] ［英］伊安·罗斯：《亚当·斯密传》，张亚萍译，罗卫东校，浙江大学出版社2013年版，第165页。

然的。在他的考察中，第七卷关于道德哲学史，斯多亚主义比任何其他"体系"，无论是古代的还是现代的，都给予了更多的空间，对爱比克泰德和马可·奥勒留的长篇大论说明了这一点（爱比克泰德的《哲学谈话集》似乎是斯密早期对斯多亚主义迷恋的主要原因）。[1]

实际上，对斯密的经济学产生影响的不仅仅是经济学，也不仅仅是情感德性论，这些都是"术"上之物，最关键的是"道"。"道"体现在世界观上：宇宙按照自然规律具有和谐运转的能力，伦理如果按照人性的情感逻辑运作，也将在此意义上成为自然自由的世界体系，这是斯密思想中最为"思辨"的要素，奠定了他的整个道德信念。所以，斯密心目中的哲学史，主要是"物质的具体本质"学说，古代毕达哥拉斯主义、柏拉图和亚里士多德以及斯多亚主义，这些哲学理论都试图给予世界一个规范性的体系解读，而内在的规范结构，或者就是自然规律，或者就是精神规律或灵魂的规范结构，这一规范结构，通过哈奇森的道德感官理论和休谟的人性论的知—情—意的结构划分，变成了现代人类心灵结构。因而，斯密要在这个现代的人性心灵结构中，阐发人类的情感关系与德性。

道德哲学作为规范性学问离不开法学或自我立法的意识。亚当·斯密在爱丁堡大学的教学活动中最为成功的实际上并非修辞学和哲学史，而是法学，但最为遗憾的事就是他的法学讲义从未出版，使人们无法详细考证其法学思想与其道德哲学之间的联系。但其教学所取得的成功，则在几乎所有的传记作品中都有记载。斯密讲授的是民法而不是罗马法，他的目的是伦理学的，关注规范性正义在国民生活中的运作：

1769年3月5日，他向一位苏格兰法官黑尔斯男爵坦白说："我研读法

1　Introduction of Adam Smith: *The Theory of Moral Sentiments*, edited by D. D. Raphael and A. L. Macfie, Liberty Fund 1984, Oxford University Press 1976, p. 5.

律，意在对不同时代和不同国家实施正义所依据的方案大纲有一个大致的了解。"[1]

而他所依据的法理资源却依然是近代自然法奠基者的思想，即格劳秀斯和普芬道夫的自然法。与后来边沁对自然法展开批判不同，他依然认为自然法理是解释民法规范之正义根源的根本。斯密急于表现自己的原创性，生怕自己的思想在毫不保留地与朋友之间的交流中受到竞争对手的伤害。要说他能有什么原创性的话，那就是对斯多亚主义自然法理的在正值兴起的市场经济基础上的新阐发。这时休谟参与翻译了孟德斯鸠的《论法的精神》的两章内容，斯密显然也十分感兴趣，休谟即将出版的《政治论文集》也一起构成了他的思想资源。因而，亚当·斯密关于"自然自由"之概念的阐发，显然可视为他对自然法的原创性阐释。

宇宙既是自然法统治的世界，同时世界的和谐发展、自然的和谐显示出大自然本身也是一个"自然自由的体系"。人类唯一需要做的，就是不对自然进行干预，允许它按照自己的"规划"来实现大自然内在目的所指向的目标。这不仅是斯密伦理的目标，而且也是他关于按照自然法则运行的自由市场经济概念的核心。

他的法学讲座获得极大成功，可以从两件事来证明。一是在爱丁堡大学法学讲座的成功，使他获得了母校的青睐，让他回格拉斯哥大学任教授，最终在激烈竞争中，他凭借提交的《论观念的起源》（De Origine Idearum）顺利地如愿以偿。但当时并不是直接接替哈奇森的教席，而是担任逻辑学的教授。因为哈奇森教席的继任者是克雷吉教授，直到这位身体很差的克雷吉去世后，斯密才在1752年4月以全票当选为道德哲学教席的教授。二是他在格拉斯哥大学继续开始的法学课程的成功，格拉斯哥大学于1762年10月12日授

---

[1] ［英］伊安·罗斯：《亚当·斯密传》，张亚萍译，罗卫东校，浙江大学出版社2013年版，第171页。

予亚当·斯密法学博士学位。这是我们当今的大学体制不可想象的事件，一个教授再成功，大学也不可能因此而授予在职教师以博士学位。而在当时则表达了对于一位在职教师成功的教席和科学活动的敬重，如同颁发证书的措辞所说：

> 考虑到亚当·斯密在学术界获得的有口皆碑的声誉，尤其是这些年他在格拉斯哥大学所教授的法学课程赢得了极大的赞誉，并为社会做出了贡献，委员会一致通过、决定授予他法学博士的学位及为此目的指定的相应毕业证书。[1]

从1751年10月进入格拉斯哥大学到此时授予博士学位，正好十年。但两年后的1764年2月，亚当·斯密就辞去了他的教席，而托马斯·里德成为他的接任者。

我们现在再来专注于《道德情操论》的思想资源。他在这本一出版就给他带来巨大荣誉的著作中，所表达的几个基本思想，实际上并非深奥的观念，而是日常交往中大家都能体会得到的基本情理：我们对其他人的赞许和厌恶是建立在同情共感的基础上。这一著作是他进入格拉斯哥大学教学活动八年后的产物，也就是说，是他八年来讲稿的汇编。第一年他还是上法学课，成功的法学课教学只是表象，它获得的社会赞誉来自课堂教学所看不到的背后的思想创造。由于此时的法学是道德哲学的一个部分，还没有从伦理学中分离出来，我们在上文分析哈奇森伦理学概念时就已经引用了哈奇森自己的明确规定。而斯密这时上法学课，校方制定的参考教材也就是1742年格拉斯哥大学出版社出版的哈奇森的《道德哲学、伦理学及自然法理学基础续》(*Philosophy moralis institution ethics & jurisprudentiae naturalis elementa*

---

[1] ［英］伊安·罗斯：《亚当·斯密传》，张亚萍译，罗卫东校，浙江大学出版社2013年版，第246页。

continuens），因此讲课给了他一个平台，可以将其在爱丁堡大学教授修辞学、哲学史和民法法理学的思想成果融入哈奇森的自然法学中，融合成为道德哲学的一个体系，这便体现了格拉斯哥道德哲学的传承与创新。

当然，具体地说，斯密对亚里士多德《尼各马可伦理学》中关于性情、德性和正义思想的吸纳，是这一时期最为明显的成就。从《道德情操论》中"最为完美的合时宜行动标准"我们就能看到亚里士多德思想资源在他思想中的呈现。

但是，所有哲学上的思想资源，都需要凝聚在对哈奇森和休谟等当代道德哲学和英国启蒙运动以来形成的自然神学所构成的自然主义方法论之下，才能真正地化作某种体系性的思想创造。与后来英国哲学排斥"体系"不一样，在亚当·斯密对斯多亚主义情有独钟的青睐中，"体系"是一个不可或缺的需要。既然民法、司法权都来自人们在受到不公伤害时产生的自然怨恨和报复欲望，而伦理学则表达着由自己的理性和情感所支配的基于人类情感关系的共存法则，因此，整个人类的"自然法体系"的规则就是道德情感理论的重要组成部分。这些原则的思想已经形成，他需要的只是在教学中慢慢加以展开。

而这部书的问世，据传记作家的描述，一是来自一位社会名流、曾为休谟谋求爱丁堡大学教授职位的埃利奥特的建议，说如果他能出版一部著作，那么就能吸引欧洲的名门贵族子弟来格拉斯哥大学求学；二是受到了法国作家莱韦斯克·德·普伊1747年在巴黎出版的一部相当成功的《论令人快乐的情感》（*Theorie des sentimenta agreables*）书名的影响，这也是好友休谟担心他陷入《人性论》出版时无人问津的尴尬而做的借鉴。事实证明，这一做法相当奏效，休谟担心的情况没有出现，相反，出现了一片叫好的赞誉，这是大家共同期望的结果。

在这个快乐主义心理基础上，关于人类道德情操的条理化和系统化的思考，同时代的卢梭的情感主义，以情感求正义的做法，应该说也同样是亚当·斯密的思想资源。1756年3月,《爱丁堡评论》第2期发表了亚当·斯密的一封信,其中不仅言辞犀利地评价了卢梭一年前出版的《论人类不平等的起源》,而且翻译了其中的三段文字,展开了同卢梭"隐匿的论战",充满了挑战意味。但这被后来的研究者积极地评价为一份有待开拓的思想遗产,昭示着我们可以从两者对话的视野去解读两位启蒙时代的伟大学者关于现代伦理建构的思想工程:

> 借助启蒙,卢梭与斯密在1756年的相遇提供了基本的政治选择遗产,它被流传至19世纪,又经过19世纪被流传给了我们。它是两套政治语言,两个不同的乌托邦之间的选择。我们必须在这两种情况下谈论乌托邦,因为比起卢梭的乌托邦的共和理想,斯密的"自然自由体系"并没有更好、更如其所是地描述这个世界。(Michael Ignatieff: The Needs of Strangers, 122）[1]

带着这样的一场苏格兰启蒙与法国启蒙之对话的视野,我们赶紧进入《道德情操论》之结构中。

二、《道德情操论》的结构与主题

由于是讲稿汇编,《道德情操论》共有七卷,从各章标题来看,根本看不出它的论证逻辑,各卷标题如下。

第一卷"论行为的合宜性",讨论的是行动道德性的标准。这种合宜性标准不是"正义"的规范性标准,而是基于"同情"的情感标准,因此,第一篇论"同情"机制下的合宜感,从这种合宜感推导出和蔼可亲是令人尊敬

---

[1] 转引自〔美〕查尔斯·L.格瑞斯沃德:《让-雅克·卢梭与亚当·斯密:一场哲学的相遇》,康子兴译,生活·读书·新知三联书店2023年版,第4—5页。

的美德。第二篇论述合宜感之下的各种激情，有肉体产生的激情，想象和习惯产生的激情，不友好的激情，友好的激情，自私的激情，各自在何种限度内是合宜的。第三篇是论述一个人的命运（幸运和不幸）对判断行为合宜性所产生的影响，因而是一种道德心理学的分析，这涉及对悲伤的同情和对快乐的同情之强烈程度的不同，怎样才是合宜的；也讨论了野心的起源，社会阶层的区分，但完全看不出有什么逻辑为什么要研究这些；最后讨论了为什么敬佩富人和权威人士，轻视和怠慢穷人和小人物会导致道德情操的败坏，这是非常有意思的讨论。

第二卷的总标题是"论优点和缺点；或报答和惩罚的对象"。也像第一卷一样分三篇。

第一篇讨论对优点和缺点的感觉。由于标准是合宜性，所以第一章主张凡是合宜的感激对象的行为，就应该得到报答，凡是表现为合宜的愤恨对象的行为，就应该受到惩罚，有这种奖惩观念的人，就是一般有正义感的人，这是一个人性格的优点，即美德。第二章具体讨论何为合宜的感觉对象，何为合宜的愤恨对象。第三章讨论感激和愤恨，即感激和愤恨的心理基础。第五章又返回去分析对优点和缺点的感觉。

到第二篇是讨论情感主义两种最为重要的美德：正义和仁爱。

第三篇又像第一卷的第三篇一样讨论命运对人类情感产生的影响。从这两篇我们就可以看出，斯多亚主义的命运观影响了斯密对人类行动、情感和心理的分析。以斯多亚主义的自然法理来转型基督教化的仁爱，构成了斯密以情感求正义的现代情感主义的特点。

第三卷没有分篇，在一篇之内分六章探讨了我们评判自己的情感和行为的基础，而把前两卷视为是评判他人情感和行为的基础，两者难道真的不同吗？当然是完全相同的，但有一个前提，那就是，我们能否像设身处地地看到他人的情感和行动那样，像一个公正的旁观者那样公正地看待自己的情感和行为呢？亚当·斯密的洞见在于：我们对自身美丑的最初想法是由别人的而不是由自己的身形和外表引起的。[1]

他人眼中对我们的一言一行的"表情",而不是我们自己对自己的主观看法,才是我们看待自己的"一面镜子",我们只有通过"这面镜子"中反映出来的他人脸上的表情,才能看到自己的感情和行为是否合宜,才能看到自己心灵的美与丑。而我们引起别人、公正的旁观者赞许的根源,不在任何外在的东西上,而仅仅在于我们灵魂深处的美德:

> 美德之所以是和蔼可亲和值得赞扬的品质,不是因为它是自我热爱和感激的对象,而是因为它在别人心中激起了那些感情。美德是这种令人愉快的尊敬对象的意识,成为必然随之而来的那种精神上的安宁和自我满足的根源,正如猜疑相反会引起令人痛苦的不道德行为一样。(《情》,第142页)

由此,斯密最终归结我们行为的唯一原则和动机,不是任何心理动机,而应当是造物主要求我们去履行的责任感。他在这里提出了后来在康德伦理学中才提出的问题,我们通常仅仅把这个问题视为一个康德问题,而这其实恰恰是斯密提出的问题:

> 在什么情况下我们的行为应该主要地或全然地产生于某种责任感,或出自对一般准则的尊重;在什么情况下某些其他的情感或感情应该同时发生作用,并产生主要的影响。(《情》,第210页)

第四卷很短,只有两章,第一章讨论效用(功利)的表现赋予了一切

---

[1] [英]亚当·斯密:《道德情操论》,蒋自强等译,商务印书馆1997年版,第140页。以下凡引此书,都是这个版本,直接在引文后标注页码。

艺术品以美；第二章讨论效用的表现赋予人的品质和行为以美，这种美在何种程度上被视为原始的赞同原则。因而，第四卷被视为斯密功利主义思想的表达。

第五卷像第四卷一样短，也只有两章，讨论习惯和风俗对我们有关美丑看法和道德情感的影响。

第六卷讨论美德品质，恢复到前三卷的三篇规模，第一篇讨论作为个人品质的谨慎，对自己幸福的影响；第二篇一般地讨论个人品质对他人幸福的可能影响；第三篇讨论自制品质。这显然不能被视为美德伦理的完整阐释，而只能是一个非常不完善的补充。

第七卷名为"论道德哲学的体系"，共有四篇。第一篇是《道德情操论》中最短的一篇，共一页纸，说明了在道德情感理论中应该考察的问题有两个，第一，美德存在于何处，何种性格与何种行为构成了受人尊敬和赞同的品质；第二，内心的什么力量和功能使我们认识这些品质。像这样两个问题，如果按照今天的写作习惯，绝对应该在本书的一开始就讨论，而斯密却几乎放在了最后来讨论，可见，当时的教学不是按照体系的逻辑，而是按照单个问题来进行的。这也表现出经验主义哲学把碎片化根本不当回事儿的好处，可以想到哪里讲到哪里。

第二篇论对美德的本质做出的各种说明，从整个哲学史看，他认为只需要分三类：第一类是认为美德不存在于任何一种感情中（这是对之前所有道德情感论的彻底反叛），而是存在于对我们所有情感合宜的控制和支配中；第二类是认为美德只存在于对我们个人利益和幸福的审慎追求中，即那些自私感情的合宜性控制和支配中；第三类与之相反，认为美德只存在于以促进他人幸福为目标的情感中，不存在于以促进我们自己的幸福为目标的情感中。因此，美德存在于合宜性中，美德存在于谨慎中和美德存在于无私的仁爱情感中，构成了三种相互区别的答案。他把柏拉图、亚里士多德和芝诺（斯多亚主义创始人）放在第一类；而把伊壁鸠鲁主义视为第二类；第三类他认为是自罗马奥古斯都时代以来的大部分哲学家都坚持的主张,当然最主要的,这一类的指名道姓的代表人物还是他的老师哈奇森。这样的道德哲学史解读,无疑属于剑走偏锋的那一类,全然属于"六经注我"的做法,我们在其中也只能发现个别的经验性洞见,而难以要求它有多少历史的客观准确性和逻辑融洽性。而第二篇第四章有其特别引人注目之处,它的标题是"论放荡不羁的体系",他指的是曼德维尔(也被译为"孟德维尔")的学说体系:

> 根据他的体系,一切公益精神,所有把公众利益放在个人利益前面的做法,只是一种对人类的欺诈和哄骗,因而,这种被大肆夸耀的人类美德,这种被人们争相仿效的人类美德,只是自尊心和奉承的产物。(《情》,第407页)
>
> 把每种激情,不管其程度如何以及作用对象是什么,统统说成是邪恶的,这是孟德维尔那本书[指《蜜蜂的寓言》——引者]的大谬所在。(《情》,第413页)

第三篇的标题为"论已经形成的有关赞同本能的各种体系",分为三种,第一章考察从自爱推断出赞同本能的那些体系,指的是霍布斯主义的观点。斯密认为他们的各种体系中都存在大量的混乱和错误,因为自爱与人的社会本性是相冲突的,如果自然主义能够贯彻到底的话,从一个相冲突的人性本能中推导出合宜的赞同本能几乎都是不能成功的,本性最终是不可违的。第二章考察把理性视为赞同本能的那些观点,斯密没有特指哪些人的观点,但显然都是反霍布斯主义的观念,它涉及在法律和现实制度出现之前,人的头脑中是否被自然地赋予了某种官能,在人类的情感和行动中能够区别正确与错误,值得赞扬的和值得谴责的品质。但这些观点不全是反自爱的体系,如休谟也是反对从自爱出发的道德情感,却坚决认为道德区别不由理性而只能由情感做出。因此，这仅仅是指那些认同美德存在于同理性一致的，凭借理性我们发现了据以约束自己行为的有关正义的那些一般准则。在所有这些体系中，斯密不失时机地赞美了他老师的功劳：

> 哈奇森博士的功绩是最先相当精确地识别了一切道德差别在哪一方面可以说是来自理性，在哪一方面它们是以直接的感官和感觉为依据……他的解释是无可辩驳的。(《情》，第424页)

第三章考察把情感视为赞同本能的根据的那些体系。他区分出两种类型，第一种类型大致还是属于哈奇森的道德感官理论，第二种类型大致出于休谟和他自己以同情为机制的那些理论，但并没有指名道姓地说是哪些人的理论。

第四篇属于最大而化之的论述，其标题是"论不同的作者据以论述道德实践准则的不同方式"。按此题目，我们的期待是具体到"不同的作者"，并以最简练的方式将其道德实践的准则表达出来。但斯密显然没有这样做，他笼统地区别了"古代一切道德哲学家"与"中期和晚期基督教教会的一切雄辩家"。显然这样的笼统之论在今天毫无学术价值可言，但其闪光点依然是有的，那就是他洞见到：

> 正义的确是唯一明确和准确的道德准则；其他一切美德都是不明确的、模糊的和不确定的。前者可以比作语法规则，后者可以比作批评家们为写作的美妙和优雅规定的准则。(《情》，第434页)

这种洞见，往前推可以说是将亚里士多德把"正义"作为一切德性的"总德"和"首德"之意义清楚地表达了出来，往后推，可与列维纳斯这个高论相媲美：

伦理学是第一哲学，形而上学的其他分支都是在它这里获得各自意义的。因为第一问题乃是正义问题；因为正是通过正义问题，存在得以被撕裂，人得以被确立为"异于存在"和在世之超越；因为若无正义这一问题，思想所有其他的考问都不过是虚空和捕风。[1]

我们实在地想想，有多少人依然在伦理学中靠虚空和捕风过活，实在是悲哀至极。

三、同情为何成为道德情感

从上述介绍中我们知道，《道德情操论》整个七卷的内容，都是围绕"情感"展开的，因而可以说，亚当·斯密代表了苏格兰道德情感主义的最后总结和思想高峰。我们中文翻译的"情操论"，实际上也就是哈奇森和休谟都用的"sentiments"概念，一样都是"情感"，即"道德情感理论"（The Theory of Moral Sentiments）。但是，亚当·斯密的道德情感理论与沙夫茨伯里、哈奇森和休谟的都有不同。他对沙夫茨伯里的批评，我们上文也指出过了，我们的重点是要在对与哈奇森和休谟的比较中，厘清他们之间的不同并总结特色。

亚当·斯密已经放弃了哈奇森从特殊的道德感官的"官能"中阐发道德情感发生机制的理论，因而，带有强烈"道德感官"意义的moral sense和带有鲜明官能感受、感觉意义的moral sensation和feeling这几个概念，在他这里都不再是核心概念了。他是直接从"同情"（sympathy）来讨论"情感"和"行为"的"合宜性"标准，因而"情感"只是"媒介"，在此"合宜性"中表现出来的人的品质、美德才是"情操"。所以在亚当·斯密这里把moral

---

[1] [法]伊曼努尔·列维纳斯：《伦理与无限：与菲利普·尼莫的对话》，王士盛译，王恒校译，南京大学出版社2020年版，第3页。

sentiments 翻译为"道德情操"是最为准确的含义，因为"情操"是已经完成了的、具有美德特征的完美而稳定的品质。比如激情状态下的 sentiment 就显然不具有这样的特性，当我们说某人具有 nationalist sentiments 时，指的是这个人有"民族情绪"，而不是说他具有"民族情操"。当在 sentiment 前面加上"道德的"形容词时，其关键不是说一种"情感"天生就是道德的，而是要考察一个天生的情感成为具有道德情操的发生机制。正是这种"发生机制"才是斯密启蒙伦理关注的重心。

对于"同情"，他确实不认为这是只具有道德情操的人才具有的道德情感，而是认为无论人怎么自私，只要他是个人，其天赋中就存在着"同情"的本性。这一本性的含义是：关心他人的命运，把他人的幸福看作是自己的事情，不图别人任何好处，仅仅是看到别人幸福就高兴，看到别人不幸就悲伤，除此之外，一无所得。因而，"同情"只是一种善良的心意，更准确地说是善良的情感。哪怕一个人是恶棍，也不会失去人性的同情情感，这是所有道德情感的基础。

斯密与休谟一样，通过"设身处地"地"想象"别人的痛苦和快乐，来发生共情共感，这是一致的。但斯密与休谟不一致的地方表现在两方面，一是他不直接借助别人痛苦或快乐的情感来说明同情机制，而是借助设身处地地想象产生他人痛苦或快乐的"情形""境况""处境"。我们比较一下：

> 休谟：根据前面关于同情的推理，我们可以很容易地说明怜悯的情感。……他们的人格，他们的利益，他们的情感，他们的痛苦和快乐，必然以生动的方式刺激我们，而生产一种与原始情绪相似的情绪。（《人性论》，第406页）

> 斯密：同情与其说是因为看到对方的激情而产生的，不如说是因为看到激发这种激情的境况而产生的。（《情》，第9页）

引起我们同情的也不仅是那些产生痛苦和悲伤的情形。无论当事人对对象产生的激情是什么,每一个留意的旁观者一想到他的处境,就会在心中产生类似的激情。(《情》,第7页)

二是"同感"与"合宜感"的区别。我们在上一章已经指出,对于休谟而言,同情作用的意义是通过与他人"共情""同感"而"分享"同一种情感,从而使快乐之善普遍化,悲伤之苦分担化。在这样作为普遍同情作用的概念下,斯密和休谟一样,也把"怜悯"(pity)或"体恤"(compassion)用来表达对他人悲伤的"感同身受"(fellow-feeling),"同感"是"同情"的重要心理特点,否则产生不了"同情"的"道德感"。因而,在作为心理学情感的"同情心"如何向道德情感"同情关爱"乃至仁爱美德的规范性转向中,休谟和斯密的关注点是不一样的。休谟看到的问题是"同情"的规范性强度较弱,使得同情心虽然普遍存在于人心,却并不足以导致促进公益和陌生人利益的道德行为发生,所以出现"广泛的同情和有限的慷慨"之间的"矛盾";但是,对于斯密而言,他关注的是,为什么有人的激情不可能引起同情,而是厌恶和反感?原因在于他的激情,无论是痛苦还是快乐,都表现得"不适宜",比如痛苦者因怒气冲天而表现出的狂暴行为,它可能激发人们的愤怒情绪而不是同情。因为任何一个旁观者都根本不可能知道他的痛苦或悲惨发生的原因,因而也无法体恤或同情他的处境。所以,相互一致的情感之发生,需要情感和行为的合宜性作为标准。

这是人性中的一种基本矛盾。当不幸者遇到一个能够倾听自己悲痛原因的人时,他的心里顿感宽慰和舒坦。因为只要听者耐心地听着他的诉说,听者就在分担着诉说者释放出来的痛苦。但是,在休谟那里,由于直接强调原初情感激发次生情感,主导性地位是被同情者的情感。而在斯密这里,"公正的旁观者"的"合宜性"却取代了被同情者的心理学情感。著名的斯密研究者格瑞斯沃德注意到这一点,同情作为道德的情感,不再是心理学意义上的而是社会学意义上的:"无偏旁观者是社会统一体(social unity)道德需求的理想化,尽管它自身并非任何一种既定社会共识的功能。""这一同情性的关怀位处道德与社会性的核心。"[1]

作为社会学意义上的同情情感,不再具有之前"行为人—旁观者"之间那种单向的刺激反应模式,而以相互的情感反应为中介,以合宜性为标准来考察他们之间相互的道义表达。因为诉说者(行为人)和倾听者(旁观者)在面对一种公共的激发出不幸的"情境"时的情绪反应都会实时地表现在脸上,双方的激情表达都需要"合宜性"来规范,才能真正产生"同情"的治愈性。如果诉说者的情绪把控不当,让听者厌烦,听者也会"不由自主地"表现出"失礼状态",那么对诉说者就会造成严重打击,因为"我们对朋友不同情自己的怨恨比他们不体会自己的感激之情更为恼火……悲伤和怨恨这两种令人苦恼和痛心的情绪则强烈地需要用同情来平息和安慰"(《情》,第13页)。

但倾听者的"失礼"可能根本不是因为对朋友的苦难无动于衷、熟视无睹,而仅仅是对朋友的激情表达的"不适宜性"做出了情绪失控的反应而已。这就提出了"同情"发生时两种情绪表达的"一致性",即合宜性的规范要求,对于诉说者这个当事人而言,他的激情表达要与遭遇的不幸处境的"客观实情"相一致,不能无限制地夸大痛苦和悲伤,否则就会引起旁观者相反的情绪反应。对于令人高兴的事,人们容易发生情绪一致的反应,对同一个笑话发笑且能与讲笑话者一同大笑,这表示对他笑声的合宜性的赞同。即使是不赞同,听者发不出笑声,至多也只能说明他们之间的品味或幽默不同频,不会引起厌恶与反感,都会"一笑了之"。但是,对于不幸者的哭声,如果你发笑,那就极大地伤害了他的感情,不仅友谊不复存在,而且会激起满腔怒火,成为仇敌。所以,合宜性非常重要,尤其是在表达痛苦和愤

---

[1] [美]查尔斯·格瑞斯沃德:《亚当·斯密与启蒙德性》,康子兴译,生活·读书·新知三联书店2021年版,第171—172页。

怒的激情时，必须考虑到对方可接受的限度，否则同情不但不会发生，反而会因共情不成而相互怨恨。

通过别人的情感反应来判断自己的情感行为是否合宜，是斯密探讨同情的重点。他注意到了那时哲学家们一个基本的失误，就是只关注感情要求赞许的意向性，却忽视了对激起赞许或谴责的情感之原因的探讨。只有从原因出发，我们才能判断情感行为是否合宜，从情感行为的是否合宜，我们才能判断一个人的品性是高雅还是粗俗。

人性都是一样的，大家都有同情心，这是天赋的能力。但是人心又总是包含私心，我本能地不高兴的事，你无法让我对它高兴，我本能地对它厌恶的东西，你也无法让我欣赏和赞许，无论你与我是多好的朋友也无济于事，谁也抗拒不了本能。所以人性在私与公、自然与品味之间总是有矛盾冲突的，于是伦理学需要找到一种方式，让自然的自由无障碍地发生作用，这就必须探讨同情感的合宜性起规范作用的机制。

伦理自然主义的道德心理学论证实际上还原到了这种矛盾的人性。人性一方面"自私"，另一方面具有把"别人的幸福"视为自己的事情而"高兴"的社会情怀。对这种"矛盾"之"人性"的"见地"，不需要一种形而上学的"预设"，说它"本善"或"本恶"，而只是描述了人性的"事实"：自然地"自私"和同样自然地"同情"或"怜悯"他人。合宜性的规范要基于这种真实的人性，才能起到真正的规范作用。

在这种人性的"事实"面前，斯密把人类的情感置于"旁观者"与遭遇的不幸的"当事人"的原初情感情景之中来考察。后者在遭遇不幸时，情感自然是悲伤的、痛苦的，而这种悲伤和痛苦的心情或情绪，与人类所有其他的"原始情感"一样，是"自私的"，旁观者谁也感受不到"当事人""原初情感"的深度与细致。无论旁观者如何"设身处地"与之"同情共感"，他都不可能痛其所痛、哀其所哀。而"同情"作为"道德情感"天然要求的"感同身受"的"一致性"，却来自当事人原初情感的"自私性"：它自然地要求旁观者的情感要与他/她的情感相一致。如果一个人在不幸中产生了强烈的愤慨，旁观者无动于衷；如果不幸中人号啕大哭，你却站在边上大笑，就会被视为失去了"同情"能力的"非人也"；即便你有了与之一致的"同情感"，如果达不到当事人自私的情感所自然要求的那种切合度，比如他暴跳如雷时你冷静沉着，他大笑你只回报以微笑，都会被视为"不合时宜"而遭到或鄙视谴责：

> 如果我的仇恨超过了朋友相应能有的义愤，如果我的悲伤超过了朋友们所能表示的最亲切的体恤之情，如果我对他的赞美太高或者太低以致同他本人不相吻合，如果当他仅仅微笑时我却放声大笑，或者相反，当他放声大笑时我却仅仅微笑，在所有这些场合，一旦他在对客观对象的研究中开始注意到我是如何受此影响的，就必然会按照我们感情之间的或多或少的差别，对我产生或多或少的不满：在上述所有场合，他自己的情感就是用来判断我的情感的标准和尺度。(《情》，第15页)

长沙方言中有个词很好地描述了"道德情感"所需的"品味"，就是"懂味"。"懂味"是一种特殊的"品味判断力"，"同情"虽然是"天性"，以两个主体各自私人的情感为起点，但如果当事人和旁观者都缺乏这种"品味判断力"，那么最终都不能成为"道德情感"。如果"旁观者"想表达他/她的"同情"，而所表达出的情感行为又与这个特殊情景中的情感氛围格格不入，那么即便他/她受到谴责或驱逐，那也会感受到"冇味"，从而显示出自身的"不礼貌"和"无修养"。同样，如果当事人出于自己"自私的"情感释放，也完全不体谅别人的处境和心境，要求别人与自己的情感高度一致以此做标准把对别人的同情之反应表现在自己的脸上，也会被人评价为品味不高。因此，"懂味"的当事人就必须抑制自己情感的"自私"而"合宜地"调整预期，才能拥有令人赞赏的道德情感：

当事人意识到这一点，但还是急切地想要得到一种更充分的同情。他渴望除了旁观者跟他的感情完全一致外所无法提供的那种宽慰。看到旁观者内心的情绪在各方面都同自己内心的情绪相符，是他在这种剧烈而又令人不快的激情中可以得到的唯一安慰。但是，他只有把自己的激情降低到旁观者能够接受的程度才有希望得到这种安慰。如果我可以这样说，他必须抑制那不加掩饰的尖锐语调，以期同周围人们的情绪保持和谐一致。（《情》，第21—22页）

这就充分说明，"同情"虽然是人人天性都具有的一种情感能力，佢它还不能直接地等同于一种道德情感。它作为一种社会性情感"是当我们看到或逼真地想到他人的不幸遭遇时所产生的感情"（《情》，第6页），因而需要它超出心理学情感之外，以"社会交往行为"中的"合宜性"作为其道德性的标准。从斯密1761年第二版修订来看，可以印证他自己并没有把"同情"直接作为"道德情感"来看待，因为在第二版中做了"具有重大价值的修改，是他发展了有关公正的旁观者的理论，明确指出良心是一种社会关系的产物"（《情》，"译者前言"第4页）。这一修改说明他对"同情"作为社会情感的"发生机制"具有了高度自觉，从而也对"道德情感"做出了超趄科学心理学的伦理学说明。它具有如下特点。

第一，"同情"作为心理主体的心理现象，是自私的情感，要求以"我"所遭遇的特殊情景所激发的心理激情为标准；但作为"道德情感"，是"公共的""社会化的"，至少发生在两个主体之间，是两个主体之间的互动情感。

第二，"旁观者"的情感反应在"同情感"中具有中心地位，所谓"同情"是发生在一个旁观者身上的情感。旁观者对一个局外人（uninvolend persons）、一个可能熟悉也可能并不相干之人的"遭遇"，亲身感受或"想象"而生的"情感"情感反应，构成了这种社会情感的结构：一个处在悲伤痛苦中的人的情感意向，另一个人，即旁观者对此情感意向的反应。在这种特殊情境所"遭遇"的"互动情感"关系中，我们需要注意斯密在给"旁观者"加上一个"公正的"限定词（《情》，第26页）时所想表达的含义："不偏不倚""设身处地"地感受和想象他人的不幸所遭遇到的痛苦。于是似乎进入他人的"躯体"，"在一定程度上同他像是一个人"（《情》，第6页）那样"感同身受"。

因而第三，旁观者对他人情感的"感同身受"显然是将他人"情感意向"作为与他人"同感""共情"的"标准"，而鉴于一个人实际上如果按照"情感"悲伤或愉悦的"程度"是无法达到这一标准的，但作为心理学情感却又不可避免地有此心理预期，因而严格地按照双方心理预期的那种"一致"是无法真正达到"同感""共情"的。所以，真正作为道德情感的同情，是双方在情感反应中都设身处地地"多同情别人""少同情自己的感情"。这种"抑制自私和乐善好施"的感情，"才能使人与人之间的情感和激情协调一致，在这中间存在着人类的全部情理和礼貌"（《情》，第25页）。可见，同情之作为道德情感不是与当事人自私的情感预期相一致的心理学情感，而是与人类普遍的"情理和礼貌"相一致的合宜的道德情感，这才是"旁观者"担得起"不偏不倚"的"公正"之美德品质的关键。被同情者也由于情感行为的"合宜性"而成就其自身可爱可敬的美德：

> 在这两种不同的努力，即旁观者努力体谅当事人的情感和当事人努力把自己的情绪降低到旁观者所能赞同的程度这样两个基础上，确立了两种不同的美德。在前一种努力的基础上，确立了温柔、有礼、和蔼可亲的美德，确立了公正谦让和宽容仁慈的美德；而崇高、庄重、令人尊敬的美德，自我克制、自我控制和控制各种激情——它们使我们出乎本性的一切活动服从于自己的尊严、荣誉和我们的行为所需的规矩——的美德，则产生于后一种努力之中。（《情》，第23—24页）

可见，当代英美美德伦理学试图不通过行为及其规范性概念而直接阐明美德作为人的品质德性是不可能成功的尝试。同情作为人的天赋本性只是心理基础，它要成为"美德"依然要通过行为的"合宜性"来体现，而"合宜性"不以任何主体主观的心理情感意向为标准，而是以普遍的情义、情理，即公共的、普遍的道义为标准，这才是同情之所以成为"道德情感"的关键。

于是第四，同情之为道德情感需要完成从"情感的合宜性"到"行为的合宜性"转变。亚当·斯密在第一卷第五章第二篇"论各种不同的适宜的激情程度"中实际上已经证明，完美的情感的一致性是根本不可能达到的，因而"同情"之作为"道德的情感"只是"情义"一种可能的实现方式，任何一种"情感"，鉴于其本性的自私性和主观性，也将同时意味着产生一种不道德的情感的可能性，这一点早已为斯密研究者所注意到：

> 斯密用"道德"来限定"情感"，这暗示另有非道德情感存在。在我的引言中提及的那些"理智情感"（intellectual sentiments）就归入此类。……初步看来，道德与非道德情感之间的"界线"并不清晰，所以，在接近这本书的起点之处，在他讨论道德与理智德性之区分时，斯密开始描画这一界线。[1]

不过，这还不是我们所要指出的非道德情感。我们所要指出的是，同一种"情感"，既可能是"道德的"，也可能是"非道德的"，其关键在于，这种情感自身的"适宜性"是无关道德的。而本身带有"恶意的"情感，如仇恨、嫉妒、希望债权人死亡就不用归还欠款等，却是不道德的情感。斯密指出了诸如在普通人性中普遍具有的对富人和大人物的钦佩与尊敬，对穷人和小人物的轻蔑，这既是非道德的情感本身，也是我们道德情操败坏的一个重

---

[1] [美]查尔斯·格瑞斯沃德：《亚当·斯密与启蒙德性》，康子兴译，生活·读书·新知三联书店2021年版，第54—55页。

要而又普遍的原因（《情》，第72页）。但在这里，我们要特别指出的是，像"同情"这样的情感，斯密也不是无条件地把心理意义上的"同情心"直接等同于道德情感，因为他一方面说同情心是所有人的天性，但并不是所有人都能有的作为道德情感的"同情"。关键就在于，"道德的"不是一个可以随意添加到"情感"上去的修饰语。同情之"情"，是一种激发性情感，首先是有"一个事件"让"当事人"遭遇到"不幸"，它的痛苦、哀伤是作为原初情感存在着，另有一个旁观者受此原初情感"激发"，产生"同情"。因而，这种"同情"之"同"就构成了一个单纯心理上的同情心转化为道德情感的关键：所激发出的"同情"是否是"相宜的"？所有"不相宜"的同情心，都难以作为道德的情感。另外，"相宜""不合宜"可细分为"情感自身"和"情感行为"两方面的"相宜"和"不相宜"。因为同样是"同情"，"同情"作为感情表达的程度和方式，就有相宜和不相宜的问题。如果双方表达得都"不相宜"，最终就会使得旁观者和当事人之间无法达成同情共感，因而也达不到"体恤""安慰"之行为效果，反而出现谴责、鄙视之结果，这类情感，都不是道德情感。道德情感本于心理之情，适宜于普遍"情义"而激起合宜的礼貌举止，这是其最为本质性的特征。它最终要达到"体恤""关心""安慰""关切""帮助"这些带有"同情"之"情义"的"行为"效果。

第五，最终判断人类行为举止是否合宜，要看感情与激起它的原因和对象的关系是否恰当，这是一个十分困难的情感知识论问题。比如一个男孩追求一个女孩，他带着激情的爱意非她不娶，而这女孩却冷漠地拒绝了他，这时他由爱情变气愤，由气愤变仇恨。这种心理情感谁都能理解，但如何能根据这一引起其气愤之情的被拒的"客观事实"，确定一个合宜的行为标准呢？日常生活中很多情绪失控的青年人正是在这个问题上处理不当，走上了伤害他人的违法犯罪之路。不做违法的事，不伤害当然是日常行为的首选，但这些都不是这里所要探讨的问题。斯密的态度是，虽然情感是主观的，我们确定任何一个外在的客观对象都消除不了这种主观性，但是毕竟可以从一个客观原因和主观激情所导致的行为是否合宜中，看出一个人的德性品质。他不是要寻求客观对象与主观激情之间严格对应的标准，而是从一个人是否能够在这种关系中确认出合宜的应该感激的对象和合宜的应该仇恨的对象，来评价一个人的道德情操。这是情感主义伦理学提出的非常重要的问题。

这之所以重要，依然还是由于人性的自私导致不能很好地对待情感关系。对于我们平常相识且融洽的朋友，心理健康且有情操的人必然对朋友的幸运与成功表现出高兴、祝福、激动这些情感反应，但情操拙劣者出于极端自私而产生的情感却是嫉妒、嘲讽和风言风语等，如果不会背后坑害的话，至少内心也不会真的为朋友而高兴。处理好人与人之间的情感关系，在每一种情感中做到"相宜"，这确实需要很高的情操。完善自身尽善尽美的人性，一方面发扬乐善好施的情感，另一方面抑制自身本能的自私，这种张力使得"道德情感"不可能脱离理性，尤其不可能跟理性对立。它不仅需要有对高尚的礼貌的敬畏和依循的情怀，同时也需要有对私心的自我控制力，尤其需要有良好的鉴赏力或判断力。因而，道德情感作为高尚的道德情操，斯密强调它不应被理解为存在于一般的品质中，而是存在于"绝非寻常的品质之中"：

> 美德是卓越的、绝非寻常的高尚美好的品德，远远高于世俗的、一般的品德。(《情》，第25页）

所以，恰恰是这种高尚的情操，既是让"同情"的双方"相互迁就"各自的"情感"的原因，也是让这种相互迁就达到各自合宜而让大家都感觉感激和赞赏的原因。斯密的这种阐释路径，透彻地阐发了具有利己主义本性的"同情"如何通过同情感的发生机制，激发出关怀他人和建立公道的社会行为规范的美德伦理情感机制。他的情感主义伦理学被视为一种"启蒙德性"伦理学，这是一种准确的描述，我们接下来考察其"德性论"的维度。

第三节 亚当·斯密的"启蒙德性论"

当亚当·斯密考察了人类道德情感的本性和起源之后,他的"道德哲学体系"转向了"德性论"主题的探讨。虽然就标题而言,《道德情操论》仅有第六卷"论有关美德的品质"看似直接讨论德性,但从第二卷"论优点和缺点,报答和惩罚的对象"开始,他其实就是在讨论德性问题,所以我们就从这里开始。

一、在相互合宜的行为品质中确立德性的规范品质

德性品质是为人所赞美、喜爱和欣赏的人格之"优点"和"缺点",因而是他人决定要报答和惩罚的对象:

> 另有一种起因于人类行为举止的品质,它既不是指这种行为举止是否合宜,也不是指庄重有礼还是粗野鄙俗,而是指它们是一种确定无疑的赞同或反对的对象。这就是优点和缺点,即应该得到报答或惩罚的品质。(《情》,第81页)

在此意义上,斯密德性论的一个首要特征就是讨论一个人德性品质之优劣。作为品质之"优点",是德性品质之卓越,而作为品质之"缺点",即"坏品质",同样也是"德性"。德性包含了品质之优劣两个方面,但只有优秀、卓越的品质才是美德。而坏品质、恶德,虽然也是德,却不是"报答"的对象,而是"惩罚"的对象。当然,说德性是一个人的品质,这几乎没有说出任何新颖的东西,斯密没有停留在这种泛泛而论上。他不抽象地讨论一个人的德性品质,而是就一个人的行为,或者更准确地说是"起因于人类行为举止的品质"来讨论德性,这与就"人性"而抽象讨论"品质"划清了界限。当抽象地从人性出发而不与人的行为相关来讨论德性品质时,往往只能

局限在心灵或灵魂之内进行形而上学思辨，实际上很难发现因同情而在伦理交往实践中出现的德性问题。只有从人的行为出发，德性品质才有了可以经验和观察的外部客观"事实"，从它具体地激发出的情感与行为是否相宜，才是判断一个人德性品质的客观对象。因此，亚当·斯密德性论在这里明确指出了两点，其一，它探讨"起因于行为举止的品质"；其二，它不是考察行为本身是否做得合宜，是否做得庄重，是否具有鄙俗的性质，而是考察其是否能够引起一致赞同或反对的情感之品质。这实际上突出了行为品质的实践中的伦理关系特质，是在相互的道义实存中，而不是简单的道义理念在人性中的抽象表现，是人们相互之间道义实存关系中激发出来的德性品质，要通过"他人"的赞同和厌恶的情感反应来体现。一个人有某种品质上的"优点"，我们就一致赞同他/她具有某种"德性"或"美德"，激发我们喜爱和报答；相反，因我们一致产生了赞同或反对的情感，这种坏品质就是应该得到惩罚的缺点、恶德。

理解这种情感主义德性论，需要弄清楚的是，情感、行为举止和德性品质三者之间复杂的因果互感关系。处理这种复杂的情感互动关系，亚当·斯密的伦理学告诉了我们一个基本秘密，那就是要学会以"他人的眼光"（应该是列维纳斯"他人的脸"的原初表达）来看待自己的情感和动机，这样才能找到我们自己据以赞同和不赞同自己行为的原则，这也就同据以判断他人行为的原则完全相同。在这里，情感主义伦理学与康德实践理性的伦理学在寻找行为的普遍有效法则的方法上达到了一致。只是对于斯密这样的情感主义者，他更加强调我们要在引发这种具体的情感的处境中，设身处地地为他人着想，根据能充分同情那些导致他人行为的情感和动机来决定是否赞同这种行为。当这样想时，亚当·斯密根本就不是一个所谓的功利主义者，而是一个典型的康德主义者。他要据以引起他人行动的情感和动机的理解，寻找到相同人性之间的可以共同赞同的普遍有效的行为原则。他要求，寻求理解自己和他人的每一个人，都要离开自己的"身份"和"地位"，以一定的

"距离"来审视我们自己作为一个自由人的"人性",以"他人的眼光"来打量自己的人性情感和动机,我们才能像努力推测其他任何公正而无偏见的旁观者可能做的那样,来考察自己的情感和行为是否合宜。"合宜"就是"正义"。在这里,它达到了我们古人所认识到的"宜者,义也"的标准。如此,我们就会真实地看到自己作为一个人的真情实感。

当斯密说"立即和直接促使我们去报答的情感,就是感激;立即和直接促使我们去惩罚的情感,就是愤恨"(《情》,第82页),这既是情感与行为之间的关系,也是情感与德性品质之间的关系。当一个人学会了"感激"之情,这是一种自然的感恩之善,这种善举体现的是一个人的德性品质。作为德性品质,在斯密看来,需要满足感激之情和感激之举两方面的"合宜性",即对"合宜的感激对象"给予合宜的感激,对"合宜的愤恨对象"给予合宜的愤恨。他时时刻刻都预设了一个"公正无私的旁观者"在注视着我们每一个人的一情一感、一举一动,正如我们中国人喜欢说"人在做天在看"那样,斯密喜欢说且作为前提条件地说,你的天性中有一种对你有恩的人表示感激的天性激情,但只有学会对一个"应该得到报答"的人给予"合宜的感激",即你懂得合宜地感激一个应该被感激的对象才是美德之品质:"这种感激由于同每个人心里的想法一致而为他们所赞同。"(《情》,第85页)所以,斯密从同情感理论绕了一大圈,最终还是回到了同康德几乎一致的起点上:对一个仅仅因为别人带给他好运而感激的人,旁观者并不会因此而对他表达充分的同情,除非他有一种"可普遍化的合宜动机":

> 我们必须在心坎里接受行为者的原则和赞同影响他行为的全部感情,才能完全同情因这种行为而受益的人的感情并同它一致。如果施恩者的行为看来并不合宜,则无论其后果如何有益,似乎并不需要或不一定需要给予任何相应的报答。(《情》,第89—90页)

这无疑给情感主义的德性论阐释添加了更为复杂的评价要素，"施恩者"引起"感激"之情的那个"行为本身"是否"合宜"和作为感激者的"动机"是否合宜，是否感激"应该感激"的合宜对象，这些要素一个也不能遗漏，否则我们无法评价一个人因"感激"而做出的报答行为是否具有德性品质。

对于行为者的"动机"要素，亚当·斯密并没有做出心理主义的阐释，而似乎是以抽象的"仁爱倾向"来统率所有行为的心理动机：

> 当这种行为的仁慈倾向和产生它的合宜感情结合在一起时，当我们完全同情和赞同行为者的动机时，我们由此怀有的对他的热爱，就会增强和助长我们对那些把自己的幸运归功于他善良行为的人的感激所怀有的同感。(《情》，第90页）

在第96页他还把"具有某种仁爱倾向"和"出自正当动机的行为"作为同位语来使用，可见，"仁爱"比"感激"更加接近于表示一个人的德性品质。感激之情加上仁爱的动机，两者结合才构成施恩者的行为成为"应该"感激，从而需要得到"报答"的对象。在这一关系中，斯密成功地说明了，是"仁爱"这一"美德"才使其"行为"成为感激和报答的对象，因而才是一个人品质之"优点"。可以说，到这一步斯密阐释清楚了许多德性品质的起源和特征，但还没有涉及最为本质的特征。

二、正义与仁爱

正义和仁爱在休谟那里就被描绘为两种真正的美德，亚当·斯密也一样，认为它们比其他一切美德品质更为根本，是规范性的美德品质。所谓规范性，就是说，其他能作为美德看到的品质，同时需要在仁爱和正义的规范之下，才真正算得上美德。譬如刚才说感恩，一般地说，它是一种美德不会有错，但是，它自身并非完善的美德，需要补充仁爱的动机，才是一种完善,是品质上的卓越。休谟甚至认为,仁爱本身也不完善,如果没有正义德性作为规范的话,其偏私性将使它不能为最大多数人带来真正的幸福感受。所以,在斯密这里,他讲到这两种美德时,先比较了它们的区别。

他说,仁爱总是自由自愿的,是最不受约束、别人不能以力相逼的德性,缺乏仁爱的人,别人也不能惩罚他/她,因为不会对任何人造成实际的伤害。一个人在他的恩人需要他仁爱的帮助时,他却缺乏仁爱之德,会被人鄙视为忘恩负义的"小人",成为别人愤恨和鄙视的对象,这伤了别人的心,却没有造成任何实际的伤害。他为情感性美德总结出了两个最为根本的特性:

> 所有那些亲切的感情可能促使我们去做的优雅和令人钦佩的行为,应该来自对一般行为准则的任何尊重,同样也应该来自激情本身。(《情》,第210页)
>
> 我们的行动应该在何种程度上出自对一般准则的尊重,将部分地依它们本身精确无误还是含糊不清而定。(《情》,第213页)

从第一个特性而言,情感性美德是个非常高的要求,出自对一般准则的尊重而行为,这也是康德后来非常强调的道德情感。在斯密这里,这还是非常冷静的理性,至少不是激情本身,因此,他要求所有如同仁爱般的情感美德,除了具有对一般准则的尊重这个基本条件之外,还需要出于激情本身。一个儿子尽孝道,这是出于对一般准则的尊重做的善事,但是同时,如果他缺乏让父母感受得到的那种激情,父母就会对他不满意;一个人只是出于冷淡的责任感而不带感情地对恩人进行了报答,那么恩人就会认为他没有得到相应的报答;丈夫只是出于夫妻一般规则顺从妻子,维系夫妻感情,而缺乏激情地为妻子做事,那么妻子就有理由抱怨;如此等等。任何自私的激情,在通常情况下,以私人利益为目标的追逐,应当来自对指导这种行为的一般准则的尊重,而不是来自这些目标本身引起的任何激情。但是在某些特殊的情况下，如果目标本身并不足以激励我们的激情，我们也会因变得麻木不仁而难以出自对一般准则的尊重而去做事。但目标本身是否伟大，激情的相应表现也会让人的德性立刻产生高低之别。一个吝啬鬼对半个先令的追逐和一个国王对殖民地的征服，都同样地充满了激情，但由于所尊重的一般规则的性质不同，两种行为所体现出的德性前者为贪婪，为人不齿，后者为野心，如果这种野心是为了全体国民的利益着想，也会被国民感激并视为开疆拓土的伟业，虽然对于被征服的殖民地人民而言，这是极大的不正义，而对它充满了反抗和报复的激情。

因此，情感性美德的一般规则，有的是精确无误的，有的是含糊不清的，有的是部分正义的，有的则是完全不正义的。正义或不正义全取决于对于谁及其关系的性质而论，没有普遍的有效性。感激或感恩的美德，一般准则是最为精确的，对谁、为何事而感激或感恩，都非常清楚，因而其要求至少做出相应的、带着恰如其分的激情来回报，甚至力所能及地给予更大的报答，如感恩美德所要求的一般。但对于其他美德，譬如谨慎、慷慨、友爱、宽容等等，几乎就没有多少明晰的规则，全靠各人在具体处境之下视所关涉的人的具体的亲近关系而有不同的例外，因而更需要通过个人的实践智慧才能体现出来。

正义作为美德，与情感性的仁爱相反，在善性上，不如仁爱高尚，"有高度"，它可能仅仅是为善确立一个不可逾越的"底线"，类似于每个人说话都不能违反"语法规则"那样的"底线"，违背了，语法不通，语义表达就受到损害，违背了正义一般规则，就必定有人会受到"不公"之伤害。因而作为底线之德，它必受约束且要以强力来强制，才能防止对一些特定的人造成实际伤害。所以缺乏正义之美德，从古希腊开始，就被认为是要受到愤恨并受到惩罚的。但无论柏拉图还是亚里士多德，都没有透彻地理解和说明，仁爱与正义这两种美德的区别究竟何在，亚当·斯密反倒对之做出了最清晰的说明：

虽然对地位相等的人来说，仅仅缺乏仁爱似乎不应该受到惩罚，但是他们作出很大努力来实践那种美德显然应该得到最大的报答。由于做了最大的善举，他们就成了自然的、可赞同的最强烈的感激对象。相反地，虽然违反正义会遭到惩罚，但是遵守那种美德准则似乎不会得到任何报答。毫无疑问，正义的实践中存在着一种合宜性，因此它应该得到应归于合宜性的全部赞同。但是因为它并非真正的和现实的善行，所以，它几乎不值得感激。在极大多数情况下，正义只是一种消极的美德，它仅仅阻止我们去伤害周围的邻人。(《情》，第100页）

仅就个人美德而言，很难有人不赞同斯密对它们的这种高下之比，因为仁爱以及它所激发起来的人对人的善，是积极的善。对特定时刻的特定的个人而言，必定也是最大的善举，因而构成了最大的感激之情。相比之下，正义之善大多情况下只是消极的善，意在防止违背正义，造成不公正，对相应的个人构成实际伤害。虽然这种伤害在特定时刻可大可小，但伤害总是令人气愤的。而遵守正义规范所实现的积极的善，不是相对于特定的个人，而是相对于一个社会共同体全体人员的，是公共的善，因而是无法感激的。因此，就公共的善而言，它无法与仁爱这种私人性的善相提并论。就人只能是社会的人，只能存在于社会之中而言，人类伦理的善，只能就公共善来论大小，而不可能将公共善作为私人善来论大小。在此意义上，人的美德也应从鼓励相互帮助、防止相互伤害而论，亚当·斯密对正义的论述精彩纷呈：

> 凭借公众对其作用的认识，社会可以在人们相互之间缺乏爱或感情的情况下……通过完全着眼于实利的互惠行为而被维持下去。
>
> 然而，社会不可能存在于那些老是相互损伤和伤害的人中间。每当那种伤害开始的时候，每当相互之间产生愤恨和敌意的时候，一切社会

纽带就被扯断……因此，与其说仁爱是社会存在的基础，还不如说正义是这种基础。虽然没有仁爱之心，社会也可以存在于一种不很令人愉快的状态之中，但是不义行为的盛行却肯定就会彻底毁掉它。(《情》，第106页）

在上述讨论中，亚当·斯密表达出了一个不易被人觉察的洞见：劝人仁爱行善的积极伦理学不如防止人们互害的消极伦理学，前者重在私人劝诫，后者重在公共制度，前者的美德犹如美化建筑物的装饰品，后者才是支撑整个建筑物的地基。在此意义上，正义美德与仁爱、友爱等所有其他伦理德性不同的卓越性就凸显出来了，正如亚里士多德所言，它不仅仅是为己之善，而且唯一地也是待人之善，整个伦理社会、伦理生活世界，没有其他伦理美德的装饰，虽不美观、不雅致，但还可以存在，可是，如若失去了正义之美德，整个伦理生活之大厦立刻就会土崩瓦解。因此，如果我们认同亚当·斯密的德性论属于启蒙德性，即如果我们承认有一种启蒙德性论的话，那么显然，这种启蒙德性根本不是德法启蒙学者的理性德性，即勇敢地公开运用理性能力的德性，而是属于苏格兰的情感德性，同时它也不是一般的伦理德性之情感，而是超越所有仅仅私人情感领域的社会情感，如此它才能作为社会整体的规范性制度及其良善体制之中流砥柱。通过对这种正义情感的启蒙，亚当·斯密不仅阐明了我们赞同正义美德高于仁爱美德的理由，而且阐明了社会伦理必须要以具有强制性的法则伦理为基础，仁爱等私人情感美德才能发挥其应有的意义，这确实是被一般启蒙伦理所忽视的重要方面：

只有较好地遵守正义法则，社会才能存在；所以对这一正义法则必要性的考虑，就被认为是我们赞成通过惩罚违反正义法律的那些人来严格执行它的根据。(《情》，第108页）

当罪犯即将为遭到正当的报复而受苦时，人们自然的义愤告诉他这是罪有应得；当他那蛮横的不义行为因他对愈益临近的惩罚感到恐惧而中止和加以克制时，当他不再成为人们恐惧的对象时，就开始成为人们慷慨而仁爱地对之表示怜悯的对象。(《情》，第109页)

当然，斯密的启蒙德性也并未像康德那样关注"正义法则"本身的立法程序和道德情感对普遍有效的正义法则的敬重感来促进道德行为的发生。他更为关注的是一个具有德性品格的人是如何通过与每一个人拥有共通的正当情感，如正当的愤怒而养成对一般准则、正义法则的"尊重感"，成为值得赞美的正义之人。他认为，凡人都有做人做事的原则，而大部分人都能用来指导其行为的原则，不是质料性的而是形式化的原则，即责任感。夫妻可以并非一对模范夫妻，但只要一个妻子能秉持责任感而对待其丈夫，那么即便她并没有最为恰当地表现出一个最好妻子的那种柔情，也还是做到了关怀体贴、忠实可靠、殷勤照料的好妻子所该有的样态。在这里，受人夸赞的德性品质是通过尊重一般准则来体现的。在对这两种美德的比较中，他清楚地阐明了，正义美德对于社会伦理生活而言是最为基础的德性，没有这种德性，社会就不可能存在，就总是有人受到不公正的对待而会让社会处在抱怨、报复和复仇因而随时会陷入瓦解的危险之中。因而正义规则作为消极的、底线的规则，具有明显的优势，就是它的明晰性，它不能保证每个人都是君子，但可以防止每个人变成小人或禽兽；仁爱美德是社会完美性的保障，它的规则也指示出社会中人如何臻于完美的确实无疑的指示或指望，但是它的完美性要求如果没有一般如同"语法规则"的正义规则的底线要求，那么一味追求的完美理想，也会因为难以达到而成为"伪善"，或者因为其一般规则的模糊性而允许太多的"例外"而变质为恶德。总之，两种美德各有千秋，各有利弊。一个正常的美好的社会，不可能仅仅具有刚性的、明晰的底线伦理，也不能仅仅具有高雅的、高尚的但模糊不清的仁爱伦理。两者如果能够各自保持在自身合适的领域内——让正义德性更多地作为社会制度的德性，让仁爱更多地做出个人之间的私人情感德性，社会就会变成刚柔相济、底线明确、精神高尚的美好人间。

三、斯密与卢梭：以情感求正义的两个不同版本

斯密的情感与行为的合宜性标准实际上就是"合义性标准"，即情感交往中的道义标准。因此，他的伦理学是一种典型的以情感求正义的版本。与他同时代的卢梭，也是一个典型的情感主义者，一样是在情感中求正义。他们尽管一直没见面，但相互都知道对方，斯密也密切地关注卢梭学术的发展，尤其对他的《论人类不平等的起源和基础》在《爱丁堡评论》上做过介绍和评述。

他们的共同之处就是都把道德哲学作为经济学和政治学的母体，认为离开道德谈经济，那是一种野蛮的掠夺式的经济，离开道德谈政治，那是禽兽政治。因为人类既然是情感的动物，在我们的情感中，如果只是空谈仁爱，而任仁爱的偏私性普遍化，构成某种亲亲、尊尊的等级秩序，那么整个社会中就会弥漫着不公、不正、不义的怨气和压抑着的叹息，这不可能发展出一种正常的、心情舒畅的、温情脉脉的文明社会。而社会如果能够充满仁爱同情之心，就必须探求情感之正义，将同情从私人、亲属之间的私心关爱普遍化为出于普遍的仁爱之心、社会性的关爱。因此，如何在同情心中确立起规范性正义，尽管是情感正义，这依然是非常重要的道德哲学课题。

这是斯密总是设想一个无偏私的公正旁观者来"看"每一个人在相互关系中的情感的原因，借助于旁观者的"无偏私"的"公正眼光"，审视每一人自私的情感之心。旁观者情感态度的"不偏不倚性"，不是说让旁观者不顾处在不幸中的被同情者的情感意向，而完全理智地站到导致其激情的客观情景之中。因为当一个人同情另一个人的遭遇时，无须考虑引起其不幸的客观现象，而且对此做出客观判断几乎不可能，甚至是多此一举的事。但是，

斯密意识到了"关于以某种特殊方式影响我们或我们判断其情感的人的那些客观现象，要保持这种和谐一致就既很困难，同时又极为重要"（《情》，第20页）。我们不能因其"困难"而忽视其"重要"。如果一个旁观者根本不赞同某人产生的激情，"同情"就不会发生，只要已经产生情感，那么不管是由什么客观情况激发当事人产生出过分的激情，旁观者也是"理解"而不会责备的。所以，"同情"中的情感一致或共情，需要每一方都要以"合宜性"为规范的标准。因而，同情这一伦理情感关系的发生，实际上最终依赖于"他人的目光"，这一目光必须是公正和无偏私的。只要一个"旁观者"向不幸中的人"投去"其"目光"，这一目光就需带着某种"合宜性"而对后来同情感的发生起着相互的规范性引导。斯密的道德心理学没有走知识论的"反映"模式，而是借助于激发情感的客观对象与所激发出来的情感，在旁观者的"他人眼光"下，营造出一个自我反省和相互在他人眼光下合宜地调整情感和行为的道义实存的互动模式，由此把伦理生活由自私的人性过渡到仁爱他人的道德境遇中。每一个人都是他人生活的旁观者，旁观者与"当事人"的关系就是一种以情感为纽带的公正关系，因而，哪怕他人的眼光带着某种疑惑和不一致，也如同批评家的写作那样，具有某种规范性的矫正正义的意义。正如格瑞斯沃德所说：

> 斯密告诉我们，"揭开自我欺骗的神秘面纱"有多么困难（TMS III.4.4），以及"这种自我欺骗、人类的这一致命的弱点，正是人类生活失序的源头所在"（TMS III.4.12），"自爱的欺骗"（TMS III.4.7）、"自爱的误导"（TMS III.4.12）可在一定程度上得到治疗，从而导向"对正义、真理、贞洁、忠诚的义务""可接受的遵守。"……这些自恋性欺骗或误导将尽可能得到纠正，我们也能够并应当在此道德语境中追求自我认知。[1]

---

[1] ［美］查尔斯·L.格瑞斯沃德：《让-雅克·卢梭与亚当·斯密：一场哲学的相遇》，康子兴译，生活·读书·新知三联书店2023年版，第58页。

第四节　亚当·斯密伦理学在何种意义上是"古典功利主义"

对于亚当·斯密伦理学的研究，一个绕不开的话题一直就是与功利主义联系在一起，这确实是一个重要方面。正如休谟伦理学被视为功利主义一样，亚当·斯密伦理学也同样被视为古典功利主义的一种形式。我们想要弄清楚的在于，亚当·斯密版本的功利主义与同样作为情感主义德性论的休谟版本的功利主义，究竟有何不同？功利原理，即最大多数人最大幸福的原理，如何与情感性的德性标准相一致？学者们注意到了亚当·斯密在使用"效用"（或功利）原则时是有困难，因而是有限度的：

> 毫无疑问，斯密一直排斥用效用这个概念来解释道德规则得以产生的根源，也不愿将效用看成是日常交际所惯常遵循的原则。然而，当斯密将各种做法、机制以及体系（社会的、政治的、或经济的）作为一个整体加以评价时，确实使用了效用这一标准——用哈奇森激动人心的祈语式话语来说，就是追求"最大多数人的最大幸福"。结果，斯密不得不将自己的思辨型功利主义与休谟所持有的操作性（operational）功利主义加以区别。[1]

这构成我们现在考察的起点。因此，我们将从这两种功利主义开始讨论。

一、何为"思辨的"和"操作的"功利主义

"思辨的功利主义"和"操作的功利主义"之分别，就其合适的语义而言，无疑借鉴了亚里士多德"思辨知识"与"技艺知识"的区别，它们是纯

---

[1] ［英］伊安·罗斯:《亚当·斯密传》，张亚萍译，罗卫东校，浙江大学出版社2013年版，第272页。

理论与纯技能的知识区别，不是现代理论和实践的区别，因为在亚里士多德那里，实践知识恰恰是处在纯思辨知识和纯操作性知识之间的一个知识领域。在这一区分中，按照亚里士多德的区分依据，思辨的和实践的知识，都是"目的"在自身的，意味着理论和实践都是按照事物自身的"目的因"去把握"事物"。事物之目的是自身之内在生命本性的完满实现，它不会以任何外在的东西为目的，而只能以自身为目的。但技艺性知识不同，所有技艺的"制作"都是"目的"在自身之外，为了一个外在目的而制作。我们现在来考察，亚当·斯密在解释"效用原则"时，在何种意义上，是亚里士多德式的"自然目的论"而非近代科学意义上的"机械目的论"的。

我们可以通过斯密如何回答休谟提出的"效用为什么使人快乐"来看他们之间的区别。休谟的回答拒绝了任何形而上学推论的合理性，他采取的方式是直接把"效用"解释为对他人、对社会、对整体的利益而不仅仅是自我的利益，从而直接作为"快乐"的根源，因而成为道德上赞许的理由，这段话非常鲜明地表达了休谟功利主义的特点：

> 如果有用性是道德情感的一个源泉，如果这种有用性并不总是被关联于自我来考虑，那么结论就是，凡是有利于社会的幸福的东西都使自己直接成为我们的赞许和善意的对象。这是一条在很大程度上说明道德性之起源的原则；当有一个如此清楚明白和自然的体系时，我们何必去寻求玄奥而渺茫的体系呢？[1]

但恰恰在于，这种清楚明白性是表面的，与严格的情感主义道德阐释是对立的，因为对于情感主义者而言，它不需要借助于外在的功利标准，而仅仅从具体的仁爱之善意和行为就能解释行为的道德性。相反，一

---

[1] ［英］休谟：《道德原则研究》，曾晓平译，商务印书馆2001年版，第70页。

个自私自利的人，没有对人的仁爱和公正的情感，他利用各种正当的和不正当的手段，促进利益在某种程度上的最大化。但一个"明智的审视者"（judicious spectator）会发现，最大的得利者依然是那个自私自利的人，而不是"最大多数人的最大幸福""有利于社会的幸福"这一标准。只有当人不细致思索时，才仿佛是清楚明白的善，但人只要一具体考虑，就会发现其中蕴含着太多无法自圆其说的东西。许许多多腐败的人、腐败的企业都可打着为社会谋福的旗帜干危害他人利益、根本损害社会公益的坏事。在有利于社会利益的幌子下谋取个人和极少数人的肮脏私利，是每一个人都感受过的现实。因此，功利主义的效用概念很难直接借助于某些清楚明白的原则来贯彻，它需要非常复杂的公平正义的制度设计才能将效用（功利）的社会共享性体现出来。如果"社会共享性"不能落实到每一个利益相关者个人，那么，抽象普遍的社会功利概念很难让人感受到"快乐"，也很难得到道德上的赞许。这也是休谟的功利概念遭到当时许多人反对的真实原因。

所以，亚当·斯密一直比休谟更为系统地在思考效用原则的正义框架。他所谓思辨的功利主义，就是期望证明，功利的标准要在道德情感（心理动机）、道德行为（后果考虑）和制度正义保障等方面都能构造出一个朝向整体善的最大化而又不损害任何一个人的个人权利的体系，只有这样，效用的道义性才是实实在在的。在此意义上，"操作性的功利主义"就显得只是单向度的强调效用的正当性，而暴露出自身的缺陷。

二、斯密的效用概念和效用原则的实践

在专门讨论"效用"（功利）情感的第四卷，亚当·斯密一开头就说：

> 效用是美的主要来源之一……一座房子所具有的便利如同它合乎规格一样给旁观者带来愉快。（《情》，第223页）

这证明，他注重的是从"便利"和"合乎规则"两方面来界定"效用"带给人的美感和愉快情感。他还有一个确信，就是任何设备或机器（我们也可代入为"任何事物"）只要能产生预期的结果，都赋予"总体"一定的合宜感和美感，并使人们一想到它就感到愉快。斯密只承认这一点是清楚明白的，没有人会忽视它，而不是说单一的行动和规则能产生对社会整体的利益最大化这一说法具有清楚明白性。

因此，斯密的"效用"概念的语境是，"预期"的"结果"赋予"这台""设备或机器"的"总体"以一定的合宜感和美感，他没有把这种"效用"带来的愉快感扩大为一种"功利原则"。后者所蕴含的最大困难，在于对一个事物后果的预期，不再仅仅是针对这个事物的"总体"，而是与"所有预期者"与"这个事物"所构成的一个更为广大的由人与事组成的"总体"，它必将超越美感愉悦的单一性而向社会和政治的复杂性总体拓展。

斯密对效用原则的拓展，首先是引入了"旁观者"的视角：

常识的观点	斯密的拓展
物体的效用＞增进主人的愉快和便利	旁观者同情主人的情感因而也用同样眼光看效用
期待的目的性效用产生愉快和便利	适宜性的规则比期许的目的带来更大快乐和便利
钟表的效用在于准确报时	喜爱钟表的人并不为了守时，而是有助于守时的机械的完美性、机巧性

因此，这也不仅仅同我们的行为受到这种本性影响的这些微不足道的物体有关；它往往是有关个人和社会生活中最严肃和最重要事务的隐秘动机。（《情》，第225页）

可见，关于个人行为和情感的德性根源的解释，亚当·斯密与其说是功利主义的，不如说是审美主义的。在他这里，我们看不出有通常的那种以乐利之心来阐明行为道德性的想法，也不是用行为后果的功利性来阐释行动动机的功利主义。行为功利主义的阐释，对于斯密而言，需要放在整个社会的经济活动的总体背景上，才能得到清晰的阐明，而不能放在个人行为上抽象地谈论。他用一个穷人为了过上富人生活所付出的奋斗的例子，阐明他对功利效用的醒悟：

> 财富和地位仅仅是毫无效用的小玩意，它们同玩物爱好者的百宝箱一样不能用来实现我们的肉体舒适和心灵平静。（《情》，第228页）

但是，它们却让人拥有得到更多获得幸福的手段。财富和地位对于幸福这个人生根本目的而言，仅仅是获得幸福之手段的价值，而不是目的价值，这是"公正的旁观者"所清楚地看得到的。因此，斯密版本的功利主义，完全不能用粗俗的行为功利主义来解释，它旨在将行为功利主义、心理功利主义统一到规则功利主义中去，在"一个体系"中能够融贯地阐释由效用性带来的愉悦和便利的情感，导致社会整体最大程度地提供让每一个人拥有最多的、最适宜于他自己个性或德性的追求幸福的手段。用粗浅的自利心和乐利感阐释人类的自然本性和人类行为的动机，斯密让我们注意"天性的蒙骗"（《情》，第229页）是非常关键的，对功利主义做粗俗的行为主义阐释，往往看不到斯密的这种启蒙性。斯密告诉我们，如果我们注意不到天性的蒙骗，我们就会全然贬低人类欲望所追求的伟大目标，会看不清人类本性的社会性决定了互助和仁爱也是人类的自然本性。如果我们仅仅羡慕别人的财富和地位，看不到财富和地位本身并不能直接增进幸福而仅仅是提供增进幸福的工具和手段，我们就不能让自己的人性高贵起来，从而能欣赏和享受更为本真的高雅人性带给人类的高贵幸福：

> 如果我们考虑一下所有这些东西所能提供的实际满足，仅凭这种满足本身而脱离用来增进这种满足的［规则］安排所具有的美感，它就总

会显得可鄙和无聊。(《情》，第228页）

因此，斯密的"思辨的功利主义"让我们摆脱"天性的蒙骗"，以哲学的心灵去感受本性对规则的热爱，对秩序的热爱，对条理美、艺术美和创造美的重视，对宇宙的秩序、宇宙的和谐而有规律的运动的敬重。虽然我们看不见有一个有意图的安排，但这种井然有序的秩序之美，与大自然千差万别的个性差异的和谐统一的总体，总能给予我们以美的享受和崇高的震撼。因此，我们同样可以相信，在人类社会中，只要我们遵循大自然的自然自由的体系，就会有：

>一只看不见的手引导他们对生活必需品作出几乎同土地在平均分配给全体居民的情况下所能作出的一样的分配，从而不知不觉地增进了社会利益，并为不断增多的人口提供生活资料。(《情》，第230页）

但"看不见的手"这个隐喻不能引导人们将其无限地想象为神秘的上帝之手，因为斯密的"思辨的功利主义"不指向这个神学方向，它仅仅指向"政府"直接可见的粗暴干预的"手"之外，让适宜的经济政策和以法律来治理的"制度之善"发挥出对人们行为的调节和规范作用。在这种制度性规范基础上，形成不损害的底线正义伦理，这样仁爱的美德就能起到自发调节人们利益关系的作用，于是，从社会总体上，就会出现"功利最大化"的效用。

我们能清楚地看到，虽然可以说"富人"追求财富的积累动机是自私的，甚至是贪婪的，但是，他们的消费量总体上肯定比穷人要少。他们的眼光大于肚子，胃的容量总是大大小于对财富的无底欲壑。所以，他们对私利的追求在"看不见的手"的引导下，就会导致社会财富的总体增长，改善社会的福利状态，不知不觉地增进社会利益。因此，功利主义必须将其重点放在以效用原则来促进社会政策的完善，商业社会的发展和制造业向市场化方向的拓展上来，这些都是现代文明社会的高尚和宏大的目标，一个民族认识不到这一点，就会导致新的愚昧，不管其古代文明多么发达，其衰败是必然的。因而，作为现代人，我们要有一种现代的道德情感，要尊重一切能促进社会福利而不是单纯皇家福利和富人福利的社会制度改革。社会制度的道德性标准就是效用标准，这个效用只能是对社会整体的公共利益促进，而不是仅仅对某党某派某家利益的促进：

> 和气和生性仁慈的大不列颠国王詹姆斯一世，对于本国的光荣或利益，几乎没有任何激情。你要唤起那个似乎毫无斗志的人的勤勉之心……如果你向他描述带来上述种种好处的伟大的社会政治制度——如果你向他解释其中各部门的联系和依存关系，它们彼此之间的从属关系和它们对社会幸福的普遍有用性……一个人几乎不可能听到这些而不激发出某种程度的热心公益的精神。……因此，各种政治研究——如果它们是正确的、合理的和具有实用性的话——都是最有用的思辨工作。……它们至少有助于激发人们热心公益的精神，并鼓励他们去寻找增进社会幸福的办法。(《情》，第231—232页)

这就是斯密版本的功利主义效用原理。

三、不彻底的功利主义所包含的矛盾

作为道德情感主义者，他们深知人的德性品质既可以用来促进也可以用来妨害个人和社会的幸福，但是，亚当·斯密的效用原则却根本不能作为"后果论"来阐释。所以，自从摩尔在20世纪初将功利主义阐释为"后果论"以后，也只到了20世纪的最后20年才把斯密和休谟等情感主义都归之于"古典功利主义者"[1]。实际上若要严格按照"功利主义后果论"来寻求其"前史"

---

1 参见［英］弗雷德里克·罗森：《古典功利主义：从休谟到密尔》，曹海军译，译林出版社2018年版，第三、四章。

的话，是很难有人符合此标准的，罗森这样说完全是对的：

> 古典功利主义者从未将自己局限于评价后果，而是将动机、意图、倾向、德性、环境、意志、激情、感觉和习惯等诸多方面的与人的境遇相关的因素考虑进来。单单考虑后果作为功利主义的本质不仅褫去了功利主义最重要的要素，而且引发的问题要多于解决的问题。[1]

  我更赞同罗森维护"古典功利主义"经典性的努力，因为20世纪各种功利主义维护者或反对者对功利主义特征做出统一而精致化的概念规定，就像我们对手机照片进行后期的"美图""修图"那样，虽然比"底本"更美、更精致了，却让"原图"失真了。而经典的道德情感主义确实有类似于功利主义的效用原则，但这既是符合人性，也是伦理学中道德实在论的要求所必然得出的基本原则，最终我们可以将此视为伦理生活内在的规范性要求。而从摩尔开始的语言分析伦理学，却不再从一种伦理原则的道义性与伦理生活的本原关系来评述其道德真理，而是为了伦理类型学的考虑，把功利主义伦理学作为"后果论"与作为道义论伦理学的动机论区别开来，以清晰的概念来比较各自的利弊，但同时，这种语言上的清晰性界定既使功利主义也使康德主义"失真了"。正如真实的康德主义伦理学不能简化为"动机论"一样，亚当·斯密的道德情操也绝非后果论。虽然如此，它确实有功利主义特点，而这种特点是因其强调效用原则决定的。因而，我们反思斯密版本的功利主义的局限，也就是反思其效用原则的局限了。

  我们前面在比较他与休谟对效用原则的运用时，已经指出了斯密与休谟的区别，这种区别在于休谟把我们对美德的全部赞同归结于我们直觉到这种

---

[1] ［英］弗雷德里克·罗森：《古典功利主义：从休谟到密尔》，曹海军译，译林出版社2018年版，第6页。

产生于效用的美，而斯密则更深刻地洞见到，我们赞同美德的情感，本质上与赞同美德的直觉情感是截然不同的，就像赞同一个人的美德跟赞同一个设计良好和便利的建筑物所具有的情感是不同的一样。因而，斯密更清楚地看出，内心气质的有用性其实很少会成为我们赞同的最初根据，赞同的情感不会只是源自有用，更源自某种合宜性的感觉，而这种感觉和对效用的直觉是完全不同的。

这一洞见，使得斯密无法将功利主义的效用原则贯彻到底。我们可以进一步分析他与休谟在发现情感性美德的局限性之后的不同转变来考察他们两人道德哲学的差异。休谟不是由于效用原则本身有局限，而是由于情感美德的规范性较弱而转向正义这个更强的规范性，从而让功利主义伦理拓展到政治和历史领域。而斯密却是明明洞见到效用原则的不足，却还是陷入效用原则而没有让美德伦理超越功利主义的局限。他一方面正确地看到，对个人和公众来说，对他们有用的品质，"最初是因为正义、正当和精确，而不仅仅是因为有用或有利而为人所赞同"（《情》，第235页），但另一方面却没有从正义和正当来探讨人的美德的首要性，相反却是从对自己最为有用的品质，即"较高的理智和理解力""自我控制"来界定对自己有利，最终得出了"这两种品质的结合构成了谨慎的美德，对于个人来说，这是所有美德中最有用的一种"私人德性。这与现代德性格格不入，也与所有功利主义，包括他自己的功利主义所倡导的公益精神格格不入。因为与公益精神相适宜的美德，最为重要的，毫无疑问就是正义，而绝不是谨慎。由此我们就可看出，在亚当·斯密不彻底的功利主义思想中，包含着许多内在的矛盾和混乱，是需要被克服的。

第 十 章

边沁的功利主义与英国现代法律改革

杰里米·边沁在道德哲学史的许多议题上都留有名字：作为古典功利主义哲学的奠基者；作为妇女权利的最早提倡者，成为女性主义的先驱思想家，也推动了英国的普选制；作为动物权利保护的最早提出者；甚至支持同性恋立法化；作为激进的政治家，他是现代自由民主制的斗士，对法国《人权宣言》提出了尖锐的批评，为推动现代法治国的建立做出了不朽贡献。他出生时即18世纪中叶，哈奇森已经过世两年，亚当·斯密还没有上大学，这时活跃在世的英国哲学家休谟已经37岁，刚刚出版了他的《人性论》，还没有成名。德国哲学家康德大学毕业了两年，像大多数大学毕业生一样，在传教士安德施家当家庭教师养活自己，发表他的处女作《论对活力的真正测算》已有一年。这时整个功利主义还没有作为一种道德哲学被提出来。1776年，边沁发表《政府片论》时还不到30岁，到1789年，这个法国大革命的年份，他出版的《道德与立法原理导论》已经被视为古典功利主义的经典之作，不仅直接影响了穆勒父子，推动了英国法律改革，而且从此之后，功利主义伦理学与康德伦理学作为两种现代伦理形态，一直影响至今。

我们现在从《政府片论》开始，探究他的功利主义思想是如何从对现代政治哲学的批判中提出的。

第一节　现代政治哲学的激进批评者

边沁不是专业的哲学家和伦理学家，他只是一个"作家"，但他的作品极大地推进了英国当时的法律改革，也深刻地影响了现代道德哲学的走向。通过他，古典功利主义伦理学得到了原则上的经典表达和论证，这是影响至今的现代伦理学两个经典形态之一。

一、边沁的成长及个性

边沁1748年2月15日出生在英国首都伦敦，祖父和父亲都是律师，在这样好的家境中成长的儿童一般都有过早家教的经历，这对小边沁而言，一点也不例外，似乎还很合其天赋。小边沁天生缺乏一般儿童强健好动的特点，从小就表现出沉静不闹爱读书的秉性。他爱学习且会学习的聪明，非一般人能比，3岁多开始学习拉丁文，随后越学越来劲，希腊文也学得很好，具有超强的阅读能力。他7岁就能读小说，而且不是一般地看故事，他能带着儿童很少能有的自己的"想法"读书，学与思结合，这表明他是不可比拟的神童。比如他读法国作家费奈隆根据《荷马史诗》改写的《忒勒马科斯历险记》，对主人翁忒勒马科斯为寻找攻陷特洛伊之后失踪的父亲奥德修斯的历险经历特别感兴趣，会把自己代入其中，把小说中的英雄置换成自己的人格典范。整个说来，小边沁的童年就是在读书和思考中，而不是在玩乐中度过的。他的希腊文学得就像母语一样，10岁就能用希腊文给当时牛津大学基督学院的副院长边沁博士写信。这样好的课业基础，使得他12岁在别人上初中的时候，就被视为具有了上大学的资格，进入牛津大学女王学院，但专业却是他感觉死气沉沉的神学。在大学里，他没有自觉地弥补其精神结构中所欠缺的文学、艺术和历史修养，而是一味地在"学术"上展示自己的独见，这自然造成了其情商不高而智商过高的状态。这样的人不可能讨人喜欢，也没有几个他看得上的人物。他对大学老师的判断十分偏颇，说大多数老师都死气沉沉、毫无个性，而稍有生机的老师，不是放荡奢靡就是抑郁怪僻。他与同学的关系更是格格不入，他看不起同学们喝酒放荡，不好好学习。因此，他对别人只能仰望的牛津大学评价极低，认为谎言和虚伪就是英国大学教育的必然结果，整个牛津大学找不到一个令他崇拜的教授。但令他崇拜的人还是有的，那就是从来没能成为大学教授的大卫·休谟。休谟像他一样，12岁就进了大学（爱丁堡大学）。虽然不是教授，但休谟的著作饱含真知灼见，不虚伪、无谎言，能打动边沁的心。除休谟之外，启蒙哲学家伏尔泰和爱尔维修这两位法国人也与休谟同享尊荣，令边沁崇敬。所以，整个说来，边沁的哲学精神是18世纪的启蒙理性或者说科学理性所塑造的，对旧制度深恶痛切，对未来的改革充满进步的信心。他有一点看得不仅清晰而且极其透彻，那就是对当时已经兴起的保守主义的判断。他说，那些维护传统的保守派不仅愚昧顽固，而且虚伪腐化，这堪称真知灼见。我们也因此理解了他后来大肆咒骂柏克的原因，说他"是疯子、煽动者、使用污言秽语的唯利是图的人"[1]。

他身上的科学理性精神与他大学里崇拜自然科学家也许有直接关系。与休谟时代一样，边沁在大学时代喜欢自然科学家，在他心目中，作为榜样追求的科学家有牛顿和林奈（Carl von Linné）[2]。他在女王学院就读3年之后，于1763年转系到了牛津大学林肯法学院并同时在高等法院法庭中做见习生。1766年，他在别人刚够上大学的18岁就取得文学硕士学位毕业了。毕业后，对于他这样已经是三代律师世家的人而言，似乎做个大律师名正而言顺，但边沁的性格和气质，没有一点符合那种咄咄逼人的大律师的魄力，也没有从政的抱负和打算。因为他过于追求独立自主，既不想煽动别人，也没有与各

---

1 ［英］边沁：《政府片论》，沈叔平译，商务印书馆1995年版，"编者导言"，第17页。以下凡引此书，都是这个版本，直接在引文后标注页码。
2 日耳曼族瑞典生物和植物学家，著有《自然系统》(Systema Naturae, 1735)、《植物属》(1737)、《植物种志》(1753)等，创立了动植物双名命名法（binomial nomenclature），奠定了动植物分类研究的基础。为纪念林奈，1788年世界第一个林奈学会在伦敦成立，林奈的手稿和搜集的动植物标本都保存在学会里，这也许成为一个契机，让边沁对这位科学家产生崇拜。

色人等打交道、对话乃至寻求妥协的激情和耐心。所以，他毕业后只接了几个小案，就发现自己对法律应用实无兴趣。他天生就是一介书生，感兴趣的只是理论、智慧，即便在法律实践中，他爱琢磨的也是一个法哲学问题：到底有没有一个通用的标准来衡量每一条琐碎的法律条文之价值？这个标准，在他阅读了休谟的《政治论文集》后，感觉自己找到了，不是一般地说这些法条是"有用的"就够了，要弄清楚的反倒是"有用性"之价值何在，如果不体现在为大多数人带来幸福，为违法犯罪者带来痛苦，法律就是为统治者服务，而不是为人民的美好生活服务的。这就是他后来总结为"功利主义"的标准。这一标准的取得，也是与英国现代化之现实，尤其是法律、政治和道德哲学中这些规范性的事实密切相关的，因此来自现代道义之实存的处境。

二、《政府片论》对现代政治哲学的激烈批评

边沁1776年匿名发表了《政府片论》（*A Fragment on Government*）。之所以要"匿名"，估计是因为此书指名道姓批评的对象，是他自己的法律老师威廉·布莱斯通《英国法律诠释》"导论"中的某些论点。他三年前在牛津大学听这位老师上课，就觉得其中关于政府的理论诠释有几处是"荒谬的"。而三年后在自己这部著作的"前言"中，他进一步把这位老师视为"一个敌人"（《片》，第92页），一个"死敌"，即没有发现"我们在安全的情况下呼吸的法律的原理"有哪些需要改革、改进的地方，这是"使我们在自己的国家中能够生活得更幸福的主要方法"。因而，他要指出其老师在这本"流传盛广""无与伦比""比任何其他著作受到的赞美都多"的重要著作中"最严重的缺点"：反对改革。他要揭露"似乎是充满全书的带着普遍性的不准确和紊乱之处"。而之所以只评其"导论"，是因为这一部分包括了所有自命名为"一般原理"的东西。他提出了三种法——自然法、启示法和国际法——的区分。为了与这一部分区分开，他把法律的分支部分，部门法律称为"城市法"，这是他创新的地方，要在这一部分说明"作为母亲的

自然社会和作为女儿的政治社会,以及在这种比喻的产床出生的城市法这三者的性质和来源"(《片》,第93页)。具体到英国法律,没有什么新奇之处,把英国法律区分为成文法(制定法)和不成文法(普通法)等等,也可能只有边沁这位初出茅庐的学生,胆敢对这部被社会各方面都评价极高的书的"导论"做出如此轻蔑的断论:

> 他把那善辩的"论法律的研究"作为全书的序言,其中所讲的并无什么启发性的内容,只是些华丽辞藻而已,我不打算管此闲事。(《片》,第94页)

我们用不着引用更多他的对这本书"导论"中核心思想的评语,他要反对的是老师在对英国法律诠释中,反对法律改革的观念。这是非常重要的,法律制度如果不在改革中完善与改进,就永远不能有社会的文明进步,这是道德改进最重要的步伐:

> 在一个法治的政府之下,善良公民的座右铭是什么呢?那就是"严格地服从,自由地批判"。(《片》,第98—99页)

只要求"公民严格地服从",而"不知道自由地批判"意义的"政府"就不能称之为一个现代政府。现代法治文明,赋予了公民"自由地批判"的权利,但是,所有对自由批评深感恐惧的人,都出于对自由的毫无根据的误解。让公民只懂得唯唯诺诺地服从,随时准备接受和默认任何东西,最终造成的就是公民的愚钝,其智力不足以明辨是非、其情感不足以抉择善恶,他们最终都会麻木不仁、目光短浅、秉性固执、因循苟且,经常杯弓蛇影地庸人自扰。他们听不见理智的声音,也看不见公众的功利,而只会一心孜孜为利,并且趋炎附势(《片》,第101页)。

造就如此"听话""顺从"的公民，对"国家"难道会有什么好处吗？

这全然取决于一个人如何看待"国家"。把"国家"视为自己"私家"的专制君王，无一不认为"顺民"好，没有权利要求，还老实听话，死了也不会造反，这当然是"好"；但对于任何一个把"国家"视为每一个人之"公家"的现代人而言，真想一个国家强大，就必须首先造就强大的个人。国家既然是"公家"，是每一个人的家，靠的当然是每一个人的强大，没有强大的个人，就不会有独立自主的"公民"。一个国家只要能让每一个公民的独立自主的创造性发挥出来，国家就没有不强之理。相反，"不能自由地批判"而只会顺从的人，"无力实现任何改良的事业"，最终会因失去独立自主地生活的能力，变成黑格尔意义上的现代"贱民"，唯有依赖政府"救济"才能过活。

好的法律历来都是社会道德的真正教化者，而法律从来都是在不断修正、改良中才能不断变好，不可一蹴而就。所以，边沁不相信任何抽象的立法原理，你无论如何把自然法"拔高"为"天地良心"，当成"天理"（natural reason），如果不在现实的改革中，改变因其抽象性而带来的实际的不公正，就放弃了法律不断变好的可能性，也就有可能使法律成为恶法。因此，边沁的这一基于常识般明晰的见识，使他站在现代法治社会进程的一个十分重要转折点上。在其之前，法哲学或政治哲学热衷讨论法的最终合法性根据，即从"自然法"这个超越、抽象而空洞的"天理"来确立政府权力的合法来源、政府的义务及其权力边界；这是向最终起点、最高天性探究道义根据的形而上学努力；从霍布斯、洛克、卢梭一直到后来德国的康德和黑格尔都是延续这一自然法传统。到了边沁这里，他开始要"破"这一传统，他要尝试从制度的"后果"，即一项制度制定出来后的"效用"是否能为"最大多数人带来最大幸福"来为"好制度""好政府"奠基。在这本书中，他的这一功利主义立法思想还只是初步提出，还完全没有形成理论论证，因此，他更多的是从"改革"的思路，来"破"现代政治哲学所依据的抽象立法原则。他的问题意识是,即便"在我们英国所建立的政府形式特别优良"(《片》,第122页),是不是可以不再"改革"就能是一个"好政府"呢?

在这一问题意识下,边沁对现代立法原则都做出了激烈批判,尤其揭穿其老师保守的法律诠释是把法律当成一个城堡,反对任何根本修正的荒谬性。

他着重于政府的立法权问题。他老师是承认每个国家的政府都有立法权的,这从自然法传统来看无疑是对的,中世纪从天启法、神法把自然法神圣化,就得出"君权神授"理论;洛克等人的自然法取消了"君权神授",将立法权交给了"人民"。但"人民"立法也得是由"政府"主导的,在此意义上,他老师强调政府的立法权,制定法律制度成为加给政府的义不容辞的义务。但他指出,他老师在这里"没有说清楚通过什么方法建立政府",因而他把"政府制定法律的权力",视为"微妙而易招人讨厌的题目"(《片》,第124页)。

现代早期契约论传统都是通过社会契约论来讨论政府的形成。但边沁说,关于自然状态、原始契约,"我们被告知从未有存在过这种东西,这种观点是十分荒唐可笑的"(《片》,第127页)。他分析说,布莱斯通一会儿把社会当作与政府同义,一会儿又不能相同,因而,概念与论证都"太粗糙"了,令人难以"认真承认它"。他说,把"政府"当作与"自然社会"相反的"政治社会",还可算是一个明显的概念,而关于"原始契约"的"虚构"及其"理由"已经过时了,如果现在还使用的话,"就会在更严重的伪造或欺骗的罪名下,受到谴责和批评"(《片》,第149页)。

至于说,契约是由国王和人民共同缔结的,此条款的结果是要规定,人民要服从国王,而国王则许诺始终以一种特别的、有助于人民幸福的方式来治理人民。当国王的行为与人民利益(幸福)相抵触时,最好的方法就是人民不再服从他。边沁说:很明显,几乎不用考虑,这样做最终会一无所获,解决不了任何难题(《片》,第151页)。

在讨论政府的形式和种类问题上，边沁说，令人惊讶的是，都到18世纪下半叶了，还要宣扬神学思想，把自然法，特别是天启法作为依据，"以圣坛上的光辉去迷惑人，以其权威去吓唬人，以此阻止我们去探测他的学说的浅薄"（《片》，第158页）。

关于政府的形式，赞成君主制的人都论证说，这是一切政体中最有力量的，因为君王可以把一切力量都集中到他一人手中。但是，边沁说，这需要将智慧、善良和力量集中在一个君王身上，依然是把君主当作最高主宰，即上帝。言下之意是，现实政治中是找不到这样的君王的。

按照作者的解释，君主政体的政府形式，是让制定法律的权力掌握在该国的一个人手里；贵族政体的政府形式，是让制定法律的权利掌握在某些德高望重的成员手中；而民主政体的政府形式，则是让制定法律的权力掌握在结合在一起的全体成员的手里。但君主制可能演变成暴君政体，贵族制容易变成寡头制，民主制容易变成暴民制。这说明，单就单一政府的形式而言，没有一个是完美无缺的，每一个都有各自的长处和缺点，于是，西塞罗就想出一个办法，设想有一个混合的政府形式，兼备三种政体的长处，而尽量避免其各自的缺点，这就是他追求的共和国。但塔西佗早就指出过，这是一种不切实际的幻想。有意思的是，边沁根据对英国政府是最完美无缺的假设，经过精心的论证，最终可以得出一个完全相反的结论：英国政府是最软弱、最愚蠢和最不正直的（《片》，第193页）。

因此，这样一本书"匿名"出版是非常明智的。其明显的好处是避免从作者的身份而并不从书所表达的思想来判断其价值，从而避免了时人猥琐的学识对真理的不负责任而可能对未成名者具有时代意义之思想的扼杀。

英国法重视判例，而判例法的核心在于法律诠释。在某种意义上，这不仅不是边沁的长处反而是他极其不喜欢的（F. C. 蒙塔古在"编者导言"中说边沁是第一个把法律当作整体来看，或者把英国法律当成一个体系来批判的英国作家。他是第一个用逻辑的标准来衡量英国法律的人。《片》，第

20页）。令人想象不到的是，该书一出版就取得了成功，因为人们猜测这本书可能出自某个社会名流之手，如大名鼎鼎的阿什伯顿勋爵都是被猜测的作者。该书成功的原因是复杂的，但肯定不是因为他对现代政府的合法性或权威性基础做出了什么更深刻的哲学论证，在这方面，洛克的奠基性影响几乎无人能超越，霍布斯的"利维坦"隐喻也长久地深入人心。那么，对于一部不清楚作者是谁的著作，人们喜欢它的唯一理由，就是其中的犀利的语言。所以，边沁个性的怪癖，给这本书添了光彩，是个可能成立的推测。

边沁是个这样的人：头脑逻辑清晰而心胸却如小人般狭隘，对别人缺乏理智的同情而喜爱言过其实的苛责，这也许反倒能够成为一个不知名作家令人喜爱的优点。因为这样的人写作时，不会沉浸在对问题本身的沉闷论证中，而能臧否人物，针砭时弊，做到洞若观火，一针见血。对他不喜欢的人和事，能咬牙切齿地予以攻击，这总能满足一般读者的好奇心和消遣的口味。但边沁作为这个时代的锐意改革者，对判例法反感，攻击法官制定法律是故意篡夺立法权，篡夺的目的是满足律师们的贪婪和野心，这对揭露知识分子甘心于当顺民时的良心之泯灭和对整个社会正气的保持，具有非凡之意义，这是不可低估的。

三、"功利主义"思想之提出

我们当然不能同意仅仅将《政府片论》的成功归因于边沁的特殊个性和对当时著名法律史学家之匿名的犀利批评，这都只是一些外在的方面。我们不能不注意到，这部著作的内在精神这个最为根本的方面，即我们认为，正是因为边沁在这部著作中首次为英国的法律改革提供了一种功利主义原则，满足了这个急剧变革的以财富立国的时代精神之需要。

在书的一开头，边沁就指出了"我们"所生活的时代，是一个繁忙的时代，科学知识正在迅速地朝完整的方面发展，地球上最偏僻和遥远的角落都在被开发和利用，空气中弥漫着生机勃勃的进取精神。那么认识和开发最为遥远的国家，意义何在？在自己的国家中有什么使生活更为幸福的方法？这都是时代需要理论回答的问题。对于这个时代的改革主义者而言，更需要为这个时代的蓬勃发展寻找更为合理的道德辩护，用边沁自己的话说，就是与自然界的不断发现与改进相呼应，如何为这个时代道德方面的改革，提供合理的道德辩护？那些试图维护现状的保守主义者认为道德界已经再没有什么可发现的东西了，而边沁却相反地认识到：

> 也许经过最能作为改革基础的观察，还可能从以往注意得不全面或完全没有注意到的事物中，找到可以称之为发现的东西。比方说"最大多数人的最大幸福是正确与错误的衡量标准"这一基本原理，到目前为止，在方法上和精确性上都还有待发展。（《片》，第91页）

这就是边沁对功利主义原理的最早表达。提出功利主义原理最首要的目标是反对其老师《英国法律诠释》一书中最严重的缺点：反对法律改革。一个立法者或法律诠释学者，如果安于制度的现状，如果只有严格的服从，没有自由的批评，这是严重的不负责任：

> 如果对权力当局的工作顽固地或阿谀谄媚地加以维护，那么他便以某种方式，对自己所支持的权力滥用负有罪责。如果他躲躲闪闪地用一些强词夺理的大话图谋对自己不能为之辩护或不敢为之辩护的东西进行维护，使之免受责备，或向人推荐，他就更加负有罪责了。（《片》，第97页）

也正是出于对社会强烈的责任感，对自身所处的国家会变得越来越好的希冀，边沁才在这部匿名著作中，大胆地表达这一作为制度和行为"正确与错误衡量的标准"，以此来创建属于自己世界的道德。但边沁显然不是"功利原理"的最先提出者。在这里，我们有必要对这一点交代清楚。

我们在上文哈奇森部分已经通过批评著名伦理学史家麦金太尔把哈奇森当成"功利主义之父"的错误，说明了功利主义的观念在18世纪上半叶已经成为被哈奇森关注的现象，但哈奇森对当时已经露头的功利主义是持批评态度的。由于哈奇森对道德目的的表述容易被人误解为与功利主义接近，尤其是其著作被翻译为法语后，让意大利法学家贝卡利亚阅读时产生了这一误解。施尼温德的《近代道德哲学史》对这一"误解史"做了非常清晰的梳理：

> 想到"功利主义"一词，我们就会想到因为边沁才变得有名的说法，即"最大多数人的最大幸福"（the greatest happiness of the greatest number）。哈奇森对道德目的的表述与这些词语所表达的意思非常接近；其著作被翻译成法语后，意大利刑法改革者贝卡利亚（Cesare Beccaria，1738—1794）曾读过它，并把其意思表述为"被更多人所分享的最大幸福"；由于被错译，在贝卡利亚1767英文版著作《论罪与罚》（On Crimes and Punishments）中，它又变成了"最大多数人的最大幸福"这个表述。边沁正是由此而了解到它的。[1]

因而关于"功利主义"这个概念起源，是18世纪民间就有的常识性的道德观念。功利主义的词根来自拉丁文的uti，是有用、可利用的意思，utility于是作为有用性、效用性就是一般表达一个"对象"之"价值"属性的概念，但把它表述为一个法学与伦理学的概念，却是意大利刑法学家贝卡利亚在读哈奇森著作的法文翻译时误读的结果，也是英文、法文和意大利文与utility概念互译时，因"误读"而创造的一个新观念。因而，边沁的作用是第一次采纳了这个当时并未流行的概念，而使之变得有名，因而流行起来。

---

[1] ［美］J. B. 施尼温德：《自律的发明：近代道德哲学史》（下册），张志平译，上海三联书店2012年版，第521—522页。

实际上，边沁之所以采纳这个概念，还有两个人对他有直接影响。一个是英国牧师、自然神论者、哲学家和伦理学家威廉·佩利（William Paley, 1743—1805），他也被视为功利主义思想的创始人之一。他于1763年毕业于剑桥大学基督学院且留校当了老师，讲授形而上学和伦理学。他的《道德与政治哲学原理》（1785）一出版就获得极大成功，这激励并鼓舞了边沁来发表他的《道德与立法原理导论》。另一个是法国启蒙哲学家爱尔维修，这从边沁1776年11月的一封信中，得到完全可信的证实：

> 我在爱尔维修铺设的功利的基础上建构了（自己的思想）。[1]

两年后的1778年，他在写给约翰·福斯特牧师的信中，表达得更为详细：

> 我从爱尔维修那边获得的教导，让我逐渐放弃这个想法。在他那里，我获得了一个标准，去测量人民会追求的事物的相对重要性……通过他，我学习到了将考察任何制度或者追求增进社会幸福的趋势，作为唯一的考量及其对其优势的衡量（标准）。[2]

所以，在《政府片论》中，边沁只是"接纳"了一个"功利主义"原则，作为论证法律需要通过不断改革才能变得更为正义这一"正确性"的"衡量标准"，他本人对此标准并未做出理论上的证明。这一证明是后来在《道德与立法原理导论》中做出的。因此，他通过把功利主义立法原理建立

---

1 Jeremy Bentham: *The Collected Work of Jeremy Bentham, The Correspondence of Jermy Bentham*, Volume 1, London: UCL Press, 2017, p. 367.
2 Jeremy Bentham: *The Collected Work of Jeremy Bentham, The Correspondence of Jermy Bentham*, Volume 2, London: UCL Press, 2017, p. 99. 连同上一个注释，都转引自李青：《功利主义》，江苏人民出版社2023年版，第22页。

起来，"把它当作旨在依靠理性和法律之手建造福乐大厦的制度的基础"[1]，大大推动了政治、立法与伦理朝向促进人民的公共福利这一现代政治目标转型，这不能不说是人类文明的一大进步。

第二节 功利主义原理之证明

《道德与立法原理导论》本来在1780年已经付梓，但"边沁他一直都不敢发表他自己对这些原则的表述；直到佩利的伦理学著作出版之后，在一个朋友的鼓励下，他才让它面世"[2]。这就是它1789年才出版的原因。因而，这部著作本来应该在康德的《纯粹理性批判》第一版（1781）之前，而最后却是在康德的《实践理性批判》（1788）之后。不过，我们由此可知，现代规范伦理学的两种经典范式是在完全相同的时间内诞生的。

不过，边沁在哲学上不仅没有康德那样的抱负，即重建形而上学，相反他对"科学"的态度跟康德完全相反，他受英国经验主义讲求实际的信念所激励，认为任何形而上学讨论的抽象概念都不切实际，要用尽可能具体的细节取代抽象概念。好在《道德与立法原理》本来就不是一本纯哲学的书，它的核心是阐发"法律惩罚"的合理依据，什么样的行为适合于"惩罚"，以此来阐明一般的"立法原理"。因此，它的合理范围是法理学，从法理层面上推论人类一般行为的性质、倾向、动机、意图，从而阐明哪些属于"有害行为"，哪些属于道德行为，哪些有害行为适合于"惩罚"，哪些适合于"赞美"，因而确立"刑法"的界限、"伦理"的边界。所以，边沁的道德哲学证明，跟康德的"道德形而上学"走的就是完全相反的路向，它是真正"应用伦理学"的进路：从"立法"的这个特殊领域的问题，上升到法规

---

[1] [英]边沁：《道德与立法原理导论》，时殷弘译，商务印书馆2000年版，第57页。
[2] [美] J. B. 施尼温德：《自律的发明：近代哲学史》（下册），张志平译，上海三联书店2012年版，第521页。

与行为之"道德标准"的确立,注重的是实际行为处境中的"细节"。正如 H. L. A. 哈特在《导论》的"导言"中所言:

> 边沁搞哲学论辩,显然不像他对运用功利原理所需注意的具体细节作严密细致的分析和分类那般轻松自如。他就这一原理的地位所作的讨论,肯定仓促草率,有些地方的表述还是不够严谨的。他像是对于长久地确信这一原理正确无疑,过于急切地表明它如何能大有裨益地运用于实际的社会生活问题,以致不在形而上学的论辩上驻足良久。边沁所以颇少注意哲学基本问题,可能一部分要归因于这么一个事实:他认为自己采用功利原理不是什么创新,创新之处在于据此去研究细节。[1]

但无论如何,哲学都是以概念(观念)来认识和把握世界的,因而哲学原理的证明,无一不是从厘清概念的内涵与边界开始,边沁所注重的"细节",也只是"功利主义原理"这个概念应用时的"细节",这个概念本身的清晰界定依然是不可或缺的。

一、概念之语义

边沁之澄清语义,也是先论抽象概念,再一步步将其概念内涵的具体"细节"阐明出来,让人从后面的"细节"去把握抽象的概念。因而他从"功利原理"的抽象界定开始:

> 功利原理是指这样的原理:它按照看来势必增大或减小利益相关者之幸福的倾向,亦即促进或妨碍此幸福的倾向,来赞成或非难任何一项行动。(《原理》,第59页)

---

[1] [英]边沁:《道德与立法原理导论》,时殷弘译,商务印书馆2000年版,"导言",第11—12页。

这里的行动是个"泛称",不仅是私人所做的每一个具体行为,而且是政府的每项措施(公共政策与法规)。因而接下来需要解释的就是"功利"(utility):

> 功利是指任何客体的这么一种性质:由此,它倾向于给利益相关者带来实惠、好处、快乐、利益或幸福(所有这些在此含义相同)……如果利益有关者是一般的共同体,那就是共同体的幸福,如果是一个具体的个人,那就是这个人的幸福。(《原理》,第59页)

在这里,首先排除了将"利益"仅仅看作个人"私利"的常识性偏见,因而"功利主义"不等同于任何"利己主义",甚至排除了对"功利"仅做主观解读的方式,当然把"功利"作为"客体"的"性质",虽然人们不太习惯,但这是必要的。因为在功利主义看来,凡是能有带来"实惠""好处""快乐""利益"或"幸福"之倾向的"客体",都是"功利""性质",因而"功利"不仅仅是狭隘的经济利益,它是一个非常广义的词。像"快乐"这样带有强烈主观心理状态的概念,还是与"功利"最为贴切的同义词,据此我们就能知道,"功利"所要描述的最关键的状态,是"效""益"的状态。中文"益"表达的就是"水"在"皿"中"溢出",它要比一般"水平"更多、更充盈。因而,"无功利"性质的东西,不是说它根本不能带来任何实惠、好处之倾向,而是说它不能带来"溢出"的效益、充盈的效益。

作为法律改革家的边沁,他要反对当时的法律保守主义,反对固守案例法以维护现存秩序不变。因而必须阐明一项好的立法、一项好的公共法律制度之"好"的依据,以便让人明白,以神法或自然法这些抽象原理无法推动让世界变得更好的改革,无法触动且只是延续人们已经麻木了的神经。而能够触动人们神经的,永远都只是利益。正义之义,不是与利益无关的纯粹道义,相反却是与每一个得其"应得"的"实利"之义相关。阐明了这一"功利"之"正义","法理"才具有人们能直接感受到的常识般的力量,以说服人们相信,法律改革永远是必需的,是利国利民的大事。

"功利主义原理"能够承担且阐明这一依据,它旨在依靠理性和法律之手为最大多数人的最大幸福来奠定福乐大厦的整个制度基础。这显然是一个"好"的阐释,因为任何法律"制度"一旦制定出来,立刻就会具有明显可感的"后果"。由于涉及所有人的切身利益之调整,当且仅当它能为最大多数人带来最大快乐这一"溢出""效果",才能说明它是好的制度或好的法律,这也符合普遍的人性:大自然把所有人都置于快乐和痛苦这两位公主的主宰之下,人的一般行为动机和趋向都是由快乐与痛苦之倾向决定的。所以说,人的本性无一例外地具有追求"功利"的倾向,只有这种能带来最大多数人最大利益的行为原则,才能将人性这一趋乐避苦的天性带向完美和卓越。因而,功利主义原理作为引导和规范人的行为原则才因它促进和引导社会公共善品的产生而具有不可否认的道德善性。它也因其合乎人性,同时具有规范的有效性:凡有带来最大快乐倾向的,本性就乐于承认、接受并激发行动去取得;凡是带来痛苦倾向的,本性就拒绝、不干、力求避免。因而"功利原理"成为普遍有效的道德原则。

在解释这一原理时,边沁特别注重细节地阐释了"原理"的词源,它出自拉丁文pricipium,由primus("首要""首先")和cipium(似乎来源于"取""拿"之义的词尾)构成,是个意义含糊、被滥用得无边界的术语,但其本义却是指出一个绝对的起始:指涉能作为一个运作系列之最先开端的事物。但边沁在使用pricipium(原理)之词时特别指明,它被用来指一种心理行为,一种情感,即赞许的情感,这反倒模糊了"原理"概念之本义。他想要表达的是,"功利主义原理"旨在表达这样一种心理行为或赞许的情感:凡是能带来最大多数人最大幸福之倾向的立法或行为就是道德上正确的、值得赞许的,反之则是令人厌恶和不道德的。因而,在伦理学史上,人们归之于他的贡献,从来都是浅表肤泛之论:

虽然第一个对功利主义提出系统解释的是杰里米·边沁，但激发这一理论的核心洞见却出现得早得多。这一洞见认为道德上适宜的行为不会伤害他人，反而会增加幸福或功利（utility）。[1]

显然，这样的浮泛之论不能描画出边沁对功利主义概念的真实贡献。他的贡献不在于对"功利主义原理"的界定，而在于对此"原理"的"细节"进行的具体化描绘，即从"利益相关者"的"共同体"意义上来确立"功利"概念之框架。从此框架出发，人们就能明白，功利之能作为道德标准，绝非指向任何个人私利的价值大小，而是指向利益相关者这一"共同体"的利益最大化，而在共同体利益最大化中，又强调增强个人利益之倾向是其基础。只有如此理解的"功利原理"才可作为"道德"上的"正确"标准，也是一直能被人认同的关键。这样的结构性框架的界定，是发前人之未发，无论休谟还是亚当·斯密，都从未明晰阐明过，因而是必须记在边沁名下的。他让我们注意到"共同体的利益"不可自欺欺人地随意乱用：

> 共同体的利益是道德术语中所能有的最笼统的用语之一，因而它往往失去意义。在它确有意义时，它有如下述：共同体是个虚构体，由那些被认为可以说构成其成员的个人组成。那么共同体的利益是什么呢？是组成共同体的若干成员的利益总和。（《原理》，第59页）

在此意义上，他让我们注意最为重要的"细节"在于，不要被"利益总和"所欺骗，如果单纯强调"利益总和"而不强调每一个成员的"个人利益"，那么令人快乐的利益就完全可能在"总和"的抽象中被抽干，而与"快乐的人"毫无关系。因而，真正的"共同体利益"必须落实到以个人利益为基础和归宿上来，才是道德上正确的：

---

[1] ［美］茱莉亚·德莱夫：《后果主义》，余露译，华夏出版社2016年版，第8页。

不理解什么是个人利益，谈论共同体的利益便毫无意义。当一个事物倾向于增大一个人的快乐总和时，或同义地说倾向于减小其痛苦总和时，它就被说成促进了这个人的利益或为了这个人的利益。(《原理》，第59页）

但正是在这里，遇到了"功利主义原理"论证上的最大难题，每个人的个人利益并不总是与共同体的共同利益是一致的，当"功利原理"指向增大"一个人快乐的总和"时，如何能保障同时能是共同体利益的最大化？每一项政府的公共政策或许可以促进"最大多数人"的快乐或幸福，但同时就蕴含了不被包含在"最大多数人"之内的少数人的快乐会减少。前者快乐的最大化与后者痛苦的最大化成正比时，如何保障后者合理合法的"个人利益"不受伤害？这成为理解功利主义原理时的关键问题。

大多数人赞同边沁阐释的功利原理可以作为个人行为的指导原则，这至少从边沁的文字中是可以找得到直接的依据的，因为他始终强调功利原理不仅是个人行动而且也是政府措施的立法原理。有学者比较了哈奇森和边沁，说"哈奇森与功利主义思想家的一个本质区别在于，功利主义完全依凭行为的后果计算利害，而哈奇森道德判断的对象却是行为的动机"[1]。但其实，边沁也是把旨在促进最大多数人的最大快乐作为道德行为的动机来看待的，因而是直接指导个人行为的。但争议的核心还是在于，"按照看来势必增大或减小利益有关者之幸福的倾向，亦即促进或妨碍此种幸福倾向，来赞成或非难任何一项行动"，作为"倾向性"的"后果"在具体"立法"时，还只是一种心理上的"意向性"事实，而不是真金白银般的"功利后果算计"。所以，这个用康德的话说，属于"质料性"的道德标准本身，虽然是作为"行动原则"，但其具体内涵是容易引起误解和混乱的。有人认为，边沁自己之所以没有意识到其中的矛盾，是因为他天真地确信个人利益和共同体的利益

---

[1] 张晓梅：《托马斯·里德的常识哲学研究》，上海人民出版社2007年版，第94页。

之间存在着天然的和谐，它保证个人的长远利益永远不会同公共福利相冲突。但这本来就是边沁厌恶的"抽象说辞"，个人利益只要受到了不公的损害，如何能有不冲突的长久利益？所以，哈特坚持认为这样的阐释实际上抹杀了边沁所持的观念的独特性，即功利原理作为道德标准起作用的方式，是当人意识到个人长远利益同公共福利有冲突而不愿意履行一种行为时，需要有强有力的道德约束在两者之间造出认为的和谐。所以：

> 边沁关于该原理是"一般道德领域"、特别是政治领域中评判是非的标准这一说法，就必须认为是指该原理并非指导个人行为的道德标准，而只是对它作批判性评价的道德标准，确定可以恰当地通过行动来要求个人做什么，以及何时可以运用道德制裁来做到这一点。[1]

这可能是对边沁功利原理最准确的阐释，它能避免一系列边沁自己根本没有意识到，也无能为力去化解的困境，如"总量"上的"幸福计算"（felicific calculus）等等。它为什么对边沁而言根本不是一个问题？因为快乐的最大化根本上涉及的就是"快乐的质"，是避免痛苦。当然，这最终依赖于边沁能够做出何种证明。

二、"原理"之证明

边沁自己并未意识到这一困境，对他而言，他相信这一"原理"的正确性是毋庸置疑的，作为"原理"，它属于证据链的"始端"，因此也就没有任何直接的证据来证明它既无可能也无必要。但他也意识到并知道有人对此提出了"非议"，但他把这些"非议"视为"不知所云"的"误用"其"理由"：

---

1 ［英］边沁：《道德与立法原理导论》，时殷弘译，商务印书馆2000年版，"导言"，第18页。

当一个人试图反驳功利原理时，他所用的理由实际上是从这个原理本身抽引出来的，虽然他对此浑然无知。他的论辩假如证明了什么的话，那就不是证明这个原理错，而是证明按照他所设想的应用，它被误用了。(《原理》，第60—61页)

所以，边沁所能给予"功利原理"的证明，不可能是一种形而上学的思辨证明，而仅仅是一种反证，即通过证明"与功利主义相反的原理"是错误的，来为他自己的"功利原理"不可反驳的糊涂话做辩护。这种辩护，如果可以算作是辩护的话，就是一种"不讲理"的辩护，因为他是"立场优先"或者说"信念优先"，而不是"理由"优先：

如果功利原理是一个在所有场合都起主宰作用的原理，那么从刚才作过的考察可以得出一个结论：在任何场合与之不同的无论何种原理都必定错误。因此，要证明任何其他原理是错的，只需展示其貌，即展示它所作的规定在这一或那一点上与功利原理的规定有所不同：陈述之便是驳倒之。(《原理》，第64页)

而与功利主义原理根本对立，始终一贯对立的，就是禁欲主义原理：

禁欲主义原理是指这样的原理：它像功利原理那样，根据任何行动看来势必增大或减小利益相关者的幸福倾向，来赞许或非难该行动；不过，这是以一种逆向方式来赞许或非难，即行动趋于减小其幸福便予以赞许，行动趋于增大则非难。(《原理》，第64—65页)

我们不知道边沁这样说的文献来源，但根据我们对"禁欲主义"的理解，几乎没有这样解释的。它不是依据"功利原理"的相反倾向来赞许或非难行动，而是对"欲望"本身的"罪恶性"以及人的理性在"原欲"本能前的无能为力从而必然导致"纵欲"的和"堕落的生活"来为"禁欲"的生活形式做辩护。而边沁将禁欲主义做"功利主义"解读，还将"利益相关者"引入考量之中，这就超出了一般禁欲主义伦理之外。比较合适的定位，不能将禁欲主义与功利主义相对峙，而是与纵欲主义对峙，或者将禁欲主义视为"节制主义"的最彻底而极端的形式。

因此，想让人接受边沁把禁欲主义当作"说到底也只是功利原理的误用"（《原理》，第68页）是困难的。不过，在"细节"上，他指出禁欲主义原理从未且永远无法有任何生灵能够始终一贯地坚持作为生活和行动的原则，只要地球上的居民有十分之一的人实行之，一天之内就会将地球变成地狱，这倒是完全正确的判断。

另一种不是始终一贯地，而是有时与功利原则相反，有时却也相同的原理，边沁认为是所谓的"同情和厌恶原理"，这是在政府事务方面极有影响的原理：

> 我说同情和厌恶原理，是指所以赞许和非难某些行动，并非由于它们趋于增大利益有关者的幸福，亦非由于趋于减小其幸福，而只是因为一个人自己感到倾向于赞许之或非难之。也就是说，他举出这一赞许或非难作为其本身的充足理由，否定有寻求任何外在理由的必要。（《原理》，第69—70页）

这一概括实际上也有不少问题，我们在考察休谟伦理学时就已经看到，休谟完全是按照同情和厌恶原理来确立赞许和非难人及其行动的原理。有两个根本点可以否认边沁这里的证明。第一点是，在休谟那里，同情和厌恶的原理完全是与功利主义一致而不是相反的原理，甚至他把同情和厌恶的原理广泛地视为古典功利主义的经典表达之一。因而，并非不从利益相关者而仅仅从个人自己的角度论述同情和厌恶之原理，就必定与功利原理相对立。第二点是，在休谟那里，并非根据赞许或非难的内在充足理由，而是根据势必引起快乐或痛苦的倾向，即提供行动动机的快乐或痛苦的趋向，确定赞许或非难行为是非的标准。因为仅仅是"理由"，无论多么充足的"理由"，都可能根本不会激发行动，而只有引起快乐和痛苦的倾向，必定会激发行动或行止。

边沁不可能不熟悉休谟的论证，从他的行文中，我们看到，他引用了休谟《英国史》，但很少直接引用《人性论》。他倒是承认显然，同情和厌恶原理往往会和功利原理不谋而合。很可能更经常的是相符而非相抵触（《原理》，第76页）。

但这与他这一节将同情与厌恶作为与功利原理相对立的原理这一主题是直接冲突的，可见其论证的不严格性。而就他所加的诸多注释和列举的例子来看，他更多的不是在道德哲学而是在刑法务实中考虑惩罚一种行动的理由时反对同情与厌恶，他认为同情和厌恶原理往往因为其"情感化"的特点而不如功利原则那样易于操作。他说，在许多够不上惩罚的场合，如果以同情和厌恶原理，就使之严苛地使用惩罚，甚至在许多应该惩罚的场合也会惩罚过当。所以，他严格区别这两样事情，确实是他在功利原理论证之中非常重要的亮点：

> 一是通过对个人心灵的作用而引发任何行动的动机，或曰原因，二是使得一位立法者或其他旁观者有根据用赞许眼光来看待此项行动的理由，或曰情理。（《原理》，第79页）

这就回到了刚才我们提到的休谟之洞见，激发个人行动动机的快乐原理和不直接激发动机的行动可受赞许的理由之间，完全是可以分离的两种不同的事情。但许多人往往容易将它们混淆开来。

但是，边沁区别这两者与休谟区别这两者之目的是不同的：对休谟而言，是将情感——快乐和痛苦——而不将提供"理由"的"理性"视为道德感的基础和判断行为是非的标准；对边沁而言，则是为了引入"利益相关者"这一旁观者的视角，从而可以不依赖于"情感"而仅仅依靠"功利原理"的理性计算来更好地"立法"。所以，边沁既反对从"情感"角度也拒绝了从"自然法"角度来提供"行动理由"的道德哲学。

对于边沁而言，一种"立法"损害了个人"情感"和损害了"功利"是不同的，而且"情感"在许多时候，也不是大自然赋予人的快乐和痛苦这两种本性的主宰，而是对于"自然法"的表现：

> 许许多多的人不停地谈论自然法。接着他们告诉你们对于孰是孰非他们持有怎样的个人情感，而你必须明白，这些情感是自然法的众多大大小小的表现。(《原理》，第74页)

当这样阐释"情感"时，他自己也不自觉地违背了对于情感的自然主义解释，而与康德所谓的对法则的敬重情感走到了一起。因此，不仅是一般非议功利主义的人对边沁的证明不满意，而且受其影响最大、从小就接受其教育的小穆勒也严厉地指责其"两个最大化"是无法量化计算的，并在他自己的《功利主义》中，为功利主义原理提供了一个不同的、更具哲学性的证明版本。

事实证明，边沁虽然让功利主义流行开来，但他在法学和哲学上的内在不足，使得他既无法成为一个伟大的法学家，也难以进入伟大的哲学家之列，这在法学界是有公论的：

> 以上事实明显表明，边沁没有资格忝列法学家之中。边沁本可以在英国创立一个新的法学家流派，但他失去了这样的机会。他的闲暇

时光、众多杰出的研究方法以及漫长的一生，本应都被用来进行最佳的"资源配置"，使自己成为一位伟大的法学家。但是边沁没有兴趣成为那样的人。他留给后人的是大量的研究材料，这些材料在后人的有效运用下，影响非常深远。……他的"最大幸福"原则的适用是建立在对人类本质作出低评价的基础之上的。尽管，和大多数改革家一样，边沁对于周围经常与他联系的人的评价很低……但是他却把政府应采取的形式理论建立在一个已被历史所摒弃的大众观点之上。[1]

好的政治却从来不能把人性估计过高，这使得作为改革家的边沁意义重大。

第三节　边沁功利主义法制改革的意义与效果

一、时代需要

英国1688年就完成了资产阶级的"光荣革命"，威廉国王接受了议会提出的《权利法案》，经济上正在从农业向工商业社会转型，工业革命已经在19世纪30至40年代开始而向纵深发展，一切都开始与传统断裂。乡村的宁静美好，已经完全属于过去，圈地运动把愿意的和不愿意的乡下人，都迅速地向城市转移，而城市生活的激烈竞争，政府、教会与人民之间的地产与谷物之争，也早已是困扰上一代经济学与法学的问题，而现在的问题却是工业革命让英国在较短时间内变成了"世界工厂"，资本主义经济空前繁荣，经济总量迅速上升到世界第一位的前夕各种社会矛盾之激化的困境。这种困境与纠纷，不可能依靠早先成功的《权利法案》可解决。所有新的和旧的矛盾冲突都只有通过直接面对现实问题的特殊性进行改革而予以解决。所以，经

---

[1] [英]约翰·麦克唐奈、[英]爱德华·曼森编：《世界上伟大的法学家》，何勤华等译，上海人民出版社2013年版，第421页。

历了改革开放时代的我们可想而知，英国在工业革命的浪潮中，社会矛盾有多突出，有多尖锐，各项制度都急需改革，以适应急剧变革的社会经济、文化、政治和伦理的现代转型。边沁作为法学家、法律改革运动的先驱和领袖，正是在实际地推动这场社会改革中，提出了他的功利主义思想，以便为法律和公共政策的制定确立伦理与道德的标准。对此19世纪英国著名法学家戴雪（Albert Venn Dicey）做出了这样的评价：

> 边沁主义正好满足了当时的迫切需要。1825年，英国人已经开始感觉到这个国家制度需要彻底修正。但各阶层的英国人，辉格党人和改革者们，甚至是托利党人，都不信任自然权利理论，他们也避免采用任何激进原则。法国大革命的教条主义和巧言辞令甚至在激进派中也失去了魅力。雅各宾派或恐怖分子中有些仍旧活着的，是社会契约的倡导者。但对于英国人来说，雅各宾派意味着恐怖，而罗伯斯庇尔则是对卢梭的反驳。能够带领英国走上改革之路的教师，绝不能谈论社会契约、自然权利、人权、自由、博爱和平等。边沁和他的追随者们恰恰满足了这个要求：他们鄙视和嘲笑那些含糊其辞、情操和巧言辞令；他们完全不相信社会契约；边沁对"人权和公民权利的宣言"剖析，是对革命教条主义最鲜明的揭露。[1]

这段引文的重要性在于，它不仅描绘出了当时社会迫切需要改革的呼声，而且阐明了人们不希望激进革命、不再相信现代文明的基本原则规范"社会契约论"及其支撑它的抽象的现代价值理念。不是说这些价值不再重要、不再值得坚持了，而是说不能再满足于抽象的、表面的"巧言令色"，应务必具体细致地落实在"立法原理"中，让人能实实在在地收获现代文明

---

1 A. V. Dicey: *Lectures on the Relation between Law and Public Opinion in England during the Nineteenth Century*, new introductions, editors note, Liberty Fund, Inc, 2008, p. 122.

带来的福利和自由，才能令人信服。

　　生活在律师世家的边沁，太了解法律务实的重要性，因而他像康德一样赋予了伦理学一种立法主义的特色。但他自始至终都拒绝抽象地谈论法律本质所蕴含的那些价值理念，抽象地为立法进行"形而上学奠基"，而是完全依据人性的官能感受——快乐和痛苦——作为评判立法效用的最终法庭。因为一项法律制度之确立，立刻就能具有规范有效性，改变人们的生活方式、工作方式、交往方式、行动方式。只有那些能给最大多数人带来愉快的、幸福的、轻松的、美好的快乐感受的立法才是好的立法，才具有道德性；相反，一项恶法一出台，立刻就会怨声载道，让人丢失饭碗、失去生计，恶从胆边生，路有冻死骨，夜有冤死魂。立法自古以来就是社会伦理的指向标，好的立法让人成为好人，人只需按照法律规定人的义务去做，就会成为一个社会的好公民，成为有道德的人，这是古代哲学和立法者的理想，哪怕就是同时代的意大利历史学家维科，在其1725年的《新科学》中，依然是从传统立场来言说哲学和立法的：

> 131 哲学按照人应该有的样子看人，要把人变成能对少数一部分人效劳，这部分人就是想在柏拉图的理想国里生活而不愿堕回到罗马创建者罗慕路的渣滓洞里去。
>
> 132 立法是就人本来的样子来看人，以便使人能在人类社会有很好的用处。人类从古到今都有三种邪恶品质：残暴、贪婪和权势欲，立法就应该把人从这三种邪恶品质中拯救出来，创造军人、商人和统治者三个阶级，因此就创造出政体的强力、财富和智慧。立法最终会把人类从那三种邪恶品质中挽救出来，从而创造出使人能在人道社会中生活的那种民政制度。[1]

---

[1] ［意］维柯：《新科学》（上册），朱光潜译，商务印书馆1989年版，第101页。

边沁也就是在此意义上把立法的科学与伦理学联系在一起的：

> 整个伦理可以定义为这么一种艺术：它指导人们的行为，以产生利益相关者的最大可能量的幸福。（《原理》，第348页）

在指导个人行为的艺术范围内，伦理是"私人伦理"，是"自理的艺术"；在指导政府的管理艺术范围内，伦理就是"立法的艺术"，以功利主义原理指导下的"行政"，以产生利益相关者的最大幸福为目标的行政，才具有真正的伦理性或道德性。在自由资本主义时代，通过法律改革让政府工作的职能转向公共福利事业，而不是阶级斗争和政治革命，这无论如何都是一种文明的进步。

二、对改革的影响力

边沁对英国法律改革的直接意义，一直是充满争议的。这种争议本身其实只是对过高估计边沁作用的一种怀疑或矫正。他们宣称，虽然1827年之后乃至19世纪的某些伟大的行政和法律改革，是符合边沁的思想的，但要说就是由于边沁著作的直接影响才有了这些改革，确实很难拿出证据。但无论如何，在刑法和证据法方面，在行政和立法改革方面，自从边沁之后，发生了许多决定性的转变，这都与边沁对人性"乐利感"的承认，对公共福利的弘扬之思想密切相关，至少否认他的影响，是无法令人信服的。同济大学李青的博士论文比较全面地收集了对边沁影响力的各种好评[1]，维纳（Jacob Viner）指出："英国的改革清单很大程度上源自边沁，这是一个真正令人印象深刻的改革清单……他的改革计划是全面的、激进的、进步

---

1 李青博士论文：《功利主义概念史研究——从英国、日本到中国》，载其著：《功利主义》，江苏人民出版社2023年版，第26—35页。

的。"[1] 英国哲学家罗素说:"边沁的功绩不在于该学说本身,而在于他把它积极地应用到种种实际问题上。"[2] 麦金太尔在《伦理学简史》中比较葛德文与边沁时指出:"葛德文只是空想家,而边沁则是一个谨慎的改革者,甚至通过提出有关监狱用床的确切尺寸或者证据法方面的确切改革建议,避免被指责为空想主义。"[3] 波兰尼也称边沁为最多产的社会设计师(social projectors)。[4] 针对边沁的法律改革,萨拜因(George Holland Sabine)的评价是这样的:"边沁的法理学论著提供了一项改革计划,而正是依据这项计划,英国的司法在19世纪期间得到了完全的修正和现代化……波洛克爵士颇为恰当地指出,在19世纪英国法律的每一项重要改革中都可以发现边沁思想的影响。"[5]

哈特收集的评论也十分中肯:

> 毫无疑问,1827年起确立的减轻刑法严酷性的法规大改革,其要旨完全符合《原理》宣告的惩罚原则和惩罚目的。无论是他的同时代人,还是亲历改革时候的后世著作家,都毫无保留地认为边沁具有一种压倒性的影响。1828年,在讨论刑法改革时,布鲁厄姆告诉下院:改革时代就是边沁时代。
>
> 无论如何,同辨识边沁著作与随后法律变革之间的具体因果关系相比,更重要的是认识到边沁的思想渗透弥漫在社会的普遍气氛之中,这在许多通过有组织的讨论和写作散布边沁影响的人看来一目了然。因

---

1 Jacob Viner: *Bentham and J. S. Mill: The Utilitarian Background*, The American Economic Review, Vol. 39, No. 2 (Mar., 1949), pp. 361–362.
2 [英]罗素:《西方哲学史》(下卷),马元德译,商务印书馆1997年版,第328页。
3 [美]阿拉斯代尔·麦金太尔:《伦理学简史》,龚群译,商务印书馆2003年版,第303页。
4 [英]卡尔·波兰尼:《大转型:我们时代的政治与经济起源》,冯钢、刘阳译,浙江人民出版社2007年版,第92页。
5 [美]乔治·萨拜因:《政治学说史》(下卷),邓正来译,上海人民出版社2010年版,第372页。

此，罗巴克在1849年写道：

"在对待所有政治和道德论题方面，边沁的著作引起了一场静悄悄的革命。思想习惯焕然一新，整个政论界大多不知激励来自何处，却充满了新精神。"[1]

所以，边沁在伦理学史上提供了一个范例，即不是靠理论上的思辨与深刻，而是靠大胆承认常识般的自然人性之真实，使行政走出严苛的刑与罚，在追求最大多数人最大快乐这个一点儿也不崇高的目的上，让政治走向真正的开明。它确实远不如其他道德观念那么崇高，但却在拒绝崇高道德的政治中，远离了虚伪的道德乌托邦，从而也远离了通往血腥的奴役之路，让人生在正常的追求快乐与福利的生活中，不被扭曲，野蛮生长。这才是一个基本公正的政治生活的基本样态。

---

1 ［英］边沁:《道德与立法原理导论》，时殷弘译，商务印书馆2000年版，"导言"，第41—42页。

第 十 一 章

穆勒：19世纪自由主义与功利主义的经典表达

边沁对功利主义伦理思想进行了堪称"经典"的表述之后，一个真正的19世纪人，再对功利主义进行总结，最早以"功利主义"为书名进行总结，这就是约翰·斯图亚特·穆勒（也译作约翰·斯图尔特·密尔，但"密尔"容易被非专业人士与"斯密"混淆，因而在本卷里我们保留其传统译名，采用"穆勒"）。边沁毕竟是18世纪下半叶之人，他的思想，无论是法学的、伦理的还是政治的，都还带有18世纪的痕迹，在"革命"与"改革"的浪潮下为社会争财富、争自由、争权利、争正义，而"争"的方式一是理论上的"辩护"，将所有这些"抽象的""现代价值""原理化"、"普遍化"为相关哲学社会科学的基础理论；二是自由与功利的制度化，将"争"到而获得承认的"价值"与"功利"落实为制度改革，尤其是立法的"原理"，只有这样，"价值"才通过"规范"具有客观化的实现途径，其"意义"才得以实现。这是近代思想自从马基雅维利和霍布斯以来一直保留着的"现实主义"风格。穆勒作为19世纪的学者，不仅推进了自17世纪以来洛克所奠定的自由主义，而且推进了近代以来的功利主义思想。因而，他的思想造就了19世纪的精神风貌，塑造了19世纪精神的本色，对在经济、社会、文化和思想中发展到最高峰的现代性理论进行了科学总结，将"现代人"争取到手的、随着资产阶级取得正统地位而作为官方意识形态的价值观念，具体地落实在现代国家和社会制度的建设中。

　　他的思想比边沁的更哲学，比边沁的哲学更有逻辑，比边沁的逻辑更有经济学的现实土壤。他于1843年出版了《逻辑体系》，1848年出版了奠定其作为经济学家地位的《政治经济学原理》；在1859年这个现代史上具有伟大意义的年份，出版了代表19世纪古典自由主义思想的《论自由》(*On Liberty*)；1861年出版了代表19世纪伦理思想经典的《功利主义》(*Utilitarianism*)和政治哲学著作《论代议制政府》。他的伦理学也继承了边沁为女性争取平等权利的思想，于1869年出版了《女性的屈从地位》(*The Subjection of Women*, 1869)；为了回应19世纪得到迅猛发展的社会主义和共产主义思潮，他于1876年出版了《论社会主义》(*Charters on Socialism*)。

　　但是，我们无论如何都不能将穆勒视为资产阶级的官方思想家，他在思想上，坚定地捍卫个人自由的价值，把个人自由建立在"最大多数人的最大幸福"这一功利主义原则之上，为社会改革法案与为劳动阶级正当公正的利益，做出了巨大贡献。他非常实际地承认，由于人类总是不免犯错，自由讨论才是最有可能发现新真理的途径，没有争辩，不允许争辩，真理就会僵化为教条，这样的真理也会变得不堪一击。在这样的自由与真理的观念下，他更加凸显了平等的价值，尤其是他发现了社会主义的意义。为了准确地理解他的道德哲学，我们先探究一下穆勒的生平和19世纪欧洲社会思潮发展这一大背景，是非常有益的。

第一节　19世纪欧洲社会思潮中的个人成长

　　19世纪欧洲风起云涌，各种社会思潮竞相争流，引导社会发展，塑造个人成长。资本主义发展到帝国主义阶段，英国成为世界上第一个"日不落帝国"，17世纪的科学启蒙，保守的政治改革，大刀阔斧的工业革命，从农业经济向市场经济的转变，世界市场的广泛开拓，都是启蒙伦理作为道义实存机制范导与推动的结果。这一伦理实存机制，不仅让新时代的道德情操建立在人性新科学基础上，更是开辟出市场经济的世界大潮，发展出义利并举的功利主义。这一新的伦理，将功利总量的生产和个人权利的保障结合起来，以民富促进了国强，以国强更有力地让法律有效地保护个人的生命、财产和安全且向外更广阔地开辟"世界"，进而反过来促进个人权利之实现。把"国强"仅仅视为"坚船利炮"的人，看不到自由与正义的制度建设的伦理意义，在真实的世界面前无异于一个文明上的"盲人"，看不见的首先是伦理精神与价值的突破，即主观的精神价值突破单纯的内心而要求向外落实为制度与法治，在精神的客观化进程中才让英国成功实现了政治的现代化、政治的文明化；有了现代精神、价值的客观化，才使得社会改革上下一心、官民同德，朝向促进个人幸福、社会正义的方向发展，从而使得国家的每一个个体把智慧和才能投入社会经济与文化的各项事业中去，因而才使得英国最终成为世界政治、经济和文化的领头羊。我们现在要以穆勒为例，探究一个生活在保守的苏格兰乡下的个人，如何通过改变自己的命运，成为英国19世纪伦理思想的经典表达者而引领世界精神的进步。

一、穆勒的家世与边沁的结缘

对约翰·斯图亚特·穆勒的家世，人们知道得很少的原因，其实很简单，无非就是他并不显赫，出身低微。直到他父亲这一辈，才算史上有名。再往上溯，其家族倒有一个祖母，爱索毕·芬顿（Isobel Fenton），作为命运逆袭的典范而在乡下被人记起。她原本是个仆人，自从嫁给一个从苏格兰首府爱丁堡来到乡下开修鞋铺的詹姆斯·穆伦（Milne）（此人就是穆勒的祖父）后，就立志改变儿孙们的命运并获得成功。这位祖母虽然出身低微，但见识远超别人，精神更是高贵，绝不相信她为仆人是上天的安排，而只是偶然事件的结果，所以下决心让她的后辈，决不可再为仆人。她更懂得，教育是改变人的命运的唯一途径，于是，无论如何千辛万苦，也要让他的儿子，即詹姆斯·穆伦受到良好教育，以彻底改变乡下人的命运。为此，她为了能够培养儿子与众不同的意识，先是改姓，把穆伦之姓改成了穆勒（Mill），因而约翰·斯图亚特·穆勒只是从父辈开始才姓穆勒。其父詹姆斯·穆勒在祖母的坚持下，得到了比一般人更好的教育，毕竟在当时的启蒙时代，一个底层人改变命运的唯一出路就是受教育，而她祖母的卓识与果断，让儿子牢牢抓住了这一机遇。他们当时也像我们中国现在的乡下人一样，需要举全家之力，才能供一位读书人。祖母勤俭持家，让詹姆斯的弟弟和妹妹都跟着父亲好好经营鞋铺，而让詹姆斯好好读书，以便能够成为有身份的、光宗耀祖的人。

詹姆斯不负众望，不仅学习成绩好，而且让所在教区的牧师赏识了他所显露出的才华，后来经这位牧师举荐，得到了当地一位爵士的资助，17岁的詹姆斯成功地进入当地最好的大学——爱丁堡大学学习神学和哲学。在法国大革命的1789年他得到了传教许可证，可以在不同教区布道。但由于还不是牧师，所以他并没有固定收入，毕业后也没有能够彻底改变贫寒的家境。为了寻找新的出路，他受到母亲性格的影响，决心离开保守的苏格兰，到世界名城伦敦去闯出一片新天地。

伦敦这个世界大都市，为每一个有志青年提供了机会和舞台。短短半年时间内，詹姆斯就找到了一份杂志社编辑的工作，"不久，他又说服这家杂志的编辑创办了一份新杂志并让他做了新杂志的编辑。一年之后，他还当上了一份报纸的编辑"[1]。

通过这样勤奋的工作，詹姆斯获得了不错的收入，在伦敦很快站稳了脚跟。他也像我们现在的进城务工人员一样，先是把赚到的钱寄给母亲，还清之前的欠债，再考虑结婚成家。1805年，32岁的詹姆斯幸运地娶了一位23岁的美丽妻子，从此夫唱妇随，幸福美满。他们一共生了9个孩子，约翰·斯图亚特·穆勒是他们的长子。儿子出生时，詹姆斯已经是两家杂志的编辑

---

[1] ［美］姜新艳：《穆勒：为了人类的幸福》，九州出版社2013年版，第5页。

并兼任其中一家杂志的经理。他在政治上还是那个时代激进的自由派和改革者,不断地著书立说,成为那个时代的理论家。令人惊奇的是,他于1818年,即黑格尔出任柏林大学教授的那一年,出版了一部《印度史》,大获成功,这使得他谋到了那时最有名的东印度公司的职位,并在1830年升任东印度公司总审查员,可算飞黄腾达了。除了发表大量的社会时政论文外,还出版了《政治经济学原理》(1821)和《人的精神现象分析》(1829),这些都对儿子约翰·斯图亚特·穆勒产生了重大而直接的影响。最可夸耀的是,詹姆斯在那时的英国激进知识分子中很有名气,德国一部重要的《伦理学只》这样描述他:

> 詹姆斯·穆勒,其儿子的《自传》为他设立了如此永不消逝的纪念牌:他是[其家族]第一位有意义的英格兰人,他从根本上懂得了边沁关于伦理学、政府和立法的普遍见识并在主要事务上都内化为他自己的。就其著述和个人影响力而言,约翰·斯图亚特·穆勒说,它们都被他那一代人用作光芒四射的巨大核心。在其晚年,他是英国激进知识分子的首脑和领袖,对于英国人,他具有像伏尔泰对于法国哲学家们那样大的影响。[1]

而对于约翰·斯图亚特·穆勒而言,对他自己的人生产生决定性影响的,就是其父亲詹姆斯跟老年边沁的相识,两人志同道合,成为忘年交,成为古典功利主义伦理学和法学的信奉者。这样两个老男人,社会贤达,竟然做出了一个重大决定,要一起全力培养小穆勒,让小穆勒成为著名学者。就是在这两位长辈的精心教育和策划下,穆勒后来不负众望地成为功利主义的

---

[1] Friedrich Jodl: *Geschichte der Ethik, Band 2: von Kant bis zur Gegenwart*, Phaidon Verlag Essen, S. 404. 该书第一版出版于1882年,第二版1906年,第三版1920年,这里引用的是1930年第四版的重印本。

"功二代"。

我们尤其感兴趣的是，在这个科学主义、启蒙理性和自由主义已经取得胜利的时代，大名鼎鼎的边沁加盟到小穆勒的早期教育中来，他们为这个19世纪的新生代提供了怎样的教育？

二、科学时代的奇特家庭教育

17世纪的欧洲，科学本身就是启蒙，牛顿力学获得了自然科学的经典地位后，科学获得了突飞猛进的大发展，人性科学也在哈奇森和休谟的大力推动下，成为道德哲学领域的基础。科学和哲学的思想，在英国工业革命的大机器生产中让世人见证了它卓越无比的改变世界的力量。英国在近代的崛起有几个标志性事件：一是1588年8月8日，战胜了西班牙的无敌舰队，取得海上霸权；二是1805年10月21日在毫无胜算把握的前提下，战胜法兰西帝国和西班牙的联合舰队，成为让世界不得不刮目相看的海上霸权；三是1760至1840年英国完成了以新的大机器生产取代手工业工厂生产的第一次工业革命，成为"世界工厂"。海外市场的不断扩大，国民财富实实在在地快速积累起来。如果有什么能说明民强国富，英国无疑是现代世界的榜样。这背后始终起着支配性作用的，就是科学和思想的力量。但到了19世纪，科学已经从英国的变成了世界的，哪个国家重视科学、发展科学，哪个国家就会走向强大；哪个国家不重视科学，甚至蔑视科学，就必将遭到世界潮流无情的抛弃：

> 在本世纪里，至少科学已经成为国际性的了：孤立的和隔离的思想中心已日益成为凤毛麟角。交往、期刊和学术会社（及其会议和报道）向全世界宣告最细微的发现和最新的发展。民族特性仍然存在，但主要表现在思想的比较细微而又比较隐蔽的深处。[1]

---

[1] ［英］约翰·西奥多·梅尔茨：《十九世纪欧洲思想史》（第一卷），周昌忠译，商务印书馆2016年版，第20页。

欧洲各国方言在民族文化发展进程中逐渐取代中世纪的拉丁语，造成了民族文化的现代化，而到了19世纪，欧洲思想第一次在启蒙、科学和理性的名义下达成了统一，这是这个世纪文化进步的标志之一。而进步的表现在于，现在学者们不再仅仅以把本民族的优秀传统文化介绍到国外为荣，相反，是把国际性的新思想带回国内，促进本国传统的现代转化，以此作为学者的光荣使命。这一进步的先驱，要算伏尔泰1726年的几次英国之行。他把英格兰的品位文化、牛顿的科学思想、洛克的自由主义政治哲学带回到法国，从而在法国兴起了轰轰烈烈的启蒙运动。而亚当·斯密1765年旅游法国，与伏尔泰见面，亲身感受到伏尔泰处理的案子，见证了天主教与新教之间斗争的激烈和残酷。对法国重农主义的了解和法国大革命前夕的风云变幻，都对他的《国富论》产生了有益的作用。以国际化学术前沿把握世界大潮的方向，来修正和革新本民族传统的僵化思想，成为19世纪世界文明发展的一个新特点。也就是从19世纪开始，人们才发现"思想"是可以构成一个理智和精神有机体的，这个有机体就是科学的"人文共和国"，它能够作为外部世界的内核和动力。而思想本身进步的动力，在于好奇心，在于世俗中的人们追求美好生活的需求，以及日常经验所指向的知识的扩大与积累。思想自由是这个精神共同体、文人共和国的基石，但是，走向精密和实证，这又成为科学本身的新方向。受德国体系哲学的影响，英国也产生了第一个创造哲学体系的人——赫伯特·斯宾塞（Herbert Spencer，1820—1903），他的哲学体系致力于知识的统一，为此，"进化"取代了"进步"，成为19世纪区别于18世纪的关键词。

但是，英国根深蒂固的经验主义传统，依然在塑造其19世纪科学研究的特色——个人性和实用性：

> 牛顿未能谋得利用弗拉姆斯提德的观测资料，而这些资料由于未为他人赏识而始终得不到完善和发表。实际生活中的重大计划是由杰出人

士孤立无援进行的,伟大思想全凭个别天才人物的精力和智力提出。

> 他们大多都以两个特征为标志:他们不惜任何代价和牺牲来保卫他们的思想自由,以及他们几乎总是表现出亟望把某种应用同他们的抽象研究相结合,亟望参与国家的重大实际工作。[1]

但恰恰在个人性问题上,产生出现代伦理最大的困惑。佛陀早就把它作为人生苦难的三大妄念之一,因而佛教发展出了一种独特的"克己"(renunciation)伦理,这个"己"就是"我执"的三大妄念——肉欲性(sensuality)、个人性(individuality)和礼仪风俗(ritualism)——的自我。所以,佛教与英国功利主义似乎是完全不同精神向度的伦理,但它们都出自一个相同的人性:感觉、敏感性的人性。大多数人对这种人性都没有准确的把握,也总处在"妄念"支配之下。功利主义和佛教共同的一点在于,它们都认为,伦理可以使人摆脱因欲望、妄念造成的心智和行动的奴役状态,达到生命本真的自在自由。对于佛教而言,根除无知和性向是达到这一目标的唯一途径,因而:

> 佛教学说绝不是断言人能够使自己摆脱现象世界的感觉作用,而只是断言它有可能抛弃那种作用造成的妄念的欲望。[2]

英国功利主义也不像人们误解的那样,只追求自私自利的满足,相反,它要与利己的心理主义做斗争。而人作为感觉之心的动物。也要摆脱因原始感觉的知觉妄念造成的无知与欲望。只不过,它强调合理的欲望就是追求快乐或幸福的最大化,这是现代性不可放弃的最大执念。

---

[1] [英]约翰·西奥多·梅尔茨:《十九世纪欧洲思想史》(第一卷),周昌忠译,商务印书馆2016年版,第210—211页。

[2] [英]卡尔·皮尔逊:《自由思想的伦理》,李醒民译,商务印书馆2016年版,第79页。

在科学国际化的大背景下，对在东印度公司任高职的詹姆斯而言，他对印度及其佛教是非常熟悉的。在此情况下，他与边沁对小穆勒的教育，并没有合乎逻辑地让他进国际学校，接受各国不同文化的熏陶，像叔本华的父亲让叔本华从小周游欧洲，多受先进的英国文化熏陶那样。他们共同一致的做法却是，不让小穆勒接受正规的学校教育，让他在家里接受他们这两位"教父"的"私教"。这完全是一种非常奇葩而冒险的实验。

他们"私教"的教学强度非常之大，非神童难以接受。在3岁到8岁这个一般学龄前儿童时期，穆勒要学习希腊语和算术，这使穆勒在8岁前就阅读过柏拉图的六篇短对话。8岁开始学习拉丁文，学习拉丁文学和戏剧，同时还开始阅读亚里士多德的作品。这简直就是在小学阶段开始了大学的高等教育。11岁时就能帮助父亲看《印度史》的校样，这简直就成为不可复制的奇迹了。12岁时系统地学习了逻辑学，开始阅读柏拉图的《理想国》《高尔吉亚》《普罗塔格拉》，12岁之前学了代数和初等几何。13岁时学了政治经济学，这些都是他父亲做老师。[1]

边沁曾积极资助詹姆斯，以维系他那9个孩子之家的日常开销，并帮他们一家租房到他家附近居住，给他们支付一半的房租，让小穆勒跟他一起度假。在穆勒14岁，安排他到法国旅游，先在詹姆斯经济学界朋友的接待下游览巴黎，后来又在边沁弟弟家住了一年。这段游学经历，让穆勒认识到了与英国人很不一样的法国人，并对法国的自由主义产生浓厚兴趣。

回到英国后，父亲詹姆斯安排穆勒跟随约翰·奥斯丁（John Austin）学习罗马法，同时让穆勒学习边沁的《道德与立法原理》，这是奠定穆勒道德哲学思想的关键：

虽然边沁的"最大幸福原则"是小穆勒早已熟悉的，而且他一直被

---

[1] ［美］姜新艳：《穆勒：为了人类的幸福》，九州出版社2013年版，第12—13页。

教导着按此去行动，但当他读到边沁的原著时仍然感到耳目一新，并第一次发现边沁对旧的、教条的思维方式的批判是多么有力。他感到边沁的立法原理和道德哲学给人们指出了什么是应当采取的思维方式，什么是应有的社会制度、如何去达到这些应有以及现实离这些理想相差有多远。研究边沁的思想使他精神上产生了一个质变，用他自己的话说，当他读完边沁的书时，他已经变成了一个新人。[1]

这是观念塑造人的一个典型案例，但通过穆勒父亲这种独特的家教方式，塑造一个"新人"是充满危险的。如果边沁的哲学不代表世界潮流，不具有精神的普遍性和道德的向善性，那么，虽然是个"新人"，却是一个与时代格格不入、对未来世界缺乏信心和想象力的某一旧时代的僵尸，那就非常恐怖了。因此，我们在正式考察穆勒的功利主义思想之前，还必须探究一下，在穆勒所接受的教育中，除了边沁的道德哲学立法原理和政治思想外，英国当时的社会思潮和整个维多利亚时代的伦理风尚对他成为一个时代"新人"的塑造具有何种意义。

三、在自由主义、浪漫主义和社会主义中汲取新的精神生命

1689年10月，玛丽即位英国女王，同意接受《权利宣言》，并在议会程序中予以通过，成为法律，这就是著名的《权利法案》（the Bill of Rights），其全称是《国民权利与自由和王位继承宣言》（An Act Declaring the Rights and Liberties of the Subject and Settling the Succession of the Crown）。这是英国政治史，同时也是整个西方政治文明中的一件大事，通过这个法案，人类历史上第一次以法律的形式，限制了"王权"的任性使用，也就是俗语说的，"把权力关进了笼子"。它一共13条条款，前9条即（1）凡未经议会同意，以国

---

1 ［美］姜新艳：《穆勒：为了人类的幸福》，九州出版社2013年版，第23—24页。

王权威停止法律或停止法律实施之僭越权力,为非法权力;(2)以国王权威擅自废除法律或法律实施之僭越权力,为非法权力;(3)设立审理宗教事务之钦差法庭之指令,以及一切其他同类指令与法庭,皆为非法而有害;(4)凡未经议会准许,借口国王特权,为国王而征收,或供国王使用而征收金钱,超出议会准许之时限或方式者,皆为非法;(5)向国王请愿,乃臣民之权利,一切对此项请愿之判罪或控告,皆为非法;(6)除经议会同意外,平时在本王国内征募或维持常备军,皆属违法;(7)凡臣民系新教徒者,为防卫起见,得酌量情形,并在法律许可范围内,置备武器;(8)议会之选举应是自由的;(9)议会内之演说自由、辩论或议事之自由,不应在议会以外之任何法院或任何地方,受到弹劾或讯问。可见,其文明的意义在于,这第一次将君王权力"关进了笼子",限制它在法律允许的范围外使用,君主不再是全能权威,而只能通过明文的法律制度来行使其权力;议会的权力第一次真正独立出来,法律的制定、讨论和实施,均需得到议会的自由辩论才能合乎程序法。《权利法案》不是宪法,但具有类宪法的作用,它使得英国虽然成为"君主立宪制"国家,但是,英国却从此没有了成文宪法,而是以《权利法案》这样的政治惯例为类宪法的"习惯法"国家。

在《权利法案》签署前的1683年,洛克由于被怀疑涉嫌参与了一起刺杀国王查理二世的阴谋而逃往到了荷兰。但在《权利法案》签署前一年,即1688年"光荣革命"之后,他又从荷兰回到了英国,开始出版他的《人类理解论》《政府论》和《论宽容》。他后来被称为现代自由主义之父。他基于私有财产权的社会契约论,为现代人的自由提出了一种制度主义的合理论证,公民让渡自己的一部分权力成立政府,而政府的目标和职责在于保护人民的财产权、人身权和自由权神圣而不可侵害。契约论的约束力是双方的、双向的,如果人民触犯法律,必须得到法律的惩罚,而君主如果触犯法律,那么就应该换其他守法的人来统治。国家既然是人民的国家,人民就应该对由何人来治理国家保持有发言权。假如政府不能保护人民的利益,洛克的理论支持人民将其推翻：

  洛克的理论描绘了一个与当时社会截然不同的政治图景，这无疑是具有革命性的。

  待到18世纪后期，这些理论已经成为显学。1775年至1783年间，十三个英属殖民州发起的美国独立战争，就是以洛克关于人民无需服从恶政的观点为基础的。以政治理论家托马斯·潘恩和托马斯·杰斐逊为代表的许多革命人士都赞成洛克的理论。[1]

  在洛克之后，边沁按照功利主义立法原理进行了法律改革，使得法律政策更加有利于朝着增加社会公共福利和增强个人幸福感的现实改良方向发展。他不仅批判了作为洛克政治自由主义道德基础的自然法，而且对所有以形而上学意义上抽象的道义原则作为立法基础的理论都予以了抛弃，他只认同将功利主义幸福最大化原则作为唯一的立法原理和道德标准，因此，使得自由主义理论与功利主义结合了起来。他的道德哲学也抛弃了自霍布斯以来抽象的人性设定和自然状态设定，采取了"意向中"的"后果主义"，推动了社会以扩大公共善为基础的个人权利的公正分配为核心的功利主义自由秩序的建构，更加适合英国世俗文明的精神。

  英国自由主义于是确立了自身的特殊传统，以私有财产权的保护为基石，以不伤害他人的自由和权力为底线正义，以相互友爱、同情仁爱为道德情感，以公共善的扩大和每个人幸福感的增强为政策合法性的依据。这样的自由主义将财富的正义和法治的秩序紧密结合，外加对传统习俗法的守成，维系了英国既守成自身传统文化之优势，又以科技、政治和道德的创新改革来引领世界文明的方向与未来。所以，在穆勒精神成长的19世纪，自由主

---

[1] ［英］杰里米·克莱多斯蒂、［英］依恩·杰克逊：《解析约翰·洛克〈政府论〉》，曹思宇译，上海外语教育出版社2020年版，第5页。

义、浪漫主义和社会主义在英国与功利主义道德哲学一同成长,成为这个时代最令人瞩目的精神灯塔。

边沁法律改革思想与1797年之后的"激进改革"思潮紧密联系在一起,构成当时激进思潮的一部分。法国功利主义研究者哈列维(Elie Halevy)认为"一个功利主义者必然是一个激进主义者"。而克里明斯(James E. Grimmins)则指出:对边沁思想的激进性的完整描述应该从他最初发展哲学开始,1770年起边沁就开始着手制度原则的建设,涉及伦理、法律和刑法改革、政治经济、教育和制度等方面。[1]

按照他的功利主义原则,边沁对几乎所有政府都提出了尖锐批评,甚至认为英国政府是为少数人谋利益的"罪恶的工具",因此,他在政治上支持建立民主制度。而这也涉及他对英国议会的尖锐批评,因为英国议会政治形成之后,把持议会的实际上并不是"人民",而是贵族。边沁对人性极其不信任,对保守主义者柏克印象极差。他回忆说:

> 我曾与伯克在菲尔·梅特卡夫家见过一次,他给我留下了极糟糕的印象,简直让我作呕。[2]

对人性的极度不信任,使得边沁主张的自由个人主义结成有效合作的社会极其困难。对政府的不信任,对议会的不信任,对人的不信任,都使得他赋予了那种自由的个人以某种近乎神圣的意义:

> 尽管和大多数改革家一样,边沁对于周围经常与他联系的人的评价

---

[1] 参见李青:《"功利主义"的全球旅行:从英国、日本到中国》,上海三联书店2023年版,第54—55页。

[2] [英]约翰·麦克唐奈、[英]爱德华·曼森编:《世界上伟大的法学家》,何勤华等译,上海人民出版社2013年版,第422页。

很低,这从他与朋友的书信中可以看出来。尽管他对于自己个人生活中的追随者几乎都没有信心或者说是信任,但是他却把政府应采取的恰当形式理论建立在一个已被历史所摒弃的大众观点之上。这个观点认为,从某种角度上来说,人类的每个个体都是神圣的;所有的历史和过去的一切都阴谋反对存在这样的个人;如果允许,个人可以做任何他认为正确的事情,无需努力,无需战胜自我,因为是个人的本质属性允许他这样做的。这个观点在很大程度上表明这样一个天真的信念:良心通常教导我们什么是对的,而不仅仅是去做那些我们可能偶然认为是对的事情。[1]

这样的个人主义毋宁说恰恰表明了边沁哲学的失败,他已经从他立足于经验和习惯法的渐进改革退回到关于人的本性的形而上学中去了,尤其是诉诸良心的证据,没有谁能获得理论上的成功。

穆勒的父亲詹姆斯在政治改革的激进精神上,不仅完全与边沁一致,而且实际上就是这一精神团体的组织者。所以,穆勒实际上恰恰是在这种激进主义政治哲学的熏陶下成长起来的。但由于改革派推动的《改革法案》于1832年6月获得通过,成为法律,使得议会由贵族把持的局面大大改变。这个法案极大地扩大了选举权,议会席位的分配考虑向人口众多的大城市开放,中产阶级在政治生活中的发言权大大增加了。因此,我们可以看到,穆勒的激进思想开始有了转变。1826年穆勒在《威斯敏斯特评论》上发表过对法国大革命的评论,他只对革命的早期阶段给予积极的肯定,批判了托利党人的全面否定态度,在这里他少年时代访问法国对他思想的重大影响依然保留了痕迹。他与边沁对法国大革命的肯定,其实都与大革命推翻了贵族统治、建立了平民政权这一点密切相关。但他们都对大革命后期的恐怖专政,持坚决的反对态度。而现在英国通过改革,也已经实现了对贵族权力的限

---

[1] [英]约翰·麦克唐奈、[英]爱德华·曼森编:《世界上伟大的法学家》,何勤华等译,上海人民出版社2013年版,第421页。

制,所以,穆勒的整个思想,也就在不断地改变着。

发生深刻转变的一个契机,是他在1826年(20岁)时遭遇了一场深刻的精神危机,类似于我们现在所说的抑郁症。其原因实际上并不难理解,一个神童式的人物,也是需要过正常的儿童生活的,但穆勒从小就失去了普通儿童的那种率性的玩乐,一直是在高度负重而单调的书斋里完全过纯粹理性的生活。他所学的是只有成年人才能懂的欧几里得几何学、代数学,他所接受的古典教育,是偏重柏拉图和亚里士多德哲学的经典,而不是古希腊的神话与艺术,因而他的精神品质是被严格的逻辑和科学知识装备起来的。正常儿童的游戏、玩乐,正常人的那种宗教与诗性的情感,这些精神生活最为重要的东西都被他父亲和边沁的教育有意忽略了。在这样一种安全枯燥的单纯"家教"而不是正规的学校教育中长大的人,没有多样的校园文化对其精神的塑造,没有丰富多彩、个性十足的各位老师对他精神的熏陶,没有一个个生龙活虎的顽皮小朋友陪伴的精神之发育,一般天赋智力再好的人,精神结构都很难有完美的成长,他只是精神危机而没有导致精神病已经是十分幸运的事了。

当然,这场精神危机也有许多其他原因,比如过度的劳累,对之前为自己成为跻身世界的改造者而感到幸福而自豪的快乐已经变得索然无味,对工作和生活都在父亲一手操办下,甚至在东印度公司作为自己父亲的下属而忙碌的无意义感,最为根本的还有对生活自主性、对人生幸福感的麻木迟钝感这种哲学精神上的危机,如同他自己所说:

> 我已经被精心培养成适合于达到我的目标,我却对我的目标没有真正的欲望:我在德性和公共利益中感不到愉快,像在任何别的事情中感到的一样少。[1]

让人意想不到的是,让他走出精神危机的转机,是偶然地阅读了一本马

---

[1] 转引自[美]姜新艳:《穆勒:为了人类的幸福》,九州出版社2013年版,第37—38页。

蒙特尔（Marmontel）的回忆录带来的。这位马蒙特尔在其父亲去世时，虽然还未成年，但他在痛苦中立刻意识到了他对全家人的主体意义。全家人的情感依赖于他的成熟，他也依赖于全家人的关爱和呵护，因而他发现了自己存在的使命：作为家庭支柱而成长。穆勒读到这些，感动地留下了热泪，这一故事从心灵深处唤醒了他心目中情感的价值，让他懂得爱的意义，明白了个人的情感、爱恨不仅与自身幸福相关，而且与他人共同的生活紧密相连。真正有爱好、爱心和爱情的人，也只有在广大的社会生活中才能实现自身真正的幸福。所以他发现，他的哲学和伦理学在一个基本点上必须修养爱的情感，而不仅仅考虑边沁所教导的对行动后果所能带来的最大幸福的理性计算。

经历这场精神危机，穆勒也同时获得了一种精神上新生的机遇，否则他就会像一个不能"断奶"的孩子那样，只能依偎在母亲温暖的怀抱里等待随时的喂养，他自己的精神世界也就永远不会成熟起来。而现在，他需要完成精神、情感上对父亲和边沁巨大影响的"断裂"，才能修炼到精神世界的自主与成熟。而在理论上，他需要改造与超越他父辈和他身边朋友所信奉的激进派哲学的自私人性论、自由意志论和个人利益与公共利益关系等一系列观点，需要吸纳浪漫主义和空想社会主义两种思潮对现代工商业社会的批判资源，才有可能使他自身的精神丰满起来。

欧洲浪漫主义发端于德国耶拿以施莱格尔兄弟、谢林、诺瓦利斯、蒂克和柏林的施莱尔马赫为中心的浪漫主义，他们崇拜诗与审美、自然和爱情，坚信这些是让世俗生活的散文变得迷人和有意义的关键。而英国浪漫主义独特的迷人的精神气质是它的自然主义。他们都从18世纪中后期诗人罗伯特·彭斯（Robert Burns）和威廉·布莱克（William Blake）那里吸取营养。前者的代表作《苏格兰方言诗集》，鲜活的方言诗让人带着独特的乡愁回望那回不去的乡下迷人的风景和风俗，独特的人情和质朴的人性之美好；后者的《天真之歌》《经验之歌》把英国人在越来越工业化和理性化的生活中对天真烂漫、自由创新、务实守成的清新情感奔放地表达了出来。但拉开19世纪序幕的浪漫诗人代表华兹华斯（William Wordsworth，1770—1850）和柯勒律治，则属于"湖畔诗人"，对工业革命和商业文明的现状不满，以缅怀中世纪和田园牧歌式的乡村生活，表达对田园生活、审美离奇的自然生活的向往。与这些所谓的"消极浪漫主义"不同，英国这时也产生了影响强大的、积极的、革命的浪漫主义，其代表人物是拜伦（Byron）、雪莱（Percy Bysshe Shelley，1792—1822）和济慈（Keats）。特别是雪莱，他的空想社会主义的色彩最浓，是第一位坚信社会主义的浪漫诗人，他在长诗《伊斯兰的起义》中对专制暴政的批判最为猛烈，鼓励人们为自由和平等而斗争。尤其他的《自由颂》与《解放了的普罗米修斯》，以鲜明的个性形象、澎湃的激情、磅礴的气势描写暴政必然灭亡，爱与自由的美好世界必然会到来。因此恩格斯称他为"天才的预言家"，马克思称他为"一个真正的革命家""社会主义的急先锋"。穆勒通过约翰·奥斯汀夫妇了解了德国浪漫主义，并与英国当时重要的浪漫主义者卡莱尔（Thomas Carlyle，1795—1881）一度成为要好的朋友。卡莱尔让他认识到了激进派哲学的肤浅性，但他无法接受这位朋友关于宗教和政治的思想，最终分道扬镳。穆勒也结识了柯勒律治，说他比其他思想家为这个时代提供了更好的，甚至是最好的精神食粮。他承认，自己的思想与品格都受到了柯勒律治的巨大影响，使他认识到人性的丰富性、社会性和可塑性。但他坚决拒绝了浪漫主义的复古主义和政治上反自由、反民主的错误倾向，从而让他有了一个契机，更好地取长补短，调和激进主义和浪漫主义，并结合当时的空想社会主义来推进自由主义的思想。因而，穆勒成熟的功利主义是对当时社会思潮的主流兼收并蓄地创造性转化的结果。

第二节 功利主义道德原则的系统证明

《功利主义》的部分内容从1854年就开始写作，1859年基本完成，1860年又经过改写，1861年在《弗雷泽》杂志第10、11、12月号上发表，直到1863

年才以单行本形式出版。这是一本精练的小书，适合作为当今的"教材"，共有五章内容，第一章为"绪论"，论述了行为对错的标准，这是从智者和苏格拉底时代开始就讨论的古老问题，但两千多年来并没有取得多大进展。而这本被命名为"功利主义"的书，最终目标，就是试图为行为对错的标准"作为一个哲学理论问题加以阐明"。从"绪论"的"意图"中我们清楚地看到，穆勒把"功利主义"的含义转向"个人行动"对错的标准上来，从而决定性地脱离了其老师边沁确立的"道德与立法原理"的语境，因而这是"行为功利主义"脱离"规则功利主义"的真正开端。因而，接下来的四章内容，穆勒都是从"行为功利主义"的角度论述"功利主义的含义"（第二章）、"功利原则的最终约束力"（第三章）、"功利原理能得到何种证明"（第四章）和"功利与正义的关系"（第五章）。我们在上一章已经指出，功利主义原理在边沁那里并没有从哲学上给予严格的证明，那么在他亲手参与儿时教育的"下一代"穆勒这里，是不是有了改进呢？毫无疑问，由于穆勒从广泛的社会思潮中汲取了他的精神结构中所缺乏的养料，使得他最终能发现边沁功利主义的缺陷之所在，为超越边沁创造了许多充分的条件，使得他的论证确实比边沁在哲学的证明力度上提高了很多。他不再停留在边沁所讨论的一般"立法原理"的导论水准上，而是自觉地对功利原则本身进行哲学证明。在他这里，第一次提出了"功利哲学"（the utilitarian philosophy）（U49，《功》，第26页）[1]概念，这无疑是一个新的、更高的起点。

一、"功利标准"的重新勘定

Utility这个词含义太丰富，几乎可以在"可欲之为善"的意义上，把诸如利益、实惠、有用、有益、快乐、幸福等等可欲之善全都作为"同义词"囊

---

[1] John Stuart Mill: *Utilitarianism from a 1879 Edition*, The Floating Press, 2009, p. 49. 以下引文对照该版，直接引用徐大建译的中文版《功利主义》，上海人民出版社2008年版，在引文后标注页码。

括其中。所以，当把这种"功利"作为道德标准时，表达的是一种英国现代工商业文明时代的社会道德，因而引起了许多人"根深蒂固的反感"。穆勒承认，在反对声中，是有一些值得尊敬的感情和意图的，但总体而言，是对功利主义原则的误解所致。因为utility具有过于丰富的含义，使得它在哲学上的论证非常艰难，那些似是而非的含义经不起任何严格而深入的哲学推论。穆勒首先要做的，就是试图给"功利"和"功利主义"提供一个准确的含义。

他首先批评那些赞成用功利来判断行为对错的人，把功利看作快乐的对立面是太无知了，仅仅是在口语意义上理解功利。只需要了解一下对功利主义的一种常见的批评，就会发现他们指责功利主义把一切与快乐，且是最粗俗的快乐相关联，而应该为自己荒唐的误解而道歉，因为：

> 对这个词稍有理解的人都知道，主张功利理论的每一位著作家，从伊壁鸠鲁到边沁，都从来没有把功利（utility）理解为与快乐判然有别的某种东西，而是把它们理解为快乐本身（pleasure itself）以及痛苦的消除（with exemption from pain）。他们从来不把有用（useful）看作赏心悦目或带来美感的对立面，而总是宣称，有用尤其包含着赏心悦目和带来美感的意思。（U12—13，《功》，第6—7页）

我们注意到，穆勒拒绝了把功利仅仅等同于"有用"（useful），而休谟恰恰就是从行为的"有用性"而被算作"古典功利主义者"的。他严格地强调，作为"行为对错"的标准，是与行为增进幸福或造成不幸的倾向成正向关联，把"最大幸福原则"作为评判行为的道德性。因而，所谓幸福包含了增进快乐和免除痛苦两方面；所谓不幸，也就是痛苦和快乐丧失。他以此为标准的、准确的理解，批评了各种对功利主义的误解，大致归纳起来，共有如下几种。

第一种误解是，普通大众习惯性地只把功利等同于某种形式的快乐，尤其是粗俗的低等欲望的满足带来的快乐,而从来看不到有用性的快乐、低等欲望带来的快乐,与纯精神性的赏心悦目和美感带来的快乐是对立的。因此,穆勒不仅对这样肤浅的理解不满,而且严厉地批评将"功利"无差别地等同于"快乐本身"是对人类幸福的根本误解:

> 他们认为,如果以为生活(如他们所说的)最高目的便是快乐,除快乐本身之外没有更高尚的追求对象了,那是全然卑鄙无耻的想法,是一种仅仅配得上猪的学说。很早以前,伊壁鸠鲁的追随者就被轻蔑地比作猪,而在现代,主张功利主义学说的人,也时常成为德国、法国和英国的抨击者们同样不客气的讽揄对象。(《功》,第8页)

这显然是穆勒说的"值得尊敬的意图",但为什么也是误解呢?伊壁鸠鲁派的人就曾做出了反驳,只有指责他们的人才把人性说得如此的堕落不堪,他们之所以有此误解,是因为他们假定人类除了享受猪能享受的那些快乐外,就没有其他能享受的快乐了。而伊壁鸠鲁主义的人生理论,却是明明白白地区分了感官的低级快乐和思想、感情、精神、理智的高级快乐,后者的价值要远远高于前者的价值,因为心灵的快乐来自人的内在本性,而感性快乐却是外部感官需求的满足带来的,它们在持久性、恒常性上都无法与心灵的快乐相比,成本和风险也大得多。因此,如果仅仅在欲望的满足意义上理解快乐,那么伊壁鸠鲁主义和功利主义的共同意旨无疑是这样:

> 做一个不满足的人甚于做一只满足的猪;做一个不满足的苏格拉底甚于做一个满足的傻瓜。(《功》,第10页)

而这就涉及对功利主义的第二种误解:幸福是"欲望之满足"。混淆幸福与满足的关系非常普遍。把幸福看作欲望,尤其是低级欲望的满足的人,几乎没有能力把人与动物区分开来，因为动物只能过欲望生活，依赖其本能生活和行动就是最正确的。但人毕竟高于动物，有意志能力，有心灵生活，有思想活动，从而人有中止本能决定人的生活的自由能力，正是这种自由能力，才显示出人高于动物的尊严。

就此满足而言，有教养有品味的人，尤其偏爱自由与尊严，他们不会为了最大程度地满足自己和傻瓜共有的各种低级欲望而舍弃自己拥有但傻瓜不拥有的精神的快乐能力。自由的灵魂，一个具有精神快乐能力的人，其灵魂必定是自由的，他们无论如何也不会屈就自己的低级官能而希望自己沦落到与动物共有的低级生存中去。所以，穆勒强调，功利主义的道德标准，作为幸福生活原理，不是提倡过一种满足的生活，而是一种高级的生存方式。这样就把"快乐"这样一个单纯主观心理感受过于强大的概念，让位于能够得到某种客观言说的"幸福"概念。但我们也看不出，穆勒有将"幸福"与"快乐"严格区分开来的打算，他总体上依然是混用这两个概念的，只是他更注重区分快乐的等级，从而把快乐与人的内在本性相关联，论证只有具有自由本性的人，才有享受高级精神快乐的能力。虽然他们对两种快乐同等的熟悉并且能够同等地欣赏和享受，但是，一个有德性的人，显然能够运用其高级官能享受高级的快乐。极少有人愿意尽可能地享受禽兽的快乐而变成低等动物，即使自私卑鄙，也绝不会真正愿意沉沦到低级的生存中去：

> 我们可以将之归于对自由和个人独立的热爱，那曾是斯多葛派教导这种偏好的最有利手段之一；……但它最合适的称号却是一种尊严感。（《功》，第10页）

拥有这种尊严感本身就是幸福的不可分割的一个部分，任何有损尊严感的事物都不可能成为欲求的对象。因而这就为每一个人为什么能够自由地选择过一种有德性、有道义的伦理生活做出了令人满意的阐释。

第三种误解是把功利主义的幸福仅仅视为行动者自己的幸福。伦理学的任务虽然是为义务的道德性提供证明，但每一个具有义务性的诫命需要得到个人的履行，这个行为者需要为自己的行为提供履行每一义务的动机。如果一项义务与其自身的幸福相违背，那么无动机则无德行。所以功利主义提供的"最大幸福原理"这个行为对错的标准，显然是包含自身幸福的。但如果仅仅理解为自身幸福，那么功利主义就变成利己主义了，这是他们从来都坚决反对的。

功利主义原理中的"最大幸福"，作为行为对错的标准，当然不只是行为者本人的"自身幸福"，而是涉及"所有利益相关者"的最大多数人的幸福，即"公共善"。这一点虽然并无新意，他的老师边沁就已经强调过了，但穆勒作为继承者，依然强调这一点，他的新意在于，最大多数人的最大幸福，不仅在于幸福之"数量"在"行为后果"上冰冷冷的"计算"，还在于幸福之"质量"，即对高级心灵快乐，对自由、独立、自主因此而有人格尊严的高级生存方式的激情的肯定和充满希望的坚定选择，把功利主义的道德标准提升到了与整个现代伦理精神同等重要的高度。他借用了亚当·斯密的"公正的旁观者"概念，说"行为者"在他个人自己的幸福和他人的幸福之间，应当像一个公正无私的仁慈的旁观者一样，做到严格的不偏不倚，这一规定既避免了他认识到的从前的功利主义过于"自利"的弊端，也避免了把他的理论视为"粗糙的行为主义者"的指责。虽然人们总是怀疑功利主义的标准，但穆勒始终试图让人坚信这一点：

因为功利主义的行为标准并不是行为者本人的最大幸福，而是全体相关人员的最大幸福。我们完全可以怀疑，一个高尚的人是否因其高尚而永远比别人幸福；但毫无疑问的是，他必定会使别人更加幸福，而整个世界也会因此而大大得益。所以，即使每个人都仅仅由于他人的高尚而得益，而他自己的幸福只会因自己的高尚而减少，功利主义要达到自

己的目的，也只能靠高尚品格的普遍培养。(《功》，第12页)

　　功利主义把追求幸福的质与量作为行为的道德标准，实际上从来就不乏批评者，因为这一标准是反习俗道德的。著名历史学家和散文家卡莱尔坚决反对把道德与幸福如此紧密地关联起来，他提出了类似康德的问题：你配享受幸福吗？你从前连生存的权利都不知道在哪里呢！道德生活的核心是高尚，而高尚与幸福没有关系。高尚的人之所以高尚是因为能够克己奉公，而不是自身幸福。

　　穆勒在这里为功利主义提供的辩护是，功利主义不仅包含对幸福的追求，而且包含防止与缓和不幸。而且纵然追求幸福属于异想天开，但人类能够忍受长期过不值得过的低级生活或不幸生活吗？如果道德哲学提供的是那些不可行或行之则带来不幸与痛苦的高大上的道德原则，这不值得警惕和防止吗？"对几乎所有的人来说，阻碍他们享有［幸福］生活的唯一真正的障碍，是糟糕的教育和糟糕的社会制度"(《功》，第13页)，那么道德哲学提供出一条真正能够让最大多数人享有最大幸福的原则，不正是社会进步所必需的吗？人们之所以对生活不满，除自私自利之外，实际上是缺乏心灵的陶冶。心灵的陶冶不仅让人具备过高级精神生活的能力，而且可培养人们对人类的利他的关怀，对高尚的精神生活的自由、自主和人类尊严的意识，抑制人们过自利和低级生活的欲望，激励人们对公众利益的诚挚的兴趣，使人类可以朝向更好的世界进步。所以，功利主义的道德标准是可以成立且被世人承认的：

　　　　功利主义要求，行为者在他自己的幸福与他人的幸福之间，应当像一个公众无私的仁慈的旁观者那样，做到严格不偏不倚。功利主义伦理学的全部精神，可见之于拿撒勒的耶稣所说的为人准则。"己所欲、施于人"，"爱邻如己"，构成功利主义的完美理想。(《功》，第17页)

通过对这一完美理想的概括，穆勒把功利主义提升到了一个前所未有的高尚品位上，使得他在功利主义伦理谱系中超越了几乎所有的前辈，让这个看起来不怎么高尚的人生价值——追求快乐本身或免除痛苦，成为所有行为唯一值得欲求的"价值标准"，克服了所有快乐主义把"值得欲求"的快乐当作来自行动者主观感受和好恶的东西的这一根本弊端。快乐之所以唯一值得欲求，是将"要做的事"之中内在具有的令人快乐的属性，或具有增进幸福和避免不幸的倾向，作为一个人"应该做"的行动原则的道德标准，从而使包括休谟在内的所有情感主义者的来自自然和动物性混杂的官能感觉及其心理学意义上愉快与不愉快的情感，失去道德基础的地位。因为对快乐和幸福的欲求不是来自人的内在官能和内在本性，而是来自人类心灵对应该做的事情具有对全体相关利益者增进幸福和避免痛苦之倾向的"评估"、判断和决定，虽然穆勒最终也没有证明，这种正确的"评估"是良好品质的表现。他承认，没有充分考虑一个人可敬可爱的品格，这一批评意见是他可以接受的，但他依然坚持认为：

> 我承认，尽管如此，功利主义者还是认为，从长远来看，最能证明良好品格的东西还是良好行为。（《功》，第20页）

这是迄今为止对功利主义原则所做的最好的辩护。

二、功利主义的约束力

在《功利主义》第三章，穆勒具体讨论了功利原则的最终约束力问题。在所有道德问题上最终诉诸功利，这本来就遭到了各种批评和贬低，而经过穆勒对从前的功利主义过于自利、仅仅考虑每个人的利益最大化，从而具有太强的非社会性（asocial）倾向（因为社会绝不能理解为各部分利益的总和）的改进，把功利阐释为人类的总体利益：

但是这里所谓功利必须是最广义的，建立在一种作为不断进步的人类永恒利益的基础上。[1]

这使得功利主义又更倾向于利他主义，因为个人利益是要依赖于并最终从总体的利益最大化中才能取得自己应得的那一份额，这样就不可避免地产生了对功利主义道德原则是否具有约束力的疑问。穆勒早年在《威斯敏斯特评论》上发表《边沁》一文，是有利于缓解人们对于功利主义是否具有约束力的疑问的。因为穆勒批评了包括边沁在内的所有功利主义过于自利，只关注每一个个人快乐的最大化，且从行动后果冷冰冰地进行利益最大化的"量"上的计算，无法从"质"上把"功利"理解为高级的生活方式，智力和精神生活的快乐，从而无法把真正属于人类的高级快乐与属于动物的低级快乐区别开来。而这恰恰也是边沁功利主义的特点，因为在他那里，打高尔夫的快乐与从事政治哲学的快乐是同样的，来自某一事物的快乐绝不可能有比来自另一事物的快乐更高的优势和地位。因为当快乐的数量相等时，快乐的质量无区别，所以，所有能带来快乐的事物没有高低贵贱之区别。穆勒通过对边沁的改造，确实修正了之前功利主义的自利倾向，强化了功利主义更为广泛的社会性公共利益观。正如罗森所说：

> ［穆勒还］将康德式的义务融入了功利主义道德之中，甚至包括了拿撒勒的耶稣的义务观，"我们可以在其金律中读出功利伦理的完整精神来"。如果边沁认为，与保罗不同，耶稣从未看到带来快乐之物有何伤害，那么，密尔［穆勒］则将耶稣为了人类的幸福而做出的牺牲代表了功利主义美德的最高申明。[2]

---

1 ［英］约翰·穆勒：《论自由》，孟凡礼译，上海三联书店2019年版，第12页。以下凡引此书，都是这个版本，直接在引文后标注页码。

2 ［英］弗雷德里克·罗森：《古典功利主义：从休谟到密尔》，曹海军译，译林出版社2018年版，第214页。

越是向义务论靠拢，虽然使得功利主义在理论上更能恰当地理解人类生活和行为的道德本性，能避免功利主义者过于肤浅地将道德与个人快乐直接而深度地关联起来所引起的困境，但是却又使得功利主义在另一方面与纯粹义务论伦理学一样面临这种道德的约束力何在的难题。这实际上需要从高层次上看人。因为如果总是把人与动物等同，把人仅仅看作是世俗生活中从感性快乐获得行动动机的存在者，那么越是强调功利主义道德是关乎全体利益相关者的公共利益，人们就越是觉得它的约束力不够。所以，当人们问功利原则有何约束力时，确实是要表达一种对功利主义不认同甚至反对的态度。但穆勒自觉意识到，这实际上是每一种道德哲学都需要面临的问题。因为当一种新的道德原则建立在人们所不习惯的基础上，这个问题就会自然地提出来。那么，当我们问一个道德原则最终的约束力何在，它问的是三个问题：我们能提供无条件地遵循它的动机吗？它对我们是一种真正的道德义务吗？它真正具有天理依据吗？

穆勒承认，这涉及的其实就是良心的本质问题。如果功利主义不再那么自利，而是关注公共福利在质和量两方面的最大化，那么这就出现了人们过社会生活所必需的公正无私的情感问题。如果公正无私的情感与纯粹的义务观念，而不与特定形式的义务或附加条件相一致，这就是良心的本质。它作为一种主观性情感，实质上也就是一切道德的最终约束力根据。

功利主义道德缺乏天然情感的基础，它的情感实际上是社会情感，需要成熟的社会教育培养起来。当个人是一种社会存在的想法深入人心，就会使人认识到，哪怕是个人的利益，也只有在同他人的关系中，才会成为现实的利益。因而，每一种个人利益的获得，必须是在同他人的关系中取得。如果个人的利益的获得，与他人的情感相一致，他人也快乐和幸福，那么这种利益就容易实现；如果与他人利益相矛盾、冲突，那么就很难实现，或者虽然实现了，即便没有损害他人利益，也可能会引起他人的反感和不愉快，于是获取这种利益的风险性就会大大增加。所以，几乎所有的功利主义者都相信功利主义行为原则之所以有规范的有效性，原因在于，它是以最大多数人的最大利益为标准。在这种标准下，既不会导致对他人利益的侵害，还把他人的最大化和自我利益的最大化都考虑了进来，因而是皆大欢喜的唯一值得欲求的目的。

要让人们相信这一点，它应当满足哪些必要条件呢？需要唤醒道德的意志，即让人感受到美德令人快乐，缺乏美德令人痛苦。对人类而言，唯有本身令人快乐的东西，或是免除痛苦的手段，才是善。作为感性世界的人，当然是借助于愉快和不愉快的情感来为行为提供动机。动机是一个人开启一种行动的自发性致动因，因而属于行动自发性的原因。如果功利原则具有约束力，也就是说它能够直接为人的行动提供动机。这种内在的约束力，穆勒承认，我们的同胞是不缺乏的：

> 事实上，这些动机之中与我们同胞相关的动机无疑是能够促进功利主义道德的，促进的程度与大众的智力水平相关；因为无论道德义务是否还有出自公众幸福之外的其他理由，人们总是欲求幸福的；无论人们自己的实践有多么不完善，他们总是欲求并赞扬别人做出在他自己看来会增进自己幸福的事情。(《功》，第27页)

内在约束力的根本标志，是直接将道德原则视为自己的义务。由于每一种被视为道德义务的东西，是无论如何都必须无条件地履行的，否则就会受到自己良心的谴责而终生懊悔。穆勒看到，良心的本质就是这样一种道德情感，凡受到良好教育的人，违反义务就会产生强烈的痛苦，使人不能自拔。因而，从良心这种内在的情感，就能阐明功利主义的内在约束力：

> 既然我们内心的一种主观情感是一切道德的最终约束力（外在动机除外），那么我以为，"功利主义道德标准的约束力是什么"这一问题

对于功利主义者就没有任何令人尴尬之处。我们可以回答说，与其他各种道德标准的约束力一样，功利主义道德标准的约束力也是人类出于良心的感情。(《功》，第28页）

但良心与所有道德情感一样，并非先天具有而是后天获得的，因而，功利主义的道德情感也可以随着文明的教化而培养起来。关键还在于，功利主义的道德情感相比其他的更具有天然情感的基础，它既不会像一般的良心那样容易被压制窒息，也不会被外在动机所磨灭。因为个人是一种社会存在的想法已经深入人心，对自身利益和自身幸福的追求，对于社会情感已经成熟的人而言，自己在感情和目标上与同胞们和谐一致是自己的自然需求之一，因而就会意识到，自己的目标并不与他人相冲突，不会反对他人的自身福利，反而是想促进他人福利的。除非是毫无道德感的人，否则几乎没有人能够忍受自己的生活安排只受私利驱动，而完全不顾及公共利益。相信有一种行为或原则能够为最大多数人带来最大利益这一信念就构成了功利主义最大的约束力。

三、功利原则的证明与功利主义的美德

所谓功利原则的证明，穆勒认为是关于人生终极目的是追求最大幸福的证明。他承认，任何第一原理、知识的第一前提在日常意义上是无法证明的，但对于无法证明的第一原理，人们依然可以诉诸直觉和我们的内心意识，把它作为某种"事实"予以承认，这是一般理论哲学的认知理性采取的一般做法。而在实践哲学中，这个问题比在理论哲学中能够更好地解决，因为所谓最终目的问题，其实就是关于什么东西最值得欲求的问题。在亚里士多德《尼各马可伦理学》中发展出了一种事物因其自身之故的"好"（善）的价值等级，从最低的"好"一直通往最高的"好"（善）、终极目的（幸福）的"自然目的论"论证框架。穆勒没有采取亚里士多德的这个目的论框

架，而是直接诉诸"欲求"本身：

> 能够证明一个对象可以看到的唯一证据，是人们实际上看见了它；能够证明一种声音可以听见的唯一证据，是人们听见的它；关于其他经验来源的证明，也是如此。与此类似，我以为，要证明任何东西值得欲求，唯一可能的证据是人们实际上欲求它。（《功》，第35页）

这是穆勒受当时欧洲大陆"实证主义"（positivism）影响的例证，他是最早将实证主义引入英国哲学的人，因而这是一种所谓的"实证"方法。他觉得功利主义在理论上提出了幸福是人生唯一值得欲求的目的，那么除非每一个人的人生实践其实都是在欲求幸福，否则无法证明幸福对每一个人都是一种善，因而公众的幸福对所有人的集体而言是一种善。能够证明幸福是行为（实践）的最终目的，那么幸福就有权成为行为取舍的道德标准。

但证明到这一步，任务还没有完成，因为仅仅证明了幸福这一唯一目的是行为取舍的道德标准还不够，还要证明它是唯一的道德标准。而就是这一点成为反功利主义者的靶子。因为谁都清楚，在日常意义上，人们除欲求幸福之外，还有许多其他可欲的善，如尊严、自由、美德等。穆勒的困境就是由于没有像亚里士多德那样，在善的等级结构中把幸福作为最高的价值予以证明而导致的。因而他必然面临反对者的这一质疑，使得他很难证明清楚，欲求幸福为何只能是唯一的道德标准。

这一质疑本身其实呈现出只有康德才从理论上阐明的道德问题上的二律背反：幸福与美德究竟何者才是行为取舍的唯一标准？当功利主义者不追求美德，它把幸福作为唯一取舍的标准时，人们自然会问，为何美德本身不是行为取舍的标准呢？对于一种道德哲学而言，如果放弃了美德本身作为标准，显然不是一种成功的证明。那么，当幸福和美德二者都想成为唯一的标准时，其矛盾如何解决，就成为功利主义原理证明的最大难题。

穆勒对此还是提供了一个好的证明，避免了通常把美德设定为实现幸福这一终极目的的手段之平庸的阐释。他的证明是：

> 幸福的成分十分繁多，每一种成分都是本身值得欲求的，而不仅仅是因为它能增加幸福的总量所以值得欲求。功利原则并不意味着，任何特定的快乐，如音乐，或者特定的痛苦的免除，如健康，都应当视为达到某种叫作幸福的集合体的手段，并由此应当被人欲求。它们被人欲求并且值得欲求，来自于它们自身。它们不仅是手段，也是目的的一部分。根据功利主义学说，美德原本不是目的的一部分，但它能够成为目的的一部分；它在那些无私的热爱它们的人中间，已成了目的的一部分，并且不是作为达到幸福的一种手段，而是作为幸福的组成部分，被欲求并被珍惜。（《功》，第37页）

为了让人更加清晰地理解这一证明，穆勒以金钱为例做了说明。金钱原本并不比任何闪亮的石子更令人欲求，它的价值仅仅在于可以购买金钱之外的任何东西。但是，在生活中，不仅爱好金钱是人类生活最强大的动力之一，而且在许多场合下，不管人们有钱无钱，人们欲求的都是金钱本身。在此意义上，我们追求金钱并不是为了某个特定的目的，而是把金钱当作了目的的一部分；金钱就从原本的达到幸福的一种手段，变成了个人幸福观念的主要成分了。可见，他这样化解幸福与美德之间的二律背反，在某种意义上，是开了康德在《实践理性批判》的"辩证论"中解决二者二律背反的先河，又是一种成功的证明。这一证明的成功，让他真正地超越了他父亲般的边沁，奠定了他在道德哲学史的真正地位，也就是说，经典功利主义原理的证明被永远打上了穆勒的名字。

成功证明的原因，其实还在于穆勒把功利与正义关联起来考虑。既然最大幸福原则不是欲求自己的私利和幸福，而是欲求最大多数人的功利或幸福,那么,这种无私的功利或幸福原则最终的证明,就是要证明最大多数人的幸福或功利的获得,是公正的。对于人类的福利而言,禁止人类相互伤害的道德规则至关重要。所以,如果功利主义成功证明了它就是这样一种保护每个人免受他人伤害的道德,它就会是一种最令人感兴趣的可行的理论。最大幸福原则的合理之处,全在于它能证明,一个人的幸福,如果程度与别人相同,就与别人完全具有相同的价值,每个人都是平等的"一",没有人可以是更多。一切正义都是利益问题,解决了利益的公平分配,社会功利就会自然而然地受到人们情感的保卫,作为正义的情感而具有确定的命令性,具有更为严格的约束力。

第三节 功利主义的"自由伦理"

要使功利主义的正义成为真正公正的美德,依赖于自由主义的制度建设,因而穆勒的伟大贡献,是一手建构功利主义伦理,一手建构自由主义的政治文明。其实,功利主义思想本身,就是从早期自由主义政治哲学和伦理学中萌芽的,而成熟起来的功利主义不仅推进了政治自由主义,而且使得自由伦理在经济和社会领域获得了更为丰满的表达。没有这一成熟的功利主义的自由伦理,就没有工商业文明中的社会伦理秩序。从19世纪以来,它都是世界伦理中的一个主流,是当今世界文明的一个标志。

一、功利主义的自由

穆勒在《论自由》开篇的第一句话就声明,这篇论文所论之自由,不是哲学上宣称的意志自由,而是公民自由或社会自由。公民自由也即社会自由,它不是指每个公民拥有无障碍地做任何事的自由,而是"社会所能合法施用于个人的权力的性质和限度"。因而"自由"问题绝非"随心所欲"问题,而是权力问题。如果"社会"有无限制的施用于个人的权力,则无任何个人之自由，从而也没有什么"社会自由"；如果"社会"懂得并遵循礼法，只在礼法所确立的合法性范围内，将权力施用于个人，那么个人及其所属的社会才有自由可言。所以"社会权力"施用于个人身上的合法性及其限度，才是这里探讨的主题。

这需要理解"社会权力"是从哪里来的。

古代社会权力指的是"统治者"的权力，它是管治社会的"一夫""一族"或"一个世袭阶级"，其权力或权威无非来自"继承"或者"征服"。其权力的特点有三：（1）绝不视被管治者高兴与否；（2）无论高兴与否，被管治者也绝无议论的权力；（3）这种权力是对付臣民的一种武器，被视为必要的却也是高度危险的。因而，所谓"爱国"的目标和自由就在于：

> 因此，爱国者的目标就在于，对于统治者所施用于群体的权力要划定一些他所应当受到的限制，而这种限制就是他们所谓的自由。（《自》，第2页）

因而"爱国"不是热情，不是冲动，不是口号，不是道德绑架，而是以合法的形式对统治者施用于臣民的权力做出"应该的限制"，有合理的"限制"才有实际的自由；合法地"限制了"统治者施用于群体的权力，让国家文明起来，这才是"爱国者"的目标。权力无限制，即无自由，这看似矛盾，实则正确。只有毫无教养者才总想着"自由即无法无天"。有教养者的自由，无一不是出自某种限制、规约下的自由。只有这种理性的自由才是无危险的自由，才是非恶的自由，才不会导致"国家恐怖"。而谋取这种限制性自由是有"道"而不是冲动的结果。此道有二：其一在于，取得对某些所谓政治自由或政治权利的承认；其二是要在宪法上建立一些制约，让管治权力的某些重要方面的措施得到群体或某些团体代表的普遍同意。现在我们略为展开其思想。

政治自由和权利都取得谁的承认？当然是自己和当权者的双重承认。现代人与古代人的根本区别就在于，古代人的义务意识远远大于权利意识，或者根本意识不到自己还能有什么政治权利，道德上宣传的多是"天下兴亡匹夫有责"，而不是"天下兴亡，匹夫有权有自由"，这使得古代人很难承认自己是有政治自由和政治权利的。现代人则权利意识大于义务意识，他们意识到"匹夫有责"的"义务"是与其"权利"相对应的，责权基于自由与权利。在无自由和权利之处，人根本不是责任的主体。人只能为自己的自由和权利负责，这是现代人的义务之所在。因此，不承认自己有某些政治自由和权利的人，根本就不是一个合格的现代公民。因为现代公民被法律赋予了国家的"主人"地位，如果连自己都不承认自己有某些政治自由和权利，就意味着是对自己责任和义务的逃避，这不可能是一个合格的公民，也根本不可能成为国家的合格的"主人"。尤其是现代国家，在承认公民是国家主人之后，这个"主人"是以他们同时是国家法律制度的"立法的主体"而体现的。谁能想象一个连自己的政治自由和权利都不承认的人，懂得如何立法呢？法才是立国之本，一个好的国家怎么可能会让不承认自由和权利的人成为"主人"呢？

其次当然是需要获得当权者或国家政府的承认。"政府"作为主政者、法律的施行者，若不承认公民具有政治自由和政治权利，就违背了政府的基本职责，因为它们的义务和职责就是维护和保卫公民的权利、生命与安全，它们本身是因这些义务而取得其合法的权力或权威的。所以，穆勒才说，统治者方面若是侵犯这些自由或权利，就算是背弃了其义务，而如果它侵犯公民的这些权利，就意味着人民可以行使抗拒或者一般的造反的正当性权利。在这方面，穆勒父亲专门写作了《论政府》，对之前洛克和边沁的"政府论"都进行了改造，其基本思想都被穆勒继承下来了：

关于政府的目的，人们已经通过各种不同的表述方式予以描述。洛克认为，政府是为了"公共善"（the public good），而其他人则认为政府是为了"最大多数人的最大幸福"。这些以及其他类似的表达尽皆合理，但仍有缺陷。[1]

通过政府这一手段要实现的目标是：分配实现幸福所需的稀缺资源，以确保社会成员在总体上获得最大多数的幸福，防止任何个人或团体干涉这种分配或是使某个人获得少于他应有的份额。[2]

赋予政府一个分配正义的角色，而"分配"又只能根据每个人的"劳动"，因此政府不可能通过强迫劳动，"制造最大多数的奴隶不可能实现这个目的"：最大多数人的最大幸福。政府因其自身的目的，只能承认人的自由和权利，每个人都因他的劳动而有必得的份额。于是，作为分配正义的主体，其自身的权利也就必须受到限制，才能很好地履行其职责，实现其目的：

关于政府的所有难题，都在于如何限制掌权人，亦即那些被赋予保护所有人所必须的权力的人，使其不滥用权力。[3]

这也就是穆勒直接说要谋取对政治自由和权利的承认之背景。他说的第二条谋取之道，是自由主义法治成熟之后的形式，即在宪法上建立一些制约机制，让管治权力的某些重要方面的措施得到群体或某些团体代表的普遍同意。但由于他不从个人"意志自由"立论，因而他可以避免激进自由主义的契约伦理所必需的全体人民"普遍同意"这个必需却根本行不通的充分条件，并采取了一个比契约主义的普遍意志的一致认同要弱得多的条件：群体

---

[1] ［英］詹姆斯·密尔：《论政府》，朱含译，商务印书馆2020年版，第1页。
[2] 同上书，第3页。
[3] 同上书，第5页。

或某些团体的代表的普遍同意。之所以放弃契约论式的普遍同意，是因为穆勒对前辈自由主义理论的不满，诸如"人民的普遍意志"在他看来就是空洞的言辞，没有任何可实现的有效方案。他透彻地看到，所谓人民的意志，无非就是那些多数人或能够使自己被承认为多数的人们的意志而已。如果要以所谓人民意志的普遍同意，必然会造成运用权力的"人民"和被权力所施予的"人民"之间的非同一性；"自治政府"也就是每人被所有其余人管制的政府，而非每人管制自己的政府。在这里，他让一个之前早有意识但未引起重视和广泛关注的概念，即"多数人的暴政"（《自》，第4页）成为考虑的关键概念，认为必须被列入社会自由警防的灾祸之内。

通过责、权、利三方面对政府和社会每一个人做出法律上的限定之后，社会就会呈现出一种自由状态。在社会自由领域内，全部个人的生活和行动仅仅对他自己产生影响，这一范围就是人类自由的适当范围。作为社会性的人，当然也会对他人产生影响，但这仅仅是以他人自由自愿且不受欺骗地同意并参与为限。因此，从积极的自由而言，穆勒承认有三个领域的自由是不可剥夺、必须承认的。第一是内在意识领域的良心自由，思想和情感自由，对实践、思想、科学、道德、宗教等所有事物发表意见和态度的绝对自由。第二是个人品味和志趣的自由：

> 自由地根据自己的特性规划生活，做自己喜欢做的事并愿意承受一切可能的结果；只要我们的行为不伤及他人就不受人们的干涉，即使在他人看来我们所行是愚蠢的、乖张的或错误的。

第三是由个人自由可以推出在同样的限制条件内的个人之间相互联合的自由：

> 任何可以在不伤害他人的任何目的下自由联合，但参加联合的人必

须是成年人,并且不受强迫和欺骗。[1]

由此可见,穆勒不仅与英国近代早期契约论的自由主义不同,不认为取得对政治权利和政治自由的"承认"就意味着政府与人民之间有了"契约",或至少是"默认了"这一契约,他明确反对契约论的解释:

> 尽管社会并非立于契约之上,并且即便发明一项契约使各种社会义务尽出于此也于事无益,但既然每个人都受到社会的保护,就应该对社会有所回报。而且既然事实上每个人都在社会中生活,就不得不在事关他人的行为上遵守一定的界限。(《自》,第85页)

因此,这不是从契约论,而是从个人与社会生存关系的存在论上,推导出个人自由行动的界限,在此限度内才有所谓自由与正义问题。在行动层面,穆勒区分了私人行为和公共行为,个人为自身生计谋权利的行为都属于私人行为,而公共行为则是涉及他人利益的行为,不是单指政府行为,个人行为在涉及他人利益时就是公共行为。对公共行为的管控和规范虽然是政府的职责,但首先是一个合格的社会公民对自己的道德要求。因此,穆勒提出了两个界限:第一,个人不得损害彼此的利益,严格地说,不得损害法律明文规定的、公众默许应视为权利的正当利益,这是道德的底线,是底线的正义;第二,为保卫社会及其成员免遭外侵,人人都须在某种公平规则下分担力役与牺牲,这是义务的要求。在个人行为不履行底线要求和义务要求时,社会对个人可以理直气壮地强制其履行。而当个人行为保持在上述两个界限内,他们就该完全不受法律和社会的束缚而自由行动,且自得其乐或自食其果。这就是自由行动的领域。

---

[1] 这三种自由的论述,参见[英]约翰·穆勒:《论自由》,孟凡礼译,上海三联书店2019年版,第12—13页。

因此，穆勒改变了前辈自由主义对自由论证的整个模式，而采取了一种完全功利主义的论证，虽然底线是一样的——消极自由：无论私人行动还是公共行动，只有不干涉、不伤害任何人的行动自由才是自由行动的基石，反过来而言，干涉任何人的行动自由的唯一合理的目的是出于自卫。

所以，穆勒对自由的辩护和论证基于功利主义有其简便的方面，他从消极自由的益处（功利）立论，是从前自由主义未曾采取的方法。他拒绝采取任何抽象的自然权利概念来论证，这是继承了边沁对抽象自然法作为伦理基础的批判。他将个人自由和社会强制都建立在功利原则上，为各自遵循自由的限制清晰地说明动机，即因为个人自由的深刻动机和目的就是自身幸福。虽然奴隶无法通过自由劳动而获取自身的权利，但非奴之人可以通过劳动获取自身的权利因而获得自身的幸福。如此可以看出人之为人的条件，就是他的自由与自爱。自爱是人性中最有普遍性也最刻骨铭心的原则，苏格兰的情感主义学说和贝克莱主教的哲学中都表达了这一观点。人们很自然地基于自爱的动机而把权利和功利视为增加我们自身幸福的东西，从而穆勒的功利主义表达出了这一幸福悖论：善与恶的意义是从自身幸福这一自利自爱而来，但功利的道德性却在于对大多数人的最大幸福；政府由最大多数人的最大幸福取得了自身权力、合法性和自身的职责，为了最大多数人的最大幸福而公正地分配给个人以应得的权利份额，而这种职责本身却需要使政府的权力受到严格的限制，以保障每个公民取得合法的自由和其合法权利不受干扰和损害；但同时获得承认的绝大多数人的自由和权力，也可能被滥用，出现多数人的暴政。这种暴虐与专制君主的暴政同样可怕，会造成一种普遍的社会暴虐。而防止这种社会暴虐的方法，绝非道德，而是法治。道德的约束力在于约束个人的任性自由，在陌生人社会的现代性条件下，实在过于脆弱。因而现代社会道德需要的是社会自由前提下的法治的强约束力，王权和绝大多数人的普遍意志，都必须遵守一个禁止性的底线：不阻碍他人的自由和权利。社会、政府乃至王权在必须由法律来限制的地方，强调道德自律，不仅会令德性蒙羞，更会让法无尊严，最终出现的就是规范的空场，不是以自爱而是以拳头（力量）来决定是非善恶，文明就会倒退回野蛮。

二、自由之益处（功利）

自由问题极具复杂性，但从个人自由而言，穆勒力主的这条简单原则仍可被欣然赞同：

> 人们若要干涉群体中任何个体的行动自由，无论干涉涉及出自个人还是出自集体，其唯一正当的目的乃是保障自我不受伤害。（《自》，第10—11页）

通过这条简单的、底线的原则，穆勒确保了个人的自主性。个人对其自己的行为，在不伤害任何其他人的限度内，别人都无权干涉，他都是自由的。这意味着每一个人本身对其身体和心灵就是最高的主权者，无论后果好坏，他都自食其果、自负其责。但是，另一方面，每一个人的行为本身都不可能仅仅涉及他自身而不涉及他人。看起来不伤害别人、对别人也无恶意甚至还有善意的行为，因为其行为总有直接的和间接的乃至间接之间接的后果，所以也是会影响他人的利益的。穆勒列举了大量的例子说明这一点。

譬如酗酒，对于喜爱喝酒的人而言，喝点小酒是他的自由，按照自由的简单原则，只要喝酒者不伤害他人，没有谁有权妨碍他喝酒。但是，如果一个人喝酒不自制，总是把自己喝醉，伤害自己的身体，这时我们是否有权限制或强制他不喝酒呢？穆勒认为，直接强制他不能喝酒，是不正当的，也做不到；唯一正当的，是出于好心劝说他不喝酒，尤其是不酗酒，但这种劝说也是有限度的。但需要思考的是，许多国家通过立法来防止个人酗酒，这样的立法是否是正当的呢？

在某个英属殖民地以及在美国几乎半数地区，以预防酗酒的名义，法律禁止人民在医疗目的之外使用任何一种发酵酒精饮料。（《自》，第100页）

没有人能说，这种立法是不正当的，在未实现法治的社会，国家把个人可能对他人、社会和国家可能发生的危害与伤害通过立法的形式加以预防，这绝对是文明进步的标志。当时英国上流社会已经形成了法治文明的基本美德，因而有许多仁爱人士以极大热情组成协会和同盟，鼓动国家制定禁酒法令，理由看起来确实非常正当：

依我看，一切有关思想、意见、良心的事情，都在立法范围之外；而一切有关社会行为、社会习惯、社会关系，其抉择权只能赋予国家而不能赋予个人的事情，则在立法范围之内。（《自》，第101页）

令人感兴趣的是，对这种看似正当的理由，穆勒能提供何种反驳？

他的第一个直接的反驳是，即便你的这一区分有理，但你漏了一类行为，即饮酒行为，不关社会而关乎个人行为（生活）习惯。

第二，法律关乎社会行为，尤其是禁酒令关乎社会，你绝对禁酒，必然禁止酒类商品的买卖，而酒类经营就属于社会行为。这种禁止本身是否正当？标准是否侵犯了人的合法的自由：

但这里应该回敬他的，是禁酒首先侵犯了购买者和消费者的自由，而非侵犯了售卖者的自由。（《自》，第101页）

虽然抽象地说，作为一个社会公民，只要我的社会权利受到了他人社会行为的侵害，就有要求立法的权利。一个人饮酒，仅仅就其可能性而言，当他喝醉了之后，可能会做伤害他人的事情，但这仅仅是可能性，而且是非常特殊的情况下、极少可能发生的事，而不是实际发生了侵害行为。因而，第三个反驳，穆勒要看这些仁爱人士究竟是如何定义"社会权利"的，酒类买卖如何侵犯了他们的社会权利？他们给出的答案是：破坏了"我"最基本的安全权利，因为饮酒者经常制造和助长社会紊乱；它破坏了"我"所享有的平等权利，因为酒类买卖导致了好酒者的贫穷，却需要富人扶贫救济；它还妨碍了"我"在道德与智力上自由发展的权利，因为它在"我"的道德周围布满危险，社会风气也因之颓丧和堕落。穆勒说，这些简直是"荒谬不堪"的莫须有的理由，没有一件是实际发生的侵犯，全是凭空想象的、仅在特殊情境下可能出现的侵犯，跟酒八竿子打不着。穆勒说，从前从未有人清晰地描述过社会权利，但按照禁酒同盟的这些说法和理由，倒是可以给他们的社会权利做这样一种明确的概括：

  它无非是说，每个个体都能要求其他个体事事做得合其心意；有谁哪怕在最细微之处不合其意，都是侵犯了我的社会权利，遂使我有权要求立法机构结束这种不平之苦，这就是所谓的绝对社会权利。(《自》，第102页）

这种"绝对社会权利"对他人提出了太高的不切实际的道德善的要求：事事做到"合其心意"，这样高的道德善要求显然违反了自由的正当性原则，是对个体自由的真正侵犯：

  如此荒谬不堪的原则，将远比任何一二侵犯个人自由的事都更为危险；它使任何侵犯个人自由的事都变得有了正当的理由。它根本不承认个人有任何自由权利。(《自》，第102页）

因此，穆勒在这里拒绝了任何以"一切为你好"的仁爱动机而侵犯个人自由的事，可这在传统社会里时时刻刻都发生着，而且习惯为"天经地义"的正确。但只要允许这样的"天理"存在，个人自由和社会自由就绝无可能性。按照功利主义自由观的底线原则稍加分析，其荒谬性就暴露无遗。

就个别人而言，我们可以劝导他不喝酒，尤其可以告诫酗酒者不要发酒疯，做危害别人和社会的事，作为朋友，我们的正当性权限仅限如此。如果超出这个权限，我们限制他去买酒，限制他的消费自由和餐饮自由，就是对他实施了实际的侵犯。以一个正常情况下不一定会发生的可能的侵犯为借口，实施一种实际的侵犯个人自由的事，无论其道德理由有多正确，都是现代文明社会不可接受的。因为对个人自由的侵犯，就是对整个社会自由的侵犯，它侵害的是绝大多数的最大利益。试想一项全面的禁酒法令，会让多少人失业，会让国家经济遭受多大的损失，会让多少人家破人亡？我们能清晰地判断，究竟是个别的"酒鬼"，还是因全面禁酒销售带来的民生凋敝造成了普遍贫穷，更能造成社会普遍的不安、混乱、罪恶和道德的灾难。

穆勒因此坚守消极自由的底线原则，这一原则因其仅仅以"不伤害"他人而确立每一个人的自由权利，最大限度地保持了社会自由的空间。因而，穆勒对自由伦理的奠基，就转向了对社会自由之益处的证明。

反对自由的人有一个基本理由，就是社会太自由了，会失去安全和秩序。这些理由都是将自由理解为个人随心所欲、无法无天的任性。而穆勒一开始就宣称他探讨的不是意志自由，而是社会自由，从而避免了任性。社会自由的根本是个人自由的底线：不伤害他人和不受社会、宗教以各种更高的道德理由的干涉。只有群己权界确立了，且以法治来保障，那么一般的否定理由就不成立了。因而，自由的益处，从正面来论证，穆勒也是分别从个人、社会和国家三个层面来进行的。

对个人而言，穆勒论证了个性自由是作为幸福的因素之一。既然人类一切行为的最终目的就是过美好生活，即实现幸福，那么，如果没有个性自由，就谈不上幸福。他的几个基本论证是，如果没有个性自由，个人生活的自主性就不可能。其他人以各种仁爱与道德来干涉你的生活，你就只能不厌其烦，而无力抵抗来自家人和社会的各种干扰。人类的行为法则如果不是出于个人性格，出于合乎其个性的自由自愿，而是出自习俗和权威，出自宗教或政治的命令，那么，就会压制个性的伸张，人性本身就得不到完善，个人就很难有幸福可言，个人和社会进步也就根本谈不上。所以，各种不同的性格，只要不伤及他人，社会就要允许且给予它们以自由发展的空间，这是个人幸福和社会发展的基石。但无论在哪个社会，这都会遇到极大的困难：

> 假如人们认识到，个性的自由发展是幸福首要而必不可少的因素之一，认识到它不只是与文明、教化、教育、文化那些名词所指内容相配合的因素，而且它本身就是这些事物的必要的组成部分和存在条件，那就不会有低估自由的危险，在个人自由和社会控制之间做出调整，也就不会有特别的困难。但糟糕的是，在一般人的思维模式下，个性的舒展几乎不被认为具有任何内在价值，值得为其自身之故而予以些许关注。大多数人以人类现有习俗为满足，盖现有习俗即是大多数人所为之，如此，他们就不能理解为什么那些习俗并非对每个人都足够好；甚至，在多数道德和社会革新者的理想中，个性舒展就根本不在考虑之列，反而以提防的心理认为，其对他们自认为最有益于人类的良法美意获得普遍接受只会徒生滋扰，甚至可能成为判然相违的障碍。（《自》，第62—63页）

这也就是习俗伦理的最大迷雾，它以高玄不实的空洞道德追求一种超稳定的固化的伦理秩序，以为这是最大的公益，殊不知，对个性自由的压抑和提防，将使所谓的最大公益成为无实利充盈的空虚的国库。而人类生活、社会行为如果不能创造出最大的实利来填补克己奉公的道德，道德本身也将在个人与社会的贫困中消亡。这是真实的人性,它生长在世俗的土壤中,正常的自然欲望之满足,是社会公益的基本库存。而只有最大限度地不干涉个性自由的伸张,自由的个性才能在创造社会公益的实践中得到健康的发育,社会也将在富有的私利这一社会公益中让文化、文明和道德获得发展。这是现代自由伦理解决古今问题的根本路径:自由个性是经济繁荣、社会进步和国家富强的基石。否则,没有社会公益的增多,用什么来保障个人权利的实现这一幸福目标呢?

只有个性自由得到扶植培育,才能造就出先进的人类,造就出充满活力的社会,乃至文明而强大的国家,这是穆勒关于自由益处的基本立论。"没有谁会否认,首创性乃是人类事物中的可贵要素",没有它,"人类生活就会变成死水一潭":

> 如果不是不断有人以其随起随生的原创力,阻止那些信仰和惯例变得只剩下机械的传统,那么如此僵死之物将经不起任何有真正活力的事物哪怕最轻微的一击,而且也没有理由再说文明不像在拜占庭帝国那样荡然消亡。(《自》,第70—71页)

这也就是极端的道德保守主义最终误国的根本原因:扼杀个性自由发展必将导致国将不国。

因而,传统习俗伦理如果不向现代自由伦理转型,不仅个人幸福不可能实现,而且还会在现代性加速发展的文化中加速自身优良传统的衰败。因为道德的自由公益会被加速掏空,空谈道德的人最终只能眼睁睁地看到国家的衰败与孱弱,无奈地被历史车轮碾压与消亡。

穆勒不厌其烦地列举大量的事例,说明不同的文明体的兴衰规律其实就是个人自由和社会自由是否能得到制度化保护的规律。社会和政府纵然有千万条仁爱的理由干涉个人自由,但如果突破"不伤害"这个自我防卫的自由底线原则,保持社会自由就是不可能的。任何自我防卫权当且仅当真实地存在着正在发生的伤害行为时才存在。如果没有任何人实施伤害行为,只是凭借对个人自由可能会引起混乱的担忧,而预防乃至限制和扼杀它,这样的社会就会完全丧失自由精神。强大的文明必然是自由之文明,只有自由的国家,才是战无不胜的。如果一个国家将优秀人才组织进一个纪律森严的团体或体制中,社会各界吸纳不了充满个性、具有自由精神的人才,这样的国家精神生活必将僵死而整个社会生活必将失去活力。组织愈严密,其自由就愈丧失,最终上上下下都将沦为自身组织的奴隶。所以,穆勒真诚地发出他的告诫:

> 还有一点不可不记住,如果一国之内所有的才俊都被纳入政府,那么政府本身的精神活力和进取之势迟早都会丧失。(《自》,第131页)

一切自由的民族都将确保个人自由和社会自由,这样的民族将无往而不胜。个人自由虽然带有某些自然的野性,它也不能直接地等同于善良,而是可善可恶的可能性,但仅仅因其可能的野性和致恶倾向,就将它扼杀而把一切美好的事情让位于毫无个性自由的听话的奴才,这样的文化在现代世界都将走向衰亡。穆勒这段话对致力于在现代性中浴火重生的传统民族中肯而真诚:

> 如果在野蛮曾经统治世界的时候,文明尚能战胜野蛮,而在野蛮已经被完全制服之后,却反而唯恐野蛮复兴而征服文明,不是显得有些过虑了吗?一个文明会屈服于它曾经征服过的敌手,那首先必是它已经变得衰落不堪……果真如此,这种文明收到要其退出历史舞台的警告越早越好。若非由朝气蓬勃的野蛮人令之浴火重生(就像西罗马帝国那样),则等待它的不过是一衰到底罢了。(《自》,第105—106页)

三、一个功利主义者具有美德吗？自由与美德之关系

一个欲求快乐与幸福的人并不总是一个具有美德的人，这两种人根本不具有同一性，这是每个人的生活常识总能告诉他的事实。因此，功利主义道德是否追求美德，功利主义道德是否同时拥有一种美德伦理，这并非只是在当代美德伦理学中才提出的问题，只是当代美德伦理学给予的否定性结论，在穆勒的时代，仅仅是一个质疑，一个疑问，而穆勒对这种疑问也给予了明确的反驳：

> 功利主义学说是否否认人们欲求美德、认为美德是不应当去欲求的一种东西吗？恰恰相反。功利主义学说不仅认为美德应当被欲求，而且认为应当为了美德本身，无私地去欲求美德。（《功》，第36页）

那么，穆勒究竟是如何理解美德的呢？美德与行动究竟是何种关系，与自由究竟是何种关系？这是我们不得不探讨的一个重要问题。

任何关于个人美德的讨论，其前提都是人性，是关于与生俱来的人性在社会生活中获得性或生成性人性的思考。与生俱来的人性，没有好坏善恶之分，它浑然天成，纯真自然，可善可恶，可美可丑，那么是什么决定了一个人的德性朝向美德，即卓越之人性生成呢？它与习俗、制度以及每一个人独特的生存处境都密切相关。因而假定自然状态下的人性性状，只是为了说明一种未受习俗与制度约束下的人性的可能性状。它不是描述单独一个人的自然天性，而是描述无社会习俗与制度约束状态下所有自然人散居却又与他人发生有限关系时的在世生存状态下的人性。但穆勒从不借助于自然状态下的人性假设谈德性，从小就接受边沁的功利主义使他一视同仁地认为每一个人都是一个求利者，都会追求生活的快乐与幸福，这是他讨论人性的基石。他也不接受法国的机械唯物主义，把人视为一部机器，把世界视为是由只做机械运动的存在者构成的。在穆勒看来，人性更像一棵树，在不同的土壤中都

有不同程度的生长而能长成完全不同的树：

> 人性并不是一部机器，按照一种模型组建起来，并被设定去精确执行已规定好的工作。人性毋宁像是一棵树，需要朝向各个方面去成长与发展，并且是根据使它成为一个活体生命的内在力量的倾向去成长与发展。（《自》，第65页）

只有作为活生生的生命的内在力量能够获得充分和完美的发展，这才是人的真正美德。因而，人的美德不是一个习俗的好人品德，不是制度规定的"正确性格"，而是本真生命内在力量的卓越与完美。因而，穆勒讨论美德，首先是基于一个普遍的真正生命概念。他对加尔文教认为人的最大罪孽在于人有自由意志，从而认为人不可选择，唯令是从才是善，义务之外皆为罪业等基督教禁欲主义、专制主义予以了严厉批评，指出这是一种极其"狭隘的生命理论"，"它所嘉奖的逼仄压抑的人类性格"（《自》，第68页）造就不出一个完美的人。在此压制的性格中，人只能成为歪脖子树，只有极为少数几棵，修剪得如同盆景中的植物，供人观赏，但哪怕被雕琢成动物的性状，也远没有自然长成的生机勃发的植物的美感。关键是，被如此雕琢的压抑的人格，造就不出任何卓越的人性，更不可能发展出任何高级的文明或强盛的民族。要想使人性成为值得瞩望的尊贵美善之物，就绝不能消磨一切个人所独具的天赋异禀于庸俗的伦常中，使之泯灭从众，俗不可耐的正确，这是真正的暴殄天物，罪孽深重。糟糕的还在于，几乎所有的重传统、重礼俗的民族，都养成了一种因循守旧的恶习和顽固的意识。他们无法欣赏有个性的、张扬生命力的美，任何个性的舒展都几乎不被认为具有内在的价值，值得为其自身之故予以呵护和培育。所以，在穆勒的语言中，他常常提到糟糕的教育、制度和恶习。因此，他的伦理学要为自由的个性立法，真正的良心在于不能泯灭人的天性，个性的自由发展是幸福的首要而必不可少的因素之一，他引用德国著名学者威廉·洪堡的名言：

> 每个人必须不断努力向其发展趋近、尤其是那些意欲教化同胞的人必须一直关注的目标，就是能力与发展的个性化。为此必须具有两个条件，一是自由，二是千差万别的环境，二者结合便可产生出统一在"首创性"中的个人活力与丰富差异。（《自》，第63页）

没有个性自由的意识，根本就不可能产生出行为完美的德性。美德之所以重要，不在于某人做了一件被习俗认可并要求的有德性的事，而在于这件事是一个人自觉自愿、出于他作为一个人的内在生命意识之完美而要求他自己去做的。因此：

> 在人类正确运用人生以求完善和美化的各种功业中，最重要的无疑还是人自己。（《自》，第65页）

如果一个人只具有享受低等快乐的能力和禀赋，他的高等官能发展不出来，或被习俗与教育压制着，他就不可能具有享有高级心灵快乐的能力，那么他就不具有享受功利主义幸福的禀赋。因此，一个具有功利主义道德的人，需要培养起自身为最大多数人创造最大幸福的美德品质，具有关爱他人、关爱社会、关爱自己身处的共同体全体之幸福的仁爱情感，这种社会性情感基于每个人自然地具有的自爱情感。没有自爱的情感，没有对个性自由和个人自尊的意识，人就不可能具有仁爱之心、仁爱之美德，在此意义上，穆勒说：

> 在我看来，仁爱之私德（self-regarding virtues）绝不容贬低，其重要性即使次于兼爱之公德（social virtues），也不至于相差得太多。对一这

二者的培育，同为教育的职责。(《自》，第86页)

没有个性的自由和独立，一个人连自身幸福也关心不了，怎么可能奢望这样的人去关心他人的幸福，关心社会公益？真正有仁爱之德的人，不会逾越他人的自由而直接"一切为了他好"操心和干预别人的生活，而是让他学会品味出于人的内在生命激情的高级生活之美，从而具有对自由生命的审美鉴赏品味，培养出享受自由生活之美好的能力。因为在事关自身幸福的问题上，只有人自己才是最关心的人，才是最懂得的人，哪怕是父母，也根本不能完全知道究竟何种生活对自己的子女是最好的，他的精神品味、审美品味才是最终的好的判官。任何旁人的爱心、社会的关心，对于个人幸福而言，都是支离破碎且具有隔阂的。因而对他人的仁爱也是有限度的，不可以爱之名行干预之事，否则不仅事与愿违，而且根本就是违背德性的。在事关行为者自身幸福的事情上，唯有他自己的个人和品味才有正当的用武之地，只有他自己才懂得可能的后果是什么，如何为可能的后果负责，因而只有他自己的自主性才有权得到自由运用。这也就是功利主义的美德是一种自由德性的理由。

为了让这种德性发展为美德，必须为习俗的和作为私德的仁爱立法：除非一个人的个性自由妨碍了他人同样的自由，否则一种好的教育和制度，得允许它充分发展，因而也有必要对不合习俗的东西尽可能给予最自由的发展空间。特立独行和蔑视习俗之所以值得鼓励，不是因为它能为超凡脱俗者提供更好的行为模式，也不是因为只有智力超群者才有依照自己的方式安排生活的正当权利，而仅仅是因为就人之为人的本性而言，只有以适合自己个性的方式筹划生活，才是最好的和真正属于他自己的方式。人类不同于绵羊（即便绵羊也有自己的脾气），只有在多种多样的个性化的生活方式中，才能有助于培养其更高的精神品性，令其行动力和感受力都发挥到最好的程度。

既然人类无论在快乐源泉还是痛苦感受上,以及在不同的物质和道德力量对他们的作用上,都有如此多的差异,如果不是在他们的生活方式上也对应着相当的多样性,那么他们就既不会得到应有的幸福,也不能将自身的智识、道德和审美能力提升到天生所能达至的境界。(《自》,第75页)

只有个人品质达到了美德境界,仁爱的私德才有可能同时成为兼爱的公德。这就是穆勒将自由主义和社会主义制度之优势结合起来,适应边沁法律变革后英国社会功利主义伦理法制化面临的课题,为现代英国社会造就既注重个人权利,同时又遵守现代法律秩序和义务的好公民。现代好公民的美德,既具个性自由之崇高精神,同时确保公平正义之底线规范。只有形成了这样的公民美德,社会才能进步,文化才能繁荣,那种阻碍国家持续进步的障碍——习俗的专制性——才能被排除。

但是进步唯一可靠和恒久的源泉却是自由,因为只要有自由,有多少个体,就可能会有多少独立的进取中心。然而,进步的原则,不管它表现为爱好自由还是崇尚进取,其与习俗的统治权势总是相反对,起码含有要从那种束缚中解放出来的意思。而进步与习俗的斗争,就是人类历史主要利害关节之所在。(《自》,第77—78页)

所以,公民美德的重要性,在于个性自由才是一个文明社会和强大国家的真正基石。每一个公民都必须具有自由德性之品质,是因为现代社会什么事情都需要人自我做主;每一个国家都必须崇尚自由与正义,因为这是现代国家强盛的密码:

如果对同等的公正和自由的追求,以所有阶级变得同样奴颜婢膝和唯利是图而终结，我们就造就了一种希洛人［helots：古希腊斯巴达城邦里的奴隶］的国家，也就没有自由公民了。[1]

没有自由精神，公民就几乎无法在现代社会讨生活，整个国家会因公民的无活力、无进取心、无创新能力而成为现代世界的"弃儿"，面临社会共同纽带瓦解的危险，且唯一的趋向就是走向衰败与退化。

当然，自由不等同于正义，但在现代社会，个人自由成了一项基本权利，对于个人、社会和国家都具有内在价值。因而不允许自由实现的地方，就不可能存在正义，这是与传统习俗主义根本不同的一种正义观念。在传统中，"习俗在那里是一切事情的终审裁决，所谓的公平和正义意指与习俗相一致"（《自》，第78页），而在现代社会，"大多数人都认为，剥夺任何一个人的人身自由、财产或其它任何依法属于他的东西，都是非正义的"（《功》，第44页），"任何情况，只要存在权利问题，便属于正义的问题，而不属于仁慈之类的美德问题"（《功》，第51页），所以，功利主义的道德标准，就必然要与正义问题相契合，才能谈论美德，只是这种美德是一种区别于仁慈仁爱之类的情感美德，是规范性的制度美德。

这种美德在个人身上表现为它在追求个人利益实现的同时，要充分考虑公共利益。只允许自己从总体的最大化利益中获取他仅仅应该得到的那个"份额"，少得，就是别人对他不公；多占，就是他对别人和社会不义。因而，正义作为一种规范性的制度，也可以变成个人性的情感。

> 正义的情感含有两个本质要素，一是想要惩罚侵害者，而是知道或者相信存在着某个或某些确定的受害者。（《功》，第52页）

---

[1] 转引自［英］马克·戈尔迪、［英］罗伯特·沃克勒主编：《剑桥十八世纪政治思想史》，刘北成等译，商务印书馆2017年版，第444页。

正义的情感就它的惩罚欲望而言，是一种报复的自然情感。就报复情感本身而言，它没有多少道德成分，但就这种报复情感产生的机制是同情心和为了社会公正而言，才体现为正义情感，它是为社会不公和受伤害者而怒发冲冠，有利于提振社会正义感和风气。因而，正义作为德性或美德，在功利主义者看来，包含应当遵守正当规则和维护社会公益的情感两方面：

正义这个观念含有两种要素，一是行为规则，二是赞同行为规则的情感。(《功》，第53—54页）

前者指向全人类共有的利益，后者指向对违反规则的人进行惩罚的情感欲望。因而，功利主义的美德，实质上是社会德性，不是私人德性。所以，德国优多（Jodl）的伦理学史，把穆勒的伦理学归为"社会伦理学"（Sozialethik）[1]，强调他同当时兴盛的直觉主义学派（die intuitive Schule）斗争的意义。[2] 所以无论如何，当代美德伦理学不承认功利主义有美德理论是无意义的，说这种以行动为中心的规范伦理学不聚焦于行为者及其品质，也是无根据的。因为穆勒处处都坚持行为者是否是一个自由存在者，这种自由的、追求功利最大化的人如何能够拥有正义的美德品质，拥有这种美德品质本身既是目的，也是幸福的一个必要和根本的要素。

---

[1] Friedrich Jodl: *Geschichte der Ethik, Band 2: von Kant bis zur Gegenwart*, Phaidon Verlag Essen, 1930年第四版的重印本，S. 410-413。

[2] 同上书，S. 413-415。

第 十 二 章

西季威克对古典功利主义原理的辩护和表述

西季威克被称为维多利亚时代最好的道德哲学家，是19世纪功利主义伦理学最后一位代表人物。他在剑桥大学上学时受到了英国新黑格尔主义者格林的影响走上哲学之路，但在其成熟时期的伦理学著作中，我们遗憾地看到没有留下什么黑格尔主义哲学的印记。19世纪中叶，剑桥大学影响力巨大的著名思想家和诗人柯勒律治在哲学和美学上接受了康德哲学，这对西季威克留任剑桥三一学院后选择道德哲学为其治学主业产生了一定的影响。但剑桥大学当时的道德哲学教授休厄尔（William Whewell，1794—1860）主张的是直觉主义伦理学，这本来是西季威克反感的学说。所以他自己1869年改教道德哲学课程之后，有意识地对欧洲传统伦理保持极大的开放性以弥补直觉主义的单一性。但他自己的哲学依然超脱不了英国经验主义的证明方法，在此方向上，穆勒的功利主义和孔德的社会伦理学就是他最为感兴趣的。他最先接受了穆勒的功利主义思想，并在穆勒将康德伦理学认定为"荒唐的谬误"标签下，囫囵吞枣地读过康德的《道德形而上学奠基》，没有形成多少理解。后来经过深入的学习，才认识到康德道德立法原理无非就是说"任何对一个人正当的事必须对所有处于类似环境下的人们都正当"[1]，他才相信了

---

[1] ［英］亨利·西季威克：《伦理学方法》，廖申白译，中国社会科学出版社1993年版，（转下页）

这是伦理学中最基本、真实且有实践意义的原理。虽然如此，他还是认为康德伦理学并不能真正解决他从穆勒转向康德所遇到的困难。他意识到，必须更广泛和更深入地从巴特勒和亚里士多德的伦理学中汲取资源。研究前者，让他相信了直觉主义的魅力和康德伦理学原则的普遍有效性；通过后者，他明白了方法的意义与要旨，从而可以通过对流行意见的公正反思，以新的更生动和有说服力的方式，将常识道德的诸准则与功利主义基本原则的区别显露出来。总之，作为一个道德哲学家，必须总是立足于自己的时代所面临的切实"伦理问题"去寻找出路，才能创造性地阐发出自己的伦理学思想。他的成熟的伦理思想集中表达在1874年（比康德《道德形而上学奠基》刚好晚100年）出版的《伦理学方法》中。这部划时代的著作，不只表达了他自己对功利主义伦理学及其方法的精深认识，而且为英国道德哲学、古典功利主义及其方法做出了最终总结，所以布劳德在《五种伦理学理论》中说："从总体上看，西季威克的《伦理学》是已经出版的关于道德理论的最好的著作，也是英语哲学的经典之一。"[1] 同时，这也是一部关于一般伦理学的"导论"，它不仅界定了伦理学的学科性质、不同伦理思想推理的不同方法论，而且对利己主义、直觉主义、功利主义乃至康德主义都做出了精准的界定和评论。除了这本代表作外，西季威克还出版了如下著作：《政治经济学原理》（1883）、《伦理学史纲要》（1886）、《政治学原理》（1891）、《实践伦理学文集》（1898），还有一本《格林、斯宾塞与马蒂诺伦理学讲演集》（*Ethics of Green, Spencer, and Martineau*）。他在伦理学上最伟大的贡献，是将一种纯化了的直觉主义与一种经过思想砥砺的功利主义结合在一起，将英国近代以来且在19世纪达到高峰的功利主义伦理学表述为经典。在他之后，他的学生摩尔在对其思想的批判中，重新接续了剑桥大学的道德直觉主义传统，将伦理学带入关于善的语义分析的分析伦理学进路上。

（接上页）第15页。以下凡引此书，都是这个版本，直接在引文后标注页码。
[1] ［英］C. D. 布劳德：《五种伦理学理论》，田永胜译，中国社会科学出版社2002年版，第118页。

第一节　作为方法论的"伦理科学"

西季威克在生活中是一位富有幽默感的友好交谈者，但在学问中他很少允许强烈的幽默感冲淡其著作中一贯沉闷的尊严。因而，现在关于伦理学概念及其方法论的讨论，我们必须适应其一贯的沉闷风格。

一、"伦理科学"之性质

伦理学即伦理科学，或者也可称为道德科学，西季威克延续了哈奇森对这个学科的基本规定，在此规定中，他要维护的关键是这三点：以"个人"为出发点（因而伦理学区别于政治学）；以第一人称"我"为主词做思考；探究"我"应当如何行动的"关于应当的系统而精确的一般知识"（《方法》，第25页）。因此，"伦理学"最终落实为"科学"，即"知识"，而非落实为实践行动，所以准确地说，只是关于应该如何行为的"理论"思考。伦理学区别于宗教和政治，它不能教义性地宣称何为"应当"，也不直接教导哪种推理方法最好，而只是以"我"在所面临的现实问题之前的"思考"为引线，对"应该如何是好"的思想方式进行描述。

因此，西季威克维护伦理学的科学性质，反对将那些无思想、直接颁布行为规矩、直接赞颂某某道德诫命的教条冒充为伦理学，现实生活中，宗教、政治、公司直接颁布某种行动纲领是可以理解的，但是，在大学课堂上，大量的伦理学教师毫无反思能力，也不鼓励反思，甚至扼杀反思地将之直接宣称为伦理学，这就与现代大学精神格格不入了。这是将大学课堂变成教堂的专制神学的做法。西季威克清晰地看到，正是那些直接教人何种为善的欲望，妨碍了道德科学的真正进步，因而应该避免。

对伦理学工作性质的这一理解，使得他既不像柏拉图和亚里士多德，把伦理理解为创生人类美好生活的道义法则，也不像康德那样，把伦理学作为每一个理性存在者生活与行动的自由因果性的探讨，而是立足于近代早期所确立的伦理学与政治学相区别的立场，虽然他更倾向于称伦理学是"研究"而不是"科学"（似乎"科学"即是"实证的"），但不妨碍他也使用"伦理科学"这样的概念来描述人们通常赋予它的一般含义：

> 或者指研究意愿行为及其动机，以及道德的情操和判断这些实际的人类个体精神现象的心理学；或者指研究我们称之为社会的有组织的人类群体所表现的类似现象的社会学。（《方法》，第26页）

心理学与社会学在英国18世纪以来的道德科学中就具有核心地位，后来通过西季威克的强调其地位更为牢固了。但西季威克的伦理学定义，旨在清楚地表明这类探究从心理学和社会学向伦理学和政治学转变的根本性质，他认为前者是"实证的"研究，后者是"实践的"研究，这是它们相区别的根本。心理学和社会学的实证研究目标指向行为"是什么"，是实然的"行动"研究，而伦理学和政治学的"实践"研究，重在确定哪一种行为才"正当"，才"应该"，哪一种实践判断才"有效"。所以他也承认，作为实践研究的伦理学和政治学是密切相关的，即都探究"应当做什么"，虽然"做"的主体是不同的：

> 伦理学旨在确定个人应当做什么；而政治学则旨在确定一个国家或政治社会的政府应当做什么，以及它应当如何构成，后面这个题目包含了有关被治理者应当实施的对政府的控制的全部问题。（《方法》，第39页）

但在个人如何正当行动的范围内，一个人此时此地的正当行为的确定，应当在何种程度上受实证的法律和政府颁布的政策命令的影响，关于服从政府的理由和界限这些政治义务问题，属于伦理学。因此，伦理学要探究的是双重理想性的"应当"：与"是"不同的"应当"和其本身并非"是"而仅仅"应当是"的社会中的"应当"。在这个专属伦理学的范围内，陈述伦理学基本问题的方式也有两种：

> 伦理学时而被看作对真正的道德法则或行为的合理准则的一种研究，时而又被看作对人类合理行为的终极目的——即人的善或"真正的善"——的本质及获得此种终极目的的方法的一种研究。（《方法》，第27页）

而这个说法，很显然是为了适应哲学史关于伦理学的一般规定，但是，如果我们不清楚，古代伦理学和现代伦理学的根本转向，即从人类如何共同过美好生活的伦理学过渡到了个人应该如何正确行动的伦理学，那么我们对西季威克的这一说法就是无感的。他说的前一个"时而"代表的是现代伦理学的主题转向，而第二个"时而"恰恰是古代伦理学思考的特征。因而，借助于这种古今对比，他意图转向对伦理学方法的思考。

这当然是一种极简主义的做法，适应了现代之后伦理学的行动转变，而把古代伦理学探究的第一要义——如何活出存在之意义上的人类共同存在、共同生活的道义法则——的探究弃置不顾，因为这本来属于政治哲学，而在现代将伦理学从政治哲学中划分出来之后，伦理学的显性课题就只剩下"如何做是好"而隐去了"如何活是好"的实践本体论课题。所以，西季威克的"伦理科学"是完全在现代伦理学概念中，把探究个人如何"正当行动"作为核心主题的。因此他说，前一种"时而"更易于应用于现代伦理学体系，即康德和功利主义的道德学，而后一种"时而"适用于亚里士多德式的目的论，却不能普遍适用于他所重视的直觉主义。他在这里关心的不是伦理学的历史样态，而是当下做伦理学切实有效的方法论。因而，我们也从这里转向西季威克伦理学方法论的探讨。

二、"伦理科学"之方法论

西季威克说，在一本伦理学著作中，他力求做的工作只是考察人们获得"应当"之信念的不同推理方法，因而，所谓做伦理学，就是反思不同的道德信念的推理，伦理科学在此意处就变成了一种单纯的方法论。这既是对方法论的第一次提升，同时也是伦理学概念在现代遭遇的再一次"窄化"。

方法论的重要性旨在让伦理思想直奔主题，抓住核心，关键点在于道德信念的推理如何真实有效。作为"方法"的"有效性"指的是，思考伦理学基本问题时能有助于人们确立正当行动的合理准则和标准，而古典伦理学的目的论思维所注重的东西，显然不是如此，而是试图把握住人类生活的终极善或好生活（well-being）观念，但西季威克认为，这对于我们从方法论上确立如何正当行动并没有直接的逻辑关联，因此并不重要。这样的观念对于许多人，甚至可以说绝大多数人，是不可接受的。因为关于"应当如何是好"的道德信念，当然要与人类共同生活的终极目标善相关联，做什么好才是有根据的、有道义的，说它们之间不存在逻辑关联，有点让人匪夷所思。

对于西季威克来说，方法论上重要的事情，被简化为这样一种心理现象：我们无法不相信我们视其为真的事，但我们却常常不做我们视其为正当或明智的事。也就是说，我们常常做的，是我们认为是错的或不明智的事。出于这一考虑，亚里士多德的目的论和康德纯然理性的伦理学，在他看来，最终都无法帮助我们在人类实际存在的这种非理性行动动机面前，确立正当行动的规则，也无助于化解真实的实践判断与意志之间的断裂问题。而恰恰是对这种断裂意识的强调，让西季威克发现了传统伦理学全都缺失考察道德判断和道德行动中间一个十分关键的要素：利益的考量。如此一来，我们才能理解，在方法论上，西季威克只能到他之前的功利主义伦理学中去寻求有效的方法。这也就是他非常认同巴特勒这一论断的原因：利益，一个人自己的幸福，才是一种显明的义务。因此，对于任何一个人来说，只有当遵守道德规则从总体上符合他的利益时，这些规则才最终对他具有约束力。

在这里，西季威克比别人有更为敏锐的直觉，清楚地表明动机与意志的心理学问题在道德哲学上的重要意义。他发现，理性能够以确实有效的方式影响我们行动的方式，有三种：对已经欲求的目的提供新的手段，唤醒我们对行动后果的关注，并以后果评估来考量行动的合理理由。此外，还有一种仅仅对理性人有效的动机：做本身是正当的行为、避免错误行为的欲望和冲动。所以，对功利主义而言，最为有效的道德信念推理的方法，是一种心理动机，即对利益的考量成为有效约束力的标志。他意图将其方法普遍化为伦理学的基本方法，说每一种伦理学对道德信念的推理都有一种有效的方法论，但只有功利主义考虑到了人性的普遍的心理动机，所以才是最为有效的方法。因此他主张，他的伦理学要避免对主要的伦理问题和争论直接提出一种完备而终极的系统理论解答，因为这样的解答本身实际上只能是各种伦理学方法的一个折中体系的制订，而提供对正当行为的一组实践的指导意见，却被排除到伦理学的任务之外了。在他看来，伦理学依然是哲学的，而他的伦理哲学的目标是关注道德信念有效力的思想过程："我始终希望把读者的注意力完全引到伦理思想的过程而不是其结论上。"因而他的目标是尽其所能地"清晰而详尽地阐释我认为隐含于我们常识的道德推理之中的不同的伦理学方法"（《方法》，第38页）。

他把整个道德哲学史上通行的伦理学方法，归结为三类：直觉主义，利己主义和功利主义。我们接下来需要简要考察这三种方法。

三、三种主流的伦理学方法：直觉主义、利己主义和功利主义

在伦理学史上，西季威克是第一位对"直觉主义"进行系统阐释的道德哲学家，但他一直提倡对"直觉"做广义的理解，而不赞同常识性的直接"直觉"。他理解的"直觉主义"是这样一种伦理学思维方式：

> 我一直用"直觉的"这一术语指称这样一种伦理学观点：它把符合

于某些由义务无条件地规定的规则或命令视作道德行为的实践上的终极目的。(《方法》,第118页)

常识性"直觉"实际上是一种心理直觉,具有直接性,不借助于任何道德或法律义务的中介。譬如我通过某人做了一件利他的事,就直接直觉到"这是一个好人",我并不认识这个人,也不知道他信奉什么宗教和道德,他做的这个利他的事本身,也根本不是他的一般义务,但我只需要看他做的这个事情本身,就能相信自己的"直觉"完全是对的:这是值得我信任的好人。因此,西季威克的直觉主义不是这种常识的心理学的直觉主义,也与当代元伦理学中"非认知主义"的"直觉主义"不同。后者是西季威克的学生,20世纪"元伦理学"奠基者摩尔在《伦理学原理》(1900)中所阐发的"直觉"和"直觉主义"[1]。从西季威克刚才的定义来看,他的直觉主义是通过对已经存在的要无条件履行的义务规则和道德命令的直觉,来确立道德行为的终极信念这一方法,这种方法与罗尔斯在《正义论》中通过反思平衡方法来理解"直觉主义"是一致的:

> 我比通常的做法更为广泛地解释直觉主义,它是这样一种学说,认为存在着一些不可再继续后退的最初原则,经过深思熟虑的判断能从这些最初原则中确立起一种最大可能的平衡的正义组合。直觉主义主张,在某种普遍性等级上就不再有更高等级的标准来规定各种相冲突的正义原则的正确分量。道德事态的纷繁复杂性要求有一些不同的原则,却没有统一的标准,把这些不同原则从中推导出来,或者能够衡量它们。于

---

[1] 由于在"导论卷"已经对各种"直觉主义"以及西季威克之后的直觉主义对他的批评做出了比较详细的梳理(参见拙著:《西方道德哲学通史(导论卷):道义实存论伦理学》,商务印书馆2022年版,第301—305页),在此我将重点考察他的直觉主义方法如何可能与功利主义方法相融贯的问题,并就此进一步考察学界的评论。

是可算作直觉主义理论的两个特征是，首先，在它们之中有一些最初原则，这些最初原则在特定情况下会表现出相互冲突的指示；其次，它们不包含任何可以在相互比较中衡量那些原则之重要性的明确的规则，导致人们只有靠直觉询问，究竟哪一个表现得最为正当。即便有规定优先性的规则，也被或多或少地视为平庸的，对形成判断不会有什么实质性帮助。[1]

显然，在这里罗尔斯比西季威克对何为"直觉主义"做出了更为清晰的阐明，但他们两人一致性的地方在于，都需要借助于不同的实践规则或行动的最初原则，在它们之上不可能存在更为普遍、更高等级的道义标准来判断相互冲突的正义原则何者更为正义和更有伦理性，这时就只有靠"直觉"来做出判断。西季威克显然要想表达的也是罗尔斯所表达的这一含义，但他没有提出不可再后退的最初原则概念和反思平衡的慎思这两个概念，因而显得不如罗尔斯的明晰可见。但他比罗尔斯更有系统地通过不同类型的"直觉"将直觉主义进一步明晰化。他进一步细分了三种直觉主义：知觉的直觉主义、教义的直觉主义和哲学的直觉主义。

"知觉的"在西季威克那里与"感性的"是一个意思，"知觉的直觉主义"表达的是这一主张：

> 在伦理学中，普遍真理只能靠对有关具体行为的正当性或错误性的判断或知觉的归纳来获得。（《方法》，第120页）

例如，人们只需对一个官员贪得无厌地获取过量钱财的行为本身，而无须借助于这种贪腐行为造成的恶劣后果就能感性地知觉到，这是错误的、不

---

[1] John Rawls: *Eine Theorie der Gerechtigkeit*, Suhrkamp Verlag Frankfurt am Main, 1975, S. 52.

正当的、不道德的、伤天害理的。西季威克说这是一种通常的"直觉"，由于"知觉"是一种"认知方式"，是一种感知判断，因而这种直觉主义不是非认知主义。但它诉诸良心的直觉，不依赖于诉诸一般规则的"决疑法"来判定一种行为是否正当，因而他也把"知觉的直觉主义"算作一种"极端直觉的"观点，它与任何"认知主义"不同，只倾听良心在特殊时刻对于某一行动的直接直观所直接发出来的声音。但是，任何一个具有伦理经验的人最终都会发现，良心的直觉往往受特殊情感所左右，人并不总是能意识到关于一种行为的明确而直接的直觉，不同时刻的不同的良知声音，实际上是相互冲突的，除了交给"上天"做主外，很难达到什么统一的规范性意向。这样就出现了第二种直觉的方法，它不再相信直接的知觉直觉，而相信常识的普遍规则具有公理性的道义，西季威克把这种直觉主义称为"教义的直觉主义"：

> 这种直觉方法认为：这些一般规则是隐含在普通人的道德推理中的，他们在大多数实践中能充分地理解这些规则，并且能大致说清这些规则。(《方法》，第123页)

这种直觉方法，准确地说不仅仅是依赖于，而且是唯独依赖于普遍规则的习惯性信念，相信大家普遍遵守的规范总是具有道义的正当性，但至于为什么是正当的，正当性的依据是什么，却并不思考也不能够做出清晰的阐明，因为思想在教义面前失去了意义，而要对之进行思想和理性的推论，以消除一般"教义直觉主义"的模糊性和自相矛盾，就必须依赖于他所谓的"哲学的直觉主义"：

> 因为，我们认为哲学家的目的本身不是界定和陈述人类的常识的道德意见，而是作更多的事。他的功能是告诉人们他们应当想些什么，而

不是他们在想些什么。我们期待他通过他的假设来超越常识，也允许他得出与常识相反的结论。……哲学家的前提的真实性始终要由其结论的可接受性来检验。(《方法》，第388页）

所以哲学的直觉主义要将常识的直觉和教义的直觉都带向思想和判断，进一步提供出这些直觉所相信的"普遍法则"的正当性依据，并对之做出理论证明与实践性检验。当然，人们对哲学关于直觉的正当性依据的证明与检验所能期待的，依然还是其方法：以充分的广度和令人信服的明确证据，阐发道德哲学中那些理性直觉发现的历史，通过这些直觉公理在社会历史变迁中的科学运用及其所遭遇到的边界，让常识道德思考的模糊性与自相矛盾性得到纠正。这样才能防止哲学的直觉本身陷入思辨的幻相乃至得出虚假的公理。有些所谓普遍规则的公理看起来不证自明，但仅仅是同义反复的套话，一旦应用到充满变故的生动活泼的伦理生活世界，就不具有规范有效性，使得道德信念仅仅是挂在口头上的"门面"，是高高在上的"价值高地"，而行动却依然遵循那不可说的黑帮化的"潜规则"，崇高的道德就这样变成"乡愿"。

因而，作为在浓厚的经验主义传统中熏陶出来的英国哲学家，西季威克依然对单纯"哲学的直觉主义"不抱希望，哪怕"哲学的直觉主义"所直觉到的普遍法则之依据，仅仅是"现存世界"之外或之上的"本体世界"之"道"，哪怕它在逻辑上依然可以成为人正当行动的一个理性理由，但人性还是可以实际地依据确实可靠的个人经验去遵循那些非理性的理由。因此，他的敏锐性再次让他发现了一个令人惊讶的真相：一个行动的理性理由与这个理由（不管是内在的还是外在的）能否成为实际行为的"道德的依据"根本不是同一回事儿。

通过这一直觉，他赋予了道德哲学一个超出一般道德形而上学的使命，必须将形而上之"道"与现存世界的相生之"义"在道德立法中和谐统一在直觉方法中来。对于这一使命,我们发现,西季威克是不断意识到了的,因为他在论述伦理学方法的整个过程中,最终想要做的事,就是思考伦理学直觉的普遍法则如何与可靠的经验性证据相结合,并赋予它以至关重要的意义。在他心目中,如果伦理学不能解决这一问题,他的主要用心——证明功利主义与直觉主义之间的对立是出于一种误解(《方法》,第19页)就落空了。

但他一旦通过对直觉主义的重新阐释,把自己变成了一个直觉论的功利主义者,他的直觉主义就不断地受到其学生摩尔乃至20世纪威廉姆斯等几乎所有直觉主义者和非直觉主义者的批评就不足为奇了。布劳德批评西季威克在批评常识的直觉主义时犯了两个错误:

> 西季威克在讨论常识道德时所驳斥的这种直觉主义者就犯了两个重要的错误。首先,直觉主义者那正确性等同于适宜性,而没有看到功效也是决定正确性的一个因素。第二,直觉主义者把适宜性看得过于简单。[1]

当代著名伦理学家威廉姆斯的批评更为尖锐,说西季威克不是批评和改造直觉主义,而是要摧毁直觉主义:

> 诉诸作为一种官能的直觉,什么都解释不了。它似乎要说,这些真理是人所共知的,但不存在这些真理的人所共知的任何方式,[所以:]伦理学的直觉模式已经为接二连三的批评所摧毁,并且保留在其基础之上的废墟给人留下的印象,也不足以让人们有太多记录其历史的兴趣……

后一段评判实际上有点言过其实,虽然20世纪60年代之后,直觉主义作

---

[1] [英]C.D.布劳德:《五种伦理学理论》,田永胜译,中国社会科学出版社2002年版,第180页。

第十二章　西季威克对古典功利主义原理的辩护和表述

为一种主流的伦理学方法，已经被分析方法所取代，但罗尔斯的正义论依然借助于直觉主义来证明，说明直觉主义并未在批评的废墟上成为历史的遗迹。当代最为著名的伦理学家德里克·帕菲特（Derek Parfit，1942—2017）对于威廉姆斯的批评，针锋相对地做出了更为实事求是的评判：

> 但是西季威克的观点并不处在废墟中，也并未被摧毁，甚至都未被威廉姆斯所引的那些批评者讨论过。[1]

帕菲特这一判断是一个非常重要的提醒，就是说，所有这些直觉主义的批评者，根本没有意识到或思想过，真正的西季威克的直觉主义究竟是什么，究竟意味着什么。德里克·帕菲特把它表述为这样一种直觉的信念："个人不偏不倚性公理（the Axion of Personal Impartiality）：每个人身上发生的事情是同等重要的。"由此接通西季威克的话："从宇宙的视角（如果我可以这么说）看，任何单个个体的利益都不比任何其他个体的利益更重要。"[2] 因此，他总结了西季威克与威廉姆斯之间的实质分歧在于：

> 威廉姆斯把这个观点［指控西季威克的直觉主义为反对常识道德的"精英主义或家长主义"——引者］与以下这种态度进行比较：那些欧洲殖民统治者并不试图纠正他们统治着的土著的道德信念。如果如威廉姆斯假定的那样，道德真理是不存在的，那么这个反驳就可能是有［待］证成的。但是，西季威克相信存在这样的真理。相信真道德观点蕴含着大部分人不接受这个观点会是更好的，这并不是精英主义或家长主义的。这个信念是令人沮丧的。但是，我们无法理性地假定，令人沮

---

[1] 上述引文都出自［英］德里克·帕菲特著，［美］塞缪尔·谢弗勒编：《论重要之事——元伦理学卷（上）》，葛四友译，阮航校，中国人民大学出版社2022年版，第248—249页。

[2] 同上书，第251页。

丧的道德信念不可能为真。[1]

由于利己主义方法与功利主义方法具有极大的相似性，请容许我在下一节对功利主义方法的考察，慢慢展开这两种伦理学方法的特征比较。

第二节 功利主义及其方法的证明

功利主义在19世纪已经非常普及，成为人人都能使用的术语，但恰恰是由于太过普及，使得人人都有自己关于它的主观用法，从而导致混乱，与作为"伦理科学"的功利主义之真实语义大相径庭，乃至成为与其真义根本相反的东西。因此，西季威克具有一种使命，要对功利主义真实含义、方法和论证做出准确表达：

> 功利主义在这里所指的是这样的伦理学理论：在特定的环境下，客观的正当行为是将能产生最大整体幸福的行为，即考虑到了所有存在者的幸福都受其影响的行为［此句有修改——引者］。我们把这种理论称为原则，把基于这种理论的方法称为"普遍快乐主义"，将有利于阐述的明确性。(《方法》，第425页)

这一定义的第一层含义是清楚的，功利主义作为一种伦理学理论，确立了一种客观的正当行为的标准，那就是行为后果能产生最大的整体幸福，包括所有受其影响的存在者的幸福；第二层意思也是清楚的，即功利主义理论是一种原则伦理学，一种以"普遍快乐主义"确立行动正当性标准的方法论原则。但把这两个"清楚的"描述放在一起深究，立刻就会产生"不清楚"

---

[1] ［英］德里克·帕菲特著，［美］塞缪尔·谢弗勒编：《论重要之事——元伦理学卷》(下)，葛四友译，阮航校，中国人民大学出版社2022年版，第528页。

的疑问："幸福"和"快乐"都是"这一个"思考自己应该如何行动的个体所欲求的东西，是与其"主观意愿"紧密相关的，如何通过自己主观意欲的幸福或快乐，而具有行动的"客观的"正当性，这是一个理论上很难解决的问题。在方法论上解决它，只有一种可能，即我所欲的幸福，同时也能成为所有其他人所欲的幸福。但人们的直觉和常识都告诉他，没有人能够这样想问题，也没有谁，哪怕是父母为了子女，仁慈的皇帝对他的子民，他"所欲"的幸福，绝非能同时成为所有人的幸福，幸福的主观性、复杂性、时效性都拒绝这种总量化和普遍化。所欲的行动主体是个人，其行动后果是否能产生出幸福，也只能是一时的预期，最终结果他自己也无法确定，而在预期时就算能把自己感觉到的最大幸福推广为最大多数人的最大幸福，在经验、直觉和常识上都难以令人相信。"幸福"的"总体"既不能从"质"上更无法从"量"上来理解其源自一个主观心愿的普遍化。这样一来，所谓"客观的正当行动"这个功利主义的道德标准，如果要成为一个普遍有效的正当行动原则，取决于对"幸福"做出能够客观化的阐明。在某种意义上，西季威克采用"普遍快乐主义"来置换"整体幸福"，目的就在这里。但"普遍快乐主义"能化解这里从个人主观性过渡到客观普遍性的推理困境吗？我们从功利主义与利己主义的区别开始讨论。

一、功利主义与利己主义

在整个功利主义历史中，由于他们都是在日常语言的宽泛语义中使用"utility"（功利、公益、效用）这个概念的，使得每一个人对它的用法之间都存在着根本差异，只有一点是共同的，那就是凡是主张"utilitarianism"的人，都把自己理论的先导追溯到伊壁鸠鲁，把功利主义接续于快乐主义。但其实，就像我们在《古希腊罗马卷》中已经指出的那样，快乐主义（hedonism）原本是很难与功利主义相等同的，因为"快乐"无论在"质"还是"量"上都与人的心理感受密切相关，而功利主义所强调的"功利之最大化"标准，如同上述西季威克的定义所规定的那样,是从行为后果的"考量"中,确立一个原则上"客观的正当行为"标准的。但是,英国现代伦理学,自从霍布斯开始,在考虑人类行动的决定性原因的时候,就依赖于心理学意义上的人性:趋利避害作为本性。因而这种本性是自私而利己的,同时追求对自我而言的真正的最大利益,成为霍布斯考察个人和国家的真正激情之所在。能够实现真正的最大利益的行为当然是快乐和幸福的。因此利己主义、快乐主义、功利主义,乃至快乐、幸福和功利这几个词都作为同义词,可以随意置换。西季威克甚至发现,功利主义与直觉主义在此时也结成了联盟:

> 在现代英格兰,在伦理学论争的第一个阶段,即在霍布斯对利己主义的公开阐释引起了探讨道德的哲学基础的真正热情之后,功利主义就以同直觉主义友好结盟的形式出现了。当坎伯兰宣布"所有有理性的人的共同善"是目的,道德规则是它的手段时,他的目的不是要取代常识道德,而是要支持它以反对霍布斯的危险的标新立异。(《方法》,第107—108页)

不过,不管人们怎么反对霍布斯,他的伦理学主张被归纳为"心理快乐主义"(psychological hedonism)或"心理功利主义"(psychological utilitarianism)而让快乐主义、功利主义与利己主义紧密关联了起来,这是一个事实。沙夫茨伯里、哈奇森反驳霍布斯利己主义的人性假设,但并不反对将快乐主义、功利主义、利己主义等的混用,他甚至主要是在快乐主义的意义上使用共同善概念的,只有巴特勒沉思过通常意义上的德性或美德与最能产生幸福余额(指减除了行为自然带来的痛苦之后的快乐最大值)的行为之间的不一致性。这其中当然有一个客观的原因,就是在18世纪,虽然许多人也偶尔使用功利主义或类似的表达,但直到佩利和边沁时代,功利主义才作为决定行为的方法,作为主宰所有传统行为准则和现代所有道德情操的方法被提出来并被广泛接受,也只有在功利主义原则正式被完整表述出来后,人们才发现,它比常识道德更加反利己主义。

利己主义于是在与功利主义的对照中,被表达为这样的正当行为标准:

> 规定为达到个人的幸福与快乐目的的手段的体系。这样一种体系中的主导性的动机通常被说成是"自爱"。(《方法》,第111页)

而与之相反,功利主义却总是要求自我利益更多地、无止境地服从于公共善,整体的最大幸福。穆勒就认识到了,功利主义与利己主义相混杂,才是人们将其视为卑贱的、低下的原因。而如果相反地将功利主义按照其服务于公共善、对整体幸福的最大化追求,这又似乎提出了一个过高的道德要求,成为一种根本不自私、完全为公共善的目标付出的高尚美德。

在这样的问题史背景中,西季威克一方面只将功利主义与快乐主义在大的框架下等同,即把功利主义作为快乐主义中的一种,同时又将利己主义等同于"利己的快乐主义"(self-interested hedonism),从而也只是快乐主义的一种,那么它们之间的区别,就只是"利己的快乐主义"与"普遍的快乐主义"或"伦理的快乐主义"之不同了。

二、"利己的快乐主义"与"普遍的快乐主义"

与利己的快乐主义并列的有"经验的快乐主义""客观的快乐主义"和"演绎的快乐主义"。

"经验的快乐主义"是基于人类对快乐和痛苦的日常经验得出某种超越个人主观的可公度性苦乐的标准:快乐是最大善。所以它的特点与所有功利主义相同,都在于追求快乐是最大善,行为的道德性标准在于促进和产生最大善。因而,两者都可以在细微差别不计的情况下,把"整体幸福"视为"可公度的快乐总量",但差别在于,经验的快乐主义是强调我们只能基于人与人在相处关系中的直接经验才能做出这种判决，而客观的快乐主义则更多地依赖于直觉的或理性的道德推理。西季威克提出这个概念，就是为了化解所有与功利主义相关的理论中有关"快乐总量"（幸福总量）的计算难题。他说他只能含蓄地拒绝"伊壁鸠鲁的悖论"：所谓最大幸福就是无痛苦。因为我们既不可能绝对地免除痛苦，也无法达到一个"零快乐值"的无苦无乐状态，怀疑主义和斯多亚主义所谓的"不动心"，他认为不是真的没有一点快乐与痛苦，而是一种平静的理智的高等快乐状态（《方法》，第147页）。

他也不同意斯宾塞和贝恩先生这样的经验：把苦乐等同于行动的动机力量。因为显然存在着独立于任何意志关系的感觉的快乐，这是可公度的，就像"甜"所表达的感觉性质，是可以有某种可公度的甜感之强弱的。

因此，西季威克得出"经验的快乐主义"是通过"感觉"达到唯一共同性：值得欲求的目标。但他这样说时，实际上不再是以行动的"后果"，而是按照一个人有行动意志时的"感觉"来评估最终值得欲求的东西所带来的可公度的快乐。所以，可以把经验的快乐主义归于这种感觉：

> 当一个有感觉的个人在感觉它时，就是说，当它仅被作为感觉考虑而不顾及其客观的条件或结果、或直接处于他之外的其他人的认识与判断中的任何事实时，他明确地或隐含地将它领悟为值得欲求的。（《方法》，第153页）

所以西季威克说在做了这种化约之后，排除掉了实践中无法预测的大量偶然的概率，不用考虑行动后果的全部情况，而只考虑最为重要的事情——值得欲求的，这种快乐感觉是否可以普遍传达，这就构成经验快乐主义的生活艺术。

这样的"化约处理"之所以可行，其实就是化约了对行动后果"这些内容"的复杂感觉和计算而专注于把可欲的快乐仅仅作为感觉、作为价值感来考虑。这至少在方法论上可大致视为对康德"形式主义立法原理"的化用或借鉴。但就是这样的普遍经验快乐主义，西季威克说，也遭受到几种反对意见，说它具有"内在地不可行性"。

第一种反对意见是格林提出的："快乐作为一种感觉——区别于它的非感觉的条件——不可能被共'识'。"（《方法》，第154页）

第二种反对意见还是格林提的，它针对快乐主义关于行动最高目的是"最大可能的快乐总量"，说"快乐感觉不是能彼此相加的量"。

第三种反对意见认为，不断进行快乐计算的精神习惯，是不利于实现快乐主义之目标的。所以西季威克承认，确实存在着一种由于试图观察和估价快乐而削弱快乐的危险，但他并不认为基于这种危险的反对意见有什么特殊的重要性。

第四种他认为"更为重要的反对意见是，在采取快乐主义标准时，不可能以明确可信的结果对苦乐进行综合性的、方法上的比较"（《方法》，第162页）。西季威克自己基本上接受这一反对意见，但对其中的原因进行了更为详细和深入的阐明。

最后他承认，所有这些反对意见和考虑，必定会严重降低利己快乐主义之经验反思方法的信心，但他同时坚持认为，我们并不能完全摈弃这种方法，而要借助于其他方法来把握和补充快乐与痛苦同行动结果的实际联系，从而能够比较它们的快乐值。为了考察他进一步的深入探索，我们不得不先来考察一下，西季威克所谓的利己的快乐主义究竟是何种伦理学方法。

利己的快乐主义在西季威克这里与利己主义是直接等同的：

> 我把利己主义一词等同于利己的快乐主义，指个人把他自己的最大幸福当作其行为的终极目的。（《方法》，第141页）

这个准确定义否定了人们通常把"利己主义"当作"自私自利"的无

教养的低俗误解，这样的误解如同对功利主义的误解一样，出于对"道德"或"德行"的根本误解：说它们是"损人利己"，与利他主义相对立，因而"利己主义"或"利己的快乐主义"根本就是不道德的代名词。如果具有一点西方伦理学的基本教养，这样的误解就根本不会产生，因为德性或德行在古希腊就作为将自身品质实现为最优（最好）的能力，当然就是最"利己的"。哪怕到了近代，康德把道德阐释为自律之自由，也同时证明，这种自由对他人、对国家也是最无害的，作为理性存在者对自身人格的自由造化能力从正面说对人、对己、对家国天下都是最有利的。我们在伦理学上无法设想一个具有道德性的行为是对自己不利的，亚里士多德甚至证明了，没有人会自愿地做对自己不公正、不利己的事情，尽管人可能会一时地忍受对自己不公正的事。

所以，西季威克赞同边沁的功利主义思想，一方面把最大多数人的最大利益（或幸福或快乐）视为衡量行动"正当与错误的标准"，另一方面同时承认，每一个人追求他自己的最大幸福（或利益）是正当而恰当的。但是，这样一个在哲学史和人们的日常经验中十分自然的常识性的道德观念，为何在伦理学史上并没有得到清晰的阐明？西季威克借助于巴特勒《人类本性布道集》中的论证，暗示了传统思辨哲学将利己利他的善，表达在"自身即为正当和善"这一概念中，而未能说明这一概念作为有效规范性的逻辑条件。只有当我们相信，一种行为是为了我们的幸福（这里的"我们"包含"自己"和"他人"），至少不违背我们的幸福，我们才能向自己证明，它在道德上是正当和善的。符合了这一逻辑条件，我们才能相信：

> 德性或道德上的正直的确就在于热爱并追求自身即为正当的和善的事物。（《方法》，第141页）

所以，在道德哲学史上，由于亚里士多德的幸福主义和伊壁鸠鲁的快乐主义都没有直接将"快乐"等同于"利益",而只有功利主义才在现代二商业社会将"利益"与德性和道德直接联系起来,这确实直到现代注重个人权利的实现和满足的时代,才能从日常心理学证明,按照最有利于个人自己的幸福的方式去行动是正当和合理的,才能被接受为一个道德的原则。但无论如何,由于快乐、幸福和利益这三个概念本来具有不能完全吻合的、明显差异性的含义,而几乎所有功利主义者都各取所需地将它们直接等同起来,造成了功利主义道德原则的论证困难。

西季威克如何克服这些困难,我们将放在下一节探讨。在这里,我们先继续讨论他的"客观的快乐主义"方法。

三、客观的快乐主义

既然采取利己主义的实践推理方法也决不必然地包含仅仅寻求个人自己的快乐或幸福的日常经验方法,那么,合理利己主义或普遍利己主义的功利主义伦理学的实践推理,最核心的问题就是要确立"客观的快乐主义"关于行动原则的推理方法,普遍快乐主义或功利主义的幸福生活艺术才是建立在"伦理科学"基础上的。但我们尝试去把握这里的"客观的"一词的准确含义时产生的困难,在西季威克的著作中并非是显而易见的。

何为"客观的快乐主义"?要能理解这个概念,我们得借助于西季威克对"道德感"(moral sense)的阐发。他明确说,"感"(sense)让人联系到 feelings,这是因人而异、因时而异的"感受"或"感觉",而不是一种认识能力,但是:

> 我觉得避免这种联想是至关重要的,所以,我认为最好是用如上所解释的理性一词来指称道德认识能力。(《方法》,第57页)

这样就把道德感从一种主观经验性的感受力变成一种理性认识能力了,

但这样一来，问题的关键就变成了，什么样的理性认识能力能够是关于道德善的客观知识能力呢？西季威克同意休谟对"理性"的这一规定——"理性意味着真的或假的判断"（《方法》，第47页），但借助于这一规定，问题并没有变得更简单，因为作为一种具有真假内涵的理性判断力，在"事实"上是容易的，而在道德之"应该如何"的"价值"与"意志"问题上，却取决于我们如何界定伦理学上的"道德事实"。当人们说"事实"是客观的时，是指"事实"具有不以人的感受、认知和意志为转移的"自在性"，而"道德事实"是何种意义上的事实？

这就是作为理性认识与判断"对象"的"道德行为"，区别于一个理性存在者自身所信念、所遵循的道德原则，即一个人身外的"道德现象"中的"道德行为"，当我们以"理性"来对之进行分析、反思与判断时，我们是把这些"道德行为"作为已然存在的"道德事实"来对待，这样的"道德事实"当然是"客观的"。当我们说，存在着常识道德，直觉性的道德和归纳性的道德，宗教道德，舆论道德等等时，都具有这种作为反思判断之对象的事实性特征。但在这些概念中，我们注重的是，将"道德原则"视为"道德事实"，这就是西季威克不断讨论的在"普遍有效性"意义上的"客观的"含义。

例如，当我们承认自己具有某种道德直觉时，那么，我们就不是把一个行为所产生的实际的快乐或后果，而仅仅是把直觉到的行为本身无条件的正当性当作是"客观的"，因为这种自明的道德正当性，具有逻辑上的普遍规范有效性。因此，西季威克承认，伦理学哪怕采取的是经验主义的、归纳主义的立场，也都能够不借助于一种行为所产生的主观的快乐而被客观地把握为具有普遍正当性，就像物理学依赖于经验的观察而得到科学的真理一样，伦理学借助于具有道德感受性的经验，也是能够做出理性的普遍有效的判断与推理的。因此，他承认道德原则的普遍规范有效性是可以作为道德判断的"客观性"标准的。

所以，西季威克在使用"客观的快乐主义"时，是指个人在寻求行为正当性理由时，把实现幸福的客观条件和关于不同的快乐根源的量值作为"评估对象"，而不是把幸福或快乐本身作为评估对象的方法，他也把"常识"视为客观快乐主义方法的表达。这是由于常识作为"共通感"或"普通的理性判断"，确实能提供对一般人或典型的人而言的真实估价，避免个人经验和感觉在比较与评估时常常会遇到的主观性窘境，而且，常识也代表了一个伦理共同体世世代代的经验，它在指导人们追求幸福方面也还是有价值的。但是，问题还有另一面，伦理生活中的每一个人，都不是普通的，而是具体的、有个性差异的人，他所面临的"应该如何是好"的问题，也就是一个独特的经验处境，不是任何一个其他人所能真切经验到的，在此情况下，每个人实际上马上就会意识到，常识道德并非真的是自明的，它总是带有各种诸如"洞穴假相"和"种族假相"之类的"幻相"，使其无法获得一种普遍有效的理性判断。所以，常识的道德判断虽然具有某种客观性，但依然不具有规范的"有效性"，这种有效性必须借助于个体性经验来纠正常识判断不稳定、不确实所带来的"幻相"，那又将重蹈感觉经验论的覆辙。西季威克的结论是：

我们不能指望这类方法……能准确地或明确地解决利己的行为方面的困惑。(《方法》，第181—182页)

但通过对"客观的快乐主义"方法的考察，我们依然可以获得这样一种生活洞见：依据常识生活，即服从习俗礼义来过有规则的生活，可以过一种幸福生活，但只能是平庸的幸福生活，而绝非一种真正有德性的自由而卓越的幸福生活，而且它也提供不了足够的经验根据，证明履行习俗礼义的行为是获得幸福生活的普遍而有效的方法。所以，最终的结论是：所谓"客观的快乐主义"，并非真正的"客观"。

四、演绎的快乐主义

为了消除所有立足于经验的快乐主义方法论论证上的困境，西季威克考察了"演绎的快乐主义"。所谓"演绎的快乐主义"，指的是以关于自然现象的因果性知识为基础的关于快乐与痛苦原因的知识原理，演绎出以快乐最大化作为行为正当性标准的伦理学方法。对于伦理学而言，这种关于自然现象的因果知识，实际上主要指的就是心理学和生理学的知识，但这种演绎性的证明，西季威克更强调它与斯宾塞的联系。他引用了斯宾塞给 J. S. 穆勒的信中这段话：

> 道德科学的任务是从生命法则与存在条件中推断何种行为必然倾向于产生幸福，何种行为必然倾向于产生不幸。（《方法》，第198页注释11）

这段话中除"生命法则"之外，还有"存在条件"，西季威克认为，只要"演绎"涉及一种原理的"存在条件"，那么"演绎的伦理学在何种程度上能给一个在此时此地追求着他自己的最大幸福的人提供实践的指导"就是一个值得考察的问题。对于演绎的快乐主义而言，问题的关键在于，从苦乐的因果必然性知识的演绎，其普遍适用的客观性是以苦乐的生理和心理的原因性作为根据，因此它只能在一个理想社会，即完全符合自然的因果必然性的社会生活中才有效，而不可能对此时此地的不完善的复杂多变的社会生活有效，而且对于快乐主义或功利主义而言，只考虑苦乐感的自然的必然的原因，而完全不评估行为的令人愉快和令人痛苦的后果，几乎是不可设想的。西季威克甚至说，这种不可设想性，就如同无须对星空做任何观察的天文学方法是根本不可能的事一样。所以，我们根本用不着做更多的考察，就能知道他必然会得出这样的结论：

> 我的一般结论，即关于苦乐原因的心理学思考目前还不能为实践的

快乐主义的演绎方法提供基础。(《方法》,第210页)

我们不得不得出下述结论:在确定达到个人幸福的正当手段方面没有科学的捷径,任何寻找达到这个目标的"高度演绎的道路"的尝试都不可避免地把我们带回到经验方法。(《方法》,第215页)

这样我们就清楚了,西季威克赞同的功利主义是普遍的快乐主义,其方法最终必须依赖于个人经验,但又不能仅仅是利己主义的经验,它要超越利己的主观经验达到普遍伦理原则,就必须借助直觉主义方法,或者说将普遍快乐主义的经验方法与直觉主义方法相结合。问题是,这种结合是可能的吗?

这种可能性基于对直觉主义的提升,即不再是利己主义的主观直觉而是将其与普遍快乐主义所直觉到的普遍伦理原则中的绝对善通过个人经验而获得现实实存的条件。利己主义作为一种伦理学,行动的正当性以利己的、自爱的最大化快乐为善,这里的"己"是自爱之"私己",但同时也在逻辑上蕴含每一个普遍化的"自我",才能保证其命题作为规范条件的普遍有效性,因而"私己"也就成了庄子"吾丧我"意义上的"自我"。"快乐"的最大化,在此"自我"中,也就不单是快乐之"量"而是快乐之"质"的最大化,所以西季威克认为:

[可以]把利己主义理解为一种旨在自我实现的方法,那么几乎任何伦理学体系都可以归入这种利己主义而不改变其基本特征。(《方法》,第117页)

但这又是很难令人接受的。只不过,通过这一说法,倒是可以证明,他是从"普遍道义"的无待之善即绝对善来理解利己之快乐的最大化标准的。在做这样的理解后,利己的快乐主义与普遍的快乐主义融通起来就自然无阻了。不过,这里存在着更为复杂的伦理关系始终处于所有功利主义者的视野之外，例如，当利己的快乐超越了"利己"的个人福祉而与共同体的最大福祉相融合时，必然同时会出现只以抽象普遍的共同福祉取消、压制乃至牺牲个人福祉的情况，在希腊悲剧《安提戈涅》中，国王克瑞翁与安提戈涅的悲剧冲突，就上升到自然法（神法）所赋予个人的权利与现实国家政治权利的冲突，在此冲突面前，个人如何行动才是正当的，这才是真正现实的道德困境。我们只能说，西季威克只能解决他所意识到了的难题，那就是如何将功利主义与直觉主义这两种根本不同的方法融通起来，而不可能超出功利主义之外，来解决被功利主义方法所掩盖起来的他无意识的难题。

第三节　功利主义的德性论

西季威克直觉主义的功利主义也有其德性论，这是当代美德伦理学者也不可否认的，但他们有些人显然不承认有什么功利主义的美德伦理学，因为这是以考察行为正当性为核心，而不是以美德为首要概念的伦理学。但如果要让西季威克对此做出回应，他必定会这样说，离开常识道德的直觉，离开普遍利己主义关于正确行动的阐明，人们根本无法谈论什么是美德，你们仅存一点心理动机的阐明，如同关于苦乐原则的心理学阐明一样是远远不够的。不借助于常识道德，不借助于道德直觉，也不借助于义务概念而谈一个人的美德，在这里，鉴于休谟伦理学已被作为当代美德伦理学的一个新类型，苏格兰道德情感主义也被承认为是美德伦理学，那么，我们按照西季威克自己的直觉主义思路，来考察他的德性论究竟有哪些特点，一个具有功利主义德性论的人，究竟是一个什么样的人，功利主义的德性规范究竟是如何建立起来的，就应该是有意义的工作。

一、从常识道德的义务要求中"直觉"如何做一个有美德的人

在《伦理学方法》的第六版"序言"中，西季威克自己清楚地交代了他

成为一个成熟的直觉论功利主义之后,对康德伦理学看法的转变:之前仅仅是在穆勒曾说"康德的伦理学是一种'荒谬的错误'"的影响下,"囫囵吞枣地读过康德伦理学",而在诚意地重读[1]后,"我也承认了康德的原则是普遍有效的,尽管他不能提供完善的指导"。(《方法》,第18页)在这种心态下,西季威克也是回到亚里士多德那里寻求启发,重读了亚里士多德《尼各马可伦理学》第二、三、四卷[2],所以《伦理学方法》第三篇最初写出的第一至十一章内容,"对亚里士多德风格的某种模仿最初也十分明显"(《方法》,第19页),也就是在这一篇的第二章开始,西季威克讨论了德性与义务的关系,之后开始讨论了诸多德性。我们也应该从这里开始,考察他的德性论。

从他自己对这一心路历程的回顾中,我们清楚地看到,他的德性论不是以德性为"元概念",而是从常识道德中去直觉地发现德性是什么,从而做一个有德性的人。这也是基于一个有德性的人的伦理学,因为常识道德蕴含了对每一个人的"义务"要求,如果不履行特定的义务,你就会被视为无德性的人。因而要被承认为一个有美德的人,就必须履行常识道德所要求的义务,因而,履行义务就成为一个人所需的基本美德。因此,他的德性论不会从一个空洞的德性概念出发,而是从具体的义务要求出发,来考察这种特定义务要求中的德性究竟如何会是一种美德。所以,成为一个有德性的人,需要首先考察,义务要求于我的究竟是何种德性?人总是在共同体对他的义务要求中获得德性的自觉,从而规范他如何做才是有德性的,绝不会脱离义务要求而抽象地说,要像一个有美德的人那样做才是有美德的。出于这一考虑,西季威克从与义务的关系来考察德性,这一特点,实际上与亚里士多德

---

[1] 所谓重读,指的是读康德《道德形而上学奠基》第一、二节,参见《伦理学方法》第14页注释1。遗憾的是,直到1958年安斯康姆(G. E. M. Anscombe)在《现代道德哲学》这篇代表美德伦理学兴起的雄文中,对康德伦理学的批评,一点也没有超越西季威克当时认识水平的地方,更看不出这位著名的现代哲学家读过多少康德伦理学著作。

[2] 请注意这三卷是亚里士多德系统论证"伦理德性"的内容。除了这三卷外,亚里士多德在第五卷论证了"正义"作为"伦理德性"之"总德"和"首要德性",第六卷论证了"理智德性"。

的影响无关，倒是与康德更为接近。

西季威克充分意识到了德性的复杂性与多样性，因而抽象地说像一个有美德的人那样做就是有美德的，这是一个错误，譬如他认识到：

> 甚至存在一些这样的德性（例如勇敢）：它们可能体现在行为者知道是错误的错误行为中。虽然对这类行为的沉思在我们身上激起一种准道德的崇拜，但我们显然不应当称后一类行为是［有］德性的。（《方法》，第238页）

因而他展示了一个以行动的正当性为中心的德性论，即通过履行义务的能力来体现一个人的道德品性，而不是一个人单纯的自然品质。所以，说一个人有美德品质，而这个人却做不出义务所要求于他的正当行动，就是荒谬的事。亚里士多德也说过，一个有美德品质的人，不做有美德的事，这也总是存在的，甚至，一个有美德品质的人，也会做丑恶的事，甚至杀人放火。在此意义上，一个真实有效的美德，就必须通过这个人的行动品质来实现他内在具有的美德品质。美德无论如何不能脱离德行来言说，相反，我们关注在正当行动中所体现出的德性品质，就是对德性一词最为准确的使用了。我们应该相信，他主张从行为方面来考察"德性"这一术语是有道理的。

二、实践性的美德：西季威克对理智德性和伦理德性的功利主义阐释

从行动的德性考察一个人的德性品质，就是注重美德品质的实践性。它的基本道理在于，德性或美德是一个既能用于描述人的稳定品质，也能用于描述人的行为品质的概念，说只能用它来描述人的内在心灵品质的美德伦理学，实在是漏洞百出的理论。西季威克在19世纪就似乎为20世纪下半叶才兴

起的美德伦理学留下了一句反驳的狠话：

> 在这里，反思表明我们并不认为这些特性是属于被撇开行为者而考察的行为的。(《方法》，第241页)

当把德性用于描述一个人，即行动者的品质时，西季威克承认，它主要是灵魂或心灵的一种持久性质，是一种值得为其自身之故而追求的东西。这是亚里士多德对善的一个基本规定，是人类完善的终极目标。他虽然把利己主义解释为一种自我实现的伦理学，但在德性上，他并没有像亚里士多德那样，将它解释为是一个事物自身固有品质（功能）的卓越实现，不过依然还是从表现德性活动的具体现象中，来获得它的明确概念：

> 所以，如果我们问德性表现于何种现象之中，最明确的答案就是它表现在意愿行为——就其是有意图的而言——之中，或者更简单地说，表现在意志之中。(《方法》，第241页)

撇开人的意愿行动而论一个人是否有德性，纯属一种有害的虚构性幻想。因为有德无德不在于是否从美德观念出发，一个人再怎么把仁义道德存乎于心，意图以德配天，若不能施之于行，美德无所存焉。德性论自然地要求一种"实存论"，对于如此重视将常识道德带向哲学的西季威克而言，他的德性论于是强调在"实存"的"德行"中考察德性，就是非常明显的事。也看到，如果我们说一个人具有贞洁的美德，如果我们不从他/她避开非法诱惑的坚定决心，不从他/她对不洁的厌恶行为的斗争意志，如何能说一个人具有贞洁美德呢？因此，贞洁之德性总是在情感和意志的行为中表现出来的。虽然德性也属于心灵的内在品质，而内在品质恰恰只有在外在行动中才成为德性品格，为人们所认识。因此，西季威克对德性观念做出了实践性的阐释。

先论理智德性。他说希腊哲人把智慧排在德性表中第一位，且以某种方式包含其他德性，但是，希腊哲人并没有仅仅将其视为心灵的一种内在的东西，而是"通常是被用来具体地展示所有体系所表达的生活规则"(《方法》，第250页)。这意味着，一个人有智慧，并非就是聪明绝顶，四面玲珑，也非仅仅有过人的高见和透彻的洞识，而是通过其"生活规则"表现出来的"实践智慧"。因此他由此顺利地转向对美德的实践性的强调：

> 我们仅仅把实践智慧归入德性，以区别于纯理智的美德。(《方法》，第250页)

但实践智慧不是老于世故，一个老练的骗子是聪明的、机灵的和有理智智慧的，但我们并不说他具有实践智慧，因为后者的核心是对"生活规则"的正确判断，对生活规范的普遍性有洞识与领悟。知道如何从一般的生命行动，而非特殊的亲亲之情中识别出通达人性的动机，自然地会成为实现我们追求目的的最佳手段。但这样理解，似乎又有从实践智慧回到纯理智智慧的嫌疑。而西季威克对此嫌疑的反驳是，有智慧德性的人对终极目的及其达到它的最佳手段的正确判断，在一定程度上必定是凭借意志行动获得，因而它才表现为实践智慧：

> 就实践智慧是一种德性而言，它包含着一种抑制欲望与恐惧——这种抑制通常被叫做自我控制——的习惯。(《方法》，第253页)

这种自控的习惯就是通过不断的德行来养成，才能不断修正被欲望或恐惧所歪曲或扭曲的终极目的和手段的正当性选择。因而西季威克不认同常识的直觉对正当目的和手段的选择能包含在智慧之内，因为现代人的心灵承认，即便选择了正当目的和手段，但由于受欲望和恐惧的干扰，常常是仅仅

"知道"它是正当的目的与手段，却不愿采取这种正当的行动，相反，错误的、不正当的目的和手段却可能采取行动，但这无论如何也不是德行，因而不是实践智慧。所以，在实践智慧所附带的德性中，慎思与决断这类品质，也就不仅仅被视为理智德性，而必须也被归入需要通过自我控制行为的实践智慧。

仁爱作为德性品质，同样要在行为中实现为美德，这一点无须赘言，几乎所有的理论和常识都支持爱是一种行动，而不单纯是情感。西季威克在这里也不会去考虑，究竟仁爱优先地是一种品质，还是优先地是一种行动，这之于他几乎并不构成问题，因为只有在仁爱的行动中才能形成仁爱之品质。作为品质，仁爱这样的道德情感，内在的情感动机比外在的行动更为根本，因而：

> 否认情感把意志的仁爱倾向本身提高为一种更高的美德并且使它有效率是站不住脚的。(《方法》，第258页)

这句话的重要性常常被人忽略，可是，但凡忽略它，无不错失对于道德情感的理解，所以绝不应该。至今许多人没有理解清楚情感与美德的关系，把道德情感直接等同于同情、共情、爱等自然情感，而西季威克在这句话中显然没有把情感与美德直接等同，它包含三个要素：情感、意志的情感倾向和美德。它肯定，"意志的情感（仁爱）倾向"并不直接就是美德，美德是"提升"后的结果。靠什么来将意志的"情感倾向"提升为美德呢？靠情感行动，所以这句话之后他接着就说"培养情感就将是一种义务"。请注意，"培养"的情感，没有人否认是"被教化"的情感，但内在的动机依然是意志的仁爱倾向。本心中的"共情"是情感，这没有人反对，但如果将这凡人天性皆有的自然情感，直接等同于"道德感"，恐怕在哲学上都过不了关，否则我们根本理解不了，为什么在几年前的"小悦悦事件"中一共有七八个路人看见这个小姑娘在车轮底下被碾压，却没有一个人采取救助行动的事实。西季威克强调，是被教化、培养出来的道德情感，才能将意志中的情感倾向，提升到美德。自然的同情心、共情心理，仅仅有，是不够的，它与"美德"之间的距离，还隔着一座"道德的"喜马拉雅山。而跨越这座山的关键在于，"培养对我们应当捐助的人们的友善情感"（《方法》，第258页）。被培养出来的"友善情感"之所以是道德情感，是因为这种情感是由人心中意志的仁爱倾向提升为自由情感行动所决定的。这才是道德情感的真正秘密。

三、对仁爱与公正德性的行为主义阐释

理解了道德情感的性质，我们才能真正理解西季威克所论的仁爱德性。它是一种道德情感，这种情感带着一种"友爱""友善"他人的"道德意志"而"行善"，只有通过一个人做出了这种友善他人的"道德行动"，仁爱情感才成为德性，因而仁爱作为美德，恰恰就是这种自由的仁爱行动的道德品性。

至此，西季威克对仁爱德性的阐释，都是异常成功且充满智慧的，但是，他要从其功利主义的后果论来阐释仁爱行为的德性品质，涉及是否可以把提高他人的幸福视为一个有仁爱美德之人的外在义务所要求的行为时，他就为自己带来了争议。原因很简单，他人的幸福，是他人的事，不可能是一个"外人"的义务，任何一个试图去关爱他人幸福的行为，不仅不是美德，通常还会被视为某种"越界"的干扰而遭到拒绝。友爱他人可以被证成为一项义务，因而可以成就一种仁爱美德，但这种义务不能从行为的后果指向性，而只能作为一种形式的道德原则或德性品质来理解，这应该成为一个边界。

西季威克在这里展开了与康德的对话。他认为在康德那里被规定为仁爱的义务，确实不是友爱的情感，因为一种自然心理学的情感，不是道德情感，对此他原则上是同意的，所不同意的是，按照康德和其他一些道德学家的看法，被道德规定为仁爱的义务，就不一定是爱的或友善的情感。而他始

终认为，情感因素是包含在关于德性的博爱或普遍的爱的常识中的。因此，朋友或者爱者总是带着偏爱在仁爱的引导下帮助"邻人"提高幸福，将此作为自己的"外在义务"。所以，尽管邻人的德性或完善不可能是"我的"目的，而要取决于他们自己自由意志的运用，友爱者"对于这种自由运用我既不能帮助也不能阻止"（《方法》，第259页）。可见，西季威克意像康德那样，从情感行为的性质来界定一个人的德性品质，而行为的德性品质，在康德看来只能从基于善良意志的行动品质中才能得到规定，而西季威克则相反强调要从行为后果（仁爱行为的效果）中来判定。当然，西季威克也不完全是从功利主义的后果目的出发，他也借助了亚里士多德自然目的论的目的来证明："如果德性是我们的一种因其自身的缘故而被追求的终极目的，仁爱必定引导我们去做能帮助我们的邻人获得它的事情。"（《方法》，第259页）但问题是，这里的仁爱他人的情感行为，依然有个"边界"，即不能是直接地帮助他人获得他所意愿的幸福或快乐，而需要通过他人自己意志自由的决断，接不接受、需不需要你的仁爱帮助，不守住这一"边界"，仁爱行为就很难成为一种"美德"，终将出现以爱之名越俎代庖之过。用我们熟悉的一句话就是：我幸福不幸福、完不完善，你管得着吗？亚里士多德早就分析过，爱他人，只是愿望他人好并愿意做为他好的事，至于什么是对于他人的好，什么事情对于他人好，爱者不能做"实质化"的理解，应该留给被爱者自己来决定，这也就体现出，美德，无论是品质中心还是行为中心，其核心还需基于他人的自由意志，失去了这一核心，仁爱这一内在地包含偏爱的不对等的情感之爱很难成为美德。

当然，对于西季威克而言，他对仁爱的探讨，重点还是放在了仁爱德性在整个德性中的地位的思考上，这对伦理学而言是一个非常重要的问题，即究竟是智慧、正义还是仁爱是最普遍性的德性。它实质上是要探讨多样性的德性究竟有没有统一性，如果有统一，能统一在哪一个德性上，这从根本上决定了"伦理"自身的规范品质。限于篇幅，我们在此不考察其具体论证，只呈现其结论。他一方面认为，鉴于每一方面的德性行动都产生于对行为的真正终极目的及其最佳手段的正当知识与选择，实践智慧之德性包含了所有其他德性，这是以行为为中心的德性论必然会得出的结论，但另一方面他也认识到，仁爱的德性在近代以来被一些思想家们所重视，赋予了至尊地位：

> 仁爱是一种至尊的、结构性的德性，它蕴含着并概括着其他一切德性，最适合于调节它们，以及确定它们的恰当界限与相互联系。(《方法》，第257页)

如果没有进一步的前提预设，这两种都可以包含其他德性的德性，如何归属，就是一个矛盾。而由于西季威克已经把仁爱阐释为友爱他人的情感行为之德性，因而它必定就要就其为"实践的"情感德性，而归属于实践智慧。因此，他的结论是：

> 在我们对公认的义务与德性准则的考察中，仁爱德性的得到广泛承认的至尊地位似乎成了给它以在智慧之后的首要地位的充分理由。(《方法》，第257页)

可见，每一种常识德性之作为美德以及在德性整体中的地位，绝非一种不证自明的东西，没有对前提设定的有效论证，关于美德的讨论可能就永远停留于常识隐含的自相矛盾中。

我们接下来继续考察另一种最为重要的美德：公正。

一到开始讨论公正德性，西季威克立刻意识到，赋予一个日常道德话语以必需的清晰而准确之含义，没有哪一个比它的困难更大了。所以他首先还是做了一些前提的设定。

前提设定主要涉及对日常含义取舍的态度，无论是亚里士多德还是一般意识，都把公正与"守法"联系在一起，但西季威克注意到，我们并不总是认为违法者不公正，而只认为违反某些法律的人不公正；我们常常也认为现行法律并非都公正并指出某些法律不公正；也确实有一部分公正的行为是在法律范围之外的。基于这三条不可反驳的理由，"我们必须把公正与我们所说的秩序（或守法）义务区别开来"（《方法》，第283页）。

这是西季威克确立的第一个前提，与亚里士多德的规定不同，亚里士多德在规定何为公正时，首先把它等同于"守法"。[1]

第二个前提需要进一步对遵守何种法律才是公正的给出一个普遍认可的标准，这涉及平等。公正的法律平等地对待每一个人，所以避免与自然的、正常的期望相对立。政治的公正就是对权利、善、特惠以及负担与痛苦的分配是自然的和不偏私的。如果考虑到将所有权利纳入一个原则下的思维模式，那么，政治公正指的就是保护每一个人不受干涉的自由：

> 严格地说来，不受妨碍（干涉）的自由实际上是人们有义务相互提供的——在本来的意义上而不是在契约的意义上——的全部东西；至少是，保护这种自由（包括实施自由契约）是法律的唯一恰当的目的，因为法律也就是靠政治权威认可的惩罚来维持的那些共同行为规则。按照这种观点，所有的自然权利都可以被概括于自由权利之中，以至这种权利的完全而普遍的确立也就是公正的完全实现，公正所旨在达到的平等也就是自由的平等。（《方法》，第292页）

如果考虑适用于法律之外的私人行为，那就需要提供公正所能允许的何种不平等的正当理由。私人行为的公正是指一个人是不偏袒的人，不受私人偏爱所影响的人。

---

[1] 参见拙著《西方道德哲学通史（古希腊罗马卷）：古典实践哲学与德性伦理》亚里士多德部分的相关讨论。

在对这些前提设定进行了分析之后，西季威克作为一个功利主义者，依然会把所有这些日常语义的前提，限制在其倡导的功利主义原则之下，我们必须将此视为第三个前提设定，因为他认识到：

> 自由这个词的意义也是模糊的。如果我们严格地把它解释为行为的自由本身，自由权利原则似乎就将包含任何程度的相互烦扰而不包含限制。但是，显然谁也不会对这种自由感到满意。
>
> 因此我们"只能把它呈现为一个更普遍的、旨在人类的普遍幸福或福利的原则的从属性的运用"。（《方法》，第293页）

但是，这样又会面临如下矛盾：一方面，自由权利中包含以契约限制个人自由的权利；另一方面，实现自由的概念在严格意义上不能包含契约的实施，否则，这种限制自由的权利本身就是不受限制的，导致通过这种自由缔约而令自己从自由状态陷入奴役状态，从而使个人自由原则以作茧自缚而告终。公正或正义显然必须解决这一矛盾，才能作为实现平等的自由而成立。

显然，限制自由的权利不能依据契约，其合法性根据必须是更为普遍、更为神圣的如同神法或自然法之类的东西。但是，西季威克显然没有进一步将此问题的讨论提升到形而上学的高度，当他问"我们能够找到这种最高的、最具综合性的理想的原则吗"（《方法》，第296页），他给出的一个方案超出了所有人的想象，将"感激的要求"普遍化似乎能作为一种"理想化"的公正的类似物，相反，把"惩罚的公正原则看作被普遍化了的不满"（《方法》，第298页），这之间推理的跨度实在太大，限于篇幅我们无法做出细致的跟踪分析，但是其总体思路有一点是值得思辨正义论者们借鉴的，源自他的一个非常要紧的洞见，就是刚才已经提到的自由与奴役之间的辩证法：

抽象的自由原则将导向为最不受制约的暴君与奴役作证明，因而我们的理论也就将以名则予人以自由、实则缚人以枷锁而告终。(《方法》，第314页）

这就是他拒绝为个人自由的公正做深入的形而上学证明的理由，他根本不相信抽象的自由原则能够成为解决公正问题的"理想原则"，当然这并不妨碍他相信有"神的公正"，他甚至认为，神的公正是一个范型，只要社会状态允许，人类的公正应当效尤。但毕竟人类的公正需要在社会允许的条件下，不断地解决现实中存在的各种不公正难题来向理想性的公正原则推进。所以，他最终坚持，我们在伦理学上，唯一适合采取的公正一词的含义，是它的"广义"与"常义"，把"公道"与"公平"包含在内，让抽象的"公道"在诉诸类比与习惯来认定的具体"公平"中体现，以实现"公正"起码的"保守性"含义：法律、契约和明确的协议中明文规定的自由的权利，在保守性含义不断实现的过程中趋向理想的公正。这是英国伦理学所体现出来的独特伦理智慧。

在这样的思路中，公正作为个人德性，也将是一种自由的德性，因而他不是从自然主义的品质来证明，而是从一个人作为自由存在者的伦理义务来讨论。他特别强调的是，自由德性作为个人主义的理想原则，需要在一个保障社会成员最大可能的自由模式得以确立的基础上才是可能的，而这种模式要被当作"现代文明社会至今一直在努力去接近的范型"(《方法》，第304页)来理解，这对于公正的德性之成为现代人的美德至关重要，而不是可以忽略不计的关键，我们也是在这种意义上来把握一个功利主义者德性论的规范品质的。

第 十 三 章
进化论与伦理学

19世纪世界科学的最大成就，就是进化论（theory of evolution），它在神学的激烈反对声中获得了世界的承认。1859年达尔文出版《物种起源》（*On the Origin of Species*）一书，否认物种由超自然的神所创造，而是以生物"种群"为单位进化而来，彻底推翻了物种是固定不变的顽固的错误意识；它以令人信服的事实证明，物种的选择、突变和隔离是生物进化和物种形成的三个基本环节，而个体在适应生存环境中的自然选择不仅是生物进化的动力，而且也以不适应环境的物种被"淘汰"为结果。达尔文自己在他1871年出版的《人类的由来》（*The Descent of Man*）一书中再次论证，人与动物物种的差异，不在于质而在于量。他以大量的科学数据证明，人类的动物性本能是在极其漫长的、毫无目的的自然进程中演化而来的，人类的祖先绝非一开始就已经是"人"，而是"类人猿"，他们与其他动物一样，必须在大自然残酷的生存竞争中为生存而觅食，为生存而与各种自然灾害进行殊死搏斗。没有竞争、痛苦和磨难的岁月静好的伊甸园从来不是现实，而只是神话。

随机应变才是避免灭绝的唯一智能，人类继承了群居动物的"合群本能"，虽然"社会化"是人类从动物世界脱颖而出的制胜法宝，但同时也可以视为人类在身体素质各方面都不如动物的情况下不得不有的必然趋向，它将暗示出这一洞见：人类来自动物，具有与动物相同的本能，但只有社会化或伦理化，人类才能完成其自然演化，否则永远不能脱离动物世界。但社会化或伦理化并不意味着人能摆脱动物性本能的作用，相反，它只能以演化论所能收集到的丰富的自然事实，彻底颠覆"神话"关于人类本能的阐释：既不是柏拉图"工匠神"的理性设计，也不是基督教说的人类始祖之"原罪"带来的"惩罚"，它完完全全就是宇宙演化进程中与生俱来的自然造化之产物。没有那些生物性的"本能"，我们连动物也不是，而在社会化进程中，人类作为自然的存在者，身体内仍保留着古老的冲动和欲望，正是其生命力的象征与表达。生物本能和动物本能虽然明显带有危险性，会驱使我们表现出暴力、病态乃至自毁的行为，但若缺乏这些可能致恶的力量，人类无论在自然世界还是在社会世界，都无法生存。因此，人类在社会化和伦理生活中依然保留着自然本能，甚至常常屈服于这些本能，这是自然必然性的表现。人类行动中的大部分并非习得的行为（learned behavior），而是这个"物种"在数十万年的自然演化进程中成功适应环境必须留下来的生存本领或痕迹。在某种意义上，对本能的屈服，根本就不能被称为"屈服"，而是自然的旺盛生命力表现自身的方式。因此，进化论作为科学被确立之后，传统伦理学那套压抑本能之为善的伦理观念就必须改变，至少要做出新的阐释，才能使伦理学成为"道德科学"。

因为进化论确实揭示出了自然生物在"自然状态"下"进化"与"退化"而达到可见的"动态平衡"的生存景观，为生物种群必然的生存法则提供了新的解释模型。显然伦理学不可能不顾这一科学而依然依照传统伦理学的人性预设来阐发人类伦理法则了，因为所有的伦理法则，都必须基于对人性的认识来建构一种"应该"的存在机制，只有基于这种应该的伦理存在机制，才能回答"应该怎么做"是正当的问题。所以，进化论诞生之后对"道德科学"的挑战，就转变为不是要不要有一种基于进化论的伦理学，而是如何回应人性基于进化而来的生物性和动物性的原始本能，是继续像传统伦理学那样，单纯将其作为一种生命的野蛮力量加以压抑或惩罚，从而让伦理之善单纯以正义、仁爱、同情这些温情的面纱来引导和规范，还是相反，像尼采那样，完全以赞美与肯定的态度将其作为生存意志的强力，让伦理唯独依靠这种野性力量让生命强盛起来。

当然，赫胥黎当时面临的任务与此稍有不同，他首先是要与反对进化论的神学家进行斗争，让进化论在科学上获得接受，其次才是思考进化论揭示的生物进化与退化的规律如何并在多大程度上应用于伦理学。所以，在进化论引发的科学与神学的激烈论战中，赫胥黎全力以赴地投入到了与牛津大主教威尔伯弗斯（Wilberforce）的思想斗争中，击退了后者固守的神创论对进化论的猛烈攻击，捍卫了达尔文《物种起源》的进化论规律，他因此被称为"达尔文的斗犬"，是进化论在科学上取得决定性胜利的英雄。但是，他同时又不同意斯宾塞将进化论直接用于人类社会的"社会达尔文主义"，认为社会进化过程不同于生物进化过程，因为人类生活的选择是有意识的自主选择，因而是"伦理"起着调节、引导和规范人类生物性的"进化"，而不能相反地把生物种群进化的必然规律直接当作个人行动的选择模式。因此，他的伦理思想与斯宾塞的社会达尔文主义相反，可以恰当地称之为"伦理达尔文主义"，反对将达尔文进化论直接应用到人类社会生活。正如冯友兰先生正确地评论的那样：

> 其实，把达尔文主义同人类社会联系起来是一回事儿，而把达尔文主义应用到人类社会又是一回事儿。赫胥黎并不是要把达尔文主义应用到人类社会，而是认为达尔文主义不能应用于人类社会。[1]

我们现在来考察赫胥黎和斯宾塞进化论的伦理学理念。

---

[1] 冯友兰:《中国哲学史新编》(第六册)，人民出版社1989年版，第162页。

第一节 赫胥黎vs斯宾塞:"伦理达尔文主义"vs"社会达尔文主义"

一、共同的理论预设下的两种不同的伦理概念

赫胥黎（全名为托马斯·亨利·赫胥黎［Thomas Henry Huxley］，1825—1895）本身是英国生物学家、博物学家，而赫伯特·斯宾塞却只是哲学家、社会学家和教育家，简单的思维似乎更应该相信，赫胥黎是个"社会达尔文主义者"才合乎逻辑，但事实上却相反。他们两人显然具有共同之处，都是维多利亚时代最有辩才，也最爱争辩的著名人物，都是达尔文进化论的热烈拥护者和信徒，都有强烈的科学倾向，相信自然科学能够为社会科学和伦理科学提供令人信服的解释模型，因而下面这一点可以视为两者思想的原初预设：

> 毫无疑问，社会中的人也是受宇宙过程支配的——像其他动物一样，不断地进行繁殖，为了生存资源而卷入严酷的竞争。生存斗争倾向于消除那些不能使自己适应环境的人。最强大的人，即最自行其是的人，倾向于践踏弱者。而且，社会的文明程度越低，宇宙过程对社会进化的影响就越大。社会进步意味着处处阻止宇宙过程，并代之以所说的伦理过程。其结果，不是那些碰巧对所处的环境最适应的人生存下来，而是那些从道德观点上看是最好的人生存下来。[1]

但区别在于，斯宾塞从牛顿物理学中抽取出"力"的概念，将其解释为一切现象的终极原因和最高实在，同时又构造出所谓的自然界"力的恒久性规律"（the law of persistence of force），将其与进化论结合起来。就时间而言，斯宾塞关于物种进化的观点甚至发表在达尔文和华莱士之前，不过他提出的

---

[1] ［英］赫胥黎：《进化论与伦理学》（全译本），宋启林等译，黄芳一校，陈蓉霞终校，北京大学出版社2010年版，第34页。以下凡引此书，都是这个版本，直接在引文后标注页码。

进化是由生物个体的获得性遗传特征所决定，而不是达尔文的自然选择。在达尔文进化论取得决定性胜利后，他才接受自然选择是生物进化的原因之一。力的恒久规律与进化选择机制，使得"进化"不可能保持自身的同质（homogeneous），而是"演进式的"，但演进的过程是连续而不可中断的，所以他创造出"适者生存"（survival of the fittest）理论，作为他"社会达尔文主义"的表达。

斯宾塞相信，"连续演化"从自然界一直到人类社会始终都是"力"规律的演历，所谓"天行人治，同归天演"（出自严复译《天演论》，吴汝纶"序言"）是所有进化论者共同的信念。但赫胥黎显然更为强调人类作为高级演化的产物，其本性与生物和动物在连续性中有了某种"反骨"，因而具有了新的自由本性，表现出对自身的自然本性具有了反抗性："社会进步意味着处处阻止宇宙过程，并代之以所说的伦理过程。"（《进化》，第19页）

1893年5月18日赫胥黎应邀在牛津大学"罗马尼斯讲座"上发表《进化论与伦理学》（Evolution and Ethics）的演讲，通篇所阐述的一个伦理观念就是：

> 伦理本性，虽然是宇宙本性的产物，但它必然与产生它的宇宙本性相对抗。（《进化》，前言第4页）

这就把伦理学定位于探讨伦理本性之推理，它既是宇宙本性的产物，却又必然要与产生它的宇宙本性相对抗，因为自由才真正是人的本性，伦理本性必须首先契合于人性，从人性去追溯伦理的宇宙本性（天性）才有意义。中外伦理学都追溯人与伦理的天性根源，从天性出发，即可以推导出伦理本性的"反抗性"，因而在某种程度上是阻止"天性"永恒地主宰和支配"人性"的完成，这种"完成"只能是人作为一个"自然造物"的自然人的完成，相反，"伦理本性"通过反抗自然天性而开启人性"伦理生存"的另一个系列，即人的自由本性的完成；自由本性由是可被视为自然本性的完成，当然也可以从"道德"上像斯宾塞那样说是"服从"："很明显，道德的法则必然是完美的人的法则——完美就在于对这法则的服从。"[1]

所以，赫胥黎和斯宾塞看似完全"对立"，但他们谈论的不是同一个层面的问题，一个是"伦理本性"与"宇宙天性"的对抗性，一个是"完美的人"的"道德"是对"法则"（他指的是人类按照完美的人的观念所确立的"行为规则法典"）的"服从"。因而无论是"伦理本性"的"对抗性"还是对道德法则的"服从性"，都是人类自由本性的表达。这种通过服从人类理性自我立法的"自由"——康德首先系统而深入地论证了——才是真正的自由。但这样说，并不能遮掩赫胥黎与斯宾塞两人在"伦理"与"自然"（宇宙天性）关系上的根本分歧，即斯宾塞的社会达尔文主义坚持将生物进化的宇宙规律连续性地运用到人类社会生活中，自然宇宙与人类社会就共同遵循一个"适者生存"的竞争与淘汰法则，他的思维逻辑是纯自然主义的。有一点是对的，即他看到，英国伦理学家所主张的"道德意识"几乎都表现出连他们自己也在致力反对的样态："是一种混乱的、随心所欲的原则，仅仅以一些内心的、特殊的感情为依据。"[2]这样相互矛盾的信念必将在由科学所引出的人类生存法则面前销声匿迹。所以，道德意识的任务必须从科学中引出道德的公理，才是正确的方法。

二、对宇宙法则无论对抗还是顺从，都是伦理之自由？

承认这一公理对于伦理生活意味着什么呢？意味着人类的"伦理本性"是宇宙本性的产物，无论是斯宾塞还是赫胥黎，他们都承认，人类具有"物种上"的普遍天性，只要是人类的一份子，就必须承认他们的天性（本性）

---

[1] ［英］赫伯特·斯宾塞：《社会静力学》，张雄武译，商务印书馆2011年版，第22页。
[2] 同上书，第18页。

是受宇宙过程操纵的,如果有哪个社会否定人的天性,就"必然会被外部力量所消灭",但是,如果完全保留这种天性,或者"如果这种天性过多,我们就会束手无策,一个被这种天性统治的社会,必然会因内部争斗而毁灭"(《进化》,前言第4页)。

而恰恰是在表面看来他们共同承认的这一点上存在着巨大差异。斯宾塞所说的道德意识的任务,即伦理学的任务是要从科学揭示的自然规律,从物理公理中引出道德公理,这里隐含着伦理学公理与物理学公理的一致性与连续性(他没有意识到这种推理中有所谓的"自然主义谬误"),从而把道德公理视为对自然公理单方面的"服从"。

而在赫胥黎看来,这样阐释道德学公理完全抹杀了道德的自由本性,道德永远只服从于理性的普遍立法,而不服从完全外在的法则,道德才是自由的。虽然道德公理不能违背自然(天性)公理,但毕竟理性的主体是人而不是自然。所以,这里必须有一个中介,即人的自由意志的中介,才是正确说明必然与自由正当关系的方式。自由意志也就在人类道德哲学史上承担着接续自然法和自由法过渡的一个关节点,这从19世纪的科学主义伦理学这里再次获得了证明。

随着赫胥黎指出了这一点,伦理学更加明显地意识到,在道德上阐明人类的本性,需要从两个基本方面入手,自然与伦理缺一不可,因为人类"天生"既在自然也在伦理之中。每一个人作为胎生生命,是"自然的",是自然进程的产物,因而其生老病死无不服从于自然必然性的操纵;同时,每一个人只能通过父母受精卵并通过母亲子宫的十月怀胎而生,天生又是一个"伦理生命",受人类"伦常"规定,而任何"伦常"如果不能表达人类族群的自由意志而完全受自然必然性操纵,这个族群也只有死路一条。

所以人类哲学的智慧自古就认识到,人类本性除了自然天性外,还有一种本性,那是源自人自身不被任何外力所主宰、所决定的道德自由。它作为意志自由,既有意志活动自发的自然性,又有通过反抗自然必然性、从自然天性的主宰中解放出来的行动自由。因而可以说，这种自由就是自然生命之中的伦理生命的自由，是因自由而可能的道德"世界"的自由。人类于是天生属于两个"世界"：由自然必然性主宰的自然世界和由自由主宰的道德世界。后者才真正是属于人类生活的"更高世界"。人类伦理生活因其伦理性而得以可能，既有反抗性同时也有服从性。其反抗的对象，也不是单方面的，而具有两方面：纯然宇宙进程的必然力量和被各种权威束缚着的不自由的社会。但这种反抗绝不意味着伦理与自然的绝对对立，而只能意味着伦理生活的自由是自然必然性的完成，人出自自然，但真正"活成"一个人，必须是在伦理生活中。如果像斯宾塞那样把社会生活视为自然必然性的连续，那么人类的自由本性则永无完成的可能。

第二节 "伦理达尔文主义"的证明

我们用"伦理达尔文主义"表述从达尔文进化论的生物进化规律说明"伦理本性"的起源与发生，继而进一步说明，在高等进化阶段，合群的社会本能是进化的动力与产物，它将深刻地影响进化的过程并同时创造高级的文明类型。

赫胥黎以此一方面捍卫了进化论的科学性，另一方面又将伦理本性视为超越了人类动物本性的进化产物，或者说动物本性中具有进化为社会伦理本性的演化趋向，因为伦理本性本身是对自然本性的反抗力量，这是其哲学思想的迷人之处。因此，他始终用"进化论"与"伦理学"这样的表达，而不是直接用"进化论伦理学"这样的概念，这绝不能给我们造成一种错觉，以为"进化伦理学"是进化论和伦理学的一种外在结合，作为进化伦理学理论的奠基者和最初表达，他是从生物进化的科学事实来重新理解人的生命的"自由天性"与伦理本性，从而阐发一种从自然本性演化出的自由本性的"新人"形象的伦理生活法则。

一、"进化"中的"伦理"

现在我们要考察的是，赫胥黎如何从"进化"的宇宙过程来理解人的生命及其"应该"的生存法则。他对"进化"做出了这样的解释：

> "进化"一词，现在一般用于宇宙过程……就其通俗的意义而言，它指前进性的发展，即从相对单一的情况逐渐演变到相对复杂的现象，但该词的内涵已扩展到包括退化现象，即从相对复杂到相对单一的演变过程。
>
> ……但要切记，进化不是对宇宙过程的解释，而只是对该过程的方式和结果的一种概括性表述。（《进化》，第4页）

在这里我们不应该将这两段话视为矛盾的，因为前一段话中的"进化"是一个描述性概念，描述宇宙的"一种固定秩序"，一种过程，一段"历史"；后一段话中的"进化"是关于"进化"的一种"理论"，它从"进化"过程的"事实性"描述中，分析进化过程的方式及其结果，"概括"出宇宙自身发育、发生和发展的"必然"规律，将一些偶然的因素、外在的因素、超自然的神学的因素统统排除在外。如果要承认宇宙过程"最初"有某种"力量"推动和支配，那么这种"力量"就是"自然生命力"本身，它是自然物在物理的、化学的、光合的、磁力的等等"自然力"作用下"自行""合成""演化"自身生命的过程。无论是无机的还是有机的生命体，一旦自身生命"合成"了，它就处在它所属的植物世界、生物世界、动物世界中，按照事物固有的生命本性"奋力"完成天性所预定的进化过程。每一个生命体及其所属的物种与其他物种之间，就在这一宇宙整体的进化过程中"被卷入"到不同层级和不同情境的"生存竞争"或"斗争"中。因为适合于自身生命发展的有利资源和环境无论是否处在"稀少"状态，都必须通过"竞争"或"斗争"才能变成对自身有利的资源或环境，才能与自身的发育和生长联系起来。赫胥黎的证明，是将进化过程限制在"地球上的生命形态"，他以三个基本观察事实为依据：

第一，所有动植物都表现出变异倾向；

第二，任一特定时间内的生存条件，总是有利于最适应变种的生存，不利于不变的生存，因而"选择"成为必然之事；

第三，所有生物都具有无限繁殖的倾向，而生存资源总是有限的，于是生存斗争就作为自然状态中推动选择过程的原动力而得阐发。

在这样的"进化事实"面前，人类作为大自然进化到高级阶段的产物，其生命如何既适应自然律，让蕴藏在人体内的某些本能能力在同样蕴藏在人体内的智力的指引下产生出一系列在自然状态下无法产生的物体，这是自然的进化本身的创生事件，免除退化而被大自然淘汰的危险，同时又在对自然本性的反抗中，让自由的伦理本性获得发育和成长，"反抗性"这种"自以为是"的"自由"依然是自然本性的表现，如何阐释这两种"本性"在生命力中的"进化"与"突变"之间的关系，是进化伦理学面临的首要课题。

二、"进化"中的"突变"：进化伦理学面临的阐释课题

"突变"本身在有意识的人类生命中，作为在"物竞天择"的残酷斗争所取得的存在优势（胜利），总是与"不突变"即"退化"、被"淘汰"的"灭亡""灭种"的焦虑联系在一起。赫胥黎自然懂得当时人们遭遇到进化事实时的这种焦虑，因而，他的伟大，他的进化伦理学的卓越成就，就是坚定地在伦理上化解这一焦虑。化解的方式就是认识到，伦理学必须毫不动摇地接受科学所揭示出来的进化与退化的真理，以进化规律所揭示的人性"自由生命"这一新人的形象为基础，阐释人类生存法则。他强调，人类"要生存下去，不仅要强壮，还要有韧性，有好运气"（《进化》，第7页），但关键是要有"选择"，即"决断"的勇气，这是实存的勇气：

选择就是选定某些变种并使其后代保存下来的手段，生存斗争仅仅是选择得以实现的手段之一。(《进化》，第7页)

选择意味着"变种"，"变种"不是"物种"的根本改变，而是进化中适应演化过程的"改良"，因为改良的必要条件就是变异和遗传机制，所以对于人类生命而言，"改良"必须基于人类自由天性，才符合进化之伦理：

简单说来，人类只做让自己高兴的事，丝毫不顾及他们所处的社会的福利。这种天性是人类从其进化已久的一系列祖先——人、猿、兽那里继承而来的（原罪论的现实基础也源于此），而且这种"自行其是"的天性所具有的力量，也是人类祖先在生存斗争中获胜的条件。(《进化》，第12页)

赫胥黎当然也承认这种"自行其是"的自由天性如果不加以某种程度的"限制"，也会成为破坏社会的必然因素。但"限制"绝不意味着"扼杀"，任何"扼杀"人的自由天性的社会，必然会被自然所淘汰，因为它不可能在物竞天择的世界具有任何能够获胜的力量。"人类'自行其是'的自由天性，是人类社会得以产生的必要条件，限制这种天性的自由发挥，则是某些功能需要的产物。"(《进化》，第12页)不过这绝非任何专制独裁的借口。进化伦理学于是就需要有在保障自由天性发挥与限制自由无度发挥之间的平衡智慧。

20世纪"综合进化论"的代表人物朱利安·赫胥黎（Julian Huxley，1887—1975）显然深得他祖父托马斯·亨利·赫胥黎进化伦理学的这一精髓：与达尔文进化观念相联系的是一种新人的形象。他说：

"什么是人"诚然是能够被人一般地提出的内容上最重要的问题。

这对于每一个哲学的或神学的体系而言，已然并总是中心难题。我们知道，最有学问的人在两千多年前就已经直面这个问题了，而且说最聪明的古猿也早在二百万年前就已经提出了这个问题，也是有可能的。我想在这里尤其注意的是，1859年之前所有回答这个问题所采取的尝试，没有哪个是有价值的，我们更好的做法，是对它们置之不理，因为没有哪一种回答是基于扎实的、客观的基础上的，只要人们没有认识到，人是从最早的类人猿进化而来的，而在此之前，还经历了数十亿年的时光流淌，这是漫长的逐步进化的产物，但从他自身中产生了千变万化的转变，就是说，是天然的、已经升华的原始单子（Urmonade）。[1]

所以，在进化伦理学看来，人类不用担心变化、"变种"，这是自然规律，是必然的自然进程，但就其准确的概念严格说来，实际上不是"变种"，而是通过人的生命自身的创生机制，让人的自然人格"变化"、发育、演化成为"人为人格"或他所谓的"内在人格"（《进化》，第13页），也就是"自由人格"。在这样的思路下，"自然状态"被他定性为永远都只是一个"暂时阶段"，其"本质是暂时性"（《进化》，第4页），从非常不同的自然状态演化而来，也将朝向另一个非常不同的自然状态演化而去。但自由人格发育的"伦理过程就与宇宙过程的［天性］原则相对抗，并倾向于压制那些最有利于在生存斗争中获胜的品质"（《进化》，第13页）。

三、进化论伦理学语境下的"伦理""道德"和"德性"概念

这里到了我们需要严格界定"伦理""道德"和"德性"三概念的时

---

[1] Julian Huxley (Hrsg.): *Der Evolutionäre Humannismus*, München, 1964, S. 19.

候了，否则，赫胥黎的思想容易被误读而降低到一般常识水平。在他这里，"伦理过程"与"宇宙过程"，前者为"人为领域"，也被称为"技艺"领域，是有人的意识、智力参与其中的领域，后者是单纯无意识的自然过程，是必然的自然意志的表达。这在赫胥黎那里都规定和表达得十分清楚，宇宙过程的进化规律在人作为"自然产物"的"自然人"意义上，同样规定了"伦理过程"，"伦理过程"也同样服从于自然规律，都有一个从低级阶段向高级阶段进化，从相对复杂阶段向相对简单阶段的"退化"，这在形式上是一样的，但这只是问题的一个方面；另一方面，伦理过程之"进化"与宇宙过程之进化却又根本不同，甚至，赫胥黎特别强调"伦理本性"与"宇宙本性""作对"的性质。斯多亚主义者"遵从自然生活"的伦理原则总是被误读，就是因为人们认识不到"伦理本性"是通过与"自然本性""做对"而表达其自由本性的：

> 我们哲学家中的固执的乐观主义，掩盖了事情的真实状况。他们无法认识到，宇宙本性不是培养美德的学校，而是与道德本性作对的堡垒。需要以事实的逻辑使他们信服，宇宙通过人类低级的本性发挥作用，并不是为了正义，而是为了与正义作对。（《进化》，第31页）

这段话虽然没有对"美德"和"道德"做出界定，但我们已经可以清晰地看出，它们与"伦理"不是同一个层面的东西。"伦理"在与"宇宙"的自然存在规律（法则）相对的意义上使用，是人类的存在法则，因而它是与"正义"这样的理念相关联的。"美德"是人类"伦理过程"造化出的"个人"的"高级本性"，即成为"最适生存者"的"品质"特征；而"道德"是"伦理"所要求于个人行为的"约束"律令，在此意义上，"宇宙本性"（自然）才是与"道德本性"对立的"堡垒"，而"伦理本性"却是自然本性的"完成"。在做了这种精确的概念细分之后,我们才能准确把握到赫胥黎所讨论的"科学与道德"之关系。

赫胥黎区分了在自然进程中,"自以为是"的自由天性是生存斗争获胜的条件,而在人类社会内部"自以为是"的自由天性的无限制发挥,也是瓦解社会的必然危险,因而伦理进程中的"压制",是在"人类社会内部"压制那些在斗争中获胜的最有利的品质,这在个人身上对一个人是"美德",但对另一个人而言却是"倾轧",是"蹂躏",是"高贵"的野蛮。因而,只有出现对这种美德品质适度"压制"的"伦理",这种伦理就能作为法则规范"道德"主体的行动准则,作为"约束性"根据发挥其道德性意义,以此来培养并维系人与人之间的团结合作、互利共赢的社会情感,"伦理过程"才会进化到文明的"高级阶段":

> 尽管维系人类社会的纽带可以阻止社会内部的生存斗争,但当这种纽带逐步增强到一定程度的时候,就会提高一个共同体的人类社会在宇宙斗争中的生存机会。我把这个纽带增强的过程称为伦理过程。(《进化》,第14页)

因而这里必须避免对进化伦理学的一个通常的误解,即从"社会达尔文主义"来理解赫胥黎的"生存斗争",他清楚地说明了,生存斗争是自然进化中的事实,而"伦理进程"是通过"伦理纽带"反抗单纯"自然进程"而让社会共同体进入文明进程:

> 当伦理过程发展到保证每个社会成员都拥有生存资源的时候,社会内部人与人之间的生存斗争,事实上就结束了。(《进化》,第14—15页)

伦理过程的意义正在于此:以其反抗性阻止发生在自然状态下产生的生存斗

争在社会状态下得到进化，从而促进人的自由本性在伦理过程中得到平衡的发展和完善，这就是文明进化的方向。

在伦理为社会文明所指明的方向上，伦理学应该做的事，不是指明"天命"不可违，而恰恰是阐明，人类在改变自身天性、种性方面还大有可为，让自己的族群在意识和思想方面走出出于人类共同的虚荣心所构造的祖先们"史诗般的幼年时代"，在这样的时代，无论哪个民族，善和恶都受到了嬉戏般的欢迎，他们所做的"扬善去恶"的努力，最终都因为各种非伦理、非道德的原因而临阵脱逃。因此："我们要做的，就是抛弃那种幼稚的自负和同样幼稚的灰心丧气。我们已经长大成人，必须显示男子汉的气概：意志坚强，去奋斗、去追求、去探索，绝不屈服。"(《进化》，第35页）

因而，"伦理达尔文主义"给予人类最为重要的伦理智慧，也许可以概括为：别再奢谈良心本有，是到了给良心佩把剑，向恶而生的时候了。

第三节 20世纪进化论伦理学争论的三大问题[*]

进化论伦理学在20世纪得到了广泛发展，新的讨论先是鉴于民族社会主义（简称"纳粹"）在20世纪诸如社会达尔文主义和优生学所告诫的那些变种的经验，阐明进化论伦理学究竟是什么样的伦理学[1]，到70年代之后，在伦理学理论背景下讨论进化论带来的伦理变迁成为主流，而伦理变迁所依据的，不是一般习俗，而是科学：一方面是ethologie，这个词既是"民族学"，

---

[*] 这三大问题不是我的归纳，是对维尔纳·洛（Werner Loh）撰写的《进化论伦理学》（Evolutionäre Ethik）的介绍，载于安玛丽·皮珀（Annmarie Pieper）主编的 Geschichte der neueren Ethik 2, A. Franke Verlag Tübingen und Basel, S. 260-280, 1992. 以下凡引此书，都是这个版本，直接在引文后标注页码。

[1] 参见 Franz M. Wuketits: Evolutionstheorie（《进化论》，1998）和 Gene, Kultur und Moral（《基因、文化与道德》，1990），尤其是后者第109页之后诸页。

也是"动物和人的个体行为学",前者可被视为"形式",后者可被视为"核心内容";另一方面是"社会生物学"。因而,自此之后的所谓"进化论伦理学",就是探讨以生物进化为定向的伦理观念之变迁。洛伦茨(Konard Lorenz, 1903—1989)和威尔逊(Edward O. Wilson, 1929—2021)是这一时期的代表人物。

一、洛伦茨纳粹主义的民族学

洛伦茨是奥地利著名动物学家,医学诺贝尔奖获得者,他自己把他从事的ethologie称为"动物心理学"(tierpsychologie),在德语学界他被称为动物心灵学之父。他的人生辉煌是在纳粹运动中达到的,他的社会达尔文主义的"民族学"和伦理学也因此充满争议。在1940年出版的著作中,他发表了如下一段令人毛骨悚然的话:

> 如果根除附着于自然选择中沉淀下来的元素失败了,那么这种元素就会穿透国民的身体,以生物学上完全类似的方式并出于与根除恶性肿瘤细胞同样类似的原因[……]这就应该有促进突变的因素,让它们进入他们的认知和清除行为中,这才应该成为种族监护者最为重要的使命。与之相反,如果在驯化条件下没有出现突变的积累,而只是废除了自然选择,让现存的突变数量增加并导致民族部落之间的失衡,那么种族监护者就必定要用比今天还更加锋利的刀,深思熟虑地剪除伦理上价值低微的人(Ausmerzung ethische Minderwertiger)。[1]

如此典型的纳粹观念如果在伦理学上不能得到彻底的批判与清除,伦理本身就会蒙羞。

---

1 Zitiert nach Taschwer/Föger 2003, S. 91. 转自 https://de.wikipedia.org/wiki/Konrad_Lorenz。

二、威尔逊的新社会生物学

威尔逊是出生于英国伯明翰的人,在哈佛大学取得生物学博士学位,最终成为哈佛大学动物学教授(1964—1976)。之所以在进化论伦理学上获得重要地位,就是他在科学研究方法和研究内容上对"进化"与"伦理"进行了创造性的阐释。他从昆虫和脊椎动物的"社会相处"(sozialverhalten),尤其是"社会本能"(bei sozialen Insekten)驱使的"社会行为"入手探究了进化的原因,1971年他出版了《昆虫社会》(The Insect Societies),1975年出版了《社会生物学:新的综合》(Sociobiology: The New Synthesis),将"昆虫社会"与"群体生物学"综合起来,以更精确的统计学方法揭示出生物世界的竞争与共生的伦理机制,得出一个乐观的预测:

> 尽管脊椎动物和昆虫的系统发育相距遥远,且对内对外的通讯系统也存在着基本的差别,但这两个动物类群进化出来的社会行为在程度上和复杂性方面都具有一定程度的相似性,并且在很多重要的细节方面也存在趋同现象。这一事实使人们可以做出一个特殊的承诺:最终可以从群体遗传学和行为生物学的主要原理中发展出一门成熟的科学。可以预计,这门学科将有助于我们进一步理解那些与人类的社会行动不同的动物那独有的社会行为。[1]

显然,在"社会行为"中,每种生物与其他生物之间不可能只是赤裸裸的生存竞争下的相互倾轧或洛伦兹所说的比攻击行为更普遍的残杀。威尔逊说,只有当对一个物种的观察时间以千小时为标记单位时,才可以看到这种现象,但令人印象深刻的是,若对以单位时间每个人发生的猛烈攻击或残杀

---

[1] 《世纪之交的社会生物学》,载[美]爱德华·O.威尔逊:《社会生物学:新的综合》,毛盛贤等译,北京理工大学出版社2008年版,前言第1页。

进行评估，那么人类还属于比较热爱和平的哺乳动物。他以充分的观察数据证明，动物在竞争和捕食行为中没有普遍适用的行为标准，也不存在普遍适用的攻击本能。在足以引起进化的时间内，各个物种只是受使它们成为有利的事件引导，完全是机会主义的。威尔逊自问：

> 为什么动物喜爱和平与恐吓，而不喜欢采用逐步升级的战斗呢？……答案可能是：对于每个物种，依赖于其生活周期、食物嗜好和求偶仪式的各细节，都存在着某一最适攻击水平，而超过这一水平时，个体适合度就会下降。对于某些物种，这一最适攻击水平必为零。换句话说，这些动物全都应该是非攻击性的。[1]

对于人类呢？人类的攻击行为都是适应性的吗？这种攻击行为是完全先天的还是习得的？威尔逊说，在解释人类行为模式时如果人类学、行为学和遗传学全都采用自然主义的还原论方法，那么它们的结论就十分可疑，全盘接受人类学家和心理学家的极端观点就是错误的。所以他的进化论在方法论上摒弃了斯宾塞和洛伦兹等人所坚持的伦理自然主义强还原论立场，而坚持综合论和整体论，即相互作用论：

> 如果一个人在阅读该书时相信还原论是科学中的一把利器，他或许相信《社会生物学》不仅重视还原论，而且也重视综合和整体论，那么这两种理解本质上是没有什么不同的。此外，该书中的社会生物学解释绝对不是严格的还原论，而是相互作用论。没有哪个严肃的学者会认为控制人类行为的方式和控制动物本能的方式一样，而不存在文化的影响。[2]

---

[1] ［美］爱德华·O.威尔逊《社会生物学：新的综合》，毛盛贤等译，北京理工大学出版社2008年版，第234页。
[2] 《世纪之交的社会生物学》，载同上书，前言第2页。

如果考虑到相互作用、相互影响，那么攻击模式就是非适应的，只有当把遗传程序化模式作为总的反应模式（pattern），才使得攻击模式是适应的。所以威尔逊得出了非常有利于利他主义进化论的结论：人类的教训是，个人幸福与所有动物性攻击行为无关，相反，攻击可能是非幸福和非常适应的。如果我们要确保我们的群体密度和社会系统的正常状态，那么至少每个人都"应当"把自己的儿茶酚胺和肾上腺皮质类激素的滴定度降到使我们比较幸福的水平。他从而以这样的方法将进化论伦理学从被洛伦茨带歪的邪道重新引向赫胥黎所确定的正确轨道上了。

三、进化论伦理学三大伦理问题的重新提出

进入赫胥黎所确定的正确轨道，时间已经到了20世纪70年代。从此之后的新一代研究者，都在重新提出和探讨进化论伦理学的问题。他们面临的首要问题是如何清晰地定义"进化论伦理学"的性质或方法。在此问题上，伍克梯兹（Wuketits）、汉斯·摩尔（Hans Mohr）都表达了这样的看法：

> 如同所有科学理论那样，进化论伦理学是一门说明性（解释性）的理论，它不遵循命令性或规范性的意图。毋宁说，它探究的是对事实伦理行为的历史发生做科学的说明。（S. 260）[1]

这样的定性使得"进化论伦理学"不同于传统伦理学，因为后者具有规范意图。但所有这些进化论伦理学的研究者没有一个人具有"元伦理学"概念，洛文（Reinhard Löw）于是反问："为什么汉斯·摩尔把'伦理学'概念用作'进化论伦理学'呢？"既然伦理学要阐明"应该做"的，这个"应该做"就是规范性的，他们于是更为清晰地认识到，进化论伦理学只能是这

---

1 Hans Mohr: *Natur und Moral: Ethik in der Biologie*, Darmstadt: Wissenschaftliche Buchgesellschaft, 1987.

样一个学科：

> 它"描述性地解释道德之可能的进化根源"：
> 它或许是一门描述—经验的辅助学科，如同使用伦理学的其他学科那样，而不把这样的一些描述变成伦理的。（S. 261）

拜尔兹（Kurt Bayertz）表达出了他们的这一共同心声：

> 诚然没有哪个人愿意就此进行争辩，人——作为一个物理的对象——服从于物理规律，而他自己在被他的道德塑形时却也不能从这种万有引力（Gravitation）中解放出来。所以，生物学对于道德哲学的意义，如同万有引力理论对于生物学一样大。

这当然不能说，万有引力理论对生物学是规范性的。但只要从进化论对生物行为的本能驱动机制的描述，演化到了社会生物学，演化到了人的生命上，那么，关于人的行动本能的描述，如果失去了规范性的维度，就几乎是不可能的了。因为我们可以说，进化论作为科学是描述性的说明，而一旦从昆虫社会到人类社会所有的进化事实，都说明了"社会是偏利共生"[1]的，我们依此也得不出人类行为的"应该"如何，那么人类还是一个有思想、有理性的物种吗？进化论的关键是向着更高生命水平和状态的发育、繁殖，还原论的优势是看到这种进化的根源，但整体论的优势在于从进化与退化的双向运动中，可以综合地合理推论出某种更高方向性目标，一旦它所适应的生存条件具备，就可能发生。因此，这是突破所谓"自然主义谬误"的关键。

---

[1] ［美］爱德华·O.威尔逊：《社会生物学：新的综合》，毛盛贤等译，北京理工大学出版社2008年版，第335页之后。

第十三章 进化论与伦理学

这构成了20世纪进化伦理学讨论的第二个核心议题，这一议题最重要的问题是进化伦理学同康德和尼古拉·哈特曼的"应该伦理学"或者说一般传统规范伦理学的关系，是否当我们坚持进化生物学的自然主义初衷（naturalistischen Ansatz），就必须将传统规范伦理学视为无效的或作废的东西而予以排除。达尔文虽然代表了有机体之发展变化是无方向性的这一进化观，但他同时赋予了自然选择机制的意义，进化还是退化是选择的结果，同时也没有将突变（mutation）完全赋予偶然性。因此，进化论伦理学将以何种方式与达尔文的进化论相联系，就成为不断分歧与对立解释的中心。

以维尔纳·洛为代表的观点认为，既然"道德学"和"伦理学"能够以多种多样的方式被规定，那么在进化伦理学中，出于突变和选择的关系也将不被理解为"道德的"或"伦理的"，相反，他认为汉斯·摩尔的下列改写可用作一种暂时性的定向：

> 人们把"伦理"或"道德"理解为单个人或一个群体事实上实践的价值系统，这种伦理关系的具体法典（Kodex）是：伦常、规范、法则、行为标准。伦理学追问道德的基础。伦理学是美好生活的理论，但显而易见对此完全没有前提。有许多奇怪的人对伦理学一无所知，或者说仅知一星半点。（S. 264）

进化论伦理学兴起后的一个重要影响，就是使得伦理学不得不将突变和自然选择作为道德定向和伦理反思的对象，诸如基因伦理。但进化伦理学不被构想为领域伦理，因而区别于应用伦理学。所以进化的伦理学虽然在基于进化的事实之上，对人的生命及其在世界中的"伦理过程"做出了新的阐释，但它既不可只是描述伦理学或元伦理学，也不可能是应用的"领域伦理学"，如果它能成功避免"自然主义谬误"之指控，那么它依然是一种通常的规范伦理学。赫胥黎进化伦理学将伦理进程视为对宇宙进程的反叛，继而将人的自由本性的进化纳入文明进化之中考察，无疑是克服"自然主义谬误"的一个范例，但如果这能够被当作范例，人的自主决断是否"作为被自己意识到了的进化过程"就是一个核心问题，赛贝特（Uta Seibt）和威克勒说：

> 此外我们知道，人是必要地既在不同的行为目标之间也是在通往同一目标的不同道路中间做出种种决断的，尽管如此，对于生物学家具有诱惑力的是通过诸善权衡和优先性的设定［……］，把理念、语言和文化诸形式的进化同生物及其机体的进化平行地设立起来，乃至去探寻的选择之规律对于两者都是有效的。在这里行为研究者首先面对的是一个兴致勃勃却还几乎未被提及的劳动领域。我们大胆假设，被人有意识设定的规范和指南同样地受在进化中所保存的规律性决定。（S. 265）[1]

依然还是这样的问题：如果进化论的规律决定了所有的行动选择，不存在与自然无意识的选择不同的其他选择的可能性，那么伦理学就失去了其本来存在的意义。如果是进化的伦理学，那么就得承认其伦理性基础在于人的自由选择的意志是可以不受宇宙进程的必然本性所决定的，他依据的是主体在做选择时所达到的伦理善的认识，因此这就必须承认，伦理的进化功能是基于人能预见其行为结果这种能力限度内的，这是其他任何生物都不具有的能力，也正是这种能力，让人具有了突破自然主义谬误的正当理由，即只要事实的进程能够按照其本性的规律合乎逻辑地推导出其目标或结果，那么这种终极目标或结果就具有了"应然"的"规范效力"。

所以，进化伦理学在解决了自然主义谬误的问题之后，就成为传统规范伦理学的一种深化版本，即将伦理进程视为产生于自然进程又通过必然的反

1　W. Wickler und U. Seibt: *Das Prinzip Eigennutz*, München, 1981, S. 354.

抗自然进程而自主开启的人类高级生命的文明进化进程，就完全是正当的。虽然汉斯·摩尔一直坚持进化伦理学不是规范的，而是描述的学科，只能作为进化论的一种卫星理论（satellitentheorie），但在他的理论中，道德的定向就因此只能通过非进化的伦理学达到规范的效用。只有把进化论伦理学理解为规范伦理学的一种升级版，才把伦理进化与自然进化联系起来，体现了道义"一以贯之"的实存过程，以选择与突变为核心，伦理规范自身具有一种自然发生的机制。施伯曼（Robert Spaemann）和洛文代表了这种"规范本身之发生"（gelten selbst genetisiert，S. 270）。在此方向上，进化伦理学在20世纪80年代之后发展的第三大问题，又回到了"规范内容"（Geltungsinhalt）与"规范条件"（Geltungsbedingung）究竟是天赋的还是文化的问题上。

鲁泽（M. Ruse）区分了规范的成分（规范内容）和辩护的成分（Komponenten der Rechtfertigung），认为两者本质上都有遗传的天赋的条件。而辛普森（G. G. Simpson）却认为两者都是人的决断的结果，因此不是遗传的天赋的东西而是文化的东西。如果人们把"规范内容"和"规范条件"的特征与"天赋的"和"文化的"特征联合起来，那么就有四种可能的伦理姿态（S. 271）：

规范内容	规范条件
文化的	文化的
文化的	天赋的
天赋的	文化的
天赋的	天赋的

这就导致这样一种观点：道德的东西完全没有天赋的成分是不可能的。威尔逊说：

> 更高的伦理价值在文化上的进化能够自身独立地进行并完全取代遗传上的进化吗？我不相信，基因扼制了文化。（S. 271）

但威尔逊同时认为"伦理"或"道德"术语不可能仅仅被用于被遗传所决定而不同时考虑文化的成分，鲁泽对待遗传和文化因素的态度与他近似。但佛格尔（Christina Vogel）却相反地认为，伦理学既不需要从进化生物学取得合法性证明，也不是作为进化生物这样的理论一般才是可能的，人的行为规范的内容是可以与自然倾向相适应的，只是并非非要适应不可。

总之，20世纪进化论的新发展，并没有多少创新的思想，但威尔逊的社会生物学为进化伦理学提供了一些新的论证，其中许多问题获得了更加明晰的界定，而经典的进化伦理学依然是由赫胥黎所代表的。

参考文献

程树德撰:《论语集释》(第三册),程俊英、蒋见元点校,中华书局2022年版。

谈锡永:《龙树二论密意》,复旦大学出版社2015年版。

邓安庆:《西方道德哲学通史(导论卷):道义实存论伦理学》,商务印书馆2022年版。

邓安庆主编:《当代伦理学经典·伦理学卷》,北京师范大学出版社2014年版。

邓安庆主编:《伦理学术3:自然法与现代正义——以莱布尼茨为中心的探讨》,上海教育出版社2017年版。

邓安庆主编:《伦理学术4:仁义与正义——中西伦理问题的比较研究》,上海教育出版社2018年版。

邓安庆:《康德意义上的伦理共同体为何不能达成》,载《宗教与哲学》(第七辑),社会科学文献出版社2018年版。

丁光训、金鲁贤主编,张庆熊执行主编:《基督教大辞典》,上海辞书出版社2010年版。

冯友兰:《中国哲学史新编》(第六册),人民出版社1989年版。

葛力:《十八世纪法国哲学》,社会科学文献出版社1991年版。

黄丁:《再论伊拉斯谟与马丁·路德关于自由意志的辩论》,载邓安庆主编:《伦理学术12:伦理自然主义与规范伦理学》,上海教育出版社2022年版。

李家莲:《道德的情感之源:弗兰西斯·哈奇森道德情感思想研究》,浙江大学出版社2012年版。

李婧敬:《以"人"的名义:洛伦佐·瓦拉与〈论快乐〉》,人民出版社2021年版。
李青:《功利主义》,江苏人民出版社2023年版。
李青:《"功利主义"的全球旅行:从英国、日本到中国》,上海三联书店2023年版。
刘训练:《"马基雅维利主义"的双重意蕴:马基雅维利与国家理性》,载《文艺复兴思想评论》(第一卷),商务印书馆2017年版。
余碧平:《中世纪文艺复兴时期哲学》,人民出版社2011年版。
谢惠媛:《共和主义的歧路:剑桥学派对马基雅维利政治德性的解读》,载邓安庆主编:《伦理学术10·存在就是力量:急剧变化世界中的政治与伦理》,上海教育出版社2021年版。
杨好:《细读文艺复兴》,作家出版社2018年版。
杨通林:《哈奇森》,云南教育出版社2010年版。
应奇:《政治理论史研究的三种范式》,载《浙江学刊》2002年第2期。
张晓梅:《托马斯·里德的常识哲学研究》,上海人民出版社2007年版。
郑玄注:《礼记注》(下册),徐渊整理,商务印书馆2023年版。
朱孝远:《欧洲文艺复兴史·政治卷》,人民出版社2010年版。
[法]爱尔维修:《论精神》,杨伯恺译,上海人民出版社2019年版。
[英]吉隆·奥哈拉:《人人都该懂的启蒙运动》,牛靖懿译,浙江人民出版社2018年版。
[美]卡尔·贝克尔:《18世纪哲学家的天城》,何兆武译,生活·读书·新知三联书店2001年版。
[英]克里斯托弗·J.贝瑞:《苏格兰启蒙运动的社会理论》,马庆译,浙江大学出版社2013年版。
[意]弗朗切斯科·彼特拉克:《歌集:支离破碎的俗语诗》,王军译,浙江大学出版社2019年版。
[英]边沁:《政府片论》,沈叔平等译,商务印书馆1995年版。
[英]边沁:《道德与立法原理导论》,时殷弘译,商务印书馆2000年版。
[意]薄伽丘:《名女》,肖聿译,中国社会科学出版社2003年版。
[意]乔万尼·薄伽丘:《十日谈》,逯士博译,作家出版社2015年版。
[英]以赛亚·伯林:《马基雅维利的原创性》,载《反潮流:观念史论文集》,冯

克利译，译林出版社2002年版。

［英］以赛亚·伯林编著：《启蒙的时代：十八世纪哲学家》，孙尚扬、杨深译，韩水法校，译林出版社2005年版。

［英］埃德蒙·柏克：《反思法国大革命》，张雅楠译，上海社会科学院出版社2014年版。

［英］卡尔·波兰尼：《大转型：我们时代的政治与经济起源》，冯钢、刘阳译，浙江人民出版社2007年版。

［英］罗伊·波特：《启蒙运动》，殷宏译，北京大学出版社2018年版。

［美］卡罗尔·布拉姆：《卢梭与美德共和国：法国大革命中的政治语言》，启蒙编译所译，商务印书馆2015年版。

［英］斯图亚特·布朗主编：《英国哲学和启蒙时代》，高新民、曾晓平等译，中国人民大学出版社2009年版。

［英］C.D.布劳德：《五种伦理学理论》，田永胜译，中国社会科学出版社2002年版。

［意］莱奥纳尔多·布鲁尼：《佛罗伦萨颂：布鲁尼人文主义文选》，郭琳译，商务印书馆2022年版。

［英］亚历山大·布罗迪编：《剑桥指南：苏格兰启蒙运动》，贾宁译，浙江大学出版社2010年版。

［法］帕特里克·布琼主编：《法兰西世界史》，徐文婷等译，上海教育出版社2018年版。

［奥］斯蒂芬·茨威格：《良知对抗暴力：卡斯泰利奥对抗加尔文》，舒昌善译，生活·读书·新知三联书店2017年版。

［奥］斯蒂芬·茨威格：《鹿特丹的伊拉斯谟》，舒昌善译，生活·读书·新知三联书店2018年版。

［法］达朗贝尔：《启蒙运动的纲领：〈百科全书〉序言》，徐前进译，上海人民出版社2020年版。

［意］但丁：《神曲·天堂篇》，朱维基译，上海译文出版社1987年版。

［意］但丁：《神曲·炼狱篇》，田德望译，人民文学出版社2002年版。

［意］但丁：《神曲·地狱篇》，田德望译，人民文学出版社2002年版。

［意］但丁：《神曲·地狱篇》，肖天佑译，商务印书馆2021年版。

［美］茉莉亚·德莱夫:《后果主义》,余露译,华夏出版社2016年版。

［法］德尼·狄德罗:《狄德罗哲学选集》,江天骥、陈修斋、王太庆译,商务印书馆2018年版。

［法］笛卡尔:《谈谈方法》,王太庆译,商务印书馆2000年版。

［法］伏尔泰:《形而上学论》,载于《十八世纪法国哲学》,商务印书馆1979年版。

［法］伏尔泰:《哲学辞典》,王燕生译,商务印书馆1991年版。

［法］伏尔泰:《风俗论》(上册),梁守锵译,商务印书馆2000年版。

［法］伏尔泰:《论宽容》,蔡鸿滨译,花城出版社2007年版。

［英］亚当·弗格森著,奥兹－莎尔兹伯格编:《文明社会史论》,张雅楠等译,中国政法大学出版社2015年版。

［美］迈克尔·L.弗雷泽:《同情的启蒙:18世纪与当代的正义和道德情感》,胡靖译,译林出版社2016年版。

［英］马克·戈尔迪、罗伯特·沃克勒主编:《剑桥十八世纪政治思想史》,刘北成等译,商务印书馆2017年版。

［美］查尔斯·格瑞斯沃德:《亚当·斯密与启蒙德性》,康子兴译,生活·读书·新知三联书店2021年版。

［美］查尔斯·L.格瑞斯沃德:《让－雅克·卢梭与亚当·斯密:一场哲学的相遇》,康子兴译,生活·读书·新知三联书店2023年版。

［丹］努德·哈孔森:《自然法与道德哲学:从格老秀斯到苏格兰启蒙运动》,马庆、刘科译,浙江大学出版社2010年版。

［英］弗兰西斯·哈奇森:《论激情和感情的本性与表现,以及对道德感官的阐明》,戴茂堂、李家莲、赵红梅译,浙江大学出版社2009年版。

［英］弗兰西斯·哈奇森:《论美与德性观念的根源》,高乐田等译,浙江大学出版社2009年版。

［英］弗兰西斯·哈奇森:《逻辑学、形而上学和人类的社会本性》,强以华译,浙江大学出版社2010年版。

［英］弗兰西斯·哈奇森:《道德哲学体系》(上),江畅、舒红跃、宋伟译,浙江大学出版社2010年版。

［德］亨利希·海涅:《论德国宗教和哲学的历史》,海安译,商务印书馆1974

年版。

［德］亨利希·海涅:《论德国》,薛华、海安译,商务印书馆1980年版。

［美］阿瑟·赫尔曼:《苏格兰:现代世界文明的起点》,启蒙编译所译,上海社会科学院出版社2016年版。

［德］奥特弗利德·赫费:《作为现代化之代价的道德:应用伦理学前沿问题研究》,邓安庆、朱更生译,上海译文出版社2005年版。

［英］赫胥黎:《进化论与伦理学》(全译本),宋启林等译,黄芳一校,陈蓉霞终校,北京大学出版社2010年版。

［德］黑格尔:《小逻辑》,贺麟译,商务印书馆1983年版。

［英］A. N. 怀特海:《科学与近代世界》,何钦译,商务印书馆1989年版。

［英］霍布斯:《利维坦》,黎思复、黎廷弼译,商务印书馆1997年版。

［英］霍布斯:《〈利维坦〉附录》,赵雪纲译,华夏出版社2008年版。

［英］霍布斯:《法律要义:自然法与民约法》,张书友译,中国法制出版社2010年版。

［英］霍赫斯特拉瑟:《早期启蒙的自然法理论》,杨天江译,知识产权出版社2016年版。

［法］霍尔巴赫:《神圣的瘟疫》,载《十八世纪法国哲学》,商务印书馆1979年版。

［法］约翰·加尔文:《基督教要义》(中册),生活·读书·新知三联书店2010年版。

［美］姜新艳:《穆勒:为了人类的幸福》,九州出版社2013年版。

［德］康德:《单纯理性限度内的宗教》,载《康德著作全集》(第六卷),李秋零译,中国人民大学出版社2007年版。

［英］杰里米·克莱多斯蒂、［英］依恩·杰克逊:《解析约翰·洛克〈政府论〉》,曹思宇译,上海外语教育出版社2020年版。

［美］保罗·奥斯卡·克利斯特勒:《意大利文艺复兴时期八个哲学家》,姚鹏等译,广西美术出版社2017年版。

［法］雅克·勒高夫:《试谈另一个中世纪——西方的时间、劳动和文化》,周莽译,商务印书馆2014年版。

［美］唐纳德·利文斯顿:《休谟的日常生活哲学》,李伟斌译,华东师范大学出

版社2018年版。

［法］伊曼努尔·列维纳斯：《伦理与无限：与菲利普·尼莫的对话》，王士盛译，王恒校译，南京大学出版社2020年版。

［法］卢梭：《致达朗贝尔的信》，载《卢梭全集》（第五卷），李平沤译，商务印书馆2013年版。

［法］卢梭：《社会契约论》，载《卢梭全集》（第四卷），李平沤译，商务印书馆2016年版。

［法］卢梭：《享受人生的方法及其他》，载《卢梭全集》（第三卷），李平沤译，商务印书馆2016年版。

［法］卢梭：《〈纳尔西斯〉序言》，载《卢梭全集》（第四卷），李平沤译，商务印书馆2016年版。

［法］卢梭：《政治经济学》，载《卢梭全集》（第五卷），李平沤译，商务印书馆2016年版。

［英］威廉·罗伯逊：《苏格兰史》，孙一笑译，浙江大学出版社2021年版。

［德］海因里希·A.罗门：《自然法的观念史和哲学》，姚中秋译，上海三联书店2007年版。

［英］弗雷德里克·罗森：《古典功利主义：从休谟到密尔》，曹海军译，译林出版社2018年版。

［英］伊安·罗斯：《亚当·斯密传》，张亚萍译，罗卫东校，浙江大学出版社2013年版。

［英］罗素：《西方哲学史》（下卷），马元德等译，商务印书馆2002年版。

［英］洛克：《政府论》（下篇），叶启芳、瞿菊农译，商务印书馆1964年版。

［英］洛克：《人类理解论》（上册），关文运译，商务印书馆1983年版。

［德］卡尔·马克思、弗里德里希·恩格斯：《马克思恩格斯选集》（第一卷），人民出版社1995年版。

［意］尼科洛·马基雅维利：《佛罗伦萨史》，李活译，商务印书馆2008年版。

［意］尼科洛·马基雅维利：《君主论》，潘汉典译，吉林出版集团2011年版。

［意］尼科洛·马基雅维利：《君主论》，张志伟、梁辰、李秋零译，东方出版中心2021年版。

［英］艾瑞克·马克：《约翰·洛克：权利与宽容》，李为学等译，华中科技大学

出版社2019年版。

［美］马斯特:《卢梭的政治哲学》,尚新建、黄涛译,华东师范大学出版社2013年版。

［荷］B. 曼德维尔:《蜜蜂的寓言》(第一卷),肖聿译,商务印书馆2019年版。

［德］弗里德里希·迈内克:《马基雅维利主义》,时殷弘译,商务印书馆2008年版。

［英］约翰·麦克唐奈、爱德华·曼森编:《世界上伟大的法学家》,何勤华等译,上海人民出版社2013年版。

［美］A. 麦金太尔:《三种对立的道德探究观》,万俊人、唐文明等译,中国社会科学出版社1999年版。

［美］阿拉斯代尔·麦金太尔:《伦理学简史》,龚群译,商务印书馆2003年版。

［英］约翰·西奥多·梅尔茨:《十九世纪欧洲思想史》(第一卷),周昌忠译,商务印书馆2017年版。

［德］梅尼克:《历史主义的兴起》,陆月宏译,译林出版社2010年版。

［德］特奥多尔·蒙森:《罗马史》,李稼年译,商务印书馆2016年版。

［法］蒙田:《蒙田随笔全集》(全三卷),马振骋译,上海书店出版社2018年版。

［英］约翰·密尔:《论自由》,许宝骙译,商务印书馆2017年版。

［英］约翰·穆勒:《论自由》,孟凡礼译,上海三联书店2019年版。

［英］詹姆斯·密尔:《论政府》,朱含译,商务印书馆2020年版。

［美］欧内斯特·C. 莫斯纳:《大卫·休谟传》,周保巍译,浙江大学出版社2017年版。

［德］哈特·穆特莱曼、京特·罗特编:《韦伯的新教伦理:由来、根据和背景》,阎克文译,辽宁教育出版社2002年版。

［英］杰西·诺曼:《亚当·斯密传:现代经济学之父的思想》,李烨译,中信出版集团2021年版。

［英］德里克·帕菲特著,［美］塞缪尔·谢弗勒编:《论重要之事——元伦理学卷》(上),葛四友译,阮航校,中国人民大学出版社2022年版。

［英］德里克·帕菲特著,［美］塞缪尔·谢弗勒编,《论重要之事——元伦理学卷》(下),葛四友译,阮航校,中国人民大学出版社2022年版。

［法］帕斯卡尔:《思想录:论宗教和其他主题的思想》,何兆武译,商务印书馆

1985年版。

［英］弗朗西斯·培根:《培根随笔》，吴昱荣译，中国华侨出版社2013年版。

［英］弗朗西斯·培根:《学术的进展》，刘运同译，上海人民出版社2015年版。

［英］卡尔·皮尔逊:《自由思想的伦理》，李醒民译，商务印书馆2016年版。

［德］塞缪尔·普芬道夫:《人和公民的自然法义务》，鞠成伟译，商务印书馆2014年版。

［德］塞缪尔·冯·普芬道夫:《自然法与国际法》（第一、二卷），罗国强、刘瑛译，北京大学出版社2012年版。

［美］Patrick Riley:《莱布尼茨政治著作选》，张国帅、李媛等译，中国政法大学出版社2014年版。

［美］萨拜因:《政治学说史》（下），邓正来译，上海人民出版社2010年版。

［英］克里斯·桑希尔:《德国政治哲学：法的形而上学》，陈江进译，人民出版社2009年版。

［英］沙夫茨伯里:《人、风俗、意见与时代之特征》，李斯译，2010年武汉大学出版社。

［德］乌尔里希·约翰内斯·施耐德:《百科全书与启蒙运动》，李娟译，载《伦理学术4：仁义与正义——中西伦理问题的比较研究》，上海教育出版社2018年版。

［英］P. F. 施特劳森:《怀疑主义与自然主义及其变种》，骆长捷译，商务印书馆2018年版。

［美］利奥·施特劳斯:《关于马基雅维利的思考》，申彤译，译林出版社2003年版。

［美］查尔斯·B.施密特、［英］昆廷·斯金纳主编:《剑桥文艺复兴哲学史》，徐卫翔译，华东师范大学出版社2020年版。

［美］J. B. 施尼温德:《自律的发明：近代道德哲学史》，张志平译，上海三联书店2012年版。

［英］昆廷·斯金纳:《近代政治思想的基础》（上卷：文艺复兴），奚瑞森、亚方译，商务印书馆2002年版。

［瑞士］司徒博:《环境与发展——一种社会伦理学的考量》，邓安庆译，人民出版社2016年版。

［英］亚当·斯密:《道德情操论》,蒋自强、钦北愚、朱钟棣、沈凯璋译,商务印书馆1998年版。

［英］亚当·斯密:《国富论》(上下卷),郭大力、王亚南译,商务印书馆2019年版。

［英］赫伯特·斯宾塞:《社会静力学》,张雄武译,商务印书馆2021年。

［英］索利:《英国哲学史》,段德智译,山东人民出版社1992年版。

［美］亨利·奥斯本·泰勒:《中世纪的思维:思想情感发展史》,赵立行、周光法译,上海三联书店2012年版。

［美］唐纳德·坦嫩鲍姆:《观念的发明者:西方政治哲学导论》(第三版),毛兴贵等译,中信出版集团2023年版。

［英］E. P. 汤普森:《共有的习惯:18世纪英国的平民文化》,沈汉、王加丰译,上海人民出版社2019年版。

［德］费迪南·滕尼斯:《霍布斯的生平与学说》,张巍卓译,商务印书馆2022年版。

［美］布莱恩·蒂尔尼、西德尼·佩因特:《西欧中世纪史》(第六版),袁传伟译,北京大学出版社2011年版。

［加］詹姆斯·图利:《英文版编者导言》,载［德］塞谬尔·普芬道夫:《人和公民的自然法义务》,鞠成伟译,商务印书馆2014年版。

［英］约翰·托兰德:《基督教并不神秘》,张继安译,商务印书馆1989年版。

［意］洛伦佐·瓦拉:《论快乐》,李婧敬译,人民出版社2017年版。

［意］洛伦佐·瓦拉:《〈君士坦丁赠礼〉伪作考》,陈文海译注,商务印书馆2022年版。

［英］雷蒙·威廉斯:《关键词:文化与社会的词汇》,刘建基译,生活·读书·新知三联书店2016年版。

［美］爱德华·O.威尔逊:《社会生物学:新的综合》,毛盛贤等译,北京理工大学出版社2008年版。

［意］维柯:《新科学》(全两册),朱光潜译,商务印书馆1989年版。

［美］维塞尔:《启蒙运动的内在问题——莱辛思想再释》,贺志刚译,华夏出版社2007年版。

［美］卫思韩:《1688年的全球史》,邢红梅译,上海教育出版社2020年版。

［美］迈克尔·沃尔泽:《清教徒的革命：关于激进政治起源的一项研究》，王东兴、张蓉译，商务印书馆2016年版。

［英］霍华德·沃伦德:《霍布斯的政治哲学：义务理论》，唐学亮译，华东师范大学出版社2022年版。

［美］沃格林:《政治观念史稿·卷四：文艺复兴和宗教改革》（修订版），孔新峰译，华东师范大学出版社2019年版。

［美］沃格林:《政治观念史稿·卷六：科学与新科学》（修订版），谢华育译，贺晴川校，华东师范大学出版社2019年版。

［美］戴维·伍顿:《共和主义、自由与商业社会：1649—1776》，盛文沁、左敏译，人民出版社2014年版。

［英］亨利·西季威克:《伦理学方法》，廖申白译，中国社会科学出版社1993年版。

［英］休谟:《人性论》，关文运译，商务印书馆1980年版。

［英］休谟:《自然宗教对话录》，陈修斋译，商务印书馆1989年版。

［英］休谟:《道德原则研究》，曾晓平译，商务印书馆2001年版。

［荷兰］伊拉斯谟:《愚人颂——人类的灾难缘于聪明睿智》，刘曙光译，北京图书馆出版社1999年版。

［荷兰］伊拉斯谟:《论基督教君主的教育》，李康译，商务印书馆2017年版。

［法］丹尼斯·于斯曼主编:《法国哲学史》，冯俊等译，商务印书馆2015年版。

Anon.: *Some Late Opinions Concerning the Foundations of Morality, Examined. In a Letter to a Friend*, London: R. Dodsley and M. Cooper, 1753.

Armogathe, Jean-Robert: "Einführung," in: Blaise Pascal: *Gedanken*, Reclam Verlag Leipzig, 2012.

Bentham, Jermy: *The Collected Work of Jermy Bentham: The Correspondence of Jermy Bentham, Volume 1*, London: UCL Press, 2017.

Capaldi, Nicholas: *Hume's Place in Moral Philosophy*, New York: Peter Lang, 1992.

Cooper, Anthony Ashley: *Third Earl of Shaftesbury, Characteristicks of Men, Manners, Opinions, Times*, edited by Lawrence E. Klein, Cambridge: Cambridge University Press, 2000.

Cooper, Anthony Ashley: *Third Earl of Shaftesbury, Characteristicks of Men, Manners, Opinions, Times* (Volume I), Indianapolis: Liberty Fund, 2001.

Dicey, A. V.: *Lectures on the Relation between Law and Public Opinion in England during the Nineteenth Century*, Indianapolis: Liberty Fund, 2008.

Durant, Will: "Vorwort." in: *Kulturgeschichte der Menschheit, Bd. 9: Das Zeitalter der Reformation*, Ullstein Frankfurt am Main, Berlin, Wien, 1982.

Ebbersmeyer, Sabrina, Eckhard Keßler, Martin Schmeisser (Hrsg.): *Ethik des Nützlichen, Texte zur Moralphilosophie im italienischen Humanismus*, Wilhelm Fink Verlag München, 2007.

Erasmus and Luther, *Discourse On Free Will*, translated and edited by Ernst F. Winter, New York: Frederick Ungar Publishing Co., Inc, 1961.

Ferguson, Adam: *Versuch über die Geschichte der bürgerlichen Gesellschaft*, Junius Leipzig, 1768.

Ferguson, Adam: *Institutes of Moral Philosophy*, printed and fold by James Decker, Basil, 1800.

Gadamer, Hans-Georg: *Gesammelte Werke V: Griechische Philosophie I*, J. C. B. Mohr (Paul Siebeck) Tübingen, 1990.

Gadamer, Hans-Georg: *Gesammelte Werke I: Hermeneutik I*, J. C. B. Mohr (Paul Siebeck) Tübingen, 1990.

Gauthier, D. P.: "David Hume, Contractarian," in: D. Boucher and P. J. Kelly (eds.): *Social Justice from Hume to Walzer*, London: Routledge, 1988.

Grosse, Friedrich der: *Der Antimachiavelli*, übersetzung aus dem Französischen von Friedrich v. Oppeln-Bronokowski, Verlegt bei Eugen Diederichs Jena 1912, 2018 Ergänzung.

Hobbes, Thomas: *Leviathan*, Englisch/Deusch, Philipp Reclam jun. Stuttgart, 2013.

Hume, David: *A Treatise of Human Nature: Being An Attempt to Introduce the Experimental Method of Reasoning into Moral Subjects*, Oxford: Clarendon Press, 1896.

Hume, David: *Eine Untersuchung über die Prinzipien der Moral*, übersetzt und herausgegeben von Gerhard Sterminger, Philipp Reclam jun. Stuttgart, 2002.

Hutcheson, Francis: *An Essay on the Nature and Conduct of the Passions and Affections, with Illustrations on the Moral Sense (1728)*, edited and with an introduction by Aaron Garrett,

Indianapolis: Liberty Fund, 2002.

Hutcheson, Francis: *An Inquiry into the Original of Our Ideas of Beauty and Virtue, in Two Treatises*, edited and with an Introduction by Wolfgan Leidhold, Indianapolis: Liberty Fund, 2004, 2008.

Hutcheson, Francis: *Logic, Metaphysics and the Natural Sociability of Mankind*, edited by James Moore and Michael Silverthorne, Indianapolis: Liberty Fund, 2006.

Huxley, Julian (Hrsg.): *Der evolutionäre Humannismus*, München, 1964.

Jodl, Friedrich: *Geschichte der Ethik, Band 2: von Kant bis zur Gegenwart*, Phaidon Verlag Essen.

Kant, Immanuel: *Grundlegung zur Metaphysik der Sitten, Kommentar von Christoph Horn, Corinna Mieth und Nico Scarano*, Suhrkamp Verlag Frankfurt am Main, 2007.

Leibniz, Gottfried Wilhelm: *Gedanken über den Begriff der Gerechtigkeit*, Wehrhahn Verlag Hannover, 2014.

Li, Wenchao (Hrsg.): *"Das Recht kann nicht ungerecht sein ..." Beiträge zu Leibniz' Philosophie der Gerechtigkeit*, Franz Steiner Verlag Stuttgart, 2015.

Mill, John Sruart: *Utilitarianism, from a 1879 edition*, Auckland: The Floating Press, 2009.

O'Malley, John W., "Erasmus and Luther, Continuity and Discontinuity as Key to Their Conflict," in: *The Sixteenth Century Journal*, Vol. 5, No. 2, 1974.

Otto, Stephan (Hrsg.): *Geschichte der Philosophie in Text und Darstellung Renaissance und frühe Neuzeit*, Philipp Reclam jun. Stuttgart, 1984.

Pascal, Blaise: *Gedanken*, Reclam Verlag Leipzig, 2012.

Annmarie Pieper (Hrsg.), *Geschichte der neueren Ethik 2*, A. Franke Verlag Tübignen und Basel, 1992.

Rawls, John: *Eine Theorie der Gerechtigkeit*, Suhrkamp Verlag Frankfurt am Main, 1975.

Ritter, Joachim und Karlfried Gründer: *Historisches Wörterbuch der Philosophie*, Band 4, Wissenschaftliche Buchgesellschaft Darmstadt, 1976.

Rommen, Heinrich Albert, *Die ewige Wiederkehr des Naturrechts*, Verlag Jakob Hegner Leipzig, 1936.

Seigel, Jerrold, "Virtu in and since the Renaissance," in: *New Dictionary of the History of Ideas*, Vol. 4, New York: Charles Scribner's Sons, 2005.

Smith, Adam: *The Theory of Moral Sentiments*, edited by D. D. Raphel and A. L. Macfie, Indianapolis: Liberty Fund, 1984, Oxford: Oxford University Press 1976.

Smith, N. Kemp, *Philosophy of David Hume: A Critical Study of Its Origins and Central Doctrines*, London 1941.

Viner, Jacob: "Bentham and J. S. Mill: The Utilitarian Background," in: *The American Economic Review*, Vol. 39, No. 2 (Mar., 1949).

Wickler, Wolfgang und Uta Seibt, *Das Prinzip Eigennutz*, dtv Verlagsgesellschaft München, 1981.

Whelan, F. G.: *Order and Artifice in Hume's Political Philosophy*, Princeton: Princeton University Press, 1985.

人名索引

A

爱尔维修　30，293，311，352，358-362，517，569，578

奥古斯丁　58，76，99，102，185

B

巴特勒　442，448，469，471，650，654，664，668

柏拉图　25，47，53，62，111，171，182，183，187，207，211，213，233，264，275，296，322，378，387，402，432，447，487，523，524，525，532，551，592，605，611，651，688

彼特拉克　37，43，45，60-65，109，110

边沁　29，30，34，493-495，498，500-502，526，567-599，601，602，605，606，608-612，614，615，618，621，626，630，633，641，645，664，668

薄伽丘　38，43，45，60，65，67，69-73，127

布鲁尼　25，38，65，79，109-118，123，124，125，126，144

C

茨威格　96，99，364

D

达尔文　687，689，690-692，694，697，700-702，706

但丁　23，24，37，38，39，43-60，65，98，110

狄德罗　30，304，311，312，352-358，362

笛卡尔　115，116，183，218，219，266，267，278，314，323，355，488

F

弗格森　18-21, 304, 308

弗雷泽　368, 379, 442, 471, 472, 476, 484, 501

伏尔泰　30, 199, 296, 301, 304, 308-310, 312, 314, 344-348, 350-352, 355, 358, 369, 373, 404, 516, 517, 569, 601, 603

G

格劳秀斯　28, 152-155, 159, 179, 183, 188, 239, 279, 326, 526

H

哈奇森　86, 94, 247, 248, 296, 304, 305, 364, 397, 399-436, 441, 442, 443, 448, 468, 469, 471, 472, 498, 500, 505, 506, 515, 521-528, 533, 534, 535, 557, 567, 577, 584, 602, 651, 664

赫胥黎　689-700, 705, 707, 709

黑格尔　21, 23, 27, 156, 168, 170, 309, 323, 325, 342, 343, 353, 356, 461, 572, 601, 649

霍布斯　16, 18, 28, 30, 94, 144, 152, 153, 155, 159-162, 170-175, 179, 180, 182, 186-202, 204, 240, 241, 245-248, 257-260, 266-283, 289, 299, 306, 319, 320-323, 326-333, 336-338, 364, 379, 380, 382, 396, 402, 410, 420, 430, 432, 434, 440, 449, 450, 470, 471, 498, 505, 523, 533, 572, 575, 597, 608, 664

霍尔巴赫　311-313, 352, 357

J

加尔文　26, 31, 81, 82, 84-97, 285, 287, 364, 405, 642

伽达默尔　72, 73, 115, 387

伽利略　255, 258, 266, 267, 448, 449, 451, 461

K

康德　9, 34, 88, 89, 154, 166, 168, 182, 184, 189, 199, 215, 235, 277, 291, 294, 296, 297, 323, 341, 342, 370, 390, 394, 413, 456, 461, 462, 473, 531, 547, 548, 550, 554, 564, 567, 572, 579, 584, 589, 592, 619, 621, 625, 626, 649-651, 653, 654, 667, 668, 675, 676, 680, 681, 692, 706

L

莱布尼茨　156, 170-181, 183, 184, 187, 188, 213, 218, 219, 233, 300

李维　38, 124, 129, 130, 135-139, 141-143, 145, 146

卢梭　18, 30, 199, 248, 293, 304, 311,

314, 319, 334-343, 350, 357, 358, 362, 404, 517, 528, 529, 555, 556, 572, 591

路 德　25, 26, 31, 73-82, 84, 85, 91, 92, 94, 96, 102-104, 106, 186, 285, 287, 364

罗尔斯　234, 656, 657, 661

洛 克　30, 31, 65, 152, 177, 188, 196, 198-204, 247, 257, 277-284, 286-290, 294, 296, 299, 302, 303, 307, 312, 314, 319, 323-335, 338, 342, 355, 363, 364, 366, 378, 379, 395, 399, 400, 404-406, 411, 443, 445, 447, 449, 450, 498, 523, 572, 573, 575, 594, 597, 603, 607, 608, 630

洛伦茨　701, 702, 705

M

马基雅维利　25, 38, 81, 104-106, 123-149, 182, 245, 264, 315, 343, 597

曼德维尔　30, 31, 205, 239, 240-242, 244-253, 363, 380, 403, 409, 410, 433, 434, 533

蒙 田　30, 205-218, 232, 247, 250

孟德斯鸠　19, 309, 311, 314, 337, 526

穆 勒　34, 493, 495, 500, 567, 589, 597-602, 605, 606, 608, 610-627, 629, 630-637, 639-643, 645, 647, 649, 650, 665, 672, 675

P

帕斯卡　30, 205, 217-229, 231-239, 345, 359

培 根　15, 29, 115, 247, 255-268, 278, 280, 299, 301, 303, 323, 355, 379, 404, 448, 449

普芬道夫　16, 28, 152-157, 159-170, 175-184, 186-188, 279, 282, 326, 337, 434-436, 526

S

沙夫茨伯里　31, 199, 200, 248, 279, 329, 363, 364, 366-372, 374-383, 386-397, 399-402, 404, 405, 409-411, 415, 416, 422, 434, 441, 443, 466, 469, 471, 492, 498, 500, 521-523, 535, 664

施特劳斯　126, 127, 128, 130, 144, 148, 195

斯宾诺莎　100, 159, 167, 233, 239, 296, 314

斯宾塞　603, 650, 666, 672, 689-694, 704

斯多亚　16, 28, 50, 116, 121, 122, 151, 182, 215, 234, 265, 378, 379, 387, 397, 402, 415, 420, 432, 521, 524-526, 528, 530, 532, 666, 699

斯金纳 61, 80, 112, 141, 147
斯图亚特 296, 354, 597, 599, 600, 601
苏格拉底 47, 209, 233, 257, 265, 614, 616

T

托马斯·阿奎那 28, 40, 52, 53, 77

W

威尔逊 701–704, 706, 709
威廉姆斯 660, 661

X

西季威克 502, 503, 649–684
西塞罗 15–17, 25, 62, 63, 65, 99, 110, 111, 145, 182, 207, 215, 266, 432, 434, 488, 521, 524, 574
休谟 29, 182, 187, 229, 296, 304, 305, 307, 322, 323, 352, 357, 364–366, 368, 399, 401, 408, 411, 422, 429, 434, 436, 439–503, 506, 511, 515, 516, 521–526, 528, 533–537, 549, 550, 557–559, 563–567, 569, 570, 583, 587–589, 602, 615, 620, 621, 670, 674

Y

亚伯拉罕 66, 67
亚里士多德 25, 28, 29, 34, 37, 40, 47, 54, 57, 62, 71, 79, 80, 105, 109, 110–112, 116, 118, 122, 136, 163, 179, 213–216, 221, 225, 245, 257, 258, 261, 262, 265, 266, 274, 275, 278, 322, 354, 373, 387, 402, 409, 421, 432, 440, 444, 452, 453, 460, 486, 487, 490, 522, 524, 525, 528, 532, 534, 551, 553, 557, 558, 605, 611, 624, 625, 650, 651, 653, 654, 668, 675–677, 681–683
伊壁鸠鲁 48, 116, 121–123, 207, 247, 420, 435, 532, 615, 616, 663, 666, 668
伊拉斯谟 25, 38, 76, 78, 98–109, 239, 314, 369

Z

詹姆斯 155, 161, 170, 307, 563, 599, 600, 601, 605, 610, 630

主题词索引

B

保守主义 22, 92, 518, 569, 576, 581, 609, 639

本能 27, 44, 52, 142, 215, 230, 249, 250, 270, 271, 327, 330, 333, 336, 351, 360, 406, 407, 418, 419, 434, 533, 534, 539, 545, 587, 617, 687, 688, 694, 696, 703, 704, 706

本性 3, 4, 8-10, 17, 19, 25, 27, 29, 31, 43, 45, 54, 55, 58, 93, 96, 98, 103, 122, 142, 145, 152, 157, 159, 160, 166, 167, 169, 170, 172, 173, 178, 180, 181, 182, 185-187, 190-192, 194, 197, 208, 213, 214, 220, 221, 224, 226, 229, 230, 233, 235, 244, 256, 261, 270, 272, 274-277, 324, 327, 330, 331, 335, 346, 350, 367, 383, 400, 402-404, 407-409, 412-416, 418, 419, 421-423, 425-436, 440, 442, 443, 445, 448, 452, 459, 460, 466, 470, 471, 477, 479, 486, 488, 490, 506, 533, 536, 542, 543, 545, 546, 558, 560, 561, 562, 582, 589, 610, 616, 617, 620, 622, 644, 652, 664, 668, 691-696, 699, 700, 707, 708

本质 3, 12, 85, 89, 135, 156, 157, 181, 185, 190, 207, 208, 220, 228, 232, 240, 241, 261, 262, 269, 271, 274, 282, 290, 291, 301, 319, 321, 323, 324, 332, 333, 336, 348, 355, 366, 367, 370, 373, 374, 414, 432, 457, 458, 466, 478, 481, 487, 502,

525，532，544，549，564，565，
584，590，592，610，622，623，
646，653，698，704，709
必然性　8，19，23，175，183，272，
274，290，452，455-460，463，672，
688，693，694
博爱　35，91，95-97，107，191，236，
245，259，309，313，344，351，
372，403，490，496，518，591，681

C

承认　5，10，31，53，54，60，84，86，
92，101-103，122，123，126，133，
152，167，169，183，185，191，
202，203，204，207，211，235，
248-253，255，270，271，273，276，
280-282，303，308，312-314，316，
318，325，327，331，334，336，
337，345，346，349，350，365，
366，377，384，389，392，406，
431，445，453，460，462，483，
486，491，493，498，499，502，
511，513，553，560，573，582，
588，593，595，597，598，613，
615，619，620，622-624，629-633，
636，647，652，667，668，670，
674，675，677，678，682，687，
692，693，695，697，708
传统　1，2，6，9，14，21，25，27，29，
31，32，36，43，74，75，79，91，
95，98，99-101，112，115，116，
118，120，124，133，141，147，
148，152，170，182，220，245，
247，248，253，255-257，260-265，
267，268，279，296-298，300，301，
303，304，306，309，317，323，
326，337，338，342，350，352，
356，358，364，377，379，389，
402-405，408，422，440，507，508，
520，522，569，572，573，590，
592，597，603，608，637，639，
640，642，646，649，650，654，
659，664，668，688，705，706，708
脆弱性　227，228，235，372，517，518
存在　3，4，6-8，10，17，19，23，27，
28，30，32，33，34，46，57，93，
97，103，113-115，117，123，129，
130，143，146，147，154-157，161，
164，166，167，173，175，178-182，
184-187，189，191-194，197，202，
203，204，213，219，220，222-225，
228，230-233，236-238，242，243，
268-270，273，275-277，282，289，
292，294，298-300，308，316-322，
324，325，328，331，332，334，
336-338，345，346，347，351，354，
356，361，365，366，368，372-375，
380-383，392，396，397，412，416，
422，424，425，430，432，433，
435，445，450-455，458，460-463，

468，469，470，480，483，485，
487，499，501，509，510，515，
522，53-538，54-545，552-554，
569，573，585，602，610，612，
622，624，632，637，638，640，
641，646，647，651，653，654，
656，657，660-663，666-668，670，
672，673，676，685，688，693，
696，699，703，704，708

D

达尔文主义 689-692，694，700-702

道德感 95，293，363，383，386，390-
392，394，396，397，399-402，404-
422，424-429，435，441，442，468，
473，482-485，506，523，525，534，
535，537，589，624，669，670，679

道德价值 76，108，264

道德性 4，5，19，27-29，147，255，
276，281，283，301，306，317，
318，333，403，428-430，476，488，
494，508，509，529，541，558，
560，563，592，593，615，618，
633，665，668，700

德行 24，31，50，66，77，107，121，
127，138，139，143，148，162，
179，234-236，238，265，318，357，
360-362，368，372，382，394，396，
423，426，441，463，464，483，
499，531，537，554，559，579，

584，618，654，656，668，670，
676-680

德性 4，5，14，19，24，25，27-30，
35-38，47，59，62，76，80，93，
95，98，104，107，113，116，117，
121，123，131，135，139，141，
143-149，168，214，215，217，222，
234-238，255，257，262，263，265，
276，280，281，283，289，293，
297，301，306，317，318，333-335，
338，342，346，351，352，360，
379，387，390-394，396，397，400，
401，403，405-412，414，417-419，
421-432，436，442，443，465，470，
471，474-476，481-492，494，496，
498，499，502，506，508，509，
515，524，525，528，529，534，
538，541，543，545-551，553-555，
557-561，563-565，592，593，611，
615，617，618，633，634，641，
643-645，647，664，665，668，669，
671，674-683，685，687，698，700

动机 4，26，37，77，88，167，223-
225，240，247，248，251，326，
329，361，396，397，402，419，
422，424，427，431，435，443，
482，486，487，492，493，494，
496，498，508，531，547-549，559-
562，564，579，582，584，588，
618，622-624，633，637，652，654，

655, 665, 666, 674, 678, 679, 706

E

恩典　75, 80, 93, 102—104, 221, 403, 405

F

复杂性　3, 94, 97, 291, 297, 330, 337, 476, 519, 560, 634, 656, 663, 676, 703

G

感受性　283, 327, 359, 418, 670
高贵　31, 45, 46, 64, 70, 101, 118, 137, 192, 209, 211, 215, 217, 220—222, 224—226, 237, 238, 245, 253, 272, 290, 330, 359, 360, 373—376, 382, 388, 389, 407, 410, 421, 424, 425, 434—436, 437, 449, 465, 479, 523, 561, 599, 700
个人利益　133, 250, 276, 277, 360, 361, 492, 532, 533, 583—585, 612, 621, 622, 646
公共利益　130, 133, 136, 143, 277, 335, 377, 384, 385, 392, 563, 611, 612, 621, 622, 624, 646
公民　16, 17, 19, 21, 25, 36, 38, 95, 108, 109, 112, 113, 115—118, 124—127, 129, 130, 135, 137, 139—144, 146, 155, 158, 160—163, 165, 167—170, 177, 179, 184, 232, 245, 260, 264, 279, 284, 288, 292, 306, 308, 325, 332, 335, 336, 339, 341, 342, 350, 360, 372, 431, 433, 571, 572, 591, 592, 607, 627, 629, 632, 633, 635, 645, 646
公序良俗　231, 494
公益　31, 93, 245—247, 249, 250, 276, 318, 352, 361, 362, 378, 382, 410, 483, 490, 498, 499, 533, 537, 559, 563, 565, 638, 639, 644, 647, 663
公正　24, 27, 51, 97, 101, 139, 143, 144, 153, 176, 192, 194, 211, 216, 217, 228, 232, 233, 235, 238, 260, 266, 276, 313, 326—328, 331, 332, 334, 336, 337, 339, 345, 348, 359, 361, 373, 383, 386, 397, 489, 501, 513, 516, 517, 530, 531, 537, 541, 542, 548, 552, 554—556, 559, 561, 572, 595, 598, 608, 618, 622, 627, 633, 645, 647, 650, 668, 680, 682—685
功利　29, 30, 32, 34, 92, 210, 214, 245, 249, 259, 283, 297, 298, 312, 317, 327, 350, 352, 387, 428—431, 434—436, 439, 484—486, 490, 492—502, 523, 531, 532, 547,

557—565，567，568，570—572，575—591，593，597—602，604，606，608，609，613—627，633，634，637，641，643—647，649，650，653—656，660，662—666，668，669，672—676，680，681，684，685

功利主义　29，30，32，34，92，245，249，259，283，297，298，312，327，352，428—431，436，439，484—486，490，492—496，498—502，523，532，547，557—565，567，568，570，572，575—584，586，587，589—591，593，597—599，601，602，604，606，608，609，613—627，633，637，641，643—647，649，650，653—656，660，662—666，668，669，672—676，680，681，684，685

共同体　1，4，9，33，97，201，213，268，288，306，377，386，390，392，437，492，511，552，581，583，584，603，643，671，674，675，700

古典　24，26，29，33—35，43，63—65，72，74，78，110，111，118，130，151，152，156，199，218，257，266，284，297，325，387，402，409，429，439，493，495，499，500，514，557，563，564，567，568，587，598，601，611，615，621，649，650，654，683

古希腊　13，24，27，28，36，47，50，62，71，100，110—112，145，206，221，238，245，255—257，264，269，272，275，310，340，352，388，403，409，414，422，488，524，551，611，646，663，668，683

关怀　13，71，96，107，200，236，357，489，491，494，538，545，554，619

规范　1，4，5，6，9—11，19，22，27—29，33，38，40，52，63，76，79，80，97，103，115，121，145，151，155，158，166—168，170，175，180，182，183，185—194，196，198，199，202，206，229，249，250，255，256，261，264，274，281，282，284，287，291，302，303，306，318，319，321—327，329，330，332—337，341，342，345，350，367，382，388，390—392，408，423，427，431，436，446，463—465，470—472，477，481—483，485，486，488，490—492，497，499，500，507，508，512，525，526，529，537—539，543，545，546，549，550，552，553，555，556，562，564，565，570，579，582，591，592，597，623，632，634，645—647，658，659，668，670，671，673—675，678，681，685，689，700，705—709

规范性　9，10，22，115，145，180，

186—191, 193, 194, 264, 281, 282, 306, 317, 335, 367, 382, 431, 446, 471, 472, 481—483, 486, 488, 525, 529, 537, 543, 549, 553, 555, 556, 564, 565, 570, 646, 658, 668, 705, 706

H

合法性 32, 158, 165, 173, 178, 186, 189, 190, 198, 201, 255, 282, 287, 316, 317, 325, 326, 332, 335, 337, 342, 390, 572, 575, 608, 628, 633, 684, 709

合理性 122, 131, 184, 211, 248, 250, 296, 297, 303, 354, 362, 418, 419, 426, 427, 429, 449, 451, 485, 508, 510, 513, 517, 558

和谐 18, 80, 93, 183, 349, 377, 394, 397, 412, 414, 415, 425, 518, 521, 522, 525, 526, 541, 556, 562, 585, 624, 659

J

基督 1, 7, 26, 31, 36, 38, 43, 44, 47, 48, 52, 53, 60, 61, 63, 64, 69, 73—93, 97—99, 101—107, 120, 123, 141, 147, 148, 172, 178, 180, 186, 220, 225, 226, 234, 236—239, 244, 245, 247, 253, 256, 273, 278, 284, 285, 287, 296, 297, 312, 313, 333, 355, 357, 358, 364, 365, 367, 368, 389, 404—406, 422, 471, 530, 534, 568, 578, 642, 688

基督教 1, 7, 31, 36, 43, 44, 48, 53, 60, 61, 63, 64, 73—75, 77—79, 81—83, 85—93, 97, 98, 101, 102, 104—106, 120, 123, 141, 147, 148, 172, 178, 180, 186, 220, 225, 226, 238, 239, 245, 247, 256, 278, 284, 285, 296, 297, 312, 313, 355, 357, 358, 364, 365, 367, 368, 389, 404—406, 422, 471, 530, 534, 642, 688

激情 20, 37, 52, 62, 65, 86, 94, 96, 101, 120, 126, 160, 189, 193, 197, 214, 215, 226, 244, 246, 251, 253, 267—272, 275, 276, 321—323, 330, 331, 373, 376, 377, 383—385, 396, 400, 402, 407, 408, 410, 413—422, 426, 427, 435, 474, 515, 522, 530, 533, 536—539, 541—545, 548, 550, 551, 555, 556, 563, 564, 570, 613, 618, 644, 664

禁欲主义 63, 65, 91, 92, 101, 122, 123, 586, 587, 642

经验主义 29, 60, 170, 199, 229, 247, 255—257, 259, 267, 279, 298, 323, 326, 327, 359, 379, 399, 406, 411, 439, 446, 449, 450, 454,

主题词索引

457，461，462，469，503，511，
532，579，603，649，659，670

精神　1，2，6，9，15-20，22-26，29-
31，35，37-40，42-45，53，56，60-
62，71，72，74，75，77，78，80，
83-85，87，91，92，94，95，98，
100，101，104，106，107，109，
111，115，118-121，123，124，131，
135，137，139，142，144，164，
165，170，183，190，191，196，
209，211，215，217，218，222，
224，225，227，228，231，239，
246，248，249，250，252，253，
255，258，260，272，277，278，
284，290-293，304，310-312，314，
316，318，319，325，339，342，
344-346，348，350，353，356，358-
364，366，367，373，375-377，380-
382，386-389，391，394，402，405，
407，420，441，443-446，448，450，
452，464，467，469，470，472，
479，484，505，506，510，511，
518，519，525，526，531，533，
555，563，565，568，569，575，
595，597，599，601，603，604，
606，608-614，616-619，621，640，
644-646，651，652，667

君主制　81，104，105，108，125，135，
136，140，141，198，278，284，
308，316，574

K

科学　9，23，29，30-33，71，72，98，
119，127，153，170，172，177，
182-184，190，191，217，218，222，
223，225，226，229，230，231，
249，255-262，266-268，271，274，
275，277，278，281，282，285，
291-295，298-306，308-312，315，
316，323，324，327，328，339，
343，344，349-358，362，363，365-
367，376，396，401，404，406，
408-410，436，439-453，457，460-
462，464-472，475，501-503，506，
509-511，516，518，520，523，524，
527，541，558，569，575，579，
592，593，597-599，602，603，605，
611，631，649-654，659，660，662，
669，670，672，673，687-690，692-
694，696，699-706

科学性　182，183，226，410-445，651，
694

快乐　48，67，71，101，116，121-123，
207，209，212，269，283，293，
318，319，324，326，327，360，
361，364，375，396，397，406，
407，411-414，416-420，427，430，
434，435，436，438，441，448，
475，478，480，481，486，495，
496，528，530，536，537，558-560，
581-585，588，589，592，595，604，

611，614—618，620—623，626，641，
643，645，662—674，681
快乐主义 116，326，396，397，528，
620，662—669，671—673

L

浪漫主义 17，21，140，194，260，315，
342，343，349，606，609，612，613
礼乐 12—14，32
理性 5，9，11，19，23，25，26，28—
31，33，37，44，46，52，56，62，
74—76，83，89，90，94，96，100，
108，122，131，133，140，141，
148，151，152，161，162，164—167，
172，174，184，185，187，190，
191，194—196，202，203，205，211，
215，219，220，221，223，226，
227，229，230，231，238，239，
242，246，248，250，252，253，
255—257，271，276，277，281，290—
299，301，303—305，308，310，313—
316，318—320，322，323，326—333，
341，343—350，352—356，358，359，
362，364—368，370，373，376—378，
381—383，385，390，392，401，402，
405，415，418—421，423，426，427，
429，431，432，442，446，449，
451，459，462，466，468，469，
471，478，482，485，508，510，
513，515，517，518，528，533，

534，545，547，550，553，558，
569，579，582，587，589，593，
602，603，611，612，624，626，
628，651，654，655，657—659，661，
664，666，668—671，688，692—694，
706，708
理性主义 30，37，100，219，293，297，
390
理智德性 543，675，676，678，679
利维坦 81，94，159，174，189—192，
195，197，198，268—270，274—276，
320—322，519，575
立法 1，9，27，29，89，97，106，138，
139，145，146，151，152，158，
173，181，185，192，213，229，
231，232，245，248，255，276，
277，284，303，306，317，324，
325，327，333，336，339，340—343，
360，361，367，379，405，421，
500，501，525，554，567，572，
573，575，576，578—582，584，585，
588，589，591—593，595，597，601，
605，606，608，614，629，634—636，
642，644，649，659，667，692，693
利己 30，31，197，239，251，252，
266，274—277，318，333，358，362，
373，380，382，396，409，410，
420，423，432，433，443，471，
506，517，545，581，604，618，
650，655，662—665，667—669，671，

673，674，677

利己主义 30，31，197，239，251，252，266，274，276，277，358，362，380，396，409，420，471，517，545，581，618，650，655，662—665，667，668，669，673，674，677

利益 9，30—32，42，106，109，129，130，133，136，138，143，168，171，181，197，202，214，232，233，240，241，246，248—251，265，266，274—277，282—285，291，292，313，314，318，320，326，327，329，330，332，334—337，359—362，365，367，371—374，376—378，382—386，388，392，394，396，426，435—437，483，491，492，494—498，513，532，533，536，537，550，551，558—560，562，563，573，580—587，589，593，598，607，609，611，612，614，618—624，627，632，634，637，646，647，654，655，661，664，665，668，669

良心 4，5，88—91，93，96，126，162，166—168，212，215—217，247，280—282，293，318，367，380，413，420，448，513，541，572，575，610，622—624，631，635，642，658，701

良知 96，162，163，212，216，217，312，313，333，364，522，658

灵魂 2，23，24，37，44—50，53，55，56，61—64，66，73，76，87，98，99，122，137，142，154，182，209，213，215，217，222，224，225，228，231，232，237，245，261，262，267，287，310，314，346，356，377，382，394，402，403，434，448，467，472，485，524，525，531，547，617，677

灵性 2，44，46，56，72，80，87，88，230，235，238，313，345，351，366，389，406

伦理德性 215，553，675，676

伦理思想 2，25，30，35，76，79，97，123，205，217，220，256，265，277，280，298，312，323，328，344，346，358，382，506，520，524，597，598，599，650，654，655，689

M

美德 19，20，21，24，25，34，36，38，45，46，53，59，63，65，69，80，88，96，98，105，106，112，113，115—118，124—130，133—135，138—144，146，147，149，170，194，203，207，210—212，214，217，230，235—238，241，243—248，249—253，261，263—266，282，285，301，306，313，318，320，326，337，339，

342，343，352，363，367，368，
374-376，378，381-383，385，391，
393-397，400，404-416，421-431，
434，436，439，443，465，466，
470，471，474，475，481-490，494，
499，500，501，519，520，530-537，
542，543，545-554，562，564，565，
621，623，624-627，635，641-647，
664，665，674-682，685，699，700

美第奇家族 82，104，124，125，132

美好生活 5，65，98，116，223，229，
238，262，292，339，346，354，
356，378，389，443，470，570，
603，637，651，653，707

明德 8，16，162，422

目 的 17，23，46，48，63，64，80，93，
117，119，128，129，130，134，
167，179，196，199，214，223，
243，247，251，257，263，270，
271，274，287，288，310，311，
321，333，335，351，356，361，
372，376，377，383，385，389，
396，402，430-432，434，448，470，
475，487，490，496，497，511，
521，522，524-527，558，560，561，
575，577，589，594，595，609，
616，619，623-626，630，632-635，
637，647，653-656，658，663-665，
667，678，679，681-683，687

目的论 119，167，179，257，376，432，
524，558，624，653，654，681

N

农耕文化 15-17，256，308

欧 洲 18，21，22，25-28，33，35，38，
41-43，63，65，69，72，73，78，
81-83，85，86，104，108，110，
124，125，131，132，140，141，
153，155，156，170，176，198-200，
217，218，223，284，285，286，
288，292-295，297，298，300，305，
307，309，312，314，316，353，
364，399，400，516，518，528，
598，602-605，612，625，649，661

P

判断力 72，90，227，293，362，386，
390，391，394，420，422，474，
483，512，540，545，670

平 等 10，13，25，42，43，76，83，86，
117，118，135，169，197，202，
203，256，260，294，296，309，
316，327-329，330，337，338，350，
354，391，479，529，555，591，
598，613，627，636，683，684

普 遍 3，5，19，22，23，33，40，42，
89，94，106，107，112，121，148，
154，165，166，169，181，183，
185，193，194，203，209，210，
213，215，225，231，232，236-238，

240，244，248，256，270，275—277，280—282，290，299，317，325，326，330，334，341—343，345，347，348—350，356，367，370，372，374，378，390，393，394，412，430，440，454，463，470，478，481，483—486，488—490，495，522，537，542—544，547，548，551，554，555，559，563，570，582，594，597，601，606，616，619，629—631，633，637，638，642，650，653，655—660，662，663，665—667，669—675，678，681，683，684，692，693，703

普遍化 393，394，478，481，537，548，555，597，655，663，673，684

普遍性 23，183，210，232，350，394，454，570，606，633，656，663，678，681

Q

启蒙 17，18，21，28—31，34，65，86，97，104，132，154，172，182，199，205，206，238—241，247，253，255—257，259，260，268，290—318，343—350，352—356，358，359，362—364，366，368，369，371，373，374，375，379，390，396，399，400，402，404—409，425，439，440，441，442，446，450，467，469，472，476，484，501，506，507，510，513，515—517，519，520，523，528，529，536，538，543，545，546，553，554，561，569，578，598—600，602，603

启蒙运动 17，21，28—31，65，132，182，199，205，206，238，240，247，256，257，268，291，293—312，314—317，344，349，350，353，354，356，358，399，404，408，439，441，506，510，519，520，528，603

契约 30，59，94，101，140，154，169，180，187，197—199，234，249，268，269，293，297，317—323，325—329，331，332，334—339，341，342，362，380—382，400，430，432，491，498，500，573，591，607，631，632，683—685

谦卑 81，225—228，237，265，345，462，471，473—475

潜能 47，148，179，236，237，292，333，335，374

清教徒 82，86，91，93—95，266，278，316，333

情感 3，10，32，44，52，56，64，72，85，135，215，225，229，248，250，251，253，263，265，270，283，293，297，302，305，332，338，344，347，351，362，368，371，373，377—381，383—386，388—394，396，397，399—402，404，406—422，

424—426，428，429，434，436，437，439，441—448，461，462，465，466，468，469—486，489—493，495，496，498—502，506，515，518，520，521，523，525，528—551，553—561，563—565，571，582，588，589，608，611，612，620，622—624，627，631，633，643，646，647，658，674，677，679—682，700

情感性 3，10，492，550，551，557，565

权力 9，20，30，32，33，40，51，54，96，104，107，108，115，125，126，136—138，140，143，144，173，183，188—190，193，194，197，198，200—202，204，222，230，276，284，285，287，292，298，301—304，313，319，321，322，325—327，329，331—335，337，339，342，368，372，392，396，478，486，488，518，572，573，574，576，606，607，608，610，627—631，633

权利 10，20，25，27—29，32，42，43，44，65，75，76，83，98，106—109，115，123，137，138，151，152，160，161，168，169，175，186，188，194—203，233，250，251，268，282—284，286—288，290—292，306，309，312，317，319—322，325—334，337，338，341，343，345，364，

379，381，397，401，403，491，498，509，519，559，567，571，572，574，590，591，597，598，599，606，607，608，619，629，630，632，633，635—637，639，644—646，669，674，683—685

R

人格 25，40，109，139，190，191，198，292，293，303，346，350，351，382，384，396，414，536，546，568，618，642，668，698

人文主义 24，25，27，35—38，43，44，60，62，63，65，72，74，77—79，97，98，103，105—111，113—122，130，141，144，147，205，220，239，257，386—389，403，440

人性 3，10，13，15—20，24，25，27，31，35，36，44，53，62，65，70，76，80，93，118，121，122，127，129，134，141，142，144，145，157，159，160，167，169，182，190—194，197，198，203，206，209—212，217，220，221，226，234—237，240—243，245，247，249，250，251，269，271，272，274，275，276，290，291，301，303，305，306，318，327—330，332，333，335—337，345—351，361，363，369，372—378，380，382，388，393，400—05，409，

410，418，422-425，429-434，436，
437，439-448，451，453-460，462，
465-471，473，475-478，480-488，
490，494，495，500，501，505，
506，515，522-525，528，530，533，
536，537，539，543，545-548，552，
556，561，564，567，582，588，
590，592，593，595，599，602-604，
608，609，612，613，616，633，
638，639，641，642，646，655，
659，664，678，688，691，696

人性论　18，144，182，190，197，
240，318，330，378，380，431，
440-444，446，448，451，453-460，
462，465，468-471，473，475-478，
480-484，486，490，494，495，501，
506，522-525，528，536，567，588，
612

仁爱　31，58，98，114，118，192，263，
302，313，382，384，385，396，
397，400，403，410，419，421，
422，430，434-436，442，443，483-
486，488-492，499，506，523，530，
532，537，549-556，558，559，561，
562，608，635-639，643-646，679-
682，689

仁慈　106，148，194，237，238，270，
313，371，380，384，395，423，
436，486，488，489，542，549，
563，618，619，646，663

荣誉感　211，413，416，417，421，435

S

善恶　4，27，71，103，128，144，162，
163，165，198，206，216，262，
263，266，269，271，275，280，
283，347，349，352，378，383-386，
388，392，405，406，413-415，417-
420，422，424，435，448，468，
470，473，482，520，571，634，641

善意　169，197，204，270，318，346，
371，372，386，390-394，397，434，
436，477，479，481，482，485，
486，489，492，496，558，634

商业文明　17，31，247-250，256，308，
318，519，520，613，615，627

上帝　7，9，23-25，28，31，39，46-
49，52-59，61-63，71，73，74，76，
79，80，86，89-94，96，98，102，
103，119，146，147，151，154，
157-159，166-168，170，172，178，
180，181，183-188，190，191，200，
206，216，219，220，222，224，
228-230，232，234-237，245，262，
263，272，273，277，280，282，
299，304，312，324，328，333，
339，344-348，364-367，373，374，
376，394，401，403，405，406，
421，433-435，441，442，445，451，
471，473，562，574

社会契约论　293, 331, 338, 339, 342,
　　498, 573, 591, 607
社会性　17, 19, 160, 161, 169, 187,
　　192, 197, 244, 330, 333, 336,
　　361, 388, 403, 410, 431, 432,
　　434, 436, 437, 483, 489, 491,
　　496, 506, 515, 538, 541, 555,
　　561, 613, 620, 621, 631, 643
生物学　351, 690, 701-704, 706, 707,
　　709
时间　7, 17, 22, 23, 36, 39, 40, 43,
　　63, 64, 66, 77, 95, 98, 110, 130,
　　136, 149, 156, 160, 221, 228-230,
　　248, 256, 266, 278, 282, 293-297,
　　300, 325, 365, 415, 416, 419,
　　447, 453-457, 459, 460, 512, 514,
　　518, 522, 579, 590, 600, 690,
　　696, 703, 705
实践　3, 6, 29, 93, 103, 108, 112,
　　115, 129, 142, 145, 165, 167,
　　184, 186, 190, 191, 214, 215,
　　248, 260, 277, 280, 282, 285,
　　286, 293, 298, 302, 331, 341,
　　342, 354, 356, 378, 379, 387,
　　389, 439, 440, 507, 534, 547,
　　551, 552, 558, 559, 570, 579,
　　623-626, 631, 639, 650-659, 666,
　　669, 672, 676-679, 682, 683, 707
实在性　27, 181, 185, 282, 283, 336,
　　407, 424, 456, 464

世俗化　23, 29, 43, 71, 72, 79, 97,
　　304, 346, 352, 389

T

天道　3, 4, 151, 215, 470
天赋　92, 98, 118, 218, 224, 227,
　　234, 245, 257, 279-282, 323, 333,
　　384, 387, 400, 405-408, 536, 539,
　　543, 568, 611, 642, 708, 709
天理　7, 14, 29, 158, 159, 160-163,
　　166-168, 187, 197, 215, 232, 250,
　　301, 302, 418, 572, 622, 637
天性　46, 120, 122, 139, 142, 192,
　　193, 202, 209, 212, 213, 234,
　　245, 264, 270, 369, 370, 376,
　　380, 395, 397, 403, 410, 423,
　　434, 470, 486, 501, 523, 540,
　　541, 544, 548, 561, 562, 572,
　　582, 641, 642, 679, 691-695, 697-
　　700
天主教　23-25, 28, 40, 42, 43, 53,
　　65-67, 71, 73-77, 81-86, 91, 93-
　　95, 99, 151, 183, 185, 205, 206,
　　234, 257, 284, 285, 287, 298,
　　307-310, 312, 366, 404, 516, 603
同情　132, 140, 253, 278, 309, 347,
　　351, 368, 379, 385, 395, 397,
　　417, 418, 421, 436, 442, 472,
　　475-485, 490, 492, 498-501, 527,
　　529, 530, 534-545, 547-549, 555,

556，560，575，587，588，608，647，679，680，689，695

同情心 478，480，481，483，501，537，539，544，555，647，680

W

文明 1-3，6-24，30-33，36，38，43，45，54，69，77，79，85，95，97-99，118，124，125，130，131，135，140，151，157，170，199，202，218，220，231，239，241，244-251，253，256，257，260，277，288，290，292，293，300，302-306，308，310，312，315，316，318，337，344-346，348，349，350，354，358，359，372，373，379，388-390，394-396，403-405，425，433，437，497，507，513，516-520，555，562，563，571，579，591-593，599，603，606-608，613，615，624，627，628，634，635，637-640，642，645，685，690，694，700，707，708

文艺复兴 16，17，23-25，35-38，42-44，60-63，65，66，69，71-73，77-80，83，97，103，109-113，115，116，118-120，123，127，130，133，140，141，151，191，205，206，242，256，257，262，286，304，310，315，343，388，403

物理学 182，183，225，229，255，256，258，266-268，271，278，311，365，401，439，441，444-446，462，511，522-524，670，690，693

X

习俗 3-5，10，26，28，77，99，151，198，208，210，211，215，227，232，233，241，247，261，282，328，355，390，424，475，488，513，520，608，619，638，639，641-646，671，701

现代文明 1，2，10，22，24，32，33，38，54，95，97，170，199，246，248，249，277，290，292，300，302-306，308，312，315，344，379，425，507，516-519，562，591，637，685

现代性 1，2，10，17，23，38，43，44，75，94，97，98，100，102，103，115，140，141，144，170，200，240，243，249，252，300，304，314，324，350，368，389，439，445，508，519，520，523，597，604，633，639，640

现实主义 27，65，124，125，130，133，144，188，190，191，194，199，202，597

邪恶 9，25，26，31，38，57，77，78，87，88，93，104，105，107，126-132，134，135，140，143-146，168，

193, 206, 210, 211, 217, 234, 237, 241, 244, 248, 301, 306, 327, 336, 346, 385, 408, 422-424, 435, 517, 533, 592

心理学　29, 98, 182, 193, 194, 248, 251, 274, 283, 311, 324, 326, 396, 401, 402, 418, 436, 448, 462, 467, 471-474, 476, 477, 479, 481, 483, 502, 506, 530, 537, 539, 541, 542, 556, 620, 652, 655, 656, 664, 669, 672, 674, 680, 702, 704

新教　26, 27, 31, 38, 73, 75, 77, 81-86, 88, 91, 92, 94, 99, 106, 217, 284, 285, 309, 316, 364, 405, 516, 603, 607

新教伦理　31, 38, 73, 86, 91, 92, 316

信念　4, 9, 80, 83, 120, 141, 185, 191, 208, 222, 229, 231, 245, 348, 354, 355, 358, 367, 440, 449, 459-461, 476, 525, 579, 586, 610, 624, 654-656, 658, 659, 661, 662, 670, 691, 692

信仰　4, 6, 7, 9, 24-27, 37, 43, 44, 63, 66, 75-77, 79, 82-87, 90, 92, 93, 130, 154, 167, 172, 180, 186, 205, 206, 219, 222-224, 229, 234, 237, 239, 256, 281, 283, 284, 286, 287, 288, 294, 298, 300, 307, 311, 313, 323, 345, 346, 348, 357, 358, 364, 366, 370-373, 380, 395, 516, 517, 639

信仰自由　27, 75, 83, 256, 283, 286-288, 307, 348, 395

形而上学　6, 37, 116, 11-120, 139, 151, 153, 154, 178, 182, 186, 187, 191, 198, 234, 255, 267, 275, 278, 294, 309, 346, 352, 366-369, 378, 379, 400-402, 409, 432, 436, 441, 444-446, 450, 466, 467, 470, 471, 472, 505, 520, 535, 539, 547, 558, 572, 578-580, 586, 592, 608, 610, 649, 650, 659, 675, 684, 685

幸福　16, 24, 25, 29, 32, 43, 44, 46, 48, 52-56, 59, 65, 69, 73, 79, 91, 97, 105, 107, 108, 112, 116, 123, 124, 130, 133, 135, 199, 209, 220, 223, 230, 231, 235, 236, 238, 240, 253, 262, 263, 274, 280, 290, 293, 294, 304, 306, 312, 314, 333, 349, 354, 359, 361, 364, 397, 402-410, 412, 417-422, 425, 427, 428, 430, 431, 434, 435, 436, 441, 472, 477, 486, 491-493, 496, 497, 499, 500, 520, 522, 532, 536, 539, 550, 557-559, 561, 563, 570, 572, 573, 576-578, 580-587, 590, 592, 593, 598-600, 604-606, 608, 611, 612,

614，615—627，630，633，637—639，641—645，647，654，662—669，671—673，680，681，684，704，705

幸福生活　44，53，59，123，220，354，402—405，407，421，425，436，441，617，669，671

性情　36，62，156，157，212，278，357，371—375，378，384，385，388，389，396，407，408，410，418，420，422，430—432，469，471，478，486，506，528，541，544，548，622，643

Y

义务　4，10，20，26，36，43，78，99，112，155—157，160，161，163—170，174，177，179，184，199，265，268，271，274，276，277，293，314，318，322，328—332，334，341—343，381，421，434，487，497，498，502，507，508，510，521，556，572，573，592，618，621—623，629，632，642，645，652，654，656，674—676，679—683，685

意志　4，9，25，35，37，52，53，56，57—59，74，76，83，89，93，98，101—103，104，108，109，121，129，132，141，144，146，147，151，154，155，157—159，162，163，165，167，170—175，177，180—189，191，194，199，201，203，210，212，216，223—225，235，250，256，261，263—265，270—275，288—290，295，301，303，305，309，314，318，328，333，334，337，339—343，366，367，373，381，416—422，443，444，449，461，471，473，482，514，522，564，612，617，623，627，630，631，633，637，642，654，655，666，670，677—681，689，693，699，701，708

因果关系　444，445，447，452—458，460，462，463，468，469，508，594

因果性　30，255，401，421，444，447，461，462，464，473，523，651，672

友爱　18，138，203，212—217，260，373，384，397，403，435，479，486，490，551，553，608，680—682

友善　313，378，386，392，395，397，405，420，423，424，431，435，490，506，680

有效性　27，167，168，184，186，187，190—192，198，199，202，223，270，303，316，318，319，321，322，326，327，335，336，346，375，392，464，509，551，582，592，623，650，654，659，670，671，673

欲望　2，33，52，57，62，71，74，87，91，93，109，122，123，127，139，142，143，160，193，198，211，

237, 238, 246, 248, 250, 252, 261, 263, 269, 270, 271, 273–276, 283, 290, 361, 375, 377, 378, 402, 408, 411, 415, 416, 418, 419–421, 426, 432–435, 443, 450, 474, 477, 483, 514, 528, 561, 587, 604, 611, 616, 617, 619, 639, 647, 651, 655, 678, 688

Z

责任感　95, 531, 550, 554, 576

哲学史　3, 28, 29, 36, 37, 61, 80, 99, 112, 152, 154, 176, 188, 234, 265, 273, 279, 280, 295, 304, 311, 324–327, 344, 362, 363, 386, 417, 439, 445, 450, 456, 483, 484, 523–525, 528, 532, 533, 567, 577, 579, 594, 626, 653, 655, 668, 689, 693

正当性　171, 175, 180, 181, 187, 201, 279, 284, 317, 334, 484, 559, 629, 636, 637, 657–659, 662, 663, 670, 671–674, 676, 678

正义　1, 6, 23, 24, 27, 28, 30, 31, 33, 45, 46, 50, 51, 79, 80, 83, 91, 97, 98, 101, 102, 106–109, 113–115, 118, 124, 130, 131, 134, 135, 137, 138, 142, 143, 145, 167, 170–177, 180, 181, 186–189, 191, 192, 194, 196, 197, 210, 211, 213, 215–217, 221, 223–225, 228–234, 237, 243–245, 247, 249, 260, 268, 269, 274–277, 282, 284, 292, 297, 302, 306, 322, 328, 334, 335, 339, 342, 346, 347, 353, 359, 363, 364, 368, 376–379, 381, 392, 400, 403, 410, 420, 421, 424, 442, 472, 474, 483–485, 488–501, 510, 513, 519, 523–526, 528–530, 534, 535, 548–556, 559, 562, 565, 578, 581, 582, 597, 599, 608, 614, 626, 627, 630, 632, 645, 646, 647, 656, 657, 661, 675, 681, 684, 689, 699

正直　66, 70, 101, 106, 242, 275, 343, 396, 397, 423, 474, 496, 574, 668

政治　1, 17, 19, 21, 25, 26, 30, 32, 35–37, 40, 42, 43, 45, 50, 78, 79, 81, 83, 89, 92–98, 101, 104, 108–112, 114, 118, 123–125, 127–130, 132, 133, 135, 136, 138–144, 147, 152, 155, 161, 170, 175–177, 180, 183, 186, 189–191, 193, 198–201, 204, 206, 218, 221, 234, 238, 245, 246, 249, 256, 258, 265, 268, 271, 275, 277–279, 283–288, 292–294, 296, 297, 300–305, 307–309, 312–314, 316, 317, 319, 323–328, 331–333, 335, 337–344, 350, 351, 355, 360, 362, 363,

365，366，369-371，379，382，389，
390，395，396，399，400，403-405，
440，448，465，467，471，472，
484，485，506-509，511，513，514，
516-518，520，526，529，555，557，
560，563，565，567，568，570-574，
578，579，585，590，591，593-595，
597-599，601，603，605-610，613，
621，627，629，630，632，638，
646，650-653，674，683

知识 2，3，29，35，46，62，72，83，
85，90，104，108，112，115，116，
154，162，182，183，190，199，
200，205，218，223，225，255，
257-260，262-269，271，274，275，
278-282，292，294，298，299，301，
302，304，305，307，308，310，
311，314，315，323-325，327，345，
346，349，352-354，356，362，366，
369，375，379，400，402，403，
405，406，408，412，417，424，
425，439，441，444，445，447，
451-453，461，487，509，513，523，
544，556-558，575，601，603，611，
624，651，670，672，682

直觉 240，412，442，564，565，624，
647，649，650，653，655-661，663，
664，666，670，673-675，678

直觉主义 647，649，650，653，655-
661，664，673，674

至善 52-54，56，64，80，154，156，
182，206，223-225，239，290，301，
306，326，372，373，491

制度 11，22，26，28，29，32，38，42，
78，79，81，84，85，93-95，101，
108，112，115-117，120，140，141，
145，153，155，169，170，186，
199，208，210，213，234，245，
249，250，251，255，256，268，
276，287，305，310，311，313，
314，317，319，322，339，340，
346，348，400，403，424，435，
485，490-492，499，500，533，553，
555，559，562，563，569，57-573，
576，578，579，581，582，591，
592，597，598，599，606，607，
609，619，627，629，639，641，
642，644-646

智慧 6，14，50，69，100，105-109，
111，120，138，145，206，207，
211-215，220，227，231，263，285，
302，315，316，337，342，349，
366，368，370，371，378，387，
389，390，402，453，469，489，
518，522，551，570，574，592，
599，678-682，685，693，697，701

中世纪 1，16，21，23-25，28，35，36-
45，58，60-66，69，71，74，75，
79，98，101，103，104，111，112，
119，120，122，148，154，158，

167, 172, 173, 183, 184, 185, 218, 221, 231, 260, 278, 304, 305, 309, 325, 350, 364, 366, 401, 403, 421, 573, 603, 613

重农主义　514, 517, 519, 603

重商主义　251, 325, 519

主观性　119, 183, 386, 394, 543, 544, 622, 663, 671

卓越　19, 24, 33, 35, 61, 107, 109, 117, 131, 134, 139, 143, 145, 146, 148, 152, 168, 225, 234, 236, 237, 263, 297, 343, 351, 366–368, 392, 393, 404, 405, 408, 409, 423, 425, 434, 486–488, 491, 506, 510, 511, 545, 546, 550, 553, 582, 602, 641, 642, 671, 677, 696

资本主义　31, 37, 74, 78, 91, 92, 125, 242, 248, 508, 509, 516, 590, 593, 598

自爱　88, 160, 168, 236, 238, 251, 327, 330, 331, 335, 420, 431, 435, 476, 479, 480, 483, 490, 496, 533, 556, 633, 634, 643, 665, 673

自利　31, 224, 248, 284, 332, 333, 384, 442, 514, 559, 561, 604, 618, 619, 620, 621, 622, 633, 667

自然而然　44, 92, 158, 159, 627

自然法　16, 19, 28, 29, 96, 151–163, 165–170, 172–191, 195–203, 232, 255, 262, 269, 275–277, 279, 282, 297, 302, 303, 306, 317, 322, 330–333, 335, 338, 339, 342, 352, 356, 364, 376, 381, 382, 401, 403, 407, 408, 432, 435, 498, 506, 514, 521, 522, 524, 526–528, 530, 570, 572–574, 581, 589, 608, 633, 674, 684, 693

自然律　174, 195, 320, 330, 696

自然性　19, 153, 159, 160, 191, 330, 337, 384, 693

自然哲学　25, 107, 116, 119, 120, 267, 268, 275, 353, 399, 402, 446, 463–465, 467, 505, 522–524

自然主义　76, 103, 257, 274, 293, 324, 408, 445, 446, 461–464, 466, 467, 470–472, 486, 487, 523, 528, 533, 539, 589, 612, 685, 692, 693, 704, 706, 707, 708

自私　18, 20, 31, 106, 143, 197, 224, 240, 244, 245, 247–250, 260, 276, 301, 313, 318, 327–329, 332, 363, 372, 377, 380, 382, 384, 385, 403, 410, 430, 432–434, 437, 443, 496–499, 506, 515, 530, 532, 536, 539–543, 545, 550, 555, 556, 559, 562, 604, 612, 617, 619, 664, 665, 667

自我　15, 22, 76, 87, 88, 93, 103,

145，157，161，162，168，179，
206，209，213，217，236，253，
259，270，274，291，293，294，
298，299，306，307，318，320，
338，370，372，382，384，392，
394-396，419，420，434，448，464，
473，474，480，487，494，496，
525，531，542，545，556，558，
565，604，610，623，634，639，
640，645，664，665，673，677-679，
692

自行其是　262，690，697

自由伦理　25，32，40，55，75，88，
97，152，306，627，637，639

自由选择　58，103，482，708

自由主义　92，130，198，199，202，
279，283，284，309，317，323，
327，342，365，379，399，506，
597，598，602，603，605-608，613，
627，630，631，632，633，645

宗教　4，7，9，25-28，30，32，38，43，
44，64-67，73-78，80，81，83-86，
92-97，102-104，106，120，140，
146，151，152，154，156，158，

166，167，173，180，184，186，
191，203，205，206，208，209，
217，226，234，237-240，242，255，
258，261，262，277-279，283-288，
293，296，305，307，310-313，316，
344-346，348，352，355，356，358，
364-366，368-373，375，376，380，
381，386，390，395，400，404，
405，443，446，518，607，611，
613，631，637，638，651，656，670

宗教改革　25，26，38，43，65，73-
76，78，80，81，83-86，94-96，
97，103，104，106，140，151，156，
180，184，186，191，205，206，
209，217，238，242，285，287，
364，369

尊严　24，25，32，61，76，98，107，
115，117，122，124，169，220，
221，224，226，228，242，250，
251，263，292，303，359，391，
392，405，437，440，476，482，
483，509，510，518，542，617，
618，619，625，634，651